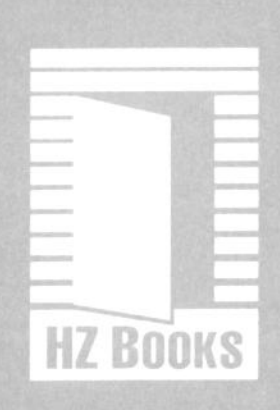

华章图书

一本打开的书，
一扇开启的门，
通向科学殿堂的阶梯，
托起一流人才的基石。

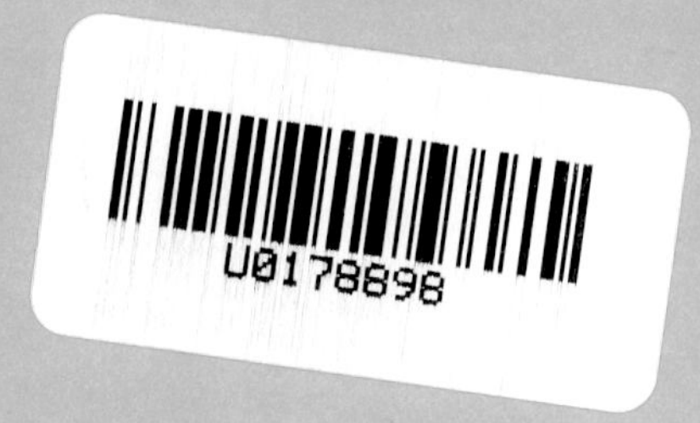

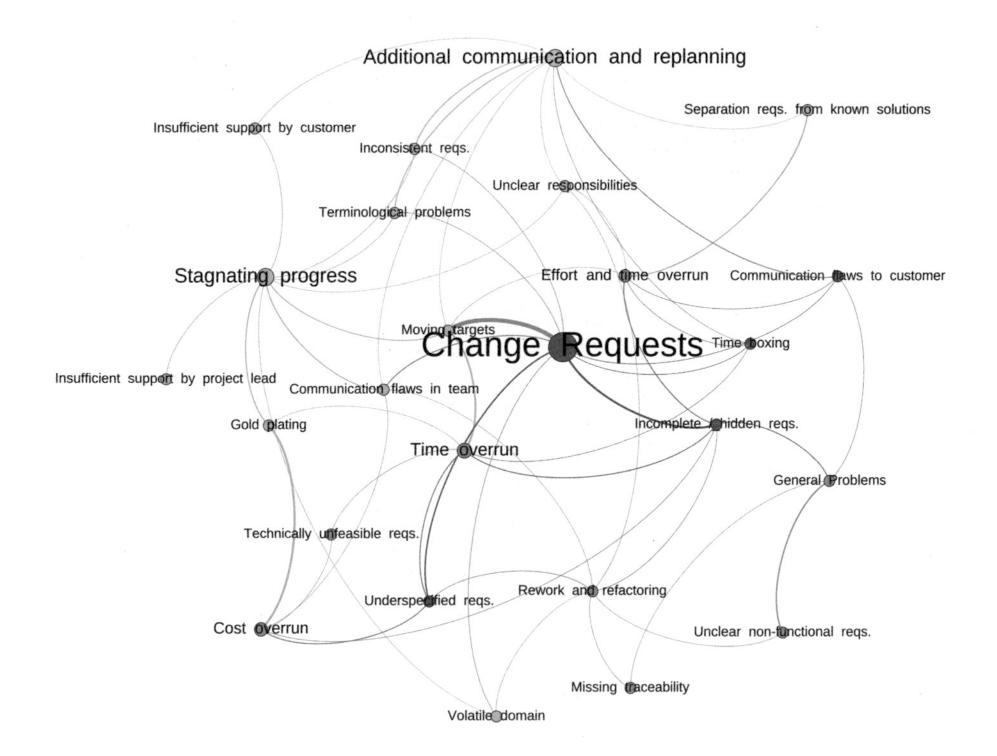

图 3-14 主轴式编码的压缩视图，节点中最小权重为 7

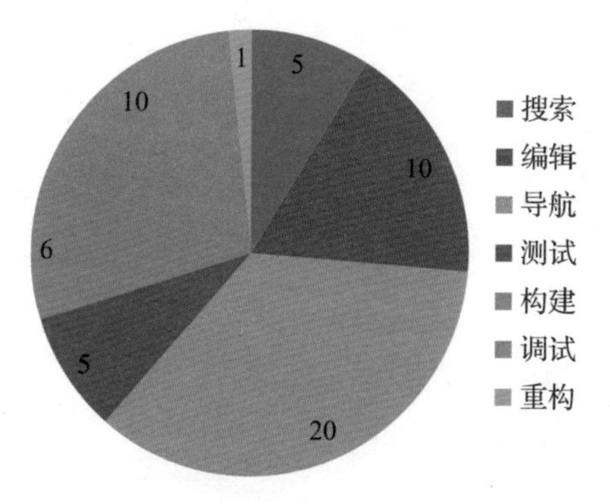

图 5-11 具有搜索类别的分类日志事件

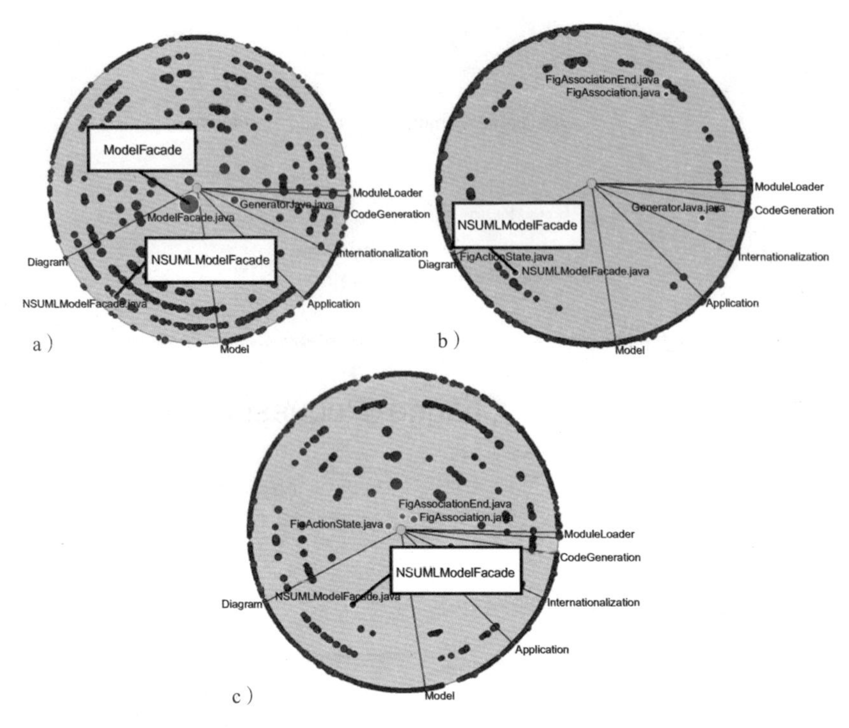

图 11-9　ArgoUML 的演化雷达。a）2004 年 6 月至 12 月；b）2005 年 1 月至 6 月；c）2005 年 6 月至 12 月

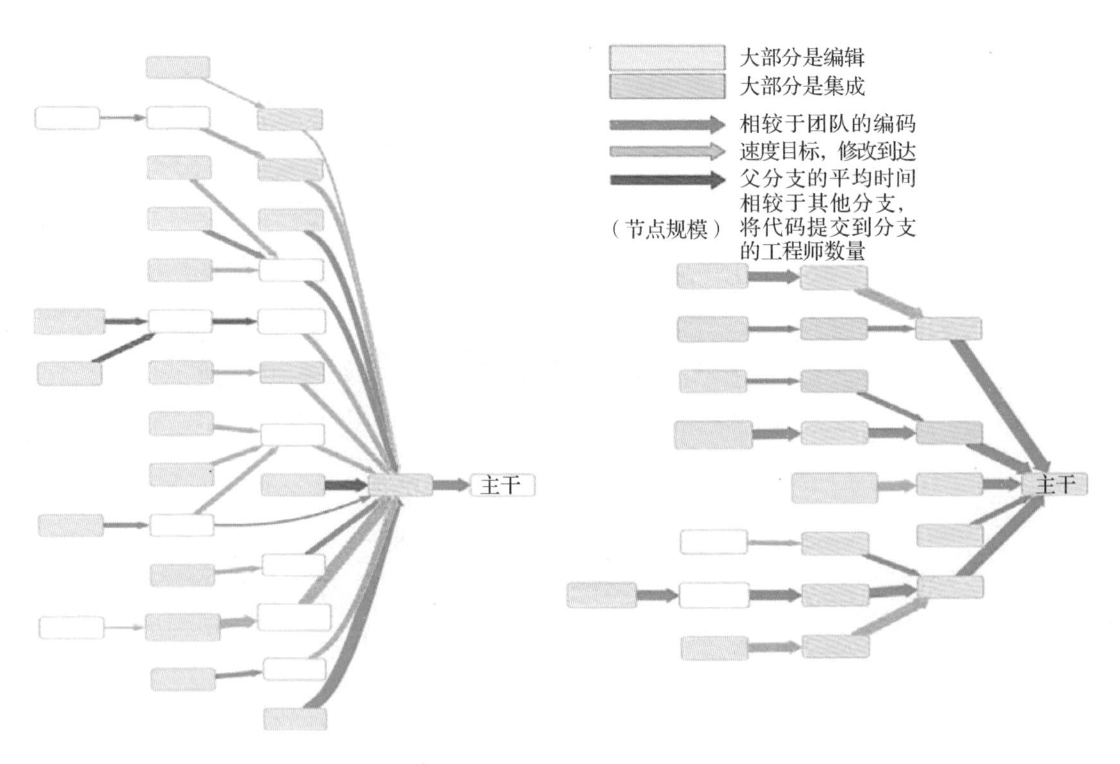

图 13-2　分别在 Windows Server 2012 和 2012 R2 中使用的分支结构

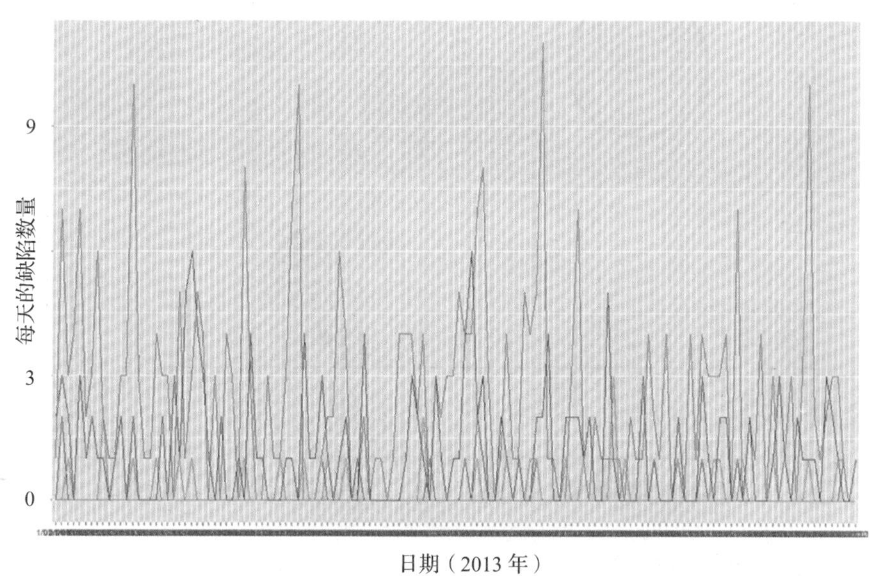

图 14-4　XWiki 缺陷统计的运行图

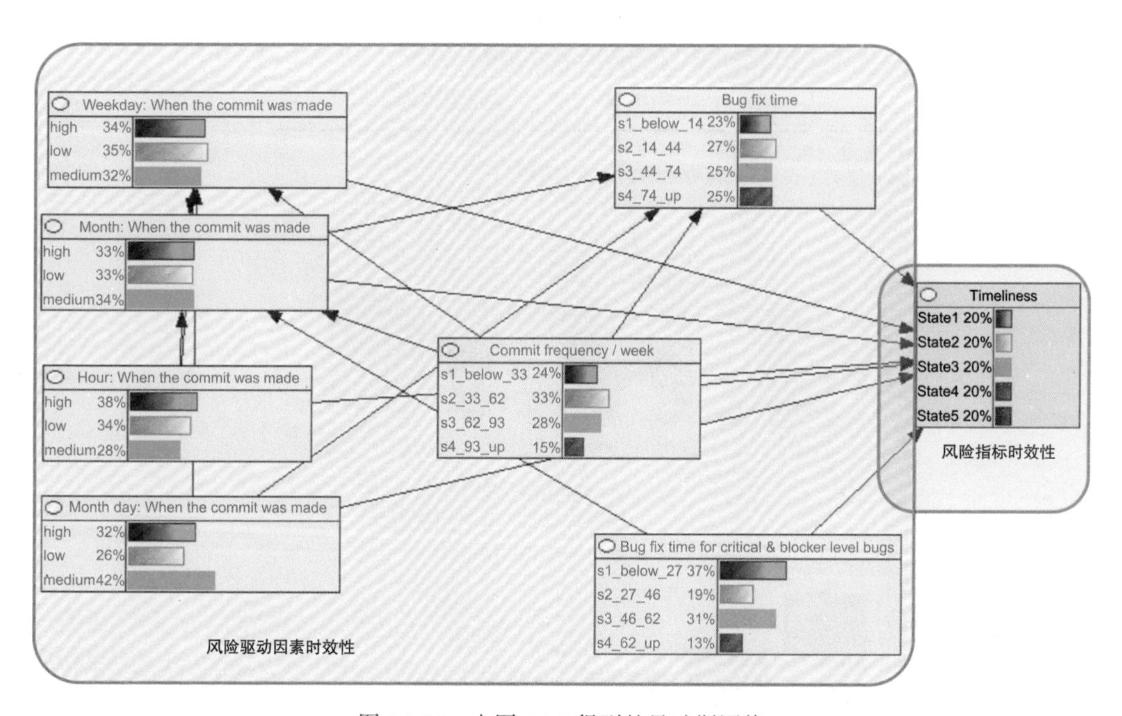

图 14-10　由图 14-9 得到的贝叶斯网络

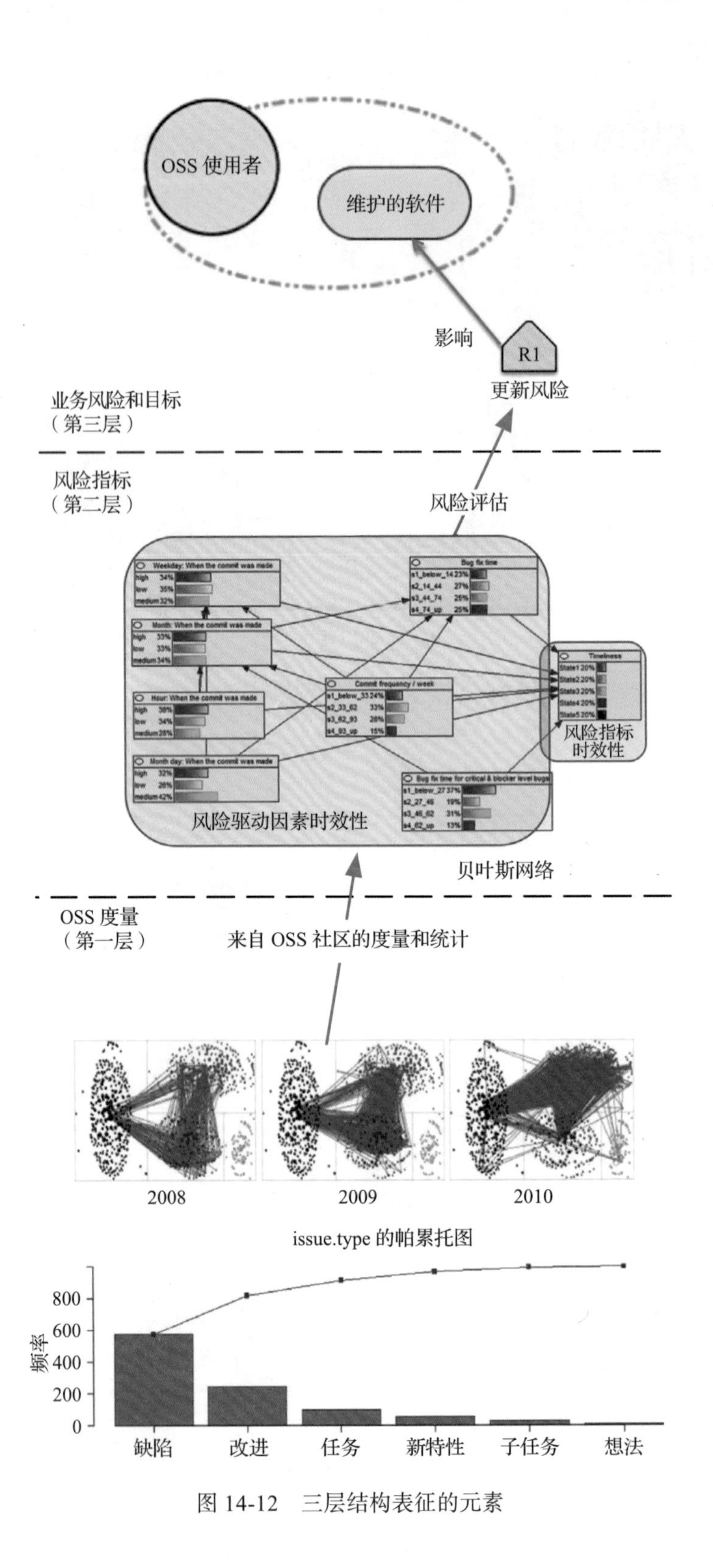

图 14-12　三层结构表征的元素

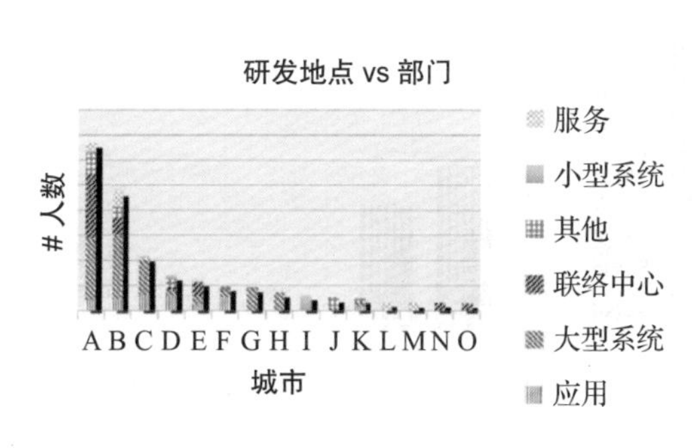

图 15-5　不同部门的地理分布

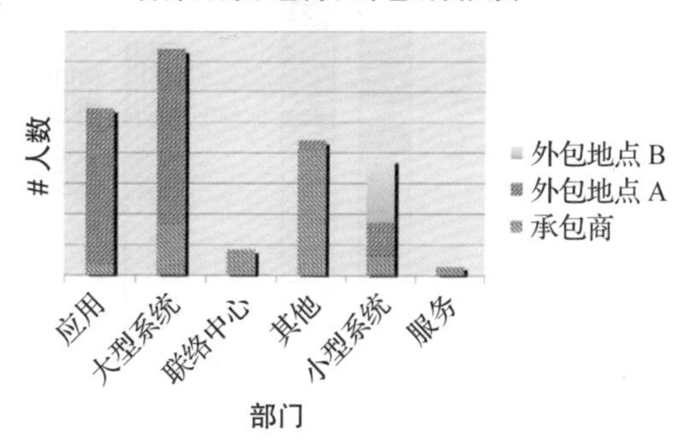

图 15-6　各个部门的离岸开发情况

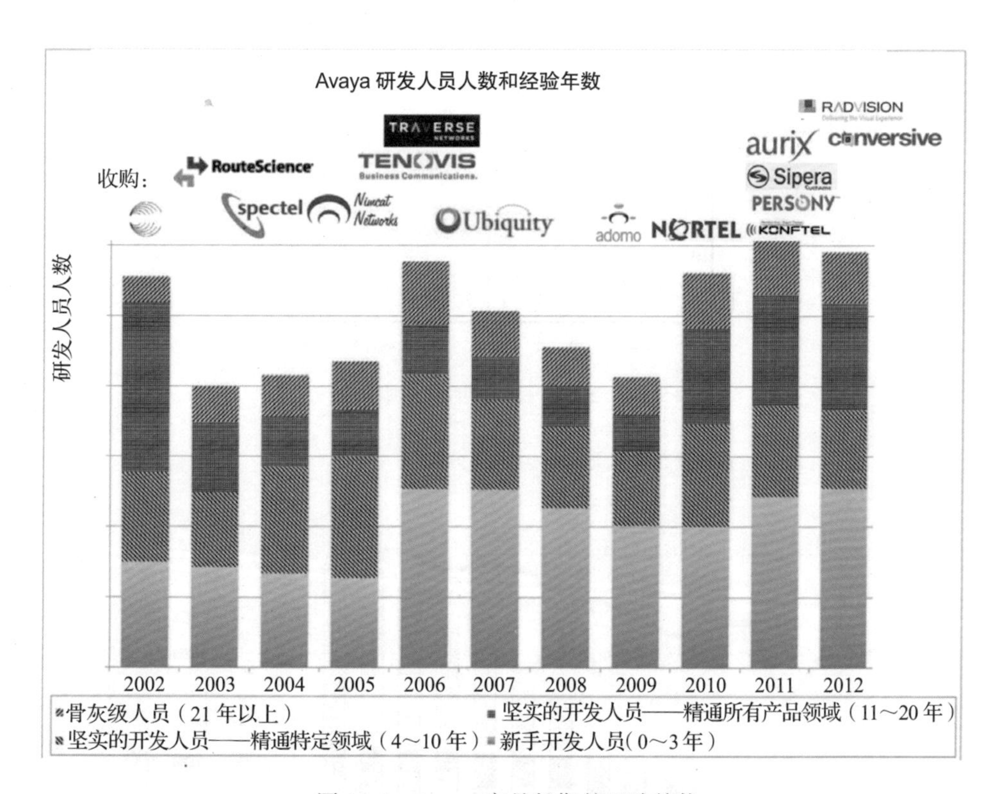

图 15-7　Avaya 产品长期的经验趋势

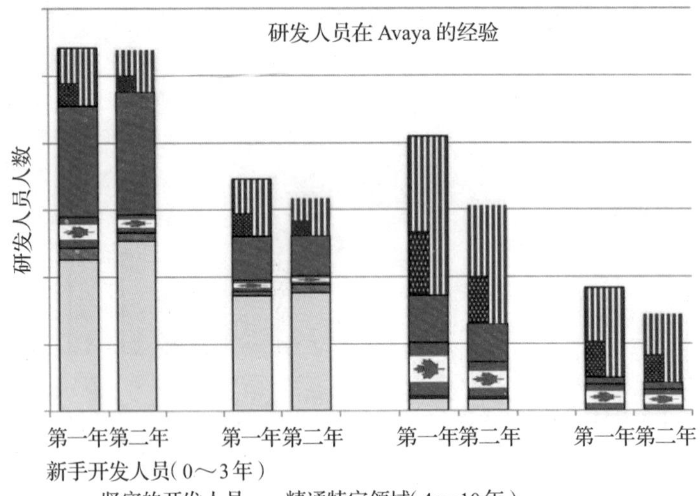

图 15-8　按地点进行产品研发的经验比较

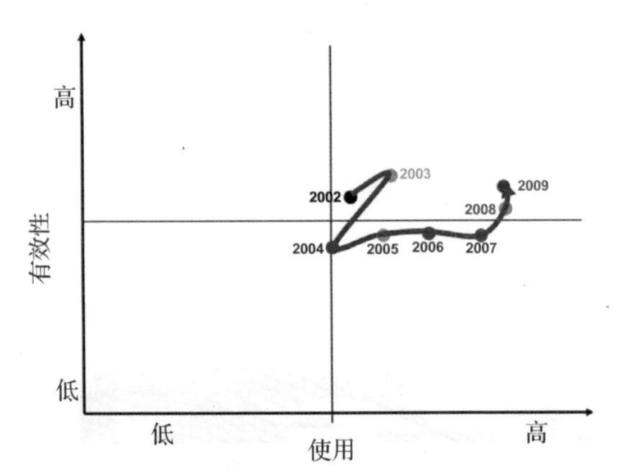

图 15-14　2002～2008 年设计质量趋势

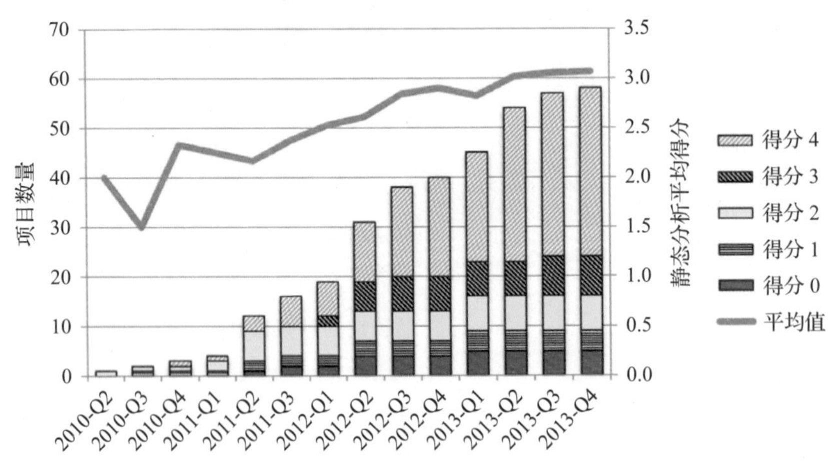

图 15-16　静态分析得分趋势

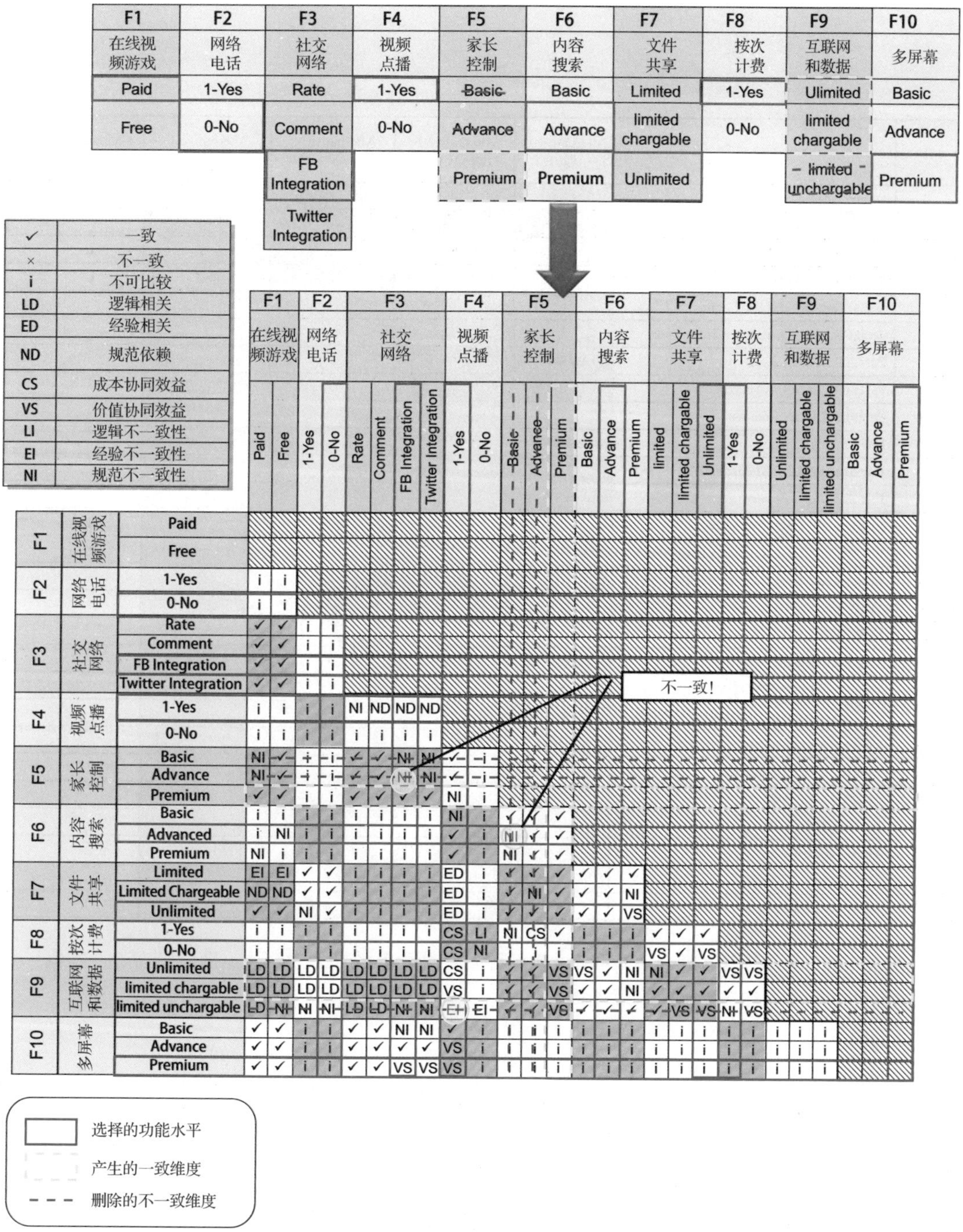

F1	F2	F3	F4	F5	F6	F7	F8	F9	F10
在线视频游戏	网络电话	社交网络	视频点播	家长控制	内容搜索	文件共享	按次计费	互联网和数据	多屏幕
Paid	1-Yes	Rate	1-Yes	~~Basic~~	Basic	Limited	1-Yes	Ulimited	Basic
Free	0-No	Comment	0-No	~~Advance~~	Advance	limited chargable	0-No	limited chargable	Advance
		FB Integration		Premium	Premium	Unlimited		~~limited unchargable~~	Premium
		Twitter Integration							

符号	含义
✓	一致
×	不一致
i	不可比较
LD	逻辑相关
ED	经验相关
ND	规范依赖
CS	成本协同效益
VS	价值协同效益
LI	逻辑不一致性
EI	经验不一致性
NI	规范不一致性

		F1		F2		F3				F4		F5			F6			F7			F8		F9			F10		
		在线视频游戏		网络电话		社交网络				视频点播		家长控制			内容搜索			文件共享			按次计费		互联网和数据			多屏幕		
		Paid	Free	1-Yes	0-No	Rate	Comment	FB Integration	Twitter Integration	1-Yes	0-No	~~Basic~~	~~Advance~~	Premium	Basic	Advance	Premium	limited	limited chargable	Unlimited	1-Yes	0-No	Unlimited	limited chargable	limited unchargable	Basic	Advance	Premium
F1 在线视频游戏	Paid																											
	Free																											
F2 网络电话	1-Yes	i	i																									
	0-No	i	i																									
F3 社交网络	Rate	✓	✓	i	i																							
	Comment	✓	✓	i	i																							
	FB Integration	✓	✓	i	i																							
	Twitter Integration	✓	✓	i	i																							
F4 视频点播	1-Yes	i	i	i	i	NI	ND	ND	ND																			
	0-No	i	i	i	i	i	i	i	i																			
F5 家长控制	Basic	NI	✓	i	i	✓	✓	NI	NI	✓	i																	
	Advance	NI	✓	i	i	✓	✓	NI	NI	✓	i																	
	Premium	✓	✓	i	i	✓	✓	✓	✓	NI	i																	
F6 内容搜索	Basic	i	i	i	i	i	i	i	i	NI	i	✓	✓	✓														
	Advanced	i	NI	i	i	i	i	i	i	✓	i	NI	✓	✓														
	Premium	NI	i	i	i	i	i	i	i	✓	i	NI	✓	✓														
F7 文件共享	Limited	EI	EI	✓	✓	i	i	i	i	ED	i	✓	✓	✓	✓	✓	✓											
	Limited Chargeable	ND	ND	✓	✓	i	i	i	i	ED	i	✓	NI	✓	✓	✓	NI											
	Unlimited	✓	✓	NI	✓	i	i	i	i	ED	i	✓	✓	✓	✓	✓	VS											
F8 按次计费	1-Yes	i	i	i	i	i	i	i	i	CS	LI	NI	CS	✓	i	i	i	✓	✓	✓								
	0-No	i	i	i	i	i	i	i	i	CS	NI	i	i	i	i	i	i	VS	✓	VS								
F9 互联网和数据	Unlimited	LD	LD	LD	LD	LD	LD	LD	LD	CS	i	✓	✓	VS	VS	✓	NI	NI	✓	✓	VS	VS						
	limited chargable	LD	LD	LD	LD	LD	LD	LD	LD	VS	i	✓	✓	VS	✓	✓	NI	✓	✓	✓	✓	✓						
	limited unchargable	LD	NI	NI	NI	LD	LD	NI	NI	EI	EI	✓	✓	VS	✓	✓	✓	✓	VS	VS	NI	VS						
F10 多屏幕	Basic	✓	✓	i	i	✓	✓	NI	NI	✓	i	i	i	i	i	i	i	i	i	i	i	i	i	i	i			
	Advance	✓	✓	i	i	✓	✓	✓	✓	VS	i	i	i	i	i	i	i	i	i	i	i	i	i	i	i			
	Premium	✓	✓	i	i	✓	✓	VS	VS	VS	i	i	i	i	i	i	i	i	i	i	i	i	i	i	i			

不一致!

选择的功能水平

产生的一致维度

删除的不一致维度

图 19-7　利用众包得到的前 10 个特征及其功能级别的 CCA 分析

ID	Feature	Alternative 1-plan1	Alternative 1-After Q1 replan	Alternative 1-After Q2 replan	Alternative 1-After Q3 replan	Changes applied in replanning
1	Online video games_paid	2	3	5	4	
2	Online video games_free	4	4	4	5	
3	Social Network Access_Twitter Integration	2	3	5	4	
4	Social Network Access_Rate	2	3	5	4	
5	Social Network Access_Comment	1				
6	Social Network Access_FB Integration	3	2			
7	Parental Control Basic	5	5	3		
8	Parental Control Advanced	5	5	3		
9	Parental Control Premium	1				
10	File Sharing_Limited	5	5	5	5	
11	File Sharing_Limited chargable	5	5	5	5	
12	File Sharing_Unlimited	5	5	5	5	
13	Internet and Data_Unlimited	2	3	5	4	
14	Internet and Data_Limited Chargable	5	4	3		
15	Internet and Data_Limited unchargable	5	5	5	5	
16	VoIP_YES	1				
17	VoIP_NO	1				
18	Video on Demand_YES	5	5	5	5	
19	Video on Demand_NO	1				
20	Content search basic	4	2			
21	Content search Advanced	5	5	5	5	
22	Content search Premium	1				
23	Pay-Per-View_NO	1				
24	Pay-Per-View_YES	3	2			
25	Multi-Screen Basic	1				
26	Multi-Screen Advanced	3	4	3		
27	Multi-Screen Premium	1				

图 19-10 初始计划（第一列）和考虑重新评估特征价值的计划的演进。图中最右边一列概括了计划中特征的结构变化

软件数据分析的科学与艺术

克里斯蒂安·伯德（Christian Bird）
[美] 蒂姆·孟席斯（Tim Menzies） 编著
托马斯·齐默尔曼（Thomas Zimmermann）
孙小兵 李斌 汪盛 译

The Art and Science of
Analyzing Software Data

机械工业出版社
China Machine Press

图书在版编目（CIP）数据

软件数据分析的科学与艺术 /（美）克里斯蒂安·伯德（Christian Bird）等编著；孙小兵，李斌，汪盛译．—北京：机械工业出版社，2020.2

（计算机科学丛书）

书名原文：The Art and Science of Analyzing Software Data

ISBN 978-7-111-64760-7

I. 软… II. ① 克… ② 孙… ③ 李… ④ 汪… III. 软件开发 IV. TP311.52

中国版本图书馆 CIP 数据核字（2020）第 030168 号

本书版权登记号：图字 01-2017-7337

ELSEVIER
Elsevier(Singapore) Pte Ltd.
3 Killiney Road, #08-01 Winsland House I, Singapore 239519
Tel: (65) 6349-0200; Fax: (65) 6733-1817

出版发行：机械工业出版社（北京市西城区百万庄大街 22 号 邮政编码：100037）

责任编辑：游 静　　责任校对：殷 虹

印 刷：三河市宏图印务有限公司　　版 次：2020 年 4 月第 1 版第 1 次印刷

开 本：185mm×260mm 1/16　　印 张：32（含 0.5 印张彩插）

书 号：ISBN 978-7-111-64760-7　　定 价：159.00 元

客服电话：（010）88361066 88379833 68326294　　投稿热线：（010）88379604

华章网站：www.hzbook.com　　读者信箱：hzit@hzbook.com

出版者的话

文艺复兴以来，源远流长的科学精神和逐步形成的学术规范，使西方国家在自然科学的各个领域取得了垄断性的优势；也正是这样的优势，使美国在信息技术发展的六十多年间名家辈出、独领风骚。在商业化的进程中，美国的产业界与教育界越来越紧密地结合，计算机学科中的许多泰山北斗同时身处科研和教学的最前线，由此而产生的经典科学著作，不仅擘划了研究的范畴，还揭示了学术的源变，既遵循学术规范，又自有学者个性，其价值并不会因年月的流逝而减退。

近年，在全球信息化大潮的推动下，我国的计算机产业发展迅猛，对专业人才的需求日益迫切。这对计算机教育界和出版界都既是机遇，也是挑战；而专业教材的建设在教育战略上显得举足轻重。在我国信息技术发展时间较短的现状下，美国等发达国家在其计算机科学发展的几十年间积淀和发展的经典教材仍有许多值得借鉴之处。因此，引进一批国外优秀计算机教材将对我国计算机教育事业的发展起到积极的推动作用，也是与世界接轨、建设真正的世界一流大学的必由之路。

机械工业出版社华章公司较早意识到“出版要为教育服务”。自1998年开始，我们就将工作重点放在了遴选、移译国外优秀教材上。经过多年的不懈努力，我们与Pearson、McGraw-Hill、Elsevier、MIT、John Wiley & Sons、Cengage等世界著名出版公司建立了良好的合作关系，从它们现有的数百种教材中甄选出Andrew S. Tanenbaum、Bjarne Stroustrup、Brian W. Kernighan、Dennis Ritchie、Jim Gray、Afred V. Aho、John E. Hopcroft、Jeffrey D. Ullman、Abraham Silberschatz、William Stallings、Donald E. Knuth、John L. Hennessy、Larry L. Peterson等大师名家的一批经典作品，以“计算机科学丛书”为总称出版，供读者学习、研究及珍藏。大理石纹理的封面，也正体现了这套丛书的品位和格调。

“计算机科学丛书”的出版工作得到了国内外学者的鼎力相助，国内的专家不仅提供了中肯的选题指导，还不辞劳苦地担任了翻译和审校的工作；而原书的作者也相当关注其作品在中国的传播，有的还专门为其书的中译本作序。迄今，“计算机科学丛书”已经出版了近500个品种，这些书籍在读者中树立了良好的口碑，并被许多高校采用为正式教材和参考书籍。其影印版“经典原版书库”作为姊妹篇也被越来越多实施双语教学的学校所采用。

权威的作者、经典的教材、一流的译者、严格的审校、精细的编辑，这些因素使我们的图书有了质量的保证。随着计算机科学与技术专业学科建设的不断完善和教材改革的逐渐深化，教育界对国外计算机教材的需求和应用都将步入一个新的阶段，我们的目标是尽善尽美，而反馈的意见正是我们达到这一终极目标的重要帮助。华章公司欢迎老师和读者对我们的工作提出建议或给予指正，我们的联系方法如下：

华章网站：www.hzbook.com

电子邮件：hzjsj@hzbook.com

联系电话：（010）88379604

联系地址：北京市西城区百万庄南街1号

邮政编码：100037

华章科技图书出版中心

译者序

The Art and Science of Analyzing Software Data

自软件诞生之时，软件数据就随之出现了。软件数据解析伴随着软件工程中不同角色在不同场景的具体任务需求逐渐出现。软件数据的来源包括文档、代码、测试用例等不同的软件制品，具有噪声数据多、特殊数据多、多源异构、动态演化等特点。不同类型的软件数据，可用相应的软件数据仓库进行管理，如缺陷跟踪库、版本控制系统、代码管理库、问答网站等。随着软件工程的不断发展，这些软件数据仓库积累的数据越来越多。目前，针对软件数据仓库中的软件数据的挖掘和分析，学术界和工业界已开展了大量的研究和实践，并出现了专门性的会议，如软件仓库挖掘会议（MSR），软件工程预测模型和数据分析会议（PROMISE）。无论是学术界还是工业界，都希望通过软件数据解析（software data analytics），从软件数据中获得有用的信息，进而抽取出有用的知识，满足不同受众对软件开发和维护的不同诉求。

针对软件数据解析，目标受众期望能有效权衡并利用各种数据分析技术来辅助其软件工程任务的开展。软件数据解析不仅需要关注数据分析结果，还要关注结果的解释；不仅需要关注数据分析过程，还要关注数据分析前的数据预处理和分析结果的使用；不仅需要关注解析技术的通用性，还要关注解析技术的特殊性和组合性；不仅需要关注提供的解析结果，还要关注解析结果的使用者；不仅需要关注提供的解析技术，还要关注解析技术带来的价值和影响；不仅需要关注技术，还要关注问题场景；不仅需要关注效果，还要关注成本。

因此，软件数据解析不仅需要数据挖掘、信息检索、机器学习等技术的支持，还需要考虑软件数据解析所涉及的场景、目标受众、成本、风险、价值等因素。本书通过对不同的专题进行组织，综合考虑软件数据解析的技术和艺术，从不同的角度为本领域相关研究人员和实践人员提供了与软件数据解析相关的问题、技术、场景、实践等方面的内容，有助于他们了解和掌握如何使用软件数据解析，使用软件数据解析能够干什么，使用软件数据解析存在哪些风险，如何度量和评价软件数据解析的使用效果，如何表达软件数据解析结果等。本书适合作为计算机、软件工程及相关专业高年级本科生的教学参考书，或作为研究生的教材或参考书，也适合其他热爱软件工程、希望进一步巩固自身软件工程基础和提升能力的人士阅读和参考。无论是软件工程领域的研究者、工程师或学生，还是从事相关领域工作的人士，希望本书在实际的软件数据解析工作和实践中能有所帮助，并能引发你对软件数据解析的深入思考。

参与本书翻译的人员主要是来自扬州大学的孙小兵博士、李斌博士，以及华为公司的技术专家汪盛博士。第1、17～21章由李斌博士负责，第2～11章由孙小兵博士负责，第12～16章由汪盛博士负责。另外，扬州大学的部分学生也参与了本书的翻译工作，他们是陆金婷、陈天浩、周澄、倪珍、魏颖、陈定山、朱轩锐、郭虹静、徐勇、余笙、陆欣彤、沙桐、常建明、闵博森、许聪颖、方子培、薛杰、张婧玉、张庆辉、马荥炜、曹冬玉、曹探、杨硕、谢昊等。在翻译本书和出版的过程中，华章公司的各位编辑和相关工作人员给予了很大的帮助，对此予以特别感谢！

由于译者的水平、时间、经验有限，译文难免出现纰漏，敬请读者批评指正。若发现问题或想要与译者交流讨论，请发送电子邮件将建议和意见反馈给我们（xbsun@yzu.edu.cn）。

Alberto Bacchelli
Department of Software and Computer Technology, Delft University of Technology, Delft, The Netherlands
Olga Baysal
School of Computer Science, Carleton University, Ottawa, ON, Canada
Ayse Bener
Mechanical and Industrial Engineering, Ryerson University, Toronto, ON, Canada
Christian Bird
Microsoft Research, Redmond, WA, USA
Aditya Budi
School of Information Systems, BINUS University, Jakarta, Indonesia
Bora Caglayan
Mechanical and Industrial Engineering, Ryerson University, Toronto, ON, Canada
Gul Calikli
Department of Computing, Open University, Milton Keynes, UK
Joshua Charles Campbell
Department of Computing Science, University of Alberta, Edmonton, AB, Canada
Jacek Czerwonka
Microsoft Corporation, Redmond, WA, USA
Kostadin Damevski
Mathematics and Computer Science Department, Virginia State University, Peterburg, VA, USA
Madeline Diep
Fraunhofer Center for Experimental Software Engineering, College Park, MD, USA
Robert Dyer
Department of Computer Science, Bowling Green State University, Bowling Green, OH, USA
Linda Esker
Fraunhofer Center for Experimental Software Engineering, College Park, MD, USA
Davide Falessi
Fraunhofer Center for Experimental Software Engineering, College Park, MD, USA
Xavier Franch
Department of Service and Information System Engineering, Universitat Politècnica de Catalunya, Barcelona, Spain
Thomas Fritz
Department of Informatics, University of Zurich, Zurich, Switzerland
Nikolas Galanis
Department of Service and Information System Engineering, Universitat Politècnica de Catalunya,

Barcelona, Spain
Marco Aurélio Gerosa
Software Engineering & Collaborative Systems Research Group (LAPESSC),
University of São Paulo (USP), São Paulo, Brazil
Ruediger Glott
University of Maastricht, Maastricht, The Netherlands
Michael W. Godfrey
David R. Cheriton School of Computer Science, University of Waterloo, Waterloo, ON, Canada
Alessandra Gorla
IMDEA Software Institute, Pozuelo de Alarcon, Madrid, Spain
Georgios Gousios
Institute for Computing and Information Sciences, Radboud University Nijmegen, Nijmegen,
The Netherlands
Florian Groß
Software Engineering Chair, Saarland University, Saarbrücken, Germany
Randy Hackbarth
Software Technology Research, Avaya Labs, Santa Clara, CA, USA
Abram Hindle
Department of Computing Science, University of Alberta, Edmonton, AB, Canada
Reid Holmes
Department of Computer Science, University of British Columbia, Vancouver, BC, Canada
Lingxiao Jiang
School of Information Systems, Singapore Management University, Singapore
Ron S. Kenett
KPA Ltd., Raanana, Israel; Department of Mathematics, "G. Peano", University of Turin, Turin, Italy
Ekrem Kocaguneli
Microsoft, Seattle, WA, USA
Oleksii Kononenko
David R. Cheriton School of Computer Science, University of Waterloo, Waterloo, ON, Canada
Kostas Kontogiannis
Department of Electrical and Computer Engineering, National Technical University of Athens,
Athens, Greece
Konstantin Kuznetsov
Software Engineering Chair, Saarland University, Saarbrücken, Germany
Lucas Layman
Fraunhofer Center for Experimental Software Engineering, College Park, MD, USA
Christian Lindig
Testfabrik AG, Saarbrücken, Germany
David Lo
School of Information Systems, Singapore Management University, Singapore
Fabio Mancinelli
XWiki SAS, Paris, France

Serge Mankovskii
CA Labs, San Francisco, CA, USA
Shahar Maoz
School of Computer Science, Tel Aviv University, Tel Aviv, Israel
Daniel Méndez Fernández
Software & Systems Engineering, Institut für Informatik, Technische Universität München, Garching, Germany
Andrew Meneely
Department of Software Engineering, Rochester Institute of Technology, Rochester, NY, USA
Tim Menzies
Computer Science, North Carolina State University, Raleigh, NC, USA
Audris Mockus
Software Technology Research, Avaya Labs, Santa Clara, CA, USA; The Department of Electrical Engineering and Computer Science, University of Tennessee, Knoxville, TN, USA
Murtuza Mukadam
Department of Computer Science and Software Engineering, Concordia University, Montreal, QC, Canada
Brendan Murphy
Microsoft Research Cambridge, Cambridge, UK
Emerson Murphy-Hill
Computer Science, North Carolina State University, Raleigh, NC, USA
John Mylopoulos
Department of Information Engineering and Computer Science, University of Trento, Trento, Italy
Anil R. Nair
ABB Corporate Research, Bangalore, KN, India
Maleknaz Nayebi
Software Engineering Decision Support Laboratory, University of Calgary, Calgary, AB, Canada
Hoan Nguyen
Department of Electrical and Computer Engineering, Iowa State University, Ames, IA, USA
Tien Nguyen
Department of Electrical and Computer Engineering, Iowa State University, Ames, IA, USA
Gustavo Ansaldi Oliva
Software Engineering & Collaborative Systems Research Group (LAPESSC), University of São Paulo (USP), São Paulo, Brazil
John Palframan
Software Technology Research, Avaya Labs, Santa Clara, CA, USA
Hridesh Rajan
Department of Computer Science, Iowa State University, Ames, IA, USA
Peter C. Rigby
Department of Computer Science and Software Engineering, Concordia University, Montreal, QC, Canada

Guenther Ruhe
Software Engineering Decision Support Laboratory, University of Calgary, Calgary, AB, Canada
Michele Shaw
Fraunhofer Center for Experimental Software Engineering, College Park, MD, USA
David Shepherd
ABB Corporate Research, Raleigh, NC, USA
Forrest Shull
Software Solutions Division, Software Engineering Institute, Arlington, VA, USA
Will Snipes
ABB Corporate Research, Raleigh, NC, USA
Diomidis Spinellis
Department Management Science and Technology, Athens University of Economics and Business, Athens, Greece
Eleni Stroulia
Department of Computing Science, University of Alberta, Edmonton, AB, Canada
Angelo Susi
Fondazione Bruno Kessler, Trento, Italy
Lin Tan
Department of Electrical and Computer Engineering, University of Waterloo, Waterloo, ON, Canada
Ilaria Tavecchia
SWIFT, La Hulpe, Bruxelles, Belgium
Ayse Tosun Misirli
Faculty of Computer and Informatics, Istanbul Technical University, Istanbul, Turkey
Mohsen Vakilian
University of Illinois at Urbana-Champaign, Champaign, IL, USA
Stefan Wagner
Software Engineering Group, Institute of Software Technology, University of Stuttgart, Stuttgart, Germany
Shaowei Wang
School of Information Systems, Singapore Management University, Singapore
David Weiss
Computer Science Department, Iowa State University, Ames, IA, USA
Laurie Williams
Department of Computer Science, North Carolina State University, Raleigh, NC, USA
Hamzeh Zawawy
Department of Electrical & Computer Engineering, University of Waterloo, Waterloo, ON, Canada
Andreas Zeller
Software Engineering Chair, Saarland University, Saarbrücken, Germany
Thomas Zimmermann
Microsoft Research, Redmond, WA, USA

出版者的话
译者序
本书作者

第 1 章　软件数据分析的过去、现在与未来 …… 1
1.1　定义 …… 1
1.2　过去（起源） …… 3
1.2.1　第一代：初步工作 …… 3
1.2.2　第二代：学术实验 …… 4
1.2.3　第三代：工业实验 …… 4
1.2.4　第四代：数据科学无处不在 …… 4
1.3　现状 …… 5
1.4　结论 …… 8
致谢 …… 8
参考文献 …… 9

第一部分　技术教程

第 2 章　利用形式概念分析挖掘模式及其违约 …… 12
2.1　引言 …… 12
2.2　模式和块 …… 13
2.3　计算所有块 …… 15
2.4　使用 Colibri 挖掘购物车 …… 17
2.5　违约 …… 19
2.6　查找违约 …… 20
2.7　是两种模式还是一种违约？ …… 21
2.8　性能 …… 22
2.9　编码顺序 …… 23
2.10　内联 …… 24
2.11　相关工作 …… 24
2.11.1　挖掘模式 …… 24
2.11.2　挖掘违约 …… 25
2.11.3　PR-Miner …… 26
2.12　结论 …… 26
致谢 …… 27
参考文献 …… 27

第 3 章　软件项目中的文本分析 …… 29
3.1　引言 …… 29
3.2　软件项目的文本数据及其检索 …… 29
3.2.1　文本数据 …… 29
3.2.2　文本检索 …… 32
3.3　人工编码 …… 33
3.3.1　编码过程 …… 34
3.3.2　挑战 …… 36
3.4　自动化分析 …… 37
3.4.1　主题建模 …… 37
3.4.2　词性标记和关系抽取 …… 38
3.4.3　*n*-gram 模型 …… 39
3.4.4　克隆检测 …… 40
3.4.5　可视化 …… 42
3.5　两个工业案例 …… 44
3.5.1　需求工程的痛点：需求工程调查 …… 45
3.5.2　需求规约中的克隆检测 …… 49
3.6　结论 …… 52
参考文献 …… 52

第 4 章　从软件开发制品中合成知识 …… 54
4.1　问题描述 …… 54
4.2　软件制品生命周期模型 …… 54
4.2.1　示例：补丁生命周期 …… 55
4.2.2　模型抽取 …… 56
4.3　代码评审 …… 56
4.3.1　Mozilla 项目 …… 56
4.3.2　WebKit 项目 …… 57
4.3.3　Blink 项目 …… 57

4.4 生命周期分析……57
4.4.1 Mozilla Firefox 项目……57
4.4.2 WebKit 项目……60
4.4.3 Blink 项目……61
4.5 其他应用……62
4.6 结论……62
参考文献……63

第 5 章 分析 IDE 使用型数据的实用指南……64

5.1 引言……64
5.2 使用型数据的研究概念……65
5.2.1 使用型数据概念及其分析意义……65
5.2.2 基于目标选择相关数据……66
5.2.3 隐私问题……66
5.2.4 研究范围……67
5.3 如何收集数据……67
5.3.1 Eclipse 使用型数据收集器……68
5.3.2 Mylyn 和 Eclipse Mylyn Monitor……75
5.3.3 CodingSpectator……77
5.3.4 为 Visual Studio 创建收集工具……81
5.4 如何分析使用型数据……87
5.4.1 数据匿名……87
5.4.2 使用型数据的格式……87
5.4.3 幅度分析……88
5.4.4 分类分析……88
5.4.5 序列分析……89
5.4.6 状态模型分析……90
5.4.7 关键事件技术……92
5.4.8 其他来源的数据……93
5.5 使用型数据学习的局限性……93
5.6 结论……94
5.7 代码清单……95
致谢……104
参考文献……104

第 6 章 隐含狄利克雷分布：从软件工程数据中抽取主题……106

6.1 引言……106
6.2 LDA 在软件分析中的应用……107
6.3 LDA 工作原理……108
6.4 LDA 教程……110
6.4.1 LDA 来源……110
6.4.2 获取软件工程数据……111
6.4.3 文本分析和数据转换……111
6.4.4 LDA 应用……113
6.4.5 LDA 输出概要……113
6.5 陷阱和有效性威胁……117
6.5.1 标准有效性……117
6.5.2 构造有效性……119
6.5.3 内部有效性……119
6.5.4 外部有效性……120
6.5.5 可信性……120
6.6 结论……120
参考文献……121

第 7 章 分析产品和过程数据的工具与技术……123

7.1 引言……123
7.2 一种合理的分析流程……124
7.2.1 获取数据……124
7.2.2 选择数据……125
7.2.3 处理数据……126
7.2.4 汇总数据……127
7.2.5 管道系统……128
7.3 源代码分析……128
7.3.1 启发式分析……128
7.3.2 词法分析……129
7.3.3 语法和语义分析……132
7.3.4 第三方工具……132
7.4 编译代码分析……137
7.4.1 汇编语言……137
7.4.2 机器码……138
7.4.3 命名修饰处理……140
7.4.4 字节码……140
7.4.5 动态链接……141
7.4.6 库……142
7.5 配置管理数据分析……144
7.5.1 获取存储库数据……144

7.5.2 分析元数据 ········ 145
7.5.3 分析时间序列快照 ········ 148
7.5.4 检出库分析 ········ 150
7.5.5 结合文件与元数据分析 ········ 151
7.5.6 组装存储库 ········ 152
7.6 数据可视化 ········ 153
7.6.1 图 ········ 153
7.6.2 说明图 ········ 156
7.6.3 图表 ········ 157
7.6.4 地图 ········ 159
7.7 结论 ········ 161
参考文献 ········ 161

第二部分 关注的数据和问题

第 8 章 安全数据分析 ········ 166
8.1 漏洞 ········ 166
8.2 安全性数据的注意事项 ········ 167
8.2.1 注意事项 1：有漏洞是正常的 ········ 167
8.2.2 注意事项 2：“更多的漏洞”并不总是意味着“更不安全” ········ 167
8.2.3 注意事项 3：设计级别的缺陷通常不会被追踪 ········ 168
8.2.4 注意事项 4：安全性是被消极定义的 ········ 168
8.3 度量漏洞严重性 ········ 169
8.3.1 CVSS 概述 ········ 169
8.3.2 CVSS 应用示例 ········ 170
8.3.3 CVSS 的隐患 ········ 170
8.4 收集、分析漏洞数据的方法 ········ 170
8.4.1 步骤 1：追踪漏洞从报告到修复的全过程 ········ 171
8.4.2 步骤 2：聚合源控制日志 ········ 171
8.4.3 步骤 3：确定漏洞覆盖率 ········ 172
8.4.4 步骤 4：根据工程错误进行分类 ········ 173
8.5 安全数据所提供的信息 ········ 174
8.5.1 漏洞的社会技术要素 ········ 174
8.5.2 漏洞具有长期复杂的历史 ········ 175
8.6 结论 ········ 176
参考文献 ········ 176
第 9 章 混合的挖掘代码评审数据的方法：多次提交评审与拉取请求的示例与研究 ········ 178
9.1 引言 ········ 178
9.2 使用混合方法处理的动机 ········ 178
9.3 评审过程和数据 ········ 179
9.3.1 软件审查 ········ 179
9.3.2 OSS 代码评审 ········ 179
9.3.3 微软的代码评审 ········ 180
9.3.4 基于 Google 的 Gerrit 代码评审 ········ 180
9.3.5 GitHub 中的拉取请求 ········ 180
9.3.6 数据度量和属性 ········ 181
9.4 定量的可重现性分析：分支的代码评审 ········ 182
9.4.1 研究问题 1：每次评审的提交 ········ 183
9.4.2 研究问题 2：提交的大小 ········ 183
9.4.3 研究问题 3：评审间隔 ········ 184
9.4.4 研究问题 4：评审者的参与过程 ········ 184
9.4.5 小结 ········ 185
9.5 定性分析方法 ········ 186
9.5.1 采样方法 ········ 186
9.5.2 数据收集 ········ 187
9.5.3 微软数据的定性分析 ········ 189
9.5.4 将扎根理论应用于归档数据以理解 OSS 评审 ········ 189
9.6 三角互证 ········ 190
9.6.1 使用调查来三角互证定性结果 ········ 191
9.6.2 Linux 中多次提交的分支如何评审 ········ 192
9.6.3 封闭式编码：GitHub 和 Gerrit 上的分支或修订 ········ 193
9.6.4 理解拉取请求为什么被拒绝 ········ 193
9.7 结论 ········ 194
参考文献 ········ 195

第 10 章 挖掘安卓应用程序中的异常 ··· 198

10.1 引言 ··· 198
10.2 基于描述对应用进行聚类 ··· 200
10.2.1 收集应用程序 ··· 200
10.2.2 基于 NLP 对描述进行预处理 ··· 201
10.2.3 基于 LDA 识别主题 ··· 201
10.2.4 基于 *K-means* 算法对应用进行聚类 ··· 203
10.2.5 找到最佳的集群数量 ··· 203
10.2.6 生成的应用程序集群 ··· 204
10.3 通过 API 识别异常 ··· 205
10.3.1 提取 API 的使用 ··· 205
10.3.2 敏感和罕见的 API ··· 206
10.3.3 基于距离的异常值检测 ··· 207
10.3.4 CHABADA 作为恶意软件检测器 ··· 208
10.4 实验评估 ··· 209
10.4.1 RQ1：异常检测 ··· 209
10.4.2 RQ2：特征选择 ··· 211
10.4.3 RQ3：恶意软件检测 ··· 211
10.4.4 有效性的限制和威胁 ··· 214
10.5 相关工作 ··· 215
10.5.1 挖掘 APP 描述 ··· 215
10.5.2 行为和描述不匹配 ··· 215
10.5.3 检测恶意应用 ··· 216
10.6 结论与展望 ··· 216
致谢 ··· 216
参考文献 ··· 216

第 11 章 软件制品间的修改耦合：从历史修改中学习 ··· 219

11.1 引言 ··· 219
11.2 修改耦合 ··· 220
11.2.1 为什么制品要一起修改？ ··· 220
11.2.2 使用修改耦合的好处 ··· 221
11.3 修改耦合的识别方法 ··· 222
11.3.1 原始计数 ··· 222
11.3.2 关联规则 ··· 228
11.3.3 时间序列分析 ··· 232
11.4 识别修改耦合的挑战 ··· 234
11.4.1 提交习惯的影响 ··· 234
11.4.2 检测修改耦合的实用建议 ··· 235
11.4.3 其他方法 ··· 237
11.5 修改耦合的应用 ··· 238
11.5.1 修改预测和修改影响分析 ··· 238
11.5.2 设计缺陷的发现和重构 ··· 240
11.5.3 评估软件体系架构 ··· 243
11.5.4 协作需求与社会技术的一致性 ··· 243
11.6 结论 ··· 244
参考文献 ··· 244

第三部分 实战经验

第 12 章 软件数据分析在工业实践中的应用：当研究遇上实践 ··· 250

12.1 引言 ··· 250
12.2 背景 ··· 251
12.2.1 Fraunhofer 在软件度量方面的经验 ··· 251
12.2.2 相关术语 ··· 252
12.2.3 经验方法 ··· 252
12.2.4 在实践中应用软件度量——常规方法 ··· 253
12.3 工业中实施度量方案的六个关键问题 ··· 254
12.3.1 利益相关者、需求和规划：成功度量方案的基础 ··· 254
12.3.2 度量收集：如何收集、何时收集、谁收集 ··· 256
12.3.3 空有数据，没有信息：当数据不是你所需要或期望的 ··· 257
12.3.4 领域专家的关键作用 ··· 259
12.3.5 顺应不断变化的需求 ··· 261
12.3.6 向用户传达分析结果的有效方法 ··· 262
12.4 结论 ··· 264
参考文献 ··· 265

第 13 章 在软件工程中使用数据进行决策：为软件健康提供一种分析方法……267
13.1 引言……267
13.2 软件工程度量简史……268
13.3 建立明确的目标……269
13.3.1 基准……270
13.3.2 产品目标……271
13.4 度量评审……271
13.4.1 上下文度量……273
13.4.2 约束性度量……274
13.4.3 开发度量……276
13.5 软件项目数据分析面临的挑战……278
13.5.1 数据收集……278
13.5.2 数据解释……280
13.6 示例：通过数据的使用改变产品开发……281
13.7 用数据驱动软件工程过程……284
参考文献……285

第 14 章 基于社区数据进行开源软件使用的风险管理……287
14.1 引言……287
14.2 背景……288
14.2.1 风险和开源软件的基本概念……288
14.2.2 建模和分析技术……290
14.3 OSS 使用风险管理的一种方法……292
14.4 OSS 社区结构和行为分析：XWiki 案例……293
14.4.1 OSS 社区的社交网络分析……294
14.4.2 软件质量、OSS 社区行为和 OSS 项目的统计分析……294
14.4.3 通过贝叶斯网络评估风险指标……298
14.4.4 基于 i* 模型对开源软件生态系统建模和推理……300
14.4.5 整合分析以进行综合风险评估……302
14.5 一个风险评估的案例：Moodbile 案例……303
14.6 相关工作……308
14.6.1 OSS 社区的数据分析……308
14.6.2 通过目标导向技术进行风险建模和分析……309
14.7 结论……309
致谢……310
参考文献……310

第 15 章 大型企业软件状态评估——12 年历程……312
15.1 引言……312
15.2 过程和评估的演变……313
15.3 Avaya 软件状态报告的影响……315
15.4 评估方法和机制……315
15.5 数据来源……318
15.5.1 数据精度……320
15.5.2 分析的数据类型……321
15.6 分析示例……321
15.6.1 人员分析……322
15.6.2 可预测性分析……324
15.6.3 风险文件管理……325
15.7 软件开发实践……328
15.7.1 七个原始的关键软件领域……329
15.7.2 四个有代表性的跟踪实践……330
15.7.3 实践领域示例：设计质量……330
15.7.4 个体实践的示例：静态分析……331
15.8 评估跟踪：推荐和影响……333
15.8.1 推荐示例……334
15.8.2 推荐的部署……335
15.9 评估的影响……335
15.9.1 示例：自动化构建管理……335
15.9.2 示例：风险文件管理的部署……336
15.9.3 客户质量度量的改进……336
15.10 结论……337
15.11 附录：用于输入会话的示例问题……338
致谢……339
参考文献……339

第 16 章 从软件解析实践中获得的经验教训……341
16.1 引言……341
16.2 问题选择……342
16.3 数据收集……344
16.3.1 数据集……344
16.3.2 数据抽取……350

16.4 描述性解析……352
16.4.1 数据可视化……352
16.4.2 统计报告……353
16.5 预测性解析……356
16.5.1 各种条件下的预测模型……356
16.5.2 性能评估……359
16.5.3 规范性解析……362
16.6 未来之路……364
参考文献……365

第四部分 高级主题

第17章 提高软件质量的代码注释分析……370
17.1 引言……370
17.1.1 研究及分析代码注释的益处……370
17.1.2 研究及分析代码注释面临的挑战……372
17.1.3 针对规约挖掘和缺陷检测的代码注释分析……372
17.2 文本分析：技术、工具和度量……374
17.2.1 自然语言处理……374
17.2.2 机器学习……374
17.2.3 分析工具……375
17.2.4 评估度量指标……375
17.3 代码注释的相关研究……376
17.3.1 代码注释的内容……376
17.3.2 代码注释的常见主题……376
17.4 面向规约挖掘和缺陷检测的自动化代码注释分析……377
17.4.1 应该抽取什么？……378
17.4.2 应该如何抽取信息？……380
17.4.3 推荐阅读……383
17.5 API文档的研究和分析……384
17.5.1 API文档的研究……384
17.5.2 API文档的分析……384
17.6 未来的方向和挑战……385
参考文献……386
第18章 基于日志挖掘的目标驱动型软件根本原因分析……389
18.1 引言……389
18.2 根本原因分析方法……390
18.2.1 基于规则的方法……390
18.2.2 基于概率统计的方法……390
18.2.3 基于模型的方法……390
18.3 根本原因分析框架总览……391
18.4 根本原因分析的诊断建模……391
18.4.1 目标模型……391
18.4.2 反目标模型……393
18.4.3 模型注解……393
18.4.4 贷款申请场景……394
18.5 日志约简……396
18.5.1 潜在语义索引……397
18.5.2 概率潜在语义索引……397
18.6 推理技术……397
18.7 内部故障引起失效的根本原因分析……399
18.7.1 知识表示……399
18.7.2 诊断……405
18.8 外部威胁引起失效的根本原因分析……407
18.8.1 反目标模型规则……408
18.8.2 推理……408
18.9 实验评估……410
18.9.1 检测内部故障的根本原因……410
18.9.2 检测外部操作的根本原因……411
18.9.3 性能评估……413
18.10 结论……414
参考文献……415
第19章 分析产品发布计划……417
19.1 引言和动机……417
19.2 数据密集型发布计划问题的分类……418
19.2.1 发布计划中应包含什么……418
19.2.2 发布计划的主题……418
19.2.3 发布计划的时间……418
19.2.4 发布计划的质量……419
19.2.5 可操作的发布计划……419
19.2.6 发布计划的技术债……420
19.2.7 涉及系列产品的发布计划……420
19.3 软件发布计划的信息需求……420
19.3.1 特征……421

19.3.2 特征价值······421
19.3.3 特征依赖······422
19.3.4 利益相关者······422
19.3.5 利益相关者意见和优先事项···422
19.3.6 发布准备······423
19.3.7 市场趋势······423
19.3.8 资源消耗和限制······423
19.3.9 结果合成······423
19.4 基于分析法的开放式创新范式······424
19.4.1 AOI@RP 平台······424
19.4.2 分析技术······425
19.5 分析发布计划——案例研究······428
19.5.1 互联网电视案例研究——背景与内容······428
19.5.2 问题定义······429
19.5.3 案例研究过程······430
19.5.4 高级特征依赖和协同作用下的发布计划······431
19.5.5 实时的发布计划······433
19.5.6 基于众包聚类的重新规划······436
19.5.7 结果讨论······437
19.6 结论与展望······438
19.7 附录：特征依赖约束······440
致谢······440
参考文献······441

第五部分 大规模数据分析（大数据）

第 20 章 Boa：一种支持超大规模 MSR 研究的使能语言和基础设施······446
20.1 目标······446
20.2 Boa 入门指南······446
20.2.1 Boa 的架构······446
20.2.2 提交任务······448
20.2.3 获取结果······449
20.3 Boa 的语法和语义······449
20.3.1 基本类型和复合类型······450
20.3.2 输出聚合······451
20.3.3 用量词表示循环······453
20.3.4 用户自定义函数······453
20.4 挖掘项目和仓库元数据······454
20.4.1 挖掘软件仓库的类型······454
20.4.2 示例 1：十大编程语言挖掘···455
20.4.3 内置函数······456
20.4.4 示例 2：挖掘缺陷修复的修订版本······457
20.4.5 示例 3：计算项目的搅动率···457
20.5 使用访问者模式挖掘源代码······458
20.5.1 挖掘源代码的类型······458
20.5.2 内置函数······460
20.5.3 访问者语法······461
20.5.4 示例 4：挖掘抽象语法树统计······461
20.5.5 自定义遍历策略······462
20.5.6 示例 5：挖掘添加的空检查···463
20.5.7 示例 6：找到不可达的代码···464
20.6 可复现研究的指南······465
20.7 结论······466
20.8 动手实践······466
参考文献······467

第 21 章 可扩展的并行化分布式规约挖掘······469
21.1 引言······469
21.2 背景······471
21.2.1 规约挖掘算法······471
21.2.2 分布式计算······472
21.3 分布式规约挖掘······473
21.3.1 原则······473
21.3.2 特定算法的并行化······475
21.4 实现和实验评估······480
21.4.1 数据集和实验设置······480
21.4.2 研究问题和结果······480
21.4.3 有效性威胁和当前局限性······484
21.5 相关工作······484
21.5.1 规约挖掘及其应用······485
21.5.2 软件工程中的 MapReduce······485
21.5.3 并行数据挖掘算法······486
21.6 结论与展望······486
参考文献······486

第 1 章

The Art and Science of Analyzing Software Data

软件数据分析的过去、现在与未来

Christian Bird*, Tim Menzies†, Thomas Zimmermann*

Microsoft Research, Redmond, WA, USA Computer Science, North Carolina State University, Raleigh, NC, USA†*

> 如此多的数据，却没有足够的时间来分析。

曾几何时，有关软件项目的推理因缺乏数据而受到抑制。如今，得益于互联网和开放源代码，软件项目的数据量爆炸式增长，以至于无法对它们进行人工浏览。例如，在撰写本章时（2014 年 12 月），笔者通过网络搜索显示：Mozilla Firefox 已有超过 110 万个缺陷报告，并且诸如 GitHub 的平台承载了超过 1400 万个项目。此外，软件工程数据的 PROMISE 存储库（openscience.us/repo）包含的数据集可用来对数百个软件项目进行挖掘。而 PROMISE 只是工业从业人员和研究人员方便获取的如下十几个开源代码库之一：

缺陷预测数据集	http://bug.int.usi.ch
Eclipse 缺陷数据	http://www.st.cs.uni-saarland.de/softevo/bug-data/eclipse
FLOSSMetrics	http:/flossmetrics.org
FLOSSMole	http://flossmole.org
国际软件基准比对标准组（IBSBSG）	http://www.isbsg.org
Ohloh	http://www.ohloh.net
PROMISE	http://promisedata.googlecode.com
Qualitas 语料库	http://qualitascorpus.com
软件制品仓库	http://sir.unl.edu
SourceForge 研究数据	http://zeriot.cse.nd.edu
Sourcerer 项目	http://sourcerer.ics.uci.edu
Tukutuku	http://www.metriq.biz/tukutuku
UDD 数据库	http://udd.debian.org

现在，任何项目开发过程中都可生成千兆字节的产物（如软件代码、开发人员电子邮件、缺陷报告等）。如何才能对所有这些数据进行分析和推理？答案是数据科学。数据科学是一个快速发展的领域，具有改变任何领域日常实践的巨大潜力。软件公司（例如 Google、Facebook 和 Microsoft）日益趋向于以数据驱动的方式来做决策，并且正致力于寻求数据科学家来帮助他们。

1.1 定义

对软件工程（SE）中的软件解析学进行定义是一个具有挑战性的工作，因为在不同的时期，软件解析学对于不同的人意义不同。表 1-1 列出了自 2010 年以来在各种论文中关于该概念的定义。本章的后续介绍中追溯了软件工程数据解析学几十年的发展历史。

产生如此广泛的定义的原因之一是服务的多样性以及这些服务的受众群体的多样性。软件工程数据科学涵盖的个人和团队的范围非常广泛，包括但不限于以下人员：

1）决定分配资金给该软件的用户；

2）从事软件开发或维护的开发人员；

3）决定应将哪些功能分配给开发维护人员的管理者；

4）试图减少代码运行时间的分析师；

5）围绕已知问题开发测试用例的测试工程师；

6）除了以上五类人员之外的其他人员。

表 1-1　软件解析学的几种定义

来　源	定　义
Hassan A, Xie T. Software intelligence: the future of mining software engineering data. FoSER 2010: 161-166	[软件智能]为软件从业人员（不仅仅是开发人员）提供最新的相关信息以支持他们的日常决策过程
Buse RPL, Zimmermann T. Analytics for software development. FoSER 2010:77-90	解析学的思想是将潜在的大量数据转化为真实可行的见解
Zhang D, Dang Y, Lou J-G, Han S, Zhang H, Xie T. Software analytics as a learning case in practice: approaches and experiences. MALETS 2011	软件解析学旨在帮助软件从业人员（通常包括软件开发人员、测试人员、可用性工程师和管理人员等）执行数据探索和分析，以便为围绕软件和服务的数据驱动任务获得有意义和可执行的信息
Buse RPL, Zimmermann T. Information needs for software development analytics. ICSE 2012:987-996	软件开发解析学……使得软件开发团队无须依赖单独的实体，可独立获得并共享来自数据的洞察力
Menzies T, Zimmermann T. Software analytics: so what? IEEE Softw 2013;30(4):31-7	软件解析学是针对管理人员和软件工程师的软件数据解析，目的是使软件开发人员和团队能够获得并分享来自其数据的洞察力，从而做出更好的决策
Zhang D, Han S, Dang Y, Lou J-G, Zhang H, Xie T. Software analytics in practice. IEEE Softw 2013;30(5):30-7	通过软件解析学，软件从业人员可以探索和分析数据，以获取有关软件开发、系统和用户任务的有意义和可执行的信息

如果期望用某种特定的解析学定义来涵盖软件解析学多样化的范畴，那就会显得以偏概全，不够准确。例如，表 1-2 显示了在与 100 多位软件项目经理和开发人员的访谈中看到的 9 种不同的信息需求 [1]。

其他的一些研究工作也反映了不同受众群体对于软件的广泛信息需求。例如，论文“Analyze This! 145 Questions for Data Scientists in Software Engineering”列出了 140 多种不同类型的问题，这些问题反映了软件开发人员的信息需求 [2]。值得注意的是，在软件工程数据科学家回答特定用户的特定问题之前，每种方法都可能需要开展不同类型的分析（如表 1-3 最后一列所示）。

“数据科学家”表示能够处理这些技术（以及更多）并且使其适应有不同信息需求的人。正如后面关于数据科学的起源分析所显示的，虽然没有当前环境下那么高的需求或高薪，但是数据科学家已在组织中出现了很多年。组织雇用这些数据科学家来探索本地数据，以找到最能回答业务用户最感兴趣的问题的模型 [3]。这些科学家们知道，在应用某些技术前，首先要与业务用户交流他们的特定问题及其领域的特定信息需求。

表 1-2 软件工程中数据科学可以解决的信息需求空间

	过 去	现 在	未 来
探索 寻找重要条件	**趋势** 量化软件制品如何变化 有助于理解项目方向 • 回归分析	**警报** 报告发生在软件制品上的异常变化 帮助用户快速响应事件 • 异常检测	**预测** 根据当前趋势预测事件 帮助用户做出预判 • 外推法
分析 解释条件	**概要** 简洁地表征软件制品或软件制品组的关键特征 快速将软件制品映射到开发活动或其他项目维度 • 主题分析	**替换** 交互式地比较软件制品或开发历史 帮助建立指南 • 关联分析	**目标** 发现软件制品如何根据目标进行变化 为规划提供辅助 • 根本原因分析
实验 比较可选条件	**建模** 表征常规的开发行为 促进对以往工作的学习 • 机器学习	**基准对比** 将软件制品与已建立的最佳实践相比较 有助于评估 • 显著性检验	**模拟** 在做决策之前测试决策 有助于在决策方案之间进行选择 • 假设性分析

表 1-3 信息需求（左）映射到自动化技术（右）

信息需求	描 述	见 解	相关技术
概要	搜索与时间范围相关的重要或异常因素	表征事件，理解事件发生的原因	主题分析，自然语言处理（NLP）
警报（和关联）	持续搜索变量中的异常变化或关系	注意重要事件	统计，方差分析
预测	根据当前趋势搜索并预测未来的异常事件	预测事件	外推法，统计
趋势	软件制品正如何改变？	了解项目的发展方向	回归分析
替换	哪些软件制品反映了当前活动？	理解软件制品之间的关系	聚类分析，仓库挖掘
目标	特征 / 制品在完成目标或达到其他目标的情况下正如何发生变化？	辅助规划	根源分析
建模	比较类似软件制品的抽象历史。识别历史信息中的重要因素	从以往项目中学习	机器学习
基准对比	识别软件制品之间的相似性 / 差异向量	辅助资源分配和其他决策	统计
模拟	根据其他软件制品模型模拟变化	辅助一般决策	假设性分析

1.2 过去（起源）

现在，从历史视角来继续看软件工程数据解析学。回顾过去，可以看到目前已经发展到了软件工程数据科学的第四代。本节描述了这四代软件工程数据科学的发展情况。

然而要说明的是，任何历史回顾都不能包含所有研究者的工作（对于软件工程领域的数据科学而言，尤其如此）。因此，提前向文中未提及的一些同行致歉。

1.2.1 第一代：初步工作

从人们开始编程起，程序设计本身就是一个存在缺陷的过程。正如 Wilkes[4] 回忆的他从 20 世纪 50 年代初期开始的编程经验：

"在EDSAC会议室和打孔设备之间不停地穿梭，一次'在楼梯角处的犹豫'让我猛然意识到，余生的很大一部分时间将用于寻找自己程序中的错误。"

量化规模和缺陷关系的经验研究已有几十年的时间。1971年，Akiyama [5] 描述了第一个已知的关于"规模"的定律，指出了缺陷的数量 D 和LOC（代码行）数量 i 的某种函数关系，具体如下：

$$D = 4.86+0.018*i$$

1976年，Thomas McCabe认为LOC的数量不如代码的复杂性重要 [6]。他认为，当代码的"圈复杂度"超过10时，代码更有可能存在缺陷。

编程不仅是一个本就存在缺陷的过程，它本身也很困难。基于63个项目的数据，1981年Boehm[7] 提出了一个开发工作量的估计度量，该度量在程序规模上呈指数级增长，如下所示：

$$\text{工作量} = a*\text{KLOC}\ b*\text{EffortMultipliers}$$

$$(\text{其中，} 2.4 \leqslant a \leqslant 3 \text{ 并且 } 1.05 \leqslant b \leqslant 1.2)$$

与此同时，其他研究者发现了在软件开发中重复出现的元模式。例如，20世纪70年代后期，Lehman提出了一套*软件演化规律*，描述了推动新开发的力量和减缓进步的力量之间的平衡 [8]。例如，*持续变化定律*声明，一个"e型程序"（其行为与其运行环境密切相关）必须持续地进行适应，否则就会逐渐变得不令人满意。

1.2.2　第二代：学术实验

从20世纪80年代后期开始，一些数据科学家开始使用人工智能（AI）研究中的算法来分析软件数据。例如，Selby和Porter发现决策树学习器可用来识别哪些组件可能容易出错（或开发成本高）[9]。之后，很多研究者尝试了其他AI方法来开展软件项目各个方面的预测。例如，一些研究者将决策树和神经网络应用于软件工作量的评估 [10] 或可靠性增长的建模 [11]。而另一些研究通过类比 [12] 或粗糙集 [13] 探索了基于实例的推理（也是为了估算工作量）。

1.2.3　第三代：工业实验

大约从本世纪初开始，工业界或政府组织的工作人员越来越普遍地发现数据科学也可以成功地应用于他们的软件项目。

例如，Norman Schneidewind通过布尔判别函数为NASA系统进行质量预测 [14]。同样在NASA，Menzies和Feather等人使用AI工具来探索早期生命周期模型的折中方案 [15] 或指导软件检测团队 [16]。

此外，在AT&T，Ostrand、Weyuker和Bell使用二元回归函数来识别20%的代码，其中包含大多数（超过80%）的缺陷 [17]。此阶段其他突出的工作包括：

- Zimmermann等人 [18] 使用关联规则学习从大量开源项目中识别缺陷模式。
- 与北电网络和微软合作的Nagappan、Ball、Williams、Vouk等人则表示来自这些组织的数据可以用来预测软件质量 [19-20]。

1.2.4　第四代：数据科学无处不在

在上述工作之后，在软件工程数据科学中跟踪大规模的数据增长变得越来越困难。Google、Facebook和Microsoft等许多企业经常将数据科学方法应用于它们的数据分析。自

2005 年以来，在许多会议上经常可以从工业从业者和学者那里找到将数据科学方法应用于软件项目的论文。此外，自 2010 年以来，就职于数据科学岗位的研究生的起薪水平有了显著提高。

与此同时，致力于软件工程数据科学的各种会议也出现了。在撰写此文时，许多软件工程会议论文都在使用数据挖掘技术。然而，在过去的十年里，有两个会议引领了该方向：软件仓库挖掘（Mining Software Repositories，MSR）会议及软件工程预测模型和数据分析（PROMISE）会议。这两个社区都在探索数据收集及相关的统计分析或数据挖掘方法，但每个社区都有其特别的关注重点：MSR 社区主要关注最初的数据收集，而 PROMISE 社区更关心如何提高数据分析的有效性和可重复性。本书更侧重于 MSR 社区，而另一本书 *Sharing Data and Models in Software Engineering*（Morgan Kaufmann，2014）从 PROMISE 的角度对数据分析进行了介绍。

1.3 现状

笔者在撰写本书时（2014 年 5 月），数据科学已经成为人们追捧的对象，因此产生了“泡沫”现象。过去几年中，与软件工程相关的数据量和数据类型以前所未有的速度增长，且势头不减。人们争相成为“大数据”淘金者并希冀从中获益，掀起一股“淘金热”。数据科学行业弥漫着危险的倾向，没有经验的软件“牛仔”向不熟练的商业用户出售匆忙生产的模型，丝毫不关心用户实际使用体验是否最佳或安全（例如本书中记录的最佳实践）。

在某种程度上，当前数据科学中出现的“泡沫”现象并不令人意外。如图 1-1 所示，数据科学这样的新技术通常遵循技术成熟度曲线（“hype 曲线”）。就像 20 世纪 90 年代末的网络公司一样，当前“大数据”和数据科学的繁荣充斥着不切实际的期望。但是，也正如图 1-1 中所展示的曲线变化，如果一项技术不断推陈出新，不会永远停滞在泡沫化的低谷期。基于互联网的计算技术在 1999～2001 年的“dot-gone”的崩溃中幸存下来，经过数代的演化，现在已经上升到新的可持续（和不断增长）的活动水平。我们相信，数据科学技术也必将坚挺，成为未来几十年的一项重要技术，不断茁壮成长。

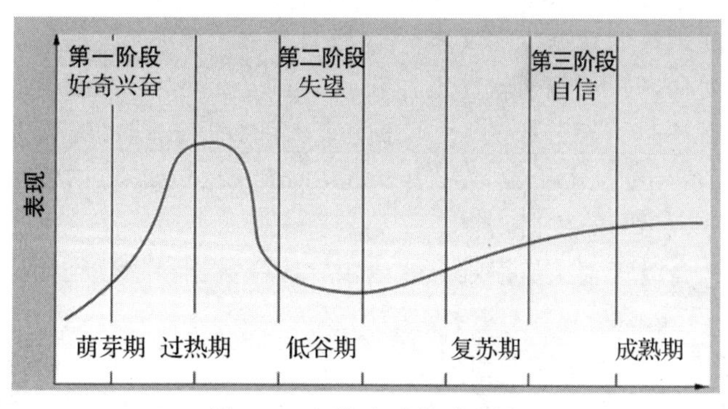

图 1-1 新技术成熟度曲线

本书旨在探究技术成熟度曲线背后的秘密，并论证一个可持续发展的数据科学行业应遵循的行之有效的原则。我们得到一个重要结论：*数据科学技术需要数据科学专家*。如本书的案例所示，软件工程领域的数据科学是一项错综复杂的任务，涉及广泛而复杂的工具组合。此外，仅仅使用这些工具是不够的，还必须充分理解它们以将它们调整和集成到一些人工级别的过程中去。因此，组织需要技能熟练的从业者、广博的人类知识和组织知识、丰富的技能集和方法的*大工具包*，才能正确使用数据科学。

例如第19章中提到的Maleknaz Nayebi和Guenther Ruhe使用的技术。下面所展示的这份技术清单比较长，但对于现在许多组织机构正在部署的数据科学解决方案具有代表性。

第19章中讨论的自动化方法包括：

- 类比推理；
- DBScan（一种基于密度的聚类算法）；
- 属性加权；
- 数据预处理（例如，过滤错误值或补充缺失值）；
- 评估学习模型的方法工具（留一法实验、不同的性能度量指标）。

但是，该章并不仅仅讨论自动化方法。回顾本章的定义，数据科学的目标是“*从数据中获取并共享洞察以做出更好的决策*”。这种“洞察”是指应对数据分析的人为反应。因此，通过人机相互作用来增强自动化工具至关重要。

Nayebi和Ruhe列举了以下几种人工分析方法：

- 定性业务建模；
- 亚马逊劳务众包平台（Amazon Mechanical Turk）；
- 组合算法与专家判断；
- 专家评判结果融合。

这些人工分析方法必须依赖训练有素的数据科学家，该群体虽然规模不大，但始终在增长。Maryalene LaPonsie称“数据科学家”是“你从未听过的最热门的职业”[21]。在该文中，她写道：“加利福尼亚大学圣地亚哥分校将数据挖掘和分析列为2011年大学毕业生第二热门职业。”

任何快速增长的领域都存在以下两个问题：

1）如何培训新人？

2）如何管理新人？

在*培训*问题上，目前大多数软件工程数据科学领域中的新人都是从一般性数据分析文本中获取关于分析的知识，如数据挖掘文本[22]、统计文本[23]等。这些文本是有用的，但它们针对的是更广泛的受众，并不包括软件工程领域中的常见问题（例如与许多领域不同，大多数软件工程指标通常不是正态分布的）。本书重点关注如何在现实的软件工程领域中应用分析方法。配套书籍*Sharing Data and Models in Software Engineering*中采用了不同的方法（通过不同的方式深入分析相同的数据）[24]。

在*管理*问题上，高级管理人员很难有效地领导研究数据科学这类颠覆性技术的团队。对此，提供以下建议：

- **并不只是硬件**：在谷歌式推理和云计算盛行的时代，人们普遍相信，一个公司可以仅仅通过建立（或租用）一个CPU集群，然后运行一些分布式算法，譬如Hadoop（http://hadoop.apache.org）或其他分布式推理机制，就可以分析大规模数据。实际并非如此，根据经验，拥有许多CPU有时很有用，但决定软件解析是否成功的关键因素很少包括硬件。比硬件更重要的是娴熟的数据科学家如何使用硬件。
- **并不只是工具**：人们经常产生的另一种误解与软件的作用有关，一些管理人员认为，如果配置正确的软件工具——Weka、Matlab等等，所有的解析问题都将迎刃而解。

事实远非如此，所有标准的数据分析工具包都内置了可能适用于特定领域的假设限定。因此，对特定自动化分析工具的过早承诺会适得其反。

笔者认为，数据科学家的一个重要作用就是为某个特定应用场景配置合适的硬件和工具。在数据科学项目的开始阶段，该领域中有哪些重要因素并不清楚，一位优秀的数据科学家可以通过许多即席查询来拨开迷雾，引领思维。随后，一旦确定了分析方法，就可以设置能最佳自动执行所有常规重复分析任务的硬件和软件工具。

如图 1-2 所示，大多数数据科学项目的发展过程均遵循这条成熟曲线。最初，项目可能从深色阴影区域（查询很多，但重复的查询很少）开始，然后沿着曲线攀升进入浅色阴影区域（反复进行少量查询），趋向成熟。图 1-2 也展示了管理数据科学项目公认的原则之一：

对于新问题，请在部署工具或硬件之前先部署数据科学家。

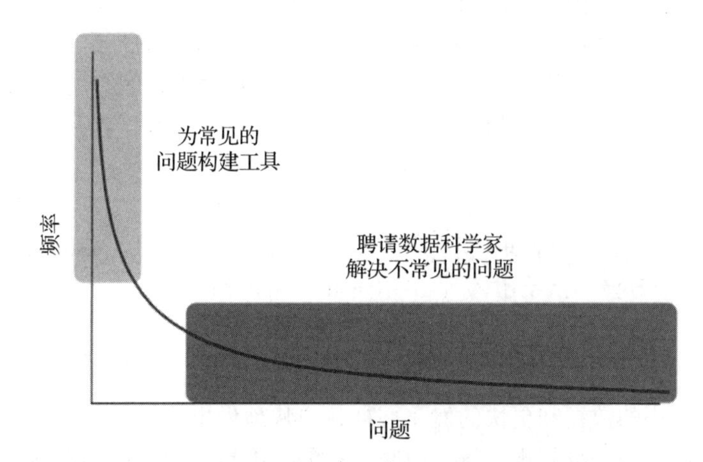

图 1-2　数据科学项目可能会从较多即席查询逐步成熟到重复使用有限数量的查询

至于其他原则，在笔者 *The inductive software engineering manifesto* 一书 [25] 中，对工业数据挖掘中最佳实践的特征做了一些讨论。综上所述，笔者总结了如下 11 条建议：

1）*并不只是硬件*。

2）*并不只是软件*。

3）*数据科学需要数据科学家*——特别是在初始分析阶段，目标就是找到最具信息表达能力的查询（应该要自动化）和适合自动化查询的硬件及软件工具。

4）*先理解用户，再确定算法*。数据挖掘算法只有被用户用于实际应用，在工业界才有用。用户视角对归纳工程至关重要，因为模型空间可以从任何数据集生成，规模巨大。在理解并应用用户目标的基础上，可以快速将归纳工程项目聚焦在一小部分最关键的问题上。

5）*广泛的技能和丰富的工具*。成功的归纳工程师会经常尝试多种归纳技术。为了达到各种可能的目标，归纳工程师应该会使用和部署各种工具。要注意的是，归纳技术有很多且不断更新。因此，须优先使用那些由大型的开发者生态系统支持的工具，因为这些开发人员不断建立新的学习者模型并更新旧的学习者模型。

6）*对于新问题，部署工具或硬件之前先部署数据科学家*。

7）*对规模的需求要有规划*。在任何工业应用中，数据挖掘经常被多次执行，以便：回答用户提出的附加问题；对技术进行增强，或修复技术中的缺陷；将技术部署到不同的用户组。也就是说，严谨的科学研究是为了确保其再现性，整个分析过程应自动使用一些高级脚本语言。

8）*及时反馈*。用户持续的及时反馈能使得必须处理的缺陷被及时发现和尽快修复，而不是浪费大量的前期投资。进行细致的研究前，优先尝试简单的工具来获得快速的反馈。

9）*不能因循守旧，而要不断开拓创新*。特别是对于以前没有挖掘过的数据，用固定的假设或方法进行归纳研究是不明智的。当一个特定的想法无法解决时，不要拒绝探索其他途径。之所以如此建议是因为数据中通常暗藏玄机：当业务规划是基于与本地数据无关的问题时，初始结果通常会改变研究的目标。

10）*做聪明的学习者*。许多重要的成果都是基于学习经验的总结，请确保检查过这些结论并进行了验证。有许多这样的验证方法，例如先对 90% 的可用数据重复分析 N 次，然后检查你的结论在所有样本中的表现如何。

11）*优先使用已有数据*。首先对已有的数据，而不是你可能希望获得的数据进行挖掘。因为可能无法控制数据的收集方式，所以在学习之前清理数据是明智的。例如，从数据集学习之前，进行实例或特征的选择性研究，可弄清楚能删除哪些虚假数据。

1.4　结论

对于参与数据科学和软件数据分析的人来说，这是一个激动人心的时代。展望未来，可预测软件工程中数据科学的更多用途。到 2020 年，可以预测的是：

- 更多不同的数据；
- 更多算法；
- 基于更多可用的数据和更快的发布周期，更快地做出决策；
- 数据挖掘已成为一种常规工作，越来越多的人将投入到数据科学领域的研究；
- 随着更多人分析和处理数据，学习素材也越来越多；
- 因为该领域随着专业的子领域越来越成熟，数据科学家和开发人员将扮演更多的角色；
- 提出更多的实时数据科学技术，以应对快速查找大数据模式的挑战；
- 为移动应用和游戏等软件系统提供更多数据科学技术；
- 社交工具对数据科学的影响更大。

对于最后一条，Harsh Pareek 和 Pradeep Ravikumar 在其论文“Human Boosting”[26] 中讨论了如何在数据挖掘工具的帮助下促进人类学习。不久之后，这种“人机回圈”的解析将变得更加普遍。

致谢

本书的工作主要由作者和审稿人完成，笔者对辛苦撰写和审阅各章节的作者和审稿人表示感谢。由于审稿人的反馈必须要在较短的时间内提交，所以他们的工作特别困难。因此，向审稿人致以衷心的感谢。

也非常感谢 Morgan Kaufmann 制作团队在设计本书包装上的辛勤工作。

参考文献

[1] Buse RPL, Zimmermann T. Information needs for software development analytics. In: ICSE 2012; 2012. p. 987–96.
[2] Begel A, Zimmermann T. Analyze this! 145 questions for data scientists in software engineering. In: ICSE'14; 2014.
[3] Menzies T, Butcher A, Cok D, Marcus A, Layman L, Shull F, et al. Local vs. global lessons for defect prediction and effort estimation. IEEE Trans Softw Eng 2013;29(6).
[4] Wilkes M. Memoirs of a computer pioneer. Cambridge, MA: MIT Press; 1985.
[5] Akiyama F. An example of software system debugging. Inform Process 1971;71:353–9.
[6] Mccabe T. A complexity measure. IEEE Trans Softw Eng 1976;2(4):308–20.
[7] Boehm B. Software engineering economics. Englewood Cliffs: Prentice-Hall; 1981.
[8] Lehman MM. On understanding laws, evolution, and conservation in the large-program life cycle. J Syst Softw 1980; 1:213–21.
[9] Porter AA, Selby RW. Empirically guided software development using metric-based classification trees. IEEE Softw 1990;7(2):46–54.
[10] Srinivasan K, Fisher D. Machine learning approaches to estimating software development effort. IEEE Trans Softw Eng 1995;21(2):126–37.
[11] Tian J. Integrating time domain and input domain analyses of software reliability using tree-based models. IEEE Trans Softw Eng 1995;21(12):945–58.
[12] Shepperd M, Schofield C. Estimating software project effort using analogies. IEEE Trans Softw Eng 1997;23(11):736–43.
[13] Ruhe G. Rough set based data analysis in goal oriented software measurement. In: Proceedings of the 3rd international symposium on software metrics: from measurement to empirical results (METRICS '96); 1996.
[14] Schneidewind NF. Validating metrics for ensuring space shuttle flight software quality. Computer 1994;27(8):50,57.
[15] Feather M, Menzies T. Converging on the optimal attainment of requirements. In: IEEE RE'02; 2002.
[16] Menzies T, Stefano JSD, Chapman M. Learning early lifecycle IV and V quality indicators. In: IEEE symposium on software metrics symposium; 2003.
[17] Ostrand TJ, Weyuker EJ, Bell RM. Where the bugs are. SIGSOFT Softw Eng Notes 2004; 29(4):86–96.
[18] Zimmermann T, Weißgerber P, Diehl S, Zeller A. Mining version histories to guide software changes. In: Proceedings of the 26th international conference on software engineering (ICSE 2004), Edinburgh, United Kingdom; 2004. p. 563–72.
[19] Nagappan N, Ball T. Use of relative code churn measures to predict system defect density. In: ICSE 2005; 2005.
[20] Zheng J, Williams L, Nagappan N, Snipes W, Hudepohl JP, Vouk MA. On the value of static analysis for fault detection in software. IEEE Trans Softw Eng 2006; 32(4):240–53.
[21] LaPonsie M. The hottest job you haven't heard of; 2011. July 5, 2011, URL: http://www.onlinedegrees.com/, http://goo.gl/OjYqXQ.
[22] Witten IH, Frank E, Hall MA. Data mining: practical machine learning tools and techniques. 3rd ed. San Francisco, CA, USA: Morgan Kaufmann Publishers Inc.; 2011.
[23] Duda RO, Hart PE, Stork DG. Pattern classification. 2nd ed. Oxford: Wiley-Interscience; 2000.
[24] Menzies T, Kocaguneli E, Minku L, Peters F, Turhan B. Sharing data and models in software engineering. Waltham, MA: Morgan Kaufmann Publishers; 2014.
[25] Menzies T, Bird C, Kocaganeli E. The inductive software engineering manifesto: principles for industrial data mining; 2011. URL: http://menzies.us/pdf11manifesto.pdf.
[26] Pareek H, Ravikumar P. Human boosting. In: Proceedings of the international conference on machine learning; 2013. URL: http://jmlr.csail.mit.edu/proceedings/papers/v28/pareek13.pdf.

第一部分

The Art and Science of Analyzing Software Data

技术教程

第 2 章　利用形式概念分析挖掘模式及其违约
第 3 章　软件项目中的文本分析
第 4 章　从软件开发制品中合成知识
第 5 章　分析 IDE 使用型数据的实用指南
第 6 章　隐含狄利克雷分布：从软件工程数据中抽取主题
第 7 章　分析产品和过程数据的工具与技术

利用形式概念分析挖掘模式及其违约

Christian Lindig*
*Testfabrik AG, Saarbrücken, Germany**

2.1 引言

通常情况下可基于某种规约对软件缺陷进行识别，但有时候也能*在没有规约的情况下发现潜在的缺陷*。实践发现：大型软件系统在其实现和行为方面有其特有的*模式*，而这些模式的偏离则与缺陷密切相关 [1]。自动分析这种偏差对于大型系统是实用的，并且特别适合于查找隐藏在这些系统中的潜在缺陷。

软件代码和行为中的模式通常是由一些程序接口相互作用形成的，通过对它们的组合，可实现特定的功能。例如，C 语言中，实现一个变参函数（像 printf）时需要使用 va_list 系列的变参宏（va_start、va_arg 和 va_end）。因此，可以发现有很多函数都调用了宏 va_start 和 va_end。例如，Ruby 1.8.4 解释器的源代码中包含 17 个这样的函数。但它也包含一个调用了宏 va_start 却没有调用宏 va_end 的函数（vafuncall）。该函数的调用模式偏差就构成了一个缺陷，在后来的版本里已被修正。

Li 和 Zhou[2] 率先提出了针对结构模式和违约的挖掘软件 PR-Miner㊀——一种从源代码挖掘编程规则并标记违约的工具。这里的模式并不限于已知的一组模式或名称的集合，而是*纯粹结构化的*。Li 和 Zhou 通过报告 Linux 内核、PostgreSQL 和 Apache HTTP Server 中昔日未知的 27 个缺陷，展示了该方法的有效性和高效性。而 PR-Miner 主要使用频繁项集挖掘来检测模式及其违约。频繁项集挖掘用于发现诸如*每个购买面包和黄油的客户也从购物车等项集中购买了牛奶*这样的隐含意义。然而，Li 和 Zhou 指出，“*频繁项集挖掘算法并非专门为此目的而设计*”，并开发了一些特定机制，例如两次应用频繁项目挖掘算法。

本章的目的不是要改进 PR-Miner 所取得的成果，而是要*改进检测结构模式及其违约的基础理论*，进而促成支撑 PR-Miner 成果的新应用。本章特别提出了模式的统一表示及其实例，揭示了模式的层次性，并提供了直观的几何解释。

本章的理论基于以下观点：任何二元关系（例如调用关系）都可以表示为交叉表，如图 2-1 所示，显示了 Ruby 1.8.4 的调用关系。如果 f 调用 g，则调用者 f 和被调用者 g 相关（用点标记）。在图中，可以在不改变潜在关系的情况下置换行（调用者）和列（被调用者）。通过选择合适的排列，可以*将模式以块的形式呈现*。图 2-1 显示了模式 {va_start，va_end} 的块以及作为此模式实例的 17 个函数。此外，函数 vafuncall 因为违反此模式被认为是存在问题的块：vafuncall 调用 va_start 但不调用 va_end，在块中留下了空缺。

㊀ 编程规则挖掘器。

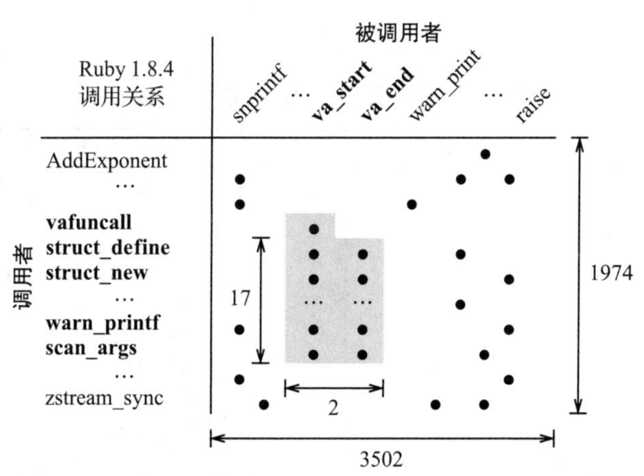

图 2-1 Ruby 1.8.4 中的调用关系。*模式* {va_start，va_end} *以块的形式呈现*。函数 vafuncall 违反了调用关系的约定，因此该*违约*可视为*问题块*

从关系中挖掘模式可以理解为识别关系块。类似地，检测模式的违约可以理解为发现问题块。不仅仅是调用关系，*可从任何二元关系中挖掘模式及其违约*。但是，为方便陈述，本章将使用调用关系作为示例。在 2.9 节中，会介绍另一个应用实例。

贡献

本章贡献如下：

- *块统一了模式及其实例*，它们之前都是分别进行表示。此外，块还能提供关于模式和违约的*几何解释*。
- *块的层次结构*可捕获块和违约的递归关系：模式对应于块，而违约与邻居块息息相关。
- 案例研究表明了该形式化表示的*效率和实用性*。可以分别在 20 秒内和 1 分钟内为 Python 解释器和 Linux 内核静态识别调用模式及其违约。
- 在模式、实例和违约以及形式概念分析 [3] 之间建立了联系，并提供了研究它们的理论。

本章其余部分组织如下：2.2 节介绍了模式和块之间的关系，2.3 节介绍了如何基于输入关系来计算它们，2.4 节说明了使用 Colibri/ML 来计算模式并引入模式违约，2.5 节介绍了模式的违约行为，2.6 节展示了如何有效地识别它们，2.7 节探讨了模式和违约间的递归关系，2.8 节报告了开源项目中进行分析的性能结果，2.9 和 2.10 节展示了程序分析中二元关系的多样性，2.11 节讨论了相关工作，最后 2.12 节对本章内容进行了总结。

2.2 模式和块

关系关联着*对象*及其*特征*，例如上面实例中的调用者和被调用者。*模式*是对象共享的一组特征。这些对象称为模式的*实例*。缺陷检测的目标是找到包含许多实例的模式，因为这些模式可用来捕获一些通用原则。正如下面将要看到的，模式和实例可通过块进行统一。

例如，Ruby 解释器包含以下模式：函数 raise 和 int2inum 被 107 个不同的函数一起调用，这些函数是*模式* {raise，int2inum} 的实例，*实例数*（107）称为模式*支持度*。

表 2-1 给出了更多的模式及其支持度，它们是从 C 语言实现的系统中的调用关系中挖掘出的，大多是关于资源分配和释放的常见的模式。有趣之处并不在于它们的存在，而是能够

在事先不知道这些函数的名称的情况下找到它们。

表 2-1　在开源项目中发现的一些模式

项　　目	支持度	模　　式
Ruby 1.8.4	17	va_start, va_end
Apache HTTP 2.2.2	20	va_start, va_end
	29	apr_thread_mutex_lock apr_thread_mutex_unlock
Linux 2.6.10	28	add_wait_queue, remove_wait_queue
	53	acpi_ut_acquire_mutex, acpi_ut_release_mutex
	27	journal_begin, journal_end
Linux 2.6.17	31	kmalloc, copy_from_user, kfree
Phyton 2006-06-20	59	PyEval_SaveThread, PyEval_RestoreThread

标题为“支持度”的列表示在项目中找到该模式的实例数。

形式上，关系 $R\subseteq\mathcal{O}\times\mathcal{F}$ 是由对组成的集合。每个对（o，f）关联一个对象 $o\subseteq\mathcal{O}$ 和一个特征 $f\subseteq\mathcal{F}$。一个模式是一组特征 $F\subseteq\mathcal{F}$，它的实例是一组对象 $O\subseteq\mathcal{O}$。给定一组对象 O，可查询这些对象有哪些共同特征；同样，给定一组特征 F，可以查询关于它的共同实例。两种情况的结果都可用素数运算符 $'$ 表示（可以将其视为集合的导数）。

定义 1（特征，实例）　给定关系 $R\subseteq\mathcal{O}\times\mathcal{F}$ 和一组对象 $O\subseteq\mathcal{O}$，对象共享特征的集合 $O'\subseteq\mathcal{F}$。同样，一组特征 $F\subseteq\mathcal{F}$ 具有实例 $F'\subseteq\mathcal{O}$，定义如下：

$$O'=\{f\subseteq\mathcal{F}|(o,f)\in R，\text{其中 } o\in O\}$$

$$F'=\{o\subseteq\mathcal{O}|(o,f)\in R，\text{其中 } f\in F\}$$

如图 2-2 所示，模式（一组特征）对应于交叉表中的块。块由两个集合组成：一个模式及其实例，它们形成块的边。该形式化定义将模式及其实例相互关联起来。

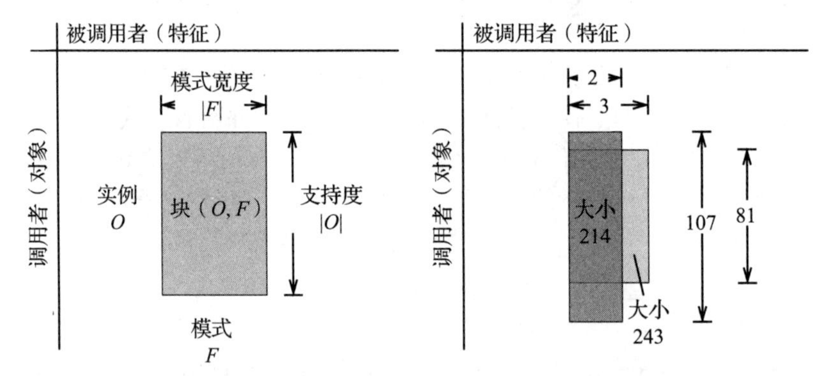

图 2-2　块是模式 F 及其实例 O 所组成的对（O，F）。重叠模式导致重叠块，其中大的模式具有较少的实例，反之亦然。块的大小可用于识别有趣的模式

定义 2（块）　对于关系 $R\subseteq\mathcal{O}\times\mathcal{F}$，*块*被定义为对象和对象特征所组成的对（$O$，$F$），满足 $O'=F$ 和 $F'=O$。基数 $|O|$ 和 $|F|$ 分别称为*支持度*和*模式宽度*。

上面定义的块如果不能在不移除特征（或对象）的情况下用额外对象（或特征）进行扩充，那么就认为其在某种程度上是最大的。

请注意，块被定义为由两个集合构成的对，因此对象和特征是无序的。但是，为了在交叉表中可视化块（O, F），这里将 O 和 F 的元素放在一起。因此，通常不能在表中同时显示所有块。

因为模式就是集合，所以它们之间可以存在子集关系。例如，Ruby 解释器包含有模式 {raise，int2inum}，它有 107 个实例。在这 107 个实例中，81 个实例的子集也调用函数 funcall2。因此，这 81 个实例可形成*更宽*的模式 {raise，int2inum，funcall2}，但该模式将具有*更少*的实例。

子集关系中的模式对应于重叠块（如图 2-2）。模式 {raise，int2inum} 由高而长的块表示，而较大的模式 {raise，int2inum，funcall2} 由宽而短的块表示。块（O, F）中 $|O|\times|F|$ 的大小可以用作识别有趣模式的标准，毕竟较大的块通常是好的候选者。

块可用来统一表达模式及其实例。

2.3　计算所有块

要寻找模式就需识别包含某种关系的块。问题是如何有效地识别感兴趣的块。

计算某个关系的所有块的问题可通过*形式概念分析*来解决[3]。块的定义对应于所谓的*形式概念*。概念（块）形成由 $(O_1, F_1)\leqslant(O_2, F_2)\Leftrightarrow O_1\subseteq O_2$ 定义的层次结构。实际上，层次结构是一个点阵（如图 2-4）。这意味着，任何两个块都具有唯一的公共子块，并且表中的两个块的任何交集也是层次结构中的块（虽然交集可能是空的）。

Ruby 解释器的调用关系有 7280 个块。从图 2-3 中的块大小（$|O|\times|F|$）的频率分布可看出，大多数块都很小。图中大小为 s 的条形柱表示满足条件的块的数量，块的大小是以 s 为中心的宽度为 10 的区间。有 6430 个规模小于等于 20 的块和 88 个规模大于等于 100 的块。同样地，7043 个模式的支持度小于等于 20，24 个模式的支持度大于等于 100。最令人感兴趣的是超过最小支持度的大块，因为它们可能代表 Ruby 实现中的一些规律。

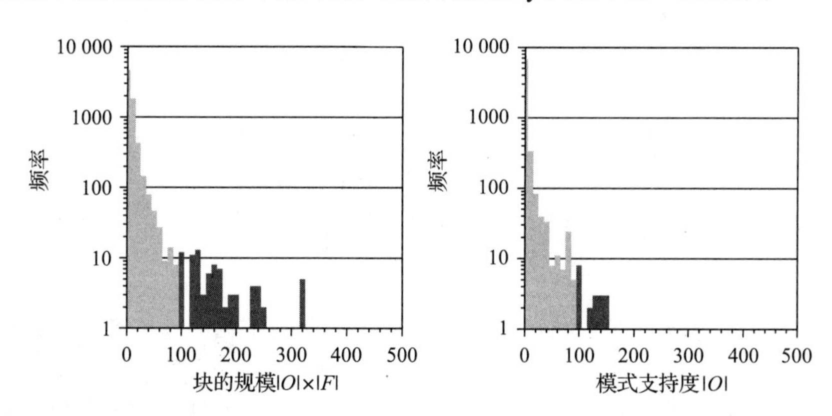

图 2-3　Ruby 1.8.4 中，块大小 $|O|\times|F|$ 的分布和模式支持度 $|O|$。在 7280 个块中，88 个块的大小大于或等于 100，24 个模式的支持度大于或等于 100，这些块在图中对应于深灰色条

关系 $R\subseteq\mathcal{O}\times\mathcal{F}$ 可以有多达 2^n 个块，其中 $n=\min(|\mathcal{O}|,|\mathcal{F}|)$。实际的块数很大程度上取决于关系（或表）的*密度* $|R|(|\mathcal{O}|\times|\mathcal{F}|)$。而指数情况仅适用于极其密集的表。Ruby（和其他系

统——参见表 2-2）的调用关系的密度低于 1%，这就是块数通常是 $O(|R|^3)$ 的原因。

表 2-2　开源项目中调用关系的统计

项　目	调用关系			
	$|\mathcal{O}|$	$|\mathcal{F}|$	密　度	块
Ruby 1.8.4	3502	1974	0.002	7280
Linux 2.6.0	11 131	7176	<0.001	11 308
Python 2.4.3	2624	1627	0.002	4870
Lua 5.1	766	664	0.005	1523
Apache 2.2.2	2256	1576	0.002	3301

通常最令人感兴趣的是具有高支持度和大尺寸的模式（或块）的比例，因此计算关系的所有块意义不大。而有效的做法是观察层次结构中表现出最高支持度的最高的块（见图 2-4）。换句话说，当在层次结构中向下移动时，支持度 $|O|$ 单调减少，而 $|F|$ 增加。块的规模 $|O|\times|F|$ 在层次结构的中间达到最大化。这些是有趣的特征，因为它们结合了具有相对较高支持度的宽模式。

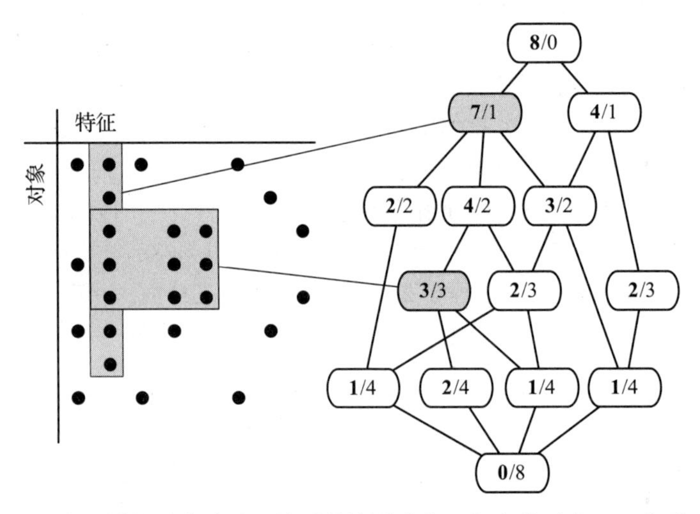

图 2-4　展示了两个这样的对应关系：关系的块形成格，每个块对应于一个形式概念。每个概念中的数字表示 $|O|$ / $|F|$：支持度和规则的宽度

算法简介

最著名的形式概念分析算法是由 Ganter 和 Wille[3] 等人提出的，该算法能有效地计算所有概念的*集合*。但是，它不会显式地计算各个概念组成的格，也不会以广度优先的方式去进行计算，这使得它不太适合于探索格中最顶层的概念。下面介绍了一种更适合且简单有效的算法，更多细节可参阅文献 [4]。

关系 $R\subseteq\mathcal{O}\times\mathcal{F}$ 的顶层概念（或块）是 $(\{\}',\{\}'')$，并且其通常作为起点。给定任何概念 (O, F)，可计算每个特征 $f\in\mathcal{F}\setminus F$ 的子概念 (O_f, F_f)，它不是 (O, F) 的一部分：$(O_f, F_f) = ((F\cup\{f\})', (F\cup\{f\})'')$。子概念集包含 (O, F) 的所有下邻，但也可能包含其他概念。以下标准仅适用于识别下邻：(O_f, F_f) 是下邻，当且仅当所有 $x\in F_f\setminus F$ 时，$(F\cup\{x\})''= (F\cup\{f\})''$。

图 2-5 给出了某个关系 R 的一个例子，其中相应的一组概念如图 2-6 所示。将概念 $(O,F)=(\{1,3,4,5\},\{a\})$ 作为探索其下邻的起点。为每个尚未归属 F 的属性计算一个概念。也就是计算 F_b 到 F_e 的概念（或至少是它们的属性集），其中每一个概念都属于 (O, F) 的子概念，但不一定是 (O, F) 的下邻。应用上面的测试发现 F_b 不属于下邻，而所有其他属性集 F_c、F_d 和 F_e 都属于下邻。直观地说，F_b 太大了，它包含诸如 e 之类的属性；当添加到 F 中时，会导致属性集与 F_b 不同（如图 2-7）。

	a	b	c	d	e
1	×		×	×	×
2		×			
3	×				×
4	×			×	
5	×		×		

图 2-5　关系 R 的示例

对象	属性
1 2 3 4 5	Φ
2	b
1 3 4 5	a
1 3	ae
1 4	ad
1 5	ac
1	acde
Φ	abcde

图 2-6　关系 R 的概念

$(O,F)=(\{1,3,4,5\},\{a\})$				
$f\in\mathcal{F}\backslash F$	b	c	d	e
$F_f=(F\cup\{f\})''$	abcde	ac	ad	ae
$F_f\backslash F$	bcde	c	d	e

图 2-7　从给定概念开始基于广度优先的方式计算概念的示例。对于 $(O, F)=(\{1,3,4,5\},\{a\})$ 的子概念，希望识别它们在格中的直接下邻。首先计算候选者的属性集 F_b，F_c，F_d 和 F_e，并测试哪些属于下邻。因为可以找到 $e\in F_b\backslash F$ 且 $(F\cup\{e\})''=\{a,e\}\neq F_b''=\{a,b,c,d,e\}$，所以 $F_b=\{a,b,c,d,e\}$ 不是 (O, F) 的下邻的属性集

上述算法在 Colibri/ML 中已实现，这是一种用于概念分析的命令行工具[5]。它采用关系的文本表示，并计算所有块以及块的违约。如上图所示，Colibri/ML 避免了从顶层的块开始计算所有块，然后只要块仍然超过给定的最小支持度，就可以广度优先地移动到较低层次的块。Colibri/ML 在本章的案例研究中表现出良好的性能（见 2.8 节）。对于非常大的系统（$|\mathcal{O}|>20000$），Stumme 等人提出了更先进的算法[6]，该算法是专为极端伸缩性所设计的。

形式概念分析可计算某个关系中的所有块。

2.4　使用 Colibri 挖掘购物车

为了说明实践中如何挖掘规则和异常，这里以购物车项集为例进行分析，这是频繁项集挖掘的一个经典例子。这些数据来自于 Brijs[7] 数据集中的前 1000 个购物车，它包含带数字的行，其中每一行代表一个购物车，每个数字代表客户购买的商品。1000 个购物车共包含 3182 种不同的产品。首先对这些购物车数据进行预处理，处理成适合 Colibri/ML 的形式，如图 2-8 所示。

第一项任务是尝试找到经常一起购买的物品。这样的一组项目称为规则，这里可以控制两个参数：此类集合中的最小项目数量以及在报告之前需要一起购买它们的最小客户数量。

图 2-9 显示了使用 Colibri/ML 分析后的结果。

```
o1: a0 a1 a2 a3 a4 a5 a6 a7 a8 a9 a10 a11 a12 a13 a14 a15
    a16 a17 a18 a19 a20 a21 a22 a23 a24 a25 a26 a27 a28 a29 ;
o2: a30 a31 a32 ;
o3: a33 a34 a35 ;
o4: a36 a37 a38 a39 a40 a41 a42 a43 a44 a45 a46 ;
o5: a38 a39 a47 a48 ;
o6: a38 a39 a48 a49 a50 a51 a52 a53 a54 a55 a56 a57 a58 ;
o7: a32 a41 a59 a60 a61 a62 ;
o8: a3 a39 a48 ;
o9: a63 a64 a65 a66 a67 a68 ;
o10: a32 a69 ;
# 990 more lines omitted
```

图 2-8　该形式的零售数据可使用 Colibri/ML 进行分析。它包含 1000 个购物车 o 和 3182 种不同的商品 a

```
$ colibri rules -rhs 3 retail-1000.dat
rule (support  82): a48 a39 a38
rule (support 106): a48 a41 a39
rule (support  48): a48 a41 a38
rule (support  67): a41 a39 a38
rule (support  41): a48 a41 a39 a38
rule (support  36): a48 a39 a32
rule (support  20): a39 a38 a32
rule (support  27): a39 a38 a36
rule (support  25): a41 a39 a32
rule (support  21): a48 a38 a110
rule (support  24): a39 a38 a110
rule (support  32): a39 a38 a170
rule (support  21): a48 a38 a170
rule (support  24): a48 a39 a1327
```

图 2-9　调用 Colibri/ML 对 1000 个购物车的数据进行规则挖掘。该工具用来识别频繁项集，其支持度至少是 20（默认）且由 3 项（由 -rhs 3 指定）或更多项组成

Colibri/ML 报告了 14 个规模大于或等于 3 的项目集，以及这些项目集在某个*支持度*下一起被购买的频率。一起购买的最受欢迎的商品是 $\{a_{48}, a_{41}, a_{39}\}$，其中 1000 个顾客中有 106 个购买。默认情况下，Colibri/ML 不会报告少于 20 个客户所购买的项目集。

鉴于此结果，商店所有者可以给这些物品一起打广告。当然也可能会问是否有客户只购买了其中的部分商品，而不是全部商品，并且可以假设顾客可能感兴趣，将当前没买的那些商品宣传给这些顾客。Colibri/ML 也可以检测到这种不完整或“有缺陷”的购买（如图 2-10）。在软件工程环境中，这些可能代表软件缺陷。

41 个客户都买了 $\{a_{38}, a_{36}\}$，3 个客户只买了 a_{36} 而没有买 a_{38}。因此，向他们宣传项目 a_{38} 可能会有所回报。同样，客户 o_{90} 可能有兴趣购买 a_{38}，因为 a_{38} 与 a_{110} 总是一起被购买。

```
$ colibri flaws retail-1000.dat
violation (confidence 0.93 support  41 gap   1 flaws   3)
  flaws (  3)        : o804 o649 o605
  rule (support  41): a38 a36
  rule (support  44): a36
violation (confidence 0.90 support  27 gap   1 flaws   3)
  flaws (  3)        : o804 o649 o605
  rule (support  27): a39 a38 a36
  rule (support  30): a39 a36
violation (confidence 0.98 support  40 gap   1 flaws   1)
  flaws (  1)        : o90
  rule (support  40): a38 a110
  rule (support  41): a110
violation (confidence 0.98 support  53 gap   1 flaws   1)
  flaws (  1)        : o700
  rule (support  53): a38 a170
  rule (support  54): a170
violation (confidence 0.97 support  32 gap   1 flaws   1)
  flaws (  1)        : o700
  rule (support  32): a39 a38 a170
  rule (support  33): a39 a170
```

图 2-10 调用 Colibri/ML 挖掘“不完整”的采购。大小为 1 的 gap 意味着某个不完整的购买中缺少一个项目。flaws 的数量表明检测到有多少具有这种不完整性的购物车

2.5 违约

当模式被表示为块时，这种模式的违约可由某个不完整的块所表示。图 2-1 中的初始示例显示了这种不完整的块，它是由模式 {va_start，va_end} 及其实例和仅调用 va_start 的一个函数所形成的。添加缺少的 va_end 调用可移除这种违约，并使块完整。

在图 2-11 的左侧更直观地说明了类似的情况。仔细检查发现，一个不完整的块实际上是两个块的组合。块 A 代表一种模式；属于块 B 子集的一些（或较少）违约者违反了该模式，其中块 A 和块 B 的模式重叠。这相当于块 B 是块层次结构中块 A 的超级块（如图 2-11 右侧所示）。它们一起在块中留出与块 A 一样宽且与块 B 一样高的间隙，间隙的宽度是违约者纠正违约所需的更正次数。

正如并非每个块都构成了一个捕获普遍性的有趣模式一样，并非每个间隙都构成了对模式的违约行为。这里只对感兴趣的块内的间隙进行分析。这意味着在考虑这种间隙之前，要知道块 A 的最小支持度。此外，我们认为某种模式的违约越少这些违约行为越可信，这表现在违约的*置信度*。

定义 3（违约，置信度） 给定由块 $A = (O_1, F_1)$ 和具有 $A < B$ 的第二个块 $B = (O_2, F_2)$ 表示的模式，对象 $O_2 \backslash O_1$ 违反了模式 F_1。如果这些违约是真实的，其*置信度*是 $|O_1| / |O_2|$。

置信度是具有特征 F_1 的任何对象也具有特征 F_2 的概率。假定某个规则，其支持度为 100 个实例且有 2 个违约，则其置信度为 100/102 = 0.98。在 Ruby 1.8.4 的初始示例中，规则 {va_start，va_end} 的支持度为 17 且有 1 个违约，那么它的置信度为 17/18=0.94。表 2-3 展示了一些来自开源项目的其他违约模式。

违约是由两个块组成的。

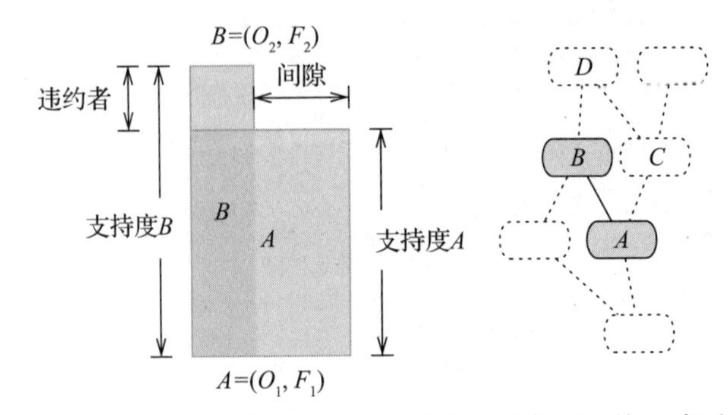

图 2-11　模式及其违约由两个块构成，这两个块是格中的邻居：块 A 表示块 B 违约的模式。这种违约的置信度取决于两个块的支持度

表 2-3　一些违约模式，带下划线的函数缺失

项　目	支持度	置信度	违约的模式
Linux 2.6.17	141	0.97	mutex_lock, mutex_unlock
Linux 2.6.16	48	0.98	down_failed, up_wakeup
Linux 2.6.0	44	0.96	kmalloc, vmalloc
Linux 2.6.0	68	0.99	printk, dump_stack
Python[①]	59	0.98	PyEval_RestoreThread, PyEval_SaveThread
Ruby[②]	24	0.96	id_each, rb_block_call

① *SVN 2006-06-20*。

② *CVS 2006-06-20*。

2.6　查找违约

如图 2-11 所示，左边的不完整块可以由块 A 和任何超级块构成，而在图 2-11 右边的部分块层次结构是由块 B、C 和 D，以及它们的所有超级块构成。

具有最高置信度的块 A 的违约行为是由块层次中块 A 的上邻来表示，即图 2-11 中的块 B 和 C，原因是当在层次结构中向上移动时，块变得越来越狭长。由于置信度实际上可表示为两个块的高度比，而要寻找的也是接近相等高度的块，因此*最近邻可用来表示具有最高置信度的模式违约*。

图 2-12 显示了图 2-1 中示例的块层次结构，每个块内的数字表示对该块表达的模式的支持度，而块之间的连接表示违约，其中有些标记为违约的置信度。正如上面观察到的那样，当在层次结构中向下移动时，模式支持度单调下降。而另一方面，*置信度是非单调的*，并且没有好的算法可用来仅识别具有最高置信度的违约。

确定违约的实用方法是仅考虑那些超出最小支持度的模式的违约行为。这些由层次结构中的顶层块所表示；在图 2-12 中，所有阴影部分是支持度大于等于 3 的块。从顶层元素开始广度优先遍历格的所有边将能发现所有有趣的违约。而最有效的做法是根据需要计算块及其相邻块，而不是事先计算所有的块。

违约对应于格中的相邻块。

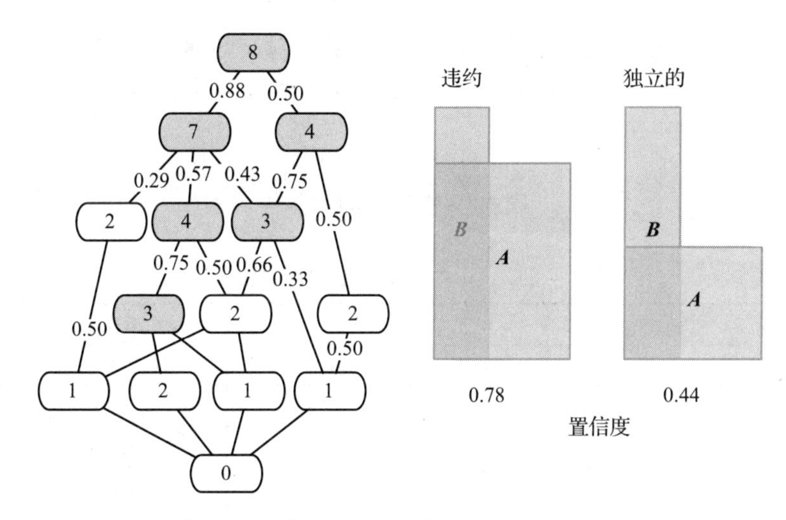

图 2-12　图 2-1 中示例的块层次结构。每个块都标有支持度，阴影块具有大于等于 3 的支持度，边的标记表示模式违约的置信度

2.7　是两种模式还是一种违约？

块层次结构的递归性导致了一个两难处境：一个块是一个模式还是导致了另一个模式的违约。

当两个块 A 和 B，满足 $A < B$，且具有几乎相同的支持度时，块 B 的违约置信度接近 1，这是图 2-11 和图 2-12 中间的情况。在这种情况下，将块 B 视为违反块 A 模式的块。

另一种情况如图 2-12 所示：两个块 A 和 B，满足 $A < B$，其中块 B 的支持度大约是块 A 的两倍。此时如果将块 B 视为违约，块 A 将会得到较低的置信度。因此，虽然块 A 和块 B 重叠但是假设它们是独立的模式是更明智的，这意味着：即使一个模式（B）是另一个模式（A）的子集，块 A 和块 B 都是正确的用法。

分析表 2-2 中项目的调用关系，可获得独立但重叠的模式。假设所有模式的支持度都至少为 20，并且违约的置信度低于 60%。在 Linux 2.6.0 内核中找不到这样的模式，在 Lua 5.1 中没有，在 Apache HTTP 中有 1 个，但在 Python 2.4.3 中有 59 个这样的模式，在 Ruby 1.8.4 中有 49 个这样的模式。例如，Python 中的一对典型的模式是：{PyType_IsSubtype，PyErr_SetString，PyErr_Format}，支持度为 42；{PyType_IsSubtype，PyErr_SetString}，支持度为 202。我们无法立即解释为什么某些系统显示有许多重叠模式，而其他系统根本没有显示任何重叠的模式。显示重叠模式的两个系统都是解释器。我们猜测它们包括相当多的函数，这些函数又调用许多函数，这样就出现了重叠模式。

除了置信度之外，还可以使用另一个标准将两个块分类为独立块或违约块：间隙的宽度（如图 2-11），这是使对象成为违反模式的实例所需的修正次数。如果模式的宽度为 5，则错误可能是缺失一次调用，而不是两次或三次调用。这样可以要求违约应该具有小的间隙。因此，如果两个块具有大约相同的高度和宽度，那么可认为仅有一个块违约了另一个块。

使用间隙宽度来识别违约需要相当宽的模式。否则，间隙宽度的约束太大，不能用作标准。我们在 C 程序中找到的模式就是这种情况，其中大多数模式的宽度为 2。

表 2-4 列出了开源项目的一些统计数据来支持此结论：标题“模式”所对应的列表示支持度至少为 20 的模式的数量及其平均宽度。标题“违约模式”所对应的列表示这些项目包

含违约行为的频率，包括函数的数量（标题“违约者”对应的列）和调用缺失的平均数（标题“间隙”对应的列）。由于平均间隙宽度介于 1 和 2 之间，因此不能将其用作把块分类为违约或模式的标准。

模式和违约是递归的。

表 2-4　C 程序中调用关系的模式和违约

项　目	模　式①		违约模式②		
	数　量	平均宽度	数　量	违约者	间　隙
Ruby 1.8.4	143	2.67	39	1.49	2.26
Linux 2.6.0	112	2.52	19	1.21	1.05
Python 2.4.3	163	2.32	8	1.00	1.62
Lua 5.1	5	2.00	0	0.00	0.00
Apache 2.2.2	25	2.08	1	1.00	1.00

① 支持度大于或等于 20。

② 置信度大于或等于 0.95。

2.8　性能

将模式及其违约视为块的层次结构不仅是一个理论模型，而且也易实现。在 2.3 节和 2.5 节中已介绍了有效的算法来计算所有块并查找大于最小支持度的模式的违约。这里报告了使用 Colibri/ML[5] 收集的一些性能数据，它是在 OCaml㊀中实现的概念分析的命令行工具。

测试对象是本章中用 C 编写的开源应用程序，从小型 Lua 解释器（12 kLoc 的 C 代码㊁），到中等规模系统（如 Apache HTTP Server（207 kLoc），Python 和 Ruby 解释器（300 kLoc，209 kLoc）），到 Linux 2.6 内核（3.6 MLoc）。对于 Linux 内核，系统的实际规模很大程度上取决于配置，因为驱动程序可以包含在内核中，或编译到模块内，甚至根本不使用。这里为小型服务器配置了一个内核，其中所有相关模块都集成到了内核中。

从每个应用程序中抽取了调用关系并分析其模式违约。通过构建每个应用程序的二进制文件，进行反汇编，并用脚本分析标记和跳转来提取调用关系。这种静态分析的速度很快，但是忽略了来自函数指针的调用和跳转。虽然这些在 C 应用程序中很少见，但这种简单的技术不适用于 C++ 或 Java，因为 C++ 和 Java 中的代码和方法调用依赖于运行时的动态调度。对于这些语言，一个简单的实验是在程序运行时记录运行过程中的代码和方法调用来辅助分析。

表 2-5 报告了分析模式违约的时间（秒）。该分析是在 Linux 上的 2 GHz AMD-64 处理器上运行，分别对不同级别的最小支持度和置信度进行处理。例如，分析 Python 支持度至少为 20 且置信度大于或等于 0.85 的所有违约需要 17.8 秒。对 Linux 内核的分析大约需要 1 分钟，而较小的系统可以在不到 20 秒的时间内进行分析。对于更高的置信度和支持度水平，分析速度会更快，因为它考虑的块更少；但是，这些参数的总体影响不会受到太大限制。

㊀　也可以作为 Colibri/Java 使用 [8]。

㊁　来自于 David A. Wheeler 的 SLOCCount 报道。

Linux 分析的内存要求约为 100 MB，其他系统的内存要求约为 20 MB。

查找模式违约是高效的。

表 2-5　在 2 GHz AMD-64 处理器上运行 Colibri / ML 的性能结果，该结果表示分析超过一个给定支持度和置信度的模式违约的调用关系所需的时间（以秒为单位）

置信度	0.80	0.85	0.90	0.95
支持度≥20				
Ruby 1.8.4	10.8	10.7	9.9	10.7
Linux 2.6.0	68.9	73.4	68.7	73.4
Python 2.4.3	19.3	17.8	19.3	19.4
Lua 5.1	0.3	0.3	0.3	0.3
Apache 2.2.2	3.1	3.1	2.8	2.9
支持度≥30				
Ruby 1.8.4	9.2	8.3	9.1	8.4
Linux 2.6.0	50.7	55.1	55.1	50.7
Python 2.4.3	15.7	14.3	15.7	14.3
Lua 5.1	0.3	0.3	0.2	0.3
Apache 2.2.2	2.8	2.5	2.8	2.5
支持度≥40				
Ruby 1.8.4	8.3	7.6	8.3	7.6
Linux 2.6.0	43.4	47.6	43.4	46.8
Python 2.4.3	14.2	12.9	14.3	12.9
Lua 5.1	0.2	0.2	0.2	0.2
Apache 2.2.2	2.7	2.4	2.7	2.7

2.9　编码顺序

对调用关系的分析是不受控制流影响的：即考虑了来自函数的所有可能的调用，而忽略了它们的顺序以及它们是否实际可行。这非常适合所介绍的框架，因为它是基于集合计算的。尽管如此，可以借鉴 Wasylkowski[9] 的方法，对流敏感分析进行编码。使用本章介绍的框架，他在 AspectJ 编译器中发现了以前未知的缺陷 #165631。

Wasylkowski 静态地观察了关于某个 Java 类 C 的对象的方法调用序列。这些调用的顺序被编码为 $C.a \prec C.b$，表示"调用 $C.a$ *可能*先于调用 $C.b$"。然后对于某个方法内部使用 C 的实例作为参数或局部变量进行分析，分析结果是关于方法（使用类 C）和方法对（$C.a \prec C.b$）之间的关系 R。对这种关系的分析揭示了异常使用类 C 的方法：例如，在 AspectJ 中检测到的缺陷是因为在调用 C.next() 之后，有缺陷的方法从未调用 C.hasNext()，但这种调用序列在其他方法中却比较常见。总的来说，他在几分钟内分析了使用近 3000 个类的 35 000 个方法。

该案例说明了可以使用适当的编码来分析不适合通过特征集表征的序列和图形。然而，这种特定的编码可能呈指数增长，因此最适合于小的图或序列。另一种方法是编码 $\prec_n$，它只考虑距离受 n 约束的节点或事件。

序列可以编码为关系以方便分析。

2.10　内联

当函数 f 调用 lock 而不是 unlock 时，这不一定是错误：f 可以调用 g，g 中转而调用 unlock。因此，f 间接调用 unlock，如图 2-13 所示。f 和 g 都违反了模式 {open，close}，但可以通过使用*内联*来避免这种假阳性错误。在调用关系中，内联适用于任何关系 $R \subseteq \mathcal{O} \times \mathcal{F}$，其中 $\mathcal{O}=\mathcal{F}$ 成立。Li 和 Zhou[2] 解释了数据流分析方面的内联。这里提供另一种解释，它仅适用于输入关系。

内联可根据以下规则从现有关系 $R^0 \subseteq X \times X$ 中得出新的关系 $R^1 \supseteq R^0$：

$$(f, g) \in R^0 \Rightarrow (f, g) \in R^1$$

$$(f, g) \in R^0 \wedge (g, h) \in R^0 \Rightarrow (f, h) \in R^1$$

在派生关系 R^1 中，函数 f 与它直接调用的函数（g）相关，也与通过一个中间函数间接调用的函数（h）相关。可以重复内联以通过两个中间函数捕获间接调用，以此类推，以考虑更多间接调用。

我们已通过赋值 close 来固定 f，但尚未通过赋值 open 固定 g。但这可以使用 ′ 运算符轻松表达：

$$(f, g) \in R^0 \Rightarrow (g, x) \in R^1 \text{ 对于 } x \in \{g\}''$$

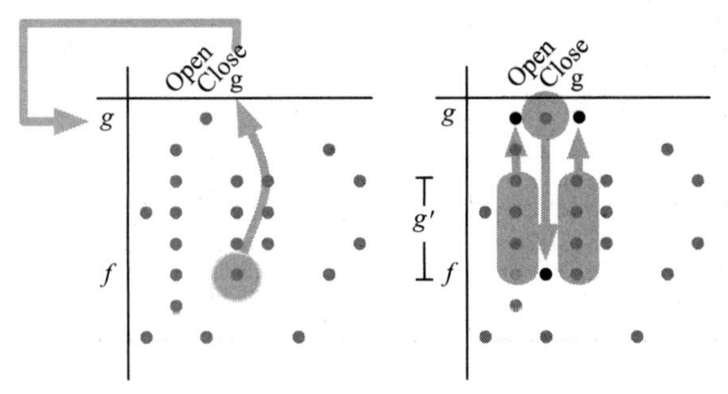

图 2-13　内联：函数 f 直接调用 open，但是通过 g 间接调用 close。内联把对 close 的间接调用指定给 f。同样，g 的所有调用者调用的所有函数也可指定给 g

对象集 g' 是调用 g 的所有函数的集合，而 g'' 是 g 的所有调用者调用的所有函数的集合，这些都被指定给 R^1 中的 g。

> **内联可以仅基于输入关系进行表达。**

2.11　相关工作

目前有很多方法可帮助识别软件缺陷。当然最好的方法是根据某种规约或测试来检查程序，然后使用失败的测试自动定位缺陷 [10]。而这里致力于没有这种外部参考的场景。相反，本章的目标是识别软件系统实施过程或其行为所表现的*模式*以及与这些模式发生的*偏离*，然后将这种偏离视为潜在缺陷。

2.11.1　挖掘模式

从程序中挖掘模式来辅助程序理解、规范或文档的生成引起了许多研究人员的研究兴趣，特别是在时态行为领域。以下所介绍的方法本身不是用来识别偏离这种概念，但是它们与挖掘偏离是相关的。

有限自动机

Cook 和 Wolf [11] 提出了关于从事件序列中学习*有限状态机*的开创性工作。Dallmeier 等人开发的 ADABU[12] 通过利用接口提供的观察者方法看到的对象状态来动态挖掘 Java 类中的自动机。Xie 和 Notkin[13] 提出了类似的方法，通过方法的返回值观察对象状态，这可产生更详细的自动机，但是该自动机不太通用。与这些动态方法不同的是，Henzinger 等人 [14] 通过重复生成候选自动机来学习*许可接口*，该候选自动机捕获合法的方法序列并根据抽象程序解释检查它们，该方法虽然易于使用，但只适用于 Java 的一个子集。

动态不变量

由 Ernst 等人 [15] 提出的工具 DAIKON 可用来挖掘动态不变量，该不变量代表了在测试执行期间保持不变的数据之间的逻辑关系，如 $a < b$ 这种类型的程序不变量。DAIKON 通过检查变量对和域之间的固定关系列表来工作，因此无法推断出新的不变量。但是，通过检查许多变量对之间的较长的关系列表，可以挖掘出多种模式。而 Hangal 和 Lam[16] 提出了基于 DAIKON 的一个更简单的变体。

2.11.2　挖掘违约

对于软件中的一致性概念，最正式和最完善的系统是类型系统，特别是类型推理 [17]。毫无疑问，它们可以防止常规错误的引入。然而，类型理论的发展会使未来的编程语言受益，而现有语言的类型系统通常太脆弱而无法表达这种一致性。因此，人们对*现有软件*中的挖掘模式和违约表现出浓厚的兴趣，其目的就是识别缺陷。

序列集

Hofmeyr 等人 [18] 通过观察系统调用序列来进行入侵检测。正常的行为是以一组短重叠序列为特征，而当出现未知序列时，则检测到异常行为。Dallmeier 等人 [19] 对这种方法进行了改进，用于 Java 程序中的缺陷定位：所提出的 AMPLE 工具通过比较对象在成功和失败的测试用例中产生的方法调用序列来进行分析，成功和失败的测试用例之间行为偏差最大的类被视为罪魁祸首。因此，与本章介绍的方法不同，此违约并不意味着详细的修复。

聚类分析

Dickinson 等人 [20] 采用聚类分析将正常程序轨迹从触发错误的轨迹中分离出来进行分析。虽然这可以捕获非常广泛的行为模式，但与本章提出的模式和违约不同，聚类分析的解释能力较弱。

关联挖掘

Liblit 等人 [21] 从抽象的角度来挖掘违约，他们统计程序失败与函数返回值（然后用于控制流语句中）和谓词间的关联，该关联具有较强的解释能力，但依赖于大量不同的程序执行来形成正常行为的统计概念。

函数对

Weimer 和 Necula[22] 从程序轨迹中学习函数调用对（例如 open/close）。他们特意查看错误处理代码中违反这些模式的行为，这些错误代码缺失了对第二个函数的调用。基于上述工作，他们发现了相当多的缺陷；而且他们的工作与其他缺陷定位方法相比也表现得比较出色。从概念上讲，这种方法学习纯粹的结构模式，而不是依赖于先验知识。与本章不同，他们的模式是有序对，而本章考虑任何规模的无序集。

检查已知模式

Engler 等人[1]将缺陷归为异常行为，并引入了一种搜索缺陷模式的工具。这种模式的每个实例的程序状态都与其该有的状态不一致，因此可能存在错误。与本章工作的不同之处在于 Engler 等人只能检测已知的不一致模式，无法找到新的模式；但另一方面，搜索已知的模式的精度通常比较高。

挖掘版本历史

Livshits 和 Zimmermann[23]从开发历史中挖掘模式，这些历史表示为添加新函数调用的一系列事务。对于每个事务，他们（使用频繁项集挖掘）挖掘了放在一起的方法调用的使用模式，并呈现给用户以确认其是否正确。在此基础上，使用动态测试来搜索违反这些模式的行为。该方法中模式的静态挖掘步骤与本章的方法类似，而违约检测则是使用程序插装和测试用例动态完成。他们对测试用例的检测仅限于函数对，而本章的方法可以检测到任何模式的违约。

2.11.3　PR-Miner

Li 和 Zhou[2]所提出的 PR-Miner 启发我们使用概念分析技术进行更好的分析，该分析可确定纯粹的结构特征集及其违约。PR-Miner 基于频繁项集挖掘，并挖掘特征*闭集*。而违约（称为“规则”）表示为隐式 $A \Rightarrow B$，其中 A 和 B 是特征闭集。

一个闭项集对应于本章方法中的模式和块，其还具有包括模式实例的优势。规则对应于本章方法中的相邻块，同样具有代表所有实例的优势，从而使理论和实现更加统一。这两种方法中的置信度概念是相同的。

上面关于 PR-Miner 的特性描述可能表明块和形式概念没有提供其他好处。然而，我们认为通过形式概念分析理论可以大大增强对 PR-Miner 所做工作的准确理解。从对挖掘、算法、块层次结构及其规模的简短解释和讨论来看，这似乎是显而易见的。将模式和实例组合成块可以用丰富的代数学知识和直观的几何学知识来解释，而这对于单独的闭项集方法是很难做到的。

Li 和 Zhou 使用现成的频繁项集挖掘达到了令人印象深刻的性能效果。他们得益于数据挖掘社区多年来开发的这些工具。但是，Colibri/ML 的性能为实际问题提供了可行的替代方案。

PR-Miner 实现了一些数据流分析，以最大限度地减少假阳性错误。它基于这样的观点：模式 $\{a, b\}$ 不仅可以通过直接调用 a 和 b 来实现，还可以通过调用 a 和 c 来实现，其中 c 又调用了 b。此分析独立于挖掘，可以针对任一系统来实施。实际上，Li 和 Zhou[2]所表达的数据流分析也可以表示为对输入关系 R 的操作，如 2.10 节所述。

除了函数调用之外，PR-Miner 还可分析变量声明。同样，这不是挖掘所固有的，但可以通过使用输入关系来在任何系统上实现。

2.12　结论

形式概念分析提供了一个实用的理论框架，用于识别二元关系中的结构模式及其违约。与以前的许多方法不同，该分析假设没有诸如名称或预定义模式之类的先验知识。已有工作表明，模式的违约与软件系统中的缺陷相关。经典的频繁项集挖掘[24]的主要好处是块（或概念）将模式及其实例统一起来，共同构成了一个已经有着深入研究的代数学。此外，它们还提供了几何解释：违约对应于交叉表中的不完整块。

关系（例如调用关系）导致了块的层次结构。每个块对应于一个模式，根据相关的置信度，相邻的块对应于独立模式或违约，这也是本章的一个主要概念。

形式概念分析为模式挖掘提供了某种复杂性结果：关系引发的块（或模式）的数量可能呈指数级增长。而指数级增长只发生在密集的关系中，调用关系则往往是稀疏的。此外，只有一小部分超过最小支持度的块是有意义的，并且可以使用本章提供的方法进行有效的计算 [5]。

形式概念分析的算法虽然缺乏用于频繁项集挖掘算法和实现的性能调优，但却很实用 [25]。我们提供了一个开源的实现，Colibri/ML，能够在 1 分钟内分析 Linux 内核的调用关系，以及在 20 秒以内分析较小的系统，如 Python 解释器。

不同于本章所研究的更一般的模式，早期关于异常检测的工作通常特别关注函数调用对 [22, 26]。但是，用 C 实现的开源项目中大多数调用模式的宽度都在 2 到 3 之间（见表 2-4）。

本章分析的起点是二元关系，这意味着是基于对象相关的特征集进行分析。正如 Wasylkowski[9] 所证明的那样，使用巧妙的编码可以克服这种表面的局限性。代码查询语言（如 CodeQuest[27]）的成功也使人振奋，它们使用关系来表示软件的核心。通过本章的分析扩展它们，将能够为模式和违约挖掘更多的源代码关系。

未来工作

挖掘模式和违约本质上并没有捕获程序执行的概念。本章希望利用这一点来提供对不可执行代码的更好支持，例如电子邮件、HTTP 或防火墙等服务的配置文件。它们控制着安全攸关的应用程序，但除了语法检查和语法高亮之外，几乎很少有其他有效的方法。而模式可以捕获从现有配置文件中学习的最佳实践。例如，模式可以表示防火墙规则中的标志的组合。在防火墙规则中部署异常标志组合之前，系统管理员可能会收到警告。我们相信，就像如今的语法高亮显示一样，编辑器可以常规性地提供这种支持。

总而言之，形式概念分析可提供这样一个实用的理论和实践框架，用来识别结构模式及其违约。

致谢

感谢与 Silvia Breu、David Schuler 和 Valentin Dallmeier 的讨论，有效帮助改进了本章节内容。

参考文献

[1] Engler D, Chen DY, Chou A. Bugs as inconsistent behavior: a general approach to inferring errors in systems code. In: Proceedings of the 18th ACM symposium on operating systems principles (SOSP-01). New York: ACM Press; 2001. p. 57–72.

[2] Li Z, Zhou Y. PR-Miner: automatically extracting implicit programming rules and detecting violations in large software code. In: Proceedings of the 10th European software engineering conf. ESEC/SIGSOFT FSE. New York: ACM; 2005. p. 306–15.

[3] Ganter B, Wille R. Formal concept analysis: mathematical foundations. Berlin/Heidelberg/New York: Springer; 1999.

[4] Lindig C. Fast concept analysis. In: Stumme G, editor. Working with conceptual structures—contributions to ICCS 2000. Aachen, Germany: Shaker Verlag; 2000. p. 152–61.

[5] Lindig C. Colibri/ML. https://github.com/lindig/colibri-ml; 2007. Open-source tool for concept analysis, implements algorithm from [4]. This was previously published on Google Code.

[6] Stumme G, Taouil R, Bastide Y, Pasquier N, Lakhal L. Computing iceberg concept lattices with Titanic. Data and Knowledge Engineering 2002;42(2):189–222.

[7] Brijs T. Retail data from the Frequent Itemset Mining Dataset Repository. http://fimi.ua.ac.be/data/retail.dat; 2014. The dataset was donated by Tom Brijs and contains the (anonymized) retail market basket data from an anonymous Belgian retail store.

[8] Götzmann D. Formal concept analysis in Java. Bachelor thesis, Saarland University, Computer Science Department; 2007. https://code.google.com/p/colibri-java/.

[9] Wasylkowski A. Mining object usage models (doctoral symposium). In: Proceedings of the 29th international conference on software engineering (ICSE 2007), Minneapolis, MN, USA; 2007. For the tool, see https://www.st.cs.uni-saarland.de/models/jadet/.

[10] Cleve H, Zeller A. Locating causes of program failures. In: Proceedings of the 27th international conference on software engineering (ICSE 2005), St. Louis, USA; 2005.

[11] Cook J, Wolf A. Discovering models of software processes from event-based data. ACM Transactions on Software Engineering and Methodology 1998;7(3):215–49.

[12] Dallmeier V, Lindig C, Wasylkowski A, Zeller A. Mining object behavior with Adabu. In: Proceedings of the 2006 international workshop on dynamic system analysis (WODA). New York: ACM Press; 2006. p. 17–24.

[13] Xie T, Notkin D. Automatic extraction of object-oriented observer abstractions from unit-test executions. In: Proceedings of the 6th international conference on formal engineering methods (ICFEM 2004); 2004. p. 290–305.

[14] Henzinger TA, Jhala R, Majumdar R. Permissive interfaces. In: Proceedings of the 10th European software engineering conference, ESEC/SIGSOFT FSE. New York: ACM; 2005. p. 31–40.

[15] Ernst MD, Cockrell J, Griswold WG, Notkin D. Dynamically discovering likely program invariants to support program evolution. IEEE Transactions on Software Engineering 2001;27(2):1–25.

[16] Hangal S, Lam MS. Tracking down software bugs using automatic anomaly detection. In: Proceedings of the 24th international conference on software engineering (ICSE-02). New York: ACM Press; 2002. p. 291–301.

[17] Pierce BC. Types and programming languages. Cambridge, MA: The MIT Press; 2002.

[18] Hofmeyr SA, Forrest S, Somayaji S. Intrusion detection using sequences of system calls. Journal of Computer Security 1998;6(3):151–80.

[19] Dallmeier V, Lindig C, Zeller A. Lightweight defect localization for Java. In: Black A, editor. European conference on object-oriented programming (ECOOP); 2005. p. 528–50.

[20] Dickinson W, Leon D, Podgurski A. Finding failures by cluster analysis of execution profiles In: Proceedings of the 23rd international conference on software engineering, ICSE 2001. Washington, DC, USA: IEEE Computer Society; 2001. p. 339–48.

[21] Liblit B, Naik M, Zheng AX, Aiken A, Jordan MI. Scalable statistical bug isolation. In: Proceedings of the ACM SIGPLAN conference on programming language design and implementation (PLDI); 2005. p. 15–26.

[22] Weimer W, Necula GC. Mining temporal specifications for error detection. In: Tools and algorithms for the construction and analysis of systems (TACAS). Lecture notes in computer science, vol. 3440. Berlin: Springer; 2005. p. 461–76.

[23] Livshits VB, Zimmermann T. Dynamine: finding common error patterns by mining software revision histories. In: Proceedings of the 10th European software engineering conference, ESEC/SIGSOFT FSE. New York: ACM; 2005. p. 296–305.

[24] Agrawal R, Srikant R. Fast algorithms for mining association rules in large databases. In: 20th international conference on very large data bases (VLDB). San Francisco, CA, USA: Morgan Kaufmann Publishers; 1994. p. 487–99.

[25] Hipp J, Güntzer U, Nakhaeizadeh G. Algorithms for association rule mining—a general survey and comparison. SIGKDD Explorations 2000;2(1):58–64.

[26] Yang J, Evans D. Automatically inferring temporal properties for program evolution. In: International symposium on software reliability engineering. Washington, DC, USA: IEEE Computer Society; 2004. p. 340–51.

[27] Hajiyev E, Verbaere M, de Moor O. CodeQuest: scalable source code queries with datalog. In: European conference on object-oriented programming (ECOOP). Lecture notes in computer science, vol. 4067. New York: Springer; 2006. p. 2–27.

软件项目中的文本分析

Stefan Wagner *, Daniel Méndez Fernández[†]
*Software Engineering Group, Institute of Software Technology, University of Stuttgart, Stuttgart, Germany**
Software & Systems Engineering, Institut für Informatik, Technische Universität München, Garching, Germany

3.1 引言

软件项目中的大多数数据本质上是文本格式的，例如需求规约、设计、文档和客户调查等。然而，文本数据很难被分析处理。目前已有很多技术和工具可以帮助软件开发人员处理和分析定量的数据，这些工具也经常用来处理大量的缺陷或代码行。然而，应该如何处理文本数据？到目前为止，如何分析此类型的数据仍有待进一步研究。

面向实践者的软件解析学已经涉及（而且将越来越多地涉及）如何使用这些文本数据。幸运的是，在文本分析研究领域有一个有趣的现象，它通常是在*文本挖掘*或*文本分析*方向上开展的。这两种方法的含义大致相同：通过系统地检索和分析文本数据来获得有效的见解，本章的例子中也是针对软件开发项目获得有效的见解。

本章中，首先对软件项目中通常包含的文本数据进行讨论和分类。在此分类的基础上讨论这些文本数据的来源以及如何检索它们。接下来，本章将介绍人工编码和分析，这是一种非常灵活但又非常精细的方法，用来构造和理解不同的文本。作为能处理大量文本和减少人工分析的一种方法，本章还探讨了当前可用的文本自动化分析（如 *n*-gram 或克隆检测）的示例。

最后，本章以一个文本数据为例介绍各种分析方法，以超文本传输协议（HTTP）和 Internet 邮件访问协议（IMAP）公开可用的规约为例对文本进行分析。对于自动化分析，本章会提供各种工具的索引，这样文中的示例就很容易使用这些工具进行重现。

3.2 软件项目的文本数据及其检索

软件项目开发过程中产生大量的文本数据。软件项目的主要结果——代码也是文本数据，但是本章更关注自然语言文本。然而，源代码通常也包含大量的自然语言文本，如代码注释。除此之外，需求规约、体系结构文档或变更请求同样包含很多文本数据。目前在软件开发项目中生成的制品还没有公认的分类标准，因此，对这些制品中包含的文本数据也无法进行统一定义。所以，作为本章其余部分的基础，本节将首先讨论不同的文本数据来源，然后对它们进行分类，以及描述如何检索这些数据以供分析。

3.2.1 文本数据

文本数据的来源

虽然软件开发人员通常处理的是形式化的语言（即编程语言），但是在软件项目中还存在许多文本数据，而这些数据大部分来自开发人员自己。任何高质量的源代码都有很大一部分是由非形式化或半形式化的文本代码注释组成的，其中包含较短的内联注释以及较长的接口或类描述（例如，Java 的 JavaDoc）。除此之外，根据所遵循的开发过程，许多文档都是由开发人员或其他相关角色（如测试人员、软件架构师和需求工程师）编写的。这些文档包括需求规约、设计和体系结构文档、测试用例、测试结果和评审结果。然而，需要考虑的不仅仅是软件开发中的“经典”文本内容，还有其他的文本来源，如团队成员通过电子邮件和聊天程序进行沟通、变更请求和提交消息，这些电子通信方式也是文本来源之一。最后，在软件项目中，特别是在产品开发环境中，客户调查和产品评审是更好地理解软件产品需求和满意度的一种常见方法，这些制品中常常也包含一些可分析的文本数据。

软件项目文本数据的分类

我们发现德国标准软件过程模型 *V-Modell XT*[⊖]的结构可用于对软件工程相关的制品进行分类，因为它比较通用并且适用于许多应用领域。它包含一些本章在软件项目文本数据分类中没有考虑到的几种详细制品，但是本章遵循一般的结构，分类如图 3-1 所示。

V-Modell XT 主要依据开发过程中不同的过程领域或学科来构建文本制品。首先是*合同文件*，比如提案书或报价书。例如，人们可能对分析公众提出的调查技术趋势的建议感兴趣。接下来是项目*计划*和*控制*中的一些文本文档。文本分析中一个有趣的例子是从项目风险列表中提取典型的风险主题来定义风险缓解点。根据*报告*将上述电子邮件进行分类，这可以为开发人员之间或开发人员与客户之间的沟通提供相关的信息。现在软件工程研究中经常分析的一个领域是*配置和变更管理*。问题报告、变更请求和提交消息都属于在项目进展中有价值的文本信息。通过*评估*，这里指的是与评估项目中其他制品相关的制品，如测试用例规约。举例来说，可以分析测试用例中使用的术语，并将其与代码中使用的术语进行比较。接下来的这三个类别对应于项目的构建阶段：*需求与分析*、*软件设计*和*软件元素*。所有这些都包含关于产品的有价值的信息。在软件元素中，还可以看到代码和代码注释，在这些代码注释中，可以检查文本分析使用的语言。*逻辑元素*包含任何其他的文档，针对讨论的主题和文档之间的关系可对这些文档进行分析。

运行示例

作为本章剩余部分的运行示例，选择 Internet 协议作为规约进行分析，该软件需求规约公开可用。Internet 工程工作组将所有开放协议作为所谓的 *Requests for Comments*（RFC）发布，因此这些文档被称为 RFC XXXX，其中“XXXX”是规约的编号。在这里选择了两个众所周知的 Internet 协议标准：HTTP 和 IMAP。希望通过它们，可以避免冗长的介绍和对该领域的潜在误解。HTTP 是当今大多数网络应用程序的应用程序级 Internet 协议，IMAP 允许访问邮件服务器上的邮箱。对于那些需要较大文本语料库的方法，可向 HTTP 或 IMAP 相关的语料库中添加额外的 RFC。

以下是 HTTP 1.1 规约 RFC 2616 的一部分，它描述了 HTTP 头中的有效注释，它表明示例所包含的文本与其他需求规约中的文本是相似的：

⊖ http://www.v-model-xt.de/。

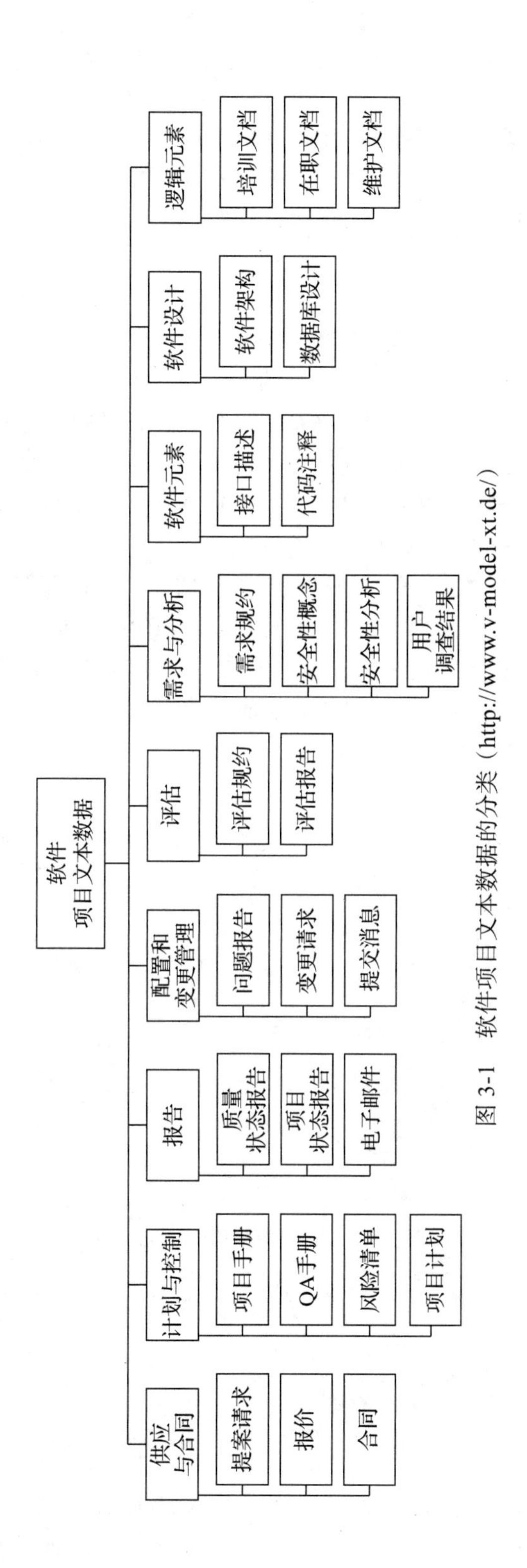

图 3-1　软件项目文本数据的分类（http://www.v-model-xt.de/）

> 可以对注释文本加括号来将注释包含到HTTP头字段中。注释只允许作为字段值出现在“comment”字段中。在所有其他字段中，括号被认为是字段值的一部分。

然而，还有其他类型的文本需要分析。3.5节的工业案例调查中的答案是自由风格的文本，并不是格式良好的完整句子。此外，代码注释通常也不是完整的句子。虽然不会在下面详细讨论该问题，但是大多数技术都可解决此问题。

3.2.2　文本检索

在软件工程项目中，由于文本来源和类型各不相同，所以第一步需要从它们的来源中收集或检索这些文本。由不同文本组成的完整的文本语料库通常来自不同的数据源，而我们需要保持这些数据源中存储的文本之间的联系。例如，经常从版本控制系统中的提交消息链接到变更管理系统中的特定变更请求，这些链接对于进一步的分析是有用的，并且应该能被检索。图3-2概述了文本语料库中文本之间保留的链接。接下来将浏览3.2节中的项目文本数据的类别，并讨论文本之间的来源和可能的链接。

供应与合同类型的文本通常不与项目其他类型的文档一起存储，它们往往以格式化文档的形式保存在文件服务器上，或作为企业资源规划（ERP）系统的一部分内容来保存。因此，需要访问文件服务器并从格式化文档中提取纯文本，或访问ERP系统来获取，ERP系统通常也具有相应的应用程序编程接口（API）来辅助检索数据。在检索数据的过程中，以项目ID或类似的方式保留与实际项目的链接。

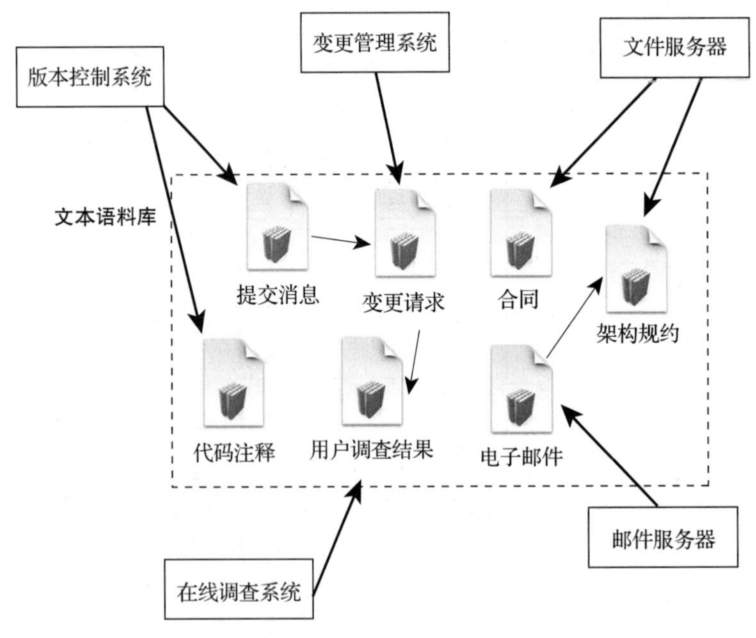

图3-2　不同数据源的文本收集

同样，计划与控制文本也经常作为格式化文档保存在文件服务器或ERP系统中。它们也以与供应与合同类型文本相同的方式进行处理。然而这些文本更有可能保存在版本控制系统中。例如，上述风险清单也可以保存为纯文本。因此，可以很容易地在

Subversion㊀或 Git㊁中处理，然后可使用相应的版本控制系统内部的 API 进行检索。这种方式允许检索不同的版本，因此可以检索文档的历史，这对于时态分析是必要的。

报告可以在格式化的文档、ERP 系统和版本控制系统中完成。质量状态报告也可以由与持续集成系统结合的质量控制系统自动生成。例如，SonarQube㊂或 ConQAT㊃可用于根据各种来源的数据自动生成质量报告。如果可以检索到这些报告，则可以直接使用它们。通常它们可能将报表作为文件保存在服务器、版本控制系统或数据库中，也会提供对所分析制品的链接，如果可能的话应该尽量保留这些链接。而电子邮件方面的文本可以很容易地从项目的中央邮件服务器中检索到。这里检索到的大多数文本数据都是敏感的，所以使用电子邮件时需要非常小心，不要违反在组织背景中建立的隐私规范，建议在此阶段对数据进行匿名处理，并且只保留指向电子邮件中显式引用的规范或代码的链接。

配置和变更管理方面的文本大多也存储在公司的数据库中，在编程上很容易获取。上面提到的版本控制系统，如票务系统（例如 *OSTicket*㊄）以及变更或问题管理系统（如 *Bugzilla*㊅和 *Atlassian Jira*㊆），它们都提供了 API 来检索所包含的文本。根据系统和可能的命名约定，除了文本之外，还可检索提交消息和变更请求之间的链接，或问题报告和变更请求之间的链接。

大部分版本控制系统还会存在更进一步的分类。有时评估（即测试或评审）报告可能单独存储在文件服务器上。此外，用户调查结果也可通过直接访问所使用的在线调查服务器来获取，这些服务器通常提供某种 API 或导出功能。否则，需要编写 Web 爬虫程序或手动检索结果。为了能够检索代码注释，还需编写一个能够区分代码和注释的提取工具。而在检索中尽可能地区分不同类型的注释也很有用，这也可能需要进行进一步的分析。

3.3 人工编码

收集了用于分析和解释的文本数据之后，需要对其进行组织和分类，这种分类通常称为*编码*。可以在编码过程中挖掘文本模式，从而达到某种解释性或探索性的目的 [1]，并以此作为进一步分析、解释和验证的基础。编码可以通过两种方式完成：人工方式或自动化方式。本节介绍编码的人工方式。3.5.1 节给出了应用人工编码过程的详细示例。

虽然人工编码通常与访谈研究相关，但这里所介绍的编码数据并不局限于抄录文本，因为文档、维基百科或源代码中给出的任何类型的文本数据都可以进行结构化（参见 3.2.2 节）。这种结构化在社会科学研究中得到了广泛的应用，在软件工程研究中也得到了广泛的关注。这些研究领域常用的一种方法是扎根理论。下面简要描述了扎根理论，但对于实际的文本分析来说，无须理解它的理论背景。

扎根理论简述

如上所述，人工编码起源于扎根理论。由于扎根理论是最常被引用的定性数据分析

㊀ http://subversion.apache.org/。
㊁ http://www.git-scm.com/。
㊂ http://www.sonarqube.org。
㊃ http://www.conqat.org/。
㊄ http://www.osticket.com/。
㊅ http://www.bugzilla.org/。
㊆ https://www.atlassian.com/software/jira。

方法[1]，同时出现了大量不同的解释，这里简要地阐明其含义。扎根理论描述了一种归纳构建“理论”的定性研究方法，即它旨在从数据中生成可测试的知识，而不是测试现有的知识[1]。为此，利用各种经验方法来生成数据，并对信息进行组织和分类以辅助推断理论。理论的本质是“从基本概念和潜在机制的角度提供解释和理解”[2-3]。在经验性的软件工程中，主要依赖于*社会理论*[4]的概念，并参考一组可证伪和可测试的陈述或假设。扎根理论作为一种定性研究方法，起源于社会科学，1967年由Glaser和Strauss[5]首次引入。Birks和Miller[1]详细介绍了扎根理论的背景以及在扎根理论发展过程中产生的类似概念。本章的剩余部分将依赖于扎根理论中介绍的术语和概念来介绍人工编码过程。

3.3.1　编码过程

人工编码是一个创造性的过程，它依赖于那些分析数据以构建编码层次结构的人的经验、观点和解释。在编码过程中，通过模式构建来概念化文本数据。先从诸如提交的注释中提取自然语言文本，将文本数据抽象出来；再构建一个从断言中抽象出来的以概念和关系为形式的模型。在编码过程中，数据通过人工进行解释。因此，这是一个赋予语句和事件解释的创造性过程。有人也会说这是在试图用不同的单个点来构造一个较大的图的过程。

已有的一些文献和书籍介绍了编码过程和相关数据检索方法的特殊性，比如为什么以及如何在访问者和被访问者之间建立信任（参见Birks和Mills[1]的扎根理论）。这些方法的核心在于编码过程本身的三个基本步骤以及一个验证步骤：

1）*开放式编码*旨在通过向文本数据中的微小的关联单元添加编码（表示关键特征）来分析数据，并将类别层次结构中设计的概念分类为一组编码的抽象，该过程重复执行直到“饱和状态”。

2）*主轴式编码*旨在定义概念之间的关系，例如“前因”或“后果”。

3）*选择式编码*旨在推导一个关键核心类别。

4）*验证*旨在确认与原始文本数据的作者一起开发的模型。

开放式编码通过从潜在的大量文本数据中进行抽象并将编码分配给单个文本单元，赋予非结构化文本初步的结构。开放式编码的结果可以是一组编码的集合，也可以是层次化结构的编码。举例来说，针对质量工程师在一家公司的访谈中给出的答案进行编码，以建立他们在需求规约中遇到的缺陷分类。在开放式编码过程中，将单个文本单元进行编码，这有可能得到缺陷的类型，比如自然语言缺陷，这些缺陷可以进一步细化，例如被动语态的句子。在进行主轴式编码时，可以在分类后的编码之间分配依赖关系。例如，质量工程师在遇到被动语态的句子时可能会产生误解，随后导致请求的变更。之后，主轴式编码过程将产生一个因果链，显示最初定义的缺陷的潜在含义。最后的选择式编码将开放式编码和主轴式编码的结果结合起来，构建一个需求缺陷及其潜在影响的整体模型。

这样就形成了一个可以应用到本章研究中并表现良好的过程。图3-3描述了基本编码过程和相关的步骤。

（人工）编码的思想——正如它在扎根理论中假设的那样——是建立一个基于文本数据的模型，即“扎根”于文本数据。由于主要目标是从文本中收集信息，需要在实际的文本检索和编码过程中采用一个相对灵活的过程。例如，在进行访谈的情况下对最初的文本进行初始编码。如果发现了一些有趣的现象，并希望对其原因有更好的理解，这样可能会改变后续访谈的问题。例如，一个被采访者说需求规格说明的低质量也与团队的动力不足有关，引出了关于动力不足的根本原因的新问题。因此，按照并发数据的生成和收集产生一个新的模型，该模型也与研究或业务目标相关。

图 3-4 显示了运行示例的编码步骤。在开放式编码步骤（图的下半部分）中，需要不断地分解数据，直到找到可以分配编码的小单元（“概念分配”）。仅该开放式编码步骤就表明不能按顺序执行整个过程，在开放式编码步骤中，如下几点建议很有用。

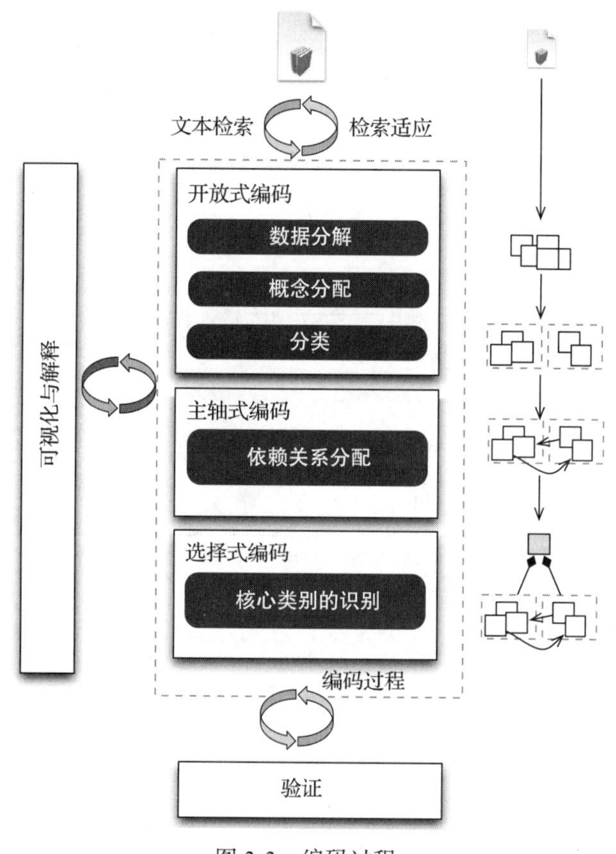

图 3-3　编码过程

- ❑ 在对文本数据（或示例）进行编码之前，先浏览一下它们以初步了解可以应用的潜在编码的内容和含义；
- ❑ 在编码过程中不断地比较编码，特别是与潜在的新文本数据的比较；
- ❑ 记下每个编码的基本原理以保持编码过程的可重现性（如果一个编码依赖于另一个分析师的独立编码，这一点尤为重要）。

有了一组编码之后，可将它们作为一种抽象方法分配到某个类别中。在运行示例中，将单个编码分配到类别“实体”和“依赖关系”；在主轴式编码过程中，在编码之间分配有向关联；最后，编码过程的最后一步应该是核心类别的识别，通常也可以由整体目标预先定义，在此例子中将其定义为“操作”。

整个编码过程将一直执行，直到达到理论的饱和状态，也就是说，当没有新的编码（或类别）被识别出来，并且所有参与的分析师都相信结果可信时，编码过程将不再执行。

3.3.2 挑战

上文所介绍的编码过程面临着各种各样的挑战，如下三个是最常见的挑战。

1）*编码是一个创造性的过程*。在分析文本数据时，将其分解成小的相关单元，并为其分配编码。在该步骤中，当遵循编码来寻找合适的细节层次时，需要能识别反映数据的预期含义的编码。这本身就表明了编码固有的主观性，需要对结果进行验证。然而，应用编码的目的是探索或解释，而不是为了验证。这意味着最终模型的验证通常要留给后续的研究。然而，这并不能证明定义模型的创造论观点是正确的。提高模型可靠性的一种方法是采用分析师三角验证（analyst triangulation），其中编码由一组人执行，或者作为内部验证的一种方法，一个编码器的编码结果（或样本）由其他编码器独立地进行重现。这可增加编码反映文本单元真正含义的可能性。如果可能的话，仍然需要和文本数据的作者或参与调查问卷的受访者一起验证所生成的模型。

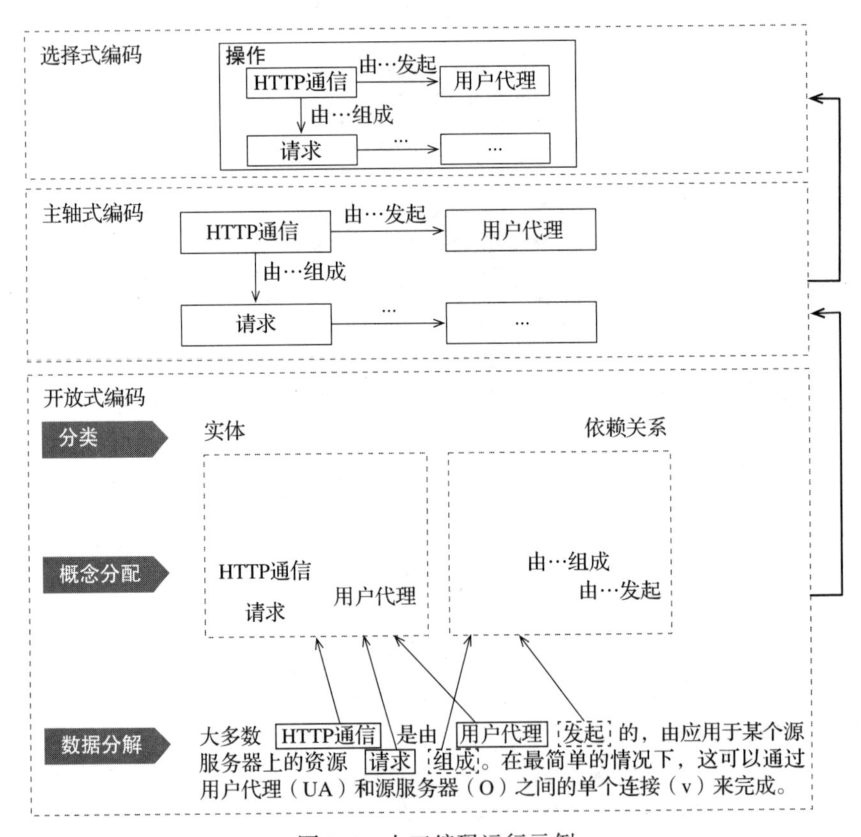

图 3-4 人工编码运行示例

2）*单独编码或团队编码*。该挑战表示的是编码本身的有效性。如前所述，编码（以及对编码的解释）是一个主观的过程，它取决于解释文本数据的编码人员的经验、期望和信念。在一定程度上，编码过程的结果是可以验证的（参见下一点）。然而，考虑到情况并非总是如此，所以还是建议采用分析师三角验证方法，将主观化程度降到最低。

3）*验证结果*。验证可分为内部验证和外部验证。内部验证是指组成编码团队，以最小化对内部有效性的威胁（上面提到的分析师三角验证）。而外部验证的目的是通过进一步访问参与者或对文本数据负有解释责任的其他人来验证最终的理论。然而，这通常是很难做到的；例如，在编码调查中采用匿名调查的结果。在这种情况下，唯一可以选择的措施就是关注内部验证，即试图在构建理论时提高其可靠性——例如，通过采用分析师三角验证。

3.4 自动化分析

正因为任何人工编码和文本数据分析都比较困难，并且很大程度上是主观臆断的，所以自动化分析应运而生，可以充分发挥其优势。尤其是近几年，自动化的自然语言处理技术已取得进展，开发人员可以利用它来分析软件数据。当然，不能用本章节来替代一本完整的自然语言处理的入门书。但我们将致力于选择一组有发展前景的技术和相应的工具，以方便读者深入了解软件工程数据中补充人工编码的方式。

3.4.1 主题建模

我们经常想要快速地了解不同的文本内容，例如，决定哪些内容需要深读或对文本进行简单的分类。主题建模就是一种自动化方法，它试图抽取每个文本文档中最重要的主题。主题建模的基本假设 [6] 是，文档是由作者希望在文档中描述和讨论的一组主题词组成的。但是，主题可能不会在文档中显式地指定，并且可能仅保留在作者的思想中。然而，对于每一个主题，笔者仍然会在文档中使用某些词去刻画。因此，对于该分析，可以认为一个主题由一组相关的词所组成，某些词在几个主题的上下文中都出现的可能性是存在的。主题建模利用这一点来提取概率，从而重新刻画主题。图 3-5 显示了从基于主题和后续主题建模的文档创建到重新发现主题的整个过程。因此，主题建模的用户不必在文档中查找任何主题，而是从文本中直接提取主题。

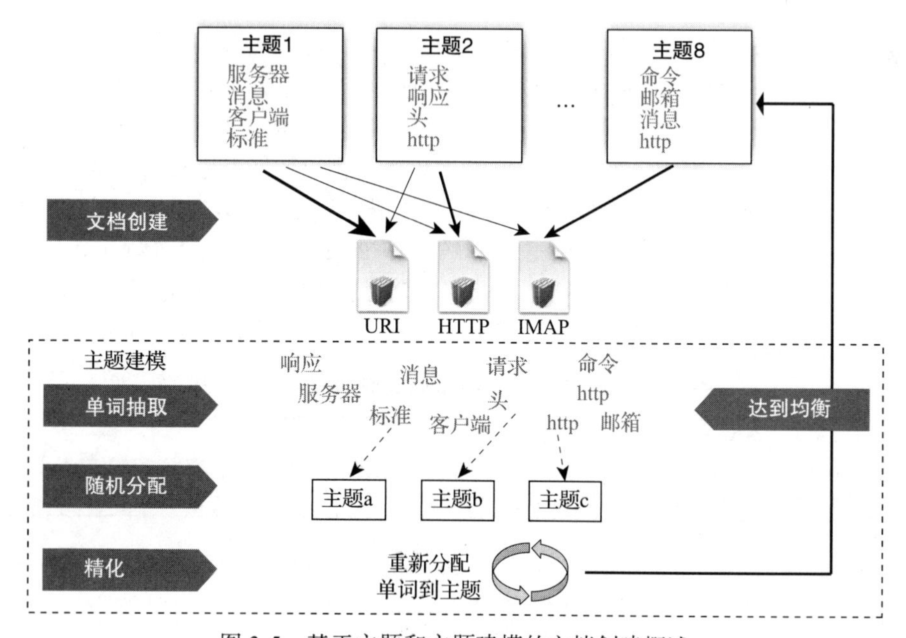

图 3-5 基于主题和主题建模的文档创建概述

从数学上讲，需要一个算法，能够将文档中提取出的单词归类到相关的主题中。最常用的算法是*隐含狄利克雷分布（latent Dirichlet allocation）模型* [7]。用户并不关心主题建模的具体算法，因为这些算法大都不精确。由于没有明确定义的目标（主题），因此无法定义精确的算法。算法通常是先将主题随机分配给单词，然后使用贝叶斯概率模型逐步优化分配，最后达到均衡值并且无法改进分配时，就有了最匹配的文档语料主题。

软件工程数据中主题建模的使用非常广泛。例如，如果软件有大量的规范需要遵守，可以根据它们共享的主题生成文档网络。幸运的是，有开放的、实用的工具来支持构建主题图。*Mallet*⊖是用 Java 编写的，允许用户使用命令行来运行它或使用 API 将其添加到自己的分析软件中。因此，主题建模是获取关于大型文档语料库概览的实用工具。

针对前文所述的 RFC 规约示例进行主题建模，可通过使用 Mallet 重建 HTTP 和 IMAP 相关的几个有用的主题。图 3-5 还列举了一些重新发现的主题。统一资源标识符规范的首要主题包含*服务器*、*消息*、*客户端*和*标准*。对于 HTTP 规范，可以得到术语*请求*、*响应*、*头*和 *http*；对于 IMAP 规范，可以得到*命令*、*邮箱*、*消息*和 *http*。并非每个主题中的每个单词都有用，甚至有些单词会让人困惑，例如 IMAP 中的 *http*，但大多数主题都很好地概括了规范的内容。此外，每个文档可以有多个主题，图 3-5 通过箭头的粗细显示了这一点。

对于不适合主题建模的小文档，一个简单的替代方法是词云（参见 3.4.5 节）或词频统计。这些不能显示单词间的语义关系，但是通过单词出现的频率可推断出单词的重要性。可用的 Web 工具（例如 Voyant⊜）还可以显示所选单词在文本中出现的上下文，从而提供初始的语义风格。

主题建模只能粗略地概括由重要单词组成的中心主题，进一步的分析和解译需要人工进行。然而，主题建模在人工编码之前可能是一个有趣的预分析，找到的主题可以形成编码的初始想法，进而通过编码器来详细检查它们的上下文并进行标记。

3.4.2 词性标记和关系抽取

对文本语料库语法进行详细的分析有助于深入研究大型语料库的含义。通常第一步是用相关的语法属性来对每个单词进行标注，也称为*词性*（POS）标记，简单来说，就是分析哪个词是名词、动词或形容词。当前的 POS 标注工具 [8] 能注释更多的方面——例如动词的时态，这些标注工具通常使用机器学习技术来构建语言模型以便能够进行标记。

以表 3-1 中 HTTP 1.0 规范中的一句话为例。使用*斯坦福对数线性词性标注器（Standford Loglinear Part-Of-Speech Tagger）* [9] 对这句话进行了 POS 标记。标记过程中，以下划线作为分隔符，然后将标签附加到每个词。该标签方法使用的是 POS 的通用缩写系统。例如，“DT”是一个限定词，“NN”是一个单数名词，完整的缩写列表可在文献 [10] 中找到。

表 3-1 来自 RFC 1945 的带有 POS 标记的句子

来自 RFC 1945 的原始句子
The Hypertext Transfer Protocol (HTTP) is an application-level protocol with the lightness and speed necessary for distributed, collaborative, hypermedia information systems.
POS 标记的句子
The_DT Hypertext_NNP Transfer_NN Protocol_NNP -LRB-_-LRB- HTTP_NNP -RRB-_-RRB- is_VBZ an_DT application-level_JJ protocol_NN with_IN the_DT lightness_NN and_CC speed_NN necessary_JJ for_IN distributed_VBN ,_, collaborative_JJ ,_, hypermedia_NN information_NN systems_NNS ._.

⊖ http://mallet.cs.umass.edu/。

⊜ http://voyant-tools.org。

词性标注完成后，可提取主要名词，这些名词构成系统域概念的一部分。在该例子中，如果组合连续的名词，可以找到 “Hypertext Transfer Protocol” “HTTP” “protocol” “lightness” “speed” 和 “hypermedia information systems”。这些名词已经捕获了例句的许多主要概念，还可用形容词进一步限定它们。例如，该例句不仅涉及超媒体信息系统，还涉及 “协作式的” 超媒体信息系统。然而，在该例子中，也看到了分析中存在的问题，单词 “distributed” 被标记为动词（“VBN”）而不是形容词，这可能会影响到自动化分析。

对文本进行 POS 标记的应用非常广泛。在软件工程领域中的一个具体例子是从规约中提取域信息，以生成设计模型或代码框架。例如，Chen[11] 研究了英语散文规范的结构，以创建实体关系（ER）图。简单地说，他将名词映射到实体，将动词映射到关系。例如，RFC 1945 中的如下句子：

> Most HTTP communication is initiated by a user agent and consists of a request to be applied to a resource on some origin server.

可以将句子转换成五个实体：*HTTP communication*、*user agent*、*request*、*resource* 和 *origin server*。它们之间的关系是 *is initiated by*、*consists of*、*to be applied to* 和 *on*。生成的 ER 图如图 3-6 所示。

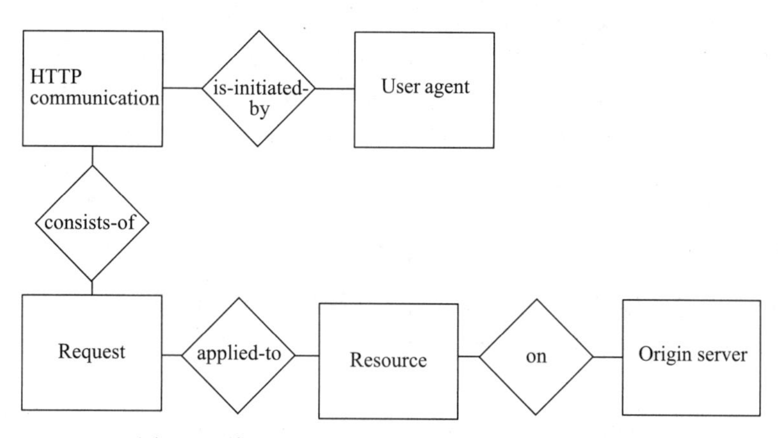

图 3-6　从 RFC 1945 的一个句子中导出的 ER 图

Abbott[12] 提出了类似的方法来创建基于文本规约的 Ada 代码的第一个框架。Kof [13] 从文本规约中构建了一个本体，用于推导初始组件图和消息序列图。 所有这些方法都可帮助弥合从文本规约到更进一步、更形式化的制品之间的差距。然而，在其他类型的软件工程文本制品上也可使用多种其他的 POS 标记应用程序。例如，可以通过检测诸如被动语态等需求的意图来评估需求规约的质量 [14]。此外，POS 标记还可以通过突出显示不同颜色的名词、形容词和动词来作为人工编码中的预处理步骤，帮助他们快速掌握主要概念。

3.4.3　*n*-gram 模型

计算语言学家正在研究有效地预测句子中下一个词的方法。实现这一目标的一种方法是查看紧接在前面的词。“在分析大量文本的基础上，可以知道哪些词语倾向于放置在其他词语后面” [15]。因此，需要创建一种对前面这些词进行分组的方法。一种流行的方法是构建一个模型，将具有相同的前 n−1 个词的词进行分组，该模型被称为 *n*-gram 模型。*n*-gram 是一

段文本中 *n* 个词的连续序列。基于 *n*-gram 的文本分析，其目的并不在于抽取出文本的内容，而在于对文本的属性进行分类或预测。

近年来，*n*-gram 模型得到了广泛的关注。部分关注来自于 *Google Ngram Viewer*[㊀]在 Google 数字化图书方面的可用性。可以用它表达每年某个 *n*-gram 相对于所有书籍中所有 *n*-gram 的百分比。例如，对于“软件工程”这个词组，可以看到在 20 世纪 90 年代初期出现飙升，并且在本世纪的前十年大致持平。所以，*n*-gram 的一个应用是对比词在不同文本中或随时间发生的频率。

n-gram 的另一个有趣的应用是将文本按照各自的语言进行分类。在已经学习的不同语言模型的基础上，*n*-gram 可以识别给定文本的语言。想象一下，你的公司政策是用英语撰写所有文件，包括规约和代码注释。然后，分析师使用 *n*-gram 模型可以在代码和其他文档中查找非英语文本。另一个例子是自动将规约的章节内容分类为技术内容和领域内容，该场景下的一个有用工具是 *Java Text Categorizing Library*[㊁]，它还附有一组 *n*-gram 语言模型，也可以训练其他类别文本或语言。当将 RFC 规约文档作为运行示例发送到 Java Text Categorizing Library 时，它正确地将它们归类为用英语编写。

在软件工程中还有关于深入使用 *n*-gram 模型的实例。Hindle 等人 [16] 研究了源代码的自然性，他们为源代码构建了 *n*-gram 模型，然后预测了如何在现代集成开发环境中完成类似于代码自动补全的代码片段生成。Allamanis 和 Sutton [17] 以 Hindle 等人的工作为基础，创建了 GitHub 中可用的整个 Java 语料库的 *n*-gram 语言模型。使用这些模型，他们通过预测给定代码序列的困难程度来推导建立一种新的复杂度度量。这种复杂性度量隐含的想法是：复杂的源代码是难以预测的。因此，预测代码与实际源代码片段匹配得越差，它就越复杂。这些应用对于广泛的工业用途尚不成熟，但可说明这些分析技术具有广阔的应用前景。

3.4.4　克隆检测

克隆检测是一种在代码分析中诞生的静态分析技术，也可用于各种文本分析。它是一种强大的技术，可识别出软件的语法冗余，同时它也是一种高度自动化的技术。

何谓克隆?

克隆是软件开发制品的一部分并且会多次出现。现在大多数的克隆检测都集中在代码克隆上，但克隆可能发生在任何制品中。在代码中，它通常是编程期间的正常实践结果：开发人员意识到他们已经在其他地方实现了类似的东西，他们复制代码的一部分并对其进行修改，以符合新的需求。这对开发人员来说轻而易举，但我们常常希望开发人员会执行重构以删除引入的冗余，这相对而言比较困难，因为常常受到时间的制约或是开发人员本身并没有意识到这是个问题。

开发人员通常不会创建代码段的精确副本，但会修改某些标识符，甚至会添加或删除某些代码行。克隆的概念也包含了这一点。为了将某些东西识别为克隆，可以在某种程度上进行归一化，例如不同的标识符和格式化。如果更改、添加或删除了完整的语句（或文本行），则被认为是*有差异的克隆*（*gapped clone*）。在克隆检测中，必须校准该差异应该允许的大小。如果设置得太大，某些时候一切都将成为克隆。然而，具有三到五行差异的克隆可能非

㊀ http://books.google.com/ngrams。

㊁ http://textcat.sourceforge.net。

常有趣。

如上所述，克隆检测不限于源代码。如果特定的检测方法允许，可以在任何类型的文本中找到克隆。例如，笔者在文本需求规约中使用了克隆检测工具，发现存在大量的需求克隆，3.5.2 节将详细讨论该工作。工具 ConQAT ㊀中的克隆检测是基于可以在任何文本中都存在的 token 来实现的，这一点很好地证明了克隆检测技术是切实有效的。由于无法区分标识符，因此无法进行标准化。

克隆的影响

今天在一些研究中仍然存在着对克隆是否是个问题的质疑 [18]，而 Martin[19] 指出“重复可能是软件的万恶之源”。许多因素都会影响克隆产生的效果。在笔者的研究中，发现克隆有两个明显的负面影响。

首先，不可否认的是，软件变得比它原本所需求的更大。每个文本副本都会增加文本的规模，这通常可以通过简单的重构来避免。也存在一些情况，重构将增加一些额外的复杂性，反而影响了避免克隆的积极效果。然而，在大多情况下，重构将支持文本的可读性。软件代码库的规模关系到读取、修改、评审和测试所需的工作量。评审工作量会大幅增加，评审人也常会因为阅读大量类似文本而感到沮丧。

其次，克隆还可能导致不必要的错误。文献 [20] 使用几个工业系统和一个开源系统开展了一项经验研究，其中特别研究了这些系统的代码中的差异克隆（gapped clone）。我们调查了所有发现的差异克隆，并检查这些差异是否是故意的以及它们是否构成错误，从而发现克隆之间几乎所有无意的不一致（差异）都是错误。通过这种方式，在已经运行了几年的 5 个系统中识别了 107 个故障。因此，克隆也是对程序正确性的一种严重威胁。

克隆检测技术

目前已有各种技术和工具可以帮助检测不同制品中的克隆 [21]。它们的范围从基于 token 的比较 [22] 到抽象语法树 [23] 的分析到更多语义相关的分析，如内存状态 [24]。在以下示例中，使用上面提到的工具 ConQAT 来定期检查代码和其他制品中的克隆，它适用于许多实际环境。用于分析克隆的度量主要是*克隆覆盖率*，它描述了随机选择的文本行在系统中不止一次（作为克隆）存在的概率。在研究中，源代码的代码克隆覆盖率通常在 20% 到 30% 之间，但 70% 到 80% 的情况也并不罕见。最佳的代码通常具有个位的克隆覆盖率数值。对于其他制品，给出平均值更加困难，但在需求规约中发现克隆覆盖率高达 50%[25]。

一般来说，误报往往是静态分析中的一个大问题。但是对于克隆检测，几乎可以完全摆脱此问题。对于某个上下文，它需要对克隆检测方法进行较小程度的校准，但是剩余的假阳性率可以忽略不计。例如，ConQAT 提供了单个克隆的黑名单，并且可以忽略描述文本的正则表达式，例如版权标题或生成的代码。最后，使用工具 ConQAT 提供的几个可视化功能来控制克隆：趋势图显示克隆是否在增加，或者树形图显示系统的哪些部分受到克隆的影响。

运行示例

在 HTTP 和 IMAP 的 RFC 上运行 ConQAT 标准的文本克隆检测。通过检查识别到的克隆，结果发现了几个误报——例如，版权标题在所有文档中都是类似的。虽然这些都是副本，但我们并不在意，因为不必详细阅读它们或将它们的差异进行比较。可通过为 ConQAT

㊀ http://www.conqat.org/。

提供相应的正则表达式来忽略这些标题。图 3-7 显示了 RFC 2616 中剩余克隆的示例。它描述了 HTTP 类型的两种变体，它们大致相同。人工检查两个克隆实例之间的相同和不同之处是一个无聊且容易出错的过程。因此，克隆分析可用于指向应删除的文本部分，从而更容易理解规约。

```
Media Type name:          message
Media subtype name:       http
Required parameters:      none
Optional parameters:      version , msgtype
     version: The HTTP—Version number of the enclosed message
              (e.g., "1.1"). If not present, the version can be
              determined from the first line of the body.
     msgtype: The message type — "request" or "response". If not
              present, the type can be determined from the first
              line of the body.
Encoding considerations:
```

```
Media Type name:          application
Media subtype name:       http
Required parameters:      none
Optional parameters:      version , msgtype
     version: The HTTP—Version number of the enclosed messages
              (e.g., "1.1"). If not present, the version can be
              determined from the first line of the body.
     msgtype: The message type — "request" or "response". If not
              present, the type can be determined from the first
              line of the body.
Encoding considerations:
```

图 3-7　RFC 2616 的文本克隆

总体而言，来自 HTTP 和 IMAP 规约的所有 11 个分析文档的克隆覆盖率为 27.7%。克隆覆盖率相当均匀，如图 3-8 中的树形图所示。树形图将每个文件显示为矩形。矩形的大小表示文件的大小，颜色表示克隆覆盖率。矩形越暗，此文件的克隆覆盖率越高，即使对于更多数量的文档来说，也可快速提供关于它们的概览。

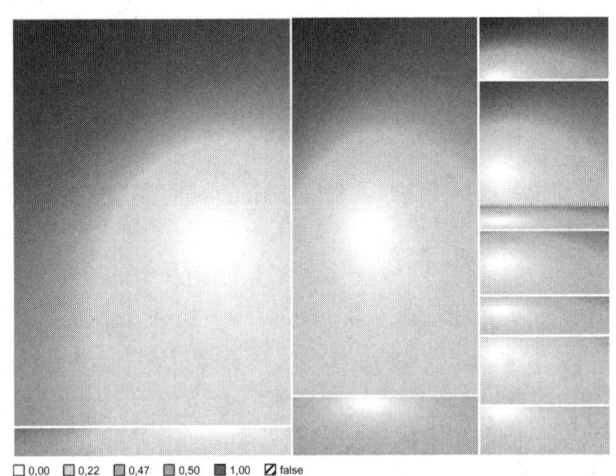

图 3-8　分析的 RFC 中克隆的树形图

无论是人工编码还是诸如 POS 标记或主题建模等自动化技术，其旨在提供关于文本的简洁的抽象。可以用它来描述、总结和更好地理解文本。但是，克隆检测的目标是描述通过复制和粘贴在文本中创建的冗余。因此，可以使用克隆检测作为第一步分析来排除存在的一些克隆，因为简单复制的文本会影响其他分析。

3.4.5　可视化

“一张图片胜过千言万语”是陈词滥调，但图形可视化确实有助于理解文本分析的结果。前面已在图 3-8 中看到了一个树形图，可以快速了解不同文本文件中的克隆，它可用于可视化文件中各种指标的分布。进一步的可视化是图 3-6 中的 ER 图，它以计算机科学家熟知的抽象形式显示了文本中的域的概念。

对分析师的可视化支持是一个非常活跃的研究领域，通常用术语*可视化解析*来表示。同样，为了可视化非结构化的文本数据，近年来出现了几种新的方法和工具。Alencar 等人[26]对这一领域给出了很好的概述。本章将基于他们的工作进行讨论，并给出三个可视化的示例。

词云

一种众所周知的简单但有效的文本可视化被称为*词云*，即 *tag crowd*㊀或 *wordle*㊁，不同的实现给出了不同的具体可视化，但是该想法总是提取最常用的单词并显示每个词的大小与频率。HTTP 和 IMAP 的 RFC 示例提供了图 3-9 中的词云。一个有用的工具是 Voyant㊂，前面已经在主题建模的场景中提及过（3.4.1 节）。它可以从文本语料库中创建词云，并允许以交互方式修改外观，包括停用词列表（以避免将“the”作为最大词），单击任何词便可查看其频率和上下文。图 3-9 中的词云是使用 Voyant 创建的。词云可以作为在一组文本中找到最重要术语的第一步。例如，它可以是人工编码过程的输入，用于识别可能经常出现在文本中的一组编码。

图 3-9 HTTP 和 IMAP 的词云

短语网

另外一种可视化方法是*短语网*[27]，其增加了更多的语义。它不仅呈现非常频繁的词，还表达这些词与其他常用词的关系。另外，这种关系还可配置，如用“the”或“is”之类的词来连接两个词。图 3-10 显示了 RFC 语料库的短语网，其中选择的关系为“is”。它显示了频繁的词（越频繁词越大），以及通过“is”连接的词之间的箭头。箭头变得越宽说明这种关系越经常发生在文本中。例如，RFC 通常包含“response”一词（已经在词云中看到了），但还看到“response”经常通过“is”连接到“state-based”和“cacheable”。如果数据可公开访问，IBM Many Eyes[17]㊃系统是创建短语网的简单工具，它比词云更复杂，同时也提供了更多的信息。它可以用作创建域模型的替代方法，和使用 POS 标记（3.4.2 节）一样，或用于检查和扩展这些域模型。此外，它可以为人工编码提供更全面的输入，因为它不仅包含单个词，还包含词之间的重要关系。

㊀ http://tagcrowd.com/。
㊁ http://www.wordle.net/。
㊂ http://voyant-tools.org。
㊃ http://www-958.ibm.com/software/analytics/labs/manyeyes/。

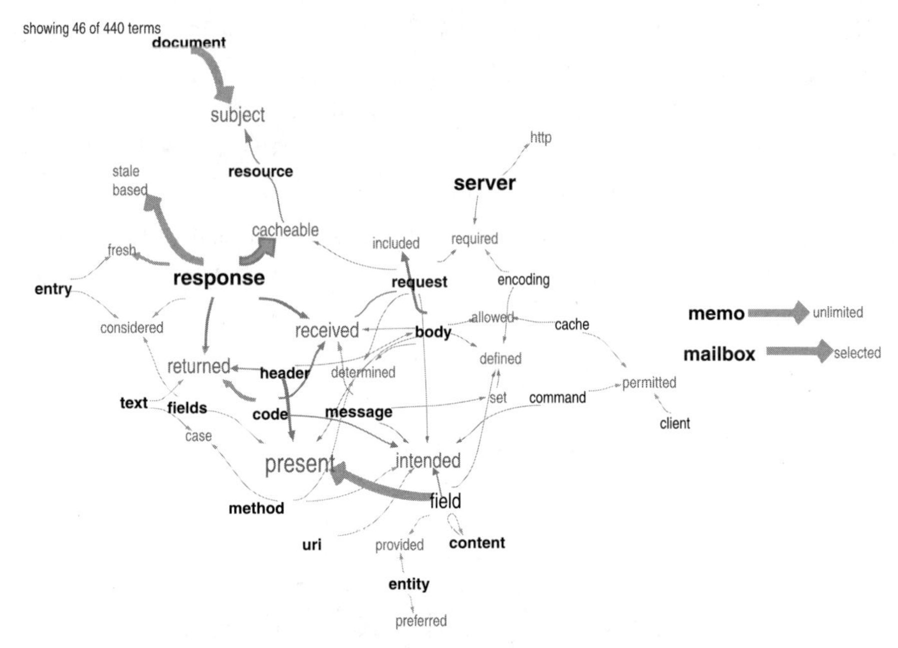

图 3-10　使用 IBM 的 Many Eyes 创建了 HTTP 和 IMAP 的短语网，其关系为“is”

时态演化

可视化文本数据的下一步是在可视化中引入另一个维度，例如文本随时间的变化。这对于分析文档的多个版本或定期收集的调查结果非常有用。例如，可以看到感兴趣的不同主题的变化。Havre 等人 [28] 使用 *ThemeRiver* 将主题随时间的变化可视化为水平流，其中流的厚度与该时间点的主题强度相关。Chi 等人 [29] 用他们的方法 *TextFlow* 进行了扩展，TextFlow 将从文本中提取的特定事件（例如主题的出现或消失）添加到流中。目前，还没有可用于执行此类分析的工具。

图 3-11 中描绘了 HTTP 上不同版本 RFC 的文本流。在 1996 年，“request”流比“response”流更大，因此更经常使用，这在以后的版本中发生了变化。“header”一词仅在 1997 年作为一个非常频繁的词出现，并且在 1999 年重要性继续增加。

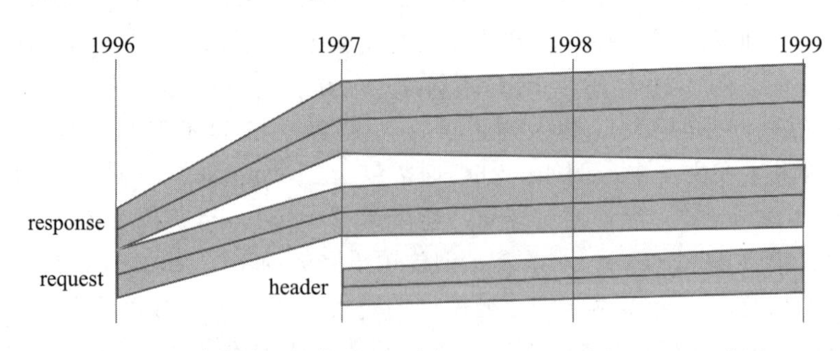

图 3-11　随着时间的推移，不同 HTTP RFC 的 TextFlow 略图

3.5　两个工业案例

本节通过两个工业案例进一步描述文本分析在软件工程领域的应用。第一个是人工编码和分析的需求工程（RE）调查；第二个是与需求克隆中人工编码结合进行的 RE 上的克隆检测。

3.5.1　需求工程的痛点：需求工程调查

2013 年，笔者与慕尼黑工业大学和斯图加特大学合作开展了这项调查研究项目。多年来，在需求工程上一直与行业伙伴合作，并对该领域的典型问题有了一些理解。却不幸发现这样一个事实：对于需求工程在实践中的问题以及实践状态还缺少更广泛和更系统的调查。针对此问题，笔者通过研究设计和问卷来进行调查，称之为*命名需求工程中的痛点*（*NaPiRE*）。虽然研究人员可能不会开展相同的研究，但这种分析开放式问题的自由文本答案的方式适用于任何类型的调查。读者可以在文献 [30-31] 和网站 http://www.re-survey.org/ 上找到更多有关调查的信息。

目标和设计

该研究的长期目标是得到一套开放的、可推广的关于需求工程（RE）中实际问题和需求的经验研究结果，使研究人员能够以问题驱动的方式引导未来的研究。为此，希望对 RE 开展持续且独立可复制的全球分布式调查，调查其实践和趋势的状态，包括工业期望、现状、遇到的问题以及这些问题的影响。以下是笔者在德国的第一次调查情况。

在上述目标的基础上设计了一组研究问题，并得到了研究设计和问卷。对于大多数感兴趣的方面，笔者设计了封闭式问题，可以使用描述性统计中常见的定量分析方法进行分析。通常使用李克特量表（Likert scale）从“我完全同意”到“我完全不同意”让受访者评价他们的经历，此过程中也经常使用开放式问题来补充封闭式问题，让受访者发表更多的意见。在调查问卷的最后有关于项目中涉及 RE 的个人经历的开放性问题。设计还包括使用人工编码（3.3 节）的人工分析方式来分析开放式问题中获得的文本数据。如果想要得到对潜在问题的更深的理解，将在下一次调查的封闭式问题中包含这些问题。

示例问题和答案

以下是调查问卷中提出的两个问题以及问题的答案。第一个问题如下：

> 如果你使用内部改进标准而非外部标准，原因是什么？

问题背景是先询问了外部各方定义的规范标准，这些标准用于改进其 RE 实践。这种标准的一个例子是美国软件工程研究所的能力成熟度模型集成（CMMI）以及该标准对 RE 的适配。笔者感兴趣的是受访者对这些标准的满意程度，以及他们为什么不使用这些标准。答案包括“我们想要实现自己的敏捷性”“我们不使用任何标准”“我不相信外部标准”。

第二个问题收到了大多数受访者更长的答案，该问题的结果对之后的人工编码过程很有帮助。问题如下：

> 考虑你亲身经历过的最关键问题（在上一个问题中选择），这些问题如何在诸如变更请求等过程中体现出来？

上一个问题中已列出在实践中遇到的可能问题。现在更重要的是了解受访者认为的最关键的问题。因此，还需了解问题的背景、潜在原因以及可能出现的新问题。得到的答案包括“部署系统后新需求出现并更改了优先级。同样，这不是问题，而是环境。如果你没有准备好处理它，它则是一个问题”“关于变更需求（CR）和缺陷（bug）问题的艰难谈判，主要导致项目领导层与客户之间的紧张关系”。

编码过程和挑战

为了分析自由风格的文本答案，采用了 3.3 节中介绍的人工编码过程。但是，已经有了一组预定义的编码（关于给定的 RE 问题），并且想知道参与者如何看待它们的含义。出于该原因，不得不调整程序，并依赖于自下而上和自上而下的混合方法。首先从选择式编码开始构建具有两个子类别的核心类别——*RE 问题*，其包含一组编码，每个编码代表一个 RE 问题和*影响*，然后对参与者给出的答案定义的编码进行分组。对于第二类，对答案进行了开放式编码和主轴式编码，直到达到（子）类别层次、编码和关系的饱和状态。

在编码过程中，总会出现一些问题。一个是人工编码缺乏适当的工具支持，尤其是在分布式环境中工作时。另一个是缺少通过获得受访者反馈来验证结果的可能性。图 3-12 显示了人工编码的过程。

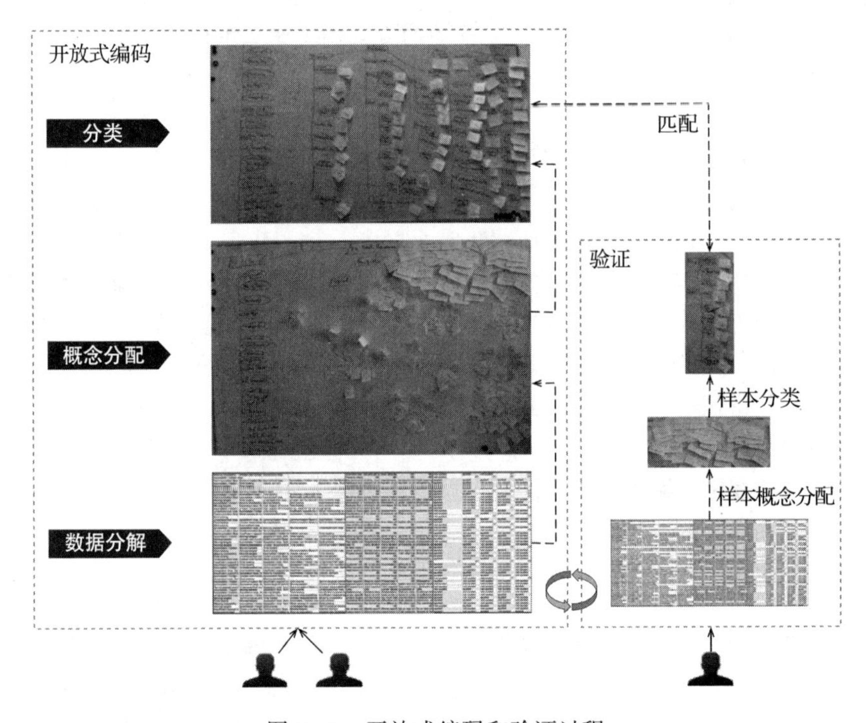

图 3-12　开放式编码和验证过程

由于这是依赖于主观性的步骤（在解释开放问题的答案期间），开放式编码步骤中需要依赖于分析师三角验证。在该开放式编码步骤中，使用电子表格分解数据并使用纸质卡片记录了所选编码的理由。在第三步中，使用白板根据类别排列卡片，然后第三位分析师对每个样本独立地重复开放式编码过程以作为验证步骤。

编码结果

由于给出的答案和编码方案的复杂性，本节将逐步描述结果。因此，首先介绍开放式编码的完整结果，然后是主轴式编码的完整结果，最后将结果的浓缩的整体视图呈现为具有最小饱和度的图形。本节只显示那些在答案中出现次数最少的结果。

图 3-13 总结了开放式编码的完整结果，并将类别的层次结构识别为问卷中作为答案定义的编码抽象。另外，对于每个编码，都给出其出现频率。编码中不包括无法明确分配给编码的语句——例如，语句“永不结束的故事”隐含了“不完整或隐藏的需求”的意思。

鉴于询问了问题的隐含意义（影响），预计会产生两个顶层的类别。然而，参与者还说明了问题的原因，有时还指出他们希望如何缓解这一问题。如图3-13所示，结果被分类为预先定义的类别：*RE问题*（*RE problem*）、*影响*（*implication*）和*推理*（*reasoning*）。

关于影响，定义了三个子类别：RE阶段本身问题的结果、软件生命周期的RE之外的其他阶段所见的结果以及项目整体质量的更抽象的结果。*变更请求*是出现频率最高的编码，达到22次。其他编码仅由一条语句产生，但它们是独特的，不能与其他语句合并。例如，*软件项目整体质量*类别中的编码“*客户和项目领导间的微弱关系*”是由一条语句产生的，无法在没有解释清楚并且可能会误解该语句（假设不能与受访者进行验证）的情况下为其分配另一个编码。

对于给定的RE问题的推理，用*基本原因*类别表示特定问题发生的理由，而*改进*或*缓解*类别表示如何改进和缓解特定问题。第一类又可分为*RE因素*和*一般因素*。

在这里，还遇到了非常复杂的语句，甚至包括给只发生一次的详细语句分配编码和给比较模糊的语句分配模糊的编码。如下就是一些编码和示例语句：

编码　*缺少解决方案层次的抽象*：“利益相关者喜欢在解决方案层次上讨论，而不是在需求层次上讨论。开发人员思考解决方案。问题是即使是产品经理和顾问也会这样做。”

编码　*没有明确计划（招标中）*：“一个常见的情况是参与招标过程时——需求被定义得非常抽象——大多数招标过程不包括需求精化阶段，作为供应商，需要满足初始文件的模糊需求。”

编码　*沟通不畅*：“与客户的沟通不是由技术人员完成，而是由律师完成。”

编码　*过于盲目的时间规划*：“在需求明确之前，就已知交货日期。”

编码　*隐含需求没有明确说明*：“将常识作为需求依据。”

编码　*验收失败*：“验收测试失败后，隐藏的需求出现了，还必须紧急地修复。”

编码　*缺乏跨学科团队的协调*：“缺乏不同学科之间的协调（电气工程、机械工程、软件等）。”

主轴式编码定义了编码之间的关系。作为上一节介绍的类别结果，定义如下两种类型的关系：

1）关于*影响*类别的RE问题的结果。

2）关于RE问题*推理*类别中的编码结果，包括基本原因和改进建议。

主轴式编码的所有结果并没有在本节展示。由于不同类别的编码之间存在多种输入或输出关系，本书避免解释从推理到影响的任何传递关系，例如，“时间规划不切实际”通常是“时间盒”的唯一原因，但“不完整或隐藏的需求”的问题有多种原因以及多重后果。

这里主要关注精简后的结果集，该结果集省略了相应语句中出现次数有限的编码和依赖关系。原因是调查需要一个饱和度最小的结果集，以便在下次调查时将其集成到问卷中。在使用不同的最小出现值测试结果之后，定义了一个图，其中仅包含最小频率级别为7的编码，结果如图3-14所示，节点表示编码的选择，边表示节点之间关系的选择。

使用所选的最小频率级别，最终图不包括在*推理*类别中编码的语句，这样可选择与它们的含义相关的RE问题。语句中出现次数最多的三个节点是“额外的沟通与重新规划”“进展停滞不前”和“变更请求”。变更请求（在图的中心）被声明为各种RE问题的最常见后果，例如时间盒、不完整或隐藏的需求等问题。额外的沟通与重新规划（图的上部）是与RE问题相关的另一个常见后果，类似于进展停滞不前（图的左侧）。

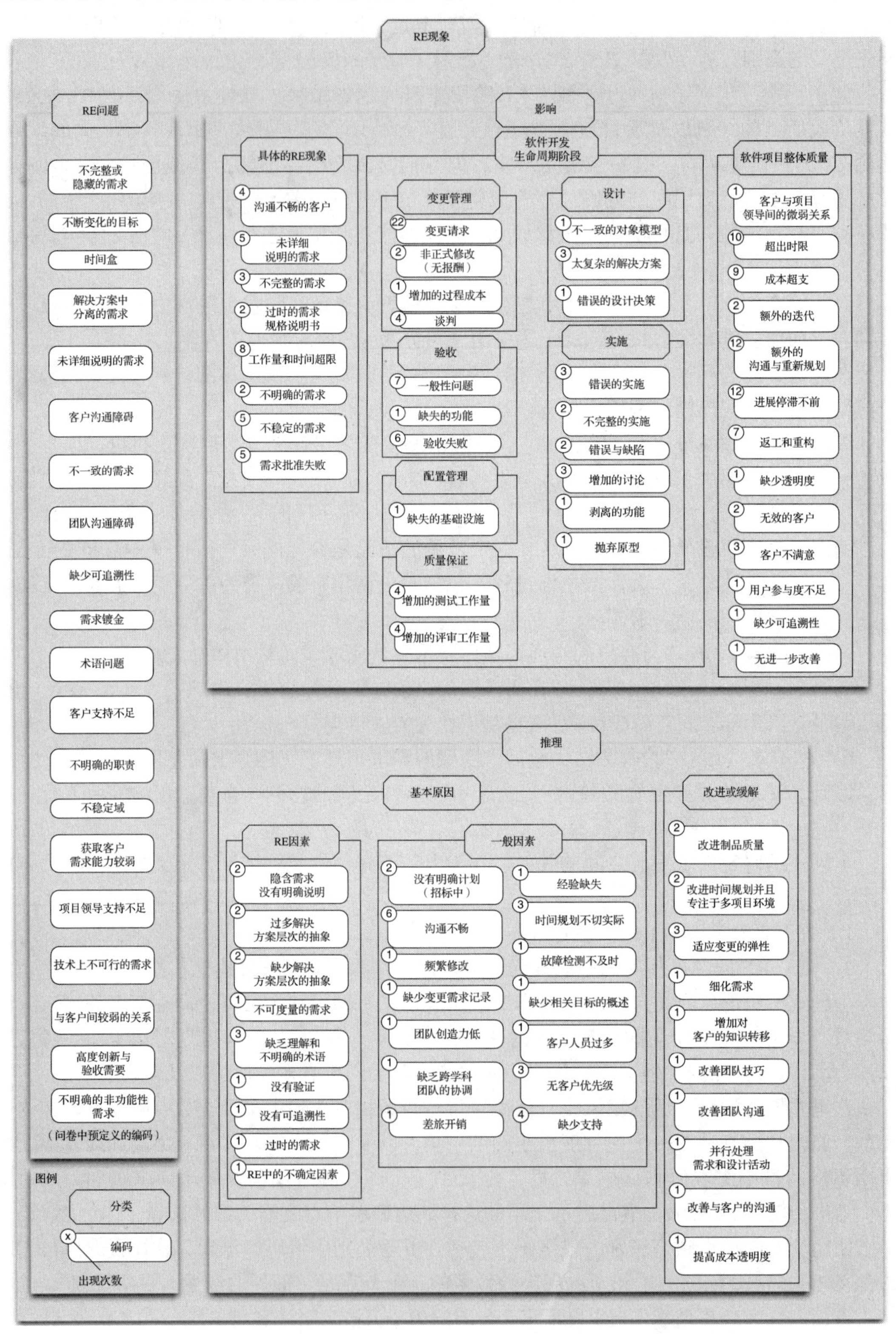

图 3-13　由开放式编码产生的类别和编码

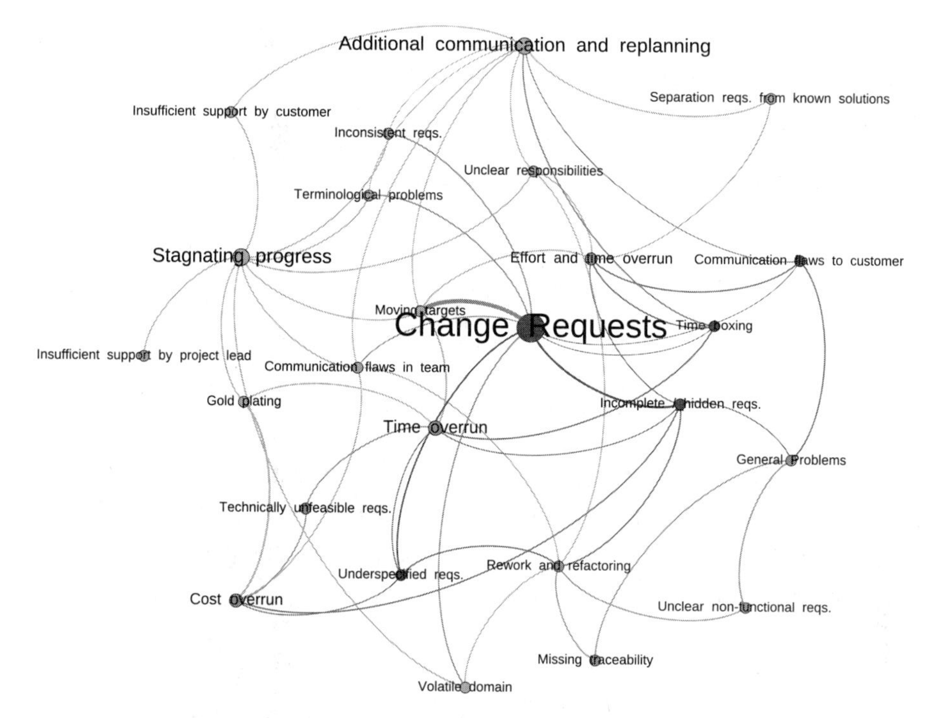

图 3-14 主轴式编码的压缩视图，节点中最小权重为 7

3.5.2 需求规约中的克隆检测

笔者在 2009 年与慕尼黑工业大学和 itestra GmbH 公司合作进行了此案例的研究，是针对商业需求规约中克隆程度的探索性研究。从项目合作伙伴的经验来看，主观感觉那些规约中存在大量的文本冗余，但之前没有对此进行过系统的调查。该研究的所有细节都可以在文献 [25] 中找到，这也是自然语言文本（3.4.4 节）以及人工编码（3.3 节）的克隆检测示例。

规约中的克隆问题

需求规约是大多数软件开发过程中的核心制品之一，其捕获了待开发软件的目标，并建立了客户或用户与开发人员之间的联系。许多人称规约是项目成功或失败的决定性因素。然而，与任何其他开发制品一样，需求规约也存在冗余。语义冗余是开发项目中许多潜在问题的根源，但也难以检测。除此之外还存在语法冗余：规约是由那些倾向于复制（和改编）文本的人编写的，比如他们在文档的不同部分或不同的文档中需要使用类似的东西。这些语法冗余可以通过克隆检测识别（参见 3.4.4 节）。

在与各个行业合作伙伴就其需求工程过程进行合作时，经常在其规约中找到语法冗余。这些冗余导致了各种问题，最直接的是规约规模的增加，这反过来又导致了更大的阅读、评审和修改的工作量。此外，与代码克隆 [20] 类似，冗余可能会引入不一致。随着时间的推移，文本的副本会随着某些副本的调整而变得分散，例如，某些副本因客户需求的变化而调整，而其他副本则被遗忘，这就会出现需求的相互冲突，开发人员也会因此在软件中引入缺陷。最后，克隆在需求规约中的不良影响也会导致开发人员在代码实现中通过克隆实现来引入冗余，或者更糟糕的是，不止一次地开发相同的功能。

分析方法

为了更好地了解工业需求规约中的克隆情况，笔者开展了一项研究，在一组工业规约中使用自动化克隆检测，然后使用人工编码对发现的克隆进行分类。前者量化了现象，后者则让我们能够定性地了解克隆情况。同时在几个研究小组开展了该工作，并按照图 3-15 所示的过程进行操作。

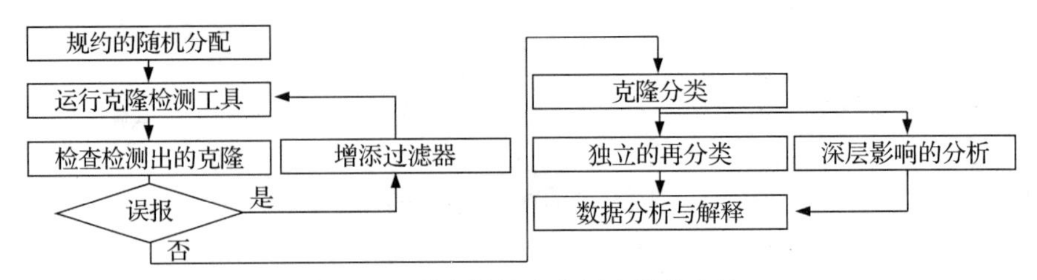

图 3-15 需求规约中分析克隆的方法

我们收集了一套适用于各种系统和领域的 28 种不同长度的需求规约。首先，在成对的分析师之间随机分配规约。每对分析师使用工具 ConQAT 进行克隆检测而不使用任何过滤器；然后，检查误报的克隆（报告的文本片段为克隆但不是实际的冗余）。正如所料，发现了一些误报，例如版权标题和页脚。以正则表达式的形式添加了相应的过滤器，以便忽略误报；之后，再次运行克隆检测并检查结果，一直持续到随机的克隆样本中没有任何误报。这样就提供了定量的研究结果。

之后，人工编码克隆的随机样本，以形成关于克隆信息类型的类别。虽然没有预定义的编码，但在检查克隆时做了设计。由于不需要任何更进一步的理论，就跳过了主轴式编码（3.3 节）。编码提供了一整套类别结果。为了验证更主观的设计类别，对分类的克隆样本进行了独立的重新编码，并在评估者之间找到了一致性的协调结果。此外，还注意到其他影响，例如对实施的影响。这样就提供了定性的研究结果。

自动化分析结果

研究的所有定量结果如表 3-2 所示，结果很清楚：有许多工业需求规约都包含克隆，其中几个高克隆覆盖率的值在 30% 到 70% 之间，第三列给出了每个规约的克隆组数。克隆组是一组克隆，即独立的副本。有多个规约包含 100 多个克隆组。因此，这些文件中有很多复制和粘贴。但是，也有几种规约没有或几乎没有克隆。因此，似乎可以创建没有复制和粘贴的规约。

表 3-2 需求规约中克隆的自动化分析结果

规 约	克隆覆盖率（%）	克隆组数量	克 隆 数
H	71.6	71	360
F	51.1	50	162
A	35.0	259	914
G	22.1	60	262
Y	21.9	181	553
L	20.5	303	794
Z	19.6	50	117
C	18.5	37	88
K	18.1	19	55
U	15.5	85	237
X	12.4	21	45
AB	12.1	635	1818
V	11.2	201	485

（续）

规 约	克隆覆盖率（%）	克隆组数量	克 隆 数
B	8.9	265	639
N	8.2	159	373
D	8.1	105	479
P	5.8	5	10
I	5.5	7	15
AC	5.4	65	148
W	2.0	14	31
O	1.9	8	16
S	1.6	11	27
M	1.2	11	23
J	1.0	1	2
E	0.9	6	12
R	0.7	2	4
Q	0.0	0	0
T	0.0	0	0
平均值	13.6		
总数		2631	7669

人工分类结果

对克隆样本的人工编码最终得到12类克隆信息，如表3-3 [25] 所述。总的来说，将400多个克隆组的一个样本编码了近500次，因为有时会将克隆组分配到多个类别，特别是如果克隆过长，会包含不同的方面。为了更好地理解这些不同的类别以及它们在实践中的发生方式，通过计算样本中每个类别的克隆组数来量化结果（图3-16）。分配编码最多的属于“详细的用例步骤”类别，包含100个分配的编码；其次是“引用”（64）和“UI”（63）；最少的是“基本原因”类别（8）。

表3-3 需求规约中克隆信息类别的描述

克隆信息类别	描 述
详细的用例步骤	用例中的一个或多个步骤的描述，详细规定了用户如何与系统交互，例如在系统中创建新账户所需的步骤
引用	需求规约中的片段，引用另一个文档或同一文档的另一部分。示例是用例中对其他用例或相应业务流程的引用
UI	表示图形化的用户界面的信息。例如哪个窗口中的哪个按钮对用户是可见的
领域知识	有关软件应用领域的信息。一个例子是管理保险合同软件中关于保险合同的细节
接口描述	描述组件、功能或系统接口的数据和消息定义。一个例子是组件读写的总线系统上的消息定义
前提条件	在其他事情发生之前必须满足的条件。一个常见的例子是执行特定用例的前提条件
附加条件	描述在执行某些操作期间必须保持的状态。一个例子是用户必须在执行某个功能期间保持登录状态
配置	用于配置所描述的组件或系统的显式设置。一个例子是用于配置传输协议的定时参数
特征	在更高的抽象层次描述系统的某个功能
技术领域知识	有关用于解决方案的技术和系统技术环境的信息。例如嵌入式系统中使用的总线系统
后置条件	描述某事完成后必须保留的条件。类似于前提条件，后置条件通常是用例的一部分，用于描述用例执行后的系统状态
基本原因	需求的理由。一个例子是某个用户组的明确需求

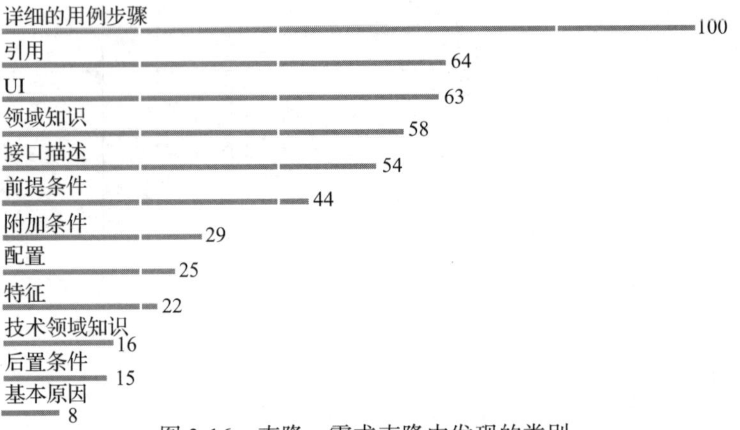

图 3-16　克隆：需求克隆中发现的类别

总体而言，该研究是人工分析和自动化文本分析的有益组合，可以更好地了解需求规约中克隆的范围和类型。自动化分析的优势在于可以将其集成到常规的质量分析中——例如包含在系统的夜间构建过程中。这样，可以及早且容易地检测到和移除引入的克隆。而定期检查克隆并对其进行分类以了解是否出现了新类型的克隆也是非常有趣的。

3.6　结论

文本数据构成了软件项目的大部分数据。然而，人们容易忽略隐藏在这些文本数据中的信息和见解，而且许多分析方法只关注定量数据。实际上存在很多关于文本分析的人工分析和自动化分析方法可以帮助人们更好地了解其软件项目。

本章首先讨论了使用人工编码来分析任何形式的文本数据。为文本分配不同类型的编码来进行抽象与解释。这是一个高度主观性的任务，需要结合类似于分析师三角验证的手段来保证结果的客观性。这样可以在数据分析时灵活地结合数据分析师自己的一些专长和见解，但是该分析需要大量的人力成本。

因此，本章讨论了使用易获取的工具来辅助自动化分析的一个例子。例如，克隆检测是一个简单、可行的方法，可以用来检测任何软件文本中的语法冗余；主题建模是另外一个例子，帮助挖掘文本间的依赖关系和快速概括出文本中包含的主题；可视化能够极大地支持这些自动化分析，使其更容易理解，尤其是对于大型文本语料库至关重要。

关于文本分析的研究仍然非常活跃，前景广阔，我们有望看到更多的创新工作来分析软件项目中的项目文本数据。

参考文献

[1] Birks M, Mills J. Grounded theory—a practical guide. Thousand Oaks: Sage Publications, Inc.; 2011.
[2] Hannay J, Dag S, Tore D. A systematic review of theory use in software engineering experiments. IEEE Trans Softw Eng 2007:87–107.
[3] Wohlin C, Runeson P, Höst M, Ohlsson M, Regnell B, Wesslen A. Experimentation in software engineering. Berlin: Springer; 2012.
[4] Popper K. The logic of scientific discovery. New York: Routledge; 2002.
[5] Glaser B, Strauss A. The discovery of grounded theory: strategies for qualitative research. Chicago: Aldine Transaction; 1967.
[6] Steyvers M, Griffiths T. Probabilistic topic models. In: Landauer T, McNamara D, Dennis S, Kintsch W, editors. Latent semantic analysis a road to meaning. Mahwah, NJ: Laurence Erlbaum; 2007.

[7] Blei DM, Ng AY, Jordan MI. Latent Diriclet allocation. J Mach Learn Res 2003;3:993–1022.
[8] Brill E. Part-of-speech tagging. In: Dale R, Moisl H, Somers H, editors. Handbook of natural language processing. Boca Raton, FL: CRC Press; 2000.
[9] Toutanova K, Manning CD. Enriching the knowledge sources used in a maximum entropy part-of-speech tagger. In: Proceedings of the joint SIGDAT conference on empirical methods in natural language processing and very large corpora (EMNLP/VLC-2000); 2000. p. 63–70.
[10] Marcus M, Santorini B, Marcinkiewicz M. Building a large annotated corpus of English: the Penn Treebank. Comput Linguist 1993;19(2):313–30.
[11] Chen PSP. English sentence structure and entity-relationship diagrams. Inform Sci 1983;29:127–49.
[12] Abbott RJ. Program design by informal English descriptions. Commun ACM 1983;26(11): 882–94.
[13] Kof L. Text analysis for requirements engineering. Ph.D. thesis, Technische Universität München; 2005.
[14] Femmer H, Kucera J, Vetro' A. On the impact of passive voice requirements on domain modelling. In: Proceedings of the ACM/IEEE international symposium on empirical software engineering and measurement; 2014.
[15] Manning CD, Schütze H. Foundations of statistical natural language processing. Cambridge, MA: MIT Press; 1999.
[16] Hindle A, Barr ET, Su Z, Gabel M, Devanbu P. On the naturalness of software. In: 34th international conference on software engineering (ICSE, 2012); 2012. p. 837–47.
[17] Allamanis M, Sutton C. Mining source code repositories at massive scale using language modeling. In: 10th IEEE working conference on mining software repositories (MSR). Piscataway, NJ: IEEE Press; 2013. p. 207–16.
[18] Kapser C, Godfrey MW. Cloning considered harmful" considered harmful: patterns of cloning in software. Empir Softw Eng 2008;13(6):645–92.
[19] Martin RC. Clean code: a handbook of agile software craftmanship. Upper Saddle River, NJ: Prentice Hall; 2008.
[20] Juergens E, Deissenboeck F, Hummel B, Wagner S. Do code clones matter? In: ICSE'09; 2009.
[21] Koschke R. Survey of research on software clones. Internationales Begegnungs-und Forschungszentrum für Informatik; 2007.
[22] Juergens E, Deissenboeck F, Hummel B. CloneDetective—a workbench for clone detection research. In: Proceedings of the 31st international conference on software engineering (ICSE'09). Washington, DC, USA: IEEE Computer Society; 2009. p. 603–6. ISBN 978-1-4244-3453-4. doi:10.1109/ICSE.2009.5070566.
[23] Jiang L, Misherghi G, Su Z, Glondu S. DECKARD: scalable and accurate tree-based detection of code clones. In: Proceedings of the international conference on software engineering (ICSE'07); 2007.
[24] Kim H, Jung Y, Kim S, Yi K. MeCC: memory comparison-based clone detector. In: Proceedings of the 33rd international conference on software engineering (ICSE '11). New York: ACM; 2011.
[25] Juergens E, Deissenboeck F, Feilkas M, Hummel B, Schaetz B, Wagner S, et al. Can clone detection support quality assessments of requirements specifications? In: ICSE '10: proceedings of the 32nd ACM/IEEE international conference on software engineering. New York: ACM; 2010.
[26] Alencar AB, de Oliveira MCF, Paulovich FV. Seeing beyond reading: a survey on visual text analytics. Wiley Interdiscip Rev Data Min Knowl Discov 2012;2(6):476–92.
[27] van Ham F, Wattenberg M, Viegas FB. Mapping text with Phrase Nets. IEEE Trans Vis Comput Graph 2009;15:1169–76.
[28] Havre S, Hetzler E, Whitney P, Nowell L. ThemeRiver: visualizing thematic changes in large document collections. IEEE Trans Vis Comput Graph 2002;8:9–20.
[29] Cui W, Liu S, Tan L, Shi C, Song Y, Gao Z, et al. TextFlow: towards better understanding of evolving topics in text. IEEE Trans Vis Comput Graph 2011;17:2412–21.
[30] Méndez Fernández D, Wagner S. Naming the pain in requirements engineering: design of a global family of surveys and first results from Germany. In: Proceedings of the 17th international conference on evaluation and assessment in software engineering (EASE'13). New York: ACM Press; 2013. p. 183–94.
[31] Méndez Fernández D, Wagner S. Naming the pain in requirements engineering—NaPiRE report 2013. Technical report, TUM-I1326, Technische Universität München; 2013.

从软件开发制品中合成知识

Olga Baysal*, Oleksii Kononenko†, Reid Holmes‡, Michael W. Godfrey†
School of Computer Science, Carleton University, Ottawa, ON, Canada David R. Cheriton School of Computer Science, University of Waterloo, Waterloo, ON, Canada† Department of Computer Science, University of British Columbia, Vancouver, BC, Canada‡*

4.1 问题描述

有可用的数据后，问题在于如何去使用。

处理存储库中累积的大量软件开发制品（如问题跟踪系统和版本控制系统）是一项非常具有挑战性的工作。规模庞大的数据像缓缓流淌的溪流一样不断增长，如果仅仅对数据进行人工处理，是难以理解项目的当前状态的，更不用说分析项目的历史趋势了。这就需要相互协作收集信息，以合适和直观的方式来组织信息，提供关于软件开发进展的概览。基于此，本章引入了一种称为*生命周期模型*的数据模式，它以图的方式来描述软件开发制品中的特定属性以及这些属性随时间变化的过程。

生命周期模型可以用于随时间推移状态发生变化的数据或使用新数据进行注解的数据，例如问题跟踪系统中的“问题”通常以 *OPEN* 的状态开始它们的生命周期，但是最终常标记为 *RESOLVED* 或者 *WONTFIX* 状态。问题的生命周期模型能够聚合数据以提供软件缺陷在三种状态间转变的图表示，例如生命周期模型可捕获从 *WONTFIX* 状态到重新打开的软件缺陷的比例，这样项目经理可能会考虑重新调整他们的缺陷分配过程。诸如此类的生命周期模型经常存在于各种各样的过程模型中。因此，从历史趋势中提取生命周期，有助于比较所定义的生命周期与实际的生命周期间的差异。

本章使用生命周期模型来捕捉 Mozilla、WebKit 和 Blink 项目中的补丁评审过程。主要介绍了如何使用这些简洁的模型揭示各个项目有趣的趋势，而同时软件分析人员也可方便地使用这些模型比较不同项目之间的特点。

4.2 软件制品生命周期模型

通过使用元数据历史，可以得到随时间变化的任何数据元素的生命周期模型，例如问题（issue）的变化状态、正在评审的补丁或代码行的演变。通过检查每个软件制品的演变过程，可建立一个捕捉具有共同动态演化模式的概要。生命周期模型中的每个节点代表一个状态，该状态可通过检查软件制品的演化过程得到。

4.2.1 示例：补丁生命周期

为了对补丁生命周期建模（如 Mozilla 项目），首先检查 Mozilla 的代码评审规范和过程。Mozilla 采用*评审*和*高级评审*两级代码评审过程来验证所提交的补丁[1]。第一种类型的评审由模块所有者或模块共事者执行，评审人要求是在该问题领域具有领域专业知识的人。第二种类型的评审被称为高级评审。如果补丁涉及集成或修改核心代码库的基础结构，则需进行高级评审。然后，提取补丁演化过程中的状态以及定义可能被分配的最终状态。

图 4-1 用简单的图解释了补丁的生命周期模型：节点表示补丁在评审过程中的各种状态，边捕获生命周期状态间的转换过程，边上的转换标记代表一个事件在评审过程中的状态变化。为简单起见，只给出具有“评审”(r) 和“高级评审”(sr) 标志的关键代码评审补丁㊀。

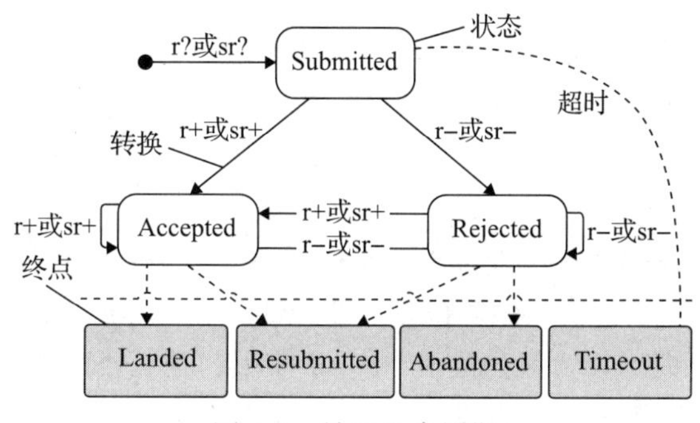

图 4-1 补丁生命周期

代码评审过程从提交补丁后并请求评审时开始。当初始转换标记为 r 或者 sr 时，表示已经要求进行评审或高级评审。可以给补丁分配以下三种状态之一：*Submitted*、*Accepted* 或 *Rejected*。一旦提出评审请求，即标志末尾包含问号“?”，补丁进入 *Submitted* 状态；如果评审人分配“+”标志（比如，“*r+*”或者“*sr+*”），补丁被标记为 *Accepted*；如果分配“-”标志（比如，“*r-*”或“*sr-*”），补丁被标记为 *Rejected*。

请注意，*Accepted* 和 *Rejected* 状态都允许自我转换。这些状态的自我转换与状态之间的转换共同阐明了双重评审的过程。当评审人认为额外的评审可以使补丁更加准确，或者当代码修改影响多个模块并因此需要评审人评审每个受影响的模块时，需要进行双重评审。

补丁有四种可能的最终状态：

- ❑ *Landed*—— 补丁符合代码评审标准，并被纳入代码库。
- ❑ *Resubmitted*—— 补丁在被接受或拒绝后被附加的改进所取代。
- ❑ *Abandoned*—— 补丁在被拒绝后没有改进。
- ❑ *Timeout*—— 请求评审的补丁永远没得到解答。

根据定义，“*Landed*”“*Resubmitted*”“*Abandoned*”和“*Timeout*”中的补丁累计数等于“*Submitted*”的补丁数。

每一条边都可以用定量数据表示，例如补丁从一个状态转换到另一个状态所需的时间或

㊀ 诸如“feedback”“ui-review”“checkin”“approval aurora”或“approval beta”等补丁的其他标志以及没有标志的补丁都没有包含在补丁分析中。

以某种状态出现的总补丁的百分比（例如评审人正面评价了多少补丁）。

4.2.2 模型抽取

现在演示提取补丁生命周期模型的过程。生命周期模型的生成包括如下步骤：

1）确定系统或过程的关键状态（例如可能发生许多事件）及其属性。

2）定义状态之间的必要转换并为每个转换指定一个属性。

3）定义最终结果（可选）。

4）定义并收集每个状态转换的定性或定量度量结果，如果存在这样的度量结果，则作为最终结果。除了这些度量结果之外，还可考虑和分析在某个状态或状态转换上所花费的时间。

该模式提供了对数据或基本过程进行建模、组织和推理的手段，否则这些数据或者基本过程会被隐藏在各个软件制品中。虽然生命周期模型可以根据需要进行修改或扩展，但是只有当状态空间定义良好时，生命周期模型的效果才是最佳的。此外，若想将这种模式应用于复杂数据的分析，可能需要采用一些抽象化的方法。

4.3 代码评审

代码评审是任何成熟的软件开发过程的必经之路。对于开源软件（OSS）开发来说，代码评审显得尤其重要，因为以软件缺陷修复、新特性、文档等形式出现的贡献可能不仅来自核心开发者，还来自更大用户社区的成员 [2-5]。事实上，社区贡献常常是成功的开源项目的生命线。但是，核心开发者也必须能够评估未来贡献的质量，以免它们对系统的整体质量产生负面影响。

在补丁提交到项目的版本控制库之前，代码评审过程要评估源代码修改的质量。严格的评审过程对于确保系统的质量非常重要。在评审过程中，一些贡献将会得到支持并被采用，而另一些贡献则可能被否决。评审过程力求谨慎、公正和透明。

因此，想要探讨一个项目中的代码评审是否“民主”，即不考虑开发者之前是否参与过该项目来“公平地”评审贡献并考虑采纳。例如，来自核心开发者的补丁是否被接受的概率更高？边缘贡献者提供的补丁是否需要更长时间才能获得反馈？

4.3.1 Mozilla 项目

如上所述，Mozilla 采用了双重代码评审流程来评估代码修改：评审和高级评审 [1]。*评审*通常由模块的所有者或“同行”执行，评审人需具有问题领域的专业知识。如果补丁涉及集成或修改核心的 Mozilla 基础架构，则需要进行*高级评审*。目前，在所有 Mozilla 模块中共有 29 个高级评审者 [6]，仅 Firefox 模块上就有 18 个评审者（同行）[7]。但是任何具有三级提交访问权限的人员，即对 Mercurial 版本控制系统的核心产品有访问权限的人员，都可以成为评审人。

Bugzilla 用户使用元数据标记补丁以捕获代码评审请求和评估结果。典型的补丁评审过程包含以下步骤：

1）补丁编写完成后，其所有者向模块的所有者或共事者请求评审。评审标志设置为“*r?*”。如果补丁所有者决定要求进行高级评审，他同样需要请求评审，并且该标志设置为“*sr?*”。

2）当补丁通过评审或高级评审时，标志分别设置为“*r+*”或“*sr+*”；如果补丁未通过评审或高级评审时，审核人将标志设置为“*r-*”或“*sr-*”，并通过在 Bugzilla 中添加 bug 的评论信息来对评审结果进行解释。

3）如果补丁被拒绝，补丁所有者可能会重新提交接受评审过程的补丁的新版本。如果补丁被批准，它将被录入到项目的官方代码库中。

4.3.2 WebKit 项目

WebKit 是一个渲染网页并执行内嵌 JavaScript 代码的 HTML 排版引擎。WebKit 项目于 2001 年作为 KHTML 项目的一个分支启动。在 2013 年 4 月前，来自 30 多家公司的开发者积极为 WebKit 做出了贡献，其中包括了 Google、Apple、Adobe、BlackBerry、Digia、Igalia、Intel、Motorolla、Nokia 和 Samsung。Google 和 Apple 是两个核心贡献者，分别提交了 50% 和 20% 的补丁。

WebKit 项目采用显式的代码评审流程来评估提交的补丁。WebKit 评审者必须先批准补丁，然后才能将其录入到项目的版本控制库中。WebKit 官方评审者名单通过投票系统进行推选，以确保只有经验丰富的候选人才有资格评审补丁。评审者通过将补丁标记为“*review+*”来表示愿意接受补丁，或者通过使用“*review-*”对补丁进行注释来表示补丁所有者需进一步修改补丁。特殊补丁提交的评审过程可能包括在版本控制库中接受补丁（允许补丁录入）之前评审者和补丁作者之间的多次迭代交互。

4.3.3 Blink 项目

由于 Google 希望对 WebKit 项目进行更大规模的更改，以适应自身的需求，而该需求与 WebKit 项目并不匹配，Google 于 2013 年 4 月创建了 WebKit 项目的分支——Blink 项目。在此之后，几个对 WebKit 项目有贡献的组织也迁移到了 Blink 项目中。

每个 Blink 补丁都被提交给 Blink 项目的问题库。Blink 项目的评审者通过在补丁上标注“LGTM”（“Looks Good To Me”，不区分大小写）来批准补丁，并通过标注“not LGTM”来拒绝补丁。在这项工作中，WebKit 项目中的“*review+*”或“*review-*”标志和 *Blink* 项目中的“*lgtm*”或“*not lgtm*”注释等效。由于 Blink 项目没有明确的评审请求过程（例如“*review?*”），我们通过在补丁提交到存储库后立即添加“*review?*”来作为请求评审的标志。由于补丁通常是通过自动化过程提交到版本控制系统中，所以将已录入的补丁定义为那些来自“提交机器人”的自动化消息。最后一个补丁可能是最终录入到 Blink 源代码存储库的补丁。提交者可以有选择地将补丁手动合并到版本控制系统中，但这种情况并不常见，因此不予考虑。

4.4 生命周期分析

现在将生命周期模型应用于代码评审过程，以突出代码评审在实践中的应用过程。在这里，创建模型的目标是识别补丁通用的代码评审过程，并发现补丁的一些特殊评审过程。本章提取了 Mozilla Firefox（4.4.1 节）、WebKit（4.4.2 节）和 Blink（4.4.3 节）这三个项目的代码评审生命周期模型。

4.4.1 Mozilla Firefox 项目

首先，通过检查 Mozilla 的代码评审策略和过程来对补丁生命周期进行建模，并将补丁生命周期与开发者在实践中如何使用补丁进行比较。为了生成生命周期模型，所有事件都是从 Mozilla 项目中公开的 Bugzilla 实例中提取，主要提取了补丁可以通过的状态并定义了它可以被分配到的最终状态。

所有提交给 Mozilla Firefox 的代码都会经历代码评审。开发者将包含其修改的补丁提交给 Bugzilla 并请求评审。评审者对补丁进行正面或负面的批注，以反映他们对正在评审的代码的意见。对于具有高影响力的补丁，可能会要求执行高级评审。一旦评审者批准了某个补丁，那么该补丁就可录入到 Mozilla 源代码库中。

通过应用 4.2.2 节给出的四个步骤来生成模型：

1）*状态标识*。补丁存在于三种关键状态之一：Submitted、Accepted 和 Rejected。

2）*转换抽取*。代码评审在三个主要状态之间转换。请求评审用“*r?*”表示。正面评审结果用“*r+*”表示，负面评审结果用“*r-*”表示。高级评审应预先加上 *s*（例如“*sr+*”/“*sr-*”）来表示。

3）*最终状态确定*。补丁也可以有四种最终状态，这些状态是基于该补丁的整个修复历史情况而定义的。Landed 状态的补丁是指通过代码评审过程并包含在版本控制系统中的补丁；Resubmitted 状态的补丁是指开发者根据评审者反馈决定进一步优化的补丁；Abandoned 状态的补丁是指根据收到的反馈信息开发者决定放弃的补丁；最后，Timeout 状态的补丁代表即使请求评审也没有给出评审的补丁。

4）*度量*。这项研究统计了每个转换发生的次数以及状态之间转换所需的中位时间。

图 4-2 说明了 Mozilla 项目核心贡献者在补丁评审过程中使用的生命周期模型。*核心贡献者*是指在研究期间提交了 100 个或更多补丁的开发者，*边缘贡献者*被定义为那些提交了 20 个或更少补丁的提交者[8]，而提交超过 20 个且少于 100 个补丁的贡献者（占所有贡献者的 12%）未包含在此分析中。

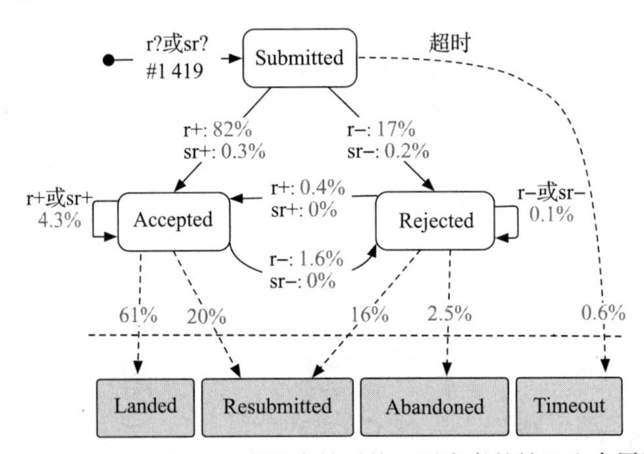

图 4-2　Mozilla Firefox 项目中针对核心开发者的补丁生命周期

表 4-1　Mozilla Firefox 项目各个状态转换的中位时间（以分为单位）

转　换	核心贡献者	边缘贡献者
r? → r+	534	494
r? → r-	710	1024
r+ → r-	390	402
r- → r+	1218	15
sr? → sr+	617	n/a
sr? → sr-	9148	n/a

该生命周期展示了补丁一些有趣但是不太明显的状态转换。例如，作者仍然会重新提交大部分已接受的补丁以进行修订。还可以看到被拒绝的补丁通常会被重新提交，从而缓解了对于拒绝边缘补丁可能导致其被放弃的担忧。还观察到在实践中很少发生补丁超时的情况。根据核心贡献者的时间数据（参见表 4-1），发现获得最初的“*r+*”评审结果平均需要 8.9 小时，而获得负面的“*r-*”评审结果平均需要 11.8 小时。

另外，还统计了补丁从一个状态转换到另一个状态所需的时间。表 4-1 报告了模型每次转换所需的中位时间（以分为单位）。转换“*r?* → *r+*”比“*r?* → *r-*”更快，表明如果补丁质量很好，评审者会提供更快的响应。令人惊讶的是，最快的“*r?* → *r+*”是边缘开发者贡献的。研究结果表明，边缘开发者的贡献不太可能获得正面的评价，但是对于他们提供的质量很好的补丁的平均响应时间约为 8 小时（而核心开发者则为 9 小时）。一般而言，高级评审会在 8～10 小时内很快得到批准。这一发现符合 Mozilla 的代码评审政策：高级评审者应该在高级评审请求的 24 小时内回复。但是，高级评审者需要更长时间（4 到 6 天）拒绝一个需要整合的补丁，因为给出这些补丁的评审结果通常需要与其他人进行广泛讨论。对于核心开发者来说，“*r-* → *r+*”要慢很多，主要是因为“边缘”组只有一次这种转换。

比较核心贡献者（图 4-2）和边缘贡献者（图 4-3）的生命周期，结果显示：一般来说，相对核心贡献者，边缘贡献者被接受和录入代码库的补丁数量要少 7%，并且有超过 6% 的补丁被拒绝；来自边缘贡献者的补丁没有得到回应和被放弃的数量分别增加了 3.5 倍和 3.12 倍。超时的评审请求可能是因为把补丁评审分配给了不合适的评审者，也可能是因为“常规”组件没有明确的所有者。如果向默认的评审者（组件所有者）发起评审请求，则可能由于默认的评审者具有较重的负荷和较长的评审队列，导致该补丁无法得到响应。由于贡献者决定哪位评审者进行评审，他们可能会因为选择了错误的评审者而导致他们的补丁被送进了“坟墓”。由于评审过程本身的设计原因，评审者的评审队列缺乏透明度而导致了该结果发生的必然性。

此外，边缘贡献者自身更有可能放弃未通过评审流程的补丁——拒绝后被重新提交的补丁数量减少了 16%。与来自核心开发者的补丁不同，一旦补丁被“边缘”组拒绝了，该补丁就没有机会再次进入（“Rejected”到“Accepted”的转换率为 0），并且收到第二次否定回复的可能性会增加 3 倍。

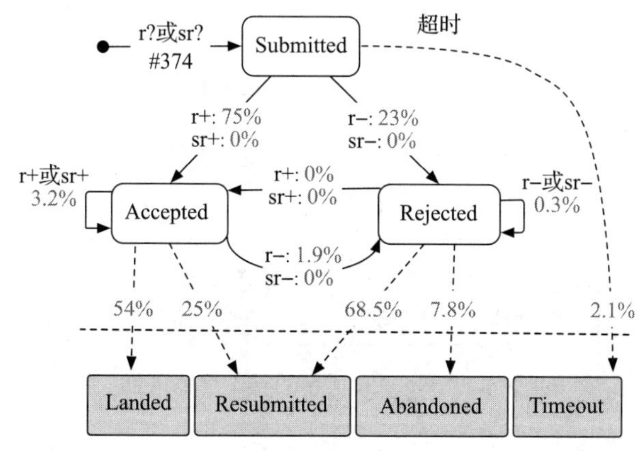

图 4-3 Mozilla Firefox 项目中边缘开发者的补丁生命周期

另外，研究结果显示边缘开发者提交的补丁不需要进行高级评审，因为并没有发现这些补丁的高级评审请求。这并不令人惊讶，因为偶尔参与项目的社区成员经常提交的是小而简单的补丁[9]。

研究结果还表明，来自边缘贡献者的补丁更有可能被评审者和贡献者自身所抛弃。因此，这些补丁应该得到更多的关注以确保质量，并鼓励很少参与协作开发的社区成员在未来做出贡献。

这里分析了 Firefox 的代码评审流程，并比较了核心贡献者和边缘贡献者补丁评审的生命周期模型。这些结果引起了 Mozilla 开发计划团队的一些讨论和担忧[10]：

> "……对于下一代潜在的 Mozilla 黑客来说，版本的频繁发布使得他们的生活更加艰难，也更令人沮丧。这是一个不好的现象……因此，来自边缘贡献者的补丁质量虽然略低些（并非所有补丁都是垃圾），但最终放弃的补丁数量仍然比核心贡献者的高出了 3 倍以上。 :-("
>
> [Gerv Markham]
>
> "我确实同意值得更仔细地调查'abandoned'的数据集，以了解这些补丁发生了什么，这是理所应当的。"
>
> [Boris Zbarsky]

4.4.2　WebKit 项目

还可根据手头的数据集去修改生命周期模型，例如，笔者已使用该模式来研究 WebKit 项目中的代码评审过程[11]，其补丁生命周期模型如图 4-4 所示。

由于 WebKit 是一个工业项目，而 Mozilla 则是以更传统的开源开发方式运行的项目，因此特别感兴趣的是这两个项目之间代码评审过程的比较。为此，需提取 WebKit 的补丁生命周期（图 4-4），并将其与之前研究的 Mozilla Firefox 的补丁生命周期模型进行比较[8]（图 4-2）。

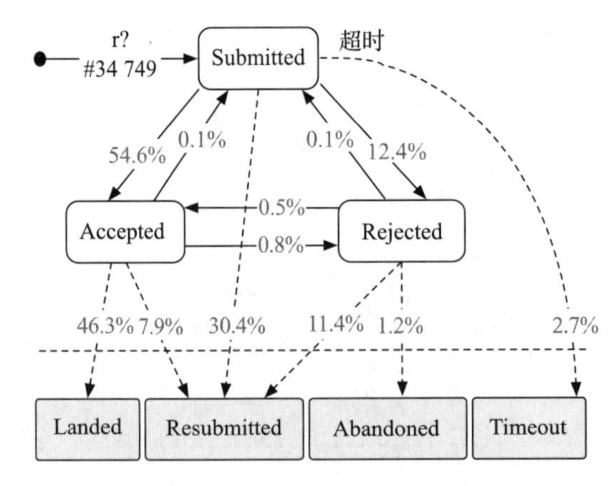

图 4-4　WebKit 项目的补丁生命周期

补丁生命周期用于捕获评审过程中补丁所经历的各种状态，并描述补丁在这些状态之间的转换方式。补丁生命周期能够以某种方式聚合大型数据集，从而便于分析。例如，笔者惊讶地发现，大部分被标记为已接受的补丁随后被作者重新提交以进行进一步修订。还可以看到已拒绝的补丁通常会被重新提交，这可能会缓解对于拒绝边缘补丁可能导致其被放弃的担忧。

虽然 WebKit 和 Firefox 的补丁生命周期模型中的状态集是相同的，但 WebKit 的状态转换较少；这是因为 WebKit 项目没有采用“高级评审”策略。此外，与 Mozilla 不同，WebKit 中的“Accepted”和“Rejected”状态没有自回路，这是因为 Mozilla 项目补丁通常有两个评审者，而 WebKit 补丁只接收个人评审。最后，WebKit 模型引入了“Submitted”和“Resubmitted”之间新的边；WebKit 开发者经常“废弃”他们自己的补丁，并在收到任何评审之前提交更新，这种行为的一个原因是外部测试系统可以自动验证提交的补丁，因此开发者可以在收到评审之前提交补丁来查看它们是否会验证失败。但是总体看来，通过比较两个项目的补丁生命周期，发现 WebKit 和 Firefox 代码评审流程在实践中是非常相似的。

4.4.3 Blink 项目

Blink 的补丁生命周期如图 4-5 所示，其中提交的补丁有 40% 获得了正面评价，只有 0.3% 的补丁被拒绝。此外，大部分补丁被重新提交（40.4%）。这是因为 Blink 开发者经常在收到任何评审之前更新他们的补丁；与 WebKit 一样，这种做法可以使得补丁自动地被验证。乍一看，完全拒绝似乎不是 Blink 代码评审过程的一部分；*Rejected* 状态似乎不足以代表实际被拒绝的补丁数量。实际上，在接受补丁之前，评审者经常会对补丁提出改进意见。

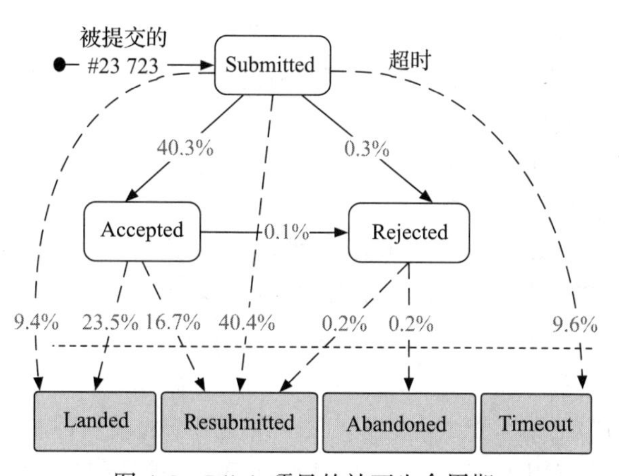

图 4-5　Blink 项目的补丁生命周期

该模型还说明了补丁生命周期的迭代性质，因为补丁经常被“Resubmitted”。从“Submitted”到“Landed”的边通常表示经过一轮或多轮更新之后合并到 Blink 的源代码存储库中的补丁。开发者经常在补丁被批准后修复“nit”（微小更改），并在未获得额外的明确批准之前录入补丁的更新版本。另外，生命周期模型还表明评审者忽略了近 10% 的补丁（即“Timeout”转换），而 Blink 中的“Timeout”补丁可被视为“非正式”拒绝。

比较 WebKit 和 Blink 的补丁生命周期模型，笔者注意到 Blink 的状态转换较少。尤其是 Blink 中不存在从“Accepted”和“Rejected”状态指向“Submitted”状态的边。由于 Blink 没有提供有关补丁的评审请求的指示，需通过考虑每个项目（补丁）的时间戳来对所有补丁的这些信息进行逆向工程。通过在补丁提交到问题存储库时在补丁上标记“Submitted”来实现该过程的自动化。

Blink 还接受一小部分补丁（约占所有贡献的 40%，而 WebKit 项目是提交补丁数的 55%），但官方拒绝的补丁占比不到 1%。对于 Blink 项目中的补丁，“Timeout”状态比在 WebKit 项目中出现得更频繁。Blink 似乎表现出大部分补丁需要被重新提交（与 WebKit 补丁相比增加了 10%），包括被成功接受后重新提交的补丁（16.7%）。

最后，为了说明未经评审者正式批准而对代码库所做的贡献，在“Submitted”和“Landed”状态之间引入了新的边，此情况通常代表着补丁更新。WebKit 和 Blink 项目开发者经常“废弃”他们自己的补丁并在收到任何评审之前提交更新。

两个补丁生命周期模型的比较，表明 WebKit 和 Blink 的代码评审过程在实践中是相似的，并且 Google 的评审政策可能不像 Apple 在 WebKit 项目中使用的那样严格。

4.5　其他应用

软件项目经常需要在定义和记录组织规则和过程方面付出相当大的努力。但是，实践中并不总是循规蹈矩。生命周期模型为从业者提供有关其项目的基于事实的观点（例如本章所述的代码评审过程）。这些模型协助从业者更好地了解他们的系统和过程，以做出更好的数据驱动的开发决策。

生命周期模型是一种灵活的方法，可用于各种软件调研任务。例如：

- 问题：当开发者处理问题时，状态会发生变化。尽管这些状态会因项目而异，但通用的状态包括 *NEW*，*ASSIGNED*，*WONTFIX*，*CLOSED*。
- 组件或优先级分配：通常将问题分配给特定的代码组件（并给予优先级分配）。当一个问题被分类和处理后，分配也随之改变。
- 源代码：任何代码行或代码块的演化历史都可以被视为由*添加*、*删除*和*修改*构成。该数据可在行、块、方法或类的级别进行聚合。
- 讨论：在线讨论（如 StackOverflow 上的讨论）可以包括 *CLOSED*、*UNANSWERED*、*REOPENED*、*DUPLICATE* 和 *PROTECTED* 等状态。

4.6　结论

本章介绍了生命周期模型的数据模式。此模式可用于捕获软件制品演化过程中的常见和异常情况，并已被成功应用于 Mozilla、WebKit 和 Blink 项目中的代码评审过程，而且在调研代码评审过程时收到了 Mozilla 开发者的积极反馈。生命周期模型易于生成和解释，其适用于各种数据建模的应用领域。

软件开发者和管理者根据他们对软件系统的理解做出决策，这种理解既可基于经验建立，也可通过调研各种软件开发制品建立。虽然可分别去研究这些制品，但是能够总结关于一组开发制品的特征也非常有用。本章所提出的制品生命周期模型可作为一种了解某些开发制品的有效方法。生命周期模型能够以图的形式捕获各种开发制品如何随着时间的变化而变化的动态特性，这种形式易于理解和表达。生命周期模型也能够推断正在分析的制品的基本过程和动态特性。本章描述了如何生成生命周期模型并演示了如何将其应用于三个工业项目的代码评审过程。

参考文献

[1] Mozilla. Code review FAQ. June 2012. URL: https://developer.mozilla.org/en/Code_Review_FAQ.
[2] Asundi J, Jayant R. Patch review processes in open source software development communities: a comparative case study. In: Proceedings of the 40th annual Hawaii international conference on system sciences, HICSS '07; 2007. p. 166c.
[3] Nurolahzade M, Nasehi SM, Khandkar SH, Rawal S. The role of patch review in software evolution: an analysis of the Mozilla Firefox. In: Proceedings of the joint international and annual ERCIM workshops on principles of software evolution (IWPSE) and software evolution (Evol) workshops; 2009. p. 9–18.
[4] Rigby P, German D. A preliminary examination of code review processes in open source projects. Canada: University of Victoria, January 2006. Technical Report DCS-305-IR.
[5] Rigby PC, German DM, Storey MA. Open source software peer review practices: a case study of the apache server. In: Proceedings of the 30th international conference on software engineering; 2008. p. 541–50.
[6] Mozilla. Code review policy; June 2012. The-super-reviewers, URL: http://www.mozilla.org/hacking/reviewers.html#.
[7] MozillaWiki. Modules firefox; June 2012. URL: https://wiki.mozilla.org/Modules/Firefox.
[8] Baysal O, Kononenko O, Holmes R, Godfrey MW. The secret life of patches: a firefox case study. In: Proceedings of the 19th working conference on reverse engineering, WCRE '12; 2012. p. 447–55.
[9] Weissgerber P, Neu D, Diehl S. Small patches get in! In: Proceedings of the 2008 international working conference on mining software repositories; 2008. p. 67–76.
[10] Mozilla. The Mozilla development planning forum.
[11] Baysal O, Kononenko O, Holmes R, Godfrey MW. The influence of non-technical factors on code review. In: Proceedings of the 20th working conference on reverse engineering, WCRE '13; 2013.

第 5 章
The Art and Science of Analyzing Software Data

分析 IDE 使用型数据的实用指南

Will Snipes*, Emerson Murphy-Hill†, Thomas Fritz‡, Mohsen Vakilian§, Kostadin Damevski¶, Anil R. Nair‖, David Shepherd*

ABB Corporate Research, Raleigh, NC, USA Computer Science, North Carolina State University, Raleigh, NC, USA† Department of Informatics, University of Zurich, Zurich, Switzerland‡ University of Illinois at Urbana-Champaign, Champaign, IL, USA§ Mathematics and Computer Science Department, Virginia State University, Peterburg, VA, USA¶ ABB Corporate Research, Bangalore, KN, India‖*

5.1 引言

随着软件开发的演变，开发人员愈发习惯于使用集成开发环境（IDE）来帮助管理复杂的软件程序。Eclipse 和 Visual Studio 等现代 IDE 包含了各种工具和功能，通过各种任务辅助方式提高开发人员生产力，例如：在类和方法之间导航、持续编译、代码重构、自动化测试和集成调试等。IDE 所支持的各种开发活动使得收集编辑、命令和工具等使用型数据变得更加方便，而这些使用型数据对于分析开发人员的工作模式极具价值。

为 IDE 插装主要是在提供的应用程序编程接口（API）框架内扩展 IDE。Eclipse 和 Visual Studio 支持丰富的 API 框架，允许对多个命令和操作的发生进行日志记录。本章将讨论利用这些 API 来观察开发人员常用的命令、编辑操作（如浏览或插入新代码）以及使用的其他插件工具。5.3 节提供了一个操作指南，用于实现从 Eclipse 或 Visual Studio 收集使用型数据的工具。

收集 IDE 使用型数据为开发人员如何开发软件提供了一种不同的视角，以帮助推进软件工程实践。使用型数据的最明显的应用是通过对使用日志中的事件进行分类并跟踪每个事件之间的时间，来分析开发人员在 IDE 不同活动中所花费的时间。通过使用型数据分析，可以更好地了解开发人员的时间分配，并发现节省时间的机会，例如缩短构建时间或改进源代码搜索和导航工具。除了时间分析，研究人员还应用了使用型数据来量化开发人员不同类型的实践，例如 Murphy-Hill 等人 [1] 对重构类型的研究，他们发现开发人员在进行程序修改时主要执行少量的重构操作；另一个研究中，Carter 和 Dewan[2] 利用使用型数据发现了开发人员难以理解且应向更有经验的开发人员寻求帮助的代码区域。另一项研究用于判定开发人员是否通过首先编写测试，然后编写通过测试的代码，从而正确地执行测试驱动的开发，还是通过针对先前编写的代码编写测试来不正确地执行测试驱动的开发 [3]。Maalej 等人 [4] 描述了如何收集和处理推荐系统的数据，包括工具和分析方法，并讨论了开发人员相关的使用型数据分析的重要发现。这些工作很好地说明了使用型数据如何提供必要的信息来回答软件工程中一些有趣的研究问题。

但是，IDE 使用型数据反馈信息也存在限制，如缺少一些元素，包括开发人员的代码心智模型，以及开发人员打算如何修改代码以满足新需求。除此之外，还必须单独获取关于开发人员的经验、设计思想和他们在实现活动中牢记的约束的数据。

未来，来自开发环境的使用型数据将提供一个可以更好地理解更深层次的开发人员行为的平台。笔者希望能够发现更多关于开发人员如何理解源代码，如何执行小型试错实验，以及能促进开发人员进一步提高生产力的方法。

5.2 使用型数据的研究概念

本节将讨论使用型数据研究的背景和分析使用型数据的动机。通过对目标 - 问题 - 度量的回顾，讨论如何围绕特定的研究目标收集使用型数据。为了完善这些概念，还需要讨论其他注意事项，例如隐私和可能有用的其他数据源。

5.2.1 使用型数据概念及其分析意义

有关软件开发人员与 IDE 交互的数据称为 *IDE 使用型数据*，或简称为*使用型数据*。交互包括调用命令、查看文件、鼠标单击以及使用其他工具。

软件开发的不同利益相关者都可从捕获和分析使用型数据中受益。首先，IDE 供应商利用这些数据，根据开发人员在实践中如何使用 IDE 来深入了解和改进产品。其次，研究人员开发使用型数据收集器并进行严格的实验，目的是：更有助于研究人员对开发人员编码实践的理解；改进最先进的编程工具（例如，调试器和重构工具）。最后，开发人员可以从对使用型数据的分析中受益，因为这些分析可以促使更有效的 IDE 的诞生，进而提高开发人员的工作效率。

在较高的层次上，IDE 可以被建模为复杂的状态机。在此模型中，开发人员通过每一步操作将 IDE 从一个状态转换到另一个状态。为了捕获使用型数据，研究人员和 IDE 供应商开发了各种使用型数据收集器（5.3 节）。根据实验目标，使用型数据收集器捕获有关 IDE 状态机子集的数据。虽然 IDE 的视频录制与开发人员的键盘敲击和鼠标点击的组合将提供相当完整的使用型数据集，但是自动分析视频数据还是很困难的，因此这主要限于小型实验室研究，而不是开发的使用型数据采集器的一部分。

实践中广泛采用的使用型数据收集和分析项目的一个例子是 Mylyn 项目（以前称为 Mylar）。Mylyn 最初是一个研究项目，后来成为 Eclipse 的一部分，它展现了理解程序员实践和改进工具支持这两个优点。

由 Kersten 和 Murphy[5] 创建的 Mylyn 是 IDE 中第一批使用型数据收集器之一。它是作为 Eclipse IDE 的插件实现的，并捕获了开发人员的历史导航记录及其命令调用。例如，它记录了选择、视图和透视图中的变化情况以及命令的调用情况，例如删除、复制和自动重构。Mylyn 项目已附在 Eclipse 的官方版本中一起发布。

Mylyn 项目已用于收集并分析使用型数据，以收集有关 Eclipse 各种功能的使用频率的经验证据（例如，参见文献 [6]）。除了收集使用型数据之外，Mylyn 还为 Eclipse IDE 引入了新功能，这些功能利用使用型数据来提供以任务为中心的用户界面，并提高开发人员的工作效率 [7]。特别地，Mylyn 引入了*任务上下文*的概念。任务上下文包括 IDE 中与该任务相关的开发者的交互，例如代码实体（例如文件，类和包）的选择和编辑。Mylyn 分析任务的交互，并使用信息显示相关信息，避免在各种功能（如提纲、导航和自动完成）中造成混乱。有关从 Mylyn 收集数据的更多信息，请参见 5.3.2 节。

后来，Eclipse 嵌入了一个类似于 Mylyn 的系统，称为 Eclipse Usage Data Collector

（UDC[㊀]），多年来作为 Eclipse 标准包的一部分。UDC 每月从成千上万的 Eclipse 用户那里收集数据。就笔者所知，UDC 数据集[㊁]是公开可用的最大的 IDE 使用型数据集。如文献 [8-9] 所述，有几位作者，包括 Vakilian 和 Johnson [10]，Vakilian 等人 [9]，以及 Murphy-Hill 等人 [1]，挖掘分析了该大型数据集，深入了解程序员的实践，并开发出更适合程序员实践的新工具。有关 UDC 的更多信息，请参见 5.3.1 节，了解如何使用 UDC 从 Eclipse 收集使用型数据。

另一个分析使用型数据的例子是自动重构的研究。Vakilian 等人 [9] 和 Murphy-Hill 等人 [1] 分析了 Eclipse UDC 数据，开发了自定义使用型数据采集器 [11]，并进行了调查和现场研究 [1,10,12]，以更深入地了解程序员对现有的自动重构的使用情况。Murphy-Hill 等人 [1] 和 Negara 等人 [12] 发现程序员不像重构专家所期望的那样使用自动重构。这一发现促使研究人员研究导致自动化重构采用率较低的因素 [1,11]，并提出了改进自动重构可用性的新技术 [1,8,13-17]。

有了基于使用型数据的收集和研究的背景知识，接下来将介绍如何根据研究目标定义使用型数据收集要求。

5.2.2 基于目标选择相关数据

根据特定需求来收集使用型数据有助于在从软件开发应用程序中收集信息时优化数据量和隐私问题。虽然下一节中描述的一般解决方案是从 IDE 收集所有事件，但将数据收集限制到特定区域可以使数据收集更快更有效，并减少收集数据时的噪音。定义所需数据的过程可以遵循 Basili 和 Rombach [18] 定义的目标 – 问题 – 度量等结构，将高级目标细化为从数据生成的特定度量。例如，体验游戏化软件开发研究 [19] 专注于开发人员的导航实践。该研究试图鼓励开发人员使用结构化导航实践（通过使用依赖链接和代码结构模型的命令和工具来导航源代码）。在该研究中，根据目标 – 问题 – 度量结构定义了可用数据的子集，如下所示：

- 目标：评估和比较开发人员中使用结构化导航的情况。
- 可能的问题：开发人员在修改源代码时使用的各种导航命令的频率分布如何？开发人员使用的导航命令中哪部分是结构化导航而不是非结构化导航？
- 度量标准：导航比率是开发人员在给定时间段（例如，一天）中使用的结构化导航命令的数量与非结构化导航命令的数量的比率。

根据使用型数据衡量导航比率的具体方法需要进一步细化，以确定使用率监视器如何从 IDE 中的可用事件中识别这些操作。例如，评估一个时间段（例如，一天）内的命令，需要收集每个命令的时间戳。使用时间戳对数据进行分层，然后直接转换时间戳为数据，并按天对事件进行分组。同样，时间戳可以转换为小时，以查看按任何给定日期的小时分组的事件。计算命令或命令集的持续时间或已用时间会增加监视的新需求。具体而言，需要从操作系统收集诸如窗口可见性等事件，这些事件与使用应用程序或 IDE 的时间以及何时处于后台或关闭有关。

5.2.3 隐私问题

使用型数据可能很有用；但是，在收集数据过程中开发人员可能只关注于数据收集以及

㊀ http://www.eclipse.org/epp/usagedata/。

㊁ http://archive.eclipse.org/projects/usagedata/。

与谁共享数据，而忽略了数据的隐私问题。这些隐私问题的产生主要是因为收集的数据可能会暴露开发人员信息，或者可能会暴露部分公司正在处理的源代码。如何处理数据收集过程中的信息隐私会影响分析过程中从数据中学到的知识（参见 5.4 节）。

为了最小化对所收集数据的隐私关注，可以采取诸如通过使用单向哈希函数来加密敏感信息片段的步骤。为那些敏感名称（例如开发人员姓名、窗口标题、文件名或源代码标识符）提供了一种模糊数据的混淆方法，从而降低了泄露开发人员或他们正在处理的项目和代码信息的风险。虽然这种混淆使得分析确切的实践变得更加困难，但即使它们保持匿名，使用单向哈希函数仍然可以区分不同的开发人员。

维护开发人员隐私非常重要，但可能存在一些问题，研究人员需要使用一些基本事实来确认在使用型数据中观察到的内容。因此，可能需要知道谁在提供数据，以便向该人员询问基于事实的问题。隐私政策声明可帮助参与者和开发人员在知道可以通过信息识别他们时更有信心地与他人分享信息。政策声明应明确说明谁将有权访问数据以及他们将如何处理数据，而限制性声明（例如不在个人级别层次报告数据）有助于减少开发人员的隐私问题。

5.2.4 研究范围

当无法开展大型数据收集的研究时，可利用各种数据开展小规模的研究来生成一些度量指标。例如，Robillard 等人 [20] 在其观察性研究中定义了结构化导航的度量，该研究是关于开发人员如何在维护期间发现相关代码元素的。即使他们无法为此研究收集大规模的工业方面的实践信息，此度量标准现在也可用于更大的工业研究环境，其中将结构化导航命令的使用情况收集为使用型数据。

最后，最重要的是，使用型数据可能不足以明确地解决问题或查询。虽然使用型数据说明了开发人员在 IDE 中做了什么，但它通常会在开发记录中留下空缺（参见 5.5 节）。使用其他数据源（如开发人员反馈、任务描述和修改的历史记录）扩充使用型数据（请参阅 5.4.7 节）可以补充用于了解用户行为的详细信息。

既然已经讨论了需要考虑的方面，接下来将深入讨论如何从开发人员 IDE 收集数据的细节。下一节将介绍从 IDE 收集使用型数据工具的几个选项。

5.3 如何收集数据

从 IDE 收集使用型数据有很多选项。现有工具可以为常用的 IDE 提供解决方案，有些工具还支持从其他来源收集数据。另一种方法是研究先前项目中收集的数据，例如 Eclipse 存档中的 UDC 数据。此存档包含 2009 年和 2010 年将 UDC 与每个 Eclipse 版本集成时 UDC 收集的大量数据。这些数据目前可在 http://archive.eclipse.org/projects/usagedata/ 上获得。

研究人员可能有其他更具体的问题，而 UDC 数据不能解决，或研究人员可能需要收集特定实验的使用型数据。本节将讨论如何使用 Eclipse 的现有数据收集工具的详细信息，包括 UDC、Mylyn Monitor 和 CodingSpectator（5.3.3 节）。然后会介绍如何为 Microsoft Visual Studio 创建使用型数据的集合扩展。在讲解细节之前，这里提供了一些现有框架的概述。

Eclipse：UDC 收集在环境中执行的命令以及调用的编辑器和视图，在 5.3.1 节中讨论。

Eclipse：Mylyn Monitor 收集面向任务的事件以及有关程序员使用的代码元素的信息，在 5.3.2 节中描述。

Eclipse：CodingSpectator 侧重于重构操作及其所处的上下文，在 5.3.3 节中讨论。

Visual Studio：5.3.4 节详细描述了如何构建自己的 Visual Studio 扩展，该扩展可从 IDE 收集所有命令事件。

Visual Studio：CodeAlike㊀是 Visual Studio 的扩展，用于个人分析和研究与编码效率相关的使用型数据。

Eclipse：由 Negara 等人 [21] 构建的 CodingTracker，是 Eclipse IDE 的使用型数据收集器，记录每个字符的插入和删除情况。CodingTracker 可准确地记录代码编辑情况，以便稍后重现操作中的更改。CodingTracker 已被用于开展经验研究并准确推断出重构等高级变更 [12]。

Eclipse：由 Yoon 和 Myers[22] 构建的 Fluorite，是一个基于 Eclipse 的工具，可以捕获使用型数据，如调用命令、键入字符、光标移动和文本选择。在文献 [23] 中，Fluorite 已被用于研究程序员的回溯策略，并在文献 [24] 中用于可视化代码历史。

Eclipse 和 Visual Studio：由 Johnson 等人 [25] 构建的 Hackystat，提供了一个从众多来源中收集使用型数据的框架。

本节的其余部分将详细讨论上面列表中前四个工具的实现。本节描述了他们相关的代码，还提供了 GitHub 上可用的开源代码的清单（https://github.com/wbsnipes/AnalyzingUsageDataExamples）。表 5-1 总结了本章讨论的四种工具的优缺点，以及使用这些工具的案例论文。

表 5-1 本节深入探讨的四种工具的介绍

工具名称	优 势	劣 势	范 例
Eclipse Usage Data Collector	经过良好测试，广泛部署	仅收集工具上的数据；有时缺少数据	[26-28]
Mylyn Monitor	收集与工具和使用工具的程序元素相关的数据	没有关于元素名称之外的代码的详细信息	[7, 29, 30]
CodingSpectator	收集的信息很详细	收集的信息主要是为了观察重构工具的使用情况而定制的	[11, 21, 31]
Build-Your-Own for Visual Studio	高度可定制性。少数 Visual Studio 监控工具之一	需要额外工作来收集更多类型的事件	[19]

5.3.1 Eclipse 使用型数据收集器

本节介绍如何使用 Eclipse 的 UDC 收集 IDE 的使用型数据。UDC 框架最初由 Eclipse 基金会构建，用于衡量社区如何使用 Eclipse IDE。虽然 UDC 已包含在官方 Eclipse 版本中，且数据是在 2008 年至 2011 年期间从数十万个 Eclipse 用户收集的，但该项目最终被关闭，UDC 已从官方 Eclipse 版本中删除。但是，UDC 的源代码仍可用于收集数据。

5.3.1.1 收集的数据

Eclipse UDC 记录以下类型的 Eclipse 信息：

- ❑ 运行时环境，例如操作系统和 Java 虚拟机；
- ❑ 环境数据，例如加载哪些包以及何时启动和关闭 Eclipse；
- ❑ 通过菜单、按钮、工具栏和热键执行的操作和命令；
- ❑ 调用的视图、编辑器和透视图。

UDC 在开发人员的机器上生成的事件示例如下：

㊀ https://codealike.com。

what	kind	bundleId	bundleVersion	description	time
executed	command	org.eclipse.ui	3.7.0.v20110928-1505	org.eclipse.ui.edit.paste	1389111843130

第一列说明发生了什么，在本例中是执行的一个操作；第二列说明执行了什么，在本例中是一个命令；第三列说明此事件所属的捆绑包的名称（Eclipse 中安装的一组资源和代码)，在本例中是 Eclipse 的用户界面包；第四列提供了捆绑包的版本；第五列说明执行的命令名称，在本例中是粘贴；最后一列，用一个 Unix 时间戳说明命令何时执行，是格林尼治标准时间，在本例中是格林尼治标准时间 2014 年 1 月 7 日 16:24:03。

5.3.1.2　限制

除了收集使用型数据的一般限制（5.5 节）之外，UDC 的一个重要限制是，有时它会出现不完整的数据。例如，在计划一个涉及何时运行 JUnit 测试的研究时，UDC 在选择“运行→运行方式→运行为 JUnit 测试”菜单项时记录了一个事件，但在工具栏上按下“运行方式”按钮时则没有记录事件。也许其原因与不同的用户界面如何调用相同的功能有关。通常，当计划使用 UDC 进行学习时，请务必了解需要查找的事件类型，并对它们进行测试，以确保 UDC 可以捕获这些事件。

5.3.1.3　如何使用

使用 Eclipse UDC 收集使用型数据相当简单，此处介绍如何执行此操作。

使用 UDC 客户端收集数据

接下来探讨如何在开发人员的机器上收集数据。由于 UDC 最后包含在 Eclipse Indigo SR2 版本中[⊖]，如果条件允许，使用该版本是一个比较好的选择。默认情况下，UDC 在 Eclipse 启动时开始收集数据。可以通过转到“ Windows→Preferences”，然后选择“ Usage Data Collector”项（图 5-1）来验证这一点。应勾选*启用捕获（Enable capture）*选项。

在查看数据之前，执行一些命令并在 Eclipse 中打开一些视图。然后，在你的文件系统上，将以下路径作为当前工作空间的子目录打开（图 5-2）:

```
1 .metadata/.plugins/org.eclipse.epp.usagedata.recording
```

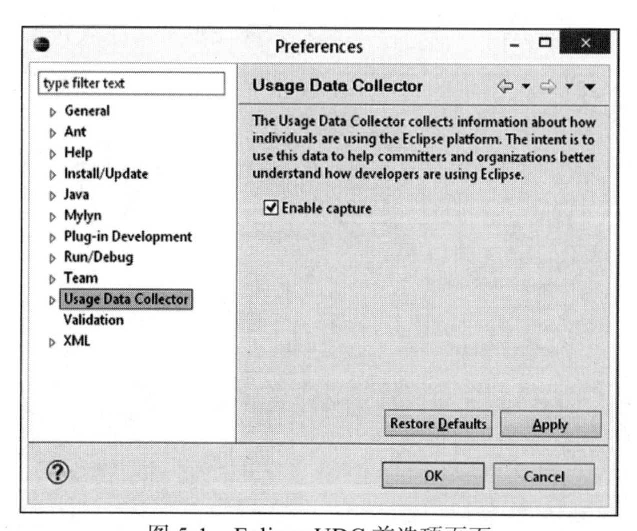

图 5-1　Eclipse UDC 首选项页面

⊖ http://www.eclipse.org/downloads/packages/release/indigo/sr2。

org.eclipse.epp.usagedata.recording

File Home Share View

« .metadata ▸ .plugins ▸ org.eclipse.epp.usagedata.recording

Search org.eclipse.epp.usage...

Name	Date modified	Type	Size
upload0	12/31/2013 8:27 AM	Microsoft Excel Comma Separated Values File	27 KB
upload1	12/31/2013 12:41 PM	Microsoft Excel Comma Separated Values File	27 KB
upload2	12/31/2013 2:51 PM	Microsoft Excel Comma Separated Values File	26 KB
upload3	1/3/2014 10:40 AM	Microsoft Excel Comma Separated Values File	26 KB
upload4	1/3/2014 11:40 AM	Microsoft Excel Comma Separated Values File	25 KB
upload5	1/3/2014 12:49 PM	Microsoft Excel Comma Separated Values File	28 KB
upload6	1/3/2014 2:21 PM	Microsoft Excel Comma Separated Values File	26 KB
upload7	1/7/2014 11:31 AM	Microsoft Excel Comma Separated Values File	27 KB
usagedata	1/7/2014 11:39 AM	Microsoft Excel Comma Separated Values File	21 KB

9 items

图 5-2 UDC 数据文件

在该文件夹中，根据收集的 UDC 事件数量，将显示许多逗号分隔值（CSV）的文件，其中 upload0.csv 是最旧的，usagedata.csv 是最新的。打开 usagedata.csv 之后应该会注意到大量的各种各样的事件。请务必专门查看执行的事件以及之前打开的视图。

在进行研究之前，请注意 Eclipse 会询问并定期尝试将数据上传到 Eclipse 基金会的服务器。请不要允许它执行此操作，因为每次上传数据时，都会删除基础的 CSV 文件。此外，由于 UDC 项目不再受到官方支持，且官方 Eclipse UDC 服务器不再接收数据，因此用户的使用型数据实际上会永久丢失。不幸的是，没有简单的方法告诉 UDC 客户端永久存储使用型数据。一个简单的临时解决方法是延长上传周期，以便有足够的时间来完成实验（参见图 5-3）。长期解决此问题的方法是使用其他工具（如 CodingSpectator（5.3.3 节））定期将 UDC 数据提交给服务器，或者修改 UDC 的源代码来使数据不被上传，之后将解释如何实现该方法。

如果研究人员正在进行实验，收集数据应该只是在每个参与者完成实验后复制和删除 CSV 文件。可以将每个文件连接到上一个文件，或将它们放在数据库中进行分析。

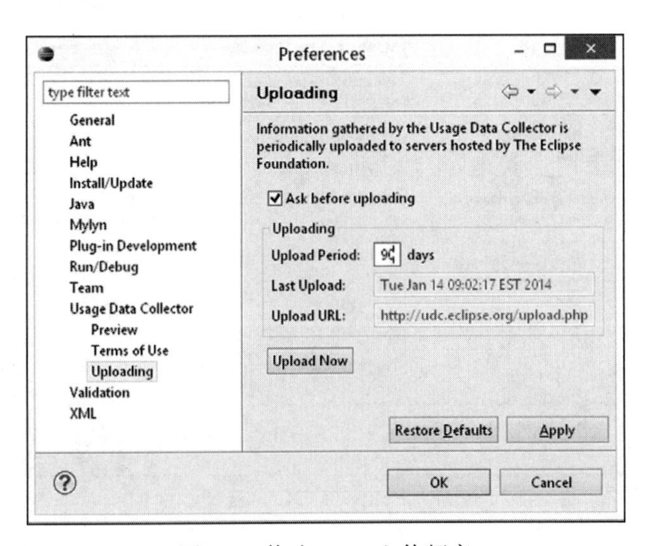

图 5-3 修改 UDC 上传频率

修改 UDC 客户端

研究人员可能希望自己修改 UDC 客户端，可能是为事件添加自定义过滤器或禁止数据上传。无论什么原因，对客户端进行修改都相当容易。

第一步是使用 git[1]将 UDC 源代码导入 Eclipse 工作区。这里将再次使用 Eclipse Indigo SR2，但这次将专门使用"Eclipse for RCP and RAP Developers"下载包，因为这有助于修改 Eclipse 插件。在导入必要的插件之前，建议切换到 Indigo SR2 标签，以确保与 Eclipse 的兼容性。为此，在本地克隆 git 存储库[2]，打开"Tags"，右键单击"Indigo SR2"，然后选择"Checkout"。

要将项目导入 Eclipse，请右键单击存储库，然后单击"导入项目"，再单击"导入现有项目"。要导入的三个核心项目如下：

```
1 org.eclipse.epp.usagedata.internal.gathering
2 org.eclipse.epp.usagedata.internal.recording
3 org.eclipse.epp.usagedata.internal.ui
```

接下来，建议进行快速冒烟测试，以确定是否可以实际修改 UDC 客户端。打开 UsageDataRecordingSettings.java，然后将 UPLOAD_URL_DEFAULT 的值修改为"my_changed_server"。再创建一个 Eclipse 应用程序的新调试配置，并单击"Debug"（图 5-4）。最后，可以通过转到 UDC 的上传首选项页面来验证修改是否有效，注意到上传 URL 现在是"my_changed_server"。

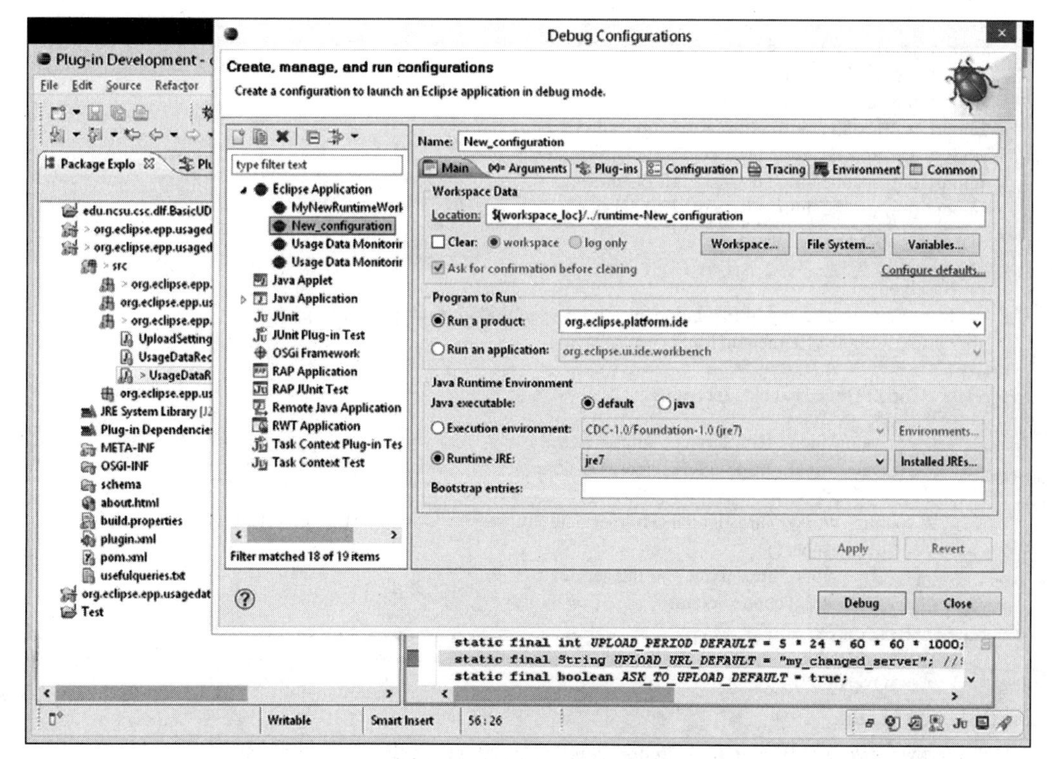

图 5-4　调试 UDC 客户端

[1] http://git-scm.com/。

[2] http://git.eclipse.org/c/epp/org.eclipse.epp.usagedata.git/。

这样研究人员可以对自己希望的 UDC 客户端进行任何修改。这其中可能包括升级 UDC 以使用新版本的 Eclipse。代码可能目前已过期，因为自 UDC 项目关闭以来，代码尚未得到维护。另外，通过 Eclipse 更新站点可以向你想要研究的开发人员提供新版本的 UDC。Web 上有许多用于插件部署指令的资源，例如 Lars Vogel 关于创建插件的教程[一]。

通过网络传输数据

如果不打算开展人工收集 UDC 使用文件的小规模实验性研究，则需要让 UDC 客户端直接向用户发送数据。如前所述，最好的方法是更改客户端源代码中的默认服务器 URL。调试时修改服务器的简单方法是添加以下的 Java 虚拟机参数：

```
1 -Dorg.eclipse.epp.usagedata.recording.upload-url=http://localhost:8080
```

但是，简单地将客户端修改为指向新 URL 是不够的，因为实际上必须在该 URL 处有一个工作服务器准备好接收 UDC 数据。虽然官方 Eclipse 服务器的源代码尚未正式提供，Eclipse 基金会的 Wayne Beaton 从 Eclipse 基金会的服务器发布了一些 PHP 代码[二]，但是是非正式的。由于笔者不擅长 PHP，接下来将讨论如何使用 Java 创建自己的服务器。

创建接收 UDC 数据的服务器非常简单。使用 Apache 的 HttpComponents 库创建一个简单的服务器，该库也是 UDC 用来上传数据的库。具体来说，可以通过简单扩展 Apache 的教程 Web 服务器来创建一个服务器[三]。读者可以在作者的 GitHub 存储库中找到此服务器[四]。

首先，需要一个通用的请求处理程序来等待 HTTP 连接：

```
1  import java.io.IOException;
2  import org.apache.http.ConnectionClosedException;
3  import org.apache.http.HttpException;
4  import org.apache.http.HttpServerConnection;
5  import org.apache.http.protocol.BasicHttpContext;
6  import org.apache.http.protocol.HttpContext;
7  import org.apache.http.protocol.HttpService;
8
9  /**
10  * Based on
11  * http://hc.apache.org/httpcomponents-core-ga/httpcore/examples/org/apache
12  * /http/examples/ElementalHttpServer.java
13  */
14 class WorkerThread extends Thread {
15
16         private final HttpService httpservice;
17         private final HttpServerConnection conn;
18
19         public WorkerThread(final HttpService httpservice, final HttpServerConnection conn) {
20                 super();
21                 this.httpservice = httpservice;
22                 this.conn = conn;
23         }
24
25         @Override
```

[一] http://www.vogella.com/tutorials/EclipsePlugIn/article.html#deployplugin_tutorial。

[二] https://bugs.eclipse.org/bugs/show_bug.cgi?id=221104。

[三] http://hc.apache.org/httpcomponents-core-ga/httpcore/examples/org/apache/http/examples/ElementalHttpServer.java。

[四] https://github.com/wbsnipes/AnalyzingUsageDataExamples。

```
26          public void run() {
27                  System.out. println ("New connection thread");
28                  HttpContext  context  = new BasicHttpContext( null );
29                  try  {
30                          while  (!Thread. interrupted ()  && this.conn.isOpen()) {
31                                  this . httpservice .handleRequest( this .conn,  context);
32                          }
33                  } catch  (ConnectionClosedException ex)  {
34                          System.err . println ("Client closed  connection");
35                  } catch  (IOException ex)  {
36                          System.err . println ("I/O error:  " + ex.getMessage());
37                  } catch  (HttpException  ex)  {
38                          System.err . println ("Unrecoverable HTTP protocol  violation :  " + ex.getMessage());
39                  }  finally  {
40                          try  {
41                                  this .conn.shutdown();
42                          } catch  (IOException ignore)  {
43                          }
44                  }
45          }
46  }
```

还需要一个通用的请求监听器：

```
1  import  java . io . IOException;
2  import  java . io . InterruptedIOException ;
3  import  java . net . ServerSocket;
4  import  java . net . Socket;
5
6  import  org . apache. http . HttpConnectionFactory;
7  import  org . apache. http . HttpServerConnection;
8  import  org . apache. http . impl. DefaultBHttpServerConnection;
9  import  org . apache. http . impl. DefaultBHttpServerConnectionFactory;
10 import  org . apache. http . protocol . HttpService;
11
12 /**
13  * Based on
14  * http :// hc.apache.org/httpcomponents-core-ga/httpcore/examples/org/apache
15  * / http /examples/ElementalHttpServer. java
16  */
17 class  RequestListenerThread  extends  Thread {
18
19          private   final   HttpConnectionFactory<DefaultBHttpServerConnection> connFactory;
20          private   final   ServerSocket   serversocket ;
21          private   final   HttpService   httpService ;
22
23          public  RequestListenerThread( final   int  port ,   final   HttpService   httpService )
24                          throws  IOException {
25                  this .connFactory  =  DefaultBHttpServerConnectionFactory . INSTANCE;
26                  this . serversocket   = new ServerSocket( port );
27                  this . httpService   =  httpService ;
28          }
29
30          @Override
31          public  void  run() {
32                  System.out. println ("Listening on  port  " + this . serversocket . getLocalPort () );
33                  while  (!Thread. interrupted ()) {
34                          try  {
35                                  //  Set  up  HTTP connection
36                                  Socket  socket  =  this . serversocket . accept () ;
37                                  System.out. println ("Incoming connection from" + socket.getInetAddress () );
```

```
38                              HttpServerConnection conn = this.connFactory.createConnection(socket);
39
40                              // Start worker thread
41                              Thread t = new WorkerThread(this.httpService, conn);
42                              t.setDaemon(true);
43                              t.start();
44                      } catch (InterruptedIOException ex) {
45                              break;
46                      } catch (IOException e) {
47                              System.err.println("I/O error initialising connection thread: " +
                                    e.getMessage());
48                              break;
49                      }
50              }
51      }
52 }
```

最后，需要服务器的核心：

```
1  import java.io.IOException;
2  import org.apache.http.HttpEntityEnclosingRequest;
3  import org.apache.http.HttpException;
4  import org.apache.http.HttpRequest;
5  import org.apache.http.HttpResponse;
6  import org.apache.http.protocol.HttpContext;
7  import org.apache.http.protocol.HttpProcessor;
8  import org.apache.http.protocol.HttpProcessorBuilder;
9  import org.apache.http.protocol.HttpRequestHandler;
10 import org.apache.http.protocol.HttpService;
11 import org.apache.http.protocol.ResponseConnControl;
12 import org.apache.http.protocol.ResponseContent;
13 import org.apache.http.protocol.ResponseDate;
14 import org.apache.http.protocol.ResponseServer;
15 import org.apache.http.protocol.UriHttpRequestHandlerMapper;
16 import org.apache.http.util.EntityUtils;
17
18 /**
19  * Based on
20  * http://hc.apache.org/httpcomponents-core-ga/httpcore/examples/org/apache
21  * /http/examples/ElementalHttpServer.java
22  */
23 public class BasicUDCServer {
24
25         public static void main(String[] args) throws IOException {
26
27         int port = 8080;
28
29         HttpProcessor httpproc = HttpProcessorBuilder.create()
30                         .add(new ResponseDate()).add(new ResponseServer())
31                         .add(new ResponseContent()).add(new ResponseConnControl()).build();
32
33         UriHttpRequestHandlerMapper reqistry = new UriHttpRequestHandlerMapper();
34         reqistry.register("*", new HttpRequestHandler() {
35
36                 public void handle(HttpRequest request, HttpResponse response,
37                                 HttpContext context) throws HttpException, IOException {
38
39                         HttpEntityEnclosingRequest entityRequest =
40                                 (HttpEntityEnclosingRequest) request;
```

```
41
42                          String  userID = request.getHeaders("USERID")[0].getValue();
43                          String  workspaceID = request.getHeaders("WORKSPACEID")[0].getValue();
44                          long  time  = Long.parseLong(request.getHeaders("TIME")[0].getValue());
45
46                          System.out. println (userID + "," + workspaceID + "," + time);
47                           System.out. println ( EntityUtils . toString ( entityRequest . getEntity ()));
48                    }
49            });
50
51            HttpService  httpService  = new HttpService( httpproc ,  reqistry );
52
53            Thread t  = new RequestListenerThread( port ,  httpService );
54            t .setDaemon(false);
55            t . start ();
56      }
57  }
```

当此服务器正在运行并且收到 UDC 上传时，它将打印 UserId、WorkspaceId 和上传时间。UserId 在客户端随机生成，并存储在开发人员主目录中的文件中。只要该文件保持完整，开发人员将来的上传将包含该 UserId。WorkspaceId 是每个工作空间中包含的标识符，可用于唯一（但匿名地）标识从哪个工作空间上传一组数据。因此，每台计算机通常只有一个 UserId，但每台计算机可以有多个 WorkspaceId。

虽然涉及一些编码知识，但是为 Eclipse 设置 UDC 可以使用 Eclipse 为项目提供全面的使用型数据集。对于小型的实验性的研究，不需要太多设置。对于大型的或分布式研究，需要一些基础设施（Web 服务器）和代码（UDC 数据服务器）。接下来将研究 Mylyn 和 Eclipse Mylyn Monitor 组件，该组件收集 UDC 之类的工具数据，但也包含程序员正在操作的程序元素的信息。

5.3.2　Mylyn 和 Eclipse Mylyn Monitor

Kersten 和 Murphy[7] 构建了 Mylyn，它是一个以任务为中心的用户界面，也是 Eclipse IDE 的顶级项目，是 Eclipse IDE 配置的一部分。为了更好地支持开发人员管理和处理多个任务，Mylyn 将任务作为第一类实体，监听开发人员与 IDE 的每个任务的交互情况，并将其记录在所谓的*任务上下文*中。

Mylyn 的第一个版本，最初称为 Mylar，是 Mik Kersten 博士研究的一部分，包含一个显式的 Mylyn Monitor 组件，用于在 Eclipse IDE 中收集和上传开发人员的活动。虽然 Mylyn Monitor 的源代码仍然可以在网上找到，但它不再是 Mylyn 项目的活跃部分。

5.3.2.1　数据收集

Mylyn 捕获了 Eclipse 开发环境中三种类型的开发人员交互动作：

1）元素的*选择*。

2）元素的*编辑*。

3）IDE 中的*命令*，例如保存或重构命令。

监听这些交互事件，然后以 XML 格式存储在日志文件中。开发人员在 Eclipse IDE 的包浏览器中选择 Java 类中的 TaskEditorBloatMonitor.java 的交互事件日志示例如下：

```
1  <InteractionEvent
2      StructureKind="java"
3      StructureHandle="=org.eclipse.mylyn.tasks.ui/src&lt;org.eclipse.mylyn.
4          internal.tasks.ui{TaskEditorBloatMonitor.java"
5      StartDate="2012-04-10 02:05:53.451 CEST"
6      OriginId="org.eclipse.jdt.ui.PackageExplorer"
7      Navigation="null"
8      Kind="selection"
9      Interest="1.0"
10     EndDate="2012-04-10 02:05:53.451 CEST"
11     Delta="null"
12 />
```

日志条目包含交互事件的类型（在本例中是选择类型），开发人员与之交互的元素的完整标识符，称为 TaskEditorBloatMonitor 的 Java 类型，交互事件发生的时间（在本例中为中欧夏季时间（CEST）2012 年 10 月 4 日 02:05:52），以及交互事件发生的位置（在本例中是 Eclipse 的包浏览器视图）。

日志还包含兴趣值，在本例中为 1.0。Mylyn 使用此值来计算开发人员在代码元素中展现的兴趣，即兴趣度。代码元素（例如类、方法或字段）的兴趣度是基于在处理任务时交互的新近程度和频率。开发人员选择或编辑代码元素的频率和新近程度越高，兴趣度也就越高。然后，该兴趣度值可用于突出显示或过滤 IDE 视图中的元素（参见 [7,32]）。

5.3.2.2　记录与 Mylyn Monitor 的交互

虽然 Mylyn Monitor 的代码不再是现行 Mylyn 项目的一部分，但监视器的代码和使用它的示例代码可以在联机的孵化器（incubator）项目中找到[㊀][㊁]。在下文中，将展示这些示例中的相关代码部分，以记录交互。

为了能够使用 Mylyn Monitor 代码并记录感兴趣的事件，必须实现两个重要的类。首先，需要一个扩展以下插件的插件类：

```
1  org.eclipse.ui.plugin.AbstractUIPlugin
```

然后，为感兴趣的事件添加一个监听器：

```
1  org.eclipse.mylyn.internal.monitor.ui.MonitorUiPlugin
```

其次，需要编写在发生交互事件时创建交互事件对象的监听器。假设要为 IDE 中的 Java 元素选择编写一个监听器，可以扩展类 org.eclipse.mylyn.monitor.ui.AbstractUserInteractionMonitor 并简单地覆盖 selectionChanged 方法。通过扩展 AbstractUserInteractionMonitor，自动将监听器添加为当前工作台中所有窗口的后选择监听器，以便将窗口中的所有选择事件转发给监听器。selectionChanged 方法的相关代码如下：

```
1  /**
2   * Based on
3   * http://git.eclipse.org/c/mylyn/org.eclipse.mylyn.incubator.git/tree/
4   * org.eclipse.mylyn.examples.monitor.study/src/org/eclipse/mylyn/examples/
5   * monitor/study/SelectionMonitor.java
```

㊀ http://git.eclipse.org/c/mylyn/org.eclipse.mylyn.incubator.git/tree/。

㊁ http://wiki.eclipse.org/Mylyn_Integrator_Reference#Monitor_API。

```
6  */
7  import org.eclipse.jface.viewers.ISelection;
8  import org.eclipse.jface.viewers.StructuredSelection;
9  import org.eclipse.mylyn.monitor.core.InteractionEvent;
10 import org.eclipse.jdt.core.IJavaElement;
11
12 ...
13
14     @Override
15     public void selectionChanged(IWorkbenchPart part, ISelection selection) {
16             InteractionEvent.Kind interactionKind = InteractionEvent.Kind.SELECTION;
17             if (selection instanceof StructuredSelection) {
18                     StructuredSelection structuredSelection = (StructuredSelection) selection;
19                     Object selectedObject = structuredSelection.getFirstElement();
20                     if (selectedObject == null) {
21                             return;
22                     }
23
24                     if (selectedObject instanceof IJavaElement) {
25                             IJavaElement javaElement = (IJavaElement) selectedObject;
26                             structureKind = STRUCTURE_KIND_JAVA;
27                             elementHandle = javaElement.getHandleIdentifier();
28                     }
29             }
30
31             ...
32
33             InteractionEvent event = new InteractionEvent(interactionKind, structureKind,
34                             elementHandle, ...);
35             MonitorUiPlugin.getDefault().notifyInteractionObserved(event);
36     }
37
38 ...
```

代码首先检查选择的类型。如果选择是结构化的，并且它的第一部分是 Java 元素，它将收集相关信息，然后使用收集的信息，例如交互类型、结构类型和元素触发，创建 InteractionEvent。在该方法结束时，MonitorUiPlugin 会收到有关观察到的交互事件的通知。然后，MonitorUiPlugin 将遍历所有已注册的交互事件监听器并将事件转发给它们。由于 InteractionEventLogger 作为 Mylyn 代码的一部分进行了注册，因此交互事件对象将被转发到记录器，再写入文件。

5.3.3 CodingSpectator

CodingSpectator㊀是一个用于收集 Eclipse 使用型数据的可扩展框架。虽然伊利诺伊大学香槟分校研究人员开发的 CodingSpectator 主要用于收集有关 Eclipse 重构工具的详细使用数据，但它还提供了一个可重用的基础架构，用于将开发人员的*使用型数据提交*到核心存储库。由 Negara 等人 [12,21] 提出的 CodingTracker㊁，是伊利诺伊大学香槟分校开发的另一个数据收集器，它在重用数据提交基础架构的同时还收集了更细粒度的 IDE 操作。

5.3.3.1 数据收集

CodingSpectator 旨在捕获有关使用自动重构的详细数据。它收集三种重构事件：取消、

㊀ http://codingspectator.cs.illinois.edu/。

㊁ http://codingtracker.web.engr.illinois.edu/。

执行和不可用。如果程序员启动自动重构但在完成之前退出，CodingSpectator 会记录一个取消的重构事件；如果程序员应用自动重构，CodingSpectator 会记录一个执行的重构事件；最后，如果程序员调用自动重构，但 IDE 拒绝启动自动重构，并指示重构不适用于所选的程序元素，则 CodingSpectator 会记录一个不可用的重构事件。

Eclipse 为每个执行重构的事件创建*重构描述符*对象，并在 XML 文件中对其进行序列化。CodingSpectator 在执行重构的 Eclipse 重构描述符中保存了更多数据。此外，它还为已取消和不可用的重构事件创建并序列化重构描述符。CodingSpectator 能够支持 Eclipse 所拥有的 33 个自动重构中的 23 个。

这里将展示一个 CodingSpectator 收集数据的具体示例，该示例用于调用 Eclipse 中的自动提取方法（extract method）重构，将一段代码提取到一个新方法中。此重构将选定的代码段移动到新方法中，并通过调用新方法替换所选代码。要使用自动提取方法重构，程序员必须经历多个步骤。首先，程序员选择一段代码（图 5-5）。其次，程序员调用自动提取方法并对其进行配置（图 5-6）。在本例中，程序员设置了新方法的名称。配置页面提供了许多其他选项，包括方法可访问性、方法参数的顺序和名称以及方法注释的生成。第三，在配置重构后，程序员单击“Preview”按钮，自动重构功能将报告重构可能引入的问题（图 5-7）。在此示例中，自动重构会报告新方法的选定名称与现有方法的名称冲突。最后，程序员决定取消重构，CodingSpectator 为该取消的重构记录重构描述符，如图 5-8 所示。可以从包含重构描述符的 XML 文件所在的目录中推断出重构事件的类型（即：不可用、取消或执行）。CodingSpectator 在上面的示例中捕获了已取消的自动提取方法重构的以下属性：

```
package org.elasticsearch.action.support.single.custom;

import org.elasticsearch.action.ActionRequestBuilder;

/**
 */
public abstract class SingleCustomOperationRequestBuilder<Request extends SingleCustomOperationRequest<Request>, Response extends ActionRespons
        extends ActionRequestBuilder<Request, Response, RequestBuilder> {

    protected SingleCustomOperationRequestBuilder(InternalGenericClient client, Request request) {
        super(client, request);
    }

    /**
     * Controls if the operation will be executed on a separate thread when executed locally.
     */
    @SuppressWarnings("unchecked")
    public final RequestBuilder setOperationThreaded(boolean threadedOperation) {
        request.operationThreaded(threadedOperation);
        return (RequestBuilder) this;
    }

    /**
     * if this operation hits a node with a local relevant shard, should it be preferred
     * to be executed on, or just do plain round robin. Defaults to <tt>true</tt>
     */
    @SuppressWarnings("unchecked")
    public final RequestBuilder setPreferLocal(boolean preferLocal) {
        request.preferLocal(preferLocal);
        return (RequestBuilder) this;
    }
}
```

图 5-5　程序员选择一段代码以提取到新方法中。所选代码是开源的 Elasticsearch 项目的 bdb1992 提交中的 SingleCustomOperationRequestBuilder 类的一部分（https://github.com/elasticsearch/elasticsearch）

1）capture-by-codingspectator：表示 CodingSpectator 创建了重构描述符。

2）stamp：重构事件发生时的时间戳记录。

3）code-snippet，selection，selection-in-code-snippet，selection-text：程序员在调用自动重构之前所做选择的位置和内容。

4）id：自动重构的标识符。

5）comment，description，comments，destination，exceptions，flags，input，name，visibility：配置选项，例如输入元素、项目以及程序员可以用来控制重构效果的设置。

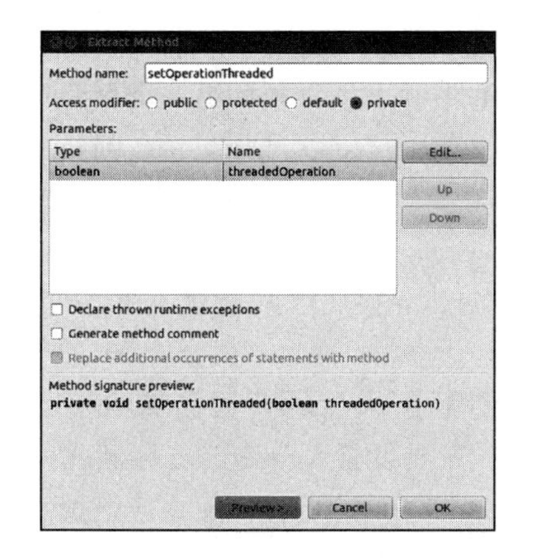

图 5-6 程序员通过输入新方法所需的名称来配置自动提取方法重构

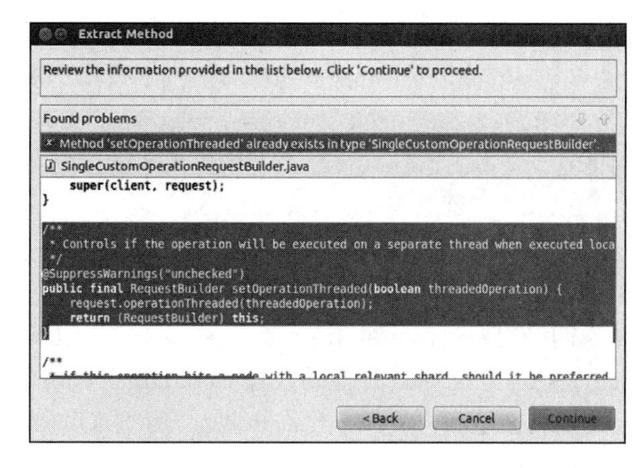

图 5-7 提取方法重构向程序员报告名称冲突问题。程序员可以忽略该问题并继续重构，返回配置页面以提供不同的名称，或取消重构

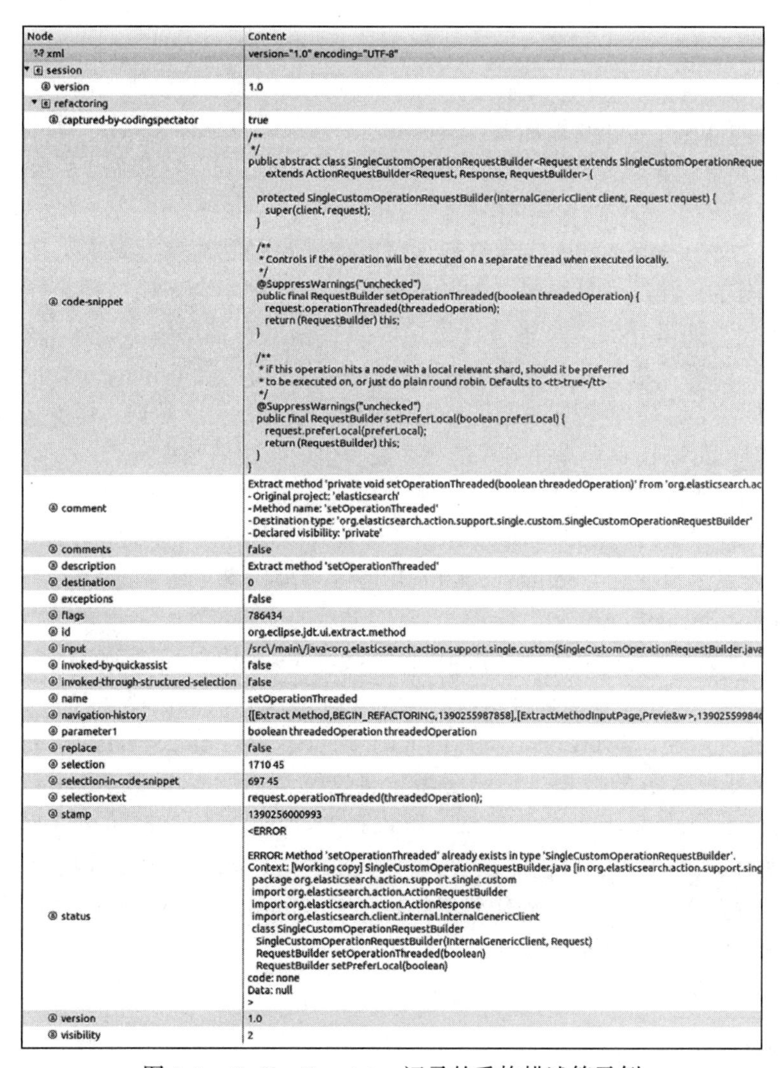

图 5-8 CodingSpectator 记录的重构描述符示例

6）status：自动重构向程序员报告的所有问题。

7）navigation-history：当程序员按下按钮从重构向导的一个页面导航到另一个页面时。

8）invoked-through-structured-selection，invoked-by-quick-assist：选择方法（例如，结构化的或文本的选择以及是否使用快速辅助调用自动重构）。

5.3.3.2 部署 CodingSpectator

部署 CodingSpectator 包括两个主要步骤：设置 Subversion 存储库和设置 Eclipse 更新站点。

1）设置 Subversion 存储库。CodingSpectator 定期将开发人员的数据提交给核心的 Subversion 存储库。要自动收集 CodingSpectator 的数据，需要设置 Subversion 存储库并为开发人员创建账户。为了允许开发人员将他们的数据提交到 Subversion 存储库，应该授予他们对存储库的适当的写入权限。

使用 Subversion 等版本控制系统作为数据存储库有几个优点：

- Subversion 使得每个文件的所有修订都易于访问，这使故障排除更容易。
- 对于文本文件，Subversion 仅提交对文件所做的*变更*而不是整个新文件，这种差异数据的提交更为快速。
- 有一些库，如 SVNKit[一]，它们为 Subversion 操作提供 API，例如添加、更新、删除和提交。CodingSpectator 使用 SVNKit 将开发人员的数据提交到核心存储库。
- 设置 Subversion 服务器是一个有良好文档记录的过程，这避免了设置专用服务器的负担。

另一方面，使用 Subversion 作为数据存储库的缺点是它需要开发人员在其文件系统上维护其数据的副本。开发人员系统上的 Subversion 工作副本会占用*空间*，并且还可能导致*合并冲突*，例如，如果开发人员将文件系统的内容恢复到早期版本。为了处理合并冲突，CodingSpectator 内置了对自动冲突检测和解决方案的支持。当 CodingSpectator 检测到合并冲突时，它会从核心存储库中删除开发人员的数据，然后提交新数据。尽管从核心存储库中删除了数据，但仍可以找到合并冲突并恢复冲突发生前收集的数据。

当 CodingSpectator 提交数据时，CodingSpectator 会提示开发人员提供他们的 Subversion 用户名和密码。CodingSpectator 为开发人员提供了安全地在 Eclipse 中保存密码的选项。有关开发人员使用 CodingSpectator 功能的更多信息，请参见 http://codingspectator.cs.illinois.edu/documentation。

2）设置 Eclipse 更新站点。CodingSpectator 用户可从 Eclipse 更新站点进行安装[二]。Eclipse 更新站点是 Eclipse 安装插件所需的 JAR 和配置文件的联机存储库。

必须至少通过指定 Subversion 存储库的 URL 来自定义 CodingSpectator，CodingSpectator 向该 URL 提交开发人员的数据。可能还需要自定义消息，CodingSpectator 会在向用户提示其 Subversion 凭据时显示对应的消息。可以通过更改 CodingSpectator 在 Eclipse 更新站点上托管的现有 JAR 文件中打包的配置文件来自定义 CodingSpectator 的这些方面。如果需要用更复杂的方式——修改其源代码以自定义 CodingSpectator，则应遵循从源代码构建 CodingSpectator 更新站点的说明。

[一] http://svnkit.com/。

[二] http://codingspectator.cs.illinois.edu/installation。

5.3.3.3　扩展 CodingSpectator

除了收集详细的重构数据外，CodingSpectator 还提供了一个可重用的基础架构，用于收集 Eclipse 使用型数据。扩展 CodingSpectator 使得研究人员不必从头开始开发众多功能，例如 Subversion 通信、自动合并冲突的检测和解决、Subversion 凭证的安全存储以及定期更新提醒。

CodingSpectator 提供了一个 Eclipse 扩展点（id = edu.illinois.codingspectator.monitor.core.submitter）和以下接口：

```
1 public interface SubmitterListener {
2   // hook before svn add
3   void preSubmit();
4   // hook after svn add and before svn commit
5   void preCommit();
6   // hook after svn commit
7   void postSubmit(boolean succeeded);
8 }
```

上面的接口为 CodingSpectator 的提交过程提供了三个 Hook 机制。CodingSpectator 将 Subversion 存储库检出到一个文件夹中，我们称之为*监视文件夹*。然后，它在监视文件夹上执行 Subversion 命令（例如添加和提交）。扩展提交者的扩展点并实现 SubmitterListener 接口的插件可以在 CodingSpectator 执行的两个 Subversion 命令之前或之后执行操作：添加和提交。例如，CodingSpectator 会覆盖方法 preSubmit，将记录的重构描述符复制到监视文件夹。另一个例子是，CodingSpectator 的开发人员可让 Eclipse UDC 插件使用提交者的扩展点并将 UDC 数据复制到监视文件夹。因此，CodingSpectator 将 UDC 数据提交给 Subversion 存储库。实际上，这是 5.3.1.3 节中提供的用于在核心存储库中收集 UDC 数据的替代方法。

5.3.4　为 Visual Studio 创建收集工具

本节介绍如何为 Visual Studio 实现一个使用型数据收集工具，该工具每天生成导航比率指标（请参阅 5.2.2 节），使开发人员能够深入了解自己的导航模式。尝试本教程的读者需要熟悉 C # 并具有 Visual Studio 的一些基本知识。

由于此扩展是说明性的，因此已经进行了一些简化，这些简化需要在广泛部署的扩展中处理。例如，此示例扩展不执行任何后台处理，因此，Visual Studio 启动期间会有延迟现象。

5.3.4.1　创建 Visual Studio 扩展

1）创建新的扩展解决方案。安装 Visual Studio 软件开发工具包后，创建一个项目名称为“Collector”的新的 Visual Studio Extension 项目和名为“VisualStudioMonitor”的解决方案。设置扩展以提供名为“Stop Monitoring”的菜单命令，其命令 ID 为“StopMonitoring”。为了将 Visual Studio 扩展的设置代码与扩展的核心功能分开，请在名为“Monitor”的同一解决方案中创建第二个项目。

2）确保在启动时加载扩展。下一步是通过在包类（CollectorPackage.cs）上设置属性 ProvideAutoLoad 来指示在 Visual Studio 启动时加载扩展包。下面清单中的全局唯一 ID（GUID）值将在 Visual Studio 启动时加载包：

```
1   // This attribute starts the package when Visual Studio starts
2   [ProvideAutoLoad("{ADFC4E64-0397-11D1-9F4E-00A0C911004F}")]
3   [Guid(GuidList.guidCollectorPkgString )]
4   public sealed class CollectorPackage : Package
```

3）创建 Monitor 项目。将类库类型项目添加到“VisualStudioMonitor”解决方案。由于必须对类库进行签名，所以要转到 Monitor 项目的“Properties”，然后从右侧的列表中选择“Signing”。在“Signing”选项卡中，选中“sign the assembly”复选框，然后在“Choose a strong name key file”下，选择“Browse”并浏览收集器项目中的 Key.snk 文件（该文件是通过解决方案创建的）。

4）创建监视器类。下一步是创建一个静态类来管理日志文件，包括启动、停止记录数据和将数据插入日志文件。将 Monitor 项目中由 Visual Studio 创建的类重命名为“DataRecorder”。为了不同时运行多个记录器，并且能够在不实例化的情况下访问此类，将该类设置为静态类。创建一个方法来启动记录器，为日志文件生成文件名，并设置记录已启动的标志。Stop 方法重置该标志并可能清除文件名。将日志消息写入文件的方法完成了 DataRecorder。

5）连接扩展框架与记录器。最后，在 CollectorPackage 类的 Initialize() 方法的末尾插入对 DataRecorder.Start() 的调用，这将在每次 Visual Studio 启动时开始监视。需要将 Monitor 项目的引用添加到 Collector 项目，确保已经对 Monitor 项目签过名，然后重建解决方案。请参阅清单 5-1 中的 CollectorPackage.cs 和清单 5-2 中的 DataRecorder.cs。

5.3.4.2 创建数据模型

下一步将创建一个数据模型，用于存储和管理 Visual Studio 的事件监视，这包括设计主要事件类型和实现工厂（factory）来创建这些事件。

1）实现基类。在 Visual Studio 中的 Monitor 项目中创建 AbstractMonitoredEvent 类。然后为 EventName 和 Classification 添加属性，如下所示：

```
1   [XmlInclude(typeof(MonitoredCommandEvent))]
2   [XmlRoot(ElementName = "MonitoredEvent", Namespace = "http://Monitor")]
3   public abstract class AbstractMonitoredEvent
4   {
5       /// <summary>
6       /// Default constructor to use in serialization
7       /// </summary>
8       protected AbstractMonitoredEvent()
9       {
10      }
11
12      public String EventName { get; set; }
13      public String Classification { get; set; }
14  }
```

2）在基类中启用序列化。为了将事件存储在配置文件中，然后在稍后操作该配置文件，需要提供此抽象类来实现自身及其派生类的 XML 序列化。.NET 属性支持此结构中的 XML 序列化。第一个属性告诉 XML 序列化器 MonitoredCommandEvent 类是接下来要创建的 AbstractMonitoredEvent 的派生类，这提供了在创建序列化程序时通过引用 AbstractMonitoredEvent 的类型来序列化和反序列化派生类的公共对象的功能。第二个属性创建一个 XML 命名空间，所有派生类将与 AbstractMonitoredEvent 类共享该命名空间。

3）创建具体的子类。下一步是创建一个名为 MonitoredCommandEvent 的派生类，该类继承自 AbstractMonitoredEvent。MonitoredCommandEvent 实现了一个构造函数，该构造函数从 DTE 的 Command 类构建 MonitoredCommandEvent 对象。

EnvDTE.Command 对象包含 Guid（GUID 字符串）、ID 和整型的子 id 以及 Name（命令的可读名称）字段。要为 EnvDTE.Command 注册事件处理程序，需要使用 Guid 和 ID 获取该命令的对象引用以标识该命令。Guid 是 Visual Studio 中命令事件的 GUID，但是，一些命令事件共享一个 GUID 并使用不同的 EventID 区分自己。因此，两个元素都是将 Command 事件从 DTE 链接到此扩展中的事件处理程序所必需的。Name 是了解命令内容的有用信息。有几个不同版本的 DTE 对象分别对应不同的 Visual Studio 版本。对于感兴趣的命令，需要查询每个版本的命令。

将 Command 作为输入的构造函数只是从 DTE 的 Command 对象中提取必要的相关字段，并将匹配的信息传递到此类和 AbstractMonitoredEvent 类的相应字段中。

4）在具体子类中启用序列化。确保该类从 XElement 和输出方法 ToXElement 构建的构造函数将对象转换为 XML 以进行保存。在项目 References 配置中添加 System.Xml.Serialization 和 EnvDTE 及其相应引用的 using 语句。

```
1   [XmlRoot(ElementName = "MonitoredEvent", Namespace = "http://Monitor")]
2   public class MonitoredCommandEvent : AbstractMonitoredEvent {
3
4       public int EventID { get; set; }
5       public String Guid { get; set; }
6
7       public MonitoredCommandEvent()
8       {
9       }
10
11      public MonitoredCommandEvent(Command DTECommandObj) {
12          if (DTECommandObj != null) {
13              this.EventName = DTECommandObj.Name;
14              this.Classification = EventName.Split('.')[0];   // use the first part of event name
15              this.Guid = DTECommandObj.Guid;
16              this.EventID = DTECommandObj.ID;
17          }
18          else {
19              throw new ArgumentNullException("DTECommandObj");
20          }
21      }
```

XMLRoot 的属性与分配给 AbstractMonitoredEvent 类的属性相同，后者告诉 XML Serialization 此类型是属于抽象类的类型。在该类中，创建两个公共字段，EventID 为 int 类型，Guid 为字符串类型，这将保存 Visual Studio DTE 对象的重要信息，以便对每个命令进行监视。

5）创建事件工厂。要完成 Simple Factory 模式，静态工厂类提供静态工厂方法，该方法从 DTE Command 对象创建 MonitoredCommandEvent 类型的对象，并将其作为 AbstractMonitoredEvent 返回。目前唯一要考虑的类是 MonitoredCommandEvent 派生类，但是，后续的步骤将会添加更多派生类。

5.3.4.3　存储 Visual Studio 命令事件信息

如上的扩展是用来监听事件的，但是，还需保存事件以供日后分析。在下述步骤中，将讨论如何收集数据及其持久性。

1）创建集合管理器类。在此步骤中，构建清单 5-6 中所示的 MonitoredEventCollection 类，该类管理 AbstractMonitoredEvent 类型的 List 对象。

2）创建并进行配置。配置数据存储在 List 对象中，List 对象是通过存储配置数据的

XML 文件进行初始化的。MonitoredEventCollection 类提供了一种查询 DTE 所有命令并初始化列表的方法。在 DTE 查询之后调用另一个方法将 List 内容存储在相同的 XML 格式文件中。应在第一次启动扩展时按顺序调用这两个方法。之后，它会在启动时读取 XML 文件以初始化 List。调用方法来查询、存储和加载上一步骤中的 DataRecorder 类的 Start() 方法的事件列表，以便 Monitor 在启动时加载命令。

幸运的是，DTE 对象有一个查询其管理的所有命令的方法。DTE Command 对象返回 EnvDTE.Command 对象的 IEnumerable 集合。下面的列表提供了一种尝试获取 DTE 实例的方法。它取决于对 EnvDTE、Microsoft.VisualStudio.Shell.12.0 和 Microsoft.VisualStudio.OLE.Interop 的引用，因此请务必将它们添加到项目的 Reference 列表中。

```
1
2     using EnvDTE;
3     using Microsoft.VisualStudio.Shell; // 12.0
4     private static DTE tryGetDTEObject()
5     {
6         DTE dteobj=null;
7         try
8         {
9             dteobj = ((EnvDTE.DTE)ServiceProvider.GlobalProvider.GetService(typeof(
                  EnvDTE.DTE).GUID)).DTE;
10
11        }
12        // Important to catch the following exception if the DTE object is unavailable
13        catch (System.Runtime.InteropServices.InvalidComObjectException)
14        {}
15        // Important to catch the following exception if the DTE object is busy
16        catch (System.Runtime.InteropServices.COMException)
17        {}
18        return dteobj;
19    }
```

从 tryGetDTEObject 方法引用 DTE 对象后，使用 DTE 查询 Command 对象，然后将每个命令添加到由 MonitoredEventCollection 管理的 List 中。下面显示了清单 5-6 中 Monitored-EventCollection.cs 中的 QueryVSForAddDTECommands 方法的示例代码，利用 Monitored-EventFactory 生成存储在 List 中的每个 AbstractMonitoredEvent。try-catch 是必要的，因为在循环处理 Command 时可以处理保存的 DTE 对象。

```
1     try
2     {
3         foreach (Command DTE_CommandEventObj in dteobj.Commands)
4         {
5             AbstractMonitoredEvent NewEvent =
                  MonitoredEventFactory.GetMonitoredEvent(DTE_CommandEventObj);
6             if (NewEvent != null)
7             {
8                 EventList.Add(NewEvent);
9             }
10        }
11    }
12    // This exception happens during dispose/finalize when VS exits, just return null
13    catch (System.Runtime.InteropServices.InvalidComObjectException)
14    {
15        return null;
16    }
```

3）启用配置的持久性。持久的配置文件有助于独立管理研究中监控的事件，并使配置更易于管理。使用框架的 ToXelement 方法，在 MonitoredEventCollection 中构建方法，将 AbstractMonitoredEvents List 保存到配置文件中，并从配置文件中加载它们。下面是清单 5-6 中的 MonitoredEventCollection.cs 中的 saveEventInterestTable 方法的核心代码，它为 List 对象创建 XML 序列化程序，然后将其写入文件流：

```
1    var serializer = new
         System.Xml.Serialization.XmlSerializer(typeof(List<AbstractMonitoredEvent>));
2    using (Stream file = new FileStream(filepath, FileMode.Create, FileAccess.Write))
3    {
4        serializer.Serialize(file, eventList);
5        file.Flush();
6    }
```

5.3.4.4　注册事件处理程序

一旦完成框架，并且已经准备好要监视所有命令事件的配置文件，就可以创建一个方法，该方法将 Visual Studio 与记录每个命令的事件处理器关联起来。下述步骤将向 AbstractMonitoredEvent 和 MonitoredCommandEvent 类添加方法和成员对象，以便在 DTE 中注册事件处理程序，并在必要时处理它们。MonitoredEventCollection 类获取一个新方法来对列表中的对象执行注册，并获取另一个方法来取消注册。

1）定义注册接口。AbstractMonitoredEvent 类包含一个虚方法 RegisterEventForMonitoring，该方法接受将用于传递 DTE 引用的对象参数。该方法根据注册的成功与否返回一个布尔值。该类还包含非虚方法 Dispose() 和虚方法 Dispose(bool disposing)，前者调用后者，后者将字段 isDisposed 设置为 true。这是典型的处置结构。最后，抽象类包含非虚方法，用于通过 DataRecorder 类将事件日志信息（抽象类的字段和时间戳）写入日志。从而将所有派生类的日志合并为一种通用格式。

2）实施注册。清单 5-4 中的 MonitoredCommandEvent 类重写了 RegisterEventForMonitoring 虚方法，以实现为 Command 事件注册事件处理程序。首先，注册必须找到 DTE 中的事件并将其分配给字段，然后将新的事件处理程序附加到该事件。查看下面的方法，可以看到 Guid 和 EventID 作为参数，用来在此实例中查询特定命令事件的 DTE Event 对象，结果将分配给字段 eventTypeObject。通过对事件的引用，下一个块添加了一个在执行命令后运行的事件处理程序。如果 eventTypeObject 不为 null，则该方法返回 true 表示成功。

```
1    public override bool RegisterEventForMonitoring(object dte)
2    {
3        if (!isDisposed && eventTypeObject == null && dte != null)
4        {
5            eventTypeObject = (dte as DTE).Events.get_CommandEvents(Guid, EventID) as
                 CommandEvents;
6        }
7        if (eventTypeObject != null)
8        {
9            eventTypeObject.AfterExecute += new
10               _dispCommandEvents_AfterExecuteEventHandler(OnAfterExecute);
11       }
12       return (eventTypeObject != null);
13   }
```

使用 Visual Studio 中的上述方法，可以通过“Generate”上下文菜单命令自动生成缺少的字段和方法。

MonitoredCommandEvent 的最后一步是创建 Dispose 方法，该方法将取消事件处理程序的注册，如下所示：

```
1  protected override void Dispose(bool disposing )
2  {
3      if (eventTypeObject != null )
4          eventTypeObject. AfterExecute -= OnAfterExecute;
5      this . isDisposed = true ;
6  }
```

使用 Visual Studio 的“Generate”命令为 OnAfterExecute 生成方法存根，并且代码将开始编译。在 OnAfterExecute 方法中，调用 ToLog 以便在日志中捕获事件数据。

3）注册所有命令。 清单 5-6 中的 MonitoredEventCollection 现在需要方法来对列表中的所有事件执行注册和注销。如下面的清单所示，RegisterEventInventoryForEventMonitoring() 必须获取 DTE 对象，然后遍历 IDEEventListenerRegistry 列表，调用 DTE 的抽象方法 RegisterEventForMonitoring。如果其中一个成功，则认为此方法是成功的。

```
1  public bool RegisterEventInventoryForEventMonitoring ()
2  {
3      DTE dteobj = tryGetDTEObject();
4      bool somethingRegistered = false ;
5      if (dteobj != null && IDEEventListenerRegistry != null && IDEEventListenerRegistry.Count > 0)
6      {
7          foreach (AbstractMonitoredEvent command in IDEEventListenerRegistry)
8          {
9              if (command.RegisterEventForMonitoring(dteobj))
10             {
11                 somethingRegistered = true ;
12             }
13         }
14     }
15     return somethingRegistered;
16 }
```

4）连接到包生命周期。 将 DataRecorder 中的 MonitoredEventCollection 对象重构为静态类字段。然后在 DataRecorder 的 Start() 方法中添加对 RegisterEventInventoryForEventMonitoring() 的调用。在 DataRecorder 的 Stop() 方法中添加对 MonitoredEventCollection 的注销方法的调用。

5）执行扩展。 运行解决方案并在 Visual Studio 中使用一些命令，然后输入 Stop Collector 命令并检查日志文件。可以看到如下输出：

```
Collector Started
2014-02-02 13:46:52Z,Tools.AddinManager,Tools
2014-02-02 13:46:56Z,Tools.ExtensionsandUpdates,Tools
Collector Stopped
```

下面是在本节中讨论的示例代码的代码清单的描述。代码清单可以在 5.7 节中找到。

- 清单 5-3 中的 AbstractMonitoredEvent.cs 显示了该类的新增内容。

- 清单 5-4 中的 CommandMonitoredEvent.cs 显示了为注册和处理而实现的方法。
- 清单 5-6 中的 MonitoredEventCollection.cs 显示了对 List 对象的注册和注销方法的调用的列表处理。
- DataRecorder 类如清单 5-2 所示。

通过此演示，读者可以了解如何为 Visual Studio 构建一个使用型数据监视器，该监视器记录开发人员可在 IDE 中发出的大多数命令。还缺什么呢？ DTE 还有其他领域需要探索，例如编辑器事件、单元测试事件以及为开发人员的体验提供更多上下文的构建和调试会话事件。为简洁起见，捕获这些事件将留给读者自己探索。

到目前为止，所述内容一直专注于具体的使用型数据收集框架和这些框架收集的具体数据。希望 Visual Studio 和 Eclipse 收集数据的选项能够为读者收集和分析使用型数据提供一个很好的资源。接下来将介绍分析使用型数据的方法和挑战。

5.4　如何分析使用型数据

本章中介绍的工具提供了可用于研究开发人员交互的使用型数据，但是将用于分析数据的方法选择留给读者。在本节中将讨论可能应用于使用型数据的几种数据分析技术。将讨论数据的属性，包括数据的格式和匿名性，对记录进行分类，定义序列，使用状态模型，以及从使用型数据中提取信息的其他技术。

5.4.1　数据匿名

非匿名数据，具有明显的优势，其中包含敏感信息，例如源代码片段、修改变更集甚至对源代码库的访问。可以回放开发人员的活动流，让他们深入了解自己的行为 [11]。如何分析这些数据的限制很少，*非匿名数据非常适合探索性研究*。遗憾的是，仍存在一些关键的缺点。首先，可能不允许开发人员参与研究，企业开发人员如果泄露其部分源代码库，可能会面临合同的终止；其次，虽然可以进行回放和其他深度分析，但这些分析在时间和资源方面需花费较高的代价。

匿名数据，其中只有活动记录和有关制品的匿名事实，最初可能看起来完全不可靠。实际上，虽然从匿名活动流中可以学到的内容具有一定的局限性，但有一些关键优势。首先，Snipes 等人 [19] 报告了开发人员更愿意共享匿名数据，因此从大规模开发人员收集大量信息的能力将大大增强；其次，因为数据集相对较大并且是从实际开发人员那里获取的，最终结论会更可靠。

在本节中将重点分析匿名数据源。这样做是因为分析匿名活动流类似于分析非匿名数据流（即，它们都是活动流），并且非匿名数据允许的种类繁多的分析很少具有普遍性。在讨论分析使用型数据时，将从简单的量级分析开始，构建活动流的分类系统，讨论将流分成会话，最后讨论基于状态的分析。

5.4.2　使用型数据的格式

大多数使用型数据被收集为具有不同层次细节的活动流。图 5-9 呈现了典型活动流的抽象，它包括时间戳、活动，并且附有关于该活动的详细信息（通常是匿名的）。可以将此模型应用于前面讨论的示例。例如，UDC 记录的事件对应于该理论模型中的一行。它包括时间戳（即时间）、活动描述（即该活动是什么，以及种类和描述）和附加信息（即 bundleId、 bundleVersion)。类似地，CodingSpectator 示例包括时间戳（即戳记）、活动描述（即 id）以及更大粒度的附加信息集（即代码片段、选择、代码片段选择等）。因为这些和其他使用型数据活动流可以很容易地使用抽象来描述，所以将在描述数据分析技术时引用它。

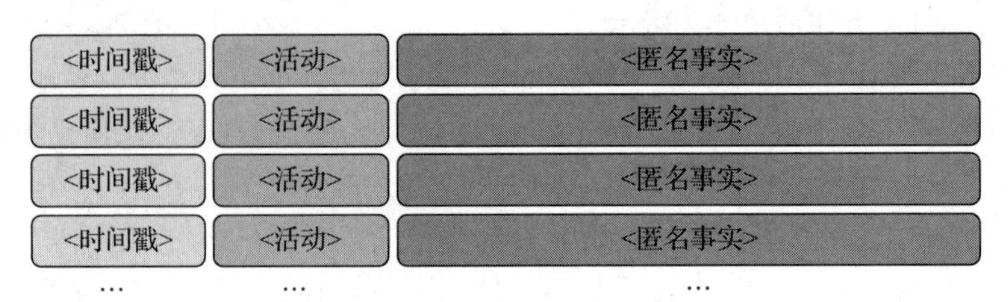

图 5-9　开发人员活动流的抽象模型

5.4.3　幅度分析

匿名使用型数据的一个主要优点是它可以捕获开发人员的自然工作特征，而没有任何观察偏差。从开发人员实地工作的几小时中得出的结论自然比从实验室内开发人员研究的一小时中得出的结论更有说服力。使用型数据非常适合回答的一种问题是使用特定事件发生频率的测量。例如，获得开发人员调用 pull-up 重构的频率或调用文件搜索的频率。通过在收集的日志中执行特定消息的计数，研究人员可以轻松计算特定操作的频率，这通常足以回答重要问题。

但是，幅度分析存在一些常见问题。首先，在任何足够大的用户日志集中，有一小部分开发人员将比一般人群更频繁地使用幅度分析中的特征或工具，这可能会使数据出现偏差。其次，尝试将时间归属于个人活动会比较困难，例如，有一种危险的尝试，即报告执行活动 X 所花费的时间百分比。然而，由于数据是基于一系列活动的，任何时间计算都需要对这些事件之间发生的事情做出无根据的假设。

Murphy 等人 [6] 关于理解 Eclipse IDE 的使用的工作提供了几个有效用于幅度分析的例子。通过简单地对开发人员活动流中的事件实例进行计数，他们能够呈现开发人员访问某些视图的频率，开发人员执行频率最高的前 10 个命令以及使用每个特定重构命令的开发人员的百分比。尽管这种分析非常简单，但它非常适合于识别用于改进的大量使用的功能和用于删除的未使用功能，以及了解开发人员当前的工作方式。

5.4.4　分类分析

虽然幅度分析非常适合于回答有关使用单个 IDE 命令的问题，但许多问题与 IDE 中的特定功能或工具有关，通常映射到多个活动。例如，单独通过幅度分析无法回答“重构执行频率是多少？”的问题，因为重构可以通过许多不同的 IDE 命令触发。首先需要对这些命令进行分类，然后再使用幅度分析。

当关注具体的子任务（例如重构）时，可能会很容易对活动进行分类。在这种情况下，所有重构命令（例如上拉或提取方法）都可以归类为重构。但是，当关注更一般的行为时，例如编辑、导航和搜索，分类可能会很困难。例如，文件资源管理器窗口中的单击是否表示搜索是很难去判定的，因为开发人员浏览了一些可能会用到的文件或导航，也有可能隐式地打开刚刚浏览的变量的类型声明。因此，在某些情况下，没有上下文的分类会产生噪声数据。但是，分类是一种强大的工具，尤其是在分析的 IDE 命令中几乎没有歧义的情况下。

为了说明分类分析的作用和局限性，将使用以下 IDE 数据流进行分析，定义问题“开发人员是否使用代码搜索工具”。

对于此问题，应识别与代码搜索工具相关的日志事件类别并对其计数。现代 IDE 通常提供多种代码搜索工具，这些工具在全局或本地范围内运行，例如 Find-in-Files 和 Quick Find 工具。具备这些工具的 Visual Studio 的示例日志如图 5-10 所示。使用分类分析，可以识别与代码搜索工具的使用相关的三个日志事件，并报告旨在回答该问题的各种统计数据（例如，每天的代码搜索事件数，每个开发人员的代码搜索事件数，参见图 5-11）。但是，IDE 使用型数据有时会受到噪声的影响，这是分类分析无法避免的，例如，Find-in-Files 的第二个查询后面没有开发人员的单击，这是与“ Find-in-Files”工具的失败交互，不应该用于回答问题。

```
Collector Started
2014-02-02 13:21:22 - User submitted query to Find-in-Files
2014-02-02 13:24:36 - Find-in-Files retrieved 42 results
2014-02-02 13:32:21 - User clicked on result 2
2014-02-02 13:46:56 - User submitted query to Quick Find
2014-02-02 14:07:12 - Open definition command; input=class
2014-02-02 14:46:52 - User submitted query to Find-in-Files
2014-02-02 14:46:56 - Find-in-Files retrieved 8 results
2014-02-02 14:48:02 - Click on File Explorer
```

图 5-10　搜索分类示例的日志文件

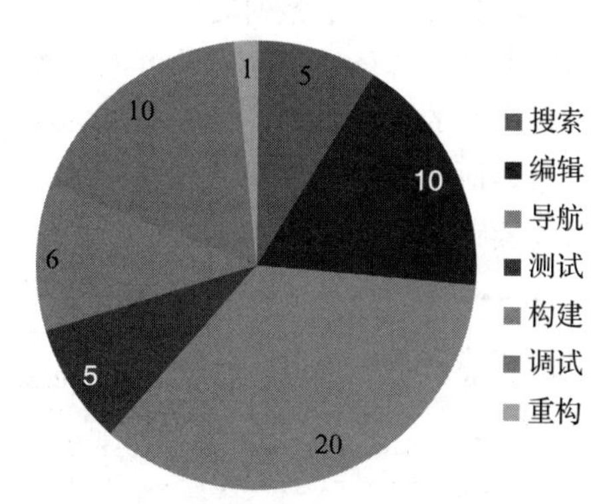

图 5-11　具有搜索类别的分类日志事件

5.4.5　序列分析

频率分析和分类分析都适用于回答简单显示在 IDE 使用日志中的问题。但是，分析活动日志的更有效的方法是通过序列分析，首先根据某些标准将 IDE 数据流分解为多个序列，然后报告每个序列的特征。IDE 使用型数据中的序列对应于由开发者完成的软件工程任务或子任务（例如，重构或寻找维护任务的起始点），其由给定时间跨度内的所有 IDE 事件组成。例如，回答“开发人员是否成功找到软件维护任务代码中的初始点？”这一问题要求在使用幅度或分类分析之前，确定与每个维护任务相对应的 IDE 事件序列。序列的粒度由问题确定。对于某些问题，较小的序列更值得关注（例如，搜索代码库）；而对于其他问题，可能需要考虑更长的时间跨度（例如，实现新功能、修复错误）。根据 Zou 和 Godfrey[33] 的观点，提取的任务或子任务越大越复杂，序列分析越难以确定活动日志中的起点和终点。

在许多情况下，提取活动序列具有挑战性，因为无法在不了解开发人员的基础思维过程的情况下确切知道开发人员何时开始或结束特定任务或子任务。基于特定问题，如何执行序列提取有多种可能性。一种可能性是使用标记，这是指示序列开始和结束的特定动作。例如，在上述代码搜索问题的上下文中，向代码搜索工具提交查询是序列的开始，而执行编辑或结构导航（例如，在调用图之后）是序列的结束。另一种可能性是使用时间的推移来提取序列，其中没有任何活动的时间被用作任务开始或结束的信号。还有一种可能性是使用代码库中的位置来标识活动日志中的序列。这是 Coman 和 Sillitti [34] 的算法中使用的思想，它使用相同程序元素上的活动周期来表示任务的核心，以及这些事件之间的时间间隔，以提取与开发人员任务相对应的序列。与开发人员报告的事实相比，该算法的内部验证研究显示出非常高的准确度（80%）。Zou 和 Godfrey [33] 发现，这种准确性可能无法在工业环境中保持不变，因为在工业应用中任务更长，代码库更复杂，开发人员中断也很常见。此外，该算法要求将关于程序元素的信息保存在活动日志中，这也与开发人员的隐私和匿名要求相冲突。

使用图 5-12 中显示的使用日志和“开发人员是否成功找到软件维护任务的代码中的初始点”这个问题来说明序列分析。为回答此问题，序列分析可以通过使用指示代码搜索活动的开始或结束的标记，以及其他可能的序列识别方法，从图 5-12 的日志中提取两个独立的序列。两个提取的搜索序列都可以被认为是成功的，因为对于 Find-in-Files 代码搜索工具的每个查询，开发人员单击搜索到的结果，该动作之后是结构化导航事件（打开调用者 / 被调用者）或编辑事件（开发人员编辑的代码）。因此，开发人员似乎成功地在代码中找到了软件维护任务的初始点。但是，仔细观察第二个序列后，发现单击结果和编辑代码之间存在很大的时间差。这种时间差距的原因可以解释为开发人员可能已经返回到先前的结果，继续搜索会话，或者可能已经开始进行全新的开发活动。某些类型的序列分析，例如 Coman 算法，在识别序列时需要考虑时间，而其他类型则不需要。然而，这些方法都无法从根源上解决事件模糊的问题，这些将留给读者来思考。

```
Collector Started
2014-02-02 13:46:52 - User submitted query to Find-in-Files
2014-02-02 13:46:56 - Find-in-Files retrieved 121 results
2014-02-02 13:52:21 - User clicked on result 2
2014-02-02 13:58:01 - User clicked on result 8
2014-02-02 13:59:57 - Open caller/callee command
...
2014-02-02 14:46:52 - User submitted query to Find-in-Files
2014-02-02 14:46:56 - Find-in-Files retrieved 19 results
2014-02-02 15:01:08 - User clicked on result 11
2014-02-02 17:30:12 - User edited code
...
```

图 5-12 序列示例的日志文件

5.4.6 状态模型分析

分析日志数据的另一种方法是将日志视为状态机中发生的一系列事件。使用状态模型，可以量化重复动作的发生并描述统计分析中的使用模式。Nagappan 和 Robinson[35] 使用序列分析生成用户如何根据日志数据与系统组件进行交互的概要文件的图形视图。在状态模型分析中，序列数据被转换为图的节点和边，其表示状态中的数据以及它们之间的转换。马尔可夫状态模型提供关于每个状态的发生概率和每个活动的转移概率的信息。马尔可夫状态模型中提供的统计数据包括开发人员处于每个状态的时间量以及开发人员处于每个状态的概率。从给定状态，模型计算每次转移到不同的唯一状态的概率。状态模型回答以下具体问题：一旦开发人员搜索代码，开发人员编辑搜索结果中列出的代码元素的概率是多少？扩展此问题，可以从状态模型计算整个用例或基于使用模型的转移集合的概率。

状态模型图可以轻松识别最活跃的状态，而边提供有关数据集中重要活动的信息。随着状态数量的增加，加权有向图（WDG）变得更加复杂，因此更难以理解。发生这种情况时，将详细事件数据汇总到更高层次的类别，可以有效地组合状态以获得更有意义的信息。例如，将相似类型的使用型数据中的事件分类可产生具有与原始数据相同的转换数量的更少状态。

通过将序列数据中的连续有序事件转换为 WDG 数据结构，从使用日志可生成状态模型。也可以将日志行中的信息分组到任何级别，例如事件级别、事件类别级别、工具级别或应用程序级别。在序列数据中，每个事件都是重要的独立事件，但是，在 WDG 表示中，重要性将转移到相邻的事件对。因此，序列数据中的每一组由 WDG 中的唯一节点表示。例如，假设在事件级别创建 WDG，生成图的分析为每个唯一的事件名称创建一个节点，然后确定日志中发生在该事件名称之前和之后的转换。

要了解如何解释状态模型，请看图 5-14 中的示例图。如果在日志文件中表示头节点的事件之后立即出现表示尾节点的事件，则可看到存在从一个节点（头部）到另一个节点（尾部）的边。例如，如果在日志文件中事件 B 跟随事件 A，那么在 WDG 中存在从节点 A 到节点 B 的有向边。边标记有此转换发生的次数。例如，如果在日志文件中事件 B 在事件 A 之后出现 50 次，则 WDG 中从节点 A 到节点 B 的边标记为 50。通常会在构建图时将实际计数标记为边的权重。在图中将百分比显示为标签。该百分比是与转换总数的比例。从节点引出的边的累积概率为 1。每个引出的边的转移概率是通过将该边的转换数除以该节点的所有向外转换的总和来计算的。还可以将动态参数信息存储在每个日志行中作为边的列表。

```
2013-03-21 18:18:32Z,A
2013-03-21 18:18:33Z,B
2013-03-21 18:20:49Z,C
2013-03-21 18:20:50Z,A
2013-03-21 18:20:56Z,B
2013-03-21 18:20:57Z,A
2013-03-21 18:21:08Z,C
2013-03-21 18:21:08Z,D
2013-03-21 18:21:08Z,E
2013-03-21 18:21:08Z,A
```

图 5-13　用于转换为状态模型的示例日志文件

例如，考虑图 5-13 中所示的样本日志文件和图 5-14 中相应的状态模型图，可直观地看到状态模型如何表示事件序列中的日志状态和它们之间的转换。

将日志转换为状态模型需要三个步骤。这里使用田纳西大学软件质量研究实验室（SQRL）的 Java Usage Model Builder(JUMBL)。有关输入格式和 JUMBL 工具的详细信息，请参见 SourceForge[1]。

1）首先，将日志文件转换为每个转换的表示，称为基于序列的规范。JUMBL 用户指南中描述了 CSV 文件中基于序列的规范的格式。此表示包含以下信息，每个转换一行：

- 状态转换；
- 转换次数；

[1] http://jumbl.sourceforge.net/。

- 总耗时；
- 状态内部信息；
- 状态外部信息。

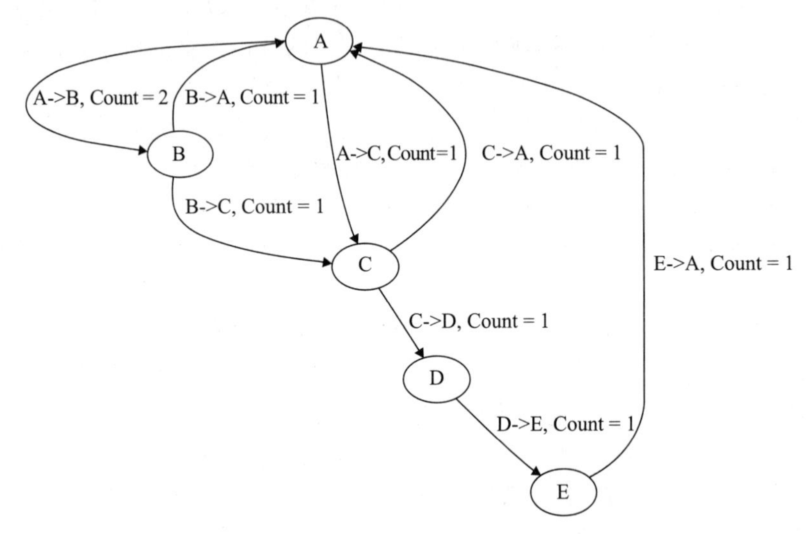

图 5-14　示例日志的 WDG

2）在导入基于序列的规范之后，JUMBL 可以将状态模型表示为 TML 脚本，或者图形工具可以导入的其他几种格式（包括图形建模语言（GML））。TML 脚本包含有关节点、每个节点引出的边以及从每个节点到另一个节点的转换数量的信息。使用日志示例的对应图如图 5-14 所示。

通过使用状态模型，可以将具有数十万行的序列数据快速转换为更有意义的图表示。生成 TML 文件后，可以使用 JUMBL 查找每个状态的状态概率。通过使用状态概率和使用模式，可以得出关于各个状态的占用情况以及在几个状态间转换的用例的结论。

5.4.7　关键事件技术

关键事件技术（CIT）是用于针对一组目标改进过程或系统的一般方法。CIT 规定了对*关键事件*的系统性研究。关键事件是对目标产生重大影响的*积极或消极*事件。

CIT 由 Flanagan [36] 于 1954 年开发和出版。尽管如此，人们相信该技术更早是由 Galton（大约 1930 年）引入。CIT 技术已被广泛用于人为因素领域 [37]。

Del Galdo 等人 [38] 将 CIT 作为评估会议系统文档的一部分应用于人机交互。他们要求研究参与者执行任务并报告遇到的任何事件，研究人员在研究期间观察参与者，分析报告的事件，并相应地提出对文档的改进方案。

在 IDE 背景下，Vakilian 和 Johnson [10] 将 CIT 应用于自动重构，该研究的目的是通过分析重构的使用型数据来确定自动重构的可用性问题。研究人员发现，取消、报告消息和重复调用等特定事件可能是自动重构可用性问题的指标。通过将这些事件定位到使用型数据中并分析其附近的事件，研究人员能够识别 Eclipse 重构工具的 15 个可用性问题。例如，使用型数据表明六个参与者调用了 Move Instance Method，总共重构了 16 次，但没有一个成功完成重构。在所有情况下，参与者要么取消了重构，要么因为重构工具报告的错误而无法继续。通过检查这些关键事件，研究人员能够推断出与 Move Instance Method 相关的两个可用性问题。

要在一组使用型数据上应用 CIT，应该遵循几个步骤。首先，确定目标，探究重构工具的可用性问题只是一个例子；其次，确定可能是关键事件的一组事件，这些事件可能会对目标产生重大影响。通常，好的问题指标是可能对目标产生负面影响的负面关键事件，而不是积极事件；第三，确定使用型数据中的关键事件；第四，收集足够的上下文信息来解释关键事件，这可能包括在关键事件附近发生的事件，甚至可能需要采访开发人员或要求他们在研究期间报告他们对事件的解释。虽然开发人员的报告可能很短或不完整，但他们可以对问题的本质提供更多见解；最后，评估关键事件的有效性并重新审视上述步骤。本节描述的在使用型数据上应用 CIT 的过程本质上是迭代的，也就是说，从每个步骤返回上一步是很自然的。

5.4.8 其他来源的数据

其他数据源（如开发人员反馈、任务描述和修改的历史记录）可以为使用型数据提供上下文，并为支持开发人员提供新的机会。在本节中将简要概述该领域的一些相关工作。

5.4.8.1 开发者反馈

可以通过开发人员反馈来增强使用型数据的收集，以建立标准数据集，例如，最好咨询开发人员以了解他们对工具的看法或他们使用 IDE 功能的目的。事后分析的访谈可以阐明观察结果并确认分析或指出其他不同的方面。

有关开发人员活动的信息可以为使用型数据提供额外的关于开发人员的操作解释；询问开发人员对其正在处理的代码的了解程度可以解释开发人员的导航模式和代码搜索的使用习惯 [19]；而有关任务的问题，例如，实现新功能与修复缺陷，可以解释其他特征，如编辑量与测试量。

5.4.8.2 任务

如前所述，Mylin 是 Eclipse IDE 的扩展，支持任务管理，减少了开发人员在任务之间切换和维护每项任务相关信息的工作量 [7]。在特定任务的背景下，Mylin 收集使用型数据以计算每个程序元素的兴趣度值，其表示开发者对于手头任务的程序元素的兴趣。开发人员经常或新近交互的程序元素具有更高的兴趣度值。使用这些计算出的兴趣度值，Mylyn 突出显示与当前任务相关的元素，并从 IDE 中的常见视图中过滤不必要的信息。

5.4.8.3 变更历史

由 Biehl 等人 [39] 创建的 FastDash 工具通过利用与源文件和目录一致的使用型数据，实现对其他开发者的动作的实时感知（例如，聚焦或编辑特定文件）。FastDash 的目的是减少由于缺乏沟通，以及缺乏对其他开发人员在相同代码库上执行的活动的认识而导致的错误。该工具在开发人员屏幕上或团队的复杂仪表板上突出显示其他开发人员的活动。

使用此分析技术可以为分析使用型数据提供良好的开端。使用型数据的分析过程为基于使用型数据的研究创新提供机会。接下来将讨论在收集和分析使用型数据时的一些局限性。

5.5 使用型数据学习的局限性

收集使用型数据可以有许多有趣且有影响力的应用。尽管如此，从使用型数据中学到的内容存在一些局限性。根据经验，人们对可以从使用型数据中学到的内容抱有很高的期望，并且在实施和部署数据收集系统的努力之后，这些期望经常会破灭。因此，在开始使用型数据的收集和分析之前，请考虑以下两个方面的局限性。

1）**基本原理很难把握**。使用型数据说明了软件开发人员做了什么，但不知道他们为什么这么做。例如，如果使用型数据说明了开发人员第一次使用新的重构工具，仅从跟踪中无法确定开发人员是否第一次了解该工具，开发人员之前是否使用过该工具（在研究人员开始收集数据之前）或开发人员是否手指滑落而意外地按下了热键。不知道开发人员是否对该工具感到满意，并且将来是否会再次使用它。不过可以通过收集其他信息来区分它们，例如在开发人员使用工具之后询问使用它的原因，但是单单根据使用型数据来确定这些信息是很难的。

2）**使用型数据无法捕获所有内容**。实际上不可能捕获“所有内容”，至少无法捕获开发人员所做的一切，因此使用目标 - 问题 - 度量的方法有助于缩小所需数据的范围。如果有一个捕获所有按键的系统，仍然会缺乏有关鼠标移动的信息；如果系统也捕获鼠标移动，仍然会缺少开发人员正在使用的文件信息；如果系统也捕获文件信息，仍然会缺少这些文件的历史记录；等等，诸如此类。从理论上讲，人们可能会收集有关程序员行为的所有可观察信息，但这样做的工作量将是巨大的。此外，可能无法观察到大量重要信息，例如理由和意图。最终，使用型数据的收集都是有目的性的，那么分析的数据是否对想了解的问题有帮助？

为了避免这些限制，建议系统地考虑如何在规划时使用这些数据，而不是抽象地考虑使用型数据的收集。要开展理想的使用型数据的跟踪，需要问自己：

- 数据是否支持我的假设？
- 是否存在数据支持的替代假设？
- 我是否需要其他数据源？
- 数据是否能生成？

回答这些问题将帮助读者确定是否可以回避收集和分析使用型数据的一些局限性。

5.6　结论

分析 IDE 使用型数据可以深入了解开发人员的活动，这有助于确定提高软件工程生产力的方法。例如，一项研究发现开发人员花费超过一半的时间浏览和阅读源代码（不包括编辑和 IDE 中的所有其他活动）[19]。这一发现有利于通过支持结构化的导航来构建和推广改善导航体验的工具。本章提到的其他参考资料是利用使用型数据来找到改进重构工具的机会[8,10]。通过使用型数据来识别任务上下文，Mylyn 改进了开发人员管理代码和任务上下文的方式[7]。

如果说过去二十年可以被称为大数据收集的时代，那么未来二十年肯定会被标记为更智能的大数据分析时代。许多问题仍然存在：如何平衡数据隐私和数据丰富性？对开发人员监控的长期影响是什么？如何才能在尽可能多的问题中最大化数据收集的价值，并减少提供数据的开发人员的压力？如何以最少的代价在合适的时间向合适的人提供正确的数据？回答这些问题将有助于社区推进使用型数据的收集和分析。

现在广泛收集的使用型数据仍然是从业人员和研究人员尚未大量开发的资源。在本章中，已经解释了如何收集和分析使用型数据，希望这能有助于读者收集和分析自己的使用型数据。

5.7 代码清单

以下代码清单显示了 5.3.4 节中提到的代码。

CollectorPackage.cs 的代码清单

```
1  using System;
2  using System.Diagnostics;
3  using System.Globalization;
4  using System.Runtime.InteropServices;
5  using System.ComponentModel.Design;
6  using Microsoft.Win32;
7  using Microsoft.VisualStudio;
8  using Microsoft.VisualStudio.Shell.Interop;
9  using Microsoft.VisualStudio.OLE.Interop;
10 using Microsoft.VisualStudio.Shell;
11 using Monitor;
12
13 namespace Microsoft.Collector
14 {
15     /// <summary>
16     /// This is the class that implements the package exposed by this assembly.
17     ///
18     /// The minimum requirement for a class to be considered a valid package for Visual Studio
19     /// is to implement the IVsPackage interface and register itself with the shell.
20     /// This package uses the helper classes defined inside the Managed Package Framework (MPF)
21     /// to do it: it derives from the Package class that provides the implementation of the
22     /// IVsPackage interface and uses the registration attributes defined in the framework to
23     /// register itself and its components with the shell.
24     /// </summary>
25     // This attribute tells the PkgDef creation utility (CreatePkgDef.exe) that this class is
26     // a package.
27     [PackageRegistration(UseManagedResourcesOnly = true)]
28     // This attribute is used to register the information needed to show this package
29     // in the Help/About dialog of Visual Studio.
30     [InstalledProductRegistration("#110", "#112", "1.0", IconResourceID = 400)]
31     // This attribute is needed to let the shell know that this package exposes some menus.
32     [ProvideMenuResource("Menus.ctmenu", 1)]
33     // This attribute starts the package when Visual Studio starts
34     [ProvideAutoLoad("{ADFC4E64-0397-11D1-9F4E-00A0C911004F}")]
35     [Guid(GuidList.guidCollectorPkgString)]
36     public sealed class CollectorPackage : Package
37     {
38         /// <summary>
39         /// Default constructor of the package.
40         /// Inside this method you can place any initialization code that does not require
41         /// any Visual Studio service because at this point the package object is created but
42         /// not sited yet inside Visual Studio environment. The place to do all the other
43         /// initialization is the Initialize method.
44         /// </summary>
45         public CollectorPackage()
46         {
47             Debug.WriteLine(string.Format(CultureInfo.CurrentCulture, "Entering constructor for: {0}",
                    this.ToString()));
48         }
49
50
51
52         /////////////////////////////////////////////////////////////////////////////
53         // Overridden Package Implementation
54         #region Package Members
55
```

```
56          /// <summary>
57          /// Initialization of the package; this method is called right after the package is sited, so this is
                the place
58          /// where you can put all the initialization code that rely on services provided by VisualStudio.
59          /// </summary>
60          protected override void Initialize ()
61          {
62              Debug.WriteLine (string.Format(CultureInfo.CurrentCulture, "Entering Initialize () of: {0}",
                    this.ToString()));
63              base.Initialize ();
64
65              // Add our command handlers for menu (commands must exist in the .vsct file )
66              OleMenuCommandService mcs = GetService(typeof(IMenuCommandService)) as
                    OleMenuCommandService;
67              if ( null != mcs )
68              {
69                  // Create the command for the menu item.
70                  CommandID menuCommandID = new CommandID(GuidList.guidCollectorCmdSet,
                        (int)PkgCmdIDList.StopMonitoring);
71                  MenuCommand menuItem = new MenuCommand(MenuItemCallback, menuCommandID );
72                  mcs.AddCommand( menuItem );
73              }
74              DataRecorder.Start ();
75          }
76          #endregion
77
78          /// <summary>
79          /// This function is the callback used to execute a command when the a menu item is clicked.
80          /// See the Initialize method to see how the menu item is associated to this function using
81          /// the OleMenuCommandService service and the MenuCommand class.
82          /// </summary>
83          private void MenuItemCallback(object sender, EventArgs e)
84          {
85              DataRecorder.Stop();
86              // Show a Message Box to prove we were here
87              IVsUIShell uiShell = (IVsUIShell)GetService(typeof(SVsUIShell));
88              Guid clsid = Guid.Empty;
89              int result ;
90              Microsoft.VisualStudio.ErrorHandler.ThrowOnFailure(uiShell.ShowMessageBox(
91                          0,
92                          ref clsid ,
93                          "Collector",
94                          string.Format(CultureInfo.CurrentCulture, "Collector Stopped"),
95                          string.Empty,
96                          0,
97                          OLEMSGBUTTON.OLEMSGBUTTON_OK,
98                          OLEMSGDEFBUTTON.OLEMSGDEFBUTTON_FIRST,
99                          OLEMSGICON.OLEMSGICON_INFO,
100                         0,          // false
101                         out result ));
102         }
103
104     }
105 }
```

清单 5-1 CollectorPackage

DataRecorder.cs 的代码清单

```
1  using System;
2
3  namespace Monitor
4  {
5      public static class DataRecorder
6      {
7          public static void Start ()
8          {
9              logDirectoryPath = System.IO.Path. GetTempPath();
10             logFileName = System.IO.Path. Combine(logDirectoryPath, "collector " + DateTime.Now.ToString("yyyy
                   -MM-dd HH.mm.ss") + ".log");
11             try
12             {
13                 using (System.IO.StreamWriter streamWriter = new System.IO.StreamWriter(
14                     new System.IO.FileStream( logFileName, System.IO.FileMode.OpenOrCreate,
                           System.IO.FileAccess. Write, System.IO.FileShare . ReadWrite)
15                     ))
16                 {
17                     streamWriter. WriteLine("Collector Started");
18                 }
19             }
20             catch (System.IO.IOException ioexception )
21             {
22                 Console. WriteLine("Error creating log file " + ioexception);
23             }
24             myEvents = new MonitoredEventCollection();
25             myEvents.RegisterEventInventoryForEventMonitoring() ;
26         }
27
28         public static void Stop()
29         {
30             myEvents.DeRegisterEventMonitoringForInventory();
31             WriteLog("Collector Stopped");
32         }
33
34         public static void WriteLog(string logToWrite)
35         {
36             try
37             {
38                 using (System.IO.StreamWriter streamWriter = new System.IO.StreamWriter(
39                     new System.IO.FileStream( logFileName, System.IO.FileMode.Append,
                           System.IO.FileAccess. Write, System.IO.FileShare . ReadWrite)
40                     ))
41                 {
42                     streamWriter. WriteLine(logToWrite);
43                 }
44             }
45             catch (System.IO.IOException ioexception )
46             {
47                 Console. WriteLine("Error writing to log file " + ioexception);
48             }
49         }
50
51         static MonitoredEventCollection myEvents;
52         private static string logFileName;
53         private static string logDirectoryPath ;
54     }
55 }
```

清单 5-2 DataRecorder

AbstractMonitoredEvent.cs 的代码清单

```
1  using System;
2  using System.IO;
3  using System.Text;
4  using System.Xml.Linq;
5  using System.Xml.Serialization ;
6
7  namespace Monitor
8  {
9
10     [XmlInclude(typeof(MonitoredCommandEvent))]
11     [XmlRoot(ElementName = "MonitoredEvent", Namespace = "http://Monitor")]
12     public abstract class AbstractMonitoredEvent
13     {
14         /// <summary>
15         /// Default constructor to use in serialization
16         /// </summary>
17         protected AbstractMonitoredEvent()
18         {
19         }
20
21         // User friendly event name used for recording in logs
22         public String EventName { get; set ; }
23
24         // Configured classification for the log
25         public String Classification { get; set; }
26
27         // Stores information related to artifacts such as window titles active during the event
28         public String ArtifactReference { get; set; }
29
30         public void ToLog()
31         {
32             DataRecorder.WriteLog(String. Join(",", System.DateTime.UtcNow.ToString("u"), this.EventName,
                   this.Classification ));
33         }
34
35         #region event handler registration and disposal
36
37         public virtual bool RegisterEventForMonitoring(object dte)
38         {
39             return false ;
40         }
41
42
43         public void Dispose()
44         {
45
46             this . Dispose(true );
47
48             // GC.SuppressFinalize(this );
49
50         }
51
52         protected virtual void Dispose(bool disposing )
53         {
54             this . isDisposed = true ;
55         }
56
57         protected bool isDisposed;
58
```

```
59            #endregion
60        }
61 }
```

清单 5-3 AbstractMonitoredEvent

MonitoredCommandEvent.cs 的代码清单

```
1  using System;
2  using System.Xml.Linq;
3  using EnvDTE;
4  using System.Xml.Serialization ;
5
6  namespace Monitor
7  {
8
9      [XmlRoot(ElementName = "MonitoredEvent", Namespace = "http://Monitor")]
10     public class MonitoredCommandEvent : AbstractMonitoredEvent
11     {
12
13         /// <summary>
14         /// DTE object EventID integer distinguishes events with a shared GUID.
15         /// </summary>
16         public int EventID { get; set ; }
17
18         /// <summary>
19         /// GUID of the DTE event from Visual Studio
20         /// </summary>
21         public String Guid { get; set ; }
22
23         /// <summary>
24         /// Default constructor to use in serialization
25         /// </summary>
26         public MonitoredCommandEvent()
27         {
28         }
29
30         /// <summary>
31         /// Create an object from the Command class of the DTE
32         /// </summary>
33         /// <param name="DTECommandObj">Command class of the DTE</param>
34         public MonitoredCommandEvent(Command DTECommandObj)
35         {
36             if (DTECommandObj != null)
37             {
38                 this . EventName = DTECommandObj.Name;
39                 this . Classification = EventName.Split('. ')[0]; // use the first part of event name
40                 this . Guid = DTECommandObj.Guid;
41                 this . EventID = DTECommandObj.ID;
42             }
43             else
44             {
45                 throw new ArgumentNullException("DTECommandObj");
46             }
47         }
48
49         #region Event registration , disposal , and hander
50         ///<summary>
51         ///The event type object holds the event class type for this interceptor for example CommandEvents
52         ///the RegisterEvent method registers the event
```

```
53          // /</ summary>
54          private  CommandEvents eventTypeObject;
55
56          public override bool RegisterEventForMonitoring(object dte)
57          {
58              if (! isDisposed && eventTypeObject == null && dte != null )
59              {
60                  eventTypeObject = (dte as DTE).Events.get_CommandEvents(Guid, EventID) as CommandEvents;
61              }
62              if (eventTypeObject != null )
63              {
64                  eventTypeObject. AfterExecute += new
                        _dispCommandEvents_AfterExecuteEventHandler(OnAfterExecute);
65              }
66              return (eventTypeObject != null );
67          }
68
69
70          // / <summary>
71          // / Remove the event from thc handlcr list
72          // / </summary>
73          // / <param name="disposing"></param>
74          protected override void Dispose(bool disposing )
75          {
76              if (eventTypeObject != null )
77                  eventTypeObject. AfterExecute -= OnAfterExecute;
78              this . isDisposed = true ;
79          }
80
81
82          // / <summary>
83          // / Method receives event after the command completes execution. Adds the end of
84          // / the command event to the log
85          // / </summary>
86          // / <param name="Guid">Guid of the command</param>
87          // / <param name="ID">numeric id of the command</param>
88          // / <param name="CustomIn"></param>
89          // / <param name="CustomOut"></param>
90          private void OnAfterExecute(string Guid, int ID, object CustomIn, object CustomOut)
91          {
92              this . ToLog();
93          }
94          #endregion
95      }
96  }
```

清单 5-4 MonitoredCommandEvent

MonitoredEventFactory.cs 的代码清单

```
1  using System;
2  using System.IO;
3  using System.Text;
4  using System.Xml.Linq;
5  using System.Xml.Serialization ;
6  using EnvDTE;
7
8  namespace Monitor
9  {
10     public static class MonitoredEventFactory
```

```
11      {
12
13          public static  AbstractMonitoredEvent GetMonitoredEvent(Command DTECommandObj)
14          {
15                  object eventObj = new MonitoredCommandEvent(DTECommandObj);
16                  return (AbstractMonitoredEvent)eventObj;
17
18          }
19
20      }
21  }
```

清单 5-5　MonitoredEventFactory

MonitoredEventCollection.cs 的代码清单

```
1  using System;
2  using System.Collections . Generic;
3  using System.IO;
4  using System.Reflection ;
5  using System.Xml;
6  using System.Xml.Linq;
7  using EnvDTE;
8  using Microsoft. VisualStudio . Shell ;
9  using System.Xml.Serialization ; // 12.0
10
11 namespace Monitor
12 {
13     public class MonitoredEventCollection
14     {
15         /// <summary>
16         /// Object to store all the MonitoredEvents we have on file
17         /// </summary>
18         private List <AbstractMonitoredEvent> IDEEventListenerRegistry;
19
20         /// <summary>
21         /// Constructor that reads events from a file or queries Visual Studio for the command events
22         /// if the file does not exist . Then saves the events to the file for next time.
23         /// </summary>
24         public MonitoredEventCollection()
25         {
26             String EventInventoryFilePath =
                    Path. Combine(Path.GetDirectoryName(Assembly.GetExecutingAssembly().Location), "
                    CommandGUIDs.xml");
27             MonitoredEventCollectionInitialize (EventInventoryFilePath );
28         }
29
30         private void MonitoredEventCollectionInitialize (String EventInventoryFilePath ) {
31             if (File . Exists (EventInventoryFilePath )) {
32                 IDEEventListenerRegistry = LoadEventsFromFile(EventInventoryFilePath );
33             }
34             else {
35                 IDEEventListenerRegistry = QueryVSForAllDTECommands();
36
37             }
38             if (IDEEventListenerRegistry != null ) {
39                 saveEventInterestTable (IDEEventListenerRegistry , EventInventoryFilePath );
40             }
41         }
42
```

```
43          private   List <AbstractMonitoredEvent> LoadEventsFromFile(string  filepath  )
44          {
45              try
46              {
47                  List <AbstractMonitoredEvent> eventList   = new List<AbstractMonitoredEvent>();
48                  var  serializer    = new System.Xml.Serialization  . XmlSerializer (typeof(List <
                        AbstractMonitoredEvent>));
49                  using  (Stream file    = new FileStream( filepath   ,   FileMode.Open, FileAccess. Read))
50                  {
51                      eventList   = (List <AbstractMonitoredEvent>)serializer   . Deserialize  (file  );
52                  }
53                  return   eventList ;
54              }
55              catch  (System.IO.IOException)
56              {
57                  Console. WriteLine(”Error opening file    with  event  inventory” + filepath  );
58                  return   null ;
59              }
60          }
61
62          private   void saveEventInterestTable   (List <AbstractMonitoredEvent> eventList ,   string    filepath  )
63          {
64              try
65              {
66                  var  serializer    = new System.Xml.Serialization  . XmlSerializer (typeof(List <
                        AbstractMonitoredEvent>));
67                  using  (Stream file    = new FileStream( filepath   ,   FileMode.Create,   FileAccess. Write))
68                  {
69                      serializer   . Serialize  (file  ,   eventList );
70                      file  . Flush() ;
71                  }
72              }
73              catch  (System.IO.IOException)
74              {
75                  Console. WriteLine(”Error creating   file    for  storing   monitored events  with file    path:” +
                        filepath  );
76              }
77
78          }
79          // /  <summary>
80          // /  Query the  DTE Commands object for all  events  it   provides .   Could be useful   to  determine  whether
                new commands from
81          // /  Add−Ins or Extensions  appeared  since   we built   the  inventory .   Returns  a  collection    of  Events  with
                Immediate type
82          // /  </summary>
83          // /  <returns >List  of  AbstractMonitoredEvents  in  the  DTE object</returns >
84          private   List <AbstractMonitoredEvent> QueryVSForAllDTECommands()
85          {
86              List <AbstractMonitoredEvent> EventList  = new List <AbstractMonitoredEvent>();
87              DTE dteobj = tryGetDTEObject();
88              if  (dteobj   != null )
89              {
90
91                  try
92                  {
93                      foreach  (Command DTE_CommandEventObj in dteobj.Commands)
94                      {
95                          AbstractMonitoredEvent  NewEvent =
                                MonitoredEventFactory.GetMonitoredEvent(DTE_CommandEventObj);
96                          if   (NewEvent != null)
97                          {
```

```
98                              EventList . Add(NewEvent);
99                          }
100                     }
101                 }
102                 // This exception happens during dispose / finalize  when VS exits, just return null
103                 catch (System.Runtime.InteropServices . InvalidComObjectException)
104                 {
105                     return null ;
106                 }
107             }
108             return EventList ;
109         }
110
111
112         // / <summary>
113         // / Gets a DTE object for the currently running Visual Studio instance . Requires references
114         // / to EnvDTE, Microsoft.VisualStudio . Shell .12.0,  and Microsoft. VisualStudio . OLE.Interop.
115         // / </summary>
116         // / <returns ></returns >
117                 private static DTE tryGetDTEObject()
118                 {
119                         DTE dteobj=null;
120             try
121             {
122                 dteobj = (( EnvDTE.DTE)ServiceProvider.GlobalProvider.GetService(typeof( EnvDTE.DTE).GUID)).
                        DTE;
123             }
124             catch (NullReferenceException)
125             { }
126             catch (System.Runtime.InteropServices . InvalidComObjectException)
127             { }
128             catch (System.Runtime.InteropServices . COMException)
129             { }
130                         return dteobj ;
131                 }
132
133         public bool RegisterEventInventoryForEventMonitoring ()
134         {
135
136             DTE dteobj = tryGetDTEObject();
137             bool somethingRegistered = false ;
138             if (dteobj != null && IDEEventListenerRegistry != null && IDEEventListenerRegistry.Count > 0)
139             {
140
141                 foreach (AbstractMonitoredEvent command in IDEEventListenerRegistry)
142                 {
143                     if (command.RegisterEventForMonitoring(dteobj))
144                     {
145                         somethingRegistered = true ;
146                     }
147                 }
148
149
150             }
151
152             return somethingRegistered;
153         }
154
155         public void DeRegisterEventMonitoringForInventory()
156         {
157
158             foreach (AbstractMonitoredEvent monitoredEvent in IDEEventListenerRegistry )
```

```
159             {
160                 monitoredEvent.Dispose();
161             }
162 
163         }
164 
165     }
166 }
```

清单 5-6　MonitoredEventCollection

致谢

感谢软件开发人员社区分享他们的使用型数据和各个研究机构关于本章内容的研究工作的支持。本章内容部分基于国家自然科学基金会项目（1252995 号）的支持。

参考文献

[1] Murphy-Hill E, Parnin C, Black AP. How we refactor, and how we know it. IEEE Trans Softw Eng 2012;38:5–18. doi:10.1109/TSE.2011.41.

[2] Carter J, Dewan P. Are you having difficulty? In: Proceedings of the 2010 ACM conference on computer supported cooperative work, CSCW '10. New York, NY, USA: ACM; 2010. p. 211–4. ISBN 978-1-60558-795-0. doi:10.1145/1718918.1718958.

[3] Kou H, Johnson P, Erdogmus H. Operational definition and automated inference of test-driven development with Zorro. Autom Softw Eng 2010;17(1):57–85. doi:10.1007/s10515-009-0058-8.

[4] Maalej W, Fritz T, Robbes R. Collecting and processing interaction data for recommendation systems, chap. Recommendation systems in software engineering. Berlin: Springer; 2014.

[5] Kersten M, Murphy GC. Mylar: a degree-of-interest model for ides. In: Proceedings of the 4th international conference on aspect-oriented software development, AOSD '05. New York, NY, USA: ACM; 2005. p. 159–68. ISBN 1-59593-042-6. doi:10.1145/1052898.1052912.

[6] Murphy GC, Kersten M, Findlater L. How are Java software developers using the Elipse IDE? IEEE Softw 2006;23(4):76–83. doi:10.1109/MS.2006.105.

[7] Kersten M, Murphy GC. Using task context to improve programmer productivity. In: Proceedings of the 14th ACM SIGSOFT international symposium on foundations of software engineering, SIGSOFT '06/FSE-14. New York, NY, USA: ACM; 2006. p. 1–11. ISBN 1-59593-468-5. doi:10.1145/1181775.1181777.

[8] Murphy-Hill E, Jiresal R, Murphy GC. Improving software developers' fluency by recommending development environment commands. In: Foundations of software engineering; 2012.

[9] Vakilian M, Chen N, Moghaddam RZ, Negara S, Johnson RE. A compositional paradigm of automating refactorings. In: Proceedings of the European conference on object-oriented programming (ECOOP); 2013. p. 527–51.

[10] Vakilian M, Johnson RE. Alternate refactoring paths reveal usability problems. In: Proceedings of the international conference on software engineering (ICSE); 2014. p. 1–11.

[11] Vakilian M, Chen N, Negara S, Rajkumar BA, Bailey BP, Johnson RE. Use, disuse, and misuse of automated refactorings. In: Proceedings of the international conference on software engineering (ICSE); 2012. p. 233–43.

[12] Negara S, Chen N, Vakilian M, Johnson RE, Dig D. A comparative study of manual and automated refactorings. In: Proceedings of the European conference on object-oriented programming (ECOOP); 2013. p. 552–76.

[13] Murphy-Hill E, Black AP. Breaking the barriers to successful refactoring: observations and tools for extract method. In: Proceedings of the 30th international conference on software engineering, ICSE '08. New York, NY, USA: ACM; 2008. p. 421–30. ISBN 978-1-60558-079-1. doi:10.1145/1368088.1368146.

[14] Lee YY, Chen N, Johnson RE. Drag-and-drop refactoring: intuitive and efficient program transformation. In: Proceedings of the 35th international conference on software engineering (ICSE); 2013. p. 23–32. doi:10.1109/ICSE.2013.6606548.

[15] Murphy-Hill ER, Ayazifar M, Black AP. Restructuring software with gestures. In: VL/HCC; 2011. p. 165–72.

[16] Ge X, DuBose Q, Murphy-Hill E. Reconciling manual and automatic refactoring. In: Proceedings of the 34th international conference on software engineering (ICSE); 2012. p. 211–21. doi:10.1109/ICSE.2012.6227192.

[17] Foster S, Griswold WG, Lerner S. Witchdoctor: IDE support for real-time auto-completion of refactorings. In: Proceedings of the 34th international conference on software engineering (ICSE); 2012. p. 222–32. doi:10.1109/ICSE.2012.6227191.
[18] Basili VR, Rombach HD. The TAME project: towards improvement-oriented software environments. IEEE Trans Softw Eng 1988;14(6):758–73. doi:10.1109/32.6156.
[19] Snipes W, Nair A, Murphy-Hill E. Experiences gamifying developer adoption of practices and tools. In: IEEE 36th international conference on software engineering, ICSE 2014; 2014.
[20] Robillard MP, Coelho W, Murphy GC. How effective developers investigate source code: an exploratory study. IEEE Trans Softw Eng 2004;30:889–903. doi:10.1109/TSE.2004.101.
[21] Negara S, Vakilian M, Chen N, Johnson RE, Dig D. Is it dangerous to use version control histories to study source code evolution? In: Proceedings of the European conference on object-oriented programming (ECOOP); 2012. p. 79–103.
[22] Yoon Y, Myers BA. Capturing and analyzing low-level events from the code editor. In: Proceedings of the 3rd ACM SIGPLAN workshop on evaluation and usability of programming languages and tools; 2011. p. 25–30.
[23] Yoon Y, Myers BA. An exploratory study of backtracking strategies used by developers. In: Proceedings of the 5th international workshop on cooperative and human aspects of software engineering (CHASE); 2012. p. 138–44.
[24] Yoon Y, Myers BA, Koo S. Visualization of fine-grained code change history. In: Proceedings of the 2013 IEEE symposium on visual languages and human-centric computing (VL/HCC); 2013. p. 119–26.
[25] Johnson PM, Kou H, Agustin J, Chan C, Moore C, Miglani J, et al. Beyond the personal software process: metrics collection and analysis for the differently disciplined. In: Proceedings of the 25th international conference on software engineering. Washington, DC, USA: IEEE Computer Society; 2003.
[26] Liu H, Gao Y, Niu Z. An initial study on refactoring tactics. In: IEEE 36th annual computer software and applications conference (COMPSAC). Washington, DC, USA: IEEE Computer Society; 2012. p. 213–8.
[27] Parnin C, Rugaber S. Resumption strategies for interrupted programming tasks. Softw Qual J 2011; 19(1):5–34.
[28] Murphy-Hill E, Parnin C, Black AP. How we refactor, and how we know it. IEEE Trans Softw Eng 2012;38(1):5–18.
[29] Ying AT, Robillard MP. The influence of the task on programmer behaviour. In: IEEE 19th international conference on program comprehension (ICPC), 2011. Washington, DC, USA: IEEE Computer Society; 2011. p. 31–40.
[30] Murphy GC, Viriyakattiyaporn P, Shepherd D. Using activity traces to characterize programming behaviour beyond the lab. In: IEEE 17th international conference on program comprehension, ICPC'09. Washington, DC, USA: IEEE Computer Society; 2009. p. 90–4.
[31] Vakilian M, Chen N, Negara S, Rajkumar BA, Zilouchian Moghaddam R, Johnson RE. The need for richer refactoring usage data. In: Proceedings of the workshop on evaluation and usability of programming languages and tools (PLATEAU); 2011. p. 31–8.
[32] Kersten M. Focusing knowledge work with task context. Ph.D. thesis, The University of British Columbia; 2007.
[33] Zou L, Godfrey MW. An industrial case study of Coman's automated task detection algorithm: what worked, what didn't, and why. In: Proceedings of the 2012 IEEE international conference on software maintenance (ICSM), ICSM '12. Washington, DC, USA: IEEE Computer Society; 2012. p. 6–14. ISBN 978-1-4673-2313-0. doi:10.1109/ICSM.2012.6405247.
[34] Coman ID, Sillitti A. Automated identification of tasks in development sessions. In: Proceedings of the 2008 16th IEEE international conference on program comprehension, ICPC '08. Washington, DC, USA: IEEE Computer Society; 2008. p. 212–7. ISBN 978-0-7695-3176-2. doi:10.1109/ICPC.2008.16.
[35] Nagappan M, Robinson B. Creating operational profiles of software systems by transforming their log files to directed cyclic graphs. In: Proceedings of the 6th international workshop on traceability in emerging forms of software engineering, TEFSE '11. ACM; 2011. p. 54–7.
[36] Flanagan JC. The critical incident technique. Psychol Bull 1954:327–58
[37] Shattuck LG, Woods DD. The critical incident technique: 40 years later. In: Proceedings of HFES; 1994. p. 1080–4.
[38] del Galdo EM, Williges RC, Williges BH, Wixon DR. An evaluation of critical incidents for software documentation design. In: Proceedings of HFES; 1986. p. 19–23.
[39] Biehl JT, Czerwinski M, Smith G, Robertson GG. Fastdash: a visual dashboard for fostering awareness in software teams. In: Proceedings of the SIGCHI conference on human factors in computing systems, CHI '07. New York, NY, USA: ACM; 2007. p. 1313–22. ISBN 978-1-59593-593-9. doi:10.1145/1240624.1240823.

第 6 章
The Art and Science of Analyzing Software Data

隐含狄利克雷分布：从软件工程数据中抽取主题

Joshua Charles Campbell*, Abram Hindle*, Eleni Stroulia*

*Department of Computing Science, University of Alberta, Edmonton, AB, Canada**

6.1 引言

无论软件存储库是由代码、缺陷 / 问题报告、邮件列表消息、需求规约说明还是文档组成，它都包含了大量的文本文档。这些文本信息是非常宝贵的信息资源，可用于辅助各种软件工程活动。可以通过对比关于缺陷的文本描述来识别重复的缺陷报告；软件模块的文本文档可以用来推荐相关的源代码片段；同样地，可通过分析电子邮件消息更好地了解软件开发人员的技能和角色，并认识到他们对项目状态的关心程度以及他们对工作和项目组员的看法。所以目前出现了大量的将文本分析方法应用于软件文本资产的研究。

分析文本文档最简单的方法是使用*向量空间模型*，该模型将文档（和查询）视为词的频率向量，例如，“ the ”的频率为 1，“ my ”的频率为 2，“ bagel ”的频率为 0，等等。而向量空间模型将术语视为高维空间中的维度，使得每个文档由该空间中的一个点表示，该点表示文档所包括的术语的频率。但该模型存在两个显著的缺点：首先，将所有的词都考虑在内显然不切实际，因为每个词都是一个维度，考虑所有的词意味着需要在高维空间中进行昂贵的计算；其次，它假设词与词之间是相互独立的，这与实际情况不相符。针对这两个问题，一些研究提出了提取*主题模型*（即与相关词袋对应的主题）的方法。

主题是一组由关联的词组成的集合，例如，一个主题可能包含“inning”“home”“batter”“strike”“catcher”“foul”和“pitcher”等词，这些词都与棒球比赛有关。最著名的主题模型方法是潜在语义索引（latent semantic indexing，LSI）和*隐含狄利克雷分布*（latent Dirichlet allocation，LDA）。LSI 采用奇异值分解，将术语和概念之间的关系描述为矩阵，LDA 将词分块进行排列和重新排列以表示出主题，直到它判断出已找到最可能的排列，最后，在确定了与文档集合相关的主题（作为相关词集）之后，LDA 将主题集合中的每个文档与加权的主题列表相关联。

LDA 已成为处理大量文本文档的首选方法。有大量的文献指出它已应用在各种文本分析任务，特别是软件工程领域。因为 LDA 根据某种整体特征为集合中的每个文档生成一个加权的主题列表，所以它被广泛应用于汇总、聚类、链接和预处理大型数据集任务中。然后可以将这些列表进行比较、统计、聚类、配对或作为更高级算法的输入。此外，每个主题包含一个加权的词列表，这些词可用于汇总分析。

本章简述了 LDA 这一方法及其与软件工程文本数据分析的相关性。首先，在 6.2 节中，讨论了 LDA 的数学模型；在 6.3 节中，提供了一个教程，介绍如何使用最新的软件工具来生成关于软件工程语料库的 LDA 模型；在 6.4 节中，讨论了使用 LDA 时遇到的一些典型问题；在 6.5 节中，回顾了关于 LDA 在挖掘软件存储库方面的研究；最后，在 6.6 节中，总结了使用这种方法时必须注意的要点。

6.2　LDA 在软件分析中的应用

LDA 方法最初由 Blei 等人 [1] 提出，并且很快在软件工程社区流行起来。LDA 的受欢迎程度源自它的潜在应用的多样性。

LDA 擅长特征降维，可以作为其他模型（例如机器学习算法）的预处理步骤。LDA 还可用于从文档生成其他特征来增加机器学习和聚类算法的输入，Wang 和 Wong[2] 在他们的推荐系统中就使用了 LDA。类似地，带标签的 LDA 可用于从诸如标签的任意特征集中创建独立特征的向量。

LDA 的一个重要用途是链接软件制品。已有各种制品链接的应用例子，例如度量代码模块之间的耦合程度 [3] 和将代码模块与自然语言需求规约相匹配 [4] 以实现可追溯性的目的。Asuncion 等人 [5] 将 LDA 应用于文本文档和源代码模块，并使用主题 - 文档矩阵来表明两者之间的可追溯性。Thomas 等人 [6] 侧重于在另一个可追溯性问题上使用 LDA，该问题是将电子邮件消息链接到源代码模块。Gethers 等人 [7] 结合了信息检索技术（包括 Jenson-Shannon 模型、向量空间模型和基于 LDA 的相关主题模型），研究了 LDA 对可追溯性和链接的恢复的有效性。上述每种技术都有优有劣，但通过整合这些方法往往会产生最好的结果。尤其在信息检索领域，Savage 等人 [8]、Poshyvanyk [9] 和 McMillan 等人 [10] 探索了使用 LSI[11] 和 LDA 等信息检索技术来恢复源代码和其他文档中的软件可追溯性链接。对于与可追溯性技术（包括 LDA）相关的文献调查，感兴趣的读者可以参考 De Lucia 等人 [12] 的文章。

Baldi 等人 [13] 标记了 LDA 提取的主题，并将它们与软件开发进行了比较，声称某些主题确实可映射到安全性、日志记录和跨领域问题等方面，这也得到了 Hindle 等人 [14] 的验证。

聚类经常用于比较和识别相似（或不相似）的文档和代码，或量化两组文档之间的重叠关系。聚类算法可以应用于 LDA 生成的主题概率向量。LDA 目前已经应用于文本聚类以进行问题报告的查询和去重。Lukins 等人 [15] 将 LDA 主题分析应用于问题报告，并利用 LDA 来推断查询以及主题和问题报告是否相互关联。Alipour 等人 [16] 利用 LDA 主题为问题报告的去重添加上下文信息，并发现 LDA 主题对于问题和缺陷的去重添加了有用的上下文信息。Campbell 等人 [17] 通过将 LDA 同时应用于两个文档集合来检查流行项目文档的覆盖范围，这两个文档集合包括用户问题和项目文档。这是通过聚类和比较 LDA 输出数据来完成的。

另外，LDA 还常用于对大型数据集的内容进行概要化。可通过手动或自动标记由未标记的 LDA 生成的最流行的主题来完成。带标签的 LDA 可用于跟踪随时间演化的特定的特征，例如 Han 等人 [18] 所述的软件生态系统的碎片度量。

尽管 LDA 主题是隐含的且不可观察的，但是开发人员在评估这些概要的可解释性方面仍有大量工作要做。De Lucia 等人 [19] 使用 LDA 标记软件制品，在该工作中，他们通过使用 LDA 和 LSI 等多种信息检索方法对源代码进行了标记和概括，并将其与人工生成的标签进行了对比。Hindle 等人 [20] 针对开发人员是否可以解释和标记 LDA 主题进行了研究，他们的工作取得了一定的成功，其中 50% 的主题被开发人员成功标记，同时发现非专家人员在他们未处理过的系统上标记主题时往往表现不佳。

最后，对 LDA 超参数和参数（α, β, K）的选择合理性方面也有一些研究。Grant 和 Cordy[21] 针对参数 K 进行了相关研究，其中 K 是主题的数量。Panichella 等人 [22] 提出了 LDA-GA，一种用于搜索合适的 LDA 超参数和参数的遗传算法。LDA-GA 需要一种评价度量，因此 Panichella 等人基于软件工程特定的任务使他们的遗传算法从成本效益的角度来优化选取主题的数量。

6.3 LDA 工作原理

LDA 的输入是文档和一些参数的集合，输出是一个概率模型。该概率模型用来描述两方面的内容：主题包含的词的数量；主题与文档的关联程度。在主题与文档的关联程度的基础上随机生成的主题列表通常包含一些重复的主题。该列表的长度与文档中词的数量保持一致。然后，基于主题包含的词的数量将每个主题转换为词，即将该主题列表转换为词列表。

LDA 是一种生成模型，这意味着它可以根据有关如何创建数据集的一些假设来观察特定数据集的概率，其核心是假设一个文档是由少量“主题”生成的。LDA“主题”是某种概率分布，为词汇中的每个词分配概率。

主题被认为是假定和不可观察的，也就是说它们实际上并不存在于文档中。这意味着文档实质上并不是由一组主题生成的；相反，使用主题的概念作为一个简化的模型来描述一个更复杂的过程，即编写文档的过程。其次，文档中没有关于存在哪些主题、这些主题包含哪些词以及每个文档所包含的主题数量的信息。因此，必须从一组词集合中推断出主题特征。通常认为每个文档都是由所有可能的主题中的某一部分生成的。因此，每个文档中的每个词都归属于文档的某一主题。

虽然词在文档中常常有特定的顺序，但是 LDA 不考虑它们的顺序关系。LDA 为每个单词分配一个单独的生成概率，也就是说，主题 k 生成单词 v 的概率是 $\phi_{k,v}$ [23]。对于主题 k 来说，这些概率之和必须为 1：

$$\sum_{V}\phi_{k,v}=1$$

其中，假设 $\phi_{k,v}$ 值来自随机变量 ϕ_k，具有对称狄利克雷分布（symmetric Dirichlet distribution）（LDA 方法名称的起源）。对称狄利克雷分布具有一个参数 β，用于确定主题是狭窄的（即聚焦于几个单词）还是宽泛的（即覆盖了更广泛的词汇）。如果 β 为 1，则主题生成高频词的概率通常与主题生成低频词的概率相同；如果 β 小于 1，则认为低频词汇相比高频词汇更能作为生成词集合的主要部分。换句话说，较大的 β 值导致宽泛的主题，较小的 β 值将导致狭窄的主题。

总之，假设词来自主题，词概率来自狄利克雷分布的特定主题。因此，如果 β 是一个非常小的正整数，就可以知道能生成任何具有相同概率的词的主题本身不太可能存在。

文档“document”是了解 LDA 工作原理的重要概念。文档也服从概率分布。每个主题出现的概率都是从 0 到 1，并且这些概率的总和为 1。文档 d 对于特定主题 k 生成的单词的概率是 $\theta_{d,k}$。同样，$\theta_{d,k}$ 也表示概率，但是 $\theta_{d,k}$ 概率是特定概率值，服从参数 α 的狄利克雷分布。文档生成的主题表示为向量 Z_d。该向量大小为 N_d，表示文档中的每个单词。如果 α 接近 1，期望的结果是拥有较少主题的文档和拥有许多主题的文档具有相同的比例。如果 α 小于 1，希望大部分文档仅使用少量主题；如果 α 大于 1，希望大部分文档几乎包含每个主题。

总而言之，词来自于主题，由特定主题生成词的概率服从对称狄利克雷分布。对于包含来自特定主题的词的文档，其概率是由不同的对称狄利克雷分布决定。文档生成的单词是向量 W_d，是通过观察由向量 Z_d 中的条目所表示的主题而形成的。

图 6-1 显示了不同参数的 9 个 LDA 模型中主题 1 生成的每个文档中的词。另外，它包括了 α、β、θ、ϕ、Z 和 W。通过箭头，可以看到每个先验如何产生每个后验。图 6-1 显示了 α 对 θ 的影响、θ 对 Z 的影响以及 Z 对 W 的影响。随着 α 值的增加，可以观察到更多文

档包含来自主题 1 的词。另外，它表明了 β 对 ϕ 的影响以及 ϕ 对 W 的影响。通过增加 β 值，最终得到的主题 1 包括更多种类的词汇。例如，图 6-1 中第 1 列第 1 行中的图显示，每个文档使用的可能词汇表的子集要比第 1 列第 3 行中的图小得多。类似地，第 3 列第 1 行中的图显示，与第 1 列第 1 行中的图相比，更多文档包含主题 1 中的词。

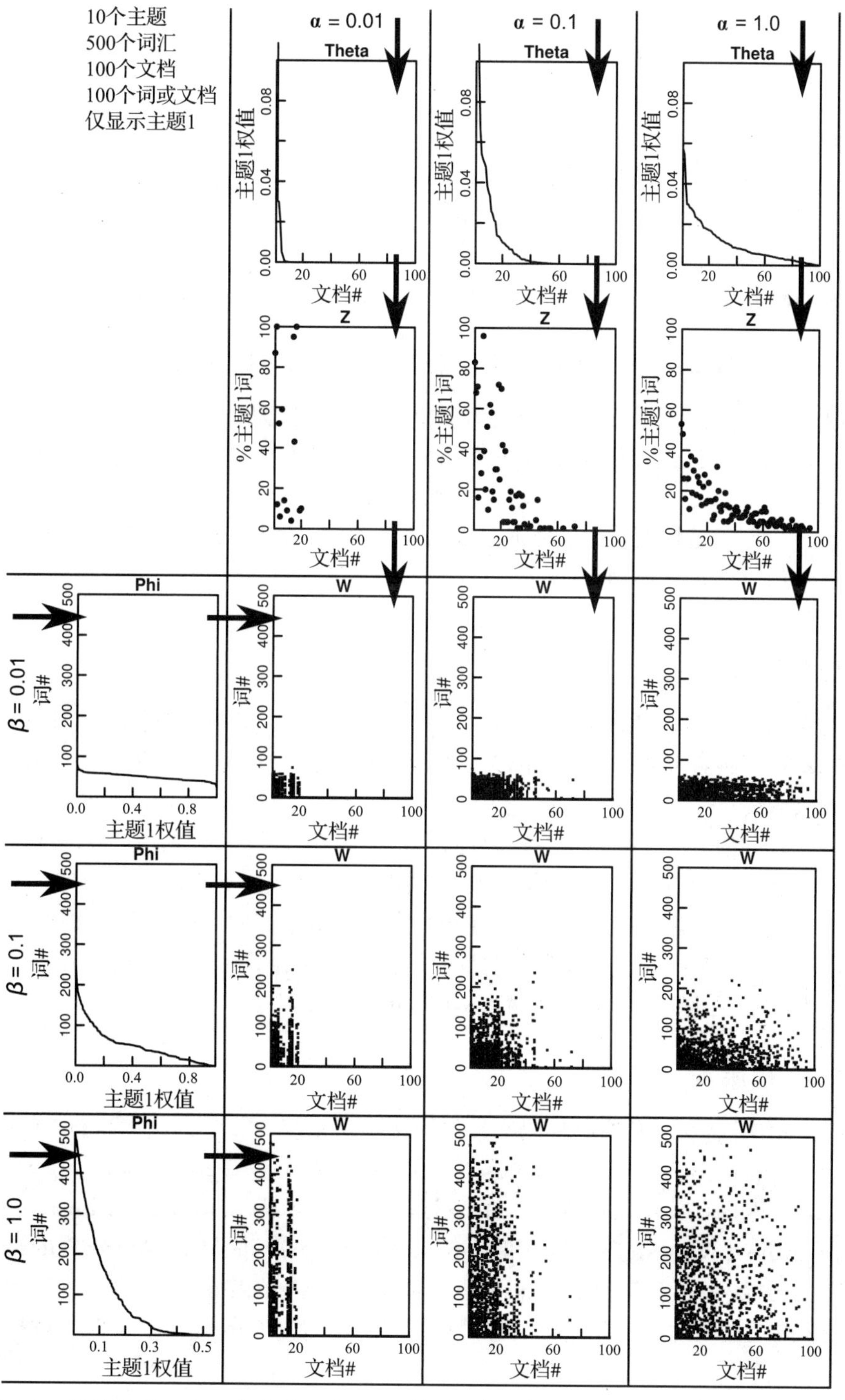

图 6-1　通过改变 α 和 β 产生的 9 个 LDA 模型示例。箭头表明先验和后验之间的关系

LDA 过程包括在参数 θ 和 ϕ 中分配和重新分配权重（或归一化概率），直到观察到输入文档总概率的最大下界为止。从概念上讲，这是通过在词之间划分主题并在主题之间划分文档来实现的。该迭代过程可以通过许多不同的方式实现。

从技术上讲，LDA 假设的生成过程如下，给定 M 个文档的语料库，每个文档的长度为 N_i [1]：

1）对于任意主题 $k\in\{1,\ldots,K\}$，选取 $\overrightarrow{\phi_k}\sim\mathrm{Dir}(\beta)$。

2）对于任意文档 $d\in\{1,\ldots,M\}$

（a）选取 $\overrightarrow{\theta_d}\sim\mathrm{Dir}(\alpha)$。

（b）对于文档 d 中的任意词 $j\in\{1,\ldots,N_d\}$

i. 选取主题 $z_{d,j}\sim\mathrm{multinomial}(\overrightarrow{\theta_d})$。

ii. 选取词 $w_{d,j}\sim\mathrm{multinomial}(\overrightarrow{\theta_{zd,j}})$。

因此，主题 k 在文档 d 中的 j 位置生成词 v 的概率是 $p(w_{d,j}=v|\alpha,\beta,K)$：

$$\int_\Theta \sum_{k=1}^{K} \int_\Phi p(w_{d,j}=v|\overrightarrow{\phi_k})\, p\,(z_{d,j}=k|\overrightarrow{\theta_d})\, p\,(\overrightarrow{\phi_k}|\beta)\, p\,(\overrightarrow{\theta_d}|\alpha)\, \mathrm{d}\overrightarrow{\phi_k}\mathrm{d}\overrightarrow{\theta_d}$$

整合所有可能的长度为 $K(\Theta)$ 和长度为 $V(\Phi)$ 的概率向量。

LDA 的目标是通过给出语料库 W 和参数 α 和 β 选择 θ 和 Z，从而最大化概率：

$$p(\theta, Z|W, \alpha, \beta, K)$$

然而，该问题很难解决 [1]，因此通过 LDA 来预估最大化上述概率的 θ 和 ϕ 值，而不同的 LDA 技术在估计最大值方面有所不同。

6.4 LDA 教程

本教程将从一个受欢迎的项目的问题跟踪系统中提取文本数据来说明如何使用 LDA。

1）获取问题跟踪系统数据，并将其表示成便于处理的格式，例如 JavaScript Object Notation（JSON）。

2）转换输入数据的文本。即将文本转换为词汇统计，其中词表示为整数 ID。

3）将 LDA 应用在转换后的文档上以生成主题 – 文档矩阵和主题 – 词矩阵。

4）总结主题 – 词矩阵中的顶层词以生成主题 – 词概述，并存储主题 – 文档矩阵。

5）分析文档矩阵和主题。该步骤的目的是检查发现的潜在主题，根据时间变化绘制主题相关性，根据相关主题对问题（即输入文档）进行聚类。

6.4.1 LDA 来源

本教程将使用笔者开发的源代码来针对问题跟踪系统中收集的问题执行 LDA。为简单起见，笔者为 VirtualBox[㊀]（开源虚拟机软件）提供了一个配置好的 Ubuntu 64 位 x86 虚拟机，其中已加载并提供了所有软件和相应的数据。该文件名为 LDA-Tutorial.ova，可从 http://archive.org/details/LDAinSETutorial/ 和 https://archive.org/29/items/LDAinSETutorial/ 下载。

下载该 ova 文件并将其导入 VirtualBox，或者使用 VirtualBox 将其导出到原始文件以直接写入 USB 或硬盘驱动器。此虚拟映像的用户名和密码是 tutorial。启动时，虚拟映像将在

㊀ https://www.virtualbox.org/。

Lubuntu 14.04 桌面打开。本教程的源代码位于 /home/tutorial/lda-chapter-tutorial 目录中，该目录也可从桌面访问。

要访问和浏览本教程的源代码，请访问 http://bitbucket.org/abram/lda-chapter-tutorial/ 并克隆该项目，或从 http://webdocs.cs.ualberta.ca/~hindle1/2014/lda-chapter-tutorial.zip 下载教程数据和源代码的压缩文件。数据目录包含 bootstrap 项目的问题跟踪数据。重要的源代码文件是依赖于 lda.py 的 lda_from_json.py 文件。针对问题跟踪数据，通过 lda_from_json.py 应用由 Vowpal Wabbit[⊖]实现的 LDA 算法。强烈建议使用虚拟机，因为已经安装和配置了 Vowpal Wabbit 和其他依赖项。

6.4.2 获取软件工程数据

本教程采用的数据源来自于 Bootstrap[⊜]问题跟踪系统中的问题和评论。Bootstrap 是一种流行的基于 JavaScript 的网站前端框架，允许对网页进行预处理、模板化和动态内容管理。Bootstrap 是一个非常活跃的项目，其开发人员社区定期报告有关 Web 浏览器兼容性和开发人员支持的问题。截至 2014 年 3 月，Bootstrap 在其问题跟踪系统中有 13182 个问题。

本教程的第一个任务是为 Bootstrap 获取问题跟踪系统中的数据。为实现该目标，编写了一个 Github 问题跟踪系统提取器，它依赖于 Github 的应用程序编程接口（API）和 Ruby Octokit 库。该程序 github_issues_to_json.rb（包含在本章教程存储库中）使用 Github API 从 Github 问题跟踪系统中下载问题和评论。首先，必须注册 Github 账户，并在存储库根目录下的 config.json 文件中提供 GHUSERNAME 和 GHPASSWORD。也可以在 config.json 中指定 GHUSER（目标 Github 用户）和 GHPROJECT（目标 Github 用户的项目镜像）或将其作为环境变量指定。github_issues_to_json.rb 下载问题跟踪系统数据和每个问题页面以及评论。它将这些数据保存到 JSON 文件，类似于从 Github API 获取的原始格式。创建的 JSON 文件 large.json 包含问题和评论，被存储为 JSON 对象（问题）的列表，其中每个对象都包含注释列表。因为 Bootstrap 的问题跟踪系统中存在数千个问题和数千条评论，所以为 Bootstrap 创建镜像需要几分钟时间。

一旦将 Bootstrap 问题（和注释）下载到 large.json 中，就需要为 LDA 加载和准备数据，大多数 LDA 程序都要求对文档进行预处理。

6.4.3 文本分析和数据转换

本节将介绍 LDA 的数据预处理部分。使用 LDA 方法的开发者经常采用以下预处理步骤：

- ❑ 文本加载；
- ❑ 文本转换；
- ❑ 文本词法分析；
- ❑ 去停用词（可选）；
- ❑ 词干化（可选）；
- ❑ 删除低频词或高频词（可选）；
- ❑ 建立词汇表；

⊖ http://hunch.net/~vw/。

⊜ http://getbootstrap.com/。

❑ 将每个文本文档转换为词袋。

6.4.3.1　文本加载

加载文本通常是指解析数据文件或对存储文本的数据库进行查询。在本节中，它是包含 Github 问题跟踪系统的 API 调用结果的 JSON 文件。

6.4.3.2　文本转换

接下来需将文本转换为最终的文本表示，这是文档的文本化表示方法。有些文本是结构化的，须进行处理，另外还可能需删除节标题和其他标记。如果输入文本是原始的 HTML 文件，则可能需要从文本中删除 HTML 标签。对于问题跟踪系统中的数据，可以在评论和问题描述中包含作者姓名，这主要发生在面向作者的主题中，但当没有任何直接提及作者的内容时，也可能会使未来的分析更加复杂。在本教程中，选择将问题报告的标题和完整描述连接起来，以便主题可以访问这两个字段。

LDA 在软件分析中的许多用途包括分析文档文本中的源代码。使用源代码需要进行词法分析、解析、过滤和重命名。当向 LDA 提供源代码时，一些用户可能不要评论、不要标识符、不要关键字或只想要标识符。因此，将文档转换为文本表示的任务非常重要，尤其对于带标记的文档而言。

6.4.3.3　词法分析

下一步是对文本进行词法分析，需要将词或 token 分开，以便统计它们。

对于源代码的词法分析，从源代码中提取 token 的方式类似于编译器在解析之前执行词法分析的方式。

对于自然语言文本，在适当的地方存在分隔词和标点符号。某些词，如首字母缩写或包含句点，但大多数时候句点表示句子的结尾而不是词的一部分。对于包含源代码的文本，一些以句点开头的标记可能是有用的——例如，如果正在使用 CSS 片段分析级联样式表（CSS）或文本，其中句点前缀表示 CSS 类。

6.4.3.4　去停用词

通常将出现在主题分析文本中无用的词称为停用词。在自然语言处理和信息检索系统执行查询或构建模型之前，去停用词是很常见的。一个词是否被视为停用词取决于分析场景，但是有一些常用的停用词。一些自然语言处理和 LDA 工具的用户认为诸如“the”“at”和“a”之类的术语是无意义的，而其他研究人员，根据上下文，可能认为限定词和介词是重要的。本教程的 Stop_words 文本文件已经包含了主题中不希望出现的各种词。对于从文档中抽取的每个词，删除那些在停用词列表中出现的词。

6.4.3.5　词干化

由于英语等语言中的词具有多种形式和时态，通常的做法是取出词的*词干*。词干化是将词转换为原始词根的过程。词干化是可选的，通常用于减少词汇量。例如，给定“act”、“acting”、“acted”和“acts”等词，这四个词经过词干化之后为“act”。因此，如果一个句子包含某个词的任意形式，通过词干化可以将其解析为同一个词干。然而，词干有时会减少术语的语义含义。例如，“acted”是过去时，但经过词干化处理之后，此信息将会丢失。所以说，词干化并不是必需的。

词干化软件比较多。NLTK[1]包含了 Porter 和 Snowball 两种词干分析器的实现。这些词

---

[1] http://www.nltk.org/howto/stem.html。

干分析器的一个缺点是其产生的词根经常不是词或与其他词发生冲突。这有时会导致 LDA 的输出不可读，所以需要保留原始文档及其原始词。

6.4.3.6 删除高频词和低频词

由于 LDA 经常用于查找主题，因此通常的做法是过滤掉高频词和低频词。那些仅出现在一个文档中的词通常被视为不重要，因为它们不会形成具有多个文档的主题。然而，如果还剩下一些低频词，那些不包含该词的文档将通过包含该词的主题与该词相关联。常常会跳过常用词，因为它们混淆了主题摘要并使解释更加困难。

一旦文档通过了词法分析、过滤和词干化等预处理操作，就可以开始为它们建立索引以便在 LDA 实现中将其作为文档分析。

6.4.3.7 建立词汇表

本教程使用 Langford 等人 [24] 的 Vowpal Wabbit 软件。Vowpal Wabbit 采用稀疏文档 – 词的矩阵格式，其中每一行代表一个文档，该行的每个元素都是一个用冒号连接元素在文档中出现频率的整型的词来表示。如在 lda-chapter-tutorial 目录中，程序 lda.py 用于将文本转换为 Vowpal Wabbit 的输入格式，并解析其输出格式。

使用 LDA 库和程序遇到的一个困难是需要经常维护自己的词汇或词典，另外还必须通过 $\lceil \log_2(|\text{words}|) \rceil$ 这一公式计算并提供词汇量的大小。

6.4.4 LDA 应用

为了便于阅读和解释主题，这里选择了 20 个主题进行分析，主题数量的选择取决于分析的目的。如果想要通过使用 LDA 来降低维数，那么保持较少的主题数量可能很重要。如果想要使用 LDA 对文档进行聚类，则可能需要更多的主题数量。概念耦合最好是针对较多主题而非较少主题进行分析。

对 Vowpal Wabbit 提供的自定义参数如下：α 设为 0.01，β 设为 0.01（在 Vowpal Wabbit 中称为 ρ），K 为主题数目。值 0.01 是许多 LDA 软件中 α 和 β 的常见默认值。应根据所需的文档和主题范围来确定这些参数的值。

- 如果需要仅讨论少数主题并且从不提及所有其他主题的文档，则应将 α 设置为较小值，大约为 $1/K$。使用此设置，几乎所有文档都不会提及多个主题。
- 相反，如果需要讨论几乎所有可能主题的文档，但需要关注的内容多于其他主题，则应将 α 设置为接近 1。通过此设置，几乎所有文档都将以不同的比例讨论所有主题。
- 设置 β 类似于设置 α，但是 β 还决定了属于每个主题的词的宽度。

Vowpal Wabbit 读取输入的文档和参数，并输出主题 – 文档矩阵和主题 – 词矩阵。predictions-00.txt（其中 00 是主题数）是包含主题 – 文档矩阵的文件。每个文档占一行，每行都是文档 – 主题的权重。如果使用多次迭代，则 predictions-00.txt 的最后 M 行（其中 M 是文档的数量）是主题 – 文档矩阵的最终预测。第一个标记是词 ID，剩余的 K 个标记是每个主题的分配（主题是列）。

6.4.5 LDA 输出概要

运行程序 lda.py 生成 summary.json，它是从每个主题抽取的顶级主题词的 JSON 概要结果，按权重排序。同时还创建了另外两个 JSON 文件：document_topic_matrix.json 和

document_topic_map.json。第一个文件（matrix）包含由 JSON 列表表示的文档和权重，第二个文件（map）包含由映射到权重列表的 ID 表示的文档。document_topic_map.json 包含原始 ID 和文档权重，其中矩阵使用索引作为 ID。另外还生成了 lda-topics.json，它列出了与每个主题相关联的词的权重。lids.json 是按照 Vowpal Wabbit 中显示的顺序以及 document_topic_matrix.json 文件中使用的顺序排列的文档 ID 列表。dicts.json 将词映射到它们的整数 ID。读者可以从 https://archive.org/29/items/LDAinSETutorial/bootstrap-output.zip 下载 JSON 和以逗号分隔值（CSV）形式输出的结果。

6.4.5.1 文档和主题分析

由于已对主题进行了抽取，表 6-1 列出了从 Bootstrap 项目的问题跟踪系统中抽取的 20 个主题的描述，所显示的词是每个主题排名前 10 位的词，即主题中分配最多的词。

表 6-1 从 Bootstrap 的问题跟踪器中抽取到的 20 个主题中各自排名前 10 的主题词

主题编号	排名前 10 的主题词
1	*grey blazer cmd clipboard packagist webview kizer ytimg vi wrench*
2	*lodash angular betelgeuse ree redirects codeload yamlish prototypejs deselect manufacturer*
3	*color border background webkit image gradient white default rgba variables*
4	*asp contrast andyl runat hyperlink consolidating negatory pygments teuthology ftbastler*
5	*navbar class col css width table nav screen http span*
6	*phantomjs enforcefocus jshintrc linting focusin network chcp phantom humans kevinknelson*
7	*segmented typical dlabel signin blockquotes spotted hyphens tax jekyllrb hiccups*
8	*modal input button form btn data http tooltip popover element*
9	*dropdown issue chrome menu github https http firefox png browser*
10	*zepto swipe floor chevy flipped threshold enhanced completeness identified cpu*
11	*grid width row container columns fluid column min media responsive*
12	*div class li href carousel ul data tab id tabs*
13	*parent accordion heading gruntfile validator ad mapped errorclass validclass collapseone*
14	*bootstrap github https css http js twitter docs pull don*
15	*left rtl support direction location hash dir ltr languages offcanvas*
16	*percentage el mistake smile spelling plnkr portuguese lokesh boew ascii*
17	*font icon sm lg size xs md glyphicons icons glyphicon*
18	*tgz cdn bootstrapcdn composer netdna libs yml host wamp cdnjs*
19	*npm js npmjs lib http install bin error ruby node*
20	*license org mit apache copyright xl cc spec gpl holder*

每个主题都由 LDA 软件分配一个编号，但是，LDA 分配数字的顺序是任意的，且没有特定意义。如果使用不同的种子或在不同的时间再次运行 LDA（取决于实现），将获得不同的主题或类似的主题，顺序也不同。尽管如此，在表 6-1 中可看到许多主题与 Bootstrap 项目有关。通过这些主题可以了解 LDA 输出的状况。如果它们充满随机的 token 和数字，可以考虑从分析中删除这些 token。对于主题 20，可看到一组术语：*license org mit apache copyright xl cc spec gpl holder*，其中 MIT、Apache、GPL 和 CC 都是关于版权许可，所有这些许可都有条款并要求属性。所以和主题 20 相关的文档也许与版权许可有关。但如何验证主题 20 是否与版本许可有关呢？

使用主题 – 文档矩阵可以查看主题 20 中排名较高的文档。因此，可加载 CSV 文件、document_topic_map.csv 或 JSON 文件 document_topic_map.json，其中包含相关的电子表格程序（LibreOffice 包含在虚拟机中）、R 或 Python，然后对 T20（主题 20）栏上的数据进行降序排序。排在最前面是问题 2054。浏览 large.json 或访问 Github 上的问题 2054[1]，可以看到问题的主题是“迁移到 MIT 许可证”。接下来的问题涉及图像资产的许可（# 3942），JavaScript 缩小（不相关，但仍然属于主题 20）（# 3057），phantomJS 错误（# 10811）和两个许可问题（# 6342 和 # 966）。表 6-2 提供了有关这六个问题的更多详细信息。LDA Python 程序还生成文件 document_topic_map_norm.csv，该文件已对主题权重进行了正规化。从正规化的 CSV 文件中查看最高加权的文档会发现不同的问题，但六个主要问题中的四个仍然是与许可相关的（# 11785、# 216、# 855 和 # 10693 与许可相关，但 # 9987 和 # 12366 不相关）。表 6-3 提供了有关这六个正规化问题的更多详细信息。

表 6-2　从 document_topic_map.csv 抽取的与主题 20（许可）相关的文档的问题

https://github.com/twbs/bootstrap/issues/2054	cweagans
Migrate to MIT License	
I'm wanting to include Bootstrap in a Drupal distribution that I'm working on. Because I'm using the Drupal.org packaging system, I cannot include Bootstrap because the APLv2 is not compatible with GPLv2...	
https://github.com/twbs/bootstrap/issues/3942	justinshepard
License for Glyphicons is unclear	
The license terms for Glyphicons when used with Bootstrap needs to be clarified. For example, including a link to Glyphicons on every page in a prominent location isn't possible or appropriate for some projects. . . .	
https://github.com/twbs/bootstrap/issues/3057	englishextra
bootstrap-dropdown.js clearMenus() needs ; at the end	
bootstrap-dropdown.js when minified with JSMin::minify produces error in Firefox error console saying clearMenus()needs ; . . .	
https://github.com/twbs/bootstrap/issues/10811	picomancer
“PhantomJS must be installed locally” error running qunit:files task	
I'm attempting to install Bootstrap in an LXC virtual machine, getting “PhantomJS must be installed locally” error. . . .	
https://github.com/twbs/bootstrap/issues/6342	mdo
WIP: Bootstrap 3	
While our last major version bump (2.0) was a complete rewrite of the docs, CSS, and JavaScript, the move to 3.0 is equally ambitious, but for a different reason: Bootstrap 3 will be mobile-first. . . .	
	MIT License is discussed.
https://github.com/twbs/bootstrap/issues/966	andrijas
Icons as font instead of img	
Hi Any reason you opted to include image based icons in bootstrap which are limited to the 16px dimensions? For example http://somerandomdude.com/work/iconic/ is available as open source fonts—means you can include icons in headers, buttons of various size etc since its vector based. . . .	
	License of icons is discussed.

[1] https://github.com/twbs/bootstrap/issues/2054。

表 6-3　从 document_topic_map_norm.csv 抽取的与主题 20（许可）相关的正规化文档的问题

https://github.com/twbs/bootstrap/pull/12366	mdo
Change a word	
...	
Blank + Documentation change	
https://github.com/twbs/bootstrap/pull/9987	cvrebert
Change ‘ else if ‘ to ‘ else ‘	
...	
Blank + Provided a patch changing else if to else	
https://github.com/twbs/bootstrap/pull/10693	mdo
Include a copy of the CC-BY 3.0 License that the docs are under	
This adds a copy of the Creative Commons Attribution 3.0 Unported license to the repo. /cc @mdo	
https://github.com/twbs/bootstrap/issues/855	mistergiri
Can i use bootstrap in my premium theme?	
Can i use bootstrap in my premium cms theme and sell it?	
https://github.com/twbs/bootstrap/issues/216	caniszczyk
Add CC BY license to documentation	
At the moment, there’s no license associated with the bootstrap documentation. We should license it under CC BY as it’s as liberal as the software license (CC BY). . . .	
https://github.com/twbs/bootstrap/issues/11785	tlindig
License in the README.md	
At bottom of README.md is written: Copyright and license Copyright 2013 Twitter, Inc under the Apache 2.0 license. With 3.1 you switched to MIT. It looks like you forgott to update this part too.	

6.4.5.2　可视化

仅仅看数字结果和主题是不够的，通常希望在视觉上探索数据以梳理出有趣的信息。一般可以使用诸如电子表格之类的工具来进行简单的可视化。

LDA 常见的可视化任务包括以下内容：

- ❑ 基于时间绘制文档的主题关联变化。
- ❑ 绘制主题 - 文档矩阵。
- ❑ 绘制文档 - 词矩阵。
- ❑ 绘制同一 LDA 运行中两种不同类型文档之间的关联。

给定 CSV 文件，可以随时可视化主题的流行程度。图 6-2 描述了表 6-1 中主题 15～20 的前 128 个问题的主题权重比例。

图 6-2 显示的文档主题权重结果有些噪声并且难以立即解释。例如，很难说明主题流行和不流行的时间；或者有人可能会询问某个主题是否会随着时间的推移不断被引用，或是周期性地流行。对数据进行概览的一种方法是按日期（例如，每周、每两周、每月）对文档进行分箱或分组，然后绘制一个主题在每个时间段的平均主题权重随时间的变化情况，这样可产生描绘主题相关性峰值变化的可视化结果。在教程文件中包含了一个名为 plotter 的 R 脚

本，该脚本生成了从问题跟踪系统中抽取的某时间段上 20 个主题的概要情况。此 R 脚本的结果如图 6-3，这是每两周时间内文档平均相关性的图示结果。该图与 Hindle 等人 [20] 工作中的图非常相似。从图 6-3 右下角的主题 20 的图中可以看到主题 20 不时出现峰值，但不会连续被讨论，这符合对问题跟踪系统中发现的关于许可讨论的看法：当需要澄清或修改许可时，它们会发生，但它们不会一直在变化。该结果可以集成到项目仪表板中，以便管理人员随时了解问题跟踪系统中的讨论。

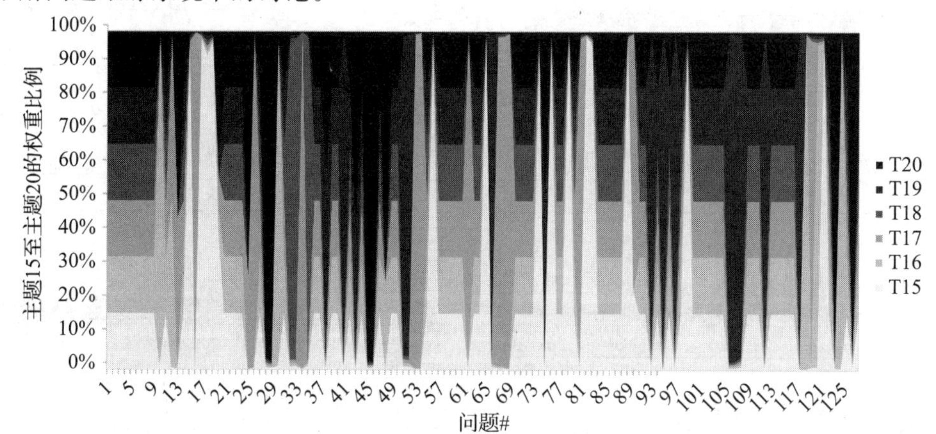

图 6-2　使用简单的电子表格图来显示 Bootstrap 的主题 – 文档矩阵的示例（主题 15 至主题 20 的前 128 个问题）

读者可以进一步探索的方向包括使用不同类型的文件，例如文档、提交、问题和源代码，然后使用 LDA 的文档 – 主题矩阵来链接这些制品。希望本教程有助于说明如何使用 LDA 来获得存储库中的非结构化数据的概览并分析文档之间的关系。

6.5　陷阱和有效性威胁

本节总结了在使用 LDA 时可能面临的有效性威胁。此外，本节还介绍了使用 LDA 时可能存在的陷阱和危害。

一个陷阱是不同的 LDA 软件输出不同类型的数据：一些 LDA 软件包报告概率，而其他软件包报告词统计结果或其他权重。虽然可以在概率和词统计结果之间进行转换，但重要的是要考虑每个文档是否应分配相同的权重，或者更长的文档是否应该比短的文档分配更多的权重。

6.5.1　标准有效性

标准有效性指一种方法符合为研究同一概念而收集的其他度量结果的能力。LDA 主题不一定是直观的想法、概念或主题。因此，LDA 的结果可能与人工进行的主题标记的结果不一致。

LDA 用户经常做出的典型错误假设是：LDA 主题将代表一种更传统的主题，即人工标记的关于体育、计算机或非洲等方面的主题。需要注意的是 LDA 主题可能与直观的领域概念不相符。在 Hindle 等人 [20] 的研究中探讨了该问题。因此，使用 LDA 输出的主题存在一些问题，例如，即使 LDA 产生可识别的体育主题，它也可能与其他主题相结合，或者可能存在其他体育主题。

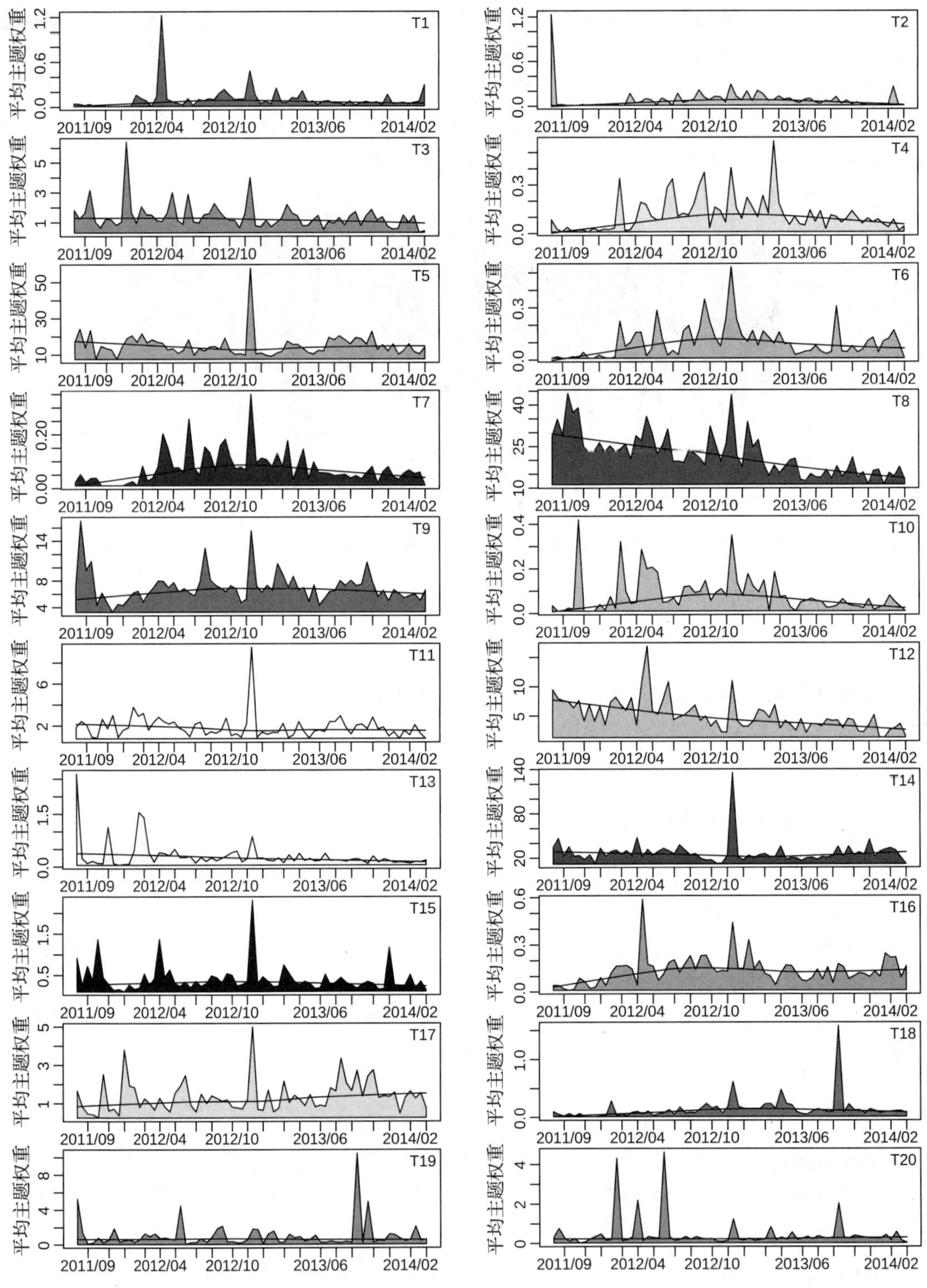

图 6-3　每两周的 Bootstrap 问题的平均主题权重，表 6-1 中已清楚地给出了关于这些主题的描述

6.5.2 构造有效性

构造有效性与研究其意图反映的能力有关。LDA 主题是从词分布中抽取的独立主题。这种独立性意味着相关或共同发生的概念或想法不一定有自己的主题，如果有，文档则可能会被划分为不同的主题。

在试图推断 LDA 输出是否显示某个活动时，应该了解 LDA 的约束和属性。LDA 主题不一定是直观的想法、概念或主题。由于主题的独立性假设，在文档关联性方面的主题之间的比较可能会比较困难。

最后，记住 LDA 假设主题词概率和文档主题概率是服从狄利克雷分布的。此外，许多 LDA 软件使用对称狄利克雷分布。这意味着假设狄利克雷参数对于每个词（β）或主题（α）是相同的，并且这些参数是预先已知的。在大多数软件中，这意味着必须仔细设置 α 和 β。

6.5.3 内部有效性

内部有效性指对偶然效应和关系的结论的有效性。主题的独立性是 LDA 的一个重要方面，因此，如果要研究两个观点，考虑它们之间是否存在因果关系，那就必须防范 LDA 的词分配策略。

这意味着一个词只能来自一个主题。即使 LDA 产生了可识别的“体育”主题和“新闻”主题，它们的组合“体育新闻”却被认为不会出现。但“体育新闻”可能会出现在与前两个主题无关的第三个主题中；或者它可能出现在其他焦点既不是体育也不是新闻的主题中。主题的独立性使它们之间的相互比较变得困难。

例如，可能需要询问两个主题是否以某种方式重叠。表 6-4 描述了主题 – 文档矩阵描述的每对主题之间的相关性。由于主题之间的独立性，每对主题不允许相关：如表 6-4 的置信区间所示，LDA 输出的主题 – 主题相关值与零值之间没有显著差异。

为了表明某个事件会导致 LDA 输出发生变化，应该使用不同的数据源和人工验证。给定不同的 α 和 β 参数值，并给定一个测试，然后调整这些参数使测试通过或不通过从而改变 LDA 的输出。应该选择更好的 α 和 β，以便从 LDA 输出中得出的任何结论都是令人信服的。

表 6-4　主题 – 主题的相关性矩阵（相关量的 95% 的置信区间）

	主题 1	主题 2	主题 3	主题 4	主题 5
主题 1	1	−0.22 to 0.17	−0.21 to 0.18	−0.22 to 0.17	−0.16 to 0.24
主题 2	−0.22 to 0.17	1	−0.22 to 0.17	−0.23 to 0.16	−0.23 to 0.16
主题 3	−0.21 to 0.18	−0.22 to 0.17	1	−0.22 to 0.18	−0.22 to 0.18
主题 4	−0.22 to 0.17	−0.23 to 0.16	−0.22 to 0.18	1	−0.23 to 0.16
主题 5	−0.16 to 0.24	−0.23 to 0.16	−0.22 to 0.18	−0.23 to 0.16	1
主题 6	−0.11 to 0.28	−0.22 to 0.17	−0.21 to 0.18	−0.22 to 0.17	−0.21 to 0.19
主题 7	−0.22 to 0.17	−0.23 to 0.16	−0.21 to 0.18	−0.23 to 0.16	−0.23 to 0.16
主题 8	−0.22 to 0.17	−0.23 to 0.16	−0.21 to 0.18	−0.23 to 0.17	−0.23 to 0.16
主题 9	−0.23 to 0.17	−0.24 to 0.15	−0.19 to 0.21	−0.23 to 0.16	−0.24 to 0.16
主题 10	−0.22 to 0.17	−0.23 to 0.16	−0.21 to 0.18	−0.23 to 0.16	−0.11 to 0.28

（续）

	主题 6	主题 7	主题 8	主题 9	主题 10
主题 1	−0.11 to 0.28	−0.22 to 0.17	−0.22 to 0.17	−0.23 to 0.17	−0.22 to 0.17
主题 2	−0.22 to 0.17	−0.23 to 0.16	−0.23 to 0.16	−0.24 to 0.15	−0.23 to 0.16
主题 3	−0.21 to 0.18	−0.21 to 0.18	−0.21 to 0.18	−0.19 to 0.21	−0.21 to 0.18
主题 4	−0.22 to 0.17	−0.23 to 0.16	−0.23 to 0.17	−0.23 to 0.16	−0.23 to 0.16
主题 5	−0.21 to 0.19	−0.23 to 0.16	−0.23 to 0.16	−0.24 to 0.16	−0.11 to 0.28
主题 6	1	−0.2 to 0.2	−0.22 to 0.18	−0.22 to 0.17	−0.22 to 0.18
主题 7	−0.2to0.2	1	−0.21 to 0.18	−0.21 to 0.18	−0.23 to 0.17
主题 8	−0.22 to 0.18	−0.21 to 0.18	1	−0.23 to 0.16	−0.22 to 0.17
主题 9	−0.22 to 0.17	−0.21 to 0.18	−0.23 to0.16	1	−0.05 to 0.33
主题 10	−0.22 to 0.18	−0.23 to 0.17	−0.22 to 0.17	−0.05 to 0.33	1

来自与图 6-1 相同的 LDA 模型。

6.5.4 外部有效性

外部有效性指研究结果的代表性和普遍性。LDA 主题与语料库相关，前提是它们的主题和与主题相关的词可能无法进行一般化。LDA 可以应用于多个文档集合，因此在某些情况下可以解决外部有效性。

6.5.5 可信性

可信性是关于人们复现研究结果的能力。使用 LDA 时，如果没有共享初始参数或种子将无法再次找到确切的主题。因此，所有 LDA 的研究都应报告其使用的参数值。然而，即使报告参数，LDA 的实现也可能返回不同的结果，并且相同的实现方式也可能在每次运行时产生不同的主题或不同的主题顺序。因此，其他人可能无法复现先前已确定的主题或主题的顺序。

由于 LDA 模型是迭代运行的，因此确保它们在使用前有足够的时间收敛是很重要的。否则，模型将无法与输入数据保持一致。收敛所需的时间取决于主题、文档和词汇量。例如，给定有 100 个主题和 20 000 个文档的 Vowpal Wabbit，在一般的硬件上，每次迭代需要几秒钟的时间，但需要进行至少两次迭代。要选择正确的迭代次数，应检查输出并增加迭代次数，直到输出不再显著变化。

6.6 结论

LDA 是处理结构化、非结构化和半结构化文本文档集合的强大工具，在软件存储库中有很多这样的文档。本章回顾了软件分析中使用 LDA 的各种环境，包括用于问题或缺陷去重的文档聚类，代码、文档、需求和沟通之间的可追溯性，以及事件和文档与软件生命周期活动的关联性。

本章演示了如何使用 LDA 探索问题跟踪系统存储库的内容，并展示了主题如何链接回文档，另外还讨论了如何实现输出的可视化。

然而，LDA 依赖于一个复杂的底层概率模型和一些假设。因此，即使现有的软件可用于计算 LDA 模型，该软件的用户也必须意识到潜在的不足和陷阱。本章概述了 LDA 的底层概念模型的基础知识，并讨论了这些不足，以便能够更好地使用此功能强大的技术。

参考文献

[1] Blei DM, Ng AY, Jordan MI. Latent Dirichlet allocation. J Mach Learn Res 2003;3:993–1022.

[2] Wang H, Wong K. Recommendation-assisted personal web. In: IEEE ninth world congress on services (SERVICES). Washington, DC, USA: IEEE Computer Society; 2013. p. 136–40.

[3] Poshyvanyk D, Marcus A. The conceptual coupling metrics for object-oriented systems. In: 22nd IEEE international conference on software maintenance, ICSM'06. Washington, DC, USA: IEEE Computer Society; 2006. p. 469–78.

[4] Ramesh B. Factors influencing requirements traceability practice. Commun ACM 1998;41(12):37–44. doi: 10.1145/290133.290147.

[5] Asuncion HU, Asuncion AU, Taylor RN. Software traceability with topic modeling. In: Proceedings of the 32nd ACM/IEEE international conference on software engineering, ICSE '10, vol. 1. New York, NY, USA: ACM; 2010. p. 95–104. ISBN 978-1-60558-719-6. doi:10.1145/1806799.1806817.

[6] Thomas SW, Adams B, Hassan AE, Blostein D. Validating the use of topic models for software evolution. In: Proceedings of the 10th IEEE working conference on source code analysis and manipulation, SCAM '10. Washington, DC, USA: IEEE Computer Society; 2010. p. 55–64. ISBN 978-0-7695-4178-5. doi: 10.1109/SCAM.2010.13.

[7] Gethers M, Oliveto R, Poshyvanyk D, Lucia AD. On integrating orthogonal information retrieval methods to improve traceability recovery. In: Proceedings of the 27th IEEE international conference on software maintenance (ICSM). Washington, DC, USA: IEEE Computer Society; 2011. p. 133–42.

[8] Savage T, Dit B, Gethers M, Poshyvanyk D. Topicxp: exploring topics in source code using latent Dirichlet allocation. In: Proceedings of the 2010 IEEE international conference on software maintenance, ICSM '10. Washington, DC, USA: IEEE Computer Society; 2010. p. 1–6. ISBN 978-1-4244-8630-4. doi: 10.1109/ICSM.2010.5609654.

[9] Poshyvanyk D. Using information retrieval to support software maintenance tasks. Ph.D. thesis, Wayne State University, Detroit, MI, USA; 2008.

[10] McMillan C, Poshyvanyk D, Revelle M. Combining textual and structural analysis of software artifacts for traceability link recovery. In: Proceedings of the 2009 ICSE workshop on traceability in emerging forms of software engineering, TEFSE '09. Washington, DC, USA: IEEE Computer Society; 2009. p. 41–8. ISBN 978-1-4244-3741-2. doi:10.1109/TEFSE.2009.5069582.

[11] Marcus A, Sergeyev A, Rajlich V, Maletic JI. An information retrieval approach to concept location in source code. In: Proceedings of the 11th working conference on reverse engineering, WCRE '04. Washington, DC, USA: IEEE Computer Society; 2004. p. 214–23. ISBN 0-7695-2243-2.

[12] De Lucia A, Marcus A, Oliveto R, Poshyvanyk D. Information retrieval methods for automated traceability recovery. In: Software and systems traceability. Berlin: Springer; 2012. p. 71–98.

[13] Baldi PF, Lopes CV, Linstead EJ, Bajracharya SK. A theory of aspects as latent topics. In: Proceedings of the 23rd ACM SIGPLAN conference on object-oriented programming systems languages and applications, OOPSLA '08. New York, NY, USA: ACM; 2008. p. 543–62. ISBN 978-1-60558-215-3. doi: 10.1145/1449764.1449807.

[14] Hindle A, Ernst NA, Godfrey MW, Mylopoulos J. Automated topic naming to support cross-project analysis of software maintenance activities. In: Proceedings of the 8th working conference on mining software repositories. New York, NY, USA: ACM; 2011. p. 163–72.

[15] Lukins SK, Kraft NA, Etzkorn LH. Source code retrieval for bug localization using latent Dirichlet allocation. In: Proceedings of the 2008 15th working conference on reverse engineering, WCRE '08. Washington, DC, USA: IEEE Computer Society; 2008. p. 155–64. ISBN 978-0-7695-3429-9. doi:10.1109/WCRE.2008.33.

[16] Alipour A, Hindle A, Stroulia E. A contextual approach towards more accurate duplicate bug report detection. In: Proceedings of the tenth international workshop on mining software repositories. Piscataway, NJ, USA: IEEE Press; 2013. p. 183–92.

[17] Campbell JC, Zhang C, Xu Z, Hindle A, Miller J. Deficient documentation detection: a methodology to locate deficient project documentation using topic analysis. In: MSR; 2013. p. 57–60.

[18] Han D, Zhang C, Fan X, Hindle A, Wong K, Stroulia E. Understanding Android fragmentation with topic analysis of vendor-specific bugs. In: WCRE; 2012. p. 83–92.

[19] De Lucia A, Di Penta M, Oliveto R, Panichella A, Panichella S. Using IR methods for labeling source code artifacts: is it worthwhile? In: IEEE 20th international conference on program comprehension (ICPC). Washington, DC, USA: IEEE Computer Society; 2012. p. 193–202.

[20] Hindle A, Bird C, Zimmermann T, Nagappan N. Relating requirements to implementation via topic analysis: do topics extracted from requirements make sense to managers and developers? In: ICSM; 2012. p. 243–52.

[21] Grant S, Cordy JR. Estimating the optimal number of latent concepts in source code analysis. In: Proceedings of the 10th IEEE working conference on source code analysis and manipulation, SCAM '10. Washington, DC, USA: IEEE Computer Society; 2010. p. 65–74. ISBN 978-0-7695-4178-5.

[22] Panichella A, Dit B, Oliveto R, Di Penta M, Poshyvanyk D, De Lucia A. How to effectively use topic models for software engineering tasks? An approach based on genetic algorithms. In: Proceedings of the 2013 international conference on software engineering. Piscataway, NJ, USA: IEEE Press; 2013. p. 522–31.

[23] Wikipedia. Latent Dirichlet allocation—Wikipedia, the free encyclopedia; 2014. http://en.wikipedia.org/w/index.php?title=Latent_Dirichlet_allocation&oldid=610319663 [Online; accessed 15.07.14].

[24] Langford J, Li L, Strehl A. Vowpal Wabbit; 2007. Technical report, http://hunch.net/~vw/.

分析产品和过程数据的工具与技术

Diomidis Spinellis*
*Department Management Science and Technology, Athens University of Economics and Business, Athens, Greece**

7.1 引言

对软件产品及其开发过程 [1] 的数据进行分析很有吸引力，但通常不易。有吸引力是因为软件开发过程会产生足够的数据，相关人员可以使用这些数据来优化软件产品，遗憾的是这种工作非常困难。尽管人们开发了许多收集软件数据并进行分析的平台，仍然有许多任务无法轻松完成。已有的分析平台和相关的工具包括 Hackystat[2]、Hipikat[3]、Kenyon[4]、Evolizer[5]、Sourcerer[6-7]、Tesseract[8]、Moose[9]、Churrasco[10] 和 Alitheia Core[11-12]。这些平台难以使用的原因有很多。首先，现有平台可能不会涵盖所需的软件制品或分析类型。其次，当企业以系统化的方式构建其开发过程时，因为其包含不同类型的数据，可能难以组合使用集成开发环境或平台提供的分析工具。此外，要执行的分析可能是高度专业化的，会涉及组织特定的领域环境或新颖的研究问题。最后，由于软件过程记录数据相对比较容易，通常要检查的数据量巨大，很难扩展现有的一些工具来处理所收集的数据。

面向行的文本数据流是软件分析任务比较经典的一类数据。人们通常将 Unix 工具箱程序 [13] 组合起来形成如下模式：抽取，选择，处理和概要化。7.2 节展示了该方法，该方法发表在文献 [14] 中。

其他情况下，使用脚本语言（如 Python，Ruby 和 Perl）对产品及其开发过程进行分析也非常有效。为研究需要，也可以关注一些平台和项目，它们收集和分析来自开源软件存储库中的数据，这些平台和项目包括 FLOSSmole[15]、Flossmetrics[16]、Sourcerer、Alitheia Core 和 GHTorrent[17]，其中 FLOSSmole 不仅被其开发团队所使用，也在其他团队中被广泛使用 [18]。

许多有用的源代码分析任务不需要实现完整的词法分析和语法分析，但可以采用一些简单的通过正则表达式 [19] 实现的启发式规则去实施。在一些情况下，改造已有的编译器前端进行分析也同样有效（7.3 节）。另一种有用的分析技术是使用编译后的代码。而对象文件符号和 Java 字节码也是两种丰富准确的数据源（参见 7.4 节）。

软件开发过程最重要的数据是从其配置管理（版本控制）系统中获得的数据。该数据提供了有关开发人员、进度、生产力、工作时间、团队合作以及许多其他属性的信息。有三种强大的分析方法，分别对包含时间信息的快照，修订日志和所谓的责任列表进行分析，将在 7.5 节中讨论这些内容。

还有许多工具可以帮助开展探索性的数据分析和可视化，包括 GraphViz 图形绘制工具 [20]，用于地图绘制的 GMT 工具集 [21]，*gnuplot* 绘图程序，统计计算的 R 项目 [22] 以及基于 Python 的各种可视化库。自动发布分析结果可以提高研究人员的工作效率，并且有助于提高研究结果的可复现性。7.6 节中可看到一些可视化工具的例子，这些例子也是基于先前发表的论文 [14]。

7.2 一种合理的分析流程

面向行的文本数据流是软件分析任务比较经典的一类数据。这些数据流可体现程序源代码、特征请求、版本控制历史、文件列表、符号表、存档内容、错误消息、分析数据等信息。在日常任务中，大多数开发者更倾向于使用多功能的脚本语言，譬如 Perl、Python、Ruby 等。为了完成任务，通常他们需要编写一个小型独立的程序，并将其保存到文件中。而到后面，其中一些人可能已经对任务失去了耐心，如果想要继续，最终也可以手动完成这些工作。但在这种情况下，更高效的方法是将 Unix 工具箱的程序组成一个简短而流畅的管道（pipeline），并在 shell 命令提示符中运行。开发者可以使用现代的 shell 命令行编辑工具逐步构建命令，直到命令完全符合他们的需求。如今 Unix 开发工具在很多系统上都可以使用，例如 GNU/Linux、Mac OS X 和 Microsoft Windows（借助于工具 Cygwin）㊀，所以开发者没有理由拒绝使用这种便利的方法。而这些工具的文档都是可用的，开发者可以通过 *man* 命令或者在相应的命令后加上 --help 选项来查看帮助文档。

大多数围绕着 Unix 工具所构建的单行分析小程序都是基于一定的模式。对于该模式的各个部分，将在下面章节中进行分析。具体如下：获取数据（7.2.1 节），选择数据（7.2.2 节），处理数据（7.2.3 节）和汇总数据（7.2.4 节）。在开发过程中，需要一种管道系统（7.2.5 节）来将这些部分整合起来。

7.2.1 获取数据

通常情况下，开发者获得的数据是文本（例如源代码），那么可以直接导入工具；若不是，则需要调整数据。如果处理的是目标文件或者可执行程序，他们就不得不使用一些工具如 *nm*(Unix)、*dumpbin*(Windows) 或者 *javap*(Java) 来挖掘数据。笔者分别在 7.4.2 节和 7.4.4 节中讨论这些方法。如果开发者处理的文件被归档成了一个归档文件，可以使用像 *tar*、*jar* 或者 *ar* 这种命令来将归档文件中的内容列出来。此外，*ldd* 命令将输出 Unix 可执行文件、目标文件和库所依赖的共享库。如果处理的数据来自于存储在本地可访问存储器上的（潜在的大型的）文件集合，则可以用 *find* 找到目标文件。下面是如何使用 *find* 命令来列出保存在目录 /usr/include 中的（头）文件㊁。

```
find /usr/include -type f
/usr/include/pty.h
/usr/include/time.h
/usr/include/printf.h
/usr/include/arpa/nameser_compat.h
/usr/include/arpa/telnet.h
/usr/include/arpa/inet.h
[...]
```

另一方面，为了从网络中获取数据，开发者可以使用 *wget* 或者 *curl*（参见 7.5.1 节）工

㊀ http://www.cygwin.com/。

㊁ 使用 sans serif 字体的文本表示将在 Unix shell 命令行提示符（通常以 $ 结尾）中写入的命令，而使用 typewriter font 的文本是命令输出的一部分。

具。开发者也可以使用 *dd*（以及特殊文件 /dev/zero）、*yes* 或者 *jot* 来生成人工数据，这些数据可用于运行快速测试或基准测试。如果想要处理编译器的错误信息列表，可以使用 2>&1 来将它的标准错误重定向到它的标准输出。

这里还有许多没有涉及的其他情况：关系数据库、版本控制系统（参见 7.5 节）、邮件列表、问题管理系统、监控数据等。软件系统的问题管理系统（缺陷）数据库可以提供关于产品成熟度和用于产品的资源的充分性见解。问题通常与软件变更联系在一起，并且允许执行更详细的分析。通过分析软件监控数据，开发者可以获得系统运行的动态视图，其中包括精确的用户交互度量、崩溃转储报告 [23] 和服务器日志。笔者并不是第一个需要将应用程序的数据转换为文本格式的，可能已经有人为该工作编写了一个工具。例如，*Outwit* 工作套件 [24]㊀可以将来自 Windows 剪贴板、ODBC 源、事件日志或 Windows 注册表的数据转换为文本流数据。

7.2.2 选择数据

考虑到文本数据格式的通用性，大多数情况下开发者得到的数据会多于他们需要的，但可能他们想处理的只是每一行的一部分或者某些行。开发者可以使用 *awk* 命令从每一行中选择一个特定的列，这些行是由空格或其他字段分隔符分隔的元素组成的。如果文本字段的宽度是固定的，可以使用 *cut* 来分离它们。除此之外，如果文本的行没有整齐地划分为字段，通常可以为 *sed* 替换命令编写一个正则表达式，以分隔想要的元素。

grep 是获取文本行的子集的主要工具。开发者可以指定一个正则表达式，以获得与之匹配的行，并添加 --invert-match㊁标志来过滤掉不想处理的行。

下面介绍如何使用 *grep* 列出 FreeBSD 内核源代码文件 vfs_subr.c 中包含 XXX 序列的行，这些行通常用于标记可疑代码。获取 – 选择管道的第一部分是使用 *curl* 从 FreeBSD 存储库获取相关的文件。行末尾的反斜杠表示该行命令还没有结束。|（管道）符号指定将 *curl* 的输出（vfs_subr.c 文件的内容）发给后面的命令（即 *grep*）去进一步处理。

```
curl --silent https://svnweb.freebsd.org/base/head/sys/kern/vfs_subr.c?view=co |
grep XXX

 * XXX desiredvnodes is historical cruft and should not exist.
    * XXX We could save a lock/unlock if this was only
   * Wait for I/O to complete. XXX needs cleaning up. The vnode can
     if (bp->b_bufobj != bo) { /* XXX: necessary ? */
    * XXX Since there are no node locks for NFS, I
  vp = bp->b_vp;    /* XXX */
  vp = (*bo)->__bo_vnode; /* XXX */
           /* XXX audit: privilege used */
/* XXX - correct order? */
[...]
```

开发者可以使用 *grep* 标志 --files-with-matches 和 --files-without-match 来获取包含（或不包含）特定模式的文件名称。如果要查找的元素是存储在文件中的固定字符串（可能是在前面的处理步骤中生成的），那么可以使用 -file 标志运行 *fgrep*。如果开发者的选择标准更复杂，通常可以用 *awk* 模式表达式来表示它们。开发者会发现，如果将这些方法结合到一起通常都能得到他们想要的结果。例如，开发者可以使用 *grep* 获取感兴趣的行，用 grep

---

㊀ http://www.spinellis.gr/sw/outwit。

㊁ 为了便于阅读，示例使用了 GNU 非标准的长格式的命令标志。

-invert-match 从示例中过滤掉一些噪声，最后用 *awk* 从每一行中选择一个特定的字段。

本章中的许多示例都可使用 *awk* 作为处理步骤中的一部分。一般来说，*awk* 的工作方式是将开发者给它的指令作为每一行输入的参数。该指令由模式和操作组成；没有模式的操作用于处理所有输入行，而没有操作的模式将输出相应的行。模式可以是用 / 分隔的正则表达式或任意的布尔表达式，而操作由括号内的命令组成。行被自动分割成以空格分隔的字段。（-F 选项可用于指定任意的字段分隔符。）然后这些字段可作为名为 $n 的变量使用。例如，下面的 shell 命令将输出当前目录中 C 文件里包含的头文件的名称。

```
awk '/#include/ {print $2}' *.c
```

7.2.3 处理数据

数据处理常常需要开发者在特定字段中对其进行排序，一般可以使用 *sort* 命令来完成排序操作。*sort* 命令支持数十个选项来指定排序键、它们的类型和输出顺序。将结果排序之后，通常还需要计算每个元素有多少实例。使用 *uniq* 命令中的 --count 选项可以解决该问题。通常，可再次使用 *sort* 命令对结果进行后处理，同时用 --numeric 标志指定数字顺序，以找到出现频率最高的元素。在其他情况下，开发者可能想要比较不同运行的结果。如果运行应该生成相似的结果（也许正在比较文件的两个版本），则使用 *diff* 命令；如果想比较两个排序的列表，则使用 *comm* 命令。通过 *comm* 命令，可执行集合交和差运算。若要将基于键的不相关的处理步骤的结果链接在一起，开发者可先对它们排序，然后在两个列表上应用 *join* 命令。除此之外，开发者可以再次使用 *awk* 处理更复杂的任务。

下面是如何生成头文件列表的步骤，该列表中的头文件根据被包含的次数进行了排序。首先，使用 *grep* 获取 include 指令的列表。

```
grep --no-filename '^#include' *.c
#include <sys/cdefs.h>
#include <sys/param.h>
#include <sys/exec.h>
#include <sys/imgact.h>
#include <sys/imgact_aout.h>
#include <sys/kernel.h>
#include <sys/lock.h>
[...]
```

然后，使用 *awk* 从每行中获取包含的文件名，即第二个字段。开发者可以用 *awk* 选择模式替换原始的 *grep*。

```
awk '/^#include/ {print $2}' *.c
<sys/cdefs.h>
<sys/param.h>
<sys/exec.h>
<sys/imgact.h>
<sys/imgact_aout.h>
<sys/kernel.h>
[...]
```

下一步是对文件名进行排序，以便将相同的文件名放在一起，这样就可以用 *uniq* 来计算其数量。

```
awk '/^#include/ {print $2}' *.c |
sort
"clock_if.h"
"cpufreq_if.h"
"linker_if.h"
"linker_if.h"
"linker_if.h"
"opt_adaptive_lockmgrs.h"
"opt_adaptive_mutexes.h"
"opt_alq.h"
[...]
```

再使用 *uniq* 计算连续相同行的数量（文件名）。

```
awk '/^#include/ {print $2}' *.c |
sort |
uniq --count
   1 "clock_if.h"
   1 "cpufreq_if.h"
   3 "linker_if.h"
   1 "opt_adaptive_lockmgrs.h"
   1 "opt_adaptive_mutexes.h"
   1 "opt_alq.h"
   1 "opt_bus.h"
  30 "opt_compat.h"
   1 "opt_config.h"
  34 "opt_ddb.h"
[...]
```

最后是再次对输出进行排序，这次是逆序排序，以便根据在源代码中出现的次数以降序的方式获得头文件名称列表。

```
awk '/^#include/ {print $2}' *.c |
sort |
uniq --count |
sort --reverse --numeric
 162 <sys/cdefs.h>
 161 <sys/param.h>
 157 <sys/systm.h>
 137 <sys/kernel.h>
 116 <sys/proc.h>
 114 <sys/lock.h>
 106 <sys/mutex.h>
  94 <sys/sysctl.h>
[...]
```

7.2.4 汇总数据

在许多情况下，处理后的数据因过于庞大而无法使用。例如，开发者可能不关心在程序中定义了哪些具有错误可见性的符号，但是他们可能想知道有多少个这样的符号。然而，许多问题都可以使用 *wc*（word count）命令及 --lines 标志来简单地计算中间步骤的输出。还是使用前面的示例，这次计算包含字符 XXX 的行的数量。

```
curl --silent \
https://svnweb.freebsd.org/base/head/sys/kern/vfs_subr.c?view=co |
grep XXX |
wc --lines
   20
```

如果开发者想知道结果列表中的前10个元素或后10个元素，他们可以通过*head*或*tail*命令来操作列表。为将一长串单词格式化为一个更易于管理的块，并可以将其粘贴到文档中，开发者可以使用*fmt*（在每个元素后面的逗号上执行*sed*替换命令）。除此之外，出于调试目的，开发者可能会通过*more*或*less*命令将中间结果导入管道，以详细地检查它。通常，当这些方法不适合开发者时，他们可以使用*awk*。一个典型的任务是用sum += $3这样的命令来汇总一个特定的字段。在其他情况下，开发者可以使用awk的关联数组来对不同的元素求和。

7.2.5 管道系统

如果没有办法将上述各模块结合起来的话，一切都是空谈。因此，开发者可以使用Bourne shell的工具实现整合。首先是管道（|），正如笔者在前面的示例中提到的那样，可以将一个处理步骤的输出作为下一个处理步骤的输入，也可以将输出重定向到一个文件，通过在命令末尾添加>*file-name*来实现。在其他情况下，开发者可能希望使用许多不同的参数执行相同的命令。为此，可以将参数作为输入传递给*xargs*命令。典型的模式是使用*find*获得一列文件并用*xargs*处理。如果开发者指定--max-args=1，那么只能处理可以由*xargs*运行的单个参数。如果开发者的处理更复杂，可以将参数插入到while read循环中。（Bourne shell允许将数据传输到所有的控制结构中）。当以上方法都不适用时，开发者可以使用一些中间文件来处理数据。

注意，在默认情况下，Unix shell将使用空格分隔命令行参数。当开发者处理包含空格的文件名时，这可能会导致问题。开发者通过将表示文件名的变量用双引号引起来以避免出现这种情况，如下面的（特别设计的）示例所示，该示例将计算org/eclipse目录中Java文件的行数。

```
find org/eclipse -type f -name \*.java -print |
while read f
do
  cat "$f"  # File name in quotes to protect spaces
done | wc --lines
```

使用*xargs*和*find*会比前面示例中的循环更有效。开发者可以通过使用各自的参数-print0和--null来避免文件名中存在空格的问题。这两个命令使用空字符（null character）分隔文件名，而不是使用空格。因此，前面的示例可以这样写：

```
find org/eclipse -type f -name \*.java -print0 |
xargs --null cat |
wc --lines
```

7.3 源代码分析

源代码可以以不同层次的准确度、精度和细节进行分析，分析方法包括启发式分析、词法分析、语法分析、语义分析和静态分析。

7.3.1 启发式分析

启发式可以使开发者很容易地从代码中获得简单直接的度量结果。在源代码分析中启发式的主要优点是简洁并且容易实现。因此，它们经常被用作检验假设的一种快速方法。大多数情况下，使用启发式需要使用正则表达式和相应的工具（例如 Unix *grep* 程序），以获得并不完全准确但有用的度量结果。例如，下面的命令将显示一组 Java 文件中定义的顶级类的数量。

```
grep --count ^class *.java
```

这里使用的启发式是基于以下假设：仅当用于定义顶级类时，class 一词才出现在行的开头。类似地，可以通过以下命令找到在一组文件中定义的子类的数量。

```
fgrep --count --word-regexp extends *.java
```

同样，前面的命令假设单词 extends 仅用于指定子类的基类。可以通过对字符串或注释中出现的单词 extends 计数，从而确定子类的数量。最后，如果文件位于目录树中的不同文件夹中，开发者可以使用 *grep* 的 --recursive 标志，指示它从当前目录开始遍历目录树（用一个点表示）。然后可以使用 *awk* 命令来对计数（冒号隔开那行的第二个字段）进行求和。

```
grep --recursive --count ^class . |
awk -F: '{s += $2} END {print s}'
```

前面的命令假设关键字 class 总是出现在一行的开头，并且目录层次结构中的文件没有其他行以 class 这个词开头。

7.3.2　词法分析

当开发者需要比启发式能提供的信息更准确的信息时，或者当信息不能通过启发式的方法准确地表达出来时，就必须执行流式的词法分析。流式词法分析允许开发者识别关键词、标识符、常量、字符串和代码结构的基本属性，它其中的选项包括将词法分析器表示为状态机，或者使用词法分析器生成器创建代码。

7.3.2.1　状态机

考虑到语言的转义规则，手动的状态机可用于识别字符串和注释。例如，以下状态可用于识别 C++ 源代码的各种元素。

```
enum e_cfile_state {
      s_normal,
      s_saw_slash,         // After a / character
      s_saw_str_backslash, // After a \ character in a string
      s_saw_chr_backslash, // After a \ character in a character
      s_cpp_comment,     // Inside C++ comment
      s_block_comment,   // Inside C block comment
      s_block_star,      // Found a * in a block comment
      s_string,          // Inside a string
      s_char,            // Inside a character
};
```

根据前面的定义，一个用于计算所有字符串中字符总数的状态机如下所示。

```
static void
process(char c)
{
   static enum e_cfile_state cstate = s_normal;

   switch (cstate) {
   case s_normal:
      if (c == '/')
```

```
            cstate = s_saw_slash;
        else if (c == '\'')
            cstate = s_char;
        else if (c == '"') {
            cstate = s_string;
            n_string++;
        }
        break;
    case s_char:
        if (c == '\'')
            cstate = s_normal;
        else if (c == '\\')
            cstate = s_saw_chr_backslash;
        break;
    case s_string:
        if (c == '"')
            cstate = s_normal;
        else if (c == '\\')
            cstate = s_saw_str_backslash;
        break;
    case s_saw_chr_backslash:
        cstate = s_char;
        break;
    case s_saw_str_backslash:
        cstate = s_string;
        break;
    case s_saw_slash:   // After a / character
        if (c == '/')
            cstate = s_cpp_comment;
        else if (c == '*')
            cstate = s_block_comment;
        else
            cstate = s_normal;
        break;
    case s_cpp_comment:   // Inside a C++ comment
        if (c == '\n')
            cstate = s_normal;
        break;
    case s_block_comment:   // Inside a C block comment
        if (c == '*')
            cstate = s_block_star;
        break;
    case s_block_star:    // Found a * in a block comment
        if (c == '/')
            cstate = s_normal;
        else if (c != '*')
            cstate = s_block_comment;
        break;
    }
}
```

由于前面的代码精确地描述了它所处理的词法元素的类型，因此可以很容易地扩展它来计算更复杂的元素，例如语句块的数量或嵌套级别。

process 函数的驱动程序可以是一个简单的过滤式程序，它将报告由它的标准输入提供的代码中包含的字符串数量。

```
#include <stdio.h>

static int n_string;
static void process(char c);

int
main(int argc, char *argv[])
{
    int c;
```

```
    while ((c = getchar()) != EOF)
        process(c);
    printf("%d\n", n_string);
    return 0;
}
```

将驱动程序的源代码作为输入运行，将在其标准输出上显示 1（找到一个字符串）。

```
count <count.c

1
```

7.3.2.2　词法分析器生成器

对于繁重的任务，开发者可以使用词法分析器生成器[25]，如 *lex* 或其现代开源版本 *flex*，高效而准确地标识语言的所有标记。下面的代码摘录可以提供给 *lex* 生成器，以创建一个自定义程序，该程序将计算每个 C 语言的词法标记在其标准输入中出现的次数。

```
LET [a-zA-Z_]
DIG [0-9]

%{
int n_auto, n_break, n_case, n_char, n_const;
int n_volatile, n_while, n_identifier;
// [...]

%}

%%
"auto"             { n_auto++; }
"break"            { n_break++; }
"case"             { n_case++; }
"char"             { n_char++; }
"const"            { n_const++; }
// [...]
"while"            { n_while; }

{LET}({LET}|{DIG})* { n_identifier++; }

">>="              { n_right_shift_assign++; }
"<<="              { n_left_shift_assign++; }
// [...]
">>"               { n_right_shift++; }
"<<"               { n_left_shift++; }
// [...]
"<="               { n_less_than++; }
">="               { n_greater_than++; }
"=="               { n_compare++; }
// [...]
"="                { n_assign++; }
.                  { /* ignore other characters */ }

%%

yywrap() { return(1); }

main()
{
      while (yylex())
            ;
      printf("auto %d\n", n_auto);
```

```
        printf("break %d\n", n_break);
        // [...]
}
```

词法分析器一开头先定义了 C 语言中的字母（LET）和数字（DIG）的正则表达式；然后用 C 语言在 %{%} 块中定义了计数器变量。分析器的主体（从 %% 行开始）由左侧的正则表达式和右侧的大括号组成，右侧的大括号中编写 C 语言代码。当程序的输入与相应的正则表达式匹配时，将执行右侧大括号中的 C 语言代码。可以很容易地修改词法分析规约，以处理其他语言和类型的输入。需要注意的是，由于指定的正则表达式是按照指定的顺序匹配的，所以必须在更短或更一般的元素之前指定更长和更具体的元素。在标识符和操作符处理的示例中可以清晰地看到这一点。

在第二个 %% 行之后的 C 代码包含一个循环来遍历所有输入的语句，之后打印收集的数据。开发者可以生成代码并将其编译，并将其作为独立程序运行。该程序假定所读取的代码中的预处理命令和注释都已进行过预处理，通过使用 C 预处理器 *cpp* 处理源代码可以很容易地做到这一点。

7.3.3 语法和语义分析

当开发者想从代码中提取更复杂的度量时，例如：标识符的范围、异常处理和类层次结构，需要语法和语义分析 [26]。大多现代语言都比较复杂，其所涉及的工作一般需要编写成千上万行代码，因此这种处理方式并不适合没有耐心的人。如果需要该层次的分析，最好改造现有编译器的代码。大多数语言的编译器都是开源软件，因此可以修改它们以执行必要的分析。

一个有趣的案例是 LLVM 编译器 [27]，特别是其前端 Clang，可以用作一个库来解析和分析类 C 的语言，如 C、C++ 和 Objective C。例如，可建立一个分析器用大约 100 行 C++ 代码来输出一个 C 程序的全局变量声明㊀。

7.3.4 第三方工具

分析源代码的最后一个选项是使用可以分析代码的第三方工具。以下是一些如何使用它们的方法介绍。

CScout 程序是关于 C 程序的源代码分析器和重构浏览器 [28]，它可以处理多个项目的工作空间（把一个项目看作是链接在一起的 C 源文件的集合），将 C 预处理器引入的复杂性映射回原始的 C 源代码文件中。CScout 利用现代硬件（快速处理器和大内存容量）分析 C 源代码，其详细度和准确性超过了当前编译器、链接器和其他源代码分析器。CScout 执行的分析考虑了 C 预处理器引入的标识符作用域，C 语言的作用域和命名空间。在源代码分析之外，CScout 还可以处理关于标识符、文件和函数的复杂查询，找到未使用的或范围不正确的标识符，并计算与文件、函数和标识符相关的许多指标。图 7-1 展示了关于函数的度量指标结果。

*CCFinderX*㊁是一个用于检测由很多现代编程语言编写的源代码中的重复代码片段的工具。该工具是 CCFinder[29] 的重新设计，已被用于许多论文发表的研究中。该工具的命令行

㊀ https://github.com/loarabia/Clang-tutorial/blob/master/CItutorial6.cpp。

㊁ http://www.ccfinder.net/。

版本以文本文件的形式输出结果。

Function Metrics

Number of elements: 229

Metric	Total	Min	Max	Avg
Number of characters	92771	13	3686	405.114
Number of comment characters	7114	0	482	31.0655
Number of space characters	20762	2	1062	90.6638
Number of line comments	0	0	0	0
Number of block comments	295	0	14	1.28821
Number of lines	4247	1	185	18.5459
Maximum number of characters in a line	10519	9	107	45.9345
Number of character strings	344	0	32	1.50218
Number of unprocessed lines	0	0	0	0
Number of C preprocessor directives	0	0	0	0
Number of processed C preprocessor conditionals (ifdef, if, elif)	0	0	0	0
Number of defined C preprocessor function-like macros	0	0	0	0
Number of defined C preprocessor object-like macros	0	0	0	0
Number of preprocessed tokens	28102	4	1084	122.716
Number of compiled tokens	33064	0	1930	144.384
Number of statements or declarations	3214	0	153	14.0349
Number of operators	4509	0	176	19.69
Number of unique operators	1153	0	19	5.03493
Number of numeric constants	988	0	64	4.31441
Number of character literals	369	0	67	1.61135
Number of if statements	599	0	32	2.61572
Number of else clauses	179	0	21	0.781659
Number of switch statements	25	0	2	0.10917
Number of case labels	189	0	28	0.825328
Number of default labels	21	0	2	0.0917031
Number of break statements	111	0	16	0.484716
Number of for statements	105	0	9	0.458515
Number of while statements	28	0	4	0.122271
Number of do statements	8	0	2	0.0349345
Number of continue statements	9	0	3	0.0393013
Number of goto statements	9	0	2	0.0393013
Number of return statements	263	0	13	1.14847
Number of project-scope identifiers	1887	0	98	8.24017
Number of file-scope (static) identifiers	476	0	47	2.0786
Number of macro identifiers	1081	0	102	4.72052
Total number of object and object-like identifiers	7321	0	270	31.9694
Number of unique project-scope identifiers	938	0	36	4.09607
Number of unique file-scope (static) identifiers	318	0	27	1.38865
Number of unique macro identifiers	676	0	34	2.95197
Number of unique object and object-like identifiers	2444	0	68	10.6725
Number of global namespace occupants at function's top	166333	0	1070	726.345
Number of parameters	330	0	6	1.44105
Maximum level of statement nesting	283	0	7	1.23581
Number of goto labels	7	0	2	0.0305677
Fan-in (number of calling functions)	719	0	61	3.13974
Fan-out (number of called functions)	881	0	34	3.84716
Cyclomatic complexity (control statements)	994	1	36	4.34061
Extended cyclomatic complexity (includes branching operators)	1196	1	42	5.22271
Maximum cyclomatic complexity (includes branching operators and all switch branches)	1360	1	69	5.93886
Structure complexity (Henry and Kafura)	440199	0	238144	1922.27
Halstead complexity	72126.2	0	3416.45	314.961
Information flow metric (Henry and Selig)	2.51256e+006	0	1.5552e+006	10971.9

图 7-1　CScout 派生的 *awk* 源代码的函数度量

CCFinderX 的输出文件格式很简单但也很重要。它的第一部分列出了被分析的每个文件的数字标识符、路径和它包含的标记数量。下面是关于 Linux 内核的一段摘录。

```
source_files {
...
19 arch/i386/kernel/bootflag.c 314
20 arch/i386/kernel/cpuid.c 841
21 arch/i386/kernel/i8237.c 147
22 arch/i386/kernel/microcode.c 1673
23 arch/i386/kernel/msr.c 1287
24 arch/i386/kernel/quirks.c 154
25 arch/i386/kernel/topology.c 133
26 arch/i386/mm/hugetlbpage.c 1084
27 arch/i386/oprofile/backtrace.c 310
28 arch/i386/oprofile/init.c 67
...
}
```

在这之后是检测到的代码克隆列表。每一行包含克隆的标识符，后面跟着一对源代码的克隆说明，每个克隆说明包含了克隆代码的文件标识符、开始标记和结束标记。

在下面的示例中，可看到在同一个文件中的代码克隆（microcode.c 中的 7329 号克隆），以及在不同文件之间的代码克隆（例如，cpuid.c 和 msr.c 之间的 6981 号克隆）。

```
clone_pairs {
...
6981 20.785-840 23.1231-1286
10632 20.625-690 934.1488-1553
7329 22.660-725 22.884-949
...
}
```

开发者可以对生成的文件进行进一步分析，以获得其他信息。例如，当输入 CCFinderX 结果文件的名称时，下面的 Perl 程序将输出其中克隆标记的百分比。高比例的克隆常常会导致更高的维护成本，因为修复程序、添加新功能时需要在多个地方小心地进行复制。

```
open(IN, "ccfx.exe P $ARGV[0].ccfxd|") || die;
while (<IN>) {
  chop;
  if (/^source_files/ .. /^\}/) {
    # Initialize file map as non-cloned tokens
    ($id, $name, $tok) = split;
     $file[$id][$tok - 1] = 0 if ($tok > 0);
     $nfile++;
   } elsif (/^clone_pairs/ .. /^\}/) {
     # Assign clone details to corresponding files
     ($id, $c1, $c2) = split;
     mapfile($c1);
     mapfile($c1);
   }
 }

 # Given a detected clone, mark the corresponding tokens
 # in the file map as cloned
 sub mapfile {
   my($clone) = @_;
   ($fid, $start, $end) = ($clone =~ m/^(\d+)\.(\d+)\-(\d+)$/);
   for ($i = $start; $i <= $end; $i++) {
     $file[$fid][$i] = 1;
   }
 }

 # Sum up the number of tokens and clones
 for ($fid = 0 ; $fid <= $#file; $fid++) {
```

```
    for ($tokid = 0; $tokid <= $#{$file[$fid]}; $tokid++) {
      $ntok++;
      $nclone += $file[$fid][$tokid];
    }
  }

  print "$ARGV[0] nfiles=$nfile ntok=$ntok nclone=$nclone ",
    $nclone / $ntok * 100, "\n";
```

通用工具通常和专用工具一样有用。如果开发者想对 C、C++ 或 Objective-C 代码中的注释执行处理，可以用 C 预处理器的 GCC 版本。开发者可能想要计算源代码文件中注释字符的数量，然而使用 -fpreprocessed 标志对文件进行预处理将删除注释，但不执行任何其他扩展。因此，只要用原始文件的字符数减去删除注释的文件的字符数，就可以得到注释字符的数量。下面的 *sh* 代码摘录将输出 prog.c 文件中注释的字符数。

```
expr $(wc --chars <prog.c) - $(cpp -fpreprocessed prog.c | wc --chars)
```

还可以将 -H 标志传递给 C 预处理器，以获得包含的头文件列表。下面是一些有代表性的输出，它们可用于映射代码重用模式。（每行开始的点表示嵌套的包含级别，可用于研究项目的模块分层。）

```
. /usr/include/stdlib.h
.. /usr/include/machine/ieeefp.h
.. /usr/include/_ansi.h
... /usr/include/newlib.h
... /usr/include/sys/config.h
.... /usr/include/machine/ieeefp.h
.... /usr/include/sys/features.h
.... /usr/include/cygwin/config.h
.. /usr/lib/gcc/i686-pc-cygwin/4.8.2/include/stddef.h
.. /usr/include/sys/reent.h
... /usr/include/_ansi.h
... /usr/lib/gcc/i686-pc-cygwin/4.8.2/include/stddef.h
... /usr/include/sys/_types.h
.... /usr/include/machine/_types.h
..... /usr/include/machine/_default_types.h
.... /usr/include/sys/lock.h
.... /usr/lib/gcc/i686-pc-cygwin/4.8.2/include/stddef.h
```

用于源代码分析的另一个有用的通用工具系列是文档生成器，如 *Doxygen* 和 *Javadoc*。这些工具解析源代码和文档注释以创建代码参考文档。使用这些工具的最简单方法是分析生成的 HTML 文本。文本的结构比相应的代码更简单，此外，它可能包含难以从原始代码获取的数据。这种情况下，可查看生成的 HTML 代码（一般在浏览器中右击→选择 This Frame→View Source），以确定要搜索的确切模式。例如，下面的 shell 代码将浏览 Java 开发工具包（JDK）的 HTML 文档来计算声明实现某些接口的方法的数量（总共 7752 个方法）。

```
grep --recursive --count '<strong>Specified by:' . |
awk -F: '{s += $2} END {print s}'
```

如果生成的文档不包含开发者想要的信息，可以通过自定义的 *doclets* 扩展 *Javadoc*。在 *Javadoc* 处理完源代码后可获取代码元素的文档树作为参数，然后可以轻松地对其进行处理，以提取和输出想要的结果。例如 *UMLGraph* 系统使用这种方法从 Java 代码中创建 UML 图 [30]。

分析代码是否遵循某些样式约定，一个有效的方法是在源代码上应用源代码格式化程序，如 *indent*，然后将原始代码与格式化程序的输出进行比较。发现的差异数量表明代码遵循代码规则的程度：大量的差异表明对样式约定的遵从性较差。然而这种方法存在一个问题，对于如 C 和 C++ 这样的语言，有许多可接受的风格。在这些情况下，要么必须根据文档化的代码规则配置代码风格工具，要么必须根据实际的代码推导代码规则[31]。

下面的 shell 脚本是用来推导代码风格规则的。它遍历了 *indent* 程序的所有选项组合，找到不符合规则的行数最少的选项，以此来推断代码的规则。在将 FILES 设置为要操作的（希望有代表性的）文件集执行之后，它将变量 INDENT_OPT 设置为与代码风格更匹配的 *indent* 选项。

```
# Return number of style violations when running indent on
# $FILES with $INDENT_OPT options
style_violations()
{
	for f in $FILES
	do
		indent -st $INDENT_OPT $1 $f |
		diff $f -
	done |
	grep '^<' |
	wc --lines
}

VIOLATIONS $(style_violations)

# Determine values for numerical options
for TRY_OPT in i ts bli c cbi cd ci cli cp d di ip l lc pi
do
	BEST=$VIOLATIONS
	# Find best value for $TRY_OPT
	for n in 0 1 2 3 4 5 6 7 8
	do
		NEW=$(style_violations -$TRY_OPT$n)
		if [ $NEW -lt $BEST ]
		then
			BNUM=$n
			BEST=$NEW
		fi
	done
	if [ $BEST -lt $VIOLATIONS ]
	then
		INDENT_OPT="$INDENT_OPT -$TRY_OPT$BNUM"
		VIOLATIONS=$BEST
	fi
done

# Determine Boolean options
for TRY_OPT in bad bap bbb bbo bc bl bls br brs bs cdb cdw ce cs bfda \
   bfde fcl fca hnl lp lps nbad nbap nbbo nbc nbfda ncdb ncdw nce \
   ncs nfcl nfca nhnl nip nlp npcs nprs npsl nsaf nsai nsaw nsc nsob \
   nss nut pcs prs psl saf sai saw sc sob ss ut
do
	NEW=$(style_violations -$TRY_OPT)
	if [ $NEW -lt $VIOLATIONS ]
	then
		INDENT_OPT="$INDENT_OPT -$TRY_OPT"
		VIOLATIONS=$NEW
	fi
done
```

没有进行任何选项设置的情况下，在 Windows Research Kernel 上运行 *indent*，结果在 583 407 行中发现了 389 547 个违约。通过先前的脚本确定了相应的 *indent* 选项后（–i4 –ts0

-bli0 -c0 -cd0 -di0 -bad -bbb -br -brs -bfda -bfde -nbbo -ncs)，发现违反规则的行数缩减到 118 173 行。开发人员和团队可以通过这样的分析来了解是否需要额外指导或培训以形成标准的代码书写格式。随着时间的推移，这些数字的增加可以作为一个组织开发过程中施压的指标。

7.4　编译代码分析

分析编译制品（汇编语言代码、对象文件和库）具有明显的优势，即编译器执行分析所需的所有繁重工作。因此，这样的分析比较有效，并且其结果将精确地匹配语言的实际语义。此外，这种分析可以在专有系统、二进制代码库（例如 Maven 生态系统[32]）上执行，也可以在混合代码基础上执行。混合代码表示一起提供的应用程序的源代码与二进制的库文件。以下列出了部分工具和相应的示例。

7.4.1　汇编语言

大多数编译器都提供了一个选择，就是生成汇编语言源代码，而不是二进制目标代码。大多数 Unix 编译器的相应标志是 -S。可以使用文本工具轻松地处理汇编语言文件，例如 *grep*，*sed* 和 *awk*。下面可以看到一个计算代码基本块的脚本示例。

基本块（basic block）是代码的一部分，它只有一个入口点和出口点。根据基本块分析代码可能很有价值，因为它可以度量代码复杂性和测试需求覆盖度等内容。

可以通过将 --coverage 标志与 -S 标志一起传递给编译器来生成汇编语言输出，从而获得有关 GCC 编译代码的基本块的信息。基本块的入口或出口处生成的代码类似于以下摘录（没有注释）。

```
movl ___gcov0.stat_files+56, %eax ; Load low part of 64-bit value
movl ___gcov0.stat_files+60, %edx ; Load hight part of 64-bit value
addl $1, %eax                     ; Increment low part
adcl $0, %edx                     ; Add carry to high part
movl %eax, ___gcov0.stat_files+56 ; Store low part
movl %edx, ___gcov0.stat_files+60 ; Store high part
```

从上面的代码可以很容易地看出，与每个基本块相关联的寄存器占用 8 个字节。编译器将寄存器的值存储在为每个函数分配的公共数据块中，正如通过分析小的 C 程序获得的以下示例中的计数器一样[⊖]。

```
.lcomm ___gcov0.execute_schedule,400,32
.lcomm ___gcov0.prunefile,48,32
.lcomm ___gcov0.bytime,8,8
.lcomm ___gcov0.print_schedule,24,8
.lcomm ___gcov0.create_schedule,184,32
.lcomm ___gcov0.parse_dates,80,32
.lcomm ___gcov0.stat_files,72,32
.lcomm ___gcov0.xstrdup,16,8
.lcomm ___gcov0.xmalloc,24,8
.lcomm ___gcov0.D,8,8
.lcomm ___gcov0.main,816,32
.lcomm ___gcov0.error_pmsg,40,32
.lcomm ___gcov0.error_msg,24,8
.lcomm ___gcov0.usage,24,8
```

⊖ http://www.spinellis.gr/sw/unix/fileprune/。

每个 lcomm 伪操作的三个参数分别是块的名称、大小和对齐方式。将大小除以 8，可以获得与每个功能关联的基本块边界的数量。因此，可以处理一组汇编语言文件，这些文件是通过使用 --coverage 选项编译代码生成的，然后使用以下脚本获取一系列函数，这些函数是按嵌入其中的基本块边界的数量排序的。

```
# Compile code with coverage analysis
gcc -S --coverage -o /dev/stdout file.c |

# Print the blocks where coverage data is stored
sed --quiet '/^\.lcomm ___gcov0/s/[.,]/ /gp' |

# Print name and size of each block
awk '{print $3, $4 / 8}' |

# Order by ascending block size
sort --key=2 --numeric
```

以下是前面程序的脚本输出示例。

```
D 1
bytime 1
xstrdup 2
error_msg 3
print_schedule 3
usage 3
xmalloc 3
error_pmsg 5
prunefile 6
stat_files 9
parse_dates 10
create_schedule 23
execute_schedule 50
main 102
```

每个函数中的基本块数可用于评估代码结构、模块化以及（与其他指标一起）定位潜在的故障点。

7.4.2 机器码

在 Unix 系统上，可以使用 *nm* 程序[㊀]分析包含机器代码的对象文件，它显示了作为参数传递的每个对象文件中定义和未定义的符号列表[33] 363-364。定义的符号前面都有它们的地址，所有符号前面都是它们的链接类型。在托管环境下的用户空间程序中找到的最有趣的符号类型如下所示。

B 大量未初始化的数据，通常是数组

C 未初始化的“常见”数据，通常是基本类型的变量

D 初始化数据

R 只读符号（常量和字符串）

T 代码（称为文本）

U 未定义（导入的）符号（函数或变量）

小写字母类型（例如，“d”或“t”）对应于在给定文件中本地定义的符号（在 C / C ++

㊀ 微软的 Visual Studio 也发布了一个类似功能的程序，名为 *dumpbin*。

程序中具有静态声明）。

以下是在 C 程序“hello，world”中运行 *nm* 的输出示例。

```
00000000 T main
         U printf
```

作为这种技术的第一个例子，考虑查找一个大型 C 程序中应该声明为 static 的所有符号。适当的 static 声明可最小化命名空间污染，增加模块化，并可以防止可能难以定位的缺陷。因此，这种列表中的元素数量可能是项目可维护性的指标。

```
# List of all undefined (imported) symbols
nm *.o | awk '$1 == "U" {print $2}' >imports

# List of all defined globally exported symbols
nm *.o | awk 'NF == 3 && $2 ~ /[A-Z]/ {print $3}' | sort >exports

# List of all symbols that were globally exported but not imported
# (-2: don't show only imports, -3: don't show common symbols)
comm -2 -3 exports imports
```

第二个示例根据标识符类型导出其度量结果。这些脚本可以分析那些对象文件位于目录层次结构中的系统，因此使用 *find* 来定位所有对象文件。在使用 *nm* 列出定义的符号之后，使用 *awk* 来计算关联数组（映射）中属于每个标识符类别的标识符的数量和总长度，以至最终输出每个类别的平均长度和数量。

```
# Find object files
find . -name \*.o |

# List symbols
xargs nm |

awk '
 # Tally data for each symbol type
 NF == 3 {
   len[$2] += length($3)
   count[$2]++
 }
 END {
   # Print average length for each type
   for (t in len)
     printf "%s %4.1f %8d\n", t, len[t] / count[t], count[t]
 }' |

# Order by symbol type
sort --ignore-case
```

在 FreeBSD 的编译内核上运行上述脚本会产生以下结果。

```
A  6.0        5
b 13.2     2306
B 16.7     1229
C 10.9     2574
D 19.1     1649
d 23.0    11575
R 13.2      240
r 40.9     8244
T 17.5    12567
t 17.9    15475
V 17.0        1
```

从这些结果可以看到，在每个类别中全局符号（以相应的大写字母显示）少于本地（静态）符号（由小写字母标识），并且全局函数（T：12567）比全局变量（D：1649）和数组（B：1229）更常见。因此能够推断出特定系统中使用的封装机制。

二进制代码分析可以比在其他章节中讨论的静态分析技术更为深入。静态分析方法可以更详细地分析代码序列，而动态分析方法可以用于从运行的程序中获取信息，这两方面的方法目前都有工具支持，最近公布的可用工具调查[34]提供了一个很好的起点。

7.4.3 命名修饰处理

本节中介绍的一些技术适用于使用较老的语言编写的代码，例如 C 和 Fortran。但是如果尝试使用相对较新的语言编写代码，例如 Ada、C++ 和 Objective-C，就会出现乱码，如下例所示。

```
_ZL19visit_include_files6FileidMS_KFRKSt3mapIS_10IncDetails
St4lessIS_ESaISt4pairIKS_S1_EEEvEMS1_KFbvEi 53
_ZL9call_pathP12GraphDisplayP4CallS2_b 91
_ZL11cgraph_pageP12GraphDisplay 96
_ZL12version_infob 140
```

其原因在于*命名修饰*（name mangling）：C++ 编译器用于协调为简单语言设计的链接器的方法，需要 C++ 才能在独立编译的文件中进行类型正确的链接。为了实现这一目标，编译器为每个外部可见的标识符都指定了其精确类型的字符。

可以将结果文本传递给 *c++filt* 工具来撤销这种修饰，该工具随 GNU binutils 一起提供。它将根据相应的规则对每个标识符进行解码，并提供与每个标识符相关的完全依赖于语言的类型。前面示例的 C++ 标识符解码后如下所示。

```
visit_include_files(Fileid, std::map<Fileid, IncDetails,
std::less<Fileid>, std::allocator<std::pair<Fileid const,
IncDetails> > > const& (Fileid::*)() const, bool
(IncDetails::*)() const, int) 53
call_path(GraphDisplay*, Call*, Call*, bool) 91
cgraph_page(GraphDisplay*) 96
version_info(bool) 140
```

7.4.4 字节码

与 JVM 环境相关联的程序和库被编译为可移植的字节码，这些字节码很容易分析，可避免分析源代码的复杂性。Java 开发工具包附带的 *javap* 程序将类的名称作为参数，默认情况下，它会输出其公有的、保护的和包可见的成员。例如，这是“hello，world”Java 程序的 *javap* 输出。

```
Compiled from "Test.java"
class Hello {
  Hello();
  public static void main(java.lang.String[]);
}
```

以下是如何使用 *javap* 的输出提取 Java 程序的一些基本代码度量（在本例中为 *ClassGraph* 类）。

```
# Number of fields and methods in the ClassGraph class
javap org.umlgraph.doclet.ClassGraph |
grep '^ ' |
wc --lines

# List of public methods of a given class
javap -public org.umlgraph.doclet.ClassGraph |
sed --quiet '
  # Remove arguments of each method
  s/(.*/(/
  # Remove visibility and return type of each method; print its name
  s/^ .* \([^(]*\)(/\1/p'
```

javap 程序还可以反汇编每个类文件中包含的 Java 字节码，这使我们能够执行更复杂的处理。以下脚本按每个类调用方法的次数来输出虚方法的调用。

```
# Disassemble Java byte code for all class files under the current directory
javap -c **/*.class |

# Print (class method) pairs
awk '
  # Set class name
  /^[^ ].* class / {
    # Isolate from the line the class name
    # It is parenthesized in the RE so we can refer to it as \1
    class = gensub("^.* class ([^ ]*) .*", "\\1", "g")
  }
  # Print class and method name
  /: invokevirtual/ {
    print class, $6
  }' |

# Order same invocations together
sort |

# Count number of same invocations
uniq --count |

# Order results by number of same invocations
sort --numeric-sort --reverse
```

在 UMLGraph 的编译方法上运行上面的脚本可以确定 org.umlgraph.doclet.Options 类调用了 String.equals 方法 158 次。像这样的度量可以用于构建依赖图，然后可以发现重构机会。

如果 *javap* 的输出太底层的话，那么处理 Java 字节码的另一种方法是 *FindBugs* 程序 [35]。它允许使用者开发一些插件，并在匹配到一些特定模式时调用该插件。例如，一个简单的插件可以检测从 double 值创建的 BigDecimal 类型的实例㊀，而更复杂的插件可以在分析时定位方法参数中的错误 [36]。

7.4.5 动态链接

现代系统将它们的可执行程序在运行时动态链接到它们运行所需的库。这简化了软件更新，减少了每个可执行程序的磁盘大小，并允许正在运行的程序在内存中共享每个库的代码 [37]281。可以获取程序所需的动态库列表，提取有关软件依赖项和重用的信息。

在 Unix 系统上，*ldd* 程序将提供可执行程序（或其他库）运行所需的库列表。以下是在 Linux 系统上的 bin/ls 上运行 *ldd* 命令的示例。

㊀ http://code.google.com/p/findbugs/wiki/DetectorPluginTutorial。

```
ldd /bin/ls
  linux-gate.so.1 =>  (0xb7799000)
  libselinux.so.1 => /lib/i386-linux-gnu/libselinux.so.1 (0xb776d000)
  librt.so.1 => /lib/i386-linux-gnu/i686/cmov/librt.so.1 (0xb7764000)
  libacl.so.1 => /lib/i386-linux-gnu/libacl.so.1 (0xb7759000)
  libc.so.6 => /lib/i386-linux-gnu/i686/cmov/libc.so.6 (0xb75f5000)
  libdl.so.2 => /lib/i386-linux-gnu/i686/cmov/libdl.so.2 (0xb75f1000)
  /lib/ld-linux.so.2 (0xb779a000)
  libpthread.so.0 => /lib/i386-linux-gnu/i686/cmov/libpthread.so.0 (0xb75d8000)
  libattr.so.1 => /lib/i386-linux-gnu/libattr.so.1 (0xb75d2000)
```

通常，可以使用其他工具处理此输出，以生成更高级的结果。例如，以下管道将列出/usr/bin目录中所有程序所需的库，这些库按依赖它们的程序数排序。该管道的输出可用于研究模块之间的依赖关系和软件重用。

```
# List dynamic library dependencies, ignoring errors
ldd /usr/bin/* 2>/dev/null |

# Print library name
awk '/=>/{print $3}' |

# Bring names together
sort |

# Count same names
uniq --count |

# Order by number of occurrences
sort --reverse --numeric-sort
```

这些是在FreeBSD系统上使用前面的管道输出的前十行。

```
 392 /lib/libc.so.7
  38 /lib/libz.so.5
  38 /lib/libm.so.5
  35 /lib/libncurses.so.8
  30 /lib/libutil.so.8
  30 /lib/libcrypto.so.6
  29 /lib/libcrypt.so.5
  22 /usr/lib/libstdc++.so.6
  22 /usr/lib/libbz2.so.4
  22 /lib/libmd.so.5
```

这些是在Linux系统上使用前面的管道输出的前十行。

```
587 /lib/i386-linux-gnu/i686/cmov/libc.so.6
208 /lib/i386-linux-gnu/i686/cmov/libdl.so.2
148 /lib/i386-linux-gnu/i686/cmov/libm.so.6
147 /lib/i386-linux-gnu/libz.so.1
118 /lib/i386-linux-gnu/i686/cmov/libpthread.so.0
 75 /lib/i386-linux-gnu/libtinfo.so.5
 71 /lib/i386-linux-gnu/i686/cmov/librt.so.1
 41 /lib/i386-linux-gnu/libselinux.so.1
 38 /lib/i386-linux-gnu/libgcc_s.so.1
 38 /lib/i386-linux-gnu/i686/cmov/libresolv.so.2
```

7.4.6 库

库文件包含打包在一起的编译目标文件，以便它们可以轻松地发送并作为一个单元使用。在 Unix 系统上，可以应用 *nm* 来查看每个库成员定义和引用的符号（参见 7.4.2 节），同时可以运行 *ar* 程序列出库中包含的文件。例如，以下管道将列出按大小排序的 C 库文件。

```
# Print a verbose table for file libc.a
ar tvf libc.a |

# Order numerically by size (the third field)
sort --reverse --key=3 --numeric-sort
```

以下是 Linux 系统上使用上述管道输出的前几行。

```
rw-r--r-- 2308942397/2397 981944 Dec 18 01:16 2013 regex.o
rw-r--r-- 2308942397/2397 331712 Dec 18 01:16 2013 malloc.o
rw-r--r-- 2308942397/2397 277648 Dec 18 01:16 2013 getaddrinfo.o
rw-r--r-- 2308942397/2397 222592 Dec 18 01:16 2013 strcasestr-nonascii.o
rw-r--r-- 2308942397/2397 204552 Dec 18 01:16 2013 fnmatch.o
rw-r--r-- 2308942397/2397 196848 Dec 18 01:16 2013 vfwprintf.o
```

该列表可以提供关于库的模块化的见解，之后可以将其重构为大小更合适的单元的模块。

jar 是 Java 的归档文件。给定 .jar 文件的名称，它将列出其中包含的类文件。然后，其他程序可以将结果用于进一步处理。

考虑计算一组类的 Chidamber 和 Kemerer 指标 [38] 的任务。这些指标包括以下度量：

WMC：每个类的加权方法。

DIT：继承树的深度。

NOC：孩子数量。

CBO：类之间的耦合。

RFC：类的响应。

LCOM：方法中内聚性的不足。

这些指标可用于评估面向对象系统的设计并改进相应的过程。

以下示例将计算 ant.jar 文件中包含的类的度量结果，并输出按类的加权方法排序的结果。对于度量指标的计算，它使用 *ckjm* 程序 [39]㊀。

```
# Print table of files contained in ant.jar
jar tf ant.jar |

# Add "ant.jar " to the beginning of lines ending with .class
# and print them, passing the (file name class) list to ckjm
# c metrics
sed --quiet '/\.class$/s/^/ant.jar /p' |

# Run ckjm, calculating the metrics for the file name class
# pairs read from its standard input
java -jar ckjm-1.9.jar 2>/dev/null |

# Order the results numerically by the second field
# (Weighted methods per class)
sort --reverse --key=2 --numeric-sort
```

通常情况下，上述管道输出的前几行如下。

㊀ http://www.spinellis.gr/sw/ckjm/。

```
org.apache.tools.ant.Project 127 1 0 33 299 7533 368 110
org.apache.tools.ant.taskdefs.Javadoc 109 0 0 35 284 5342 8 83
org.apache.tools.ant.taskdefs.Javac 88 0 1 19 168 3534 14 75
org.apache.tools.ant.taskdefs.Zip 78 0 1 44 269 2471 5 36
org.apache.tools.ant.DirectoryScanner 70 1 2 15 169 2029 43 34
org.apache.tools.ant.util.FileUtils 67 1 0 13 172 2181 151 65
org.apache.tools.ant.types.AbstractFileSet 66 0 3 31 137 1527 9 63
```

可以进一步处理前面列出的面向对象代码的度量指标，以标记值得进一步分析和检查的类[37] 341-342, [40]，并找到重构的机会。在该情况下，上文中的一些类包含了超过50个类，可能需要重构，因为它们违反了一个经验准则（该准则指出由超过30个子元素组成的元素可能存在问题[41] 31）。

7.5　配置管理数据分析

对配置管理系统[42-43]，如*Git*[44]、*Subversion*[45]或CVS[46]获得的数据进行分析后，可以提供关于软件演化[47-48]、开发人员的参与记录[49]、缺陷预测[50-51]、分布式开发[52-53]以及许多其他主题[54]的有价值的信息。程序员从配置管理系统可以获得两种类型的数据：

第一类是**元数据**，表示的是与每个提交相关的细节：开发人员、日期和时间、提交消息、软件分支和提交范围。此外，提交消息除了文本外，通常还包含其他结构化元素，如对相应数据库中的缺陷的引用、开发人员用户名和其他提交。

第二类是项目源代码的**快照**，可以从存储库中获取，反映项目在每次提交时的状态。可以使用在7.3节中提到的技术进一步分析与每个快照相关的源代码。

7.5.1　获取存储库数据

在分析存储库中的数据之前，通常最好的做法是获取存储库数据的本地副本[55]。尽管一些存储库允许远程访问客户端，但是这种访问通常是为了满足软件开发人员的需求，即首先下载项目源代码，然后进行常规但非高频的同步请求和提交。相反，存储库的分析可能涉及许多繁杂的操作，比如在连续的时间点进行数千次检查，这可能会增加存储库服务器的网络带宽、CPU资源和管理员的压力。本地存储库副本上的操作不会对远程服务器产生压力，因此大大加快操作的运行速度。

用于获取存储库数据的技术取决于存储库类型和镜像存储库的数量。分布式版本控制系统[56]的存储库提供的命令可以方便地从远程服务器创建完整的存储库副本，即*Bazaar*[57]的bzr branch、*Git*的git clone和*Mercurial*[58]的hg clone。使用*Subversion*或CVS系统进行版本控制的项目有时可以使用*rsync*或*svnsync*（用于*Subversion*）命令和相关协议进行镜像。下面是用于对不同存储库进行镜像的命令示例。

```
# Create a copy of the GNU cpio Git repository
git clone git://git.savannah.gnu.org/cpio.git

# Create a copy of the GNU Chess Subversion repository using rsync
rsync -avHS rsync://svn.savannah.gnu.org/svn/chess/ chess.repo/

# Create a copy of the Asterisk Bazaar repository
bzr branch lp:asterisk

# Create a copy of the Mercurial C Python repository
hg clone http://hg.python.org/cpython
```

使用 *svnsync* 更复杂，下面是用于镜像 JBOSS 应用服务器的 *Subversion* 存储库的命令示例。

```
svnadmin create jboss-as
svnsync init file://$(pwd)/jbossas https://svn.jboss.org/repos/jboss-as
cd jboss-as
echo '#!/bin/sh' > hooks/pre-revprop-change
chmod +x hooks/pre-revprop-change
cd ..
svnsync init file://$(pwd)/jboss-as http://anonsvn.jboss.org/repos/jbossas
svnsync sync file://$(pwd)/jboss-as
```

另外，如果管理员能够访问托管 Subversion 存储库的站点，则可以使用 svnadmin dump 将存储库转储到一个文件中，并使用 svnadmin load 命令将其还原。

当多个存储库托管在同一台服务器上时，可以通过生成克隆命令来自动获取它们的镜像。这些通常可以通过捕获网页上的存储库列表来轻松创建。如下是位于 git.gnome.org 上的 *Git* 存储库的示例。

每个项目都有如下所示的 HTML 行。

```
<tr><td class='sublevel-repo'><a title='archive/gcalctool'
href='/browse/archive/gcalctool/'>archive/gcalctool</a>
</td><td><a href='/browse/archive/gcalctool/'>Desktop calculator</a>
</td><td></td><td><span class='age-months'>11 months</span></td></tr>
```

开发者可以很容易地从 URL 中提取相应 *Git* 存储库的名称。此外，由于项目是在多个网页中列出的，因此需要一个循环来遍历它们，并指定每个页面的项目列表的偏移量。下面的脚本会使用上述技术将所有存储库下载下来。

```
# List the URLs containing the projects
perl -e 'for ($i = 0; $i < 1500; $i += 650) {
  print "https://git.gnome.org/browse/?ofs=$i\n"}' |

# For each URL
while read url
do
  # Read the web page
  curl "$url" |

  # Extract the Git repository URL
  sed --quiet '/sublevel-repo/s|.*href='\''/browse/\([^'\'']*\)'\''.*|\
    git://git.gnome.org/\1|p' |

  # Run git clone for the specific repository
  xargs --max-args=1 git clone
done
```

近年来，GitHub 已经发展成为一个庞大的开源项目库。尽管 GitHub 提供了一个 API 来访问相应的项目数据（参见图 7-2），但它并没有提供存储在其中的数据的全部目录[59]。值得庆幸的是，大量数据可以以种子文件的形式作为数据库转储文件获得[17]。

7.5.2　分析元数据

通过命令输出版本控制系统的修改日志，可以轻松地进行元数据分析。然后使用 7.2 节中介绍的流程来分析。

将以下来自 Linux 内核的 *Git* 日志条目作为元数据分析的示例。

```
commit fa389e220254c69ffae0d403eac4146171062d08
Author: Linus Torvalds <torvalds@linux-foundation.org>
Date:   Sun Mar 9 19:41:57 2014 -0700

    Linux 3.14-rc6
```

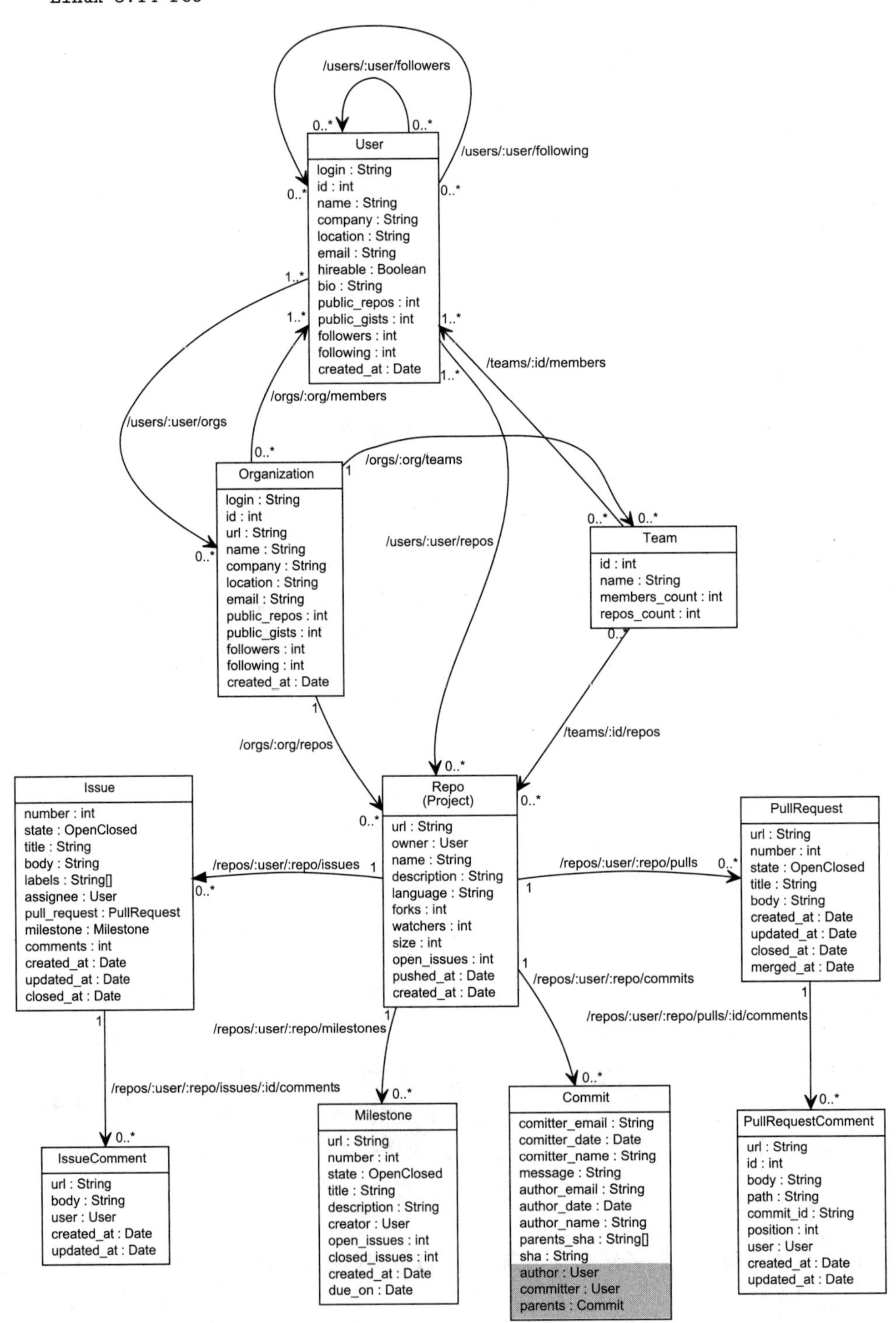

图 7-2 GitHub 中可用数据的模式

一条来自 FreeBSD 的 *sed* 程序的旧的 CVS 日志条目也可作为元数据分析的示例。

```
revision 1.28
date: 2005/08/04 10:05:11;  author: dds;  state: Exp;  lines: +8 -2
Bug fix: a numeric flag specification in the substitute command would
cause the next substitute flag to be ignored.
While working at it, detect and report overflows.

Reported by:    Jingsong Liu
MFC after:      1 week
```

下面的示例演示了如何从各种类型的存储库中获取第一次提交的时间。

```
# Git
git rev-list --date-order --reverse --pretty=format:'%ci' master |
sed --quiet 2p

# Bazaar
bzr log | grep timestamp: | tail -1

# Mercurial
hg log | grep 'date:' | tail -1

# CVS
cvs log -SN |
sed --quiet 's/^date: \(..........\).*/\1/p' |
sort --unique |
head -1
```

有些版本控制系统（如 *Git*）允许开发者指定日志输出的格式。这使得隔离和处理特定的项目变得很容易。下面的序列将输出与 *Git* 存储库相关联的前 10 个贡献最多的作者名，按他们提交的数量排序。

```
# Print author names
git log --format='%an' |

# Order them by author
sort |

# Count number of commits for each author
uniq --count |

# Order them by number of commits
sort --numeric-sort --reverse |

# Print top 10
head -10
```

在最近十年的 Linux 内核上运行上述脚本的结果如下。

```
20131 Linus Torvalds
 8445 David S. Miller
 7692 Andrew Morton
 5156 Greg Kroah-Hartman
 5116 Mark Brown
 4723 Russell King
 4584 Takashi Iwai
 4385 Al Viro
 4220 Ingo Molnar
 3276 Tejun Heo
```

这样的列表可以用来查看团队内部的分工和开发人员的生产力。

开发者可以使用 *awk* 的关联数组计算聚合结果。下面的示例可以显示 CVS 存储库中每个开发人员提供的代码行。

```
# Print the log
cvs log -SN |

# Isolate the author and line count
sed -n '/^date:/s/[+;]//gp' |

# Tally lines per author
awk '{devlines[$5] += $9}
     END {for (i in devlines) print i, devlines[i]}' |

# Order entries by descending number of lines
sort --key=2 --numeric-sort --reverse
```

前面的命令在 FreeBSD 内核上运行结果的前 10 行如下所示。

```
gallatin 956758
mjacob 853190
sam 749313
jchandra 311499
jmallett 289413
peter 257575
rwatson 239382
jhb 236634
jimharris 227669
vkashyap 220986
```

7.5.3 分析时间序列快照

要从存储库创建一系列源代码的快照，需要开发者

- 执行准确的数据计算，
- 以一种格式表示日期，这种格式可以被存储库的版本控制系统清楚地解析，
- 检出（check out）软件的相应版本。

在时间间隔上精确的日期计算可以从纪元开始（Unix 系统 1970-01-01）以秒为单位来表示。Unix *data* 命令允许将任意开始日期转换为从纪元开始的秒数。然而这些命令在各种类似 Unix 的系统中并不相同。下面的 Unix shell 函数中第一个参数是以 ISO-8601 基本日期格式（YYYYMMDD）表示的日期。它将以从 1970 年 1 月 1 日开始所经过的秒数的形式输出日期。

```
iso_b_to_epoch()
{
  case $(uname) in
  FreeBSD)
    date -j "$1"0000.00 '+%s' ;;
  Darwin)
    # Convert date to "mmdd0000yyyy.00" (time is 00:00:00)
    MDHMY=$(echo $1 | sed 's/\(....\)\(..\)\(..\)/\2\30000\1.00/')
    date -j "$MDHMY" '+%s'
    ;;
  CYGWIN*)
    date -d "$1" '+%s' ;;
  Linux)
    date -d "$1" '+%s' ;;
  *)
    echo "Unknown operating system type" 1>&2
    exit 1
  esac
}
```

从纪元秒数到大多数版本控制系统都可以准确解析 iso-8601 扩展格式（YYYY-MM-DD）的反向转换，这同样取决于操作系统的风格。下面的 Unix shell 函数的第一个参数是表示为纪元秒数的日期，之后它将以 ISO 格式输出相应的日期。

```
epoch_to_iso_e()
{
 case $(uname) in
 Darwin)
  date -r $1 '+%Y-%m-%d' ;;
 FreeBSD)
  date -r $1 '+%Y-%m-%d' ;;
 CYGWIN*)
  date -d @$1 '+%Y-%m-%d' ;;
 Linux)
  date -d @$1 '+%Y-%m-%d' ;;
 *)
  echo "Unknown operating system type" 1>&2
  exit 1
 esac
}
```

正如看到的，用于检出给定日期的代码快照的代码取决于正在使用的版本控制系统。下面的 Unix shell 函数的第一个参数是 ISO-8601 扩展格式日期。另外，变量 $REPO 被设置为已知的存储库类型之一，并且在已经检出的存储库的代码目录中执行。它将使用存储在存储库中指定日期的项目快照更新目录的内容。若存储库为 *Bazaar*，得到的快照将存储在 /tmp/bzr-checkout 中。

```
date_checkout()
{
 case "$REPO" in
 bzr)
  rm -rf /tmp/bzr-checkout
  bzr export -r date:"$1" /tmp/bzr-checkout
  ;;
 cvs)
  cvs update -D "$1"
  ;;
 git)
  BRANCH=$(git config --get-regexp branch.*remote |
   sed -n 's/^branch.//;s/\.remote origin//p')
  HASH=$(git rev-list -n 1 --before="$1" $BRANCH)
  git checkout $HASH
  ;;
 hg)
  hg update -d "$1"
  ;;
 rcs)
  # Remove files under version control
  ls RCS | sed 's/,v$//' | xargs rm -f
  # Checkout files at specified date
  co -f -d"$1" RCS/*
  ;;
 svn)
  svn update -r "{$1}"
  if [ -d trunk ]
  then
   DIR=trunk
  else
   DIR=.
  fi
  ;;
 *)
  echo "Unknown repository type: $REPO" 1>&2
```

```
    exit 1
    ;;
  esac
}
```

给定如上的构建块，开发者可以编写一个循环，从 2005-01-01 开始，连续 10 天对存储库快照执行一些处理。

```
# Start date (2005-01-1) in seconds since Epoch
START=$(iso_b_to_epoch 20050101)

# End date in seconds since Epoch
END=$(date '+%s')

# Time increment (10 days) in seconds
INCR=$(expr 10 \* 24 \* 60 \* 60)

DATE=$START
while [ $DATE -lt $END ]
do
      date_checkout $DATE
      # Process the snapshot
      DATE=$(expr $DATE + $INCR)
done
```

7.5.4 检出库分析

给定一个包含从版本控制存储库检出的项目的目录，开发者可以使用 7.3 节中列出的技术对其进行分析。在分析的时候开发者必须注意避免处理与版本控制系统相关的数据文件。为了排除这些文件，可以根据存储库类型设置一个与这些文件匹配的正则表达式，如下所示。

```
case "$REPO" in
bzr)
  # Files are checked out in a new directory; nothing to exclude
  EXCLUDE=///
  ;;
cvs) EXCLUDE='/CVS/' ;;
git) EXCLUDE=.git ;;
hg) EXCLUDE='/.hg/' ;;
rcs) EXCLUDE='/RCS/' ;;
svn) EXCLUDE='/.svn/' ;;
esac
```

分析的另一个先决条件是识别要分析的源代码文件。与特定编程语言相关联的文件可以轻易地通过它们的扩展名来识别。例如：C 文件以 .c 结尾；C++ 文件通常以 .cpp、.C、.cc 或 .cxx 结尾；而 Java 文件以 .java 结尾。因此，下面的命令

```
find . -type f -name \*.java
```

将输出当前目录树中所有 Java 源代码文件。

另一方面，如果开发者希望处理所有的源代码文件（例如，按行计算源代码规模），那么他们必须排除二进制文件，比如包含图像、声音和编译的第三方库的文件。这可以通过在每个项目文件上运行 Unix *file* 命令来实现。按照惯例，*file* 的输出将只包含文本文件中（在本例中是源代码和文档）包含单词 text 的文本。

开发者可以以管道的方式展示上述内容，用于度量当前目录中检出的存储库快照中的代码行数。

```
# Print names of files
find . -type f |

# Remove from list version control data files
fgrep --invert-match "$EXCLUDE" |

# Print each file's type
file --files-from - |

# Print only the names of text files
sed --quiet 's/: .*text.*//p' |

# Terminate records with \0, instead of new line
tr \\n \\0 |

# Catenate the contents of all files together
xargs --null cat |

# Count the number of lines
wc --lines
```

7.5.5 结合文件与元数据分析

版本控制系统也可以用来帮助开发者分析项目的文件。许多版本控制系统提供的注解（也称为“blame”）命令是一个非常重要的功能。这将显示一个源代码文件，列出与每行代码相关的最后一个提交、提交者和相应的日期。

```
d62bd540 (linus1             1991-11-11  1) /*
d62bd540 (linus1             1991-11-11  2)  *  linux/kernel/sys.c
d62bd540 (linus1             1991-11-11  3)  *
cf1bbb91 (linus1             1992-08-01  4)  *  Copyright (C) 1991 Linus Torvalds
d62bd540 (linus1             1991-11-11  5)  */
d62bd540 (linus1             1991-11-11  6)
9984de1a (Paul Gortmaker     2011-05-23  7) #include <linux/export.h>
23d9e975 (linus1             1998-08-27  8) #include <linux/mm.h>
cf1bbb91 (linus1             1992-08-01  9) #include <linux/utsname.h>
8a219a69 (linus1             1993-09-19 10) #include <linux/mman.h>
d61281d1 (linus1             1997-03-10 11) #include <linux/reboot.h>
e674e1c0 (linus1             1997-08-11 12) #include <linux/prctl.h>
ac3a7bac (linus1             2000-01-04 13) #include <linux/highuid.h>
9a47365b (Dave Jones         2002-02-08 14) #include <linux/fs.h>
74da1ff7 (Paul Gortmaker     2011-05-26 15) #include <linux/kmod.h>
cdd6c482 (Ingo Molnar        2009-09-21 16) #include <linux/perf_event.h>
3e88c553 (Daniel Walker      2007-05-10 17) #include <linux/resource.h>
dc009d92 (Eric W. Biederman 2005-06-25 18) #include <linux/kernel.h>
e1f514af (Ingo Molnar        2002-09-30 19) #include <linux/workqueue.h>
c59ede7b (Randy.Dunlap       2006-01-11 20) #include <linux/capability.h>
```

给定该列表，开发者可以使用 Unix *cut* 命令轻松地删除特定的列，并在代码行这一层次分析版本控制元数据，而不是在完整文件中分析。例如，下面的命令将列出此时 Linux 内核中 cgroup.c 文件的最主要的贡献者。

```
# Annotated listing of the file
git blame kernel/cgroup.c |

# Cut the author name
cut --characters=11-29 |

# Order by author name
sort |

# Count consecutive author name occurrences
uniq --count |
```

```
# Order occurrences by their number
sort --reverse --numeric |

# Show top contributors
head
```

以下是命令的输出。

```
2425 Tejun Heo
1501 Paul Menage
 496 Li Zefan
 387 Ben Blum
 136 Cliff Wickman
 106 Aristeu Rozanski
  60 Daniel Lezcano
  52 Mandeep Singh Baines
  42 Balbir Singh
  29 Al Viro
```

类似地，开发者可以分析每年有多少代码行来自某个文件。

```
# Annotated listing of the file
git blame kernel/cgroup.c |

# Cut the commit's year
cut --characters=30-33 |

# Order by year
sort |

# Order occurrences by their number
uniq --count
```

以下是上述命令的输出。

```
1061 2007
 398 2008
 551 2009
 238 2010
 306 2011
 599 2012
2243 2013
  37 2014
```

7.5.6 组装存储库

历史悠久的项目会提供有趣的源数据。但是，这些数据很少整齐地存储在某个单一的存储库中。通常可以找到项目开始时的快照，然后是一个或多个不再使用的版本控制系统的冻结转储，最后是当前正在使用的版本控制系统。然而 *Git* 和其他现代版本控制系统提供了一种机制，通过将不同的部分组合在一起，可以追溯项目的历史。

使用 *Git* 的 *graft* 特性，可以将多个 *Git* 存储库组合成一个整体。例如，Yoann Padioleau 用来创建 Linux 历史的 *Git* 存储库的方法，包含了 1992～2010[⊖]年的历史。该系列中的最近一个存储库是当前活动的 Linux 存储库。因此，使用一个 git pull 命令，可以很容易地更新

⊖ https://archive.org/details/git-history-of-linux。

归档文件。7.5.5 节中的带注释的 Linux 文件就来自以这种方式组装的存储库。其他类似的仓库㊀包含了 Unix 44 年的开发历史 [60]。

如果存储库不是 *Git* 格式，那么考虑到 *Git* 的灵活性，将它们组合成 *Git* 格式的最有效方法是使用本节中介绍的方法来分析现代的一些存储库。

根据正确的日期和提交者（必须来自外部源，如时间戳）将项目快照导入到 *Git* 存储库中，主要使用下列的 Unix shell 函数。第一个参数是快照文件所在的目录，第二个参数是与快照相关联的 ISO-8601 基本日期格式（YYYYMMDD）。当在一个 *Git* 存储库的目录中运行时，*Git* 将使用指定的提交日期将文件添加到存储库中。代码使用了在 7.5.3 节中看到的 iso_b_to_epoch 函数。要指定代码的作者信息，可以在代码中使用 git commit --author 标志。

```
snapshot_add()
{
  rm --recursive --force *
  cp --recursive $1 .
  git add *
  GIT_AUTHOR_DATE="$(iso_b_to_epoch $2) +0000" \
  GIT_COMMITTER_DATE="$(iso_b_to_epoch $2) +0000" \
  git commit --all --message="Snapshot from $1"
  git tag --annotate "snap-$2" -m "Add tag for snapshot $2"
}
```

由于现有的库和工具已比较完备，导入存储在其他存储库中的 *Git* 数据相对容易。尤其是 *cvs2svn* 程序㊁，可以将 RCS[61] 和 CVS 存储库转换为 *Git* 存储库。此外，Perl VCS-SCCS 库㊂包含一个示例程序，可以将遗留的 SCCS[62] 存储库数据转换为 *Git* 格式。

最后，如果不能找到执行转换的程序，开发者可以自己编写一个小脚本，以 *Git* 的 *fast import* 格式输出修订数据。然后将这些数据输入到 git fast-import 命令中，用以将其导入 *Git* 中。数据格式是一个文本流，由一些命令组成，例如 blob、commit、tag 和 done，这些命令由相关数据进行补充。根据命令文档和笔者的个人经验，一个导入程序可以用脚本语言在一天内编写完成。

7.6 数据可视化

考虑到以上分析方法所抽取的数据的数量和复杂性，可以自动生成一些图形化表示，这比使用电子表格或基于 GUI 的图形编辑器来绘制要更容易。本节将介绍如何有效地绘制大数据集。

7.6.1 图

dot 也许是整个研究中最令人印象深刻的工具。它最初由 AT&T 开发，是 Graphviz 套件 [20] 的一部分，可以使用简单的声明性语言描述元素之间的层次关系，例如，使用以下输入 *dot* 将生成如图 7-3 所示的图。

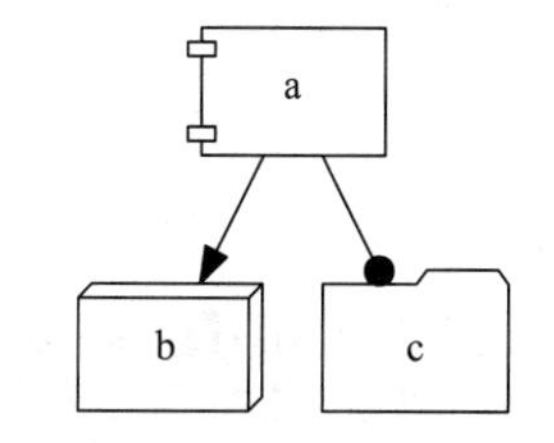

图 7-3　用 *dot* 生成的简单图

㊀ https://github.com/dspinellis/unix-history-repo。

㊁ http://cvs2svn.tigris.org/cvs2svn.html。

㊂ http://search.cpan.org/dist/VCS-SCCS/。

```
digraph {
  a [shape="component"];
  b [shape="box3d"];
  c [shape="folder"];
  a -> b;
  a -> c [arrowhead="dot"];
}
```

Dot 提供多种节点形状、箭头和控制图形布局的选项，可以处理具有数千个节点的图形。这里主要用它来显示类层次结构、数据库模式、目录树、包依赖图、机械装置连接、甚至是拓扑树。它的输入很简单（主要是图的边和节点），并且从只有几行的脚本即可生成一个图。

例如，以下 Perl 脚本将创建目录树的图。当在 Linux 源代码树上运行时，它将生成图 7-4 [31]，该图显示了一个相对浅并且平衡的树结构组织，该树结构表示的是有机增长带来的变化和通过定期重构实现的排序之间如何维持平衡。架构师也可能会质疑图中出现的几个深而窄的树枝。

```
open(IN, "find $ARGV[0] -type d -print|");

while (<IN>) {
  chop;
  @paths = split(/\//, $_);
  undef $opath;
  undef $path;
  for $p (@paths) {
    $path .= "/$p";
    $name = $path;
    # Make name a legal node label
    $name =~ s/[^a-zA-Z0-9]/_/g;
    $node{$name} = $p;
    $edge{"$opath->$name;"} = 1 if ($opath);
    $opath = $name;
  }
}

print 'digraph G {
  nodesep=0.00001;
  node [height=.001,width=0.000001,shape=box,fontname="",fontsize=8];
  edge [arrowhead=none,arrowtail=none];
';

for $i (sort keys %node) {
  print "\t$i [label=\"\"];\n";
}
for $i (sort keys %edge) {
  print "\t$i\n";
}
print "}\n";
```

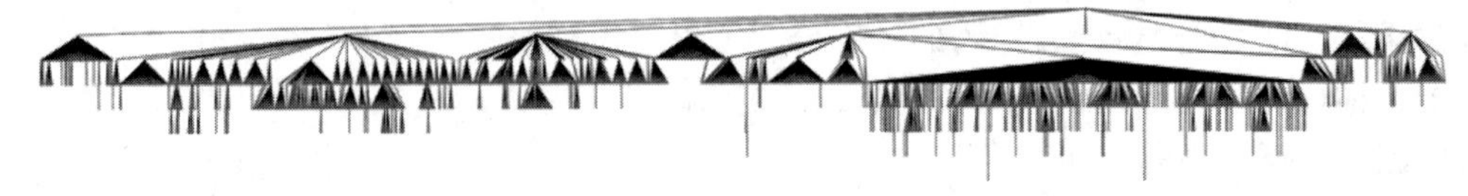

图 7-4　Linux 目录树

从版本控制系统的元数据创建图也很容易。下列 Unix 的 shell 脚本将创建 Linux 作者和提交者之间的关系图，处理 Linux 内核 *Git* 日志的前 3000 行的结果如图 7-5 所示。

```
(
  # Specify left-to right ordering
  echo 'digraph { rankdir=LR;'

  # Obtain git log

  git log --pretty=fuller |

  # Limit to first 3000 lines
  head -3000 |

  # Remove email
  sed 's/<.*//' |

  # Print author-committer pairs
  awk '
    # Store author and committer
    /^Author:/ { $1 = ""; a = $0}
    /^Commit:/{ $1 = ""; c = $0}
    /^CommitDate:/{
      if (a && c && a != c)
        print "\"" a "\" -> \"" c "\";"
    }' |

    # Eliminate duplicates
    sort -u
    # Close brace
    echo '}'
)
```

dot 的三个分支也是 GraphViz 的一部分，分别是用于绘制无向图的 *neato*，用于绘制径向的和圆形布局图的 *twopi* 和 *circo*，使用的输入语言也类似于 dot。该类工具很少作用于可视化软件系统，但在某些情况下会派上用场。例如，笔者使用 *neato* 来绘制软件质量属性之间的关系、维基百科节点之间的链接和软件开发者之间的协作模式。

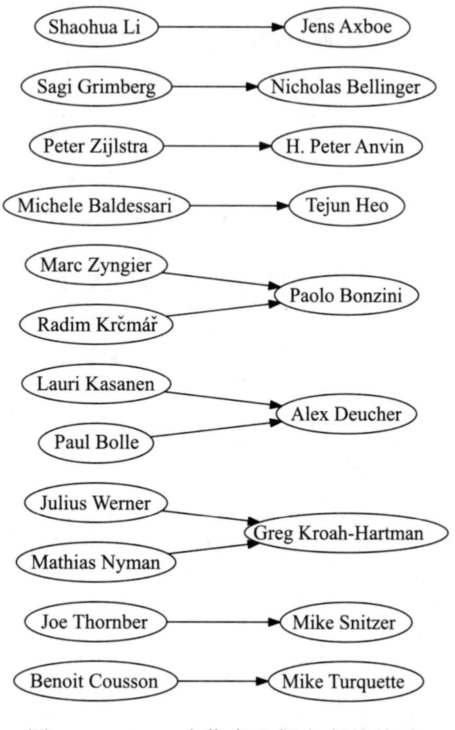

图 7-5　Linux 中作者和提交者的关系

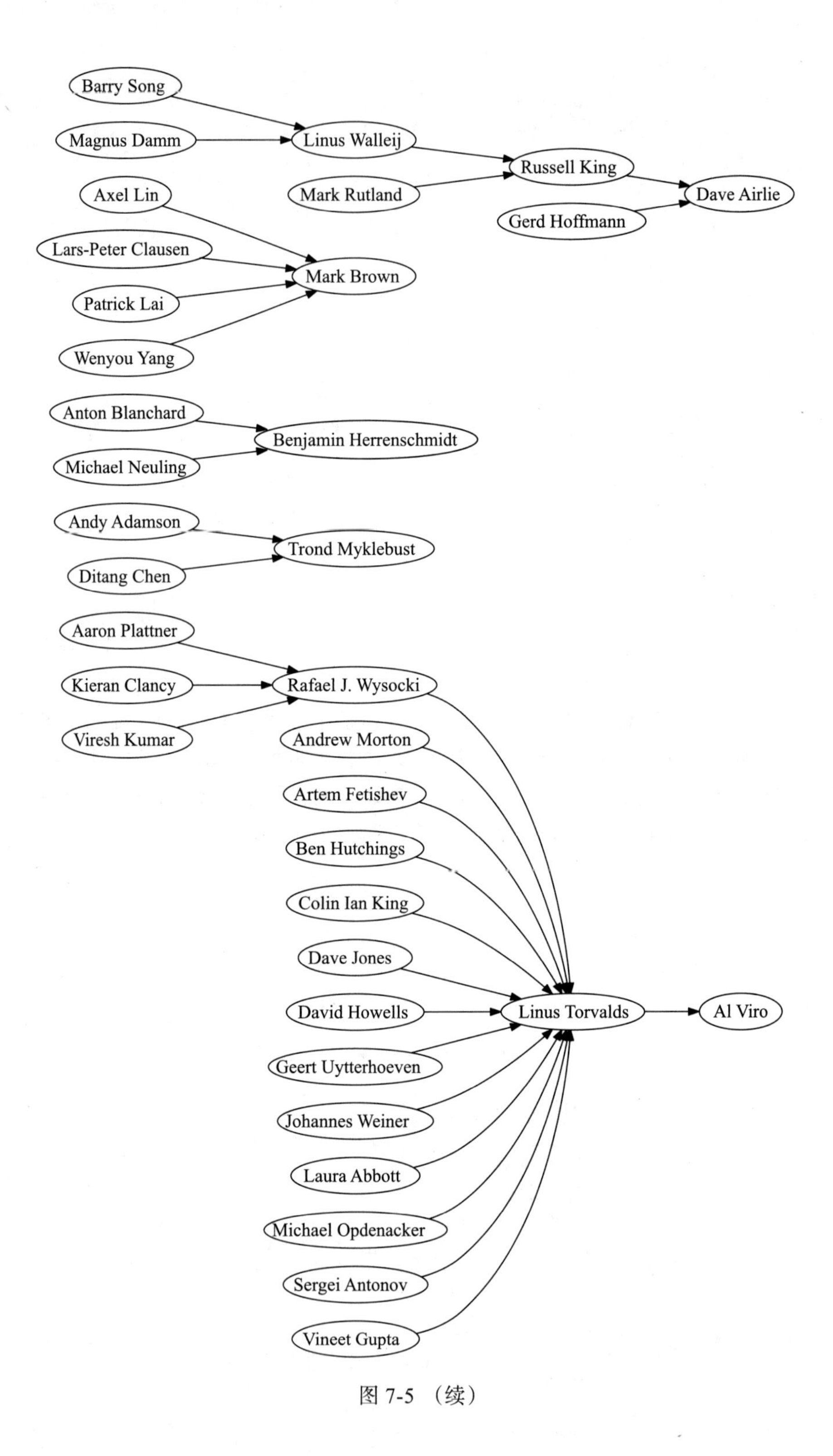

图 7-5 （续）

7.6.2 说明图

针对基于文本的排版系统，有一些同样通用的工具集，包括：基于 TEX [64] 的 TikZ [63]，

基于 *troff* [66] 的 *pic* [65]。*pic* 程序最初是由 AT&T 的贝尔实验室开发的，作为 Unix 文档准备工具的一部分 [67]，但是现在更有可能出现在它的二代 GNU *groff* 中。*pic* 语言提供了诸如 box，circle，line 和 arrow 之类的命令。与 GraphViz 工具不同，*pic* 不会为用户提供图表，但可以通过创建宏命令以及支持循环和条件来弥补其缺乏智能的缺点。因此用户可以定义其所需的复杂形状（例如为我们项目专用的），并使用简单的命令去调用。实际上，笔者正在创建自己特定域的绘图语言。作为一个例子，下面的 *pic* 代码，结合 *UMLGraph* 系统部分定义的宏命令 [30]，将产生图 7-6 所示的结果。

```
.PS
 copy "sequence.pic";

 # Define the objects
 pobject(E,"External Messages");
 object(T,"t:thread");
 object(O,":Toolkit");
 pobject(P);

 step();

 # Message sequences
 message(E,T,"a1: run(3)");
 active(T);
 message(T,O,"run()");
 active(O);
 message(O,O,"callbackLoop()");
 cmessage(O,P,"p:Peer"," ");
 active(O);
 message(O,P,"handleExpose()");
 active(P);
 rmessage(P,O,"");
 inactive(P);
 inactive(O);
 dmessage(O,P);
 inactive(T);
 inactive(O);

 step();

 complete(T);
 complete(O);
.PE
```

7.6.3 图表

*gnuplot*㊀[68] 和 *R Project* [69] 是两个处理数据并生成图表的系统。*Gnuplot* 是一个命令行驱动的图形工具，而 R 是一个更大更通用的系统，用于执行统计分析，它也包含一个非常强大的绘图库。

Gnuplot 可以使用线、点、框、轮廓、矢量场、曲面和误差线绘制各种 2D 和 3D 样式的数据和函数。使用诸如 plot with points 和 set xlabel 之类的命令来指定图表的外观。为了绘制不同的数据（例如跟踪项目中新的和修复的缺陷的数量），通常使用一个固定的命令序列从代码生成的外部文件中读取数据。

以下示例使用 *gnuplot* 从软件产生的数据中绘制图，该图用于绘制程序堆栈深度 [37] 270。每个函数入口点处的堆栈深度可以通过编译程序代码并启用 profiling（通过将 -pg 标志传递给 GCC）来获得，使用以下代码将每次调用时的堆栈深度写入文件描述符 fd 指向的文件中。

㊀ http://www.gnuplot.info/。

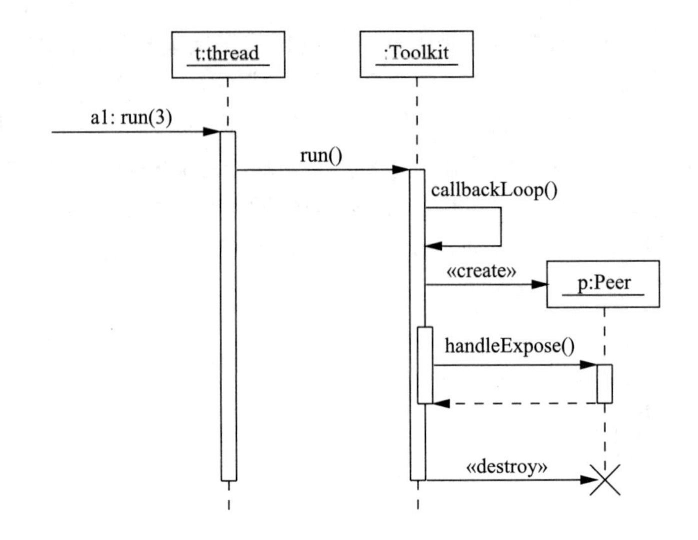

图 7-6　用 *pic* 制作的图

```
_MCOUNT_DECL(frompc, selfpc) /* _mcount; may be static, inline, etc */
   u_long frompc, selfpc;
{
   struct gmonparam *p;
   void *stack = &frompc;

   p = &_gmonparam;
   if (p->state != GMON_PROF_ON)
      return;
   p->state = GMON_PROF_BUSY;
   frompc -= p->lowpc;
   if (frompc > p->textsize)
      goto done;
   write(fd, &stack, sizeof(stack));
done:
   p->state = GMON_PROF_ON;
   return;
overflow:
   p->state = GMON_PROF_ERROR;
   return;
}

MCOUNT
```

以下是用 Perl 编写的小脚本，可以读取文件并创建相应的 *gnuplot* 文件，然后创建一个类似于图 7-7 所示的图表。从该图中收集的信息可用于判断程序堆栈空间的大小和变化，因此能够在内存受限的嵌入式系统中调整堆栈分配。

```
print OUT qq{
set ytics 500
set format x "%.0f"
set terminal postscript eps enhanced "Helvetica" 30
set output 'stack.eps'
plot [] [] "-" using 1:2 notitle with lines
};
for (my $i = 0; $i < $nwords; $i++) {
  read(IN, $b, 4);
  my ($x) = unpack('L', $b);
  $x = $stack_top - $x;
  print OUT "$i $x\n";
}
print OUT "e\n";
```

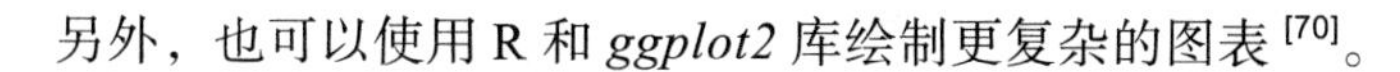

另外，也可以使用 R 和 *ggplot2* 库绘制更复杂的图表[70]。

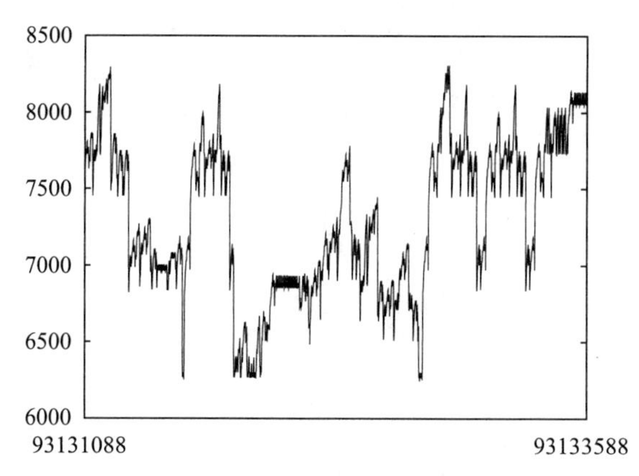

图 7-7　使用 *gnuplot* 绘制堆栈深度的度量图

7.6.4　地图

本章讨论的最后一个领域涉及地理数据，需考虑例如项目贡献者的位置，或特定软件的使用位置的数据。要在地图上放置相应的数字，可以选用通用制图工具（GMT）[21]㊀。使用 GMT 将 33 个工具组合在一起，使用数据并绘制轮廓、网格、直方图、线条以及使用大范围地图基板和投影的文本。虽然这些工具不像研究中涵盖的其他工具那样易于使用，但它们可以创建高质量的输出，并在要求苛刻的领域提供极高的灵活性。

使用以下脚本生成地图，该脚本以两个 GMT 命令结束。由于这是本章内容的最后一个脚本，因此结合了许多先前使用过的技术，并将过程和产品数据与可视化相结合。

```
# 1. List developer locations
# Remove comments, etc. from the FreeBSD contributor location file
sed '/^# /d;/^$/d;s/,/"/;s/,/"/;s/^#//;s/[  ]*//g' \
  /usr/ports/astro/xearth/files/freebsd.committers.markers |

# Print latitude, longitude, developer-id
awk 'BEGIN{FS="\x22"} {print $1, $2, $4}' |

# Split developers living in the same city
perl -na -e 'for $d (split(",", $F[2])) { print "$d $F[0] $F[1]\n"}'|

# Remove empty lines
sed '/^ /d' |

# Sort (for joining)
sort >dev-loc

# 2. Calculate lines per developer
# Find files in the FreeBSD checked-out repository
find . -type f |

# Remove version control files
grep --invert-match CVS |

# Create a log
xargs cvs -d /home/ncvs log -SN 2>/dev/null |

# Total lines each developer has contributed
awk '
```

㊀ http://gmt.soest.hawaii.edu/。

```
  /^date/{lines[$5 " " hour] += $9}
  END {
    for (i in lines)
      print i, lines[i]}
  ' |
# Remove ;
sed 's/;//g' |

# Sort (for joining)
sort >dev-lines


# 3. Plot the map
# Join developer lines with their locations
join dev-lines dev-loc |

# Round location positions to integer degrees
sed 's/\.[0-9]*//g' |

# Total lines for each location
awk '
  {lines[$4 " " $2] += $2}
  END {
    for (i in lines)
      print i, lines[i]
  }' |

# Draw the map
{
  # Draw the coastlines
  pscoast -R-180/180/-90/90 -JX8i/5id -Dc -G0 -E200/40 \
    -K W0.25p/255/255/255 -G0/255/0 -S0/0/255 -Di -P
  # Plot the data
  psxyz -P -R-180/180/-90/90/1/100000 -JX -JZ2.5il \
    -So0.02ib1 -G140 -W0.5p -O -E200/40 -B60g60/30g30/a1p:LOC:WSneZ
} >map.eps
```

另一种方法是生成基于 XML 的谷歌地球文件格式的 KML，然后可通过谷歌地球和地图轻松显示。虽然它只提供有限的显示选项，但 KML 文件创建简单且结果显示具有交互性。

如果没有工具可用，将要深入研究更底层的图形语言，如 PostScript 和 SVG（可缩放矢量图形）。这种方法已用于注释程序代码[33]和显示内存碎片[37]251。最后，可以使用 *ImageMagick*㊀去自动完成图像的底层操作。

本节中介绍的工具提供了各种各样的输出格式。可以很容易地选择所需工具。如果想要得到看上去专业的输出，则必须创建如 PostScript、PDF 和 SVG 等基于矢量的格式，当然同时也要选择软件支持最好的格式，这样生成的图表将使用漂亮的字体，并且无论放大多少倍看起来都很清晰。另一方面，位图格式（例如 PNG）可以更容易地在报告、备忘录或网页中展示。通常获得专业外观位图图像的最佳方法是，首先以矢量形式生成，然后通过 Ghostscript 或 PDF 查看器对其进行渲染。最后，如果想为一次性的工作做图表，最快捷的做法是生成 SVG 并使用 *Inkscape*㊁矢量图形编辑器对其进行操作。

㊀ http://www.imagemagick.org/。

㊁ http://www.inkscape.org/。

7.7 结论

本章所研究和介绍的软件产品和过程分析方法具有如下优势。

灵活性和扩展性：这些工具中的脚本可以很容易地修改和调整，以满足各种需求。新工具可以轻松添加到目前的工具集中。这些可以是现有工具，也可以是为满足独特需求而开发的工具。

可伸缩性：底层工具几乎不存在什么固有限制。任意数量的数据都可以通过管道进行处理，因此可以处理大量数据。在笔者的研究小组中，已使用这些方法处理数百 GB 规模的数据。

效率：管道中的许多重要工具如 *git*、*sort* 和 *grep* 已经被尽可能地优化到最高效率。如 *join*、*uniq* 和 *comm* 等其他工具可以在线性的时间内执行完毕。当这些工具在管道中一起运行时，负载会自动分配给多个处理器内核。

可能有人会反驳说，如果这些分析方法没有使用图形用户界面，会阻碍学习，从而阻碍它们的使用。然而，这可以通过两种方式缓解。其一，通过参考 man 命令提供的在线手册，或者使用 --help 参数调用命令，轻松学习每个命令的使用方法。其二，通过配置、学习、利用 shell 的命令行编辑以及执行机制，可以简化分析脚本的创建。

一旦掌握了本章所介绍的工具和技术，很难再找到其他方案与之媲美。

参考文献

[1] Hemmati H, Nadi S, Baysal O, Kononenko O, Wang W, Holmes R, et al. The MSR cookbook: Mining a decade of research. In: Proceedings of the 10th working conference on Mining Software Repositories, MSR '13. Piscataway, NJ, USA: IEEE Press; 2013. p. 343–52.

[2] Johnson P, Kou H, Paulding M, Zhang Q, Kagawa A, Yamashita T. Improving software development management through software project telemetry. IEEE Softw 2005;22(4):76–85.

[3] Cubranic D, Murphy G, Singer J, Booth K. Hipikat: a project memory for software development. IEEE Trans Softw Eng 2005;31(6):446–65.

[4] Bevan J, Whitehead Jr EJ, Kim S, Godfrey M. Facilitating software evolution research with Kenyon. In: Proceedings of the 10th European software engineering conference held jointly with 13th ACM SIGSOFT international symposium on foundations of software engineering, ESEC/FSE-13. New York, NY, USA: ACM; 2005. p. 177–86.

[5] Gall H, Fluri B, Pinzger M. Change analysis with Evolizer and ChangeDistiller. IEEE Softw 2009;26(1): 26–33.

[6] Linstead E, Bajracharya S, Ngo T, Rigor P, Lopes C, Baldi P. Sourcerer: mining and searching internet-scale software repositories. Data Min Knowl Discov 2009;18:300–36. doi:10.1007/s10618-008-0118-x.

[7] Ossher J, Bajracharya S, Linstead E, Baldi P, Lopes C. SourcererDB: an aggregated repository of statically analyzed and cross- linked open source Java projects. In: Proceedings of the international workshop on mining software repositories. Vancouver, Canada: IEEE Computer Society; 2009. p. 183–6.

[8] Sarma A, Maccherone L, Wagstrom P, Herbsleb J. Tesseract interactive visual exploration of socio-technical relationships in software development. In: Proceedings of the 31st international conference on software engineering, ICSE '09. Washington, DC, USA: IEEE Computer Society; 2009. p. 23–33.

[9] Nierstrasz O, Ducasse S, Gǐrba T. The story of moose: an agile reengineering environment. In: Proceedings of the 10th European software engineering conference held jointly with 13th ACM SIGSOFT international symposium on foundations of software engineering, ESEC/FSE-13. New York, NY, USA: ACM; 2005. p. 1–10.

[10] D'Ambros M, Lanza M. Distributed and collaborative software evolution analysis with Churrasco. Sci Comput Program 2010;75(4):276–87.

[11] Gousios G, Spinellis D. A platform for software engineering research. In: Godfrey MW, Whitehead J, editors, Proceedings of the 6th working conference on Mining Software Repositories, MSR '09. Piscataway, NJ,

USA: IEEE Press; 2009. p. 31–40. http://www.dmst.aueb.gr/dds/pubs/conf/2009-MSR-Alitheia/html/GS09b.html.

[12] Gousios G, Spinellis D. Conducting quantitative software engineering studies with Alitheia Core. Empir Softw Eng 2014;19(4):885–925.

[13] Spinellis D. The Unix tools are your friends. In: Henney K, editor, 97 things every programmer should know. Sebastopol, CA: O'Reilly; 2010. p. 176–7. http://programmer.97things.oreilly.com/wiki/index.php/The_Unix_Tools_Are_Your_Friends.

[14] Spinellis D. Working with Unix tools. IEEE Softw 2005;22(6):9–11.

[15] Howison J, Conklin M, Crowston K. Flossmole: a collaborative repository for floss research data and analyses. Int J Inform Technol Web Eng 2006;1(3):17–26.

[16] Herraiz I, Izquierdo-Cortazar D, Rivas-Hernandez F, González-Barahona J, Robles G, Dueñas Dominguez S, et al. Flossmetrics: free/libre/open source software metrics. In: CSMR '09: 13th European conference on software maintenance and reengineering; 2009. p. 281–4.

[17] Gousios G. The GHTorrent dataset and tool suite. In: Proceedings of the 10th working conference on mining software repositories, MSR '13. Piscataway, NJ, USA: IEEE Press; 2013. p. 233–6.

[18] Mulazzani F, Rossi B, Russo B, Steff M. Building knowledge in open source software research in six years of conferences. In: Hissam S, Russo B, de Mendonça Neto M, Kon F, editors, Proceedings of the 7th international conference on open source systems. Salvador, Brazil: IFIP, Springer; 2011. p. 123–41.

[19] Friedl JE. Mastering regular expressions: powerful techniques for Perl and other tools. 3rd ed. Sebastopol, CA: O'Reilly Media; 2006.

[20] Gansner ER, North SC. An open graph visualization system and its applications to software engineering. Softw Pract Exp 2000;30(11):1203–33.

[21] Wessel P, Smith WHF. Free software helps map and display data. EOS Trans Am Geophys Union 1991;72:441, 445–6.

[22] R Core Team. R: a language and environment for statistical computing; 2012.

[23] Kechagia M, Spinellis D. Undocumented and unchecked: exceptions that spell trouble. In: Proceedings of the 11th working conference on mining software repositories, MSR '14. New York, NY, USA: ACM; 2014. p. 312–5.

[24] Spinellis D. Outwit: Unix tool-based programming meets the Windows world. In: Small C, editor, USENIX 2000 technical conference proceedings. Berkeley, CA: USENIX Association; 2000. p. 149–58.

[25] Lesk ME. Lex—a lexical analyzer generator. Computer science technical report 39. Murray Hill, NJ: Bell Laboratories; 1975.

[26] Aho AV, Lam MS, Sethi R, Ullman JD. Compilers: principles, techniques, and tools. Boston: Pearson/Addison Wesley; 2007.

[27] Lattner C, Adve V. LLVM: a compilation framework for lifelong program analysis and transformation. In: International symposium on code generation and optimization, CGO 2004. Piscataway, NJ, USA: IEEE Press; 2004. p. 75–86.

[28] Spinellis D. CScout: a refactoring browser for C. Sci Comput Program 2010;75(4):216–31.

[29] Kamiya T, Kusumoto S, Inoue K. CCfinder: a multilinguistic token-based code clone detection system for large scale source code. IEEE Trans Softw Eng 2002;28(7):654–70.

[30] Spinellis D. On the declarative specification of models. IEEE Softw 2003;20(2):94–6.

[31] Spinellis D. A tale of four kernels. In: Schäfer W, Dwyer MB, Gruhn V, editors, Proceedings of the 30th international conference on software engineering, ICSE '08. New York: Association for Computing Machinery; 2008. p. 381–90.

[32] Mitropoulos D, Karakoidas V, Louridas P, Gousios G, Spinellis D. The bug catalog of the maven ecosystem. In: Proceedings of the 2014 international working conference on mining software repositories, MSR '14, New York, NY, USA: ACM; 2014. p. 372–5.

[33] Spinellis D. Code reading: the open source perspective. Boston, MA: Addison-Wesley; 2003.

[34] Liu K, Tan HBK, Chen X. Binary code analysis. Computer 2013;46(8):60–8.

[35] Hovemeyer D, Pugh W. Finding bugs is easy. ACM SIGPLAN Not 2004;39(12):92–106. OOPSLA 2004 Onward! Track.

[36] Spinellis D, Louridas P. A framework for the static verification of API calls. J Syst Softw 2007;80(7):1156–68.

[37] Spinellis D. Code quality: the open source perspective. MA, Boston: Addison-Wesley; 2006.

[38] Chidamber SR, Kemerer CF. A metrics suite for object oriented design. IEEE Trans Softw Eng 1994;20(6):476–93.

[39] Spinellis D. Tool writing: a forgotten art? IEEE Softw 2005;22(4):9–11.
[40] Rosenberg LH, Stapko R, Gallo A. Applying object-oriented metrics. In: Sixth international symposium on software metrics—measurement for object-oriented software projects workshop; 1999; Presentation available online. http://www.software.org/metrics99/rosenberg.ppt.
[41] Lippert M, Roock S. Refactoring in large software projects. Chichester, England/Hoboken, NJ: John Wiley & Sons; 2006.
[42] Spinellis D. Version control systems. IEEE Softw 2005;22(5):108–9.
[43] Spinellis D. Git. IEEE Softw 2012;29(3):100–1.
[44] Loeliger J, McCullough M. Version control with Git: powerful tools and techniques for collaborative software development. Sebastopol CA: O'Reilly Media, Inc.; 2012. ISBN 978-1449316389.
[45] Pilato CM, Collins-Sussman B, Fitzpatrick BW. Version control with Subversion. Sebastopol, CA: O'Reilly Media, Inc.; 2009. ISBN 978-0-596-51033-6.
[46] Grune D. Concurrent versions system, a method for independent cooperation. 1986. Report IR-114 Vrije University, Amsterdam, NL.
[47] Gala-Pérez S, Robles G, González-Barahona JM, Herraiz I. Intensive metrics for the study of the evolution of open source projects: case studies from apache software foundation projects In: Proceedings of the 10th working conference on mining software repositories, MSR '13. Piscataway, NJ, USA: IEEE Press; 2013. p. 159–68.
[48] Thomas SW, Adams B, Hassan AE, Blostein D. Modeling the evolution of topics in source code histories. In: Proceedings of the 8th working conference on mining software repositories, MSR '11. New York, NY, USA: ACM; 2011. p. 173–82, doi:10.1145/1985441.1985467.
[49] Capiluppi A, Serebrenik A, Youssef A. Developing an h-index for OSS developers. In: Proceedings of the 9th IEEE working conference on mining software repositories (MSR); 2012. p. 251–4.
[50] Steff M, Russo B. Co-evolution of logical couplings and commits for defect estimation. In: Proceedings of the 9th IEEE working conference on mining software repositories (MSR); 2012. p. 213–6.
[51] Eyolfson J, Tan L, Lam P. Do time of day and developer experience affect commit bugginess? In: Proceedings of the 8th working conference on mining software repositories, MSR '11. New York, NY, USA: ACM; 2011. p. 153–62, doi:10.1145/1985441.1985464.
[52] Bird C, Nagappan N. Who? where? what? Examining distributed development in two large open source projects. In: Proceedings of the 9th IEEE working conference on mining software repositories (MSR); 2012. p. 237–46.
[53] Giaglis GM, Spinellis D. Division of effort, productivity, quality, and relationships in FLOSS virtual teams: evidence from the FreeBSD project. J Universal Comput Sci 2012;18(19):2625–45.
[54] Kagdi H, Collard ML, Maletic JI. A survey and taxonomy of approaches for mining software repositories in the context of software evolution. J Softw Maint Evol Res Pract 2007;19(2):77–131.
[55] Mockus A. Amassing and indexing a large sample of version control systems: towards the census of public source code history. In: Proceedings of the 2009 6th IEEE international working conference on mining software repositories, MSR '09. Washington, DC, USA: IEEE Computer Society; 2009. p. 11–20.
[56] O'Sullivan B. Making sense of revision-control systems. Commun ACM 2009;52(9):56–62.
[57] Gyerik J. Bazaar version control. Birmingham, UK: Packt Publishing Ltd; 2013. ISBN 978-1849513562.
[58] O'Sullivan B. Mercurial: the definitive guide. Sebastopol, CA: O'Reilly Media, Inc.; 2009. ISBN 978-0596800673.
[59] Gousios G, Spinellis D. GHTorrent: Github's data from a firehose. In: Lanza M, Penta MD, Xie T, editors, Proceedings of the 9th IEEE working conference on mining software repositories (MSR). Piscataway, NJ, USA: IEEE Press; 2012. p. 12–21.
[60] Spinellis D. A repository with 44 years of Unix evolution. In Proceedings of the 12th Working Conference on Mining Software Repositories, MSR '15, IEEE; 2015. p. 13–16.
[61] Tichy WF. Design, implementation, and evaluation of a revision control system. In: Proceedings of the 6th international conference on software engineering, ICSE '82. Piscataway, NJ, USA: IEEE Press; 1982. p. 58–67.
[62] Rochkind MJ. The source code control system. IEEE Trans Softw Eng 1975;SE-1:255–65.
[63] Tantau T. Graph drawing in TikZ. In: Proceedings of the 20th international conference on graph drawing, GD'12. Berlin/Heidelberg: Springer-Verlag; 2013. p. 517–28.
[64] Knuth DE. TeX: the program. Reading, MA: Addison-Wesley; 1986.
[65] Bentley JL. Little languages. Commun ACM 1986;29(8):711–21.

[66] Kernighan B, Lesk M, Ossanna JJ. UNIX time-sharing system: document preparation. Bell Syst Tech J 1978;56(6):2115–35.
[67] Kernighan BW. The UNIX system document preparation tools: a retrospective. AT&T Tech J 1989;68(4): 5–20.
[68] Janert PK. Gnuplot in action: understanding data with graphs. Shelter Island, NY: Manning Publications; 2009.
[69] R: a language and environment for statistical computing. R foundation for statistical computing. 2nd ed. 2010.
[70] Wickham H. ggplot2: elegant graphics for data analysis. Berlin: Springer-Verlag; 2009.

第二部分

The Art and Science of Analyzing Software Data

关注的数据和问题

第 8 章　安全数据分析

第 9 章　混合的挖掘代码评审数据的方法：多次提交评审与拉取请求的示例与研究

第 10 章　挖掘安卓应用程序中的异常

第 11 章　软件制品间的修改耦合：从历史修改中学习

安全数据分析

Andrew Meneely*

*Department of Software Engineering, Rochester Institute of Technology, Rochester, NY, USA**

8.1 漏洞

软件工程师经常被寄予厚望去完成一系列艰难的任务，例如：他们被要求按时、按预算开发没有缺陷的软件。缺陷是开发人员可能会犯的各种错误的集合，常常用作软件质量的度量。缺陷报告可能包含“当点击此按钮时应用程序崩溃”或“在此操作系统上安装脚本运行失败”等语句。预防、发现和修复缺陷是软件开发生命周期中的一个重要组成部分，它体现在软件测试、审查和设计等一系列活动中。

但是比缺陷危害更严重的是*漏洞*。系统没有按照预期的方式工作，而是以一种巧妙的方式被恶意滥用。攻击者可能会注入操作系统命令，从而获取对服务器的 root 访问权限，这不同于在 Web 应用程序中注册电子邮件。当常见的段错误多次出现时，它便会演变成拒绝服务攻击。

通俗地说，漏洞是一种会带来安全性问题的软件缺陷。基于缺陷的标准定义，给出了漏洞的正式定义，如定义 1 所示（改编自文献 [1]）。

定义 1 漏洞是违反隐式或显式安全策略的故障实例。

故障是开发人员在源代码中所犯的会导致软件失效的错误。系统的“安全策略”是对系统如何遵循**机密性**、**完整性**和**可用性**这三个属性的隐式或显式的理解。例如：如果医疗系统向公众公开了病历记录，则违反了系统的机密性。在某些情况下，软件开发团队可能将特定的安全策略定义为需求文档的一部分。但是在大多数情况下，软件开发团队都遵循“临阵磨枪”的简单的安全性策略。

虽然漏洞被认为是故障的子集，但它们不同于常见的故障类型。一个典型的缺陷可能被视为系统不完善的某种行为，而漏洞则是系统超出规约的行为。例如，如果允许用户在 Web 应用程序中植入可执行的 Javascript 脚本，而这些脚本可能会危害查看该数据的其他用户，这也称为跨站点脚本（XSS）漏洞。或者，正如另一个示例，如果攻击者能够拦劫另一个用户的会话，那么他们就为自己提供了超越系统规约的另一种身份验证方法，这也视为漏洞。

要在概念上明确漏洞和常见缺陷之间的差异，请参考图 8-1。系统的预期功能应该是个正圆形，而它实际上却成了一个弯弯曲曲的圆形。在任何实际情况下，系统都不会完全符合预期，这导致了两方面的错误：系统达不到预期功能（常见缺陷）以及系统超出规约。漏洞存在于功能超越预期的部分。

从图中，可以清晰地看到系统预期并不一定是系统规约。系统通常应是显式声明和隐式假设的结合。实际上，漏洞常常存在于规约本身不安全的地方。

因此，安全的系统不仅仅是正常工作，也应该“知其不可为而不为”。漏洞和常见缺陷之间的概念差异不仅改变了开发人员处理软件质量的方式，还引入了一些关于数据分析的“陷阱”。

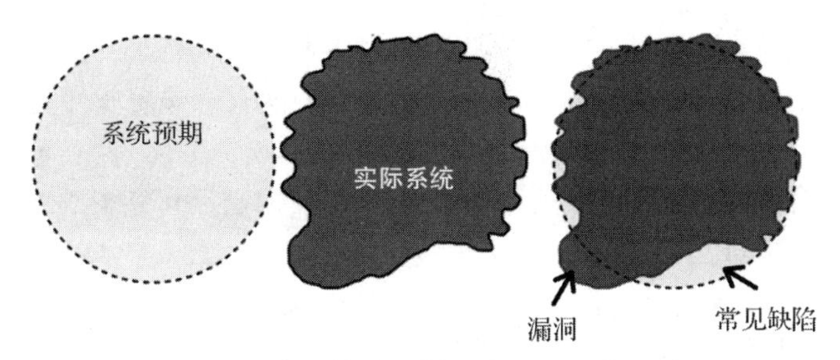

图 8-1　常见缺陷和漏洞在概念上的差异

漏洞利用

只有当漏洞被恶意利用时才会变得危险。漏洞利用就是这种恶意的体现。单个漏洞的存在意味着可能会有许多潜在的对于该漏洞的利用。在本章中，对漏洞利用的定义如下：

定义 2　漏洞利用是一个软件、一段数据或一系列命令试图利用漏洞引发意外的行为。

漏洞利用可以有多种形式。它们可以是攻击者手动输入 Web 应用程序的简单字符串，也可以是复杂的恶意软件。可以对漏洞利用做出的一个假设是，漏洞利用越少意味着风险越低。现在没有人花时间编写了漏洞利用，并不意味着将来不会有人编写具有破坏性的漏洞利用。

与预防漏洞相比，规避漏洞利用对于软件工程师来说是完全不同的做法。规避漏洞利用的例子包括入侵检测系统和反病毒系统，它们提供了可以检测特定漏洞利用的防御层。虽然这些系统对检测漏洞利用很重要，但用户也不能完全依赖它们。

8.2　安全性数据的注意事项

以漏洞数据为代表的安全性数据的很多概念可以很好地从软件质量领域中转换过来。漏洞的追踪方式和缺陷一样，比如可以使用最新的问题跟踪系统追踪漏洞。就像缺陷一样，漏洞表现为系统中的设计缺陷或编码错误。然而，恶意使用漏洞的性质和防止意外功能的概念差异意味着，任何漏洞分析都要受到各种警告。

8.2.1　注意事项 1：有漏洞是正常的

在局外人看来，公司承认大型软件产品存在漏洞是一种负担。毕竟，这可能会对公司品牌有所损害，所以何必对几行错误的代码大惊小怪呢？

然而，公司在实行*负责任的漏洞披露*方面日臻成熟，即在漏洞修复后公开漏洞的详细信息。漏洞披露是公司负责任的表现，它带来了各种各样的好处，比如导致了理念转变，使人们认为存在漏洞是正常的。事实上，负责任的漏洞披露的做法一直是现代漏洞研究的重要推动因素，因为开发人员可以从彼此的错误中吸取教训。

注意事项 1 的分析结果

- 未报告漏洞并不意味着不存在漏洞。
- 未报告漏洞可能意味着团队没有专注于发现、修复和预防漏洞。

8.2.2　注意事项 2：“更多的漏洞”并不总是意味着“更不安全”

在这个负责任的漏洞披露时代，发现漏洞实际上是很常见的。仅在 2013 年，Chromium（Google 的 Chrome 浏览器背后的引擎）项目和 Linux 内核就各自报告了 150 多个漏洞。更广泛地说，美国国家漏洞数据库（NVD）的规模在过去几年大幅增加。如果要严格遵守“缺陷密度”等度量标准的假设，人们可能会认为这些漏洞的涌入意味着软件变得越来越不安全。

但是，以下几个因素表明，漏洞是一种独特的缺陷：

- 随着分布式版本控制系统、代码审查系统和维护制品可追溯性的协作工具的开发，记录维护工作得到了改进。
- 软件项目正在改进其负责任的漏洞披露工作，吸引了安全爱好者社区更大的兴趣。
- 由于漏洞的严重性，谷歌和微软等知名公司提供数千美元的奖励以获取导致漏洞的信息。谷歌目前几乎按月支付这些奖金。
- 单个漏洞的发现通常会导致类似漏洞的发现，因为开发人员在修补漏洞时还在学习安全原则。
- 诸如通用缺陷列表（CWE）等综合的漏洞分类方法的可用性和质量得到了提高。
- 开发人员安全意识的提高使开发人员将传统的缺陷追溯为漏洞。

注意事项 2 的分析结果

不能肤浅地认为漏洞的增加意味着安全性的衰退。这种结果适用于微观和宏观层面。软件开发项目的成熟与衰退并存，因此整体漏洞的增加或减少通常是外部环境而非内在质量的结果。

对于单个源代码文件，“漏洞密度”可能不像“缺陷密度”那么健壮。由于开发人员经常基于他们先前对漏洞的了解来发现漏洞，因此发现的漏洞会偏向于某种特定的类型。

为了缓解这种密度问题，许多关于漏洞的学术研究都选择对“易受攻击”和“中性”的文件进行*二分类标记*，而不是试图预测文件的漏洞总数。易受攻击的文件可以定义为已经修复了至少一个漏洞的文件，而中性文件可以定义为没有已知漏洞被修复的文件。这种标记方式使分析比回归技术更像二分类。

8.2.3　注意事项 3：设计级别的缺陷通常不会被追踪

漏洞大小不一。代码级的小错误（比如格式字符串漏洞）可以在代码行上很容易地得到纠正。而缺乏提供审计日志来减轻抵赖威胁的能力，这是一个更大的问题。从历史上看，像 NVD 这样的数据库中大部分的漏洞都是代码级别的漏洞。无论是否与安全性相关，设计缺陷很少以一致的方式进行跟踪。

注意事项 3 的分析结果

虽然设计漏洞很常见，但通常不会被追踪。因此，大部分关于漏洞数据的学术研究主要集中在编码错误上。由于缺乏与安全相关的设计缺陷的经验研究结果，在设计层面提供安全性的研究可能没有任何实证支持来验证。对安全设计的经验研究远远落后于对代码级错误的研究。

8.2.4　注意事项 4：安全性是被消极定义的

软件系统的安全性通常由三个属性定义：机密性、完整性和可用性。机密性是指系统能够防止敏感信息泄露的能力。完整性是指系统防止未经授权篡改数据或功能的能力。可用性是指系统能够被用户连续访问的能力。

然而，每个属性都是根据人们不应该做的事情来定义的。例如，攻击者不应该能够窃取密码，攻击者不应该能够执行任意代码。

从需求工程的角度来看，安全性被认为是对整个系统的一种约束，不跟踪任何一个特征，而是适用于所有特征。但是，安全性并不是唯一被消极定义的。其他消极定义的非功能性需求包括保险和弹性，因为它们是系统在极端情况下必须展示的属性。

此外，安全性是软件的一种*应急属性*。应急属性是建立在系统的许多属性之上的，并且可以由单个缺陷引起。如同在雨中搭帐篷，"保持干燥"这一属性不是帐篷的单一特征，它是多种因素的组合：帐篷必须无泄漏、合理安置、封闭，并且不能放在湖中。安全性必须通过各种各样的手段来实现，而且可能会受到一个问题的影响。

对于所有消极定义的属性，开发人员不能简单地执行检查表来维护这些属性。提高安全性并不意味着"做 A、B 和 C"；相反，它意味着"A、B、C 或类似的操作都不应该被允许"。

注意事项 4 的分析结果

今天的许多安全措施会把之前的错误记录下来以避免重复。避免过去的错误可能会提高系统的安全性，但由于上述属性，系统的整体安全性无法在单个指标中完全定义。为安全评估而提供的任何方法或指标都必须考虑到安全性更具体的方面。例如，诸如"系统能够过滤 96% 的漏洞利用字符串"之类的指标必须注明：列表可能不完整，如果继续编写，不知道还会有多少漏洞利用字符串可以通过。因此，任何安全评估方法都必须考虑到安全性是软件的一种紧急的、消极定义的、非功能性的需求。

8.3 度量漏洞严重性

就像缺陷一样，并非所有漏洞都是同等严重的。例如，一个已经公开暴露信息的漏洞和一个允许在服务器上执行任意代码的漏洞相比，其严重程度要低得多。为了量化差异，近年来出现了一些漏洞评分系统。2005 年，一群安全专家合作开发了公共漏洞评分系统（CVSS），该系统目前已被美国国家标准技术研究所（NIST）和美国国家漏洞数据库采用。

8.3.1 CVSS 概述

CVSSv2 将其度量标准分为三组：基础度量标准、时间度量标准和环境度量标准。基础度量标准表示漏洞中不受时间或环境影响的不变特征；时间度量标准表示漏洞中可能随时间演变的特征；环境度量标准旨在为给定环境中的漏洞提供上下文。度量标准的结果以序列标签的形式给出。衡量漏洞的答案向量如下所示：（AV：N/AC：M/Au：N/C：P/I：P/A：P）。

CVSSv2 基础度量标准包括访问向量、访问复杂性、身份验证以及三个影响性指标。访问向量表示该漏洞可能通过网络被利用（选项：本地、邻近网络、网络）。访问复杂性（选项：高、中、低）表示构建此漏洞利用所需的预期专业水平。身份验证表示利用此漏洞需要多少层身份验证。最后，三个影响性指标是机密性影响、完整性影响和可用性影响，每个都有"无""局部"或"完全"的选项。

CVSSv2 时间度量标准包括对可利用性、修复级别和报告置信度的度量。可利用性表示此漏洞利用当前是否仍是未处理的。修复级别显示了供应商为修复、缓解或绕过漏洞所做的工作。报告置信度表示当前是否仍在收集信息以及是否仍在进行调查。在这三种情况下，预期的设想是提供可用的信息，并传递给用户、系统管理员和其他利益相关者。

CVSSv2 环境度量标准是基于附带损害潜力、目标分布以及机密性、完整性和可用性这三个需求指标。附带损害是指其他系统可能受此漏洞影响。目标分布表示漏洞是否仅影响一个版本或给定产品的多个版本。需求指标用于机密性、完整性和可用性，并提供了一种在较大产品环境中表示漏洞严重性的方法。这三个需求指标都有"低""中"或"高"三个选项。

CVSSv2 还提供了一种加权方案，将所有基础度量标准组合成从 0 到 10 的单个数字，并提供时间和环境的子分数。

8.3.2 CVSS 应用示例

为演示 CVSS 的应用，请参考以下漏洞条目（CVE-2011-3607）：

> Apache HTTP 服务器 2.0.x 到 2.0.64 以及 2.2.x 到 2.2.21 中，server/util.c 中的 ap_pregsub 函数中的整数溢出，当 mod_setenvif 模块启用时，允许本地用户通过含有精心设计的 SetEnvIf 指令的 .htaccess 文件来获得权限，并结合精心设计的 HTTP 请求头，导致基于堆的缓冲区溢出。

该漏洞的 CVSSv2 基础向量为：(AV:L/AC:M/Au:N/C:P/I:P/A:P)。访问向量被认为是本地的，因为这种情况下的整数溢出是通过一个效用函数，而不是直接通过网络。攻击者必须通过不受信任的配置文件访问本地服务器才能利用这一点。访问复杂性被认为是中等，根据 CVSSv2 指南表明需要特殊的条件，例如启用 mod_setenvif 模块的非默认配置。由于本地访问需要通过 .htacess 文件，因此无须对 HTTP 服务器进行身份验证即可访问此漏洞。机密性的影响是局部的，因为内存损坏漏洞（如整数溢出）可能泄露关于内存如何布局的一些信息。完整性的影响也是局部的，尽管由于 Apache HTTP 服务器采用不信任的分解，因为使用基于堆的缓冲区溢出，远程代码执行在技术上是可行的，漏洞利用代码的权限将受到限制。最后，可用性影响也是局部的，因为任何内存损坏漏洞都可能导致服务器进程上的段错误，从而终止进程。

此示例演示了度量漏洞的许多不同维度。如果使用 CVSSv2 的加权方案，那么度量计算结果是 6.8（满分是 10）。

8.3.3 CVSS 的隐患

鉴于 NVD 等数据库广泛采用该技术，研究人员[2-5]也提出了一些担忧。对 CVSS 的常见批评包括：

- 高 CVSS 评分在历史上与漏洞利用的可用性无关[5]。
- 层次的主观性。CVSSv2 规约确实提供了许多基于个人决定的历史案例[4]。
- 报告漏洞的人并不总是最熟悉这些漏洞的人。

笔者认为 CVSS 评分系统的另一个令人担忧之处在于它采用数字权重的做法。CVSSv2 似乎没有对加权平均值进行深究，从而使得加权值可以任意赋值。此外，漏洞的严重性是一个多维度的概念，所以将复杂性提炼成一个数字并不能产生有用的结果。因此，对于 CVSS 的建议是使用向量标记以成对的方式比较两个漏洞。该种方式虽然分析比较复杂，但更接近于漏洞严重性的原始含义。

8.4 收集、分析漏洞数据的方法

漏洞数据可以为我们忽略的一些最糟糕、最隐蔽的缺陷提供丰富的历史信息。大型开源产品的发布后漏洞（post-release vulnerability）代表了团队在开发过程中可能存在的一系列错误。挖掘漏洞数据可以得到一些关于如何找到并修复缺陷的重要见解。

本节将演示如何聚合、处理漏洞数据以进行有用的实证分析。将以 Apache HTTP 服务器为例进行说明。

8.4.1 步骤 1：追踪漏洞从报告到修复的全过程

要综合分析漏洞，首先需要知道修复漏洞的精确的版本控制修改。从此修复中可以查看漏洞所在的位置、涉及的源代码问题，然后可以收集与漏洞相关的各种指标。

虽然许多软件项目都遵循负责任的披露原则并报告其漏洞，但数据并不总是一致的。发现漏洞数据的情况一般都是紧急的，并且是在通常的缺陷跟踪过程之外进行漏洞处理，并在短期内保密，直到该漏洞修复被广泛传播。因此，漏洞数据通常需要额外的手动处理。幸运的是，漏洞通常不是很多，实际上可以单独处理。

对于 Apache HTTP 服务器，开发人员提供了一系列已修复的漏洞。每个漏洞在 NVD 中都有一个带有 CVE 标识符的条目。在某些情况下，HTTPD 社区提供了源代码中原始修复程序的链接。在其他情况下，常常需要自己挖掘。因此，通常需手动地在版本控制系统中将漏洞追溯至其原始修复。

对于给定的漏洞，可以收集许多不同的信息作为调查的一部分：

- NVD 数据库存储了来自漏洞供应商的确认信息。通常，这些链接不直接与修复提交绑定，但可以为调查提供有价值的信息。
- 版本控制日志（例如 Git 和 Subversion）提供了许多搜索其归档的方法。例如，搜索提交消息有时会显示 CVE 编号或类似语言。将 Git 和 Subversion 日志中的搜索限制在创建 CVE 条目的日期附近。
- 项目通常会维护自己的 STATUS 文件或 CHANGELOG 文件，以记录每个主要的修改。使用像 Git Blame 这样的工具来检查哪些提交在修改日志中引入了给定的变更，这有时会引起修复性的提交。
- 如果漏洞描述提到特定模块或源代码文件，请检查该文件在漏洞报告日期附近的历史记录。
- 检查来自开源发行版（如 Red Hat 或 Ubuntu）的日志。这些公司必须维护自己常用的开源系统副本，并经常保留自己的补丁以向后移植（backport）到自己的版本。其包管理系统通常将这些补丁作为源构建的一部分。
- 如果愿意相信外部人员来查找漏洞，请考虑在博客或其他文章中搜索该人员的网络影响力，以收集更多技术细节。

最终，此步骤的结果是为每个漏洞提供修复提交。对于每个修复提交，需要检查该提交是上游提交还是向后移植。了解哪些受影响的版本可能会对以后的分析产生影响。

例如，CVSS 中的上述漏洞 CVE-2011-3607 提到了受此漏洞影响的特定文件。此外，该文件在团队修复漏洞期间的历史记录显示了为响应此漏洞而修改的 CHANGELOG 条目。因此，在版本控制系统中可以很容易找到修复内容。

8.4.2 步骤 2：聚合源控制日志

一旦将所有漏洞与版本控制系统中的修复相关联，就可以开始使用版本控制系统重建软件项目的时间线。诸如 Git 和 Subversion 之类的系统提供了丰富的历史记录，有助于了解谁做出了哪些修改以及何时做出了修改。通过将版本控制系统中日志聚合到关系数据库中，可以在以后的步骤中很方便地查询数据以获取所需指标。

使用诸如“git log -pretty”或“svn log -xml”之类的命令可以将版本控制系统中的信息输出到文本文件中。版本控制系统的输出格式是可配置的，因此可以通过脚本轻松解析输出。使用 Ruby 或 Python 等脚本语言，可以很容易地进行脚本开发，以遍历版本控制日志并将数据存入数据库。

版本控制日志的常用模式可能涉及三个表：Commits、CommitFilepaths 和 Filepaths。Commits 表包括提交日期、提交消息和作者。在前一步中还添加了一个名为“VulnFix”的字段，表明该提交是修复漏洞。Filepaths 是存储文件及其路径的表，CommitFilepaths 表将两个表链接在一起。例如，如果一个提交修改了“util.c”和“log.c”而另一个提交只修改了“util.c”，那么在 Commits 表中有两行，CommitFilepaths 表中有三行，Filepaths 表中有两行。

如果只关注有限时间段内的情况，那么还必须考虑到有时源代码很长时间都没有提交这一事实。文件可能数月或数年没有被使用。如果发生这种情况，则需要获取没有提交内容的 Filepath 数据。

有了这些数据和模式，现在可以检查给定文件的历史记录，并确定该文件是否之后针对漏洞进行了修补。例如，2011 年 1 月 20 日某文件针对一个漏洞做出了修补，但是在此之前，由于团队忽略了该漏洞，此漏洞存在了很久。因此，可以收集 2011 年 1 月 20 日之前的度量指标，看看它们是否与易受攻击的文件相关联。

关于漏洞仅被提及却还未被修复的情形，请在 8.5.2 节中参阅 Meneely 等人[9]的工作。

8.4.3　步骤 3：确定漏洞覆盖率

一旦知道哪些文件受到漏洞的影响，就可以看到系统的哪些部分受到了影响。以下是一些相关问题，请联系本章前面内容进行思考。

- 受一个以上漏洞影响的文件占多大比重？该数字通常在 1% 到 5% 之间[6]。
- 受漏洞影响的子系统占多大比重？
- 开发人员中，处理过包含一个以上漏洞的文件的人占多大比重？
- 是否有文件修复了“突发”的漏洞？发生了什么？
- 是否有文件在一段时间内因为某个漏洞而被稳定持续地修复？为什么？

在此注意，收集的是覆盖率数据，不一定是漏洞计数数据，以便与注意事项 1 和注意事项 2 保持一致。此外，对于 Apache HTTP 服务器中的情形，不能说这些一定是设计缺陷，因为这些设计倾向于不被项目跟踪，如在注意事项 3 中的设计缺陷。要认识到没有漏洞的文件不一定是“无懈可击”的，因此通常根据注意事项 4 将它们称为“中性”。

检查漏洞覆盖率可以为理解系统的安全状况提供巨大的好处。整个子社区的开发人员都可积极地修复漏洞并从错误中吸取教训，这通常会导致“突发事件”。或者，某些子系统具有持续的安全性问题（例如 HTTPD 的“protocol.c”，用于解析不受信任的网络数据包流量），从而导致更多“涓涓细流”的效应。

覆盖率数据还可以提供对系统**资产**的经验洞察。资产是运行软件系统的一个元素，具有安全隐患。例如，密码表是一种资产。Web 服务器的基础文件系统是另一种资产。随着越来越多的漏洞被发现、修复和聚合，可以开始了解系统资产所处的位置以及需要重组的架构元素。

8.4.4　步骤 4：根据工程错误进行分类

之所以使用步骤 1 中的漏洞修复数据，是因为想通过软件工程错误对漏洞进行分类。开发人员会犯各种各样的错误，这可以让你和你的团队了解所犯错误的类型。如果要收集项目的漏洞数据，请考虑以下问题：

- 此漏洞是否是功能缺失或功能错误的结果？
  - 忽略修复中的重构。
  - 缺少功能，涉及添加新方法、新特征或与安全相关的检查。
  - 错误的功能意味着存在实现不正确的详细设计。
- 要修复此漏洞，代码修改量是多少？
  - 考虑检查修复的搅动（补丁中添加的行数加上删除的行数）。
  - 大的修改难以检查。
- 此漏洞是否是糟糕的输入验证的结果？
  - 如果修复漏洞涉及以任何方式减少输入空间，则认为该漏洞是糟糕的输入验证所导致的结果。
  - 输入验证应该是第一个，但不是仅有的一个防范漏洞的防线。
- 此漏洞是否是缺乏无害处理（sanitization）的结果？
  - 如果修复漏洞涉及将输入修改得更安全（例如，转义字符），则认为该漏洞是缺乏无害处理的结果。
  - 除了输入验证之外，无害处理是另一层防御。
- 此漏洞是否针对特定领域？
  - 特定领域的漏洞是指在当前项目的上下文之外没有任何意义的漏洞。例如，在 HR 系统中可以访问员工工资的秘书是完全由领域而不是技术驱动的漏洞。与领域无关的漏洞的示例包括缓冲区溢出、SQL 注入和跨站点脚本。
  - 除招聘渗透测试人员外，可能还需要领域专家。
- 此漏洞是否是错误配置的结果？
  - 如果修复涉及修改配置文件，例如升级依赖项或修改参数，则认为该漏洞是错误配置的结果。
  - 配置文件应与源代码文件一起接受检查。
- 此漏洞是否是错误异常处理的结果？
  - 如果修复的上下文是异常处理，并且系统没有正确地应对备用子流，则认为该漏洞是错误异常处理的结果。
  - 异常处理难以重现来进行测试，但通常涉及完整性和可用性问题。
- CWE 中是否有这些漏洞条目？
  - 通用缺陷列表是与安全相关错误的分类。
  - 常见漏洞可能意味着需要对开发人员进行安全性教育。

以上问题是基于分析大型开源系统中的漏洞修复程序的经验而总结的，可以作为讨论的基础。在上述某些问题中发现的大量漏洞可以帮助你分析开发过程中的一些弱点。

8.5 安全数据所提供的信息

对安全数据的分析已经产生了各种有意思的结论。本章概述的一些方法推进了一些有趣的近期研究。本节涵盖了两条研究线[6-9]，但还有其他一些有趣的安全性经验研究。例如：

- Neuhaus 等人[10]基于 import 语句预测了 Mozilla 中的易受攻击组件；Nguyen 和 Tran[11]基于依赖图进行了类似的研究。
- Manadhata 和 Wing[12], Manadhata 等人[13]以及 Howard 等人[14]提供了软件系统“攻击面”的评估，其根据攻击途径（即输入和输出）检查系统的“形状”。
- Scarfone 和 Mell[4]以及 Fruhwirth 和 Mannisto[2]对 CVSS v2 的健壮性进行了分析，检验了评分过程中存在的缺陷。
- Bozorgi 等人[5]提供了一个安全漏洞分类器来预测某个漏洞是否会被利用。
- DaCosta 等人[15]基于调用图分析了 OpenSSH 的安全漏洞可能性。
- Cavusoglu 等人[16]分析了漏洞披露机制的效率。
- Beres 等人[17]使用预测和模拟技术来评估安全过程。

8.5.1 漏洞的社会技术要素

在每个新开发人员加入软件开发团队之后，对团队成员之间的沟通、协调和知识转移的管理都面临着更大的挑战。团队中缺乏凝聚力，成员之间沟通不畅和缺少指导的工作可能导致各种问题，包括安全漏洞。在这项研究中，笔者专注于检查开发团队结构和安全漏洞之间的统计关系。本研究展示的统计关系提供了在软件发布之前发现软件安全漏洞的预测模型，以及对软件开发团队的有效组织方式的见解。

Meneely 等人在几项研究中[6-8]将社交网络分析技术应用于开源软件产品，发现度量开发人员活动的指标与发布后的安全漏洞之间存在一致的统计关联。在 Linux、PHP 和 Wireshark 这三个案例研究中，他们分析了与 Linus 定律和无重点贡献（unfocused contribution）相关的四个指标。分析结果表明：

（a）由多个以某种方式分开的不同开发人员**集群**修改的源代码文件比单个集群修改的源代码文件更容易受到攻击；

（b）许多开发人员在对文件进行了大量修改（即**无重点贡献**）后，文件很可能会受到攻击；

（c）贝叶斯网络预测模型可以首先通过在其他项目上进行训练，然后用于某个项目的分析，这表明可能存在**一般性预测模型**。

对于上述集群分析（a），可在开发人员网络计算时使用边介数（edge betweenness）进行度量。开发人员网络是一个图，其中开发人员是在同一发布周期中提交到同一源代码文件时彼此连接的节点。众所周知，开发人员在开源项目中聚集[18-19]，以在更大的项目中形成子社区。边介数是社交网络分析中的一个度量标准，可用于标识较大集群之间的连接。边介数基于包含给定边的最短路径的比例（例如，高速公路具有比住宅街道更高的介数，因为它们连接来自邻域“集群”的流量）。在该分析中，具有高介数的“高速公路”文件更有可能存在漏洞。

对于无重点贡献的情形（b），在贡献网络上使用节点的介数（node betweenness）进行度量，形成了一个二分图，其中开发人员和文件是节点，开发人员在提交代码到某个文件时会与该文件之间形成边。贡献网络中具有高介数的文件表明开发人员当时正在处理许多其他文件。许多开发人员共同处理文件时，该贡献是“没有重点的”(注意：开发人员本身并不一定没有重点，但是由于开发人员正在处理许多其他文件，因此总体贡献没有重点)。具有无重点贡献的文件也更容易出现漏洞。

总体而言，虽然结果具有统计显著性，但个体的相关性表明开发人员活动指标并未考虑所有易受攻击的文件。从预测的角度来看，在可获得软件产品和流程的其他方面的度量的情况下，模型可能表现最佳。但是，从业者可以使用这些关于开发人员活动的观察来确定安全设防工作的优先级，或者考虑开发人员之间的组织变更。

8.5.2　漏洞具有长期复杂的历史

即使在开源项目中，易受攻击的源代码也可能被忽略多年。在最近的一项研究中，将 Apache HTTP 服务器中的 68 个漏洞追溯到最初贡献漏洞代码的版本控制提交 [9]。Meneely 等人手动发现了 17 年时间中的 124 个漏洞贡献提交（VCC）。在这项探索性研究中，他们定性和定量分析了这些 VCC 的主要问题：“开发人员在本次提交中可以通过什么来识别安全问题?”

该方法借鉴了相关工作 [20-21]，可归纳如下：

1）确定漏洞的修复提交；

2）从修复程序中，编写一个临时检测脚本，以自动识别给定漏洞的编码错误；

3）使用“git bisect”二进制搜索 VCC 的提交历史记录；

4）检查潜在的 VCC，修改检测脚本并根据需要重新运行 bisect。

具体来说，作者通过代码变化指标（churn metric）检查了提交的大小、开发人员通过交互式变化指标彼此覆盖的代码量、VCC 和修复之间的曝光时间，并通过发行说明和投票机制将 VCC 传播到开发社区。关于 Apache HTTPD[9] 的探索性研究结果表明：

- **VCC 通常是较大的提交**：VCC 的平均搅动是 608.5 行（非 VCC 是 42.2 行），或 VCC 达到 55% 的相对搅动（非 VCC 为 23.1%）。
- **VCC 会持续很长一段时间**。从 VCC 到 Fix 的天数的中位数为 853 天，VCC 和 Fix 之间提交的中位数是 48 次提交，表明发现漏洞的机会被严重错过。图 8-2 显示了该时间表。

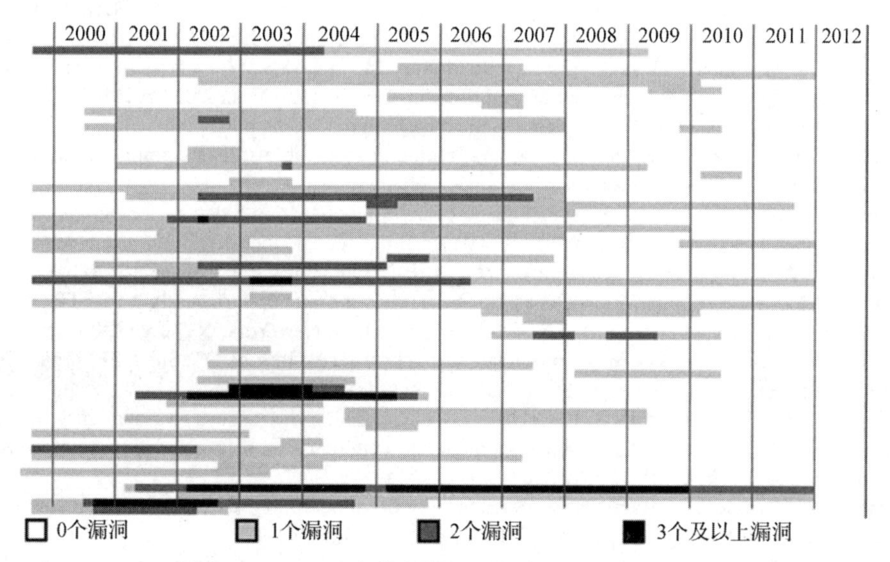

图 8-2　HTTPD 中带有漏洞的源代码文件的时间表

- **很少有 VCC 是由原始基线导入**。仅 13.5% 的 VCC 是原始源代码导入。
- **很少有 VCC 的文件是针对“已知攻击者”（known offender）的**。26.6% 的 VCC 是针对先前漏洞已修复的文件，仅占漏洞总数的 20%。

8.6 结论

安全性是开发人员在开发中面临的一项艰巨挑战，它也对开发数据分析师构成了威胁。安全性不是一个易于全面量化的概念，而是一个需要综合考量的问题。安全数据非常有用，但存在限制，例如缺少对设计缺陷的跟踪或对安全性的明确定义等。有史可鉴，可操作的指标可以从与漏洞相关的项目历史中提取，但是由于漏洞小而少见且严重，因此难以预测。在负责任披露（responsible disclosure）的时代，我们有大量的漏洞历史需要学习，还须认真地分析漏洞历史，了解局限性，以便更好地理解如何实施安全性以维护软件安全。

参考文献

[1] Krsual IV. Software vulnerability analysis. PhD Dissertation; 1998.
[2] Fruhwirth C, Mannisto T. Improving CVSS-based vulnerability prioritization and response with context information. In: Proceedings of the 3rd international symposium on empirical software engineering and measurement, Washington, DC, USA; 2009. p. 535–44.
[3] Houmb SH, Franqueira VNL, Engum EA. Quantifying security risk level from CVSS estimates of frequency and impact. J Syst Softw 2010;83(9):1622–34.
[4] Scarfone K, Mell P. An analysis of CVSS version 2 vulnerability scoring. In: Proceedings of the 3rd international symposium on empirical software engineering and measurement, Washington, DC, USA; 2009. p. 516–25.
[5] Bozorgi M, Saul LK, Savage S, Voelker GM. Beyond heuristics: learning to classify vulnerabilities and predict exploits. In: Proceedings of the 16th ACM SIGKDD international conference on knowledge discovery and data mining, New York, NY, USA; 2010. p. 105–14.
[6] Shin Y, Meneely A, Williams L, Osborne JA. Evaluating complexity, code churn, and developer activity metrics as indicators of software vulnerabilities. IEEE Trans Softw Eng 2011;37(6):772–87.
[7] Meneely A, Williams L. Strengthening the empirical analysis of the relationship between Linus' Law and software security. In: Empirical software engineering and measurement, Bolzano-Bozen, Italy; 2010. p. 1–10.
[8] Meneely A, Williams L. Secure open source collaboration: an empirical study of Linus' Law. In: International conference on computer and communications security (CCS), Chicago, Illinois, USA; 2009. p. 453–62.
[9] Meneely A, Srinivasan H, Musa A, Tejeda AR, Mokary M, Spates B. When a patch goes bad: exploring the properties of vulnerability-contributing commits. In: Proceedings of the 2013 ACM-IEEE international symposium on empirical software engineering and measurement; 2013. p. 65–74.
[10] Neuhaus S, Zimmermann T, Holler C, Zeller A. Predicting vulnerable software components. In: Computer and communications security, New York, NY, USA; 2007. p. 529–40.
[11] Nguyen VH, Tran LMS. Predicting vulnerable software components with dependency graphs. In: Proceedings of the 6th international workshop on security measurements and metrics; 2010. p. 3:1–3:8.
[12] Manadhata PK, Wing JM. An attack surface metric. IEEE Trans Softw Eng 2011; 37(3):371–86.
[13] Manadhata P, Wing J, Flynn M, McQueen M. Measuring the attack surfaces of two FTP daemons. In: Proceedings of the 2nd ACM workshop on quality of protection, New York, NY, USA; 2006. p. 3–10.
[14] Howard M, Pincus J, Wing JM. Measuring relative attack surfaces. In: Lee DT, Shieh SP, Tygar JD, editors. Computer security in the 21st century, New York: Springer US; 2005.
[15] DaCosta D, Dahn C, Mancoridis S, Prevelakis V. Characterizing the 'security vulnerability likelihood' of software functions. In: Proceedings of the international conference on software maintenance, ICSM 2003; 2003. p. 266–74.
[16] Cavusoglu H, Cavusoglu H, Raghunathan S. Efficiency of vulnerability disclosure mechanisms to disseminate vulnerability knowledge. IEEE Trans Softw Eng 2007; 33(3):171–85.
[17] Beres Y, Mont MC, Griffin J, Shiu S. Using security metrics coupled with predictive modeling and simulation

to assess security processes. In: Proceedings of the 3rd international symposium on empirical software engineering and measurement; 2009. p. 564–73.

[18] Bird C, Pattison D, D'Souza R, Filkov V, Devanbu P. Latent social structure in open source projects. In: Proceedings of the 16th ACM SIGSOFT international symposium on foundations of software engineering (FSE), Atlanta, Georgia; 2008. p. 24–35.

[19] Bird C, Gourley A, Devanbu P, Gertz M, Swaminathan A. Mining email social networks in postgres. In: International workshop on mining software repositories, Shanghai, China; 2006. p. 185–6.

[20] Kim S, Zimmermann T, Pan K, Whitehead EJ. Automatic identification of bug-introducing changes. In: 21st IEEE/ACM international conference on automated software engineering, ASE '06; 2006. p. 81–90.

[21] Williams C, Spacco J. Szz revisited: verifying when changes induce fixes. In: Proceedings of the 2008 workshop on defects in large software systems, New York, NY, USA; 2008. p. 32–6.

混合的挖掘代码评审数据的方法：多次提交评审与拉取请求的示例与研究

Peter C. Rigby*, Alberto Bacchelli†, Georgios Gousios‡, Murtuza Mukadam*

*Department of Computer Science and Software Engineering, Concordia University, Montreal, QC, Canada**

Department of Software and Computer Technology, Delft University of Technology, Delft, The Netherlands†

Institute for Computing and Information Sciences, Radboud University Nijmegen, Nijmegen, The Netherlands‡

9.1 引言

1976 年 Fagan 关于软件评审（正式的代码评审）的研究 [1] 是为软件工程过程提供经验基础的最初尝试之一。他揭示了软件评审过程，即：一名独立的评审人员检查软件制品以发现问题，有效地在软件开发的早期发现软件缺陷，并降低成本。他得出的结论是：在评审方面增加投入会减少客户所报告的缺陷而带来的高昂成本。

评审技术随着软件行业的发展而不断发展，并且已经从 Fagan 的严格和正式的评审过程逐步过渡到增量的、更轻量级的现代代码评审过程。本章针对以下项目开展了现代代码评审的分析：Apache、Linux、KDE[2-5]、Microsoft[6-7]、Android[8] 和 GitHub[9]。因为代码评审本质上是一种复杂的社交活动，所以常常使用定量和定性的方法来理解评审过程中的基本参数（或度量）[7]，以及执行代码评审的丰富的交互性和动机 [6]。本章的目标是向读者介绍代码评审数据，并演示如何使用混合的定量和定性方法来三角化经验软件工程的发现。

本章结构如下。9.2 节中，比较了定性和定量方法，并描述了如何以及何时将它们结合起来。9.3 节描述了可用的代码评审数据资源并提供了可提取字段的元模型。9.4 节中开展了一个解释型的定量调查，以研究多个相关的提交（例如，一个分支上的多个提交）是如何被评审的，该研究复现了过去使用的许多度量方法，例如评审者的数量和执行评审的时间。9.5 节描述了如何收集和采样非数值数据（例如，通过访谈和审阅电子邮件），并从数据中提取主题，采用基于*扎根理论* [10] 的研究方法分析数据。在 9.6 节中，通过对多次提交的评审讨论进行定量检查，对多次提交评审的结果进行了三角分析，并对如何通过卡片分类或访谈来继续这项研究提出了建议。9.7 节总结了本章发现和使用的技术。

9.2 使用混合方法处理的动机

尽管开发新的过程、实践和工具很有用，但研究人员仍认为这些不应该由单个理论化的个体“发明”，而应该是从经验发现中派生出来，这些经验发现可以产生经验支持的理论和可测试的假设。作为工程学准则，基于经验的研究结果对于推动软件开发是必要的。通过经验研究，并不是要告知开发人员应该如何工作，而是试图让开发人员进行理解，例如，最有效的开发人员是如何工作的，描述他们工作实践的基本属性。这些知识可以为从业者和研究人员提供有效的信息，并对工具的设计产生影响。

开展经验研究有两种互补的方法[11]：定量和定性的方法。*定量*分析包含对案例的度量。例如，计算在评审会议期间有多少人发表评论。由于在提取这些度量的过程中包含很少的甚至不包含主观解释，因此定量结果一般是客观的。在提取度量的过程中，结构有效性（construct validity）是常见的威胁之一。那么这些度量是评估一个真实的现象，还是存在一种系统性的偏见，降低了度量的意义？

相比之下，*定性*研究的结果允许研究人员提取复杂而丰富的交互模式。例如，知道评审会议的参与人数并不能说明他们是*如何*互动的。使用定性的方法就必须对数据进行编码以查找定性主题，例如评审者如何提问。虽然像扎根理论等定性方法可以确保每个主题都与特定的数据相关，但对于研究者而言，仍然可能存在偏见。

三角互证（triangulation）方法包括了一种或多种研究方法和数据源。它的目的是通过使用互补的方法和数据集来限制各种研究方法和数据集中存在的弱点和偏差。例如，可以度量归档评审讨论的属性，然后采访参与评审的开发人员，以检查这些度量的有效性。

可重现性分析（replication）包括使用相同的方法对新案例进行相同的研究。Yin[12]介绍了两种类型的重现性案例研究：原样（literal）和对比（contrast）。原样重现的目的是确保类似项目产生类似的结果。例如，两个类似的项目，如 Apache 和 Subversion，会产生类似的结果吗？对比重现应该产生对比结果，但原因可以通过对项目之间差异的理解来预测。例如，可以比较 Linux 和 Microsoft Office 项目上评审者如何选择评审贡献。通过对比希望能够获得这两个基于截然不同的组织结构的项目之间存在的差异。

在后续章节中，将使用定量方法来分析六个案例的可重现性研究的各个方面，并通过使用归档评审讨论的定性编码来对调查结果进行三角互证，以了解开发小组如何提交评审。

9.3　评审过程和数据

为了让读者了解不同类型的代码评审，我们总结了微软的开源软件（open-source software，OSS）项目、谷歌主导的 OSS 项目和 GitHub 项目的传统的评审方式。随后，我们制作了一个表格，列出了每个环境中可以度量的代码评审的不同属性。

9.3.1　软件审查

软件审查是最正式的评审类型。在软件制品满足了预定义的退出标准（例如，实现了特定需求）之后开展软件审查。该过程最初由 Fagan[1]定义，涉及以下步骤：计划、概述、准备、检查、返工和后续跟进。在前三个步骤中，作者创建了一个审查包（即，确定要审查的内容），分配角色（例如，主持人），安排会议，并且安排检查人员检查审查包。但是检查人员只进行检查和记录缺陷，并不进行修复。在最后的步骤中，作者修复了缺陷，并且确保修复是合适的。虽然有很多不同形式的审查，但“相似之处多于差异”[13]。

9.3.2　OSS 代码评审

对于 OSS 开发人员来说，异步的电子的代码评审是一种常见的方式，他们只是偶尔见面来讨论更高级别的问题[14]，以确保整个社区在什么构成了良好的代码贡献上达成共识。大多数成功的大型 OSS 项目都将代码评审视为其最重要的质量保证措施之一[5,15-16]。在 OSS 项目中，评审从开发人员创建补丁开始。补丁是一种开发制品，通常是代码，开发人员认为它会为项目增加价值。尽管评审过程的正式程度在 OSS 项目中各不相同，但大多数项目的步骤基本一致：作者通过电子邮件将其贡献发送到开发人员邮件列表或发布到缺陷 / 评审跟踪系统来跟踪；一个或多个人员评审该贡献；不断地修改该贡献直到它达到社区的标准；将修改后的贡献提交给代码库。然而，该过程中很多贡献会被忽略或拒绝，永远不会进入代码库 [17]。

9.3.3　微软的代码评审

微软开发了一个内部工具 CodeFlow 来辅助评审过程。在 CodeFlow 中，当开发人员完成了修改，并在将其提交至版本控制系统之前进行评审。开发人员将通过指示应该包含哪些修改文件、提供修改描述（类似于提交消息）、并指定在评审中应该包含的人员来创建评审。相关人员会收到电子邮件通知，然后打开评审工具，该工具会显示文件的修改，并允许评审者使用自己的评论和疑问对修改进行批注。作者可以回复评审中的评论，也可以提交一组新的修改，以解决评审者提出的问题。一旦评审者对修改感到满意，他就可以在 CodeFlow 中“签字”。有关微软代码评审过程的详细信息，请参考经验研究 [6]，其中调查了微软代码评审的目的（例如，发现缺陷和分享知识）以及实际的结果（例如，建立认知和代码理解）。

9.3.4　基于 Google 的 Gerrit 代码评审

当一个 Android 项目作为 OSS 发布时，在 Android 上工作的 Google 工程师希望继续使用 Google 内部的 Mondrian 代码评审工具和评审过程 [18]。Gerrit 是一个由 Google 工程师创建的 OSS，它是 Google 内部使用的基于 Git 的代码评审工具 [19]。Gerrit 集成了 Git，作为开发人员私有存储库和共享存储库之间的分界线。开发人员在其私有 Git 存储库中进行本地修改，然后提交这些修改进行评审。评审人通过 Gerrit Web 界面发表评论。要将修改合并到集中的源代码树中，必须由其他开发人员批准和验证。评审过程包括以下几个阶段：

1）*验证*。在评审开始前，必须有人验证修改是否与当前主分支合并，并且不会破坏构建。许多情况下，此步骤是自动完成的。

2）*批准*。虽然任何人都可以对此修改发表评论，但具有适当特权和专业知识的人员必须对此修改进行批准。

3）*提交 / 合并*。一旦修改得到批准，此修改就会合并到 Google 的主分支中，以便其他开发人员可以获得系统的最新版本。

9.3.5　GitHub 中的拉取请求

拉取（pull）请求是 GitHub 提供的对传入的源代码修改进行代码评审的机制㊀。一个 GitHub 的拉取请求包含一个分支（本地或另一个存储库），核心团队成员可从中拉取提交内容。GitHub 会自动发现要合并的提交，并在拉取请求中显示它们。默认情况下，拉取请求被提交给基础存储库（Git 用语中的“上游”）以供评审。评审意见有两种类型：

1）*讨论*。评论拉取请求的整体内容。利益相关者就拉取请求的整体适用性进行技术讨论。

2）*代码评审*。对代码的特定部分评论。评审者通过对提交差异（通常是技术性的）进行注释，以识别潜在的改进之处。

㊀ GitHub 拉取请求：https://help.github.com/articles/using-pull-requests。2014 年 7 月访问。

任何 GitHub 用户都可以参与这两种类型的评审。作为评审结果，可以使用新的提交更新拉取请求，或者可以因为冗余、无趣或重复等原因拒绝该请求。尽管可能没有记录拒绝请求的确切原因，但可以从拉取请求的讨论中进行推断。如果代码评审结果是需要更新，则提交者要在分支存储库中创建新的提交，并且在将修改推送到要合并的分支之后，GitHub 将自动更新拉取请求中的提交列表，然后可以对更新的提交再次进行代码评审。

当审查过程结束并且拉取请求被认为是令人满意的时，核心团队成员可以合并该请求。Git 的通用性使得拉取请求能够以各种方式合并，并在不同级别上保存原始源代码的元数据（例如，作者信息和提交日期）。

拉取请求中的代码评审在许多情况下是隐式的，因此是不可观察的。例如，许多拉取请求在合并时没有代码注释和讨论。除非项目策略是不评审就接受任何拉取请求，否则通常可以安全地假设开发人员在合并拉取请求之前对它进行了评审。

9.3.6　数据度量和属性

如果建议的修改最终被接受或缺陷被修复，则代码评审是有效的，如果该过程所花费的时间尽可能地短，则代码评审是高效的。为了研究补丁的接受和拒绝，以及代码评审过程的速度，需要一个提取代码评审元信息的框架。代码评审过程在 OSS[5,9] 和商业软件 [6-7] 开发环境中都很常见。研究人员已经在补丁提交和接受 [17,20-22] 以及缺陷分类 [23-24] 等语境中研究了代码评审。代码评审功能的元模型如表 9-1 所示。为了开发该元模型，使用了现有代码评审工作中的一些特性。该元模型并非详尽无遗，但它构成了其他研究人员可以扩展的基础。该元模型功能可分为如下三大类：

1）*提出的修改的特征*。这些特征试图量化提出的修改对代码库的影响。当评审外部代码贡献时，补丁的大小会影响接受与否的结果和接受时间 [21]。研究人员使用各种指标来确定补丁的大小：代码搅动 [20,25]，修改的文件 [20] 和提交数量。在 GitHub 拉取请求的特定情况下，开发人员报告拉取请求中测试的存在会增加合并请求的信心 [26]。现有研究说明参与者的数量会影响进行代码评审所需的时间 [7]。

2）*项目特征*。这些特征可以量化项目对传入的代码修改的接受程度。如果项目流程对外部贡献开放，那么预计外部贡献者与团队成员的比例会增加。项目规模可能是处理提出的修改的速度的一个不利因素，因为其影响可能难以评估。此外，传入的修改往往会随着时间的推移而聚集（“昨天的天气”变化模式 [27]），因此很自然地假设：影响正在进行开发的系统的修改将更有可能得到合并。测试在处理速度方面起着重要作用；根据文献 [26] 的研究，项目使用手动或自动化的测试方式处理来自未知开发者的贡献。

3）*开发者*。基于开发者的特征试图量化提出修改的人对合并决策和处理时间的影响。特别是，创建补丁的开发人员会影响补丁的验收决定 [28]（最近在不同系统上的工作报告了相反的结果 [29]）。为了从不同开发人员的不同项目中抽象相关结果，研究人员设计了一些特征，可以量化开发人员的跟踪记录 [30]——即先前提出的修改数量及其接受率，前者已被确定为衡量修改质量的有力指标 [26]。最后，Bird 等人 [31] 的研究说明了开发者的社会声誉对补丁是否会被合并有影响，因此，量化开发者社会声誉的特征（例如，GitHub 案例中的关注者）可以用来跟踪这一点。

表 9-1　代码评审分析的元模型

特　征	描　述
代码评审特征	
num_commits	提出的修改中的提交数量
src_churn	提出的修改所引起的代码变更（增加和删除）行数
test_churn	提出的修改所引起的测试变更行数
files_changed	提出的修改涉及的文件数量
num_comments	讨论和代码评审注释
num_participants	代码评审讨论的参与人数
项目特征	
sloc	提出的修改创建时，可执行的代码行
team_size	在提出的修改创建之前，最近 3 个月内活跃的核心团队成员的数量
perc_ext_contribs	在过去 n 个月中，外部成员相对核心团队成员的提交比率
commits_files_touched	在提出的修改创建前的 n 个月，提出的修改所涉及的文件总提交数
test_lines_per_kloc	项目测试覆盖范围
开发者	
prev_changes	在检查提出的修改之前，特定开发人员提交的修改数量
requester_succ_rate	开发人员已经整合到通过检查的提出的修改的变更内容的百分比
reputation	开发人员在项目社区中的声誉的量化指标（例如，GitHub 上的关注者）

9.4　定量的可重现性分析：分支的代码评审

许多研究已经量化了表 9-1 中讨论的代码评审的属性（例如，[2,22,32]）。但迄今为止的所有评审相关的研究都忽略了评审期间正在讨论的提交数量（即修改或补丁）。多次提交的评审通常涉及被分解为多次修改（即分支）的特征或基于原始补丁的附加修改的评审。本节将使用上一节中描述的一些属性开展可重现性研究，以了解多个相关的提交如何影响代码评审过程。9.6 节中，将通过定性检查多个提交的评审方式和原因来对结果进行三角互证。主要针对以下问题开展研究：

1）每次评审中有多少个提交？

2）每次评审中修改了多少个文件和多少行代码？

3）执行评审需要多长时间？

4）评审期间有多少评审者发表了评论？

我们将在以下环境中开展研究：Android 和 Chromium 操作系统，它们都使用 Gerrit 进行评审。Linux 内核，执行基于电子邮件的评审；Rails、Katello 和 WildFly 项目，使用 GitHub 的拉取请求进行评审。选择这些项目是因为它们都是成功的案例，且以中型规模或大型规模为主，并代表了不同的软件领域。

表 9-2 显示了这些数据集和研究的时间段。从这些项目中提取数据并进行比较，以得出结论。

表 9-2　研究的时间段

项　目	时　间　段	年
Linux Kernel	2005～2008	3.5
Android	2008～2013	4.0
Chrome	2011～2013	2.1
Rails	2008～2011	3.2
Katello	2008～2011	3.2
WildFly	2008～2011	3.2

有关每个项目使用的评审过程的更多详细信息，请参见 9.3 节的讨论。将结果显示为箱线图，其显示了分布的四分位数，或者当范围足够大时，显示为分布密度图 [33]。这两种图中，中值用粗线表示。

9.4.1　研究问题 1：每次评审的提交

每次评审中包含多少个提交?

表 9-3 显示了这些数据集的大小和多次提交的评审比例。Chrome 项目拥有多次提交评审的比例最高，为 63%；而 Rails 最小，为 29%。单一提交的评审在大多数项目中占主导地位。在图 9-1 中，只考虑多次提交评审，发现 Linux、WildFly 和 Katello 的提交次数的中值为 3。Android、Chrome 和 Rails 的中值为 2。

表 9-3　数据集中的评审数量和每个评审中的提交数量

项　目	共　计	单一提交（%）	多次提交（%）
Linux Kernel	20 200	70	30
Android	16 400	66	34
Chrome	38 700	37	63
Rails	7300	71	29
Katello	2600	62	38
WildFly	5000	60	40

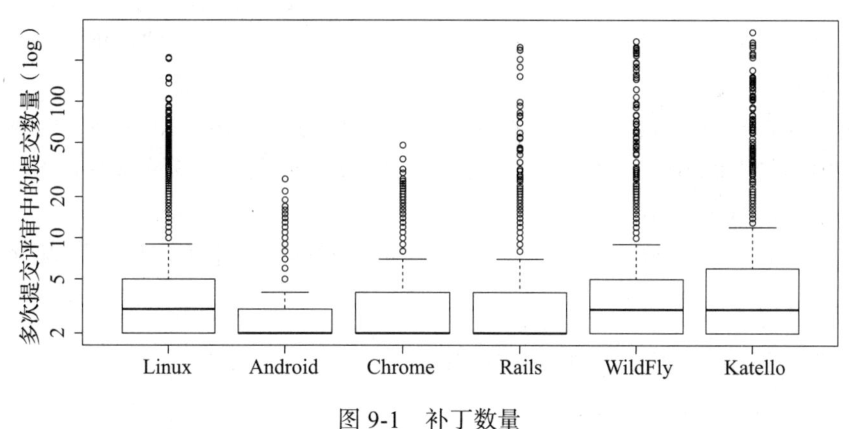

图 9-1　补丁数量

9.4.2　研究问题 2：提交的大小

每次评审中有多少文件和代码行被修改?

图 9-2 显示 WildFly 进行了最大的修改，单个修改的变更量的中值为 40 行，而 Katello 进行了最少的修改（中值为 8 行）。WildFly 还拥有最大的多次提交修改，中值为 420 行；Rails 最小，中值为 43。

在代码行搅动方面，Linux、Android、Chrome、Rails、WildFly 和 Katello 项目中多次提交评审中的搅动行数是单一提交评审的 10、5、5、5、11 和 14 倍。与图 9-1 相比，发现多次提交评审比单一提交评审多 1～2 次提交。当统一规范化提交次数时，发现多次提交评审中的单个提交包含的代码行搅动量比单一提交评审中的更多。基于此发现，我们猜测多次提交的修改可能是实现新功能或涉及更复杂的修改。

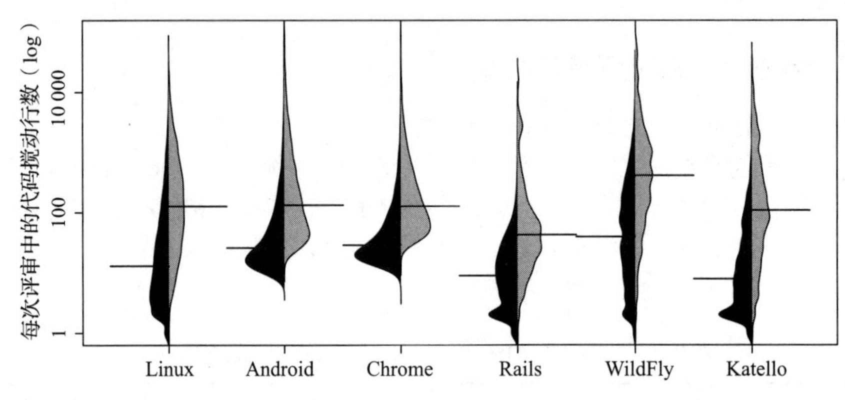

图 9-2　代码搅动行数：单一提交评审（左），多次提交评审（右）

9.4.3　研究问题 3：评审间隔

执行评审需要多长时间？

评审间隔是自某次提交发布到关于该修改讨论结束的时间。评审间隔是评审效率的重要度量标准 [34-35]。反馈给作者的速度取决于评审间隔的长度，研究人员还发现评审间隔与项目的总体及时性有关 [36]。

目前的做法是在代码提交之前评审对代码的微小修改，并快速进行此评审。微软 OSS 系统和 Google 主导项目的评审持续了约 24 小时 [7]。该时间间隔与正式评审所需的月数或周数相比非常短 [1,35]。

图 9-3 显示 GitHub 项目的评审执行速度至少与 Linux 和 Android 项目一样快。单一提交评审所需时间的中值为 2.3 小时（Chrome）和 22 小时（Linux）。多次提交评审的时间中值约为 22 小时（Chrome）和 3.3 天（Linux）。

Linux，Android，Chrome，Rails，WildFly 和 Katello 项目中多次提交评审所需的时间是单一提交评审的 4、10、10、9、2 和 7 倍。

9.4.4　研究问题 4：评审者的参与过程

有多少评审者在评审期间发表了评论？

根据 Sauer 等人 [37] 的说法，两位评审者倾向于发现最佳数量的缺陷。尽管评审者选择的过程不同（例如，自我选择还是分配评审），但在大量不同的项目中，每次评审的评审者数量中值为 2[7]。除了 Rails 项目在多次提交评审中有 3 位评审者（中值），其他项目无论提交的数量如何，评审都由两位评审者进行（参见图 9-4）。

评审期间发表的评论数量因提交的数量而异。对于 Android、Chrome 和 WildFly 项目，评论数量从 3 条增加到 4 条；对于 Rails 和 Katello 项目，评论数量从 1 条增加到 3 条；对于 Linux 来说，增长幅度较大，从 2 条增至 6 条评论。

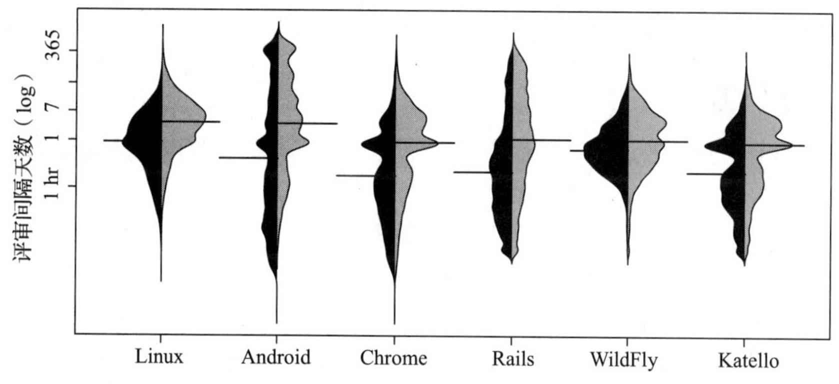

图 9-3　评审间隔：单一提交评审（左），多次提交评审（右）

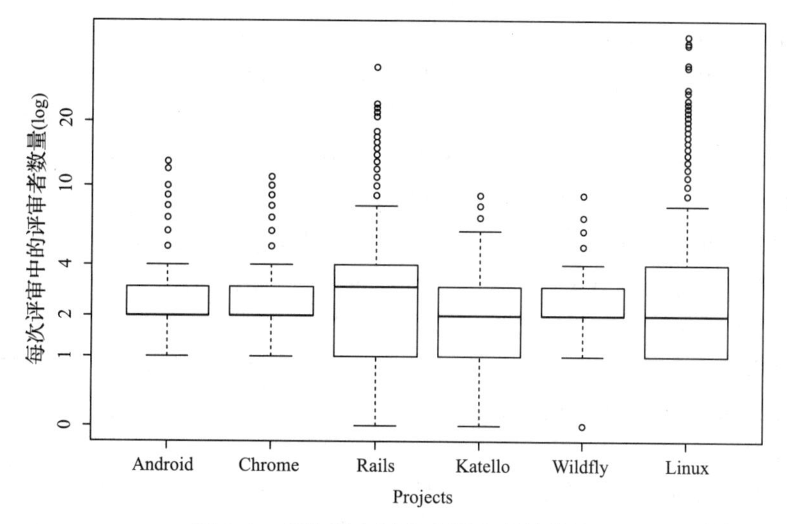

图 9-4　多次提交评审中评审者的数量

9.4.5　小结

本节对多次提交和单一提交评审的代码搅动、间隔和参与人数进行了分析。分析过程中发现多次提交评审在中值情况下增加了 1～2 次的提交，代码搅动的增加更加剧烈，在中值情况下其变化的行数是 5～14 倍。对于执行评审的时间，差异很大，在中值情况下从 2.3 小时到 3.3 天不等，多次提交评审的时间是单一提交评审的 2～10 倍。评审者的数量在很大程度上不受评审影响：除了 Rails 项目外，每个评审一般会有两位评审者。多次提交评审中每次评审的评论数量都会增加。本节并没有着力在项目之间进行统计学的比较。统计学的比较是没有用的，因为本节使用的数据是每个项目的评审数量而不是评审样本。此外，鉴于每个项目都有大量的评审，即使是对软件工程师没有实际意义的微小差异，也会通过统计检验突出显示。

当比较跨项目和不同评审架构（例如 Gerrit 与 GitHub）的多次提交评审和单一提交评审风格时，没有出现明确的模式。我们对此产生了一个担忧，多次提交评审服务于两种截然不同的目的：一是评审包含多个相关提交的分支，二是对于考虑了评审者反馈并进行修改后的单一提交的评审。9.5 节中，将对多次提交评审随机抽样并进行定性分析，以确定每项评审的目的。这些定性分析可通过每个项目中的不同评审实践来改进本节所讨论的一些度量。

9.5 定性分析方法

正式的软件审查[1,34,38]和代码评审[2,7,15,22,32,39-40]的研究很大程度上是定量的，其目的是表明新的过程或实践是有效的，并且可以高效地发现缺陷。

与传统规定的评审过程不同，现代的代码评审是逐渐在工业和开源设置中出现的。由于该过程定义不太明确，因此进行探索性分析非常重要，这些分析可以确认代码评审期间发生的背景和相互作用。这些研究需要对代码评审进行深入*理解*，因为代码评审是一个包含重要社会因素的复杂现象。这种理解只能通过回答 *how* 和 *why* 来获得，而数字和统计数据只能反映部分情况。因此，这方面的研究需结合*定性分析方法*。

定性分析方法包括"对*非数值型数据的系统化收集和解释*"[41]。软件工程领域研究人员可基于*实地研究*（field research），通过研究软件项目中涉及的人员来收集非数值型数据[42]。实地研究包括"一组可以单独或组合使用的方法，以了解现实世界环境的不同方面"[43]。Lethbridge 等人[43]调查了如何在软件工程中开展实地研究，并给出了数据收集技术的分类方法，可将其分为三组：直接数据收集技术；间接数据收集技术；独立数据收集技术。直接数据收集技术（例如，焦点小组、访谈、调查问卷或有声思维）要求研究人员直接接触参与群体；间接数据收集技术（例如，插装系统，或间接的观察）要求研究人员只能通过直接访问参与者的工作环境来间接访问参与者；独立数据收集技术（例如，工具使用日志或文档的分析）要求研究人员仅访问工作制品，例如问题报告或源代码。

本节将分析两个关于代码评审的探索性研究。通过深入分析这两个探索性研究，理解其中使用定性分析方法的细节，并展示如何利用定性分析来阐明现代代码评审实践的各个方面。

第一项研究是手动检查评审数据的归档，以了解 OSS 开发人员如何进行交互和管理，以便在大型邮件列表上有效地进行评审[3]。第二项研究调查了驱动微软产品团队中开发人员和管理人员开展代码评审的动机[6]。这两项研究使用直接和独立的数据收集技术，然后根据不同的定性分析方法手动分析收集的数据。

9.5.1 采样方法

定性分析研究需要这种劳动密集型数据分析，但并非所有可用数据都能得到处理，因此有必要提取样本进行分析。这不仅涉及间接数据（例如，文档），还涉及直接数据及其收集（例如，受访者），以便后续对数据进行分析。

在可以充分利用计算能力的定量分析研究中，最常用的采样方法之一是随机抽样：随机抽取大量案例进行分析。这种方法需要相对较多的案例，因此随机抽样的结果会具有*统计*意义。例如，如果要估计 1 000 000 人中进行代码评审的开发人员的比例，则必须随机抽样 16 317 个案例，以达到 99% 的置信度，误差为 1%[44]。虽然计算成本高，但通过定量分析很容易达到这样的数量。

鉴于在定性分析研究中手动编码数据的困难，随机抽样可能导致非最优样本。下面将解释如何对所考虑的两个定性研究进行抽样，首先进行的是直接数据收集，然后是独立数据收集。

9.5.1.1 直接数据采样

如前所述，定性分析研究的主要目标之一是从第三者的角度观察与其相关的一种现象。因此，收集定性分析数据的最常用方法之一是通过观察和访谈来直接收集数据。通过观察和访谈，常常可以收集到准确而细致的信息，从而揭示参与者的观点。

然而，访谈更看重深度而不是数量。访谈和随之而来的非数值数据分析比较耗时，并非所有候选人都愿意参与调查并回答访谈问题。在所考虑的两个定性分析研究中，笔者使用不同的方法对访谈参与者进行抽样。

Rigby 和 Storey[3] 在 Apache 和 Subversion 项目的开发人员中选择受访者。他们根据所执行的基于电子邮件的评审数量对开发人员进行排名，他们向每个项目的*前五名*评审者发送了一份访谈请求。研究人员的目的是访问评审数量最多的评审者，以便从他们丰富的经验和日常实践中学习，从而了解专家们处理 OSS 系统上提交的补丁的方式。总体而言，他们访谈的受访者包括 9 名核心开发人员，这些开发人员要么拥有提交者权限，要么就是某个模块的维护者。

Bacchelli 和 Bird[6] 选择了微软不同产品团队（例如 Excel 和 SQLServer）的受访者。他们根据自 CodeFlow 引入以来所做的评审数量对开发人员进行了抽样调查（参见 9.3.3 节）：他们联系了 100 名随机选择的候选人，这些候选人都进行过 50 至 250 次代码评审。在这种情况下，他们没有直接选择评审数量最高的评审者，而是选择了具有平均中高评审水平的人员作为样本。实际上，他们的目的是了解进行代码评审的开发人员的动机。他们访谈的受访者包括 17 人：5 名开发人员、4 名高级开发人员、6 名测试人员、1 名高级测试人员和 1 名软件架构师。他们在公司工作的时间从 18 个月到近 10 年不等，中值为 5 年。

9.5.1.2 间接数据采样

尽管如本章其余部分所示，在采用定量分析方法时，完全可以使用间接代码评审数据，但定性分析方法并非如此。事实上，如果研究人员愿意定性分析电子邮件中或代码评审工具生成的归档中记录的评审意见，他们必须对这些数据进行抽样使其易于管理。

Rigby 和 Storey[3] 分析了六个 OSS 项目的基于电子邮件的评审，Bacchelli 和 Bird[6] 分析了 CodeFlow 在微软不同产品组中进行代码评审期间记录的代码评审评论。在这两种情况下，由于没有其他参与者，研究人员可以分析数百份文件。

9.5.1.3 数据饱和

尽管大部分定性分析需要在数据收集之后开展，但定性分析研究人员实际上在整个数据收集过程中就分析了他们的数据。出于此原因，在定性分析研究中，可以依靠*数据饱和度*来验证样本的大小是否能够满足所设定的研究目标 [10]。数据饱和发生在直接数据收集和间接数据收集过程中，并且当研究人员不再从样本中看到、听到或读到新信息时就认为发生了数据饱和。

在这两项研究中，数据点的数量——例如，评审和可能的受访者——远远大于任何一组研究人员能够合理分析的数量。在分析过程中，当数据中没有出现新的模式时，则认为已达到数据饱和，研究人员停止引入新的数据点并开始下一阶段的分析。

9.5.2 数据收集

下文描述了这两项研究中的研究人员是如何通过访谈和观察在抽样阶段选择研究参与者并进行数据收集的。在这两项研究中，数据收集阶段的目标是通过采用研究参与者的观点来获得对代码评审实践的理解（这通常是定性分析研究的主要目标[41]）。此外，还简要解释了他们如何收集有关代码评审的间接数据。

9.5.2.1 对微软的观察和访谈

在微软进行的研究中，与参与者的会议包括两部分：观察和随后的*半结构化*访谈[45]。

在发送给候选参与者的电子邮件中，Bacchelli 和 Bird 邀请开发人员在收到下一个评审任务时通知他们，以便研究人员可以到参与者的办公室（这发生在通知后的 30 分钟内）观察开发人员如何进行评审。为了尽量减少侵入性和霍桑效应[46]，只有一位研究人员参加会议并观察了评审过程。为了鼓励参与者叙述他们的工作（从而收集更多的非数值型数据），研究人员要求参与者将其视为团队的新手。通过这种方式，大多数开发人员无须提示便可进行有声思维。

在确保参与者匿名的情况下，允许记录会议的音频。记录并非是所有定性研究方法学家都同意的做法[10]。在这项研究中，研究人员偏好录制音频有两个原因：为未参加会议的研究人员分析数据；会议中的研究人员可以在访谈期间专注于观察和与参与者的互动。由于作为观察员的研究人员拥有微软软件开发和实践的背景，他们可以在无须咨询的情况下理解大部分工作以及获取信息的地点和方式。

在观察之后，进入会议的第二个环节，即半结构化的访谈。该访谈使用了一个*访谈指南*，其中包含主题和问题的一般分组，而不是使用预先确定的确切集和问题顺序。半结构化访谈通常用于探索性的环境，以“*找出正在发生的事情 [和] 寻求新的见解*”[47]。

研究人员通过分析以前微软关于代码评审实践的内部研究，并参考学术文献，设计了该指南的第一版。然后，在每次访谈之后，指南被迭代地改进，特别是当开发人员开始提供与之前非常相似的答案时，指南达到饱和。

在前五次或六次会议之后，观测结果达到了饱和点。出于此原因，研究人员调整了会议时间，以便进行较短的观察。此时他们只将观察作为与参与者互动的起点，并作为在访谈指南中话题谈论的一个引子。

在每次访谈结束时，研究人员对音频进行分析，然后将其转录并分解成较小的连贯单元，以供后续分析。

9.5.2.2 间接数据收集：评审评论和电子邮件

正如前面章节所示，代码评审工具为数据分析存档了大量有价值的信息；类似地，邮件列表存档了有关补丁及其接受情况的讨论。虽然部分数据是数值型的，但大量信息是非数值型数据——例如，代码评审相关的评论。此信息是定性分析的理想选择，因为它包含代码了评审过程中开发人员的意见、交互和一般行为的轨迹。

Bacchelli 和 Bird 从 CodeFlow 数据中随机选择了 570 条代码评审相关的评论，这些评论涉及微软的 10 多个不同产品团队。他们只考虑了有两条评论以上的线程中的评论，以便他们确信其中存在开发人员之间的交互。考虑到他们有兴趣度量评论的类型，从定量分析的角度来看，该数量的置信度为 95%，误差为 8%。

Rigby 和 Storey 随机抽样了 200 个针对 Apache 的电子邮件评论，其中 80 个用于 Subversion、70 个用于 FreeBSD、50 个用于 Linux 内核，和 40 个针对 KDE 的电子邮件评论，其中 20 个是 Bugzilla 评论。在每个项目中，当前一项目的主要主题再次出现时，表明已经达到饱和，并且没有必要为每个项目相同数量的评审进行编码。

9.5.3 微软数据的定性分析

为了对从观察、访谈和记录的代码评审评论中收集的数据进行定性分析，Bacchelli 和 Bird 使用了两种技术：*卡片分类*和*亲和图法*。

9.5.3.1 卡片分类

为了对访谈和观察过程中出现的代码分组，Bacchelli 和 Bird 进行了*卡片分类*。卡片分类是信息体系结构中广泛使用的一种分类技术，用于创建心理模型并从输入数据中导出分类[48]。在他们的例子中，它有助于将代码组织成层次结构，以推断出更高层次的抽象并识别共同主题。卡片分类包括三个阶段：*准备阶段*，选择卡片分类的参与者并创建卡片；*执行阶段*，卡片被分类为具有描述性标题的有意义的组；*分析阶段*，形成抽象层次结构以推导出一般类别。

Bacchelli 和 Bird 采用了*开放式卡片分类*：没有预定义的组。组是在分类过程中出现并逐渐演化。而闭合式卡片分类有预定的组，并且通常是在预先知道主题时应用此方法，本节的研究不属于这种情况。

Bacchelli 创建了所有卡片，这些卡片来自访谈数据生成的 1047 个连贯单元。在进一步分析中，其他研究人员（Bird 和外部人员）参与类别的设计并将这些创建的卡片归类到相应类别，以加强结果的有效性。在该过程中，Bacchelli 承担了特殊的角色，确保在分类过程中适当考虑每个问题的背景，并创建初始类别。为了确保类别的完整性，Bacchelli 对卡片进行了多次分类。为了减少 Bacchelli 对卡片进行分类以形成初始主题过程中的偏见，所有研究人员都对最终的类别集合进行了评审并达成了一致意见。

同样的方法被应用于将代码评审相关的评论进行分类：Bacchelli 和 Bird 为每个评论打印了一张卡片（以及整个讨论线程以提供上下文），并如访谈所执行的那样进行卡片分类，以识别共同的主题。

9.5.3.2 亲和图法

Bacchelli 和 Bird 使用*亲和图*来组织卡片分类中出现的类别。这种技术允许将大量观点分组，以供评审和分析[49]，它用于生成卡片分类中出现的主题的概述，以便连接相关概念并推导出主要主题。为了生成亲和图，Bacchelli 和 Bird 遵循了五个步骤：在便利贴上记录类别；将它们贴到墙上；根据讨论对类别进行分类，直到所有类别都已经被分类，并且所有参与者的分类意见达成一致；对每个小组进行命名；捕获并讨论主题。

9.5.4 将扎根理论应用于归档数据以理解 OSS 评审

前面的示例演示了如何使用卡片分类和亲和图分析从访谈和观察中收集的数据。定性分析也可以应用于归档数据的分析，例如代码评审记录（如图 9-5）。为了提供定性分析的第二个视角，这里介绍了 Rigby 和 Storey[3] 用于六个 OSS 项目的代码评审讨论的方法。下节将介绍此分析中出现的一个主题：补丁集。补丁集是一组相关的补丁，可实现更大的功能或修复，并一起进行评审。

电子邮件评审样本的分析遵循 Glaser 的扎根理论方法[10]，其中人工分析揭示了新兴的抽象主题。这些主题是从研究人员使用的描述性编码中得到的，以记录他们的观察结果。扎根理论使用的一般步骤如下：记笔记、编码、备忘录、分类和撰写㊀。这里根据 Rigby 和

㊀ 扎根理论的简单实践解释：http://www.aral.com.au/resources/grounded.html。2014 年 3 月访问。

Storey 的研究背景，详细介绍这些步骤：

```
> index f8c450a..11af27f 100644

> +#ifdef CONFIG_MMC_SDHCI_BCM2835_VERIFY_WORKAROUND
> +       struct sdhci_pltfm_host *pltfm_host = sdhci_priv(host);
> +       struct bcm2835_sdhci_host *bcm2835_host = pltfm_host->priv;
> +
> +       if (bcm2835_host->previous_reg == reg) {
> +               if ((reg != SDHCI_HOST_CONTROL)
> +                       && (reg != SDHCI_CLOCK_CONTROL)) {

The comment in patch 3 says the problem doesn't apply to the data
register. Why does this check for these two registers rather than data?

> +                       dev_err(mmc_dev(host->mmc),
> +                       "back-to-back write to 0x%x\n", reg);

The continuation line should be indented at least one more level here.
```

reviewer comment interleaved with code

Question indicating possible defect

style fix

图 9-5　在留白处写了三个编码的评审示例片段：某种修复、可能存在缺陷的问题以及交错注释

1）*记笔记*。记笔记包括创建数据摘要而不对事件进行任何解释[10]。每个评审中的评论按时间顺序进行分析。由于补丁通常会占用许多具有技术细节的内容，因此研究人员首先总结了每个评论线程的摘要。摘要揭示了高级别的事件，例如评审人如何互动和回应。

2）*编码*。编码提供了一种对重复事件进行分组的方法。通过打印和阅读摘要以及在留白处编写代码来对评审进行编码，编码说明了评审使用的技术以及利益相关者之间相互作用的类型和风格。图 9-5 所示的例子中加下划线的部分结合了记笔记和编码。

3）*备忘录*。备忘录是扎根理论的一个重要方面，是区分其他定性分析方法的重要因素。将从个人评审中发现的编码组合在一起，并抽象为描述新主题的简短备忘录。如果没有此步骤，研究人员就无法抽象编码并呈现“故事”，无法对现象的重要方面进行高级描述。

4）*分类*。通常，在一篇文章中报告的编码和备忘录太多。研究人员必须确定核心备忘录，将它们分类为一组相关主题。这些核心主题成为扎根的“理论”。主题是评审者向作者询问有关其代码的问题的方式。

5）*撰写*。撰写报告只是简单地对每个主题所收集的证据进行描述。每个核心主题需要追溯到抽象的备忘录、编码以及产生主题的数据点，然后再进行撰写。一个常见的错误是包含太多低级细节和引用[10]。在 Rigby 和 Storey 的工作中，主题在整篇文章中以段落和章节标题的形式表示。

9.6　三角互证

三角互证“涉及使用多种不同的方法、调查者、来源和理论来获得确凿的证据”[50]。由于每种方法和数据集具有不同的优势和弱点，当它们组合时可某种程度上相互抵消其弱点，三角互证减少了研究中的总体偏差。例如，调查和访谈数据受到参与者自我报告过去发生的事件的偏见的影响。相比之下，归档数据是真实通信的记录，不会受到自我报告偏见的影响。但是，由于归档数据是在没有规定研究议程的情况下收集的，因此通常会缺少研究人员需要回答相应问题的信息。这些缺失的信息可以通过访谈进行补充。

在本节中，首先描述了 Bacchelli 和 Bird[6] 如何使用三角互证对他们的发现进行后续调查。其次，通过描述 Linux 上分支评审的定性分析，对 9.4 节中关于多次提交评审的定量分析结果进行三角互证。然后，手动将 9.4 节中的多次提交评审编码为 Gerrit 和 GitHub 项目中的分支或修订。最后，对 GitHub 评审结果为拒绝的原因进行定性和定量分析。

9.6.1　使用调查来三角互证定性结果

Bacchelli 和 Bird 针对代码评审的期望、结果和挑战的调查采用了定量和定性混合的分析方法，该方法收集了不同来源的数据以进行三角互证。图 9-6 显示了所采用的整体研究方法，以及如何使用不同的数据源得出结论：对先前研究的分析，与开发者的会议（观察和访谈），会议数据的卡片分类，代码评审相关评论的卡片分类，亲和图，管理者和程序员的调查分析。

上述的前 5 点在 9.5 节中已进行过介绍，它涉及非数值型数据的收集和分析；本节则专注于使用调查进行额外的三角互证。图 9-6 中，可以看到该方法包含两种不同的数据来源：基于观察和访谈的直接数据收集，以及基于代码评审归档中的评论分析的间接数据收集。虽然这两个来源是互补的，可用于学习不同的信息，以最终揭示问题背后的本质，但它们都受到数量有限的数据点的影响。为了克服此问题，Bacchelli 和 Bird 使用调查来验证，即采用一个更大的、具有统计意义的样本，这是从其他来源收集的数据分析中得到的概念。

实践中，他们创建了两个调查并将其发送给大量参与者，并对其定性分析的结论进行了三角互证。完整的调查参见其技术报告 [51]。对于调查的设计，Bacchelli 和 Bird 遵循 Kitchenham 和 Pfleeger [52] 的指南来进行个人意见调查。尽管他们原本可以将调查发送给微软的所有员工，但考虑到选择的数据具有统计意义，也不必给无关人员带来不便。这两项调查都是匿名的，以提高答复率 [53]。

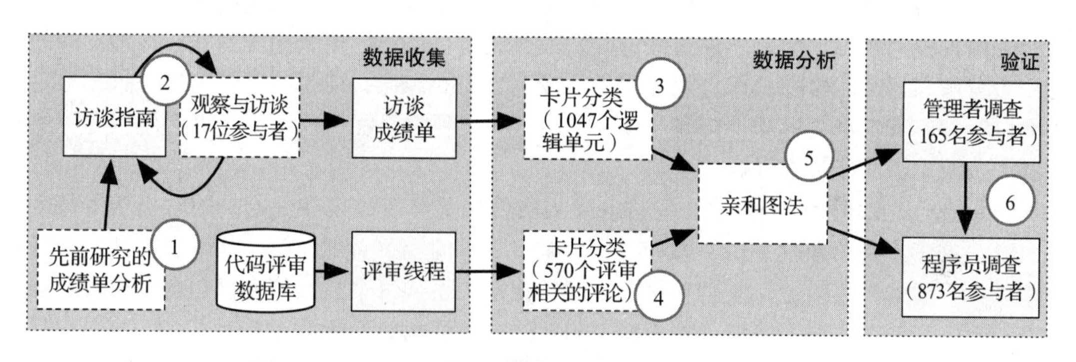

图 9-6　Bacchelli 和 Bird[6] 使用的基于三角互证的方法

他们将第一项调查发送给管理人员。他们认为管理人员手下至少有一半的团队成员定期进行代码评审（平均每周多次），并按照两个维度进行抽样。第一个维度是管理人员从年初以来自己是否参与过代码评审，第二个维度是管理人员是管理一个团队还是多个团队（管理者的管理者）。因此，他们有一个参与评审的一级管理人员样本和一个参与评审的二级管理人员样本等。第一项调查是一个简短的调查，包括六个问题（全部是可选的），他们发给了 600 名管理者，每名管理者至少有 10 名使用 CodeFlow 的开发人员直接或间接报告给他。关注点是一个开放的问题，要求管理者在他们的团队中列举进行代码评审的主要动机。他们收到了 165 个答案（28% 的答复率），并在设计第二项调查之前对这些答案进行了分析。

第二项调查包括 18 个问题，主要是具有多选答案的封闭式问题，并发送给 2000 个随机选择的开发人员，这些开发人员自年初以来平均每周至少进行一次代码评审。他们使用 2012 年 1 月至 6 月的时间间隔来最小化该时间段内的组织流失量，并确定员工在当前角色和团队中的活动。该调查收到了 873 个答案（44% 的答复率）。两个答复率都很高，因为软件工程的其他在线调查报告的答复率在 14% 到 20% 之间[54]。

虽然调查还包括开放性问题，但它们大多基于封闭式问题，因此可用作统计分析的基础。由于受访者人数众多，Bacchelli 和 Bird 可以通过更大的数据集对其定性结果进行三角互证，从而提高其结果的有效性。

9.6.2 Linux 中多次提交的分支如何评审

9.4 节的定量分析比较了单一提交和多次提交的评审，发现没有明确的基于项目规模和评审工具类型（即 Gerrit、GitHub 或基于电子邮件的评审）的评审模式。为了强化该发现并理解它们背后的实践，我们定性检查了如何在 Linux 上处理多次提交。多次提交的评审中常常包含与单个特征或修复相关的补丁。下节将使用封闭式编码来确定其他项目组是否按功能提交，或者多次提交评审是否表示原始提交的修订。

Linux 内核使用邮件列表，而不是在 Gerrit 中或作为 GitHub 下拉请求进行评审。每个评审都是以电子邮件形式进行的一个线程。线程中的第一条消息包含补丁，随后的回复是评审反馈的评论和讨论（Rigby 和 Storey[3] 关于这一点提供了更多细节）。根据 OSS 项目的代码评审策略，要求各个补丁最小化、功能独立且完整[2]。OSS 开发人员的访谈也表明了他们偏好微型补丁，有些人表示他们拒绝评审大补丁，直到它们被拆分成小补丁。对于 Linux 项目的核心开发人员 Iwai 来说，“如果它（大补丁）无法拆分，那么就会出现问题（例如，变更存在结构性问题）。”但是，通过强迫开发人员制作小补丁，更大的贡献将在许多不同的线程中被分解和评审。这种分解分隔并减少了专家之间的沟通，使得很难将大型贡献作为一个单元进行评审。测试人员和评审者必须手动将这些线程组合在一起。受访者抱怨组合一组相关补丁来测试新功能是很困难的。

Linux 开发人员使用补丁集，允许开发人员将相关修改分组在一起，同时仍然将每个补丁分开。补丁集是单个电子邮件线程，包含多个编号的相关贡献。第一封电子邮件包含将贡献联系在一起的高级描述，并解释它们之间的相互关系。每个后续消息都包含完成较大修改所需的下一个补丁程序。例如，补丁集中的邮件主题可能如下所示㊀：

- 补丁 0/3：修复和整合 foobar 和 bar（无代码修改）。
- 补丁 1/3：修复 foobar。
- 补丁 2/3：将现有 bar 与 foobar 进行整合。
- 补丁 3/3：在 bar 上更新文档。

补丁集实际上是小补丁提交的一个分支，它实现了更大的变更。版本控制系统 Git 包含一个可以将分支作为补丁集发送到邮件列表以进行代码评审的功能[55]。

注意让每个子贡献尽量小、独立和完整。此外，贡献按照它们应该提交给系统的顺序列出（例如，必须在将 foobar 与 bar 组合之前提交对 foobar 的修复）。评审者可以响应整个补丁（即，0/N），也可以响应任何单个补丁（即，n/N，n>0）。随着评审者的回应，子线程可以解决子问题。但是，对于测试人员和经验不足的评审者来说，将补丁集作为单个单元应用于测试目的仍然很简单。补丁集代表了在较大问题的整体与局部之间创建精细但有效的划分的完美示例。

㊀ Linux 补丁集：http://lkml.org/lkml/2008/5/27/278。2014 年 1 月访问。

9.6.3　封闭式编码：GitHub 和 Gerrit 上的分支或修订

多次提交评审可以是一组相关的提交（分支或补丁集）或某个提交的修订。我们对来自每个项目的 15 个随机抽样的多次提交评审进行初步分析，以了解正在进行的评审类型。在为每个基于 GitHub 的项目编写的 15 项评审中，Rails、WildFly 和 Katello 的分支分别占 73%、86% 和 60%。这些项目以类似于 Linux 的方式进行分支评审，但没有在高层次上描述变更的形式。每个变更都有一行提交描述，清楚地表明它与分支中下一个提交的联系。例如，以下拉取请求中的提交实现了相同变更的两个部分㊀：

- 提交 1："修改了 CollectionAssociation 以引用新的类名。"
- 提交 2："修改了 NamedScopeTest 以使用 CollectionAssociation。"

WildFly 在分支评审中的比例最高，这可以解释为什么在检查的所有项目中它修改的行数最多，而且评审间隔时间最长（参见 9.4 节）。

对于 GitHub，注意到一些多次提交评审是大规模合并而不是单个功能变更㊁。检查"大规模"合并的评审会很有趣。

对于 Android 和 Chrome，我们发现随机选择的评审都不是分支，这一结果令人惊讶。每个多次提交评审都涉及单一提交的修订。虽然有必要开展工作来确定这是一种事实上的做法还是由政策强制执行的措施，但谷歌倾向于将其提交到一个分支 [56]。此外，正如在 Linux 中所做的那样，Gerrit 评审系统中"补丁集"的概念通常适用于补丁的更新版本而不是分支 [19]。

9.6.4　理解拉取请求为什么被拒绝

作为涉及三角互证的定性定量混合研究的最后一个例子，本章建设性地提出了关于为什么在 GitHub 项目中拒绝拉取请求评审的新发现。之前的工作发现，在成功的大型 OSS 项目中，补丁接受率相对较低。Bird 等人 [17] 发现三个 OSS 项目的接受率在 25% 到 50% 之间。在 Asundi 和 Jayant[16] 调查的六个项目中，他们发现 28% 到 46% 的非核心开发人员的补丁被忽略了。对 Firefox 和 Mozilla 的 Bugzilla 补丁拒绝率为 61%[28] 到 76%[15]。相比之下，虽然大多数提议的 GitHub 的拉取请求被接受 [9]，但有趣之处在于探索为什么有些没有被接受。尽管文本分析工具（例如，自然语言处理和主题建模）逐渐成熟，但它们仍然难以准确地捕获和分类诸如拒绝正在评审的代码之类的复杂动作背后的基本原理。因此，研究人员需要采用定性分析方法。

在 GitHub 代码评审的上下文中，手动编码了 350 个拉取请求并对拒绝原因进行了分类。采用三位独立编码器进行了编码。最初，第一个编码器使用 100 个拉取请求来识别关闭拉取请求的离散原因（自举样本），而所有三个编码器使用另外的 100 个拉取请求来验证所识别的类别（交叉验证样本）。验证之后，合并了两个数据集，并且另外 150 个随机选择的拉取请求被添加到自举样本以构建最终分析的数据集，总共 350 个拉取请求。对不同拉取请求集合的类别的交叉验证表明，所识别的类别足以对关闭拉取请求的所有原因进行分类。结果如表 9-4 所示。

㊀　拉取请求示例：https://github.com/rails/rails/pull/513/commits。2014 年 3 月访问。
㊁　大规模拉取请求示例 : https://github.com/Katello/katello/pull/1024。

表 9-4　评审中拒绝代码的原因

原　因	描　　述	比　例
过时	随着项目的进展，拉取请求不再相关	4
冲突	该功能目前正由其他拉取请求或另一个分支实现	5
取代	新的拉取请求可以更好地解决问题	18
重复	在提交拉取请求之前，该功能已在项目中	2
多余	拉取请求不能解决现有问题或添加项目所需的功能	6
延期	提出的变更被推迟，以供将来进一步调查	8
过程	拉取请求不遵循发送和处理拉取请求的正确约定方式	9
测试	测试运行失败	1
实现错误	该功能的实现不正确，缺失或不符合项目标准	13
合并	拉取请求被人工检查员标记为合并	19
未知	由于缺乏信息，无法分类拉取请求	15

结果表明，拒绝接受评审的代码没有明显的理由。但是，如果将具有时间维度（过时、冲突、取代）的关闭原因组合在一起，会看到 27% 的未合并的拉取请求因为项目分支中代码的同时修改而被关闭。另外 16%（多余、重复、延期）由于贡献者未正确识别项目方向并提交了无用的修改而被关闭。与项目过程和质量要求（过程、测试）有关的 10% 的贡献被拒绝，这可能是因为过程未得到充分沟通或未达到严格的代码评审流程的指标。最后，13% 的贡献被拒绝是因为代码评审发现实现中存在错误。

只有 13% 的贡献因技术问题而被拒绝，而技术问题是代码评审的主要原因，而 53% 因为与现代代码评审的分布式性质或项目处理其目标和实践的沟通方式有关而被拒绝。此外，还有 15% 的拉取请求，人工检查无法确定拒绝它们的原因，即使是深入的人工分析也可能产生不太理想的结果。

9.7　结论

本章使用笔者之前的研究工作来说明如何将定性和定量分析方法结合起来以理解代码评审[3,5-6,9]。首先总结了代码评审的类型，并提出了可以抽取的不同度量的元模型。通过介绍 Rigby 和 Storey[3] 如何使用扎根理论来理解 OSS 开发人员如何交互和管理以在大型邮件列表上有效地进行评审，来说明 9.5 节中的定性分析方法。然后，将此方法与 Bacchelli 和 Bird[6] 使用的卡片分类和亲和图法进行对比，以调查受访的管理者和开发人员关于微软使用代码评审工具和评审过程的动机和要求。

为了阐明开展混合方法的研究，特意将多次提交评审与单一提交评审进行了对比，并介绍了新的发现。9.4 节提出了定量分析方法。虽然对项目或评审类型（即 Gerrit、GitHub 和基于电子邮件的评审）进行比较时，没有发现明确的模式，但研究发现多次提交评审需要更长时间并且涉及的代码多于单一提交评审，而且多次提交评审中每次评审人数相同。通过手动检查多次提交评审的执行方式对定量结果进行了三角互证（见 9.6.2 节和 9.6.3 节）。对于 Linux，发现多次提交评审涉及补丁集，它是对分支的评审。对于 Android 和 Chrome，多次提交评审是对单一提交的修订的评审。对于 GitHub 项目，Rails、WildFly 和 Katello 在评审期间有各种分支评审和提交修订。作为最后的贡献，本章提出了新的定性和定量分析结果，以解释为什么对 GitHub 拉取请求的评审会被拒绝（9.6.4 节）。

参考文献

[1] Fagan M. Design and code inspections to reduce errors in program development. IBM Syst J 1976;15(3):182–211.

[2] Rigby PC, German DM, Storey MA. Open source software peer review practices: a case study of the apache server. In: ICSE '08: Proceedings of the 30th international conference on software engineering. New York, NY, USA: ACM; 2008. p. 541–50. ISBN 978-1-60558-079-1. doi:10.1145/1368088.1368162.

[3] Rigby PC, Storey MA. Understanding broadcast based peer review on open source software projects. In: Proceeding of the 33rd international conference on software engineering, ICSE '11. New York, NY, USA: ACM; 2011. p. 541–50. ISBN 978-1-4503-0445-0.

[4] Rigby P, Cleary B, Painchaud F, Storey MA, German D. Contemporary peer review in action: lessons from open source development. IEEE Softw 2012;29(6):56–61. doi:10.1109/MS.2012.24.

[5] Rigby PC, German DM, Cowen L, Storey MA. Peer review on open source software projects: parameters, statistical models, and theory. ACM Trans Softw Eng Methodol 2014:34.

[6] Bacchelli A, Bird C. Expectations, outcomes, and challenges of modern code review. In: Proceedings of the international conference on software engineering. Washington, DC, USA: IEEE Computer Society; 2013.

[7] Rigby PC, Bird C. Convergent contemporary software peer review practices. In: Proceedings of the 9th joint meeting on foundations of software engineering, ESEC/FSE 2013. New York, NY, USA: ACM; 2013. p. 202–12. ISBN 978-1-4503-2237-9. doi:10.1145/2491411.2491444.

[8] Mukadam M, Bird C, Rigby PC. Gerrit software code review data from android. In: Proceedings of the 10th working conference on mining software repositories, MSR '13. Piscataway, NJ, USA: IEEE Press; 2013. p. 45–8. ISBN 978-1-4673-2936-1. URL: http://dl.acm.org/citation.cfm?id=2487085.2487095.

[9] Gousios G, Pinzger M, Deursen Av. An exploratory study of the pull-based software development model. In: Proceedings of the 36th international conference on software engineering, ICSE 2014. New York, NY, USA: ACM; 2014. p. 345–55. ISBN 978-1-4503-2756-5. doi:10.1145/2568225.2568260.

[10] Glaser B. Doing grounded theory: issues and discussions. Mill Valley, CA: Sociology Press; 1998.

[11] Creswell J. Research design: qualitative, quantitative, and mixed methods approaches. Thousand Oaks: Sage Publications, Inc.; 2009. ISBN 141296556X.

[12] Yin RK. Case study research: design and methods. In: Applied social research methods series, vol. 5. 3rd ed. Thousand Oaks: Sage Publications Inc.; 2003.

[13] Wiegers KE. Peer reviews in software: a practical guide. In: Addison-Wesley information technology series. Boston, MA: Addison-Wesley; 2001.

[14] Guzzi A, Bacchelli A, Lanza M, Pinzger M, van Deursen A. Communication in open source software development mailing lists. In: Proceedings of MSR 2013 (10th IEEE working conference on mining software repositories); 2013. p. 277–86.

[15] Nurolahzade M, Nasehi SM, Khandkar SH, Rawal S. The role of patch review in software evolution: an analysis of the Mozilla Firefox. In: International workshop on principles of software evolution; 2009. p. 9–18. ISBN 978-1-60558-678-6.

[16] Asundi J, Jayant R. Patch review processes in open source software development communities: a comparative case study. In: HICSS: proceedings of the 40th annual Hawaii international conference on system sciences; 2007. p. 10.

[17] Bird C, Gourley A, Devanbu P. Detecting patch submission and acceptance in OSS projects. In: MSR: proceedings of the fourth international workshop on mining software repositories. Washington, DC, USA: IEEE Computer Society; 2007. p. 4.

[18] Schwartz R. Interview with Shawn Pearce, Google Engineer, on FLOSS Weekly. http://www.youtube.com/watch?v=C3MvAQMhC_M.

[19] Gerrit. Web based code review and project management for Git based projects. http://code.google.com/p/gerrit/.

[20] Nagappan N, Ball T. Use of relative code churn measures to predict system defect density. In: Proceedings of the 27th international conference on software engineering, ICSE '05. New York, NY, USA: ACM; 2005. p. 284–92. ISBN 1-58113-963-2. doi:10.1145/1062455.1062514.

[21] Weißgerber P, Neu D, Diehl S. Small patches get in! In: MSR '08: proceedings of the 2008 international working conference on mining software repositories. New York, NY, USA: ACM; 2008. p. 67–76. ISBN 978-1-60558-024-1.

[22] Baysal O, Kononenko O, Holmes R, Godfrey M. The influence of non-technical factors on code review. In:

Proceedings of the 20th working conference on reverse engineering (WCRE); 2013. p. 122–31.
[23] Anvik J, Hiew L, Murphy GC. Who should fix this bug? In: ICSE '06: proceedings of the 28th international conference on software engineering. New York, NY, USA: ACM; 2006. p. 361–70. ISBN 1-59593-375-1.
[24] Giger E, Pinzger M, Gall H. Predicting the fix time of bugs. In: Proceedings of the 2nd international workshop on recommendation systems for software engineering, RSSE '10. New York, NY, USA: ACM; 2010. p. 52–6. ISBN 978-1-60558-974-9. doi:10.1145/1808920.1808933.
[25] Ratzinger J, Pinzger M, Gall H. EQ-mine: predicting short-term defects for software evolution. In: Proceedings of the 10th international conference on fundamental approaches to software engineering, FASE'07. Berlin: Springer-Verlag; 2007. p. 12–26. ISBN 978-3-540-71288-6. URL: http://dl.acm.org/citation.cfm?id=1759394.1759399.
[26] Pham R, Singer L, Liskin O, Figueira Filho F, Schneider K. Creating a shared understanding of testing culture on a social coding site. In: Proceedings of the 2013 international conference on software engineering, ICSE '13. Piscataway, NJ, USA: IEEE Press; 2013. p. 112–21. ISBN 978-1-4673-3076-3. URL: http://dl.acm.org/citation.cfm?id=2486788.2486804.
[27] Girba T, Ducasse S, Lanza M. Yesterday's weather: guiding early reverse engineering efforts by summarizing the evolution of changes. In: Proceedings of the 20th IEEE international conference on software maintenance; 2004. p. 40–9. doi:10.1109/ICSM.2004.1357788.
[28] Jeong G, Kim S, Zimmermann T, Yi K. Improving code review by predicting reviewers and acceptance of patches. Technical Memorandum ROSAEC-2009-006, Research On Software Analysis for Error-free Computing Center, Seoul National University; 2009.
[29] Beller M, Bacchelli A, Zaidman A, Juergens E. Modern code reviews in open-source projects: which problems do they fix? In: Proceedings of MSR 2014 (11th working conference on mining software repositories); 2014. p. 202–11.
[30] Dabbish L, Stuart C, Tsay J, Herbsleb J. Social coding in Github: transparency and collaboration in an open software repository. In: Proceedings of the ACM 2012 conference on computer supported cooperative work, CSCW '12. New York, NY, USA: ACM; 2012. p. 1277–86. ISBN 978-1-4503-1086-4. doi:10.1145/2145204.2145396.
[31] Bird C, Gourley A, Devanbu P, Swaminathan A, Hsu G. Open borders? Immigration in open source projects. In: MSR '07: proceedings of the fourth international workshop on mining software repositories. Washington, DC, USA: IEEE Computer Society; 2007. p. 6. ISBN 0-7695-2950-X.
[32] Shihab E, Jiang Z, Hassan A. On the use of Internet Relay Chat (IRC) meetings by developers of the GNOME GTK+ project. In: MSR: proceedings of the 6th IEEE international working conference on mining software repositories. Washington, DC, USA: IEEE Computer Society; 2009. p. 107–10.
[33] Kampstra P. Beanplot: a boxplot alternative for visual comparison of distributions. J Stat Softw 2008;28(Code Snippets 1):1–9.
[34] Kollanus S, Koskinen J. Survey of software inspection research. Open Softw Eng J 2009;3:15–34.
[35] Porter A, Siy H, Mockus A, Votta L. Understanding the sources of variation in software inspections. ACM Trans Softw Eng Methodol 1998;7(1):41–79.
[36] Votta LG. Does every inspection need a meeting? SIGSOFT Softw Eng Notes 1993;18(5):107–14. doi: 10.1145/167049.167070.
[37] Sauer C, Jeffery DR, Land L, Yetton P. The effectiveness of software development technical reviews: a behaviorally motivated program of research. IEEE Trans Softw Eng 2000;26(1):1–14. doi:10.1109/32.825763.
[38] Laitenberger O, DeBaud J. An encompassing life cycle centric survey of software inspection. J Syst Softw 2000;50(1):5–31.
[39] Cohen J. Best kept secrets of peer code review. Beverly, MA: Smart Bear Inc.; 2006. p. 63–88.
[40] Ratcliffe J. Moving software quality upstream: the positive impact of lightweight peer code review. In: Pacific NW software quality conference; 2009.
[41] Ko AJ. Understanding software engineering through qualitative methods. In: Oram A, Wilson G, editors. Making software. Cambridge, MA: O'Reilly; 2010. p. 55–63 [chapter 4].
[42] Burgess RG. In the field: an introduction to field research. 1st ed. London: Unwin Hyman; 1984.
[43] Lethbridge TC, Sim SE, Singer J. Studying software engineers: data collection techniques for software field studies. Empir Softw Eng 2005;10:311–41.
[44] Triola M. Elementary statistics. 10th ed. Boston, MA: Addison-Wesley; 2006. ISBN 0-321-33183-4.
[45] Taylor B, Lindlof T. Qualitative communication research methods. Thousand Oaks: Sage Publications, Inc.; 2010.
[46] Parsons HM. What happened at Hawthorne? new evidence suggests the Hawthorne effect resulted from

operant reinforcement contingencies. Science 1974;183(4128):922–32.
[47] Weiss R. Learning from strangers: the art and method of qualitative interview studies. New York: Simon and Schuster; 1995.
[48] Spencer D. Card sorting: a definitive guide. http://boxesandarrows.com/card-sorting-a-definitive-guide/; 2004.
[49] Shade JE, Janis SJ. Improving performance through statistical thinking. New York: McGraw-Hill; 2000.
[50] Onwuegbuzie A, Leech N. Validity and qualitative research: an oxymoron? Qual Quant 2007;41(2):233–49.
[51] Bacchelli A, Bird C. Appendix to expectations, outcomes, and challenges of modern code review. http://research.microsoft.com/apps/pubs/?id=171426; 2012. Microsoft Research, Technical Report MSR-TR-2012-83 2012.
[52] Kitchenham B, Pfleeger S. Personal opinion surveys. In: Guide to advanced empirical software engineering; 2008. p. 63–92.
[53] Tyagi P. The effects of appeals, anonymity, and feedback on mail survey response patterns from salespeople. J Acad Market Sci 1989;17(3):235–41.
[54] Punter T, Ciolkowski M, Freimut B, John I. Conducting on-line surveys in software engineering. In: International symposium on empirical software engineering. Washington, DC, USA: IEEE Computer Society; 2003.
[55] Git. git-format-patch(1) manual page. https://www.kernel.org/pub/software/scm/git/docs/git-format-patch.html.
[56] Micco J. Tools for continuous integration at Google Scale. Google Tech Talk, Google Inc.; 2012.

第 10 章

The Art and Science of Analyzing Software Data

挖掘安卓应用程序中的异常

Konstantin Kuznetsov*, Alessandra Gorla†, Ilaria Tavecchia‡, Florian Groß*, Andreas Zeller*

Software Engineering Chair, Saarland University, Saarbrücken, Germany IMDEA Software Institute, Pozuelo de Alarcon, Madrid, Spain SWIFT, La Hulpe, Bruxelles, Belgium‡*

10.1 引言

对用户来说，检测移动应用程序是否按预期运行是一个重点问题。每当用户在移动设备上安装一个新的应用程序时，设备就存在被恶意软件攻击的风险，损害用户的利益。安全研究人员主要专注于检测安卓应用程序中的恶意软件，但他们的技术通常是根据一组预定义的已知恶意行为模式来对新应用程序进行检测。这种方法可以很好地检测出使用了已知模式的新恶意软件，但不能防止新的攻击模式。此外，在安卓中，判断软件行为是否合规，*很大程度上取决于当前的使用环境*，所以定义什么是恶意行为，并由此来定义检测恶意软件的关键特征比较困难。

例如，典型的安卓恶意软件会向付费号码发送短信，或从用户那里收集敏感信息，比如手机号码、当前位置和联系人。然而，同样的信息和操作也经常出现在良性应用程序中。例如：向付费号码发送短信是解锁新应用程序功能的一种合法付费方式；跟踪当前位置是导航应用程序必须做的；收集联系人列表并将其发送到外部服务器，是大多数像 WhatsApp 这种免费即时通信应用程序在同步时所做的事情。因此，问题不在于应用程序的行为是否符合特定的恶意模式，而在于*应用程序的行为是否符合预期*。

在笔者之前的工作中，提出了 CHABADA——一种检查*已实现的*应用程序行为与*广告中描述的*应用程序行为 [1] 是否匹配的技术。该研究分析了大约 22 500 个安卓应用程序广告中的自然语言描述，并检查描述是否符合实现的行为，即应用程序编程接口（API）的使用。CHABADA 的关键是通过关联描述和 API 使用来检测异常。

CHABADA 方法包括图 10-1 所示的五个步骤：

1）CHABADA 首先从 Google Play Store 下载了 22 500 多个所谓的“良性”安卓应用程序。

2）CHABADA 在应用程序描述中使用隐含狄利克雷分布（LDA）来为每个应用程序标识*主题*（“theme”“map”“weather”“download”等）。

3）CHABADA 根据相关主题对应用程序进行*聚类*。例如，如果有足够多的应用程序的主要描述主题是“navigation”和“travel”，它们就会形成一个集群。

4）在每个集群中，CHABADA 标识每个应用程序静态访问的 API。它只考虑由*用户权限*控制的*敏感* API。例如，与网络访问相关的 API 由“INTERNET”权限控制。

5）通过使用非监督式学习，CHABADA 可以识别集群中与 API 使用相关的*异常值*。它为每个集群生成一个*应用程序的排序列表*，其中排名靠前的应用程序的 API 使用最不正常，这表明描述和实现之间可能不匹配。因此，未知的应用程序将首先被分配到它们的描述所关联的集群中去，然后被分类为正常或异常。

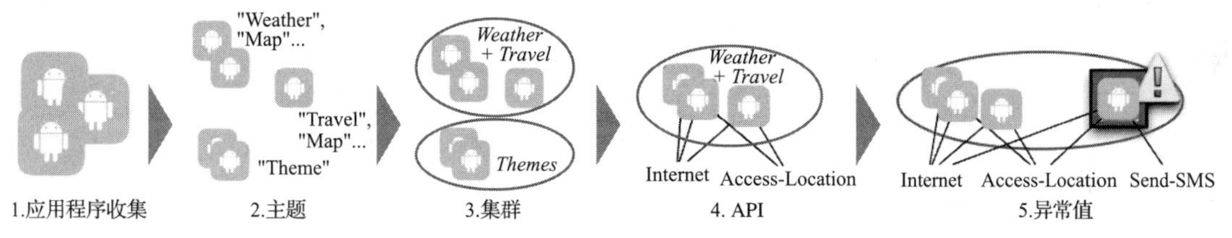

图 10-1 检测具有异常行为的应用程序。从一组“良性”应用程序开始（1）；CHABADA 识别它们的描述主题（2）；形成相关应用程序的集群（3）；CHABADA 标识每个集群所使用的 API（4）；标识在该集群中使用不常见的 API 的异常值（5）㊀

CHABADA 通过标记每个集群中的异常 API 使用情况来检测一组类似的应用程序中的任何可疑的应用程序，因此，可以检测一个应用程序在*广告描述中的行为和实现行为之间是否有任何不匹配*。下面以一个实际的应用程序为例说明这一点。图 10-2 显示了 Official New York Jets 团队应用程序㊁广告的描述，该应用程序可以从 Google Play Store 获得，基于该描述可以清晰地把它归类于“体育”集群。

除了常见的 API 调用之外，所分析的 Official New York Jets 应用程序的版本还可以通过 API 方法 *LocationManager.addGpsStatusListener()* 检查 GPS 定位是否可用，通过 API 方法 *SmsManager.sendTextMessage()* 发送文本消息，这些对于这类应用程序来说是非常少见的操作。这些 API 方法调用与其他类似调用一起，使 Official New York Jets 成为“体育”集群中的一个“异常值”。通过标记这些异常，CHABADA 可以检测虚假广告、常见欺诈、伪装和其他可疑行为。CHABADA 还可以用作恶意软件检测器。通过在一个良性应用程序样本上对其进行训练，CHABADA 可以在之前没有任何恶意行为概念的情况下将新应用程序分为良性或恶意软件。

本章扩展了笔者之前的会议论文 [1]，提出了在如下几方面得到重大改进的新技术：

1）在识别异常时，*对不相关的 API 进行排序*。具体来说，对特定集群中常见的 API（例如，在应用程序中经常使用的网络访问）给予较低的权重。通过对不太常见的行为给予更多的重视，CHABADA 可以更容易地算出异常值。

2）结合一种*新的异常检测技术*。改进后的 CHABADA 的异常检测使用的是一种基于距离的算法，这种算法可以清晰地识别出导致应用程序异常的 API。

3）为了使用 CHABADA 作为恶意应用的分类器，将异常检测作为一个初始步骤，将异常从训练集中排除，这样可以从训练集中*去除噪声*，从而提高分类器的能力。改进后的 CHABADA 可以预测 74% 的恶意软件（以前是 56%），而只有 11% 的误报（以前是 15%）。

4）可以为分类器自动选择*最优参数*。这也有助于将 CHABADA 改进为恶意软件分类器。

该论文的其余部分组织如下。首先在 10.2 节中描述了 CHABADA 如何通过描述主题对应用程序进行聚类。本章在这方面并没有对原有的技术进行改进 [1]，但是为了完整体现本章内容，包含了对这一步骤的描述。10.3 节描述了如何在每个集群中检测与 API 使用相关的

㊀ 基于知识共享 3.0 属性许可中描述的条款，从谷歌创建和共享的作品中复制或修改安卓机器人。
㊁ https://play.google.com/store/apps/details?id=com.yinzcam.nfl.jets。

异常值，重要的是，描述了 CHABADA 使用的新算法，并强调了新方法的优点。10.4 节对 CHABADA 的改进进行了评估。10.5 节讨论了相关工作。10.6 节以结论和未来的工作收尾。

FEATURES:
– News: Real-time breaking news from the Jets, previews of upcoming matchups, post-game blogs
– Video: Video-on-demand clips of Jets' press conferences, coach and player interviews
– Photos: Gallery of game-time action
– Audio: Podcasts
– Stats: Real-time statistics and scores from the official NFL stats engine, head-to-head stats of the matchup, player stats, drive-by-drive stats, box score, out-of-town scores around the league
– Standings: Division and conference standings
– Fantasy: Keep track of your favorite fantasy players
– Depth chart: Shown by offense, defense and special teams
– Social media: Aggregated Twitter of all of your favorite Jets tweeps, check in to the stadium on game-day, one-click tweet of all media items, one-click Facebook posting of all media items
– Digital keepsake: Your game-time moment superimposed on the stadium jumbotron in the form of a unique digital keepsake
– Schedule: Schedule of upcoming games, and scores/stats of previous games from the season, ticket purchase for games
– Concessions: Interactive map of MetLife Stadium with searchable concessions-stands and amenities
– Problem-reporting: Reports of various problems and issues around the stadium
– Evolving home-screen: Pre-game, in-game, post-game, off-season countdown, draft-day
– In-stadium live video and replays: Limited beta test; connect to the MLSOpen Wi-Fi network at MetLife Stadium
Follow us @nyjets on Twitter for updates or visit www.newyorkjets.com. SUPPORT/QUESTIONS: Email support@yinzcam.com or send a tweet to @yinzcam The Official New York Jets app is created and maintained by YinzCam, Inc., on behaff of the New York Jets.

图 10-2 Official New York Jets 应用程序描述

10.2 基于描述对应用进行聚类

CHABADA 遵循的规则很简单：应用程序的描述类似，其行为也应该类似。因此，应该进一步检查与同类应用程序不同行为的应用程序，因为它们更可能具有恶意行为。为此，需要首先描述是什么使两种描述“相似”。首先描述安卓应用程序集合，以及收集方法（10.2.1 节）。经过初步处理（10.2.2 节），CHABADA 识别出应用描述的*主题*（10.2.3 节），然后根据共同主题对应用进行*聚类*（10.2.4 节到 10.2.6 节）。

10.2.1 收集应用程序

CHABADA 是从良性应用的“正常”行为中检测出异常行为。CHABADA 依赖于 Google Play Store 中大量的应用程序，Google Play Store 是安卓应用程序的核心资源。自动爬虫程序在 2013 年冬季和春季期间定期（每两周一次）运行。在 Google Play Store 的 30 个种类中，下载了每一个种类的排名前 150[⊖]的免费应用。脚本每一次完整运行可以收集 4500 个应用程序；因为排名前 150 的应用程序在收集过程中会发生变动，最后在所有类别中总共

⊖ 10.4.4 节将讨论可能存在的偏差。

获得了 32 136 个应用程序。

除了应用程序（作为安卓应用程序包（APK）文件提供），还收集了应用商店中的*元数据*——例如名称和描述。

10.2.2 基于 NLP 对描述进行预处理

在对应用程序描述进行主题分析前，CHABADA 使用自然语言处理（NLP）的标准技术来进行过滤和词干提取 [2]。

在 Google Play Store 中，应用程序描述经常包含多种语言的段落。例如，主要描述是英语，而在描述的最后，开发人员会使用不同的语言添加一个简短的句子来简要描述应用程序。为了能够对类似的描述进行聚类，CHABADA 必须使用一种语言，考虑到英语的优势，故选择了英文。CHABADA 依靠谷歌的*精简语言检测程序*（*Compact Language Detector*㊀）来检测最可能的应用程序描述语言，并删除非英语段落。

经过多语言过滤后，CHABADA 删除*停用词*（常用词如“the”“is”“at”“which”“on”……），并利用*自然语言工具包*（*Natural Language Toolkit*㊁）的强大功能对所有描述进行*词干提取*。词干提取是一种常见的 NLP 技术，用于识别匹配单词的词根，如“playing”“player”和“play”等单词与单个公共词根“plai”匹配。词干提取可以减少单词的数量，从而改善后期 NLP 处理的结果。由于特定的 Python 模块，如 *HTMLParser*㊂，CHABADA 还删除了非文本项，如数字、HTML 标记、链接和电子邮件地址。

例如，考虑图 10-2 中对 Official New York Jets 的描述，经过预处理阶段，得到：

action aggreg amen android anytim anywher app around audio behalf beta blog box break can catch chart check clip coach com concess concessions-stand confer connect countdown creat defens depth devic digit divis draft-dai drive drive-by-dr email engin everi evolv experi facebook fantasi favorit featur follow form galleri game game-dai game-tim head-to-head home-screen in-gam in-stadium inc interact interview issu item jet jumbotron keep keepsak leagu limit live maintain make map matchup media metlif mlsopen mobil moment network new newyorkjet nfl now nyjet off-season offens offici one-click out-of-town part photo player podcast post post-gam pre-gam press preview previou problem problem-report purchas question real-tim replai report schedul score searchabl season see send shown social special stadium stai stand stat statist superimpos support team test ticket touch track tweep tweet twitter uniqu upcom updat us variou video video-on-demand visit want watch wi-fi yinzcam york

在对描述进行预处理之后，从数据集中删除那些描述少于 10 个单词的应用程序。还排除了没有敏感 API 的应用程序（详细信息请参阅 10.3 节）。最终筛选出 22 521 个应用程序，它们构成了 CHABADA 的基础。

10.2.3 基于 LDA 识别主题

为了识别待分析应用程序的主题集，CHABADA 使用*隐含狄利克雷分配*（LDA）[3] 进行*主题建模*。

LDA 是一种非监督式的统计算法，它可以发现文本文档集合中的潜在语义主题。LDA

㊀ http://code.google.com/p/chromium-compact-language-detector。

㊁ http://www.nltk.org。

㊂ https://docs.python.org/2/library/htmlparser.html。

将文档表示为多个潜在主题的随机混合，其中每个"主题"的特征是在固定词汇表上的分布。给定一组文档和主题的数量，LDA 生成每个主题 – 文档对和每个单词 – 主题对的概率分布，从而为每个主题配对一组单词。

例如，通过分析一组关于体育和社交网络的应用程序描述，LDA 将"team""soccer""league""sport"等词组合成一个主题，将"share""facebook""twitter""suggest"等词组合成另一个主题。因此，描述中主要是关于体育的应用程序将被分配到第一个主题，因为描述中的大多数单词属于第一组。然而，像 Official New York Jets 这样的应用程序将被分配到这两个主题，因为描述中的单词在这两个组中都出现了。

CHABADA 提供 NLP 预处理的输出（即没有停用词和提取词干后的英文文本）给 *Mallet* 框架[4]。使用者可以自由配置 CHABADA，以选择 LDA 要识别的主题数量；默认情况下，它可识别 30 个主题，即 Google Play Store 中应用程序所涵盖的类别数量。此外，默认情况下，CHABADA 被配置为同一个应用程序最多可以属于四个主题，这是因为限制一个应用程序所属的主题数量可以使聚类更加有效。

表 10-1 显示了使用 CHABADA 分析的 22 521 个描述的主题结果列表；"主题名称"是分配给该主题的抽象概念。示例应用程序 Official New York Jets 被分配到如下这四个主题：

- 主题 24（"sports"），概率为 63.1%。
- 主题 8（"share"），概率为 17.7%。
- 主题 10（"files and videos"），概率为 10.4%。
- 主题 6（"game"），概率为 6.7%。

表 10-1 从安卓应用程序中挖掘的主题

编 号	主题名称	最具代表的词汇（词干）
0	"personalize"	galaxi, nexu, device, screen, effect, instal, customis
1	"game and cheat sheets"	game, video, page, cheat, link, tip, trick
2	"money"	slot, machine, money, poker, currenc, market, trade, stock, casino coin, finance
3	"tv"	tv, channel, countri, live, watch, germani, nation, bbc, newspap
4	"music"	music, song, radio, play, player, listen
5	"holidays" and religion	christmas, halloween, santa, year, holiday, god
6	"navigation and travel"	map, inform, track, gps, navig, travel
7	"language"	language, word, english, learn, german, translat
8	"share"	email, ad, support, facebook, share, twitter, rate, suggest
9	"weather and stars"	weather, forecast, locate, temperatur, map, city, light
10	"files and video"	file, download, video, media, support, manage, share, view, search
11	"photo and social"	photo, friend, facebook, share, love, twitter, pictur, chat, messag, galleri, hot, send social
12	"cars"	car, race, speed, drive, vehicl, bike, track
13	"design and art"	life, peopl, natur, form, feel, learn, art, design, uniqu, effect, modern
14	"food and recipes"	recip, cake, chicken, cook, food
15	"personalize"	theme, launcher, download, install, icon, menu
16	"health"	weight, bodi, exercise, diet, workout, medic
17	"travel"	citi, guid, map, travel, flag, countri, attract

（续）

编　号	主题名称	最具代表的词汇（词干）
18	“kids and bodies”	kid, anim, color, girl, babi, pictur, fun, draw, design, learn
19	“ringtones and sound”	sound, rington, alarm, notif, music
20	“game”	game, plai, graphic, fun, jump, level, ball, 3d, score
21	“search and browse”	search, icon, delet, bookmark, link, homepag, shortcut, browser
22	“battle games”	story, game, monster, zombi, war, battle
23	“settings and utils”	screen, set, widget, phone, batteri
24	“sports”	team, football, leagu, player, sport, basketbal
25	“wallpapers”	wallpap, live, home, screen, background, menu
26	“connection”	device, connect, network, wifi, blootooth, internet, remot, server
27	“policies and ads”	live, ad, home, applovin, notif, data, polici, privacy, share, airpush, advertis
28	“popular media”	seri, video, film, album,movi,music, award, star, fan, show, gangnam, top, bieber
29	“puzzle and card games”	game, plai, level, puzzl, player, score, challeng, card

10.2.4　基于 *K-means* 算法对应用进行聚类

主题建模可以以一定的概率将应用程序描述分配给某些主题。然而，目标是将具有相似描述的应用程序聚类到同一集群中。将获得的主题视为单独的集群似乎是合理的，但遗憾的是，主题建模并不提供描述是否属于特定主题的二元决策。此外，每个描述可能与多个主题相关，甚至具有相同的概率，因而不清楚如何为给定的应用程序描述选择特定的集群。

所以 CHABADA 使用 *K-means*[5]（最常用的聚类算法之一）将主题概率作为特征，对具有相似描述的应用程序进行分组。给定一组元素和需要识别的集群的数量 K，*K-means* 为每个集群选择一个*重心*，然后将数据集的每个元素关联到最近的重心，从而识别集群。应该注意的是，使用单词而不是主题会显著增加特征空间的维度，从而使 *K-means* 几乎无效。

在本实验中，使用应用程序作为待聚类的元素，并使用属于主题的概率作为特征。例如，表 10-2 显示了四个应用程序 app_1 到 app_4 对应的属于主题的概率。如果应用 *K-means* 将应用程序集划分为两个集群，它将创建一个带有 app_1 和 app_3 的集群，以及一个带有 app_2 和 app_4 的集群。

表 10-2　四个应用程序及其属于特定主题的可能性

应用程序	*主题 1*	*主题 2*	*主题 3*	*主题 4*
app_1	0.60	0.40	–	–
app_2	–	–	0.70	0.30
app_3	0.50	0.30	–	0.20
app_4	–	–	0.40	0.60

10.2.5　找到最佳的集群数量

使用 *K-means* 的困难之一是估计应该创建的集群的数量。该算法为了识别集群需要给出一些初始的潜在重心，或者要识别的集群的数量 K。通常有几种方法可以识别一组可能的集群解决方案中的最佳解决方案。因此，CHABADA 会多次运行 *K-means*，每次都有不同的 *K* 值，以获得一组可以评测的集群解决方案。*K* 的范围涵盖了两个极端的解决方案：拥有少量集群（甚至只有 2 个）和大量应用程序；或者拥有多个集群（可能每个应用程序一个集群），因此每组中应用程序都非常确定。由于默认设置应用程序最多可以属于四个主题，CHABADA 将 $num\_topics \times 4$ 作为一个上限。

为了确定最佳解决方案，即最佳的集群数量，CHABADA 使用了 *elements silhouette*[6]（*元素轮廓*）。元素轮廓用于衡量元素与集群中的其他元素匹配的紧密程度，以及元素与相邻集群中的其他元素匹配的松散程度。当一个元素的轮廓值接近 1 时，该元素处于合适的集群中。相反，如果该值接近 -1，该元素则处于错误的集群中。因此，为了确定最佳的解决方案，CHABADA 会使用 *K* 作为集群的数量计算每个解决方案的元素轮廓的平均值，并选择轮廓值最接近 1 的解决方案。

10.2.6　生成的应用程序集群

表 10-3 显示了 CHABADA 从分析的 22 521 个应用程序中识别的集群列表。这 32 个集群中的每个集群都包含类似主题的应用程序，这些主题被列在“最重要的主题”下。最后一列中报告的百分比表示每个集群中特定主题的权重。

所识别的集群与在应用程序商店（如 Google Play Store）中找到的*类别*有很大不同。例如，集群 22（“advertisements”）中大多是只以某种方式显示广告的应用程序，这些应用程序通常会承诺或提供一些用户利益作为回报。集群 16（“connection”）表示处理蓝牙、WiFi 等的所有应用程序，而在 Google Play Store 中没有此类别。从成人主题到宗教，这几个“wallpaper”集群仅表明了这类集群中的应用程序提供的功能非常少。

最终，Official New York Jets 应用程序与其他主要与体育有关的应用程序一起聚类在集群 19 中。表 10-3 根据应用程序的描述列出了相关的应用程序集群，在这些集群中，可以搜索与它们的行为相关的异常值。

表 10-3　应用程序集群

编　号	集 群 名 称	规　模	最重要的主题
1	“sharing”	1453	**share** (53%), settings and utils, navigation and travel
2	“puzzle and card games”	953	**puzzle and card games** (78%), share, game
3	“memory puzzles”	1069	**puzzle and card games** (40%), **game** (12%), share
4	“music”	714	**music** (58%), share, settings and utils
5	“music videos”	773	**popular media** (44%), **holidays and religion** (20%), share
6	“religious wallpapers”	367	**holidays and religion** (56%), design and art, wallpapers
7	“language”	602	**language** (67%), share, settings and utils
8	“cheat sheets”	785	**game and cheat sheets** (76%), share, popular media
9	“utils”	1300	**settings and utils** (62%), share, connection
10	“sports game”	1306	**game** (63%), battle games, puzzle and card games
11	“battle games”	953	**battle games** (60%), **game** (11%), design and art
12	“navigation and travel”	1273	**navigation and travel** (64%), share, travel
13	“money”	589	**money** (57%), puzzle and card games, settings and utils

（续）

编 号	集群名称	规 模	最重要的主题
14	“kids”	1001	**kids and bodies** (62%), share, puzzle and card games
15	“personalize”	304	**personalize** (71%), **wallpapers** (15%), settings and utils
16	“connection”	823	**connection** (63%), settings and utils, share
17	“health”	669	**health** (63%), design and art, share
18	“weather”	282	**weather and stars** (61%), **settings and utils** (11%), navigation and travel
19	“sports”	580	**sports** (62%), share, popular media
20	“files and videos”	679	**files and videos** (63%), share, settings and utils
21	“search and browse”	363	**search and browse** (64%), game, puzzle and card games
22	“advertisements”	380	**policies and ads** (97%)
23	“design and art”	978	**design and art** (48%), share, game
24	“car games”	449	**cars** (51%), game, puzzle and card games
25	“tv live”	500	**tv** (57%), share, navigation and travel
26	“adult photo”	828	**photo and social** (59%), share, settings and utils
27	“adult wallpapers”	543	**wallpapers** (51%), share, kids and bodies
28	“ad wallpapers”	180	**policies and ads** (46%), wallpapers, settings and utils
29	“ringtones and sound”	662	**ringtones and sound** (68%), share, settings and utils
30	“theme wallpapers”	593	**wallpapers** (90%), holidays and religion, share
31	“personalize”	402	**personalize** (86%), share, settings and utils
32	“settings and wallpapers”	251	**settings and utils** (37%), **wallpapers** (37%), personalize

“规模”是各个集群中应用程序的数量。“最重要的主题”列出了三个出现最频繁的主题，最重要的（>10%）以粗体显示。未列出少于 1% 的主题。

10.3 通过 API 识别异常

在基于描述主题的相似性对应用程序进行聚类之后，CHABADA 会搜索关于它们实际行为的异常值。10.3.1 节讨论了 CHABADA 如何从安卓二进制文件中提取 API 特征。10.3.2 节描述了如何过滤要用作特征的 API，以及如何根据 API 的重要性对其进行权衡。10.3.3 节描述了 CHABADA 如何检测 API 异常值，而 10.3.4 节描述了如何将 CHABADA 用作分类器。

10.3.1 提取 API 的使用

正如在引言中所讨论的，CHABADA 将*静态* API 的*使用*作为行为的代理。API 使用很简单，虽然安卓字节码也可以进行高级静态分析，比如信息流分析和标准的混淆技术。这些技术能轻易阻止任何静态分析，但 API 的使用必须显式声明，与其他平台上的大多数二进制文件一样，在安卓二进制文件中，静态 API 的使用很容易提取。对每个安卓应用程序，CHABADA 都使用 *apktool*[1]提取（二进制）APK 文件，并使用 *smali* 解析器提取所有 API 调用。

[1] https://code.google.com/p/android-apktool。

10.3.2 敏感和罕见的 API

提取*所有* API 调用会导致获得太多信息而无法明确地显示应用程序的行为。因此，只关注 API 的一个子集，即受*安卓权限设置*控制的*敏感* API。这些 API 可以访问敏感信息（例如用户的图片库、相机或麦克风）或执行敏感任务（更改系统设置、发送消息等）。安装应用程序时，用户必须明确*允许*使用这些 API。为此，每个安卓应用程序都包含一个清单文件，其中列出应用程序运行需要的权限。为了获得敏感 API 集，这里使用了 Felt 等人识别并使用的权限与安卓方法[7]之间的映射技术。当且仅当 API 在二进制文件中进行了声明并且在清单文件中请求了相应的权限时，CHABADA 才会认为应用程序使用了敏感 API。

表 10-4 给出了此类敏感 API 的一个例子。表中列出的是 Official New York Jets 应用程序使用的一些 API，它们受到特定权限的管理。通过这些 API，应用程序可以访问 GPS 状态、WiFi 状态，发送短信，执行任意的 shell 命令。每个 API 方法的得分表示其对应用程序整体异常得分的影响。异常得分将在下一节中介绍和解释。表 10-4 报告了按异常得分排序靠前的 API。

表 10-4　过滤了 *Official New York Jets* 中使用的 API，这些 API 使该应用程序在其集群中成为一个异常值

com.yinzcam.nfl.jets	异常分数 10 921.1
Feature importance：	
android.location.LocationManager.addGpsStatusListener()	2900.00
android.net.wifi.WifiManager.pingSupplicant()	2900.00
android.net.wifi.WifiManager.setWifiEnabled()	1452.51
android.telephony.SmsManager.sendTextMessage()	1162.01
java.lang.Runtime.exec()	970.02

每个应用程序都与异常分数相关联，这在 10.3 节中有解释。

由于每个权限都管理着几个 API，因此仅使用权限可学习的特征太少，相对而言使用敏感 API 可以对应用程序行为进行更细粒度的描述。10.4 节提供了经验证据，说明了使用 API 作为特征比使用权限会更加准确。

通过只考虑敏感 API 来过滤 API 大大减少了特征的数量。在 [1] 中展示了利用所有敏感 API 作为特征来识别异常应用的可能性。然而，我们注意到在敏感的 API 中，有一些并不像其他 API 那样有趣。例如，Internet 访问受“INTERNET”权限的控制，因此任何需要该权限的 API 都应被视为敏感 API。然而，大多数应用程序都是要访问互联网的，因此访问互联网并不是应用程序的一个重要特征，因为它的识别能力较低。相反，发送短信（由“SEND-SMS”权限管理）并不是安卓应用程序的一个常见功能，因此应该比其他应用程序更值得重视。但是，必须考虑集群上下文，因为壁纸应用程序不经常使用 Internet 连接，因此这可能是一个有区别的特征。

直接移除常见的特征会显得过于武断。因此，首先使用基于统计分析的特征排序，然后使用不同的权重来强调或弱化一个特定的特征。我们的策略类似于 IDF（逆文档频率，Inverse Document Frequency）[8]，它是 TF-IDF 度量的一部分，在信息检索中广为人知。它旨在反映单词对文档集合（通常称为语料库）中文档的重要性。

因此，使用以下公式定义*权重*：

$$W_a = \log \frac{N}{\mathrm{d}f_a}$$

API a 的权重 W_a 是通过将集群中的应用程序总数（N）除以调用 API a 的应用程序的数量 $\mathrm{d}f_a$，然后取其商的对数得到。因此，罕见 API 的权重很高，而常见 API 的权重可能会很低。

10.4 节提供了使用 IDF 帮助 CHABADA 识别异常检测的重要特征的经验评估。

10.3.3　基于距离的异常值检测

现在，已经有了所有应用程序的所有 API 特征，下一步则是识别集群中应用程序的*异常值*，即在各自的主题集群中 API 使用不正常的应用程序。由于我们对数据的底层生成模型没有概念，因此可以合理地使用非参数方法来识别这些异常值。也就是说，改进的 CHABADA 使用基于距离的技术 [9]，即，它使用一个应用程序到同一集群中的其他应用程序的距离作为异常度量。基于距离的方法可以根据不同的定义识别异常值：

1. 异常值是指相邻元素小于 k 的元素，其中相邻元素是在最大指定距离内的元素 [9]。

2. 异常值是指与第 k 个最近邻居的距离最远的元素。这就是通常所说的 k 近邻（k-NN）算法 [10]。

3. 异常值是那些到各自 k 个最近邻的平均距离最大的元素 [11]。

CHABADA 使用了 *Orca*，一种基于距离的异常值检测的开源框架 [12]。*Orca* 的距离函数可以计算在特征空间中（即 API）两个应用程序的欧式距离。异常值的第一个定义需要指定最大邻域，并且不提供异常值的排名分数。第二个定义则没有考虑样本的局部密度。因此，CHABADA 通过考虑元素（即集群中的一个应用程序）与 k 个最近邻的平均距离来识别异常。其思想是，如果在特征空间中有其他接近候选的样本，那么该样本可能就不是一个异常值。将 k 值设为 5，因为该数字在两个极端之间提供了一个很好的平衡：k 值太小会对噪声太敏感，因此会错过很多异常值；相反，k 值较高，会使得几乎所有的应用程序都被视为异常值。

CHABADA 使用与 5 个最近邻的平均距离作为集群中每个应用的“异常”分数，并根据该分数对应用进行排序。分数越高，应用程序的行为就越反常。所以一些应用程序会因为使用很少在集群中使用的 API 而被识别为异常值。其他一些可能被认为是异常，因为它们使用不经常出现的 API 组合。表 10-4 为 *Official New York Jets* 应用程序的异常得分，并显示了具有最高值的特征，即对最终异常得分影响最大的 API。

借助这种基于距离的技术，CHABADA 可以为每个集群中的每个应用程序计算一个异常得分。然而，这些异常值还需要进行进一步的人工评估，因此选择一个*分界值*是至关重要的。异常得分高于该分界值的应用程序将被报告为异常，低于该分界值的应用程序将被视为正常。选择分界值十分重要，因为分界值十分依赖于数据。一种简单的解决方案是将数据的一部分（即得分最高的应用程序）报告为异常值。另一种常见的方法是使用四分位数统计。

这里潜在的异常值可能是那些得分超过第三个四分位数四分位差（第三个四分位数减去第一个四分位数）的 1.5 倍以上的应用程序。这是识别数据集中异常值的标准度量方法之一。

在不同的聚类中，异常得分在其范围、对比以及意义上有很大差异，不幸的是，这使得解释和比较结果变得困难。在许多情况下，根据不同的本地数据分布，两个不同集群中相同的异常值会表现出明显不同的离群程度。对 k-NN 进行简单的标准化并不能在异常点和正常点之间形成鲜明的对比，因为它只是将数据缩放到 [0,1] 的范围中。该问题的解决方案是将值表示为应用程序成为异常值的*概率*。

按照 Kriegel 等人 [13] 提出的方法，CHABADA 利用高斯尺度（*Gaussian Scaling*）将异常分数转换为概率。

在对数据的分布没有任何假设的情况下，根据中心极限定理可以假设计算出的异常分数呈现正态分布。给定样本平均值 μ 和异常得分集 S 的样本标准差 σ，可以用它的累积分布函数和“高斯误差函数（Gaussian error function）” *erf*() 将异常分数变成一个概率值：

$$P(s) = \max\left\{0, \operatorname{erf}\left(\frac{s-\mu}{\sqrt{2} \cdot \sigma}\right)\right\}$$

所有非零概率的应用程序都由 CHABADA 报告为异常值。

10.3.4　CHABADA 作为恶意软件检测器

CHABADA 也可以用来检测恶意软件。针对该任务，可使用一种非监督式的机器学习技术，单类支持向量机（*One-Class Support Vector Machine*，OC-SVM）[14]，来学习一类元素的特征。学习模型可以用来评估新的应用，分类器可以决定它们与训练集是否相似。需要注意的是，这与更常见的将支持向量机作为分类器的用法相反。在该用法中，每个应用程序必须在训练期间被标记为属于哪个特定类型（例如：“良性”或“恶意”）。

OC-SVM 已成功应用于从文档分类 [15] 到自动检测 Windows 注册表的异常访问 [16] 的各种环境中。在实验中，OC-SVM 有趣的特性是，一次只能提供一个类的样本（例如，普通良性应用程序的样本），分类器将能够识别属于同一类的样本，并将其他样本标记为恶意软件。因此，OC-SVM 主要用于一类元素（如良性应用程序）样本较多，而其他类（如恶意应用程序）样本较少的情况。

OC-SVM 算法首先通过适当的核函数将输入数据投影到高维特征空间，并将原点作为唯一与训练数据不同的样本。然后，它识别超平面上最能将训练数据与原点分离的最大边缘。由于初始特征空间中的数据通常不能通过线性超平面分割来分离，因此核映射是必要的。

因为异常值会显著影响 OC-SVM 的决策边界，所以包含异常数据的训练集不会产生好的模型。在使用过滤后的 API 作为特征后（如 10.3.2 节所述），CHABADA 首先识别异常值（如 10.3.3 节所述），然后使用未标记为异常值的应用程序子集在每个集群中训练 OC-SVM。因此，获得的模型表示该集群中的应用程序通常会使用到的 API。然后使用生成的特定于集群的模型对新应用程序进行分类，这些应用程序若是良性的，则它期望的结果是与训练模型有相似的特征，反之也可能是恶意的，则期望具有不同的特征。OC-SVM 使用了一个径向基函数（高斯）核，这是 OC-SVM 最常用的核。实验表明，对于这种类型的分类，它比其他的核（如线性或多项式）[17] 的分类效果更好。

高斯核大小（表示边界在训练数据上的合适程度）必须手动指定，又因为它极大地影响了分类器的性能，所以正确地选择该参数非常重要。核的值过小会导致过度拟合，而核的值越大，决策曲面越平滑，决策边界越规则。

选择 OC-SVM 核的值是一个开放性的问题。在 CHABADA 中，使用了 Schölkopf [18] 提出的默认的内核大小值，它等于特征空间维数的倒数。然而，使用默认的核大小并没有考虑数据的排列，因此它不是最优的。根据 Caputo 等人 [19] 的研究，逆核粒度 γ 的最优值位于统计的 0.1 和 0.9 分位数之间，该分位数涉及从训练样本到其中心点的距离。设置 γ 的值为该范围内分位数的平均值，这大大提高了结果的精度，下节将对结果进行评估。

在 10.4 节中会说明 γ 对 CHABADA 的分类能力的影响。

10.4 实验评估

为了评估 CHABADA 的有效性，主要设计了以下几个研究问题：

RQ1：*是否可以在 Android 应用程序中有效识别异常（即，描述和行为之间的不匹配）？* 为此，可视化了每个集群中出现异常的频率，并手动分析了排名靠前的异常（10.4.1 节）。

RQ2：*敏感和罕见的 API 是用来检测异常的合适特征吗？* 在此将获得的结果与敏感和罕见的 API 集进行了比较（如 10.3.2 节所述），并与不同的特征集进行了比较（10.4.2 节）。

RQ3：*可以使用 CHABADA 来识别恶意的 Android 应用程序吗？与之前会议论文 [1] 相比，改进后的技术表现如何？* 为此，在应用程序测试集中包含了一组已知的恶意软件，并将 OC-SVM 作为分类器运行。10.4.3 节展示了本章中提出的改进如何得到更准确的结果。

10.4.1 RQ1：异常检测

为了识别 Android 应用程序中的异常（即描述与行为不匹配），如 10.3 节所述，在所有 32 个集群上运行了 CHABADA。

评估 CHABADA 识别的异常值是否确实是异常应用程序的最佳方法是通过手工评估。笔者在会议论文 [1] 中做了这一工作，并且使用了 10.3 节中描述的新的异常值检测机制也得到了类似的结果。异常值可分为以下几类：间谍软件应用，主要通过第三方广告库收集用户的敏感信息；非常不寻常的应用，意为虽然是良性的，但其行为与其他类似应用程序不同的应用程序；被分配到错误集群的良性应用程序，因此其行为与集群中的其他应用程序不同。若结果为第三类，则表明应该改进 CHABADA 方法的第一步（10.2 节），而另外两类则表明 CHABADA 报告的异常值确实存在可疑行为，需要进一步分析。笔者给出了一些示例应用程序，它们在相应的集群中呈现最高异常值。如表 10-3 所示，列出了集群号、应用程序标识的包、异常分数、简要描述（原始描述的一行摘要）、排名最前的异常特征的列表和简要注释：

7th cluster (language): com.edicon.video.free Score: 29112.7	
All-In-One multi language video player.	
android.media.AudioManager.stopBluetoothSco()	3025.00
android.media.AudioManager.startBluetoothSco()	3025.00
android.media.AudioManager.setBluetoothScoOn(boolean)	3025.00
android.media.AudioManager.isWiredHeadsetOn()	3025.00
android.media.AudioManager.isBluetoothA2dpOn()	3025.00
android.bluetooth.BluetoothAdapter.getState()	3025.00
android.bluetooth.BluetoothAdapter.enable()	3025.00
该应用程序与“language”集群相关，因为描述中强调支持多语言。此应用程序被标记为异常值的主要原因是它支持蓝牙设备，这在视频和语言应用程序中都非常少见。蓝牙连接通常被要求能够外接耳机。	

10th cluster (sports game): com.mobage.ww.a987.PocketPlanes.Android Score: 21765.2	
Flight simulator.	
android.provider.Contacts.People.createPersonInMyContactsGroup(ContentResolver, ContentValues)	6595.00
android.provider.ContactsContract.RawContacts.getContactLookupUri (android.content.ContentResolver,android.net.Uri)	6595.00
android.provider.ContactsContract.Contacts.getLookupUri (android.content.ContentResolver, android.net.Uri)	6595.00
android.app.NotificationManager.notify(java.lang.String, int, android.app.Notification)	661.00
android.app.ActivityManager.getRunningTasks(int)	249.17
android.hardware.Camera.open()	191.33
android.location.LocationManager.getProvider(java.lang.String)	149.50
该应用程序具有可疑行为。它可以访问现有联系人列表，还可以添加新联系人。此外，它还可以查看当前正在运行的任务，并访问照相机。	

22nd cluster (advertisements): com.em.lwp.strippergirl Score: 3799.35	
Erotic wallpaper.	
android.provider.Browser.getAllBookmarks(android.content.ContentResolver)	1900.00
android.location.LocationManager.getLastKnownLocation(java.lang.String)	952.51
android.location.LocationManager.isProviderEnabled(java.lang.String)	275.79
android.location.LocationManager.requestLocationUpdates(java.lang.String)	241.97
android.location.LocationManager.getBestProvider(android.location.Criteria, boolean)	241.97
android.net.wifi.WifiManager.isWifiEnabled()	65.23
android.net.wifi.WifiManager.getConnectionInfo()	65.23
This application is clearly spyware, since it can access sensitive information of the user, such as the browser bookmarks and the location. This app has been removed from the play store.	
该应用程序显然是间谍软件，因为它可以访问用户的敏感信息，比如浏览器书签和位置。此应用程序已从应用商店中删除。	

除了对结果进行定性分析之外，还试图通过绘制每个集群的异常值的异常分数来评估 CHABADA 检测异常的能力。直观地说，一个好的结果是在每个集群中几乎没有具有高异常分数的异常值。相反，糟糕的结果是会有许多异常分数不太高的异常值。第二种情况便意味着异常值和正常应用程序之间没有明显的边界。图 10-3 报告了每个集群（x 轴）上分组的所有应用程序的异常分数（y 轴），并已将其缩放到所有集群都具有的相同的宽度，以便进行比较。集群编号对应于表 10-3 中所列的编号。

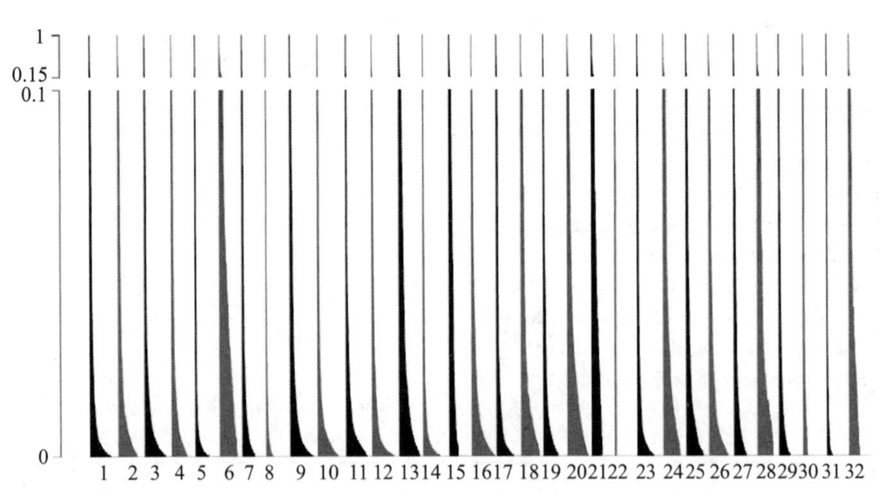

图 10-3 按照归一化的异常得分（y 轴）对每个集群的应用进行分组（x 轴）

正如预期的那样，结果因集群而异。有一些集群中异常值明显异常，如集群 5 或 29，还有一些异常分数较高的集群，如集群 6 和 20。当集群有太多的异常值时，它们缺乏“正常”行为的适当模型，因此，本技术在此类集群中可能不太有效。

10.4.2 RQ2：特征选择

10.3.2 节讲述了如何选择特征列表来检测集群中异常的应用程序。在会议论文 [1] 中，将敏感的 API 使用视为二进制特征（即如果应用程序使用该 API 至少一次则为 1，反之则为 0），而现在使用 IDF 来衡量 API。为了评估特征选择是否合理，在每一个具有三组不同特征的集群上运行异常检测流程：

1）考虑敏感 API 使用的二进制值。这些是在会议论文 [1] 中使用的特征。将此设置称为 *api-binary*。

2）根据 IDF 来衡量敏感 API，这被认为可产生最优集。将此设置称为 *api-idf*。

3）使用权限而不是 API，并使用 IDF 衡量权限，从而评估使用权限是否可以成为使用 API 的有效替代方案。将此设置称为 *permission-idf*。

比较不同的设置是不容易的，因为它需要大量的手动检查。我们直观地比较了几个集群的基于距离的图。图 10-4 显示了集群 29 的图，这是得到较好结果的集群之一。从左到右，这些图显示了上面描述的三种不同设置：*api-binary*、*api-idf* 和 *permission-idf*。

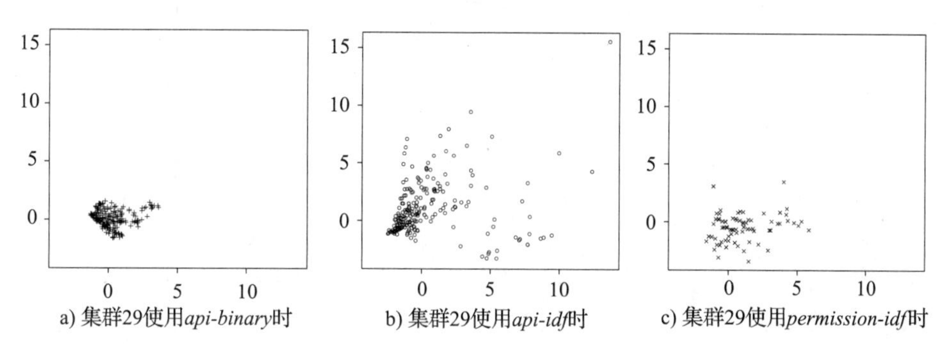

图 10-4 集群 29 中应用程序之间的距离图。从左到右，这些图显示了在使用 *api-binary*（如会议论文 [1]）、*api-idf*（如 10.3.2 节所述）和 *permission-idf* 时应用程序之间的距离

另外，使用多维尺度分析，这是一种用于可视化多维数据的统计技术。这使得可以在二维空间中绘制数据，同时尽可能准确地保持多维空间中的原始距离。

如上所述，通过使用 IDF 来权衡权限或 API，可以更好地区分异常，因为异常值与集群其余部分之间的距离得到了重视。但是，在这两个选项之间，最好使用 API 而不是权限。在下一节中，将提供更多证据，证明使用 IDF 可以获得更好的效果。

10.4.3 RQ3：恶意软件检测

现在讨论 RQ3：*可以使用 CHABADA 来识别恶意的 Android 应用程序吗？与会议论文 [1] 相比，改进后的技术如何？本文提出的改进是否比会议论文 [1] 中给出的结果更好？*为此，使用了 Zhou 等人 [21] 的数据集，其中包含 1200 多个已知的 Android 恶意应用。这与之前的 CHABADA 论文 [1] 中使用的数据集是相同的。这些应用程序的原始形式缺乏标题或描述等元数据。由于其中许多应用都是原始应用程序的重新包装版本，因此能够从 Google Play

Store 中收集适当的描述。在此使用应用程序的标题和包标识符搜索正确的匹配项。在 72 个应用程序中可以找到完全相同的包标识符，在 116 个应用程序中，可以发现它们的包标识符非常相似。我们手动检查了匹配是否正确，最后与最初的“良性”应用程序集（10.2.1 节）一样，只保留那些带有英文描述的应用程序，并将应用程序减少到 172 个。

如 10.3.4 节所述，使用 OC-SVM 分类器作为恶意软件检测器。在每个集群中，只使用没有被基于距离的算法标记为异常值的应用程序来训练模型。在 K-fold 验证之后，将整个非异常良性应用程序集划分为 10 个子集，并使用 9 个子集来训练模型，1 个子集用于测试。然后将恶意应用程序包含在测试集中，并运行了 10 次，每次都考虑使用不同的子集测试。如此，模拟*恶意软件攻击是全新的*情况，CHABADA 必须在不知道以前的恶意软件模式的情况下正确识别恶意软件。因为恶意应用程序是根据其描述分配给集群的，所以恶意应用程序的数量不是均匀地分布在集群中的。在评估设置中使用该数据集，其中每个集群的恶意应用程序数量从 0 到 39 不等。

为了评估分类器的性能，这里使用受试者工作特征（ROC）[22] 的标准方法。ROC 曲线描述了利益（真阳性）和成本（假阳性）之间的相对权衡。图 10-5 以 ROC 曲线的形式展示了实验结果，该曲线绘制了考虑不同阈值的真阳性率和假阳性率。

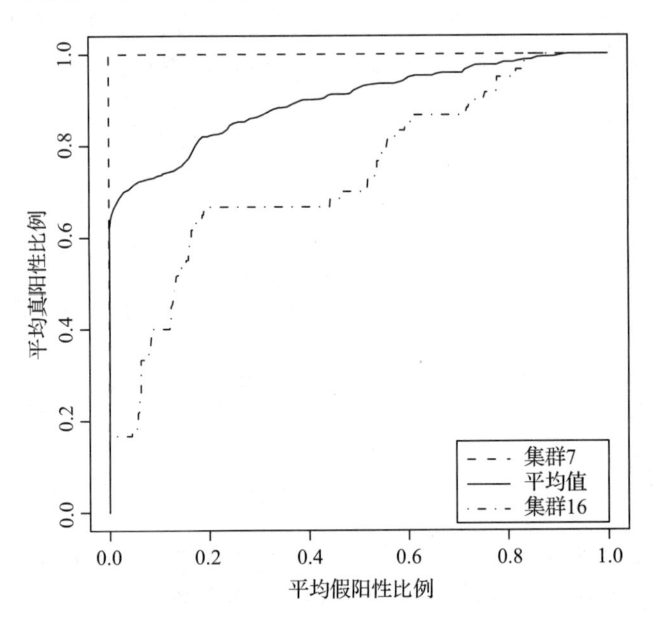

图 10-5　ROC 曲线，表示实际正确结果中的真阳性比例与实际错误结果中的假阳性比例之比。报告了分类器在所有集群中的平均性能，其曲线下面积（AUC）等于 0.87。另外，绘制了最差集群（集群 16）和最好集群（集群 7）的表现

图 10-5 显示了最差集群和最好集群（分别为集群 16 和集群 7）的 ROC 曲线，以及所有集群的平均性能。为了得到这些结果，计算了 10 次不同运行的平均值。另外，报告了 ROC 曲线下的面积（AUC）[22] 度量，这可以显示分类器获得的预测精度。当 AUC 等于 1.0 时，分类是完美的，当 AUC 为 0.5 时，则表示测试毫无价值。对于考虑的数据集，CHABADA 作为一个分类器有着非常好的性能，其 AUC 是 0.87，因此，可以说它在检测恶意软件方面是有效的，只报告了有限的误报。

在笔者的第一篇论文中，CHABADA 使用一组敏感的安卓 API 作为二进制特征。此外，在对模型进行分类训练时，没有过滤异常应用程序，使用的是 OC-SVM 的核规模和边际误差的默认值（因此不是最优值）。10.3 节描述了在新的 CHABADA 版本中实现的所有改进。为了评估该恶意软件检测技术的有效性，我们评估了这些改进如何影响最终结果。

表 10-5 列出了考虑不同参数情况下的评估结果。第一列（过滤器）列出恶意软件检测是否在过滤的数据上运行。“+” 表示首先运行异常检测，然后从训练集中删除异常值。“−” 表示考虑了所有的应用程序，与会议论文 [1] 中的实验一致。第二列表示 OC-SVM 的 γ 参数是否被自动选择为最优的结果，或者和会议论文 [1] 一样选择默认值。如 10.3.3 节所述，γ 与核的大小有关。第三列值为 ν 参数，可以在 OC-SVM 中指定。参数 ν 是训练数据中边际误差的百分比的上限和支持向量相对于训练样本总数的分数的下限。为 ν 分配一个小值将产生更少的假阳性，更多的假阴性；为 ν 分配更大的值时，会产生相反的效果。在会议论文 [1] 中，使用了默认值。最后六列报告了使用 API 作为二进制特征（如会议论文 [1] 中所述）或使用 IDF 对其进行加权（如 10.3.2 节中所述）的结果。这里报告了真阳性率（TPR）（即，被识别为恶意 Android 应用程序的比例），真阴性率（TNR）（即，被识别为良性 Android 应用程序的比例），以及几何精度。需要报告几何精度是由于存在不平衡的数据集（恶意和良性应用程序），因此，常见的精度指标将产生扭曲效应 [23]。几何精度计算公式如下：

$$g = \sqrt{\text{TPR} \times \text{TNR}}$$

表 10-5　不同设置下 CHABADA 对恶意软件的检测能力评估

过滤器	γ	ν	真阳性率（被识别为恶意软件）		真阴性率（被识别为良性软件）		几何精度	
			IDF	Binary	IDF	Binary	IDF	Binary
−	默认	0.15	0.610	0.564	0.845	0.841	0.718	0.689
−	最佳	0.05	0.592	0.484	0.889	0.915	0.726	0.666
−	最佳	0.1	0.609	0.539	0.870	0.869	0.728	0.684
+	默认	0.02	0.633	0.535	0.962	0.960	0.780	0.716
+	默认	0.1	0.726	0.637	0.890	0.885	0.804	0.750
+	最佳	0.02	0.737	0.695	0.890	0.902	0.810	0.791
+	最佳	0.05	0.738	0.752	0.884	0.887	0.808	0.791
+	最佳	0.1	0.752	0.738	0.850	0.856	0.799	0.795
+	最佳	0.15	0.810	0.771	0.814	0.813	0.812	0.792

正如在图 10-5 中所做的那样，报告了 10 次运行的平均值。表 10-5 中第一个突出显示的行报告了原始 CHABADA 论文中使用的设置和结果。这在本质上代表了恶意软件检测的基线。这一行还报告了仅将 IDF 应用于所使用的特征将如何修改结果。如图所示，如果没有本文中描述的任何改进，可以检测 56.4% 的恶意软件和 84.1% 的良性软件。

表 10-5 中突出显示的另外两行显示了使用本文描述的改进的结果。本质上提出了两种可能的设置，两者的**准确率都超过了 79%**（相比会议论文 [1] 中的 69%）。使用一个小的 ν 值报告数量有限的假阳性（11%），同时将检测大量的恶意程序（73.7%）。使用更大的 ν 值则会将检测到的恶意程序的数量增加到 81%，但代价是报告更多的假阳性（19%）。

> *使用本文建议的改进，CHABADA 正确地识别了 73.7% 的恶意程序，而只有 11% 的假阳性。*

表 10-5 中的结果很清楚地说明了以下情况：

- 在没有识别异常值的情况下训练 OC-SVM 模型可以明显改善分类结果。这是显而易见的，因为删除异常值有助于创建更好地表示集群核心特征的模型。
- 调优 γ 值（与 OC-SVM 模型的核的大小有关），也可以导致更好的结果。
- 与使用 API 作为二进制特征相比，使用 IDF 为 API 分配权重总是会产生更好的结果。

因此，本章中提出的三个主要改进（过滤异常值、OC-SVM 核规模的最优选择以及使用 IDF 为 API 分配权重）都可以得到比会议论文 [1] 中更好的结果。

如何选择参数 v 是一种直觉，因为它取决于更重要的是尽可能少的假阳性（v 因此选择一个更小的值）还是尽可能少的假阴性（v 因此选择一个更高的值）。如果需要更好地发现尽可能多的恶意应用程序，应该选择更高的 v 值（表 10-5 最后铺灰显示的行）。然而，如果需要降低假阳性的数量，v 可以选择更低的值，且仍具有类似的有效性（表 10-5 中第二个铺灰显示的行）。这种权衡可以使用图 10-5 的 ROC 曲线进行调整。

10.4.4　有效性的限制和威胁

除了最初的 CHABADA 的大部分限制，还有过滤阶段附带的新限制。下面列出了最重要的威胁和限制：

分类中的灰色区域。在构建模型对新应用程序进行分类时，过滤异常值可以显著改进恶意软件检测。然而这样做的结果是，被过滤掉的异常应用程序无法分类，更准确地说，这些应用程序报告在一个“灰色区域”。由于它们不是同一集群中的大多数应用程序的一部分，所以它们很可疑，但 CHABADA 并未将它们列为明显的恶意软件。

外部有效性。假设这些应用程序大多是良性的，CHABADA 依赖于在描述主题和来自现有应用程序的程序特征之间建立一种关系。这里无法断言这些关系可以应用到其他应用生态系统中，或者可以转移到这些生态系统中。我们已经记录了这些步骤，以方便复现此方法。

只有免费的应用程序。22 521 个应用程序样本仅基于免费应用程序，即那些需要通过广告、购买或捐赠产生收入的应用程序。不考虑付费应用会使数据集有误差。这种误差会将“常态”更多地转向由广告和其他收入方式支持的应用程序，而它们会更容易具有恶意软件的不良行为。因此，实验结果是保守的，并将通过增加付费应用程序的比例而得到改善。

应用程序和恶意软件偏差。实验中所选择的样本还只反映了来自 Google Play Store 中每个类别的前 150 项下载。这些样本偏向于频繁使用的应用程序和较少使用的类别。同样，选择的恶意软件（10.4 节）可能代表当前的威胁，也可能不代表当前的威胁。不知道哪些真正的应用程序正在被使用，以及 Android 用户是如何使用的，这些样本可能存在偏差。同样，允许简单地复现此方法。

本机代码和代码混淆。这里的分析仅限于 Dalvik 字节码，并不分析本机代码。因此，一些依赖于本机代码或使用代码混淆来执行隐藏行为的应用程序可能识别不出来，但是这些特征也可能再次形成异常值。而且这两种情况都不会改变必须调用的 API 集。

静态分析。由于依赖于静态API的使用，此方法也受到了典型的静态分析的限制。特别是可能会错过通过*反射*而产生的行为，即在运行时生成的代码。虽然存在使用反射静态分析Java代码的技术，但这些技术并不直接适用于Android应用程序[24]，从长远来看，与测试生成相结合的动态分析可能是更好的选择。

静态API声明。因为是静态提取API调用的，所以会考虑应用程序永远不会执行的API调用。静态检查API是否被执行是（不可判定的）停机问题的一个实例。作为解决方案，决定只在清单中也声明了API相应的权限时才考虑该API。

敏感API。这里对敏感API的检测（10.3.2节）依赖于Felt等人[7]的映射，该映射在两年后的今天可能已经部分过时。如果映射中的条目不正确或缺失，CHABADA就会遗漏或错误分类应用程序的相关行为。

10.5 相关工作

虽然本章所介绍的工作可能是第一个将应用程序描述用于检测应用程序行为的工作，但它建立在结合了自然语言处理和软件开发的以前工作的基础之上。

10.5.1 挖掘APP描述

与本章工作最相关的是AsDroid原型，它可以通过识别程序行为和用户界面之间的不匹配来检测恶意行为[25]。CHABADA和AsDroid拥有相同的意图，但是AsDroid在使用程序描述时检查GUI组件中的文本。这是因为AsDroid只关注少数权限，并且只在GUI元素包含文本关键字时才工作。而CHABADA使用始终可用的应用程序描述，并在任意权限或API调用下工作。

Pandita等人[26]的WHYPER框架也与本章工作非常相关。就像本章方法一样，WHYPER试图自动化Android应用程序的风险评估，并将自然语言处理应用于应用程序描述。WHYPER的目的是判断应用程序描述中是否提供了对*敏感权限*（如访问联系人或日历）的需求。与CHABADA完全自动地学习哪些主题与哪些API相关联（以及扩展为哪些权限）不同，WHYPER需要对描述权限需求的句子进行人工标注。此外，CHABADA在两方面进行分析：首先它关注API，API可以提供更详细的视图，而且它还针对期望和实现之间的不匹配进行分析。

2012年Harman等人对黑莓应用商店[27]进行挖掘时，引入了应用商店挖掘的概念。他们专注于应用的元数据，寻找用户对应用的评分和下载排名的相关模式，但没有下载或分析应用本身。

对"正常"行为的描述来自于挖掘相关应用。通常，假设维护良好的大多数应用程序所运行的行为也是大多数用户所期望的。相反，Lin等人[28]最近的研究表明，众包（*crowdsourcing*）可以从特定的隐私设置中推断出用户的期望。正如本章的发现，Lin等人也强调了不同应用类别对隐私的期望是不同的。这些来自用户的信息可以很好地补充本章从应用程序描述中推断出的信息。

10.5.2 行为和描述不匹配

本章方法还与使用自然语言处理从注释和文档中推断规约的技术相关。Lin Tan等人[29]从程序语料库中提取隐含的程序规则，并使用这些规则自动检测注释和源代码之间的不一致性，指出错误的注释或代码。规则适用于调用的排序和嵌套以及资源访问（“f_a 不能从 f_b 调用”）。

Høst 和 Østvold[30] 从语料库学习与特定的方法调用相关的动词和短语，并使用这些来识别命名错误的方法。

Pandita 等人 [31] 从 2 500 多个 API 文档句子中识别描述代码相关的句子。可以通过测试或静态分析检查这些联系。

所有这些方法都将程序代码与正式的程序文档进行比较，后者的半形式化特性使得提取需求更加容易。相反，CHABADA 处理的是最终用户文档，它与程序结构是分离的。

10.5.3 检测恶意应用

有大量的工业产品和研究原型专注于识别已知的恶意行为。对本章工作影响最大的是 Zhou 和 Jiang[21] 的论文，他们使用应用程序请求的权限作为过滤器来识别潜在的恶意应用程序，实际的检测使用静态分析来比较 API 调用序列与*已知*恶意软件中的调用序列。与所有这些方法相比，CHABADA 甚至在不知道是什么导致恶意行为的情况下也能识别异常值。

TAINTDROID 系统 [32] 可以跟踪 Android 应用程序中的动态信息流，从而检测敏感信息的使用情况。使用这样的动态流信息将产生比静态 API 使用更精确的行为洞察。类似地，ProfileDroid[33] 等剖析器将提供更好的信息。然而，TAINTDROID 和 ProfileDroid 都需要一组具有代表性的执行。将这些技术集成到 CHABADA 中，结合自动化测试生成 [34-37]，将允许学习信息流的正常和异常模式，这是笔者未来工作的一部分（10.6 节）。

10.6 结论与展望

通过根据描述主题对应用程序进行聚类，并根据每个集群中的 API 使用情况识别异常值，本章所介绍的 CHABADA 方法可以有效地识别出在给定描述下行为异常的应用程序。在会议论文 [1] 中，识别了几个虚假和误导性广告的实例，并获得了一种针对未知恶意软件的有效的新型检测工具。本章对原有技术进行了改进，介绍了一种功能更强大的恶意软件检测工具。

未来，我们计划根据应用程序的描述提供更好的聚类技术，这将提高 CHABADA 识别相关异常行为的能力。此外，还计划在该方法中集成动态信息，从而克服静态分析已知的局限性。

本章用于评估的数据集以及更详细的结果列表可以在 CHABADA 网站上找到：http://www.st.cs.uni-saarland.de/appmining/chabada/。

致谢

本章工作是由欧洲研究理事会（ERC）高级研究计划“规约挖掘和测试（SPECMATE）”项目所资助。

参考文献

[1] Gorla A, Tavecchia I, Gross F, Zeller A. Checking app behavior against app descriptions. In: ACM/IEEE international conference on software engineering (ICSE); 2014. p. 1025–35. doi:10.1145/2568225.2568276.
[2] Manning C, Raghavan P, Schütze H. Introduction to information retrieval. UK: Cambridge University Press; 2008.

[3] Blei DM, Ng AY, Jordan MI. Latent Dirichlet allocation. J Mach Learn Res 2014;3:993–1022.
[4] McCallum AK. Mallet: a machine learning for language toolkit. 2002. URL: http://mallet.cs.umass.edu.
[5] MacQueen JB. Some methods for classification and analysis of multivariate observations. In: Cam LML, Neyman J, editors, Berkeley symposium on mathematical statistics and probability, vol. 1. University of California Press; 1967. p. 281–97.
[6] Rousseeuw P. Silhouettes: a graphical aid to the interpretation and validation of cluster analysis. J Comput Appl Math 1987;20(1):53–65. doi:10.1016/0377-0427(87)90125-7.
[7] Felt AP, Chin E, Hanna S, Song D, Wagner D. Android permissions demystified. In: ACM conference on computer and communications security (CCS). New York, NY, USA: ACM; 2011. p. 627–38. doi:10.1145/2046707.2046779.
[8] Salton G, McGill M. Introduction to modern information retrieval. New York: McGraw-Hill Book Company; 1983.
[9] Knorr EM, Ng RT. Algorithms for mining distance-based outliers in large datasets. In: Proceedings of the 24rd international conference on very large data bases (VLDB). San Francisco, CA: Morgan Kaufmann Publishers Inc.; 1998. p. 392–403.
[10] Ramaswamy S, Rastogi R, Shim K. Efficient algorithms for mining outliers from large data sets. In: Proceedings of the 2000 ACM SIGMOD international conference on management of data (SIGMOD). New York, NY, USA: ACM; 2000. p. 427–38. doi:10.1145/342009.335437.
[11] Angiulli F, Pizzuti C. Fast outlier detection in high dimensional spaces. In: Proceedings of the 6th European conference on principles of data mining and knowledge discovery (PKDD). Berlin: Springer-Verlag; 2002. p. 15–26.
[12] Bay SD, Schwabacher M. Mining distance-based outliers in near linear time with randomization and a simple pruning rule. In: 9th ACM SIGKDD international conference on knowledge discovery and data mining (KDD). New York, NY, USA: ACM; 2003. p. 29–38. doi:10.1145/956750.956758.
[13] Hans-Peter Kriegel ES, Kröger P, Zimek A. Interpreting and unifying outlier scores. In: 11th SIAM international conference on data mining (SDM), SIAM; 2011. p. 13–24. doi:10.1137/1.9781611972818.
[14] Schölkopf B, Platt JC, Shawe-Taylor JC, Smola AJ, Williamson RC. Estimating the support of a high-dimensional distribution. Neural Comput 2001;13(7):1443–71. doi:10.1162/089976601750264965.
[15] Manevitz LM, Yousef M. One-class SVMs for document classification. J Mach Learn Res 2002;2:139–54.
[16] Heller KA, Svore KM, Keromytis AD, Stolfo SJ. One class support vector machines for detecting anomalous windows registry accesses. In: ICDM workshop on data mining for computer security (DMSEC); 2003.
[17] Tax D, Juszczak P. Kernel whitening for one-class classification. In: Lee SW, Verri A, editors, Pattern recognition with support vector machines. Lecture notes in computer science, vol. 2388. Berlin/Heidelberg: Springer; 2002. p. 40–52. doi:10.1007/3-540-45665-1-4.
[18] Schölkopf B, Smola AJ. Learning with kernels: support vector machines, regularization, optimization, and beyond. Cambridge, MA, USA: MIT Press; 2001.
[19] Caputo B, Sim K, Furesjo F, Smola A. Appearance-based object recognition using svms: which kernel should I use? In: NIPS workshop on Statistical methods for computational experiments in visual processing and computer vision; 2002.
[20] Cox T, Cox M. Multidimensional scaling. Boca Raton: Chapman and Hall; 2001.
[21] Zhou Y, Jiang X. Dissecting Android malware: characterization and evolution. In: IEEE symposium on security and privacy (SP). Washington, DC, USA: IEEE Computer Society; 2012. p. 95–109. doi:10.1109/SP.2012.16.
[22] Fawcett T. Introduction to roc analysis. Pattern Recogn Lett 2006;27(8):861–74. doi:10.1016/j.patrec.2005.10.010.
[23] Kubat M, Matwin S. Addressing the curse of imbalanced training sets: one-sided selection. In: Proceedings of the fourteenth international conference on machine learning. San Francisco, CA: Morgan Kaufmann; 1997. p. 179–86.
[24] Bodden E, Sewe A, Sinschek J, Oueslati H, Mezini M. Taming reflection: aiding static analysis in the presence of reflection and custom class loaders. In: ACM/IEEE international conference on software engineering (ICSE). New York, NY, USA: ACM; 2011. p. 241–50. doi:10.1145/1985793.1985827.
[25] Huang J, Zhang X, Tan L, Wang P, Liang B. Asdroid: detecting stelthy behaviors in android applications by user interface and program behavior contradiction. In: ACM/IEEE international conference on software engineering (ICSE); 2014. p. 1036–46. doi:10.1145/2568225.2568301.
[26] Pandita R, Xiao X, Yang W, Enck W, Xie T. WHYPER towards automating risk assessment of mobile applications. In: USENIX Security Symposium; 2013. p. 527–42.

[27] Harman M, Jia Y, Zhang Y. App store mining and analysis: MSR for app stores. In: IEEE working conference on mining software repositories (MSR); 2012. p. 108–11. doi:10.1109/MSR.2012.6224306.

[28] Lin J, Amini S, Hong JI, Sadeh N, Lindqvist J, Zhang J. Expectation and purpose: understanding users' mental models of mobile app privacy through crowdsourcing. In: ACM conference on ubiquitous computing (UbiComp). New York, NY, USA: ACM; 2012. p. 501–10. doi:10.1145/2370216.2370290.

[29] Tan L, Yuan D, Krishna G, Zhou Y. /* iComment: Bugs or bad comments? */. In: ACM SIGOPS symposium on operating systems principles (SOSP); 2007. p. 145–58.

[30] Høst EW, Østvold BM. Debugging method names. In: European conference on object-oriented programming (ECOOP). Berlin: Springer; 2009. p. 294–317.

[31] Pandita R, Xiao X, Zhong H, Xie T, Oney S, Paradkar A. Inferring method specifications from natural language API descriptions. In: ACM/IEEE international conference on software engineering (ICSE); 2012.

[32] Enck W, Gilbert P, Chun BG, Cox LP, Jung J, McDaniel P, et al. TaintDroid: an information-flow tracking system for realtime privacy monitoring on smartphones. In: USENIX conference on operating systems design and implementation (OSDI), USENIX Association; 2010. p. 1–6.

[33] Wei X, Gomez L, Neamtiu I, Faloutsos M. ProfileDroid: multi-layer profiling of Android applications. In: ACM annual international conference on mobile computing and networking (MobiCom). New York, NY, USA: ACM; 2012. p. 137–48. doi:10.1145/2348543.2348563.

[34] Hu C, Neamtiu I. Automating GUI testing for Android applications. In: International workshop on automation of software test (AST). New York, NY, USA: ACM; 2011. p. 77–83. doi:10.1145/1982595.1982612.

[35] Yang W, Prasad MR, Xie T. A grey-box approach for automated GUI-model generation of mobile applications. In: International conference on fundamental approaches to software engineering (FASE). Berlin, Heidelberg: Springer-Verlag; 2013. p. 250–65. doi:10.1007/978-3-642-37057-1_19.

[36] Machiry A, Tahiliani R, Naik M. Dynodroid: an input generation system for Android apps. In: European software engineering conference held jointly with ACM SIGSOFT international symposium on foundations of software engineering (ESEC/FSE). New York, NY, USA: ACM; 2013. p. 224–34. doi:10.1145/2491411.2491450.

[37] Amalfitano D, Fasolino AR, Tramontana P, Carmine SD, Memon AM. Using GUI ripping for automated testing of Android applications. In: IEEE/ACM international conference on automated software engineering (ASE). New York, NY, USA: ACM; 2012. p. 258–61. doi:10.1145/2351676.2351717.

软件制品间的修改耦合：从历史修改中学习

Gustavo Ansaldi Oliva*, Marco Aurélio Gerosa*
Software Engineering & Collaborative Systems Research Group (LAPESSC),
*University of São Paulo (USP), São Paulo, Brazil**

11.1 引言

版本控制系统存储并管理源代码和文档的历史及当前状态。早在 1997 年，Ball 及其同事就写了一篇题为《如果你的版本控制系统可以说话》的论文[1]。他们观察到这些存储库存储了大量关于软件修改的上下文信息。多年来，研究人员利用这些信息来了解软件系统如何随着时间的推移而演化，从而实现对其属性的预测。

在挖掘这些存储库时，研究人员观察到了一个有趣的模式：某些制品经常同时被提交。从演化的角度来看，这些软件制品是互连的，因为它们的历史交织在一起，该互连被称为*修改耦合*。此外，如果 A 经常与 B 共同修改，则制品 A 与 B 产生了*耦合型修改*。文献中使用的其他名称包括逻辑依赖 / 耦合、演化依赖 / 耦合和历史依赖。

修改耦合可以在不同的抽象级别进行计算。本章将重点介绍文件级别的修改耦合，分析此级别的修改耦合有两个主要优点[2]：首先，它可以揭示代码本身或文档中未显示的隐藏关系。例如，某个类 A 在结构上不依赖于另一个类 B，但它们可能是修改耦合的。其次，它仅依赖于历史文件共同修改的信息，这些信息能够从提交日志中轻松提取。因此，它不需要解析代码，它比结构分析更轻量。与此同时，它也与编程语言无关，从而成为了一个灵活的候选，可用于许多用不同语言编写的系统的研究。

最重要的是，最近的研究表明，检测和分析修改耦合可支持一系列软件开发任务。假设你是一名软件开发人员，并且只是对系统的某个部分进行了修改。还有什么需要改变的？基于过去一起修改的制品在将来一定也会一起修改的想法，研究人员利用修改耦合来回答此问题[3]。另一个经典应用是发现设计缺陷[2]。例如，检测和可视化修改耦合可能会揭示经常受到系统其他部分修改影响的制品或模块（封装问题）。

本章旨在概述修改耦合及其主要应用，为研究人员和从业人员提供参考。11.2 节介绍了修改耦合的概念，并突出了它的主要优点。这将帮助读者熟悉该主题并理解为什么它在软件工程经验研究中如此频繁地被采用。11.3 节介绍了主要的修改耦合识别方法及其主要特征。笔者还提供了工具和代码片段，展示如何从你开发、维护或分析的系统中提取这些耦合。11.4 节讨论了从版本控制系统中准确识别修改耦合存在的关键挑战。除了强调需要进一步探索的广阔研究领域外，笔者还提供一些实用建议，帮助读者更准确地识别修改耦合。此节最后讨论了识别受监控 IDE 的修改耦合的利弊权衡。11.5 节介绍了研究人员通过检测和分析版本控制系统的修改耦合而发现的主要应用。这将为读者提供一个说明研究人员如何利用这些耦合来了解软件系统、它们的演变以及与其相关的开发人员的全景图。最后，11.6 节中讨论了关于该主题的结论。

11.2 修改耦合

Lanza 等人[8]认为："修改耦合是两个软件制品的隐式依赖和演化依赖关系，这两个软件制品在软件系统演化过程中经常被频繁地一起修改。"该术语于 2005 年底由 Fluri[4]和 Gall[5]等人引入。它在 2008 年时由 Mens 和 Demeyer 编辑的一本名为 *Software Evolution* 的书而获得了更多的人气[6-7]。其他研究随后开始使用该术语[8-9]。如引言中所述，文献中的替代术语包括逻辑依赖 / 耦合[10-11]、演化依赖 / 耦合[3,12]和历史依赖[13]。

下文将深入探讨修改耦合的概念。11.2.1 节通过介绍制品共同修改的某个主要动力来讨论修改耦合背后的基本原理。11.2.2 节强调了一些使用修改耦合的关键优势。

11.2.1 为什么制品要一起修改？

共同修改（co-change）和修改耦合概念的基本思想可以追溯到 20 世纪 90 年代初，当时 Page-Jones 引入了"connascence"的概念[14]。术语 connascence（共生性）来自拉丁语，意思是"一起诞生。"自由词典将共生性定义为：两个或两个以上同时出生，附带着另一个出生或生产的，共同成长的行为。Page-Jones 借用了该术语并将其适用到软件工程环境下："在某些场景下两个软件元素必须一起被修改以保持软件正确性时，他们存在共生性"[15]。

共生性有多种形式，可以是显式的也可以是隐式的。为了说明这一点，请考虑以下用 Java 编写的代码摘录㊀，并假设其第一行代表*软件元素 A*，第二行代表*软件元素 B*：

```
String s;               //Element A (single source code line)
s = ''some string'';    //Element B (single source code line)
```

有（至少）两个涉及元素 A 和 B 的共生性的例子。如果 A 被改为 int s，然后 B 也必须改变，这称为 *type connascence（类型共生性）*。相反，如果 A 被修改为 String str，那么 B 需要修改为 str = "some string"，这称为 *name connascence（名字共生性）*。这两种形式的共生性称为*显式共生性*。显式共生性的流行表现形式是结构依赖（例如，方法调用）。反过来，正如前文提到的，共生性也可以是隐式的，例如：当某个类需要提供设计文档中描述的某些功能时将发生隐式共生。

通常，涉及两个元素 A 和 B 而发生的共生，包括如下两种不同的情况：

(a) A 依赖于 B，B 依赖于 A 或两者相互依赖：经典场景是当 A 发生修改时，因为 A 在结构上依赖于 B 而 B 被改变，即修改通过结构依赖从 B 传播到 A（例如，A 中的某个方法调用了 B 中的某个方法）。但是，这种依赖关系可能不那么明显，例如 A 的修改是因为它在结构上依赖于 B 而 B 在结构上依赖于 C（传递的依赖性）。另一个不太明显的情况是因为 A 在语义上依赖于 B 而发生了修改。

(b) A 和 B 都依赖于其他东西：当 A 和 B 具有相似功能的代码片段（例如，使用相同的算法）并且改变 B 需要改变 A 以保持软件正确性时，会发生这种情况。与前一种情况一样，这可能不太明显。例如，可能 A 属于表示层，B 属于基础设施层，并且两者都必须修改以适应新的变更（例如，新的需求）并保持正确性。在这种情况下，A 和 B 取决于需求。

㊀ 此例子改编自 Page-Jones 的书[15]。

因此，制品通常会因为共生关系而被共同修改。这就是使制品“逻辑”连接的原因。最重要的是，由共生性提供的理论基础是证明修改耦合的相关性和有用性的关键因素。

11.2.2 使用修改耦合的好处

在软件工程经验研究中使用修改耦合变得越来越频繁。有很多理由证明这种选择是正确的。下文重点介绍了检测和分析修改耦合的一些实际的关键优势。

揭示历史关系

修改耦合揭示了结构分析无法检测到的隐藏关系。这意味着你可能会发现涉及两个非结构互连的类之间的修改耦合。此外，你可能会发现涉及不同类型的制品的修改耦合。例如，你可以找到从域类到配置文件（例如，XML 文件或 Java .properties 文件）、演示文件（例如，HTML 或 JSP 文件）或构建文件（例如，Maven 的 pom.xml 文件或 Ant 的 build.xml 文件）的修改耦合。静态分析无法检测到这些耦合。为了给出一个实际的例子，McIntosh 及其同事使用修改耦合来评估构建制品与开发或测试文件之间耦合的紧密程度[16]。他们的目标是研究构建维护的工作量并回答诸如“开发代码的修改通常伴随构建修改吗？”之类的问题。

轻量级和语言无关

版本控制系统的修改耦合检测（文件级修改耦合）通常是轻量级的，因为它依赖于从修改集推断出的共同修改信息。它也是编程语言无关的，因为它不涉及解析源代码。这使得它成为对使用不同语言编写的几个系统开展经验研究的良好选择。11.3 节中将给出用于检测修改耦合的方法。然而，笔者注意到，由于噪声数据和某些提交实践，准确识别修改耦合仍然是一项具有挑战性的任务。这些问题将在 11.4 节中讨论。

可能比结构耦合更合适

某些经验研究认可使用结构耦合和修改耦合。研究人员已经证明，使用修改耦合可以为某些特定应用带来更好的结果。例如，Hassan 和 Holt [17-18] 表明，修改耦合比预测修改传播的结构耦合更有效（更多细节见 11.5.1.1 节）。此外，Cataldo 和 Herbsleb [19] 表明，修改耦合比结构耦合更有效，可以恢复开发人员之间的协作需求（详见 11.5.4 节）。然而，一个重要的方面是修改耦合需要历史数据。如果你刚刚开始一个项目并且没有可用的历史数据，那么使用结构分析可能是唯一的出路。事实上，一个有前景的研究领域涉及通过混合的方法，将结构分析与历史数据相结合，以应对软件开发的动态性[20]。

与软件质量的关系

研究人员已经发现，从版本控制系统中检测到的修改耦合提供了有关软件质量的线索。D’Ambros 等人[8]从三个开源项目中挖掘出历史数据，并表明修改耦合与从缺陷存储库中提取的缺陷相关联。Cataldo 等人[21]报告说，在来自不同公司的两个软件项目中修改耦合对故障倾向的影响是互补的，并且明显比结构耦合的影响更相关。在另一项研究中，Cataldo 和 Nambiar [22] 研究了地理分布和技术耦合对 189 个全球软件开发项目质量的影响。技术耦合是指系统制品互连程度的总体度量。他们的结果表明，架构组件之间的修改耦合数量是解释所报告缺陷数量的首要因素。他们考虑的其他因素还包括结构耦合的数量、过程成熟度和地理位置的数量。11.5.2 节和 11.5.3 节描述了可视化技术和指标，以帮助管理修改耦合并揭示设计缺陷。

广泛的适用性

除了与软件质量的关联外，分析修改耦合对于一系列关键应用也很有用，包括修改预测和修改影响分析（11.5.1 节），设计缺陷的发现和重构机会（11.5.2 节），软件体系结构的评估（11.5.3 节），以及开发人员之间协作需求的检测（11.5.4 节）。

11.3 修改耦合的识别方法

识别和量化修改耦合本身取决于如何恢复制品的修改历史。由于实际条件的限制，通常通过解析和分析版本控制系统（例如，CVS、SVN、Git 和 Mercurial）的日志来检测修改耦合。在这种情况下，基于这种制品的提交来识别制品（文件）的修改历史。在大多数情况下，研究人员假设如果同一次提交中包含两个制品，则这些制品会一起修改。两个制品被一起提交的次数越多，它们的修改耦合度就越高。在不支持原子提交的旧版本控制系统中，例如 CVS，通常需要一些预处理来重建修改事务 [23]。

本节将展示如何从版本控制系统的日志中发现和量化修改耦合。在下文中，提出了三种方法：原始计数（11.3.1 节），关联规则（11.3.2 节）和时间序列分析（11.3.3 节）。鉴于前两个已被广泛采用，笔者提供代码片段和说明，以帮助读者在项目中运行它们。所有代码均可在 GitHub 上获得，网址为 https://github.com/golivax/asd2014。

11.3.1 原始计数

一些研究使用原始计数方法识别修改耦合。该方法从版本控制系统的日志中挖掘修改集，并且将共同修改信息存储在合适的数据结构或数据库中。常用的数据结构是*制品* × *制品*的对称矩阵，其中每个单元 $[i, j]$，$i \neq j$，表示制品 i 和制品 j 在分析期间共同修改的次数（即，出现在同一提交中）。反过来，单元 $[i, i]$ 存储的是在同一时段内修改的制品 i 的次数。该矩阵被称为共同修改矩阵（图 11-1）。

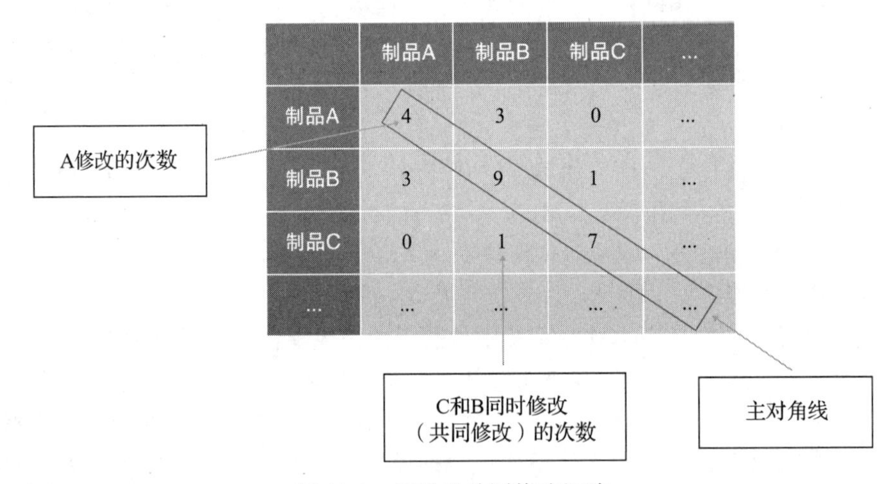

图 11-1　假设的共同修改矩阵

一旦建立了共同修改矩阵，就可以使用以下两种策略推断修改耦合：

（a）无向关系。主对角线中的每个非零单元 $[i, j]$ 意味着存在涉及制品 i 和 j 的修改耦合。在该方法中，修改耦合被认为是无向关系，即，不知道制品 i 是否与制品 j 耦合，制品 j 是否与制品 i 耦合，或者是否两者相互耦合。在图 11-1 的示例中，cell[2,1] = 3 意味着存在强度为 3 的 A 和 B 的修改耦合，即：耦合强度简单地对应于所涉及的制品共同修改的次数。基本原理是，共同修改的制品对与具有较少共同修改的制品对相比，具有更强的演化依赖。

在数据挖掘领域，此度量称为*支持度*。

（b）有向关系。关于修改耦合的识别，该方法类似于前一种方法。然而，该方法假设这些耦合的强度可以不同。从 A 到 B 的修改耦合的强度由共同修改（支持度）的比率和制品 B 修改的次数确定。在图 11-1 的例子中，从 A 到 B 的修改耦合强度是 cell[1,2]/cell[2,2]=3/9=0.33。反过来，从 B 到 A 的修改耦合强度是 cell[1,2]/cell[1,1]=3/4=0.75。因此，这种方法假设最后一次耦合比第一次耦合强度更大，因为包含 A 的提交通常也包含 B（图 11-2）。在数据挖掘领域，此度量称为*置信度*。

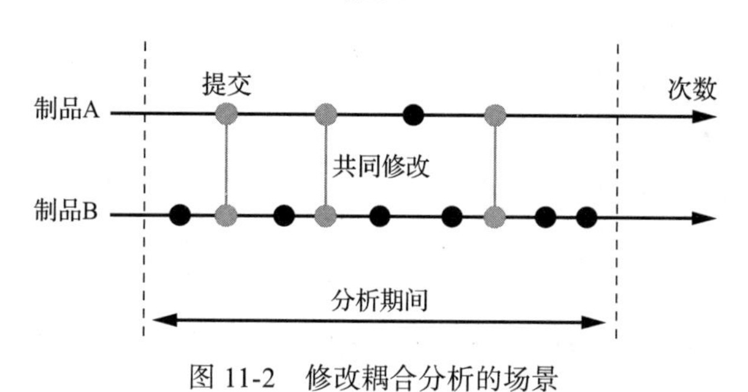

图 11-2 修改耦合分析的场景

采用此识别方法的一些研究包括 Gall 等人 [24]，Zimmermann 等人 [25]，Oliva 和 Gerosa [26] 的研究。

识别相关的耦合

当通过*具有无向关系的原始计数*识别修改耦合时，通常通过选择适合于当前研究的*支持度*阈值来过滤相关的耦合。一种方法是迭代地测试不同的值并定性地分析输出。另一种方法是对支持度的分布进行统计分析，例如四分位数分析（图 11-3）。

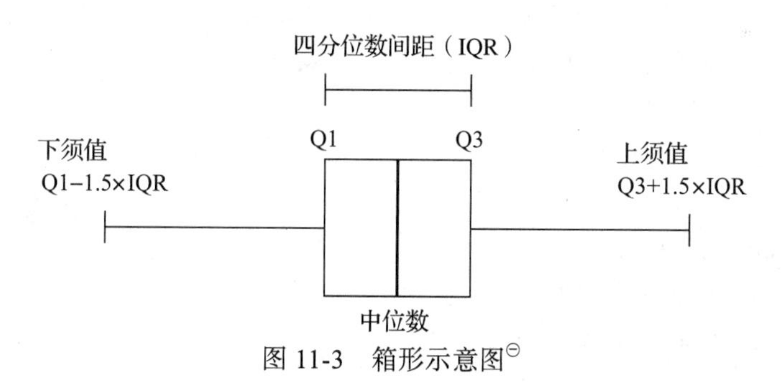

图 11-3 箱形示意图[⊖]

在四分位数分析领域内，一种方法认为充分相关的耦合具有高于第三个四分位数的支持度值。第三个四分位数（$Q3$）是数据的中位数值和最高值之间的中间值，从最低的 75% 中分离出最高 25% 的数据。另一种方法包括将上须值（也就是上栅栏）作为阈值，使用下式确定上须值：$Q3+[1,5*(IQR)] = Q3+[1,5*(Q3-Q1)]$。在四分位数分析中，高于上须值通常被视为异常值。因此，后一种方法比前者更具限制性，因为只选择了异常程度明显的耦合。另外一种更具限制性的方法只采用极端异常值，即高于下式给出的阈值：$Q3+3*$（IQR）。

尽管四分位数分析简单明了，但笔者注意到它可能不适合某些研究，因为其支持度分布倾向于遵循幂律分布（图 11-4）。这种分布是呈右偏分布（长尾到右边），基于方差和标准差

⊖ 改编自 http://commons.wikimedia.org/wiki/File:Boxplot_vs_PDF.svg（CC Attribution-Share Alike 2.5 Generic）。

的传统统计通常会产生偏差的结果。因此，更谨慎的方法是跳过图 11-4 中的左侧部分，该部分对应于 80% 的数据，而关注右侧部分，这代表了经常共同修改的制品。无论如何，研究人员应该始终验证和分析每种过滤策略产生的输出。

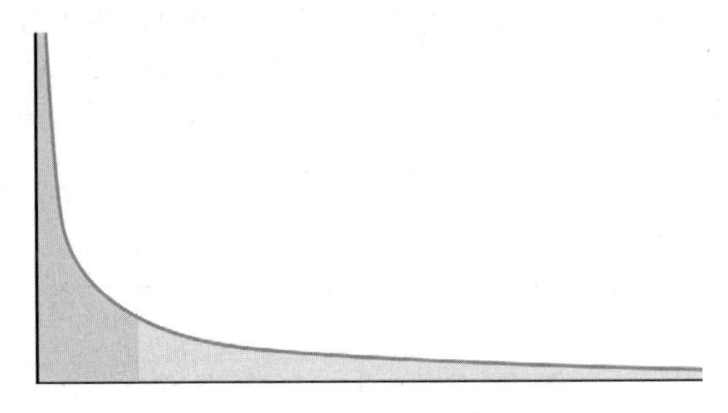

图 11-4　幂律分布㊀

当通过*具有非对称强度的原始计数*识别耦合时，相关的耦合是基于支持度和置信度的组合值确定的。在这种思维方式中，支持度被解释为衡量修改耦合明显程度的指标，从某种意义上来说，许多共同修改所支持的耦合比少数共同修改所支持的耦合更为明显 [25]。反过来，置信度被解释为衡量耦合强度的指标。根据 Zimmermann 等人的说法，置信度实际上回答了以下问题：对于制品的所有修改，一些其他特定制品受影响的频率（百分比）是多少？因此，*相关的耦合*具有足够高的支持度和置信度，即它们既明显又有较大强度。

支持度阈值通常是要确定的第一个参数。如前所述，这可以使用不同的方法计算。在确定了足够明显的耦合之后，应用置信度阈值来过滤那些足够强的耦合。最保守的方法是迭代地尝试不同的置信度值，分析输出，并选择为当前研究提供最佳结果的阈值 [25]。为此，Zimmermann 等人实现了可视化技术（*像素图*和 *3D 条形图*），以帮助发现具有高支持度和高置信度的耦合（尽管在这种情况下存在主观考虑）。

一种替代方法是对置信度分布进行统计分析（如四分位数分析）。另一个方法是为置信度值建立三个相邻的区间 [26]，如下所示：

- 置信度 [0.00,0.33]：弱耦合。
- 置信度 [0.33,0.66]：常规耦合。
- 置信度 [0.66,1.00]：强耦合。

工具

本节将展示如何使用原始计数方法提取修改耦合。实际上，本文专注于如何从 SVN 或 Git 解析修改集列表，因为这是该过程中最困难的部分。接下来，本节将展示 UML 图和 Java 代码片段。GitHub㊁中提供了完整的实现。笔者强调，这样的实现只是你可以开发更复杂或定制的解决方案的起点。

1. Change-Set 修改集类

本节使用一个非常简单的 ChangeSet 类来存储每个提交的修改集（图 11-5）。该类有一个名为 commitID 的属性，它存储提交的 ID。另一个属性是一个名为 changedArtifacts 的集

㊀ http://commons.wikimedia.org/wiki/File:Long_tail.svg，图片来自 Hay Kranen/PD。

㊁ https://github.com/golivax/asd2014。

合，笔者将使用它来存储在关联的提交中修改的制品的名称。该类有两个构造函数：一个用于处理数字型的提交 ID（SVN），另一个用于处理字母数字混合型的提交 ID（Git）。

```
ChangeSet
- commitID : String
- changedArtifacts : Set<String>
+ ChangeSet(commitID : long, changedArtifacts : Collection<String>)
+ ChangeSet(commitID : String, changedArtifacts : Collection<String>)
+ getCommitID() : String
+ getChangedArtifacts() : Set<String>
+ toString() : String
```

图 11-5　ChangeSet 类（/src/main/java/br/usp/ime/lapessc/entity/ChangeSet.java）

2. 从 SVN 中提取修改集

从 SVN 存储库中抽取修改集依赖于 SVNKit[1]框架。SVNKit 是 SVN 的 Java 实现，提供用于本地和远程存储库的 API。笔者使用此框架来解析 SVN 提交日志并提取修改集。笔者的 GitHub 中的类 /src/main/java/br/usp/ime/lapessc/svnkit/SVNKitExample.java 是一个完整的例子，展示了如何从 SVN 中抽取修改集。

下面的代码摘录展示了如何初始化存储库。它需要存储库的 URL 和访问权限凭据（用户名和密码）。来自开源软件系统的大多数存储库都启用了读取权限，用户名为“anonymous”，密码为“anonymous”。

```
DAVRepositoryFactory.setup();
try {
    SVNRepository repository = SVNRepositoryFactory.create(
            SVNURL.parseURIEncoded(url));
    ISVNAuthenticationManager authManager =
            SVNWCUtil.createDefaultAuthenticationManager(username, password);
    repository.setAuthenticationManager(authManager);
}catch(SVNException e){
    // Deal with the exception
}
```

初始化存储库后，就可以与其进行交互。SVNRepository 类的方法 log(targetPaths, entries, startRev, endRev, changedPath, strictNode) 执行从 startRev 到 endRev 的 SVN 日志操作。该方法调用中每个参数的具体含义总结如下。请读者参考 SVNKit 的文档[2]，以获取有关此方法的更多详细信息。

- targetPaths——仅表示修改它们的修订的路径
- entries——如果不为 null，此集合将用于接收日志条目
- startRevision——修订的开始
- endRevision——修订的结束
- changedPath——如果为 true，则修订信息还将包括每个修订的所有修改路径
- strictNode——如果为 true，则不会遍历复制历史记录（如果有）

[1] http://svnkit.com/。

[2] http://svnkit.com/javadoc/index.html。

此 log 方法输出 SVNLogEntry 的集合，它们是提交日志的对象。下文展示了如何从每个 SVNLogEntry 实例中提取提交 ID（修订号）和修改集的示例。

```
Set<ChangeSet> changeSets = new LinkedHashSet<ChangeSet>();
for(SVNLogEntry logEntry : logEntries){
    Map<String,SVNLogEntryPath> changedPathsMap = logEntry.
    getChangedPaths();
    if (!changedPathsMap.isEmpty()) {
        long revision = logEntry.getRevision();
        Set<String> changedPaths = logEntry.getChangedPaths().keySet();
        ChangeSet changeSet = new ChangeSet(revision, changedPaths);
        changeSets.add(changeSet);
    }
}
```

下面展示的 main() 方法使用五个重要参数触发挖掘：存储库 URL（url），用户名（name），密码（password），起始修订号（startRev）和结束修订号（endRev）。此示例从名为 Moenia[㊀] 的开源项目中提取修改集，该项目由 SourceForge 托管，仅包含 123 个修订版本。

```
public static void main(String[] args) {
        String url = "https://github.com/golivax/JDX.git";
        String cloneDir = "c:/tmp/jdx";
        String startCommit = "ca44b718d43623554e6b890f2895cc80a2a0988f";
        String endCommit = "9379963ac0ded26db6c859f1cc001f4a2f26bed1";
        JGitExample jGitExample = new JGitExample();
        Set<ChangeSet> changeSets =
           jGitExample.mineChangeSets(url,cloneDir,startCommit,
                endCommit);
        for(ChangeSet changeSet : changeSets){
            System.out.println(changeSet);
        }
    }
```

3. 从 Git 中提取修改集

为了从 Git 存储库中抽取修改集，笔者建议使用 JGit[㊁] 框架。JGit 是 Git 的 Java 实现，其提供了一个流畅的 API 来操作 Git 存储库。笔者使用该框架来解析 Git 提交日志并抽取修改集。鉴于 Git 的分布式特性以及其特定的分支概念，抽取修改集会稍微复杂一些。GitHub[㊂] 上提供了一个完整的示例，说明如何从 Git 存储库中挖掘修改集。

需要做的第一件事是克隆 Git 存储库（或打开已克隆的存储库）。下面的代码摘录展示了如何使用 JGit API 以编程方式完成此操作。在此示例中，URL 中的存储库被克隆到 cloneDir 中。

㊀ http://sourceforge.net/projects/moenia/。

㊁ http://eclipse.org/jgit。

㊂ https://github.com/golivax/asd2014/src/main/java/br/usp/ime/lapessc/jgit。

```
//Cloning the repo
Git git = Git.cloneRepository().setURI(url).
    setDirectory(new File(cloneDir)).call();
//To open an existing repo
//this.git = Git.open(new File(cloneDir));
```

之后，需要决定从哪个分支中抽取 [startCommitID，endCommitID] 范围内的提交。抽取“主分支”的常用策略是遵循每个提交的第一个父级提交。因此，笔者所做的是从 endCommitID 开始持续跟踪每次提交的第一个父级提交，直到到达 startCommitID 的第一个父级提交，正如以下 git 命令：git log startCommitID∧∧ ..endCommitID --first-parent。--first-parent 参数的含义如下（从 Git 手册中提取）：

> **–first-parent:** Follow only the first-parent commit upon seeing a merge commit. This option can give a better overview when viewing the evolution of a particular topic branch, because merges into a topic branch tend to be only about adjusting to updated upstream from time to time, and this option allows you to ignore the individual commits brought in to your history by such a merge.

在 JGitExample 类中的方法 List <RevCommit>getCommitsInRange(String startCommitID, String endCommitID) 实现此挖掘策略，恢复如下提交：

```
endCommit,firstParent(endCommit),..., startCommit, firstParent(startCommit)
```

Git 总是通过比较两个提交来识别修改集。但是如果选择的开始的提交恰好是存储库中的第一个提交，那么它没有父级提交。笔者通过确定第一次提交中*添加*的制品来处理这种特殊情况。以下代码摘录显示了笔者如何使用 JGit 实现此算法。但请注意，因为代码有点冗长，本文省略了恢复实际修改集的详细信息。

```
private Set<ChangeSet> extractChangeSets(List<RevCommit> commits) throws
        MissingObjectException, IncorrectObjectTypeException,
        CorruptObjectException, IOException {

        Set<ChangeSet> changeSets = new LinkedHashSet<ChangeSet>();

        for(int i = 0; i < commits.size() - 1; i++){
            RevCommit commit = commits.get(i);
            RevCommit parentCommit = commits.get(i+1);
            ChangeSet changeSet = getChangeSet(commit, parentCommit);
            changeSets.add(changeSet);
        }


        //If startCommit is the first commit in repo, then we
        //need to do something different to get the changeset
        RevCommit startCommit = commits.get(commits.size()-1);
        if(startCommit.getParentCount() == 0){
            ChangeSet changeSet = getChangeSetForFirstCommit(startCommit);
            changeSets.add(changeSet);
        }
        return changeSets;
    }
```

下面显示的 main() 方法使用四个重要参数触发 mineChangeSets() 方法：远程存储库 URL（url），本地存储库的路径（cloneDir），开始提交的 ID（startCommit）和最后提交的 ID（endCommit）。此示例从 GitHub 上托管的名为 JDX[⊖]的开源项目中提取修改集。

```
public static void main(String[] args) {
    String url = "https://github.com/golivax/JDX.git";
    String cloneDir = "c:/tmp/jdx";
    String startCommit = "ca44b718d43623554e6b890f2895cc80a2a0988f";
    String endCommit = "9379963ac0ded26db6c859f1cc001f4a2f26bed1";

    JGitExample jGitExample = new JGitExample();
    Set<ChangeSet> changeSets =
            jGitExample.mineChangeSets(url,cloneDir,startCommit, endCommit);
    for(ChangeSet changeSet : changeSets){
        System.out.println(changeSet);
    }
}
```

11.3.2 关联规则

本节将介绍数据挖掘领域中的两个概念：*频繁项集*（*frequent itemsets*）和*关联规则*（*association rules*）。为此，笔者参考了 Rajaraman、Leskovec 和 Ullman 编著的 *Mining Of Massive Datasets*[27] 一书，来引入几个基本定义。感兴趣的读者可以翻阅这本书的第 4 章，以了解更详细信息。笔者还推荐读者阅读 Liu 的书 *Web Data Mining: Exploring Hyperlinks, Contents, and Usage Data*[28] 中的第二章作为补充。

在数据挖掘领域，*购物篮模型*常常用于描述*项*和*购物篮*（或者是交易）两种对象之间多对多的关系。每个购物篮中包含一组项，称为*项集*。通常假设一个购物篮中项的数目很小，即相对于所有项的总数目而言要小得多。并且通常假设购物篮的数目很大，不可能将它们全部存储在主存中。一个在多个购物篮中出现的项集称为*频繁项集*。设 I 是一个项集，那么 I 的*支持度*就表示了 I 是其中子集的购物篮数目，记作 *support(I)*。

项集通常用于构建 if-then 规则，这些规则称为*关联规则*。关联规则是形如 $I \Rightarrow J$ 的蕴涵式，表示如果项集 I 出现在某个购物篮中的话，J 也有可能出现在这一购物篮中。在这种情况下，I 和 J 就表示两个不相交的项集。I 称为先导（左边或 LHS），J 称为后继（右边或 RHS）。例如，如果超市的销售数据表明客户一起购买产品 x 和产品 y，则该顾客也可能购买 z，则该规律记为 $\{x, y\} \Rightarrow \{z\}$。如果需要查找一个适用于购物篮的合理比例的关联规则 $I \Rightarrow J$，那么 $I \cup J$ 的支持度必须非常高，该值被称为*规则的支持度*，记作 $support(I \Rightarrow J) = support(I \cup J)$。它和同时包含 I 和 J 的购物篮的数量相对应。反过来，规则的强度是以*置信度*作为衡量标准的。置信度定义了包含 I 的篮子中也出现了 J 的部分。形式上：

$$confidence(I \Rightarrow J) = \frac{support(I \Rightarrow J)}{support(I)} = \frac{support(I \cup J)}{support(I)}$$

⊖ https://github.com/golivax/JDX/。

11.3.1 节已经介绍了可以计算项集对的*支持度*和*置信度*的算法，其中包括确定每个项集发生修改的次数和两个制品共同修改的次数。这里的主要区别在于应用算法发现频繁项集（然后从中生成有用的规则）。最大频繁项集挖掘算法，例如常用的 *Apriori* 算法 [29] 需要一个项集支持度阈值作为输入。因此，需要提前删除非频繁（不相关联）的项集。此外，*Apriori* 算法更灵活，因为它可以发现在 LHS 和 RHS 中包含任意数量的项集的关联规则。

研究人员已经将修改耦合形式化为关联规则：版本控制系统（数据库）存储了所有的提交日志，每一个提交日志（购物篮）包含一组修改文件（项集）。从一个版本化制品 x_2（客户端）到另一个版本制品 x_1（供应端）的修改耦合关系可以被表示为关联规则 $X_1 \Rightarrow X_2$，其先导和后继都是分别包含 x_1 和 x_2 的单个制品。

Bavota 等人 [30]、Zimmermann 等人 [3,31]、Wang 等人 [32] 和 Ying 等人 [33] 的研究都采用了关联规则的识别方法。第一组使用了 *Apriori* 算法，第二组和第三组对原始 *Apriori* 算法进行了调整，以提高关联规则的计算速度，这往往涉及基于一些特定研究标准来约束先导和后继。第四组使用了一种不同的（更有效）的算法，称为 FP-Growth[34]，它无须生成候选项集，也无须在整个数据库中测试。

识别相关的耦合

在将修改耦合形式化为关联规则时，研究人员通常根据支持度和置信度的阈值（规则挖掘算法的输入）来确定它们的相关性。但是，正如 11.3.1 节中所讨论的，确定与关联规则充分相关的阈值是复杂的，并且取决于当前项目的特征。例如，Zimmermann 等人 [25] 认为那些支持度大于 1 并且置信度大于 0.5 的修改耦合是相关的。相反的，Bavota 等人 [30] 认为相关的耦合至少包括 2% 的提交（支持度 / 提交次数）中共同修改的元素，并且其置信度至少为 0.8。Zimmermann 等人 [3] 认为，在实践中，针对平均事务大小或每个项集的平均修改次数的组合的支持度应该被标准化。但是，他们也认为制定合适的规范标准仍然是一项独立的研究。

虽然捕获相关的修改耦合的最常见阈值是支持度和置信度，但还存在其他的方法。其一是 *conviction（确信度）*方法 [35]。假设两个元素 A 和 B，确信度是 $P(A)P(\sim B)/P(A \text{ and } \sim B)$，$A \rightarrow B$ 的含义等同于 $(\sim A \text{ or } B)$，也等同于 $\sim(A \text{ and } \sim B)$。其思想是测量 $(A \text{ and } \sim B)$ 偏离独立的程度，取比率的倒数来平衡外部否定。Brin 等人 [35] 的说法是“确信度方法是一种隐式计算的方法，因为它有方向性，它是隐含的最大值，并且适当地考虑了 $P(A)$ 和 $P(B)$ 的影响”（而置信度没有考虑 $P(B)$）。

工具

Apriori 的实现过程以及其他频繁模式的挖掘算法可在 Weka㊀、SPMF㊁和 R㊂（*arules* 包㊃）中获取。这些都是通过 GPL（GNU 通用公共许可证）许可的开源项目。下文将展示如何使用 R 和 arules 包提取修改耦合。如 11.3.1 节所述，Moenia 将作为此示例的项目系统。

1. 加载库

第一步是将 arules 包安装并加载到你的 R 会话中。请运行以下命令以加载包：

㊀ http://www.cs.waikato.ac.nz/ml/weka/。

㊁ http://www.philippe-fournier-viger.com/spmf/。

㊂ http://www.r-project.org/。

㊃ http://cran.r-project.org/web/packages/arules/index.html。

```
library(arules)
```

2. 从 CSV 文件中读取事务

第二步是从 CSV 文件中读取变更事务（修改集）：

```
trans = read.transactions("moenia.csv", format = "basket", sep = ",")
```

read.transactions() 函数有三个基本参数。第一个指向 CSV 文件，默认从工作目录中读取。用户可以在 R 中执行 getwd() 函数来找到当前的工作目录。第二个参数表示此 CSV 文件的格式。在购物篮格式中，事务数据文件中的每一行都代表一个事务，其中项集（项集标签）由 sep（第三个参数）指定的字符分隔。有关此函数的更多信息，请参见 arules 包的手册[⊖]。

购物篮格式的 CSV 文件可以很容易地从 ChangeSet 实例的集合中构建出来。下面的代码片段展示了一个可行的解决方案，它可以捕获扩展名为 .java 的文件。

```
public String toCSV(Set<ChangeSet> changeSets){
    String csv = new String();
    for(ChangeSet changeSet : changeSets){
        String cs = new String();
        for(String artifact : changeSet.getChangedArtifacts()){
            if(artifact.endsWith(".java")){
                cs+=artifact + ",";
            }
        }
        //StringUtils is a class from the Apache Commons Lang library
        cs = StringUtils.removeEnd(cs, ",");
        if(!cs.isEmpty()){
            csv+=cs + "\n";
        }
    }
    return csv;
}
```

3. 使用 Apriori 计算关联规则

第三步是运行 *Apriori* 算法计算关联规则，这是通过 apriori() 函数完成的。本文所使用的函数参数如下：

- transactions：输入事务的集合
- support：项集的最小支持度的值（默认值：0.1）
- confidence：规则的最小置信度的值（默认值：0.8）
- minlen：每个项集的最小项数的整数值（默认值：1）
- maxlen：每个项集的最大项数的整数值（默认值：10）

⊖ http://cran.r-project.org/web/packages/arules/arules.pdf。

将在下面步骤中获取事务。并在相关的术语中定义支持度参数。也就是说，如果用户希望要找到元素被共同修改了至少四次的规则，那么参数应该是 4/ 修改集的数量（即 CSV 文件中的行数）。在本节中置信度的定义不变。假设这里需要计算有一个先导和一个后继的关联规则，那么每个项集里的最大项数和最小项数都应该是 2。

如果数据集不是太大，用户可以首先获取所有可能的关联规则，接着调整参数以优化。可以使用以下的技巧获取所有的关联规则：把支持度设置为 .Machine $ double.eps。此保留关键字输出机器可以产生的最小正浮点数。如果用户将支持度设置为零，那么 apriori() 函数将生成人工规则（支持度为零的规则）。完整的命令如下所示。

```
rules <- apriori(trans, parameter = list(
    support = .Machine$double.eps,
    confidence = 0, minlen = 2, maxlen = 2))
```

4. 检查关联规则，分析输出并调整参数

最后一步需要检查关联规则，分析输出，并调整参数以获得明显而高强度的修改耦合。以下命令有助于分析上一步中生成的关联规则：

```
> summary(rules)
set of 10874 rules


rule length distribution (lhs + rhs):sizes
    2
10874

   Min. 1st Qu.  Median    Mean 3rd Qu.    Max.
      2       2       2       2       2       2

summary of quality measures:
    support           confidence           lift
 Min.    :0.01111   Min.    :0.02941   Min.    : 0.8823
 1st Qu.:0.01111   1st Qu.:0.25000   1st Qu.: 5.0000
 Median :0.01111   Median :0.33333   Median : 7.5000
 Mean    :0.01834   Mean    :0.45962   Mean    :12.0304
 3rd Qu.:0.02222   3rd Qu.:0.61538   3rd Qu.:15.0000
 Max.    :0.14444   Max.    :1.00000   Max.    :90.0000
```

考虑支持度的分布情况，可以使用 11.3.1 节提出的极端异常值方法来限制生成的规则集：$Q3$+3*IQR=0.02222+1.5*(0.02222−0.01111)=0.038885。取置信度为 0.66。重新计算关联规则如下所示：

```
rules <- apriori(trans, parameter = list(
    support = 0.038885, confidence = 0.66, minlen = 2, maxlen = 2))
```

通过 summary() 命令分析生成的规则集，304 条规则被发现。当然，用户可以重新调整参数以获得更小的规则集。要检查所有的关联规则，用户只需输入以下命令：

```
inspect(rules)
```

在这里，规则 $A_1 \Rightarrow A_2$，表示 A_2 会随 A_1 的改变而改变，即 A_2 是客户端，A_1 是供应端。最后，要将这些规则导出为一个 CSV 文件，可以使用以下命令：

```
write(rules, file = "data.csv", sep = ",", col.names = NA)
```

11.3.3 时间序列分析

时间序列表示已经成功应用于不同领域（例如图像/语音处理和股票市场预测）以检测随时间演变的常见的类似现象 [36]。实际上，从早期的软件仓库挖掘开始，时间序列分析和相关指标已被确定为理解软件结构如何随时间变化的关键研究领域 [1]。时间序列分析可解决早期目标检测算法中的一些问题。Canfora 等人 [37] 认为，“尽管关联规则适用于许多领域，但是它无法理解后续修改集内被修改的制品之间的逻辑耦合关系。”

11.3.3.1 动态时间规整

动态时间规整（DTW）是 Kruskal 和 Liberman[38] 提出的一种技术，即在一定的限制条件下，在两个给定的（与时间相关的）序列之间寻找最优的对齐方式（图 11-6）。该算法以非线性方式使序列弯曲以彼此匹配。换句话说，DTW 可以弯曲（扭曲）时间轴，并在不同的时间间隔内压缩时间轴或者在其他时间轴上扩展时间轴 [39]。起初，DTW 应用于比较自动语音识别系统中的不同语音模式 [40-41]。传统的应用是在不同的语速、重音和音高下，确定两种声音波形是否代表相同的口语短语 [39]。DTW 已经成功应用于不同的领域，包括医学 [42]、机器人 [43] 和手写识别 [44]。更多有关 DTW 技术的资料可以参考 Müller[45] 所著的 *Information Retrieval For Music and Motion* 一书中的第 4 章。

在修改耦合的背景下，版本制品修改的时间集合被建模为时间序列。然后成对比较以确定这些序列的对齐程度。如果这些序列高度对齐，那么就可以说明相关的制品之间存在修改耦合。Antoniol 等人 [39] 和 Bouktif 等人 [46] 都采用了这种识别方法进行研究。

识别相关的耦合

Antoniol 等人 [39] 计算了每一对时间序列的 DTW 距离，以便检测 CSV 中共同修改的文件。他们并没有比较整个时间序列，而是使用包含一定数量的数据点（变更）的窗口增量式地进行比较。他们也反过来做，即从最近修改的时间序列开始比较。低于某个阈值一定距离的文件历史被认为是不可区分的，且属于同一历史组。他们在论文中提到在 Mozilla 项目中进行了从 60 秒到 1200 秒的实验，结果显示阈值确实改变了组（共同修改的文件）的数量和大小。此阈值可用于微调灵敏度，因为其最优值取决于项目本身。他们在论文中报告了阈值分别设置为 270 秒、600 秒和 1200 秒（4.5 分钟、10 分钟和 20 分钟）的实验结果。在后续的论文中，Bouktif 等人 [46] 分析了 CVS 中存储的一个名为 PADL 的小项目的修改历史。他们认为阈值在 43200 秒（12 小时）和 86400 秒（24 小时）之间时，精确度和召回率之间能达到一个很好的折中。在该案例研究中，他们最终使用的阈值是 86400 秒，最小平均（加权）精度为 84.8%，召回率为 71.8%。为了计算精确度和召回率，他们通过划分训练集和测试集中的修改历史来进行 k-fold 交叉验证。如果想要了解更多信息，请参阅他们的论文。

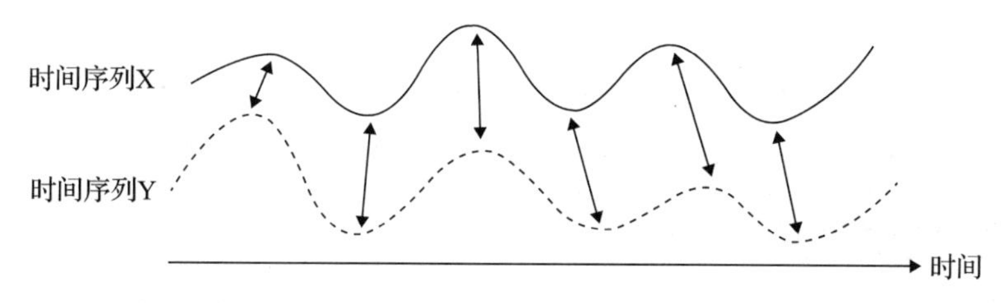

图 11-6 两个与时间相关的序列的时间对齐。箭头表示对齐点㊀

工具

R 统计工具提供了一个名为 dtw㊁的包，它实现了 DTW 算法。如包指南㊂所示，使用此包并以默认设置运行 DTW 算法非常简单。FastDTW㊃是一个用 Java 编写的库，它能实现原始 DTW 的改进算法 FastDTW [47]。与标准 DTW 算法的时间复杂度 $O(N^2)$ 要求相比，这种变化使得其时间复杂度 O(N) 和内存复杂度最低或者接近最优值。

11.3.3.2 格兰杰因果关系检验

格兰杰因果关系是一种统计假设检验，用于确定一个时间序列在预测另一个时间序列时是否有用 [48]。换句话说，该算法检测了预测的因果关系。形式上说，如果时间序列 X 可以被显式说明，通过对 X 的滞后值（也包括 Y 的滞后值）进行一系列的 t 检验和 F 检验，这些 X 值提供了关于 Y 的未来值的重要的统计信息，则认为 X 与 Y 之间存在格兰杰因果关系。它的基本思想是因果关系不能在影响之后产生。因此，如果变量 x 影响变量 y，那么前者应该有助于改进关于后者的预测 [37]。Ceccarelli 等人 [49] 使用二元格兰杰因果关系检验来解决在后继修改集中被修改的制品之间检测修改耦合的问题。他们对版本制品 f_k 的时间序列建模如下。假设 $f_k(t)$，t=1, ⋯, t 为版本化制品 f_k 的修改时间序列，定义如下：

$$f_{\mathrm{k}}(t)=\begin{cases}1, & f_{\mathrm{k}}\in\Delta_t,\\0, & f_{\mathrm{k}}\notin\Delta_t,\end{cases}$$

即如果在 Δ_t 中文件 f_k 发生修改，则 $f_k(t)$ 为 1，否则为 0。笔者发现，格兰杰因果关系检验提供的相关建议数量与关联规则推断的建议数量是互补的。在他们的后续研究中 [37]，他们使用了一个更复杂的模型，在该模型中，他们将二元变量 $f_k(t)$ 替换为一个连续变量，该变量解释了测试期间每个文件所经历的修改的数量。他们对四个开源系统的评估表明，虽然关联规则提供了更精确的结果，但格兰杰因果关系检验在召回率和 F 度量方面结果更好。最后他们再次强调，这两种技术提供的真正的耦合集合大多是不相交的。

识别相关的耦合

考虑残差平方和而计算的得分 S，其计算结果不支持零假设（H0：文件 f_1 与 f_2 之间不存在格兰杰因果关系）。如果该分数高于 F(p，T−2p−1) 分布的 5% 临界值，那么其结果也不支持零假设 [37]。该组相关的耦合包括由 S 值按降序排列的版本制品列表中的前 N 个版本制品，N 的最优值取决于项目本身。

㊀ 摘自 Müller [45]70。内容由 Springer 授权。版权已声明。

㊁ http://dtw.r-forge.r-project.org/。

㊂ http://cran.r-project.org/web/packages/dtw/vignettes/dtw.pdf。

㊃ http://code.google.com/p/fastdtw/。

工具

格兰杰因果关系检验可以在 R 中通过包 MSBVAR[㊀]得到。参考手册[㊁]的格兰杰因果测试部分展示了如何进行统计测试，它还描述了输入参数以及函数输出的类型。

11.4　识别修改耦合的挑战

尽管修改耦合非常重要，但是想要准确地检测它们也绝非易事。11.4.1 节讨论了提交习惯对识别修改耦合的影响。11.4.2 节给出了一些避免噪声、提高修改耦合检测准确性方面的指导。最后，11.4.3 节中讨论了识别修改耦合的另一种方法，这种方法是从受监控的 IDE 中检测修改耦合。

11.4.1　提交习惯的影响

尽管修改耦合十分灵活且具有关联性，但从版本控制系统的日志中准确识别它们十分烦琐。以这种方式识别修改耦合时，对它们的检测将受到不同开发人员提交习惯的影响。例如，有的开发人员可能会频繁地提交代码，有的开发人员可能先花很长的时间研究代码，然后一次性提交所有的修改。后一种情况可能会出现*提交重载*，即提交复杂纠缠的代码修改[25,50]。反过来说，提交重载会产生人工修改耦合，这会使属于不同修改的制品相关联。举个例子，某个开发人员在一组文件中实现一个新功能，并在其他文件中修复一个不相关的缺陷，然后提交了一次修改。在这种情况下，修改耦合将把实现新功能的制品与修复缺陷的制品相关联。另一种情况是开发人员的*不完全提交*。对于不完全提交，这里指的是开发人员忘记执行特定的操作，或者故意将一次修改划分为多个连续的提交。例如，开发人员可能会修改某些域类，但是忘记更新相关的 XML 配置文件。开发人员会在另一次提交中执行忘记的某些操作，这会导致缺少修改耦合。最后，一些提交可能是从仓库合并两个分支的结果。这样的提交通常涉及大量的制品，因此产生了一些人工修改耦合。检测和处理这些问题本身就是一项研究。

研究人员最近试图表征开发人员的提交习惯。Ma 等人[51]对于 Apache 软件基金会的四个开源项目中的提交间隔开展了经验研究。特别的是，他们将生命周期级别和发布级别的提交间隔问题转换为统计分布问题。Ma 等人发现他们的数据集常常呈现幂律分布，即仓库中两个连续提交之间的间隔大多都很短，只有少数间隔较长。Lin 等人[52]发现每个类的提交次数（从创建类到删除类）和每个单位时间（例如，一天、一周、一个月）的提交次数大致遵循幂律分布。这两项研究证明了提交的大小和频率各不相同。

使问题更复杂的是，提交习惯反过来又受到一系列因素的影响，这些因素包括项目的开发过程、任务在问题跟踪系统或待办事项列表中定义的方式以及所使用的特定的版本控制系统。例如，近期的研究表明，版本控制系统的交互协议会影响提交频率和修改集中的文件的数量。Brindescu 等人[53]进行了一项大规模的经验研究（358k 次提交，132 个仓库，5890 个开发人员），结果表明分布式仓库中的提交比集中式仓库小 32%（文件更少），并且开发人员在分布式仓库中比在集中式仓库中分开提交的频率更高。

这些研究都留下了一些挑战。对于所有的提交应该一视同仁吗？如果软件开发过程不强

㊀ http://cran.r-project.org/web/packages/MSBVAR。

㊁ http://cran.r-project.org/web/packages/MSBVAR/MSBVAR.pdf。

制规定提交步骤，并且开发人员最终的提交习惯不相同的时候该怎么做？如何检测其间的提交具有相似属性（大小和频率）的时间段，以便确定一个阈值，使得相关的修改耦合有意义且合适？当一个项目从集中式版本控制系统（如 SVN）移动到分布式版本控制系统（如 Git）时该怎么办？这些都需要进一步调查研究。下节将给出一些建议，以帮助在实践中检测修改耦合。

11.4.2　检测修改耦合的实用建议

下文将介绍关于如何收集和预处理输入（提交）的实用建议，以便更准确地提取基于文件的修改耦合。需要强调的是，因为这些建议仅仅处理输入，所以它们与所选择的特定识别方法无关（11.3 节）。这些建议来源于上述研究以及笔者在这方面研究的一点心得体会。

1. 项目选择

（a）选择使用相同版本控制系统的项目。从 11.4.1 节末所提供的对比数据来看，仓库技术（集中式与分布式）会影响提交频率，以及每个修改集的平均制品数。为了减少经验研究中的误差，本文建议选择使用相同版本控制系统的项目（如 SVN 或 Git）。因为一个理想的结果，可以使这些项目研究的技术基础更轻量。

（b）选择提交和任务相关的项目。一些开源项目，如 Apache Lucene 和 Apache Hadoop，将提交与问题跟踪器中的任务（例如通过在提交注释中显式地提到任务 ID）关联。这将在提交中添加上下文信息，并且有助于其他目标的实现。例如任务关联后，用户就可以计算特定类型的软件变更的修改耦合，例如缺陷修复或实现新功能。最重要的是，了解任务的类型也有助于设计提高修改耦合准确性的预处理机制（参见建议 4）。

（c）避免选择数据迁移频繁的项目。大多数修改耦合挖掘工具会根据文件的路径跟踪文件。虽然这些工具通常能够跟踪随时间变化重新命名的文件，但是在跟踪那些移动到不同路径的文件时，它们可能会遇到困难。而且，删除文件然后将其重新加入不同路径的情况尤为复杂。因此，请选择“根”文件夹（或你正在挖掘的文件夹）不随时间移动的项目。此外，最好不要选择从其他仓库迁移数据的项目。例如，与 CVS 仓库同步的 SVN 仓库。原因是这些迁移数据可能会改变开发人员最初的提交习惯，也有可能因为将不相关的任务分组或者分离内聚的变更，从而导致新的提交。

（d）可以使用开源项目。得益于开源运动，一些版本控制系统是免费使用的（从某种意义上说，任何人都可以“阅读”它们）。一些研究包括 Apache 软件基金会的项目，此非营利组织开发了近 100 个不同的软件项目，这些软件项目涵盖了广泛的技术领域。Apache 项目包括 Apache HTTP Server，Apache Geronimo，Cassandra，Lucene，Maven，Ant，Struts 和 JMeter。所有 Apache 项目都托管在 https://svn.apache.org 上的单个 SVN 仓库中，该仓库目前存储了 160 多万次的提交。所有项目的 Git 镜像也可以在 http://git.apache.org/ 上找到。其他的平台例如 SourceForge 和 GitHub 也包含大量的开源项目。

2. 仓库操作

（a）本地操作。为避免网络不稳定和其他问题，笔者建议尽可能在本地创建仓库镜像（复制）。以下示例脚本说明了如何将 Apache JMeter 项目的 SVN 仓库复制到文件系统的本地路径中：

```
1) Use the svnadmin utility to create a new (empty) repository
in the local file system.
   $ svnadmin create /mirrors/jmeter
After running the command, a non-empty directory called ''jmeter''
is created. The results should look similar to the following:
total 54K
drwxrwxr-x+ 1 user None 0   Dec 02 17:01 .
drwxrwxrwt+ 1 user None 0   Dec 02 17:01 ..
drwxrwxr-x+ 1 user None 0   Dec 02 17:01 conf
drwxrwxr-x+ 1 user None 0   Dec 02 17:01 db
-r--r--r--  1 user None 2   Dec 02 17:01 format
drwxrwxr-x+ 1 user None 0   Dec 02 17:01 hooks
drwxrwxr-x+ 1 user None 0   Dec 02 17:01 locks
-rw-rw-r--  1 user None 246 Dec 02 17:01 README.txt
2) Create an empty file "jmeter/hooks/pre-revprop-change" with the
''execute permission'' set. If in Windows, add a .bat extension to the
file. For more details, please read the template file
"/jmeter/hooks/pre-revprop-change.tmpl"
   $ touch /mirrors/jmeter/hooks/pre-revprop-change
   $ chmod 777 /mirrors/jmeter/hooks/pre-revprop-change


3) Initialize the mirror repository using the "svnsync init" command.
This ties your local repository to the remote one
   $ svnsync init --username anonymous
   file:///mirrors/jmeter https://svn.apache.org/jmeter


4) Use the "svnsync sync" command to populate the mirror repository:
   $ svnsync sync file:///mirrors/jmeter
```

上面的示例脚本适用于大多数场景，用户也可以根据自身的需求定制。有关创建SVN仓库镜像的详细指导请阅读 *Version Control with Subversion* 一书[⊖]。由于镜像以及仓库之间的交互可能导致大量I/O请求，笔者建议用户尽可能使用固态硬盘（SSD）。

3. 确定分析范围

如果项目具有一个稳定的发布周期，那么从每次发布中识别修改耦合就是一种很好的方法。如果没有，那么最好分析提交块（连续提交的序列）。每个块的提交次数取决于特定的研究和项目提交的总次数。

4. 预处理提交来避免噪声并提高准确性

Zimmermann 和 Weißgerber [23] 强调数据清洗是改进修改耦合检测的关键。在实验中，他们解决了两个问题：大规模提交（即提交许多文件）和合并提交。他们把大规模提交看作是噪声，因为它们包含的文件通常是基础架构的修改。换句话说，这些提交不是相关共生关系的结果（查阅11.2.1节）。笔者建议过滤掉大于某个特定值N的提交，其中N是基于每个项目所定义的阈值。

Zimmermann 和 Weißgerber 认为*合并提交*（图11-7）也是噪声。原因有二。第一，合并提交存在不相关的修改。例如，假设commit 20旨在解决某个问题，commit 22旨在解决另一个问题。在这种情况下，commit 24存在不相关的修改，且最初A和C因为不同原因而修

⊖ http://svnbook.red-bean.com/en/1.7/svn.reposadmin.maint.html#svn.reposadmin.maint.replication。

改。第二，合并提交会在更高的分支上对修改排序。例如，A 和 B 同时出现在 commit 20 和 commit 24 中（C 也有同样的问题）。

Zimmermann 和 Weißgerber[23] 指出，根据分析的目的，这些合并提交应该被忽略或者至少接受一些特殊处理。Fluri 和 Gall[5] 认为，包括代码风格修改和微小修改在内的提交，在识别修改耦合时，也没有表现出显著的相关性。

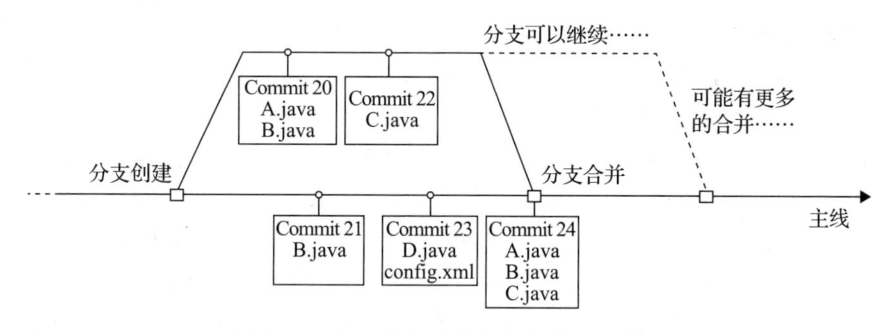

图 11-7　修改耦合识别中合并提交的影响

事实上，解决这些问题的方法可以归结为能够对在每次提交中实现的修改类别进行分类或理解。简单地忽略大规模提交可能会错过大型重构或相关修改。根据笔者的经验，最好选择将提交与问题跟踪中的任务相关联的项目，因为它有助于了解每次提交的目的（请参见建议项目 1b）。对于某些应用程序，其他的一些基于提交注释的关键词匹配的方法可能更好（例如搜索“缺陷修复”或“重构”）。此方法还可用于检测和绕过与两个不同任务相关的提交，从而缓解提交重载的问题。用户还可以利用它来对处理相同任务的提交进行分组，从而缓解不完整提交的问题。值得注意的是，Herzig 和 Zeller [50] 对 HTTPClient、Jackrabbit、Lucene、Rhino 和 Tomcat 5 五个开源系统的问题跟踪器中的任务进行了详细的人工分类。这些数据可用于设计过滤掉不需要的提交的预处理机制，例如涉及基础架构修改、分支合并和代码风格的提交。

11.4.3　其他方法

Robbes 等人 [54-55] 强调，在版本控制系统中识别修改耦合的一个内在缺点就是*开发信息丢失*。他们认为版本制品可能会在代码签出和提交之间的间隔时间段内发生一些修改。通过分析这种开发周期，他们发现：虽然制品 A、B、C 和 D 都被修改了，但是修改耦合仅存在于 A 与 B、C 与 D 之间。此外，与 C、D 的耦合强度相比，A、B 之间更强。但是，版本控制系统的日志只存储修改后的文件集、相关的变更操作（添加、删除、替换等）以及修改的代码行。Robbes 等人 [54-55] 认为这说明了“需要大量的数据，直至获得更加精确的测量。”他们的结论是，此问题对于识别活跃的开发阶段（相对于处于*维护模式*的项目）中的修改耦合的影响可能更大。

其他研究人员的立场甚至更为坚定。Negara 等人 [56] 认为尽管在版本控制系统上开展研究十分方便，但是往往不完整也不精确。他们还提出了许多有趣的研究问题，这些问题包括代码修改和其他开发活动（例如自动重构）需要的演化数据是版本控制系统无法捕获的。

这些问题都可以归结于版本控制系统仅存储粗粒度信息。Negara 等人和 Robbes 等人提出的另一种解决方案与开发人员使用的 IDE 有关。引用自 [56]：

代码演化研究讨论代码是如何修改的问题。因此，一种很自然的想法是：将修改作为关注的重点，并利用集成开发环境（IDE）在线捕获代码修改，而不是之后试图从存储在 VCS（版本控制系统）内的快照中去推导它们。

Negara 等人[56]开发了一个名为 CodingTracker 的 Eclipse 插件，它能隐式收集有关 Java 程序代码演化的细粒度数据。此工具能够记录开发人员对于代码的每次编辑行为以及其他开发操作，例如调用自动重构，测试和运行应用程序，与版本控制系统进行交互等。Negara 等人认为，CodingTracker 所收集数据的精确度可以满足用户在任何时间点重现底层代码状态的需求。为了统一一致地表示 CodingTracker 收集的原始代码编辑，他们采用了一种将修改作为抽象语法树（AST）节点操作来推断的算法。Robbes 等人[54-55]的解决方案与之类似，他们开发了一个名为 SpyWare 的工具，只要底层程序的 AST 发生改变，Squeak IDE 中的 Smalltalk 编译器就会对该工具发出提醒。Negara 等人提出的解决方案似乎更加完整和灵活，因为他们的工具能够捕获额外信息（即能代表代码修改的演化数据），并且不期望底层代码是可编译的或是完全可解析的。

这实际上是一种利弊权衡。这些研究表明，从 IDE 监测中获得的细粒度信息更加准确。但是，它们也存在缺点。第一，这两种方法都只是针对特定的 IDE：SpyWare 和 Squeak IDE 进行交互，CodingTracker 是一个 Eclipse 插件。因此，用户可能需要在新的 IDE 版本发布时重新设置软件（Eclipse 插件经常发生这种情况）。第二，这两种方法都针对特定的编程语言：SpyWare 仅记录 Smalltalk 代码的修改，CodingTracker 仅记录 Java 代码的修改。如果项目是用 C# 编写的，该怎么办？如果项目主要是用 Java 编写，但也有很多 XML 文件和其他资源（这很常见）怎么办？第三，尽管他们的工具看似未安装插件，但它们只能从安装的 IDE 中获得数据。换句话说，所有在工具发布前进行的软件开发都已经不可避免地滞后了。特别的是，这一时期包括大量免费 / 自由的开源软件（FLOSS）项目的核心开发过程。此外，鉴于 FLOSS 项目开发的高协作性和分布式特性，安装所有开发人员的 IDE 变得更加复杂（在大多数情况下甚至不可行）。因此，虽然检测 IDE 能提供更准确的数据，但也存在更多的限制。反过来说，挖掘版本控制系统的研究只需要日志文件（修改集）。从研究目标的角度来看，Negara 等人[56]和 Robbes 等人[54-55]也承认基于这些日志文件的研究就足够了。

11.5 修改耦合的应用

上一节提出了不同的修改耦合识别方法和一些实用建议，本节重点介绍挖掘耦合可以用来做什么。本节将介绍关于修改耦合的一些重要应用，包括修改预测和修改影响分析（11.5.1 节），设计缺陷和重构时机的发现（11.5.2 节），架构评估（11.5.3 节），以及协作需求的识别（11.5.4 节）。

11.5.1 修改预测和修改影响分析

修改影响分析（简单说即*影响分析*）重在“识别修改带来的潜在影响，或评估完成变更所需要修改的内容”[57]。预防副作用和预测连锁反应是影响分析的两个常见应用[58]。从更一般的意义上讲，开发人员使用修改影响分析信息来规划变更、决定变更、适应特定类型的变更以及跟踪变更带来的影响[57]。感兴趣的读者可以参考 Arnold[57]的开创性书籍 *Software*

Change Impact Analysis 以获得更多信息。

修改影响分析是修改耦合的主要应用。其基本原理是，*过去一起修改的实体将来也可能一起修改* [10]。Zimmermann 等人 [3,31] 开发了一个 Eclipse 插件，用于捕获 CVS 版本控制系统的修改耦合。受大型电子商务网站（如 Amazon㊀和 eBay㊁）向访问者推荐相关产品的方式的启发，他们的工具会告知相关的软件变更："修改这些功能的程序员也修改了……" 更具体地说，在某个开发人员修改了一段代码之后，该工具会提示在过去类似的事务中该开发人员进行修改的位置。这些位置可能非常具体，如类属性或类方法。该工具使用关联规则捕获修改耦合，这些关联规则是使用 *Apriori 算法*的改进版本"按需"挖掘的 [29]。在得出关联规则并计算它们各自的*支持度*和*置信度*后，该工具将它们显示给终端用户（按置信度排序）。

该工具有三大优势：能够预测并提示可能会发生的修改；能够显示通过静态分析无法检测到的项目之间的耦合；能够防止因不完整修改而导致的错误 [3,31]。这些优势对于刚加入软件项目的新人大有裨益，因为他们不太熟悉软件体系架构和某些类的语义。Zimmermann 等人的评估结果表明，他们的工具能够帮助建议进一步的修改和在遗漏某些修改时发出警告。但是，他们也强调，学习更多的历史，就能提出更多更好的建议。关于这项工作的更多信息可以阅读他们的论文 [3,31]，网址为：http://thomaszimmermann.com/publications/details/zimmermann-tse-2005/。

11.5.1.1 其他研究结果

几乎与 Zimmermann 等人同时开始实验的另外一组研究人员也调查了同样的问题 [33]。但是，他们并没有使用 *Apriori* 算法生成关联规则，而是使用更高效的 FP-Growth 算法 [34] 来识别频繁项集，这避免了生成候选项集并对整个数据库进行测试的步骤。Ying 等人建议联合使用频繁项集（修改模式）来修改文件集，其中包括开发人员目前正在修改的文件。

Hassan 和 Holt[17] 提出了四种不同的修改传播启发式。第一个启发式（DEV）返回所有的程序级实体，这些程序级实体是由正在执行当前修改的同一个开发人员之前所修改的实体构成；第二个启发式（HIS）返回与当前被修改的实体在过去一起被修改的所有实体；第三个启发式（CUD）返回与当前被修改的实体在结构上相关联的所有实体；最后一个启发式（FIL）返回与当前被修改的实体在同一个文件中定义的所有实体。Hassan 和 Holt 在 NetBSD、FreeBSD、OpenBSD、Postgres 和 GCC 五个开源系统中评估了这些启发式算法的性能。结果显示基于修改耦合的启发式（HIS）的召回率最高（0.87），精确度排第二（0.06）。他们的结果对单独使用结构化依赖来预测修改传播的有效性提出了质疑。四年后，Malik 和 Hassan [20] 开发了一种自适应的修改传播推荐程序，它基于结构和历史数据来提供更有效的建议。

Kagdi 等人 [59] 提出了一种基于概念耦合分析和修改耦合分析相结合的修改影响分析方法。其中信息检索技术用于从项目系统的特定版本（例如一次发布）的源代码中获得概念耦合。与之前的方法一样，Kagdi 等人通过从版本控制系统的日志中挖掘关联规则来识别修改耦合。他们利用 Apache httpd、ArgoUML、iBatis 和 KOffice 四个开源项目的历史数据开展了经验研究。结果表明，相比于单独使用这两种技术，将它们结合起来可以使准确度在统计上有明显的提高。更具体地说，在 KOffice 中将两者结合使用，相对于单独使用概念耦合技

㊀ http://www.amazon.com。

㊁ http://www.ebay.com。

术，准确度提高了近 20%；在 iBatis 中将两者结合使用，相对于单独使用修改耦合技术，准确度提高了近 45%。

11.5.2　设计缺陷的发现和重构

修改耦合揭示了版本制品的演变是如何交织在一起的。特别是，那些与其他制品耦合强度较高的制品存在自身的问题，因为这意味着这些制品会经常受到系统其他部分的修改的影响。模块之间的高强度修改耦合通常指向设计缺陷，甚至是体系结构的衰退。

为了帮助开发人员理解修改耦合的制品是怎样的，D’Ambros 等人提出了一种名为 Evolution Radar（演化雷达）的修改耦合的可视化工具 [2,10,60-61,77]。演化雷达是交互式的，它以可伸缩的方式集成了文件级和模块级（文件组）的修改耦合信息。此外，通过引导开发人员识别强修改耦合（异常值）相关的文件，让开发人员在交互中研究和检查修改耦合。更具体地说，演化雷达有助于回答以下问题：具有最强（修改）耦合的组件（例如模块）是什么？哪些底层实体（例如文件）会导致这些耦合？

图 11-8 是演化雷达的原理图。开发人员选择的模块可以被可视化为放置在雷达中心的高亮圆圈。系统内所有其他模块都表示为扇区。扇区的大小与它包含的文件数量成正比。扇区按大小排序，最小的一个为 0 弧度，其余的按顺时针排列。在每个扇区内，彩色的圆圈表示文件。这些度量指标和文件圆圈的颜色和大小一一对应。每个圆圈根据极坐标定位，其中半径 d 和角度 θ 根据以下规则计算：

- 半径 d（到中心的距离）：它与文件（f）和模块（M）之间的修改耦合强度成反比。耦合程度越高，距离越近。在研究中，Lanza 等人根据以下公式来度量修改耦合。

$$\mathrm{LC}(M,f) - \max_{f_i \in M} \mathrm{LC}(f_i,f), \text{ where}$$

$$\mathrm{LC}(f_i,f_j) = \text{number of that } f_i \text{ and } f_j \text{ changed together}$$

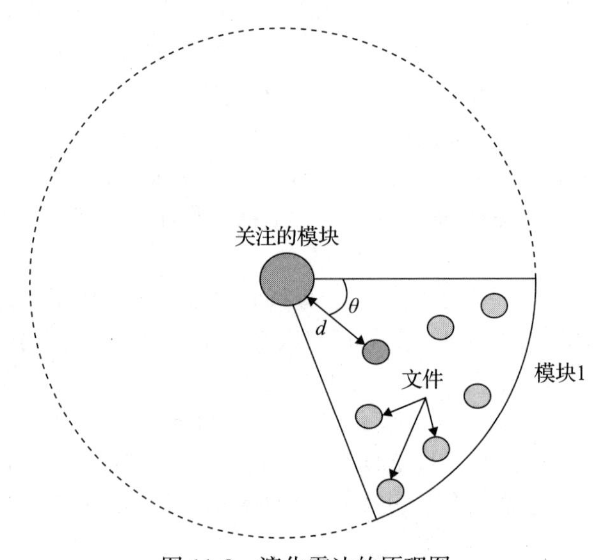

图 11-8　演化雷达的原理图

- 角度 θ：考虑文件路径，每个模块的文件按字母顺序排序并沿扇区均匀分布。

演化雷达的主要特性如下 [2]：

1）时间的推移：在创建雷达时，终端用户可以将系统的生命周期划分为时间间隔。对于每一个时间间隔，创建不同的雷达（并且根据给定的时间间隔计算修改耦合）。在所有雷达中半径坐标的比例尺相同，因此终端用户可以对雷达进行比较，以分析耦合随时间的演化。

2）跟踪：当选择一个文件用作跟踪一个与特定时间间隔相关的可视化圆圈时，它会在文件存在的所有雷达（相对于所有其他时间间隔）中高亮显示。该特性允许最终用户随时跟踪文件。

3）生成：此特性使终端用户能够发现重点模块内的文件与系统的其他文件之间的修改耦合程度有多高，从而提供了耦合的更详细视图。

下文主要展示 D'Ambros 等人使用演化雷达对 ArgoUML 项目所做的评估 [10]。图 11-9 介绍了他们为此评估设计的一些雷达。这些雷达主要显示 Explorer（资源管理器）模块（图中央关注的模块）和系统的所有其他制品（其他所有的圆圈）之间的持续三个分析周期的修改耦合。使用颜色来表示映射关系：纯蓝色表示强度最低的耦合，纯红色表示强度最高的耦合[㊀]。文件圆圈的大小与一个时间间隔内所有提交中修改的代码总行数成正比。

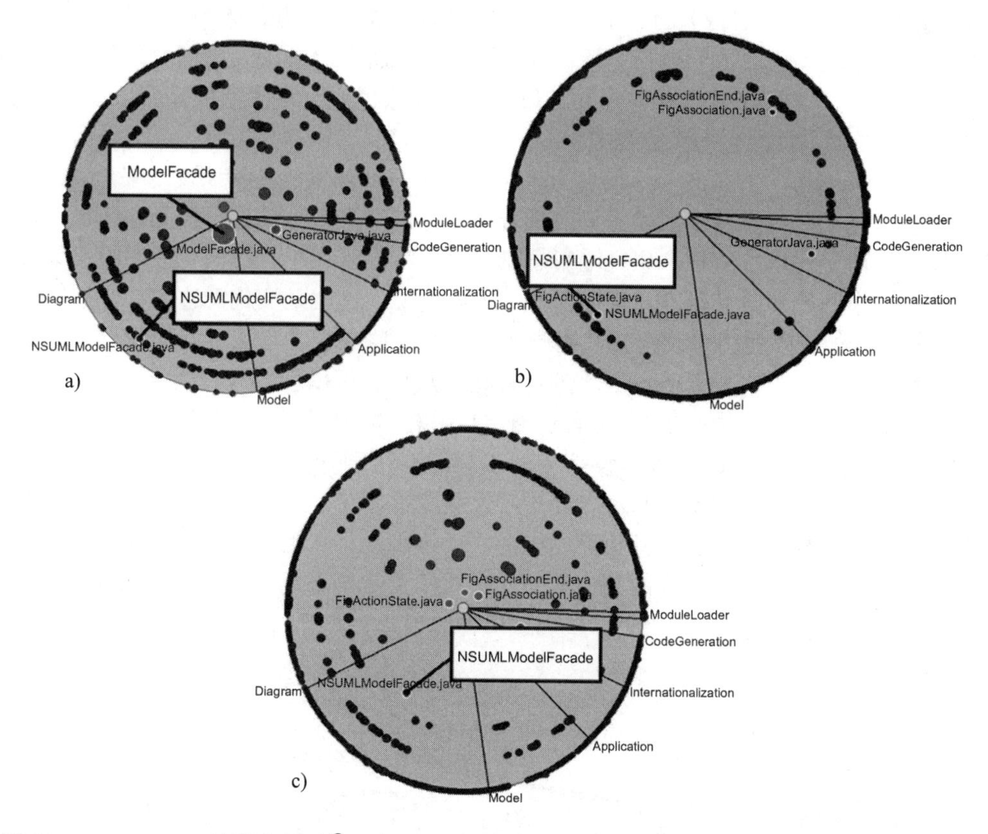

图 11-9　ArgoUML 的演化雷达[㊁]。a）2004 年 6 月至 12 月；b）2005 年 1 月至 6 月；c）2005 年 6 月至 12 月

㊀ 查看原始论文获取彩色图片 [10]。

㊁ 改编自 D'Ambros 和 Lanza [10] 6-7。内容由 IEEE 授权。版权已声明。

第一个雷达（a）突出显示了一个名为ModelFacade的类，它在分析周期内经历了几次修改，并与Explorer模块高度耦合。笔者进一步研究了ModelFacade类，发现它是一个包含数千行代码和大约450个方法（全部是静态的）的God类[62]。第二个雷达（b）不包括ModelFacade类，即某个开发人员在相关的分析周期中删除了它。

利用跟踪特性，笔者发现NSUMLModelFacade类是在第二和第三雷达中耦合强度最大的类。事实上，它与Explorer模块的耦合强度随着时间的推移而增加（它的圆圈越来越靠近中心圆）。仔细观察发现，NSUMLModelFacade也是一个含有317个公有方法的God类。笔者还发现，超过75%的代码都是从已删除的ModelFacade类中复制的。因此，开发人员只是重新定位了问题，而没有进行适当的重构。该例子说明了修改耦合是如何帮助检测设计缺陷，并展示制品如何随时间（共同）演变的。读者可以查阅他们的期刊文章[10]以获得有关ArgoUML项目的更详细评估结果。

11.5.2.1　其他研究结果

Vanya等人[63-64]研究了共同修改的软件制品的交互可视化是否不仅仅可用于识别不需要的修改耦合。更具体地说，他们研究这些技术是否可以帮助架构师分析和解决这些耦合的问题。为了评估他们的建议，Vanya等人进行了一个案例研究，他们邀请了Philips Healthcare（飞利浦医疗保健）的一个大型医疗系统的架构师和开发人员，利用iVIS来调查系统中无用的修改耦合。他们选择了架构师和开发人员所要分析的无用耦合，定义并且实现了要测试的交互，以及与架构师和开发人员开展工作会议，分析无用的耦合。在10次工作会议中，7次提出了解决无用耦合的方法。

Beyer和Hassan[65-66]提出了一种名为*演化故事板*的可视化技术，该技术基于Beyer等人之前的一项研究，该研究基于制品的修改耦合对制品进行聚类。就像导演和电影摄影师在电影场景发生之前，使用故事板来研究电影场景并发现潜在问题一样，演化故事板被设计为基于修改耦合图来回放和研究软件系统的历史。本质上说，这就是演化雷达的替代品。

Ratzinger等人[68]利用修改耦合来检测代码*坏味*，这在某种程度上是对设计缺陷的主观认知。他们开发了一个名为Evolens[68]的可视化工具，它可以生成修改耦合图，其中大椭圆表示包，小椭圆表示类，边表示修改耦合（图11-10）。边的粗细程度与涉及相关类的共同修改的数量成正比。Ratzinger等人假设他们的工具能够帮助开发人员通过重构来发现和修复设计缺陷。他们定义了两种*修改味道*，即*中间人*和*数据容器*。中间人指的是一个中心类，它与分散在系统多个模块中的许多其他类相耦合。反过来说，数据容器涉及两个类：一个用来保存数据，另一个类用来与系统的其他类交互，这些类需要来自第一个类的数据。他们分析了一个大型工业系统15个月的历史，发现这两种味道都存在。

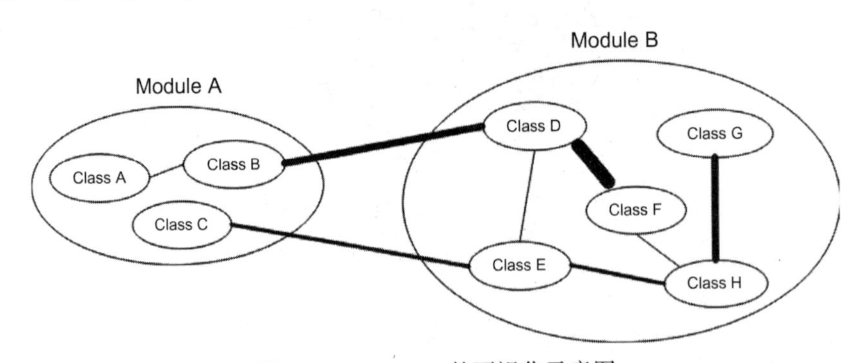

图11-10　Evolens的可视化示意图

11.5.3　评估软件体系架构

Zimmermann 等人[25]研究了修改历史可以在多大程度上帮助改进软件体系架构的评估。为此，他们检测了程序级实体（即属性和方法）之间的修改耦合，并评估了包括 GCC、DDD、Python、Apache 和 OpenSSL 在内的几个开源项目的模块化程度。该评估是通过分析两个度量值来驱动的。其中一个度量是演化密度指数（EDI），它将实际的修改耦合的数量与可能的修改耦合的数量相关联。EDI 越低，模块化程度就越高。另一个度量是演化耦合指数（ECI），它将外部修改耦合（即不同文件中定义的实体之间的耦合）的实际数量与内部修改耦合的实际数量相关联。与前一种情况一样，ECI 越低，模块化程度就越高。根据实验结果，他们得出结论：修改历史既可以证明体系架构的组织和原则，也可以显示现实与策略（例如架构规则）不同的地方。

最近，Silva 等人[69]使用修改耦合来评估软件系统的模块化程度。其基本原理来自于模块应该限制可能一起发生修改的实施决策的原则[70]。这也被称为公共闭包原则[71]。Silva 等人创建了共同修改图，图中的边表示制品之间共同修改的数量。他们采用聚类算法从图中抽取共同修改的聚类，然后将这些聚类与系统的分层（包）结构进行比较。Silva 等人评估了三个开源系统：Geronimo、Lucene 和 JDT Core。他们使用分布图[72]进行比较，这是一种可视化技术，他们利用这种技术来描述聚类在系统包中的类的分布情况。在系统评估中，Silva 等人发现了 Ducasse 等人[72]提出的几种分布模式。例如，一些共同修改的聚类类似于*章鱼模式*，因为它们被很好地封装在一个包（“主体”）中，但也分布在其他包中（“触手”）。

11.5.4　协作需求与社会技术的一致性

团体组织通常首先将复杂的任务划分为较小的相互关联的工作单元，然后将这些单元分配给团队，从而解决复杂的任务。在这种情况下，团队之间的协作程度就可以通过这种相互关联的工作单元反映出来[73]。Cataldo 等人设计了一种挖掘协作需求的方法[19,74-75]。更具体地说，他们的方法解决了如下问题：*给定任务之间的一组特定的依赖关系，确定哪些开发人员需要对他们的活动进行协作。*

Cataldo 等人提出的方法依赖于两个关系集合（图 11-11）。第一个集合称为*任务分配*（T_A），它定义了哪些个体正在处理哪些任务。该集合由矩阵表示，其中每个单元 [i, j] 表示将任务 j 分配给开发者 i。在软件开发的背景下，该集合可以建立在每个开发人员针对某个修改请求或者针对软件发布的整个开发过程而修改的文件集之上。第二个集合称为*任务依赖*（T_D），定义了任务之间的相互依赖关系。该集合也由矩阵表示，其中每个单元 [i, j]（或 [j, i]）表示任务 i 和 j 是否相互依赖。在软件开发的背景下，可以根据结构耦合或修改耦合来构建此集合。Cataldo 等人测试了两种方案并得出如下结论：修改耦合能够产生更有效的结果[74]。在特定的修改耦合的情况下，T_D 的非对角线单元表示两个文件被共同修改的次数。然后，主对角线表示源代码文件的总修改次数。

一旦建立了 T_A 和 T_D 矩阵，就可以确定协作需求。T_A 与 T_D 相乘就得到“开发人员的任务”矩阵，它代表了某个特定员工应该在多大程度上意识到与其负责的任务相互关联的任务[74]。将 $T_A \times T_D$ 的乘积乘以 T_A 的转置就得到了人与人（people by people）的矩阵，其中单元 [i, j] 表示某个员工 i 与某个员工 j 在任务上相互关联的程度[74]。换句话说，最后的矩阵表示协作需求（C_R），即每组人员需要协调其工作的程度（应忽略主对角线中的值）。使用共同修改算

法计算 T_D 时，得到的 C_R 矩阵是对称的（图 11-11）。

$$\underset{\substack{\text{任务分配}\\(T_A)}}{\begin{bmatrix}0&1&0&1&1&0\\0&0&1&0&0&0\\1&1&0&0&1&0\\1&1&0&1&1&0\end{bmatrix}}\times\underset{\substack{\text{作为共同修改的任务依赖}\\(T_D)}}{\begin{bmatrix}25&5&0&1&2&8\\5&32&3&5&0&7\\0&3&9&1&0&0\\1&5&1&20&3&5\\2&0&0&3&10&1\\8&7&0&5&1&27\end{bmatrix}}\times\underset{\substack{\text{任务分配的转置}\\(T_A)^T}}{\begin{bmatrix}0&0&1&1\\1&0&1&1\\0&1&0&0\\1&0&0&1\\1&0&1&1\\0&0&0&0\end{bmatrix}}=\underset{\substack{\text{协作需求}\\(C_R)}}{\begin{bmatrix}-&4&58&86\\4&-&3&4\\58&3&-&90\\86&4&90&-\end{bmatrix}}$$

图 11-11 协调需求计算的说明性示例

11.6 结论

本章为研究人员和从业人员提供了修改耦合的概述。笔者旨在介绍其概念（11.2 节），介绍主要的修改耦合的识别方法（11.3 节），讨论耦合识别中面临的挑战，提供一些实际的建议（11.4 节），并介绍主要的应用领域（11.5 节）。毫无疑问，在软件工程经验研究中，检测和分析修改耦合正日益成为越来越有用的工作。一些研究已经在顶级会议上发表，例如在挖掘软件仓库 [12,23]、软件工程 [2,76]、软件演化 [25] 和逆向工程 [10] 等领域的研究。Zimmermann 等人 [31] 关于修改预测（11.5.1 节）的研究成果在全球最重要的软件工程会议——第 26 届软件工程国际会议（ICSE 2014）上获得了最具影响力论文奖。尽管如此，笔者真诚地希望本章能为读者提供在实践中检测和分析修改耦合的基础知识。笔者很乐意解答问题并讨论围绕该主题的相关研究。

参考文献

[1] Ball T, Adam JMK, Harvey AP, Siy P. If your version control system could talk... In: ICSE workshop on process modeling and empirical studies of software engineering; 1997.

[2] D'Ambros M, Lanza M, Lungu M. Visualizing co-change information with the evolution radar. IEEE Trans Softw Eng 2009;35(5):720–35. doi:10.1109/TSE.2009.17.

[3] Zimmermann T, Weissgerber P, Diehl S, Zeller A. Mining version histories to guide software changes. IEEE Trans Softw Eng 2005;31(6):429–45. doi:10.1109/TSE.2005.72.

[4] Fluri B, Gall HC, Pinzger M. Fine-grained analysis of change couplings. In: Proceedings of the fifth IEEE international workshop on source code analysis and manipulation; 2005. p. 66–74. doi:10.1109/SCAM.2005.14.

[5] Fluri B, Gall HC. Classifying change types for qualifying change couplings. In: Proceedings of the 14th IEEE international conference on program comprehension, ICPC 2006; 2006. p. 35–45. doi: 10.1109/ICPC.2006.16.

[6] D'Ambros M, Gall H, Lanza M, Pinzger M. Analysing software repositories to understand software evolution. In: Mens T, Demeyer S, editors. Software evolution. Berlin: Springer; 2008. p. 37–67. Retrieved from doi:10.1007/978-3-540-76440-3.

[7] Mens T, Demeyer S. Software evolution. 1st ed. Berlin: Springer Publishing Company, Inc.; 2008.

[8] D'Ambros M, Lanza M, Robbes R. On the relationship between change coupling and software defects. Los Alamitos, CA, USA: IEEE Computer Society; 2009. p. 135–44. doi:10.1109/WCRE.2009.19.

[9] Zhou Y, Wursch M, Giger E, Gall H, Lu J. A Bayesian network based approach for change coupling prediction. In: Proceedings of the 15th working conference on reverse engineering, WCRE'08; 2008. p. 27–36. doi:10.1109/WCRE.2008.39.

[10] D'Ambros M, Lanza M. Reverse engineering with logical coupling. In: 13th working conference on reverse engineering, WCRE '06; 2006. p. 189–198. doi:10.1109/WCRE.2006.51.

[11] Gall H, Hajek K, Jazayeri M. Detection of logical coupling based on product release history. In: Proceedings of the international conference on software maintenance, ICSM '98. Washington, DC, USA: IEEE Computer

Society; 1998. p. 190. Retrieved from http://dl.acm.org/citation.cfm?id=850947.853338.

[12] Alali A, Bartman B, Newman CD, Maletic JI. A preliminary investigation of using age and distance measures in the detection of evolutionary couplings. In: Proceedings of the 10th working conference on mining software repositories, MSR '13. San Francisco, CA, USA: IEEE Press; 2013. p. 169–72. Retrieved from http://dl.acm.org/citation.cfm?id=2487085.2487120.

[13] Hassan AE. The road ahead for mining software repositories. Front Softw Maint 2008; 2008:48–57. doi: 10.1109/FOSM.2008.4659248.

[14] Page-Jones M. Comparing techniques by means of encapsulation and connascence. Commun ACM 1992;35(9):147–51. doi:10.1145/130994.131004.

[15] Page-Jones M. Fundamentals of object-oriented design in UML. 1st ed. Reading, MA: Addison-Wesley; 1999.

[16] McIntosh S, Adams B, Nguyen THD, Kamei Y, Hassan AE. An empirical study of build maintenance effort. In: Proceedings of the 33rd international conference on software engineering, ICSE '11. Waikiki, Honolulu, HI, USA: ACM; 2011. p. 141–50. doi:10.1145/1985793.1985813.

[17] Hassan AE, Holt RC. Predicting change propagation in software systems. In: Proceedings of the 20th IEEE international conference on software maintenance, ICSM '04. Washington, DC, USA: IEEE Computer Society; 2004. p. 284–93. Retrieved from http://dl.acm.org/citation.cfm?id=1018431.1021436.

[18] Hassan AE, Holt RC. Replaying development history to assess the effectiveness of change propagation tools. Empir Softw Eng 2006;11(3):335–67. doi:10.1007/s10664-006-9006-4.

[19] Cataldo M, Herbsleb JD. Coordination breakdowns and their impact on development productivity and software failures. IEEE Trans Softw Eng 2013;39(3):343–60. doi:10.1109/TSE.2012.32.

[20] Malik H, Hassan AE. Supporting software evolution using adaptive change propagation heuristics. In: Proceedings of the IEEE international conference on software maintenance, ICSM, 2008; 2008. p. 177–86. doi:10.1109/ICSM.2008.4658066.

[21] Cataldo M, Mockus A, Roberts JA, Herbsleb JD. Software dependencies, work dependencies, and their impact on failures. IEEE Trans Softw Eng 2009;35(6):864–78. doi:10.1109/TSE.2009.42.

[22] Cataldo M, Nambiar S. The impact of geographic distribution and the nature of technical coupling on the quality of global software development projects. J Softw Maint Evol Res Pract 2010. doi:10.1002/smr.477.

[23] Zimmermann T, Weißgerber P. Preprocessing CVS data for fine-grained analysis. In: Proceedings 1st international workshop on mining software repositories (MSR 2004). Los Alamitos, CA: IEEE Computer Society Press; 2004. p. 2–6.

[24] Gall H, Jazayeri M, Krajewski J. CVS release history data for detecting logical couplings. In: Proceedings of the 6th international workshop on principles of software evolution. Washington, DC, USA: IEEE Computer Society; 2003. p. 13. Retrieved from http://dl.acm.org/citation.cfm?id=942803.943741.

[25] Zimmermann T, Diehl S, Zeller A. How history justifies system architecture (or not). In: Proceedings of the sixth international workshop on principles of software evolution; 2003. p. 73–83. doi: 10.1109/IWPSE.2003.1231213.

[26] Oliva GA, Gerosa MA. On the interplay between structural and logical dependencies in open-source software. In: Proceedings of the 25th Brazilian symposium on software engineering, SBES'11. Washington, DC, USA: IEEE Computer Society; 2011. p. 144–53. doi:10.1109/SBES.2011.39.

[27] Rajaraman A, Ullman JD, Leskovec J. Mining of massive datasets. 2nd ed. 2013.

[28] Liu B. Web data mining: exploring hyperlinks, contents and usage data. 2nd ed. Berlin: Springer Publishing Company, Inc.; 2011.

[29] Agrawal R, Srikant R. Fast algorithms for mining association rules in large databases. In: Proceedings of the 20th international conference on very large data bases, VLDB '94. San Francisco, CA, USA: Morgan Kaufmann Publishers Inc.; 1994. p. 487–99. Retrieved from http://dl.acm.org/citation.cfm?id=645920.672836.

[30] Bavota G, Dit B, Oliveto R, Di Penta M, Poshyvanyk D, De Lucia A. An empirical study on the developers' perception of software coupling. In: Proceedings of the 2013 international conference on software engineering, ICSE '13. San Francisco, CA, USA: IEEE Press; 2013. p. 692–701. Retrieved from http://dl.acm.org/citation.cfm?id=2486788.2486879.

[31] Zimmermann T, Weissgerber P, Diehl S, Zeller A. Mining version histories to guide software changes. In: Proceedings of the 26th international conference on software engineering, ICSE'04. Washington, DC, USA: IEEE Computer Society; 2004. p. 563–72. Retrieved from http://dl.acm.org/citation.cfm?id=998675.999460.

[32] Wang X, Wang H, Liu C. Predicting co-changed software entities in the context of software evolution. In: Proceedings of the international conference on information engineering and computer science, ICIECS; 2009.

p. 1–5. doi:10.1109/ICIECS.2009.5364521.

[33] Ying ATT, Murphy GC, Ng R, Chu-Carroll MC. Predicting source code changes by mining change history. IEEE Trans Softw Eng 2004;30(9):574–86. doi:10.1109/TSE.2004.52.

[34] Han J, Pei J, Yin Y. Mining frequent patterns without candidate generation. In: Proceedings of the 2000 ACM SIGMOD international conference on management of data, SIGMOD'00. Dallas, TX, USA: ACM; 2000. p. 1–12. doi:10.1145/342009.335372.

[35] Brin S, Motwani R, Ullman JD, Tsur S. Dynamic itemset counting and implication rules for market basket data. In: Proceedings of the 1997 ACM SIGMOD international conference on management of data, SIGMOD '97. Tucson, AZ, USA: ACM; 1997. p. 255–64. doi:10.1145/253260.253325.

[36] Kagdi H, Collard ML, Maletic JI. A survey and taxonomy of approaches for mining software repositories in the context of software evolution. J Softw Maint Evol 2007;19(2):77–131. doi:10.1002/smr.344.

[37] Canfora G, Ceccarelli M, Cerulo L, Di Penta M. Using multivariate time series and association rules to detect logical change coupling: an empirical study. In: Proceedings of the IEEE international conference on software maintenance (ICSM); 2010. p. 1–10. doi:10.1109/ICSM.2010.5609732.

[38] Kruskal JB, Liberman M. The symmetric time-warping problem: from continuous to discrete. In: Sankoff D, Kruskal JB, editors. Time warps, string edits, and macromolecules—the theory and practice of sequence comparison. Palo Alto, CA: CSLI Publications; 1999.

[39] Antoniol G, Rollo VF, Venturi G. Detecting groups of co-changing files in CVS repositories. In: Proceedings of the eighth international workshop on principles of software evolution; 2005. p. 23–32. doi: 10.1109/IWPSE.2005.11.

[40] Rabiner L, Rosenberg AE, Levinson SE. Considerations in dynamic time warping algorithms for discrete word recognition. IEEE Trans Acoust Speech Signal Process 1978;26(6):575–82. doi: 10.1109/TASSP.1978.1163164.

[41] Rabiner L, Juang BH. Fundamentals of speech recognition. Upper Saddle River, NJ, USA: Prentice-Hall, Inc.; 1993.

[42] Caiani EG, Porta A, Baselli G, Turiel M, Muzzupappa S, Pieruzzi F, et al. Warped-average template technique to track on a cycle-by-cycle basis the cardiac filling phases on left ventricular volume. Comput Cardiol 1998;1998:73–6. doi:10.1109/CIC.1998.731723.

[43] Oates T, Schmill MD, Cohen PR. A method for clustering the experiences of a mobile robot that accords with human judgments. In: Proceedings of the seventeenth national conference on artificial intelligence and twelfth conference on innovative applications of artificial intelligence. Austin, TX: AAAI Press, 2000. p. 846–51. URL: http://dl.acm.org/citation.cfm?id=647288.721117.

[44] Rath TM, Manmatha R. Word image matching using dynamic time warping. In: Proceedings of the IEEE computer society conference on computer vision and pattern recognition, vol. 2; 2003. p. II-521–II-527. doi:10.1109/CVPR.2003.1211511.

[45] Müller M. Dynamic time warping. In: Information retrieval for music and motion. Berlin/Heidelberg: Springer; 2007. p. 69–84. doi:10.1007/978-3-540-74048-3{_}4.

[46] Bouktif S, Gueheneuc YG, Antoniol G. Extracting change-patterns from CVS repositories. In: Proceedings of the 13th working conference on reverse engineering, WCRE '06. Washington, DC, USA: IEEE Computer Society; 2006. p. 221–30. doi:10.1109/WCRE.2006.27.

[47] Salvador S, Chan P. Toward accurate dynamic time warping in linear time and space. Intell Data Anal 2007;11(5):561–80. URL: http://dl.acm.org/citation.cfm?id=1367985.1367993.

[48] Granger CWJ. Investigating causal relations by econometric models and cross-spectral methods. Econometrica 1969;37(3):424–38. doi:10.2307/1912791.

[49] Ceccarelli M, Cerulo L, Canfora G, Di Penta M. An eclectic approach for change impact analysis. In: Proceedings of the 32Nd ACM/IEEE international conference on software engineering, ICSE '10, vol. 2. Cape Town, South Africa: ACM; 2010. p. 163–6. doi:10.1145/1810295.1810320.

[50] Herzig K, Zeller A. The impact of tangled code changes. In: Proceedings of the 10th working conference on mining software repositories, MSR '13. San Francisco, CA, USA: IEEE Press; 2013. p. 121–30. Retrieved from http://dl.acm.org/citation.cfm?id=2487085.2487113.

[51] Ma Y, Wu Y, Xu Y. Dynamics of open-source software developer's commit behavior: an empirical investigation of subversion; 2013. CoRR, abs/1309.0897.

[52] Lin S, Ma Y, Chen J. Empirical evidence on developer's commit activity for open-source software projects. In: Proceedings of the 25th international conference on software engineering and knowledge engineering, SEKE'13, Boston, USA; 2013. p. 455–60. Retrieved from http://dl.acm.org/citation.cfm?id=257734.257788.

[53] Brindescu C, Codoban M, Shmarkatiuk S, Dig D. How do centralized and distributed version control systems

impact software changes? (No. 1957/44927). EECS School at Oregon State University; 2014.
[54] Robbes R, Pollet D, Lanza M. Logical coupling based on fine-grained change information. In: Proceedings of the 15th working conference on reverse engineering, WCRE'08. Washington, DC, USA: IEEE Computer Society; 2008. p. 42–6. doi:10.1109/WCRE.2008.47.
[55] Robbes R. Of change and software. University of Lugano; 2008.
[56] Negara S, Vakilian M, Chen N, Johnson RE, Dig D. Is it dangerous to use version control histories to study source code evolution? In: Proceedings of the 26th European conference on object-oriented programming, ECOOP'12. Beijing, China: Springer-Verlag; 2012. p. 79–103. doi:10.1007/978-3-642-31057-7{_}5.
[57] Arnold RS. Software change impact analysis. Los Alamitos, CA, USA: IEEE Computer Society Press; 1996.
[58] Kagdi H, Maletic JI. Software-change prediction: estimated+actual. In: Proceedings of the second international IEEE workshop on software evolvability, SE'06; 2006. p. 38–43. doi:10.1109/SOFTWARE-EVOLVABILITY.2006.14.
[59] Kagdi H, Gethers M, Poshyvanyk D, Collard ML. Blending conceptual and evolutionary couplings to support change impact analysis in source code. In: Proceedings of the 17th working conference on reverse engineering (WCRE); 2010. p. 119–28. doi:10.1109/WCRE.2010.21.
[60] D'Ambros M, Lanza M, Lungu M. The evolution radar: visualizing integrated logical coupling information. In: Proceedings of the 2006 international workshop on mining software repositories, MSR '06. Shanghai, China: ACM; 2006. p. 26–32. doi:10.1145/1137983.1137992.
[61] D'Ambros M, Lanza M. Distributed and collaborative software evolution analysis with churrasco. Sci Comput Program 2010;75(4):276–87. doi:10.1016/j.scico.2009.07.005.
[62] Fowler M. Refactoring: improving the design of existing code. Boston, MA: Addison-Wesley; 1999. Object Technology Series.
[63] Vanya A, Premraj R, Vliet H. Interactive exploration of co-evolving software entities. In: Proceedings of the 14th European conference on software maintenance and reengineering, CSMR'10. Washington, DC, USA: IEEE Computer Society; 2010. p. 260–3. doi:10.1109/CSMR.2010.50.
[64] Vanya A, Premraj R, Vliet H. Resolving unwanted couplings through interactive exploration of co-evolving software entities—an experience report. Inf Softw Technol 2012; 54(4):347–59. doi:10.1016/j.infsof.2011.11.003.
[65] Beyer D, Hassan AE. Animated visualization of software history using evolution storyboards. In: Proceedings of the 13th working conference on reverse engineering, WCRE '06. Washington, DC, USA: IEEE Computer Society; 2006; pp. 199–210. doi:10.1109/WCRE.2006.14.
[66] Beyer D, Hassan AE. Evolution storyboards: visualization of software structure dynamics. In: Proceedings of the 14th IEEE international conference on program comprehension, ICPC '06. Washington, DC, USA: IEEE Computer Society; 2006; pp. 248–51. doi:10.1109/ICPC.2006.21.
[67] Beyer D, Noack A. Clustering software artifacts based on frequent common changes. In: Proceedings of the 13th international workshop on program comprehension. Washington, DC, USA: IEEE Computer Society; 2005. p. 259–68. doi:10.1109/WPC.2005.12.
[68] Ratzinger J, Fischer M, Gall H. Improving evolvability through refactoring. In: Proceedings of the 2005 international workshop on mining software repositories, MSR'05. St. Louis, MO: ACM; 2005. p. 1–5. doi:10.1145/1082983.1083155.
[69] Silva L, Valente MT, Maia M. Assessing modularity using co-change clusters. In: Proceedings of the 13th international conference on modularity; 2014. p. 1–12.
[70] Parnas DL. On the criteria to be used in decomposing systems into modules. Commun ACM 1972; 15(12):1053–8. doi:10.1145/361598.361623.
[71] Martin RC, Martin M. Agile principles, patterns, and practices in C#. 1st ed. Upper Saddle River, NJ: Prentice Hall; 2006.
[72] Ducasse S, Girba T, Kuhn A. Distribution map. In: Proceedings of the 22nd IEEE international conference on software maintenance, ICSM '06. Washington, DC, USA: IEEE Computer Society; 2006. p. 203–12. doi:10.1109/ICSM.2006.22.
[73] March JG, Simon HA. Organizations. 2nd ed. New York: Wiley-Blackwell; 1993.
[74] Cataldo M, Herbsleb JD, Carley KM. Socio-technical congruence: a framework for assessing the impact of technical and work dependencies on software development productivity. In: Proceedings of the second ACM-IEEE international symposium on empirical software engineering and measurement, ESEM '08. Kaiserslautern, Germany: ACM; 2008. p. 2–11. doi:10.1145/1414004.1414008.
[75] Cataldo M, Wagstrom P, Herbsleb JD, Carley KM. Identification of coordination requirements: implications

for the design of collaboration and awareness tools. In: Hinds PJ, Martin D, editors, Proceedings of the 2006 ACM conference on computer supported cooperative work, CSCW 2006, Banff, Alberta, Canada, November 4-8. New York, NY, USA: ACM; 2006. p. 353–62. doi:10.1145/1180875.1180929.

[76] Kouroshfar E. Studying the effect of co-change dispersion on software quality. In: Proceedings of the 2013 international conference on software engineering, ICSE'13. San Francisco, CA, USA: IEEE Press; 2013. p. 1450–2. Retrieved from. http://dl.acm.org/citation.cfm?id=2486788.2487034.

[77] D'Ambros M, Lanza M. A flexible framework to support collaborative software evolution analysis. In: Proceedings of the 12th European conference on software maintenance and reengineering, CSMR '08. Washington, DC, USA: IEEE Computer Society; 2008. p. 3–12. doi:10.1109/CSMR.2008.4493295.

第三部分

The Art and Science of Analyzing Software Data

实战经验

第 12 章　软件数据分析在工业实践中的应用：当研究遇上实践

第 13 章　在软件工程中使用数据进行决策：为软件健康提供一种分析方法

第 14 章　基于社区数据进行开源软件使用的风险管理

第 15 章　大型企业软件状态评估——12 年历程

第 16 章　从软件解析实践中获得的经验教训

软件数据分析在工业实践中的应用：当研究遇上实践

Madeline Diep*, Linda Esker*, Davide Falessi*, Lucas Layman*, Michele Shaw*, Forrest Shull†

*Fraunhofer Center for Experimental Software Engineering, College Park, MD, USA**

Software Solutions Division, Software Engineering Institute, Arlington, VA, USA†

12.1 引言

软件数据分析程序是建立在对软件产品、过程和组织的度量之上。度量是“将数字和类型分配给一个实体以描述该实体属性的行为及过程”[1]。度量使得人们能够用所观察到的信息，建立模型或者某种表现方式，实现对软件上下文的推理研究[2]。从预测数十亿美元成本的政府防御系统到从运行时的执行日志识别缺陷组件，度量在众多分析应用中发挥着重要作用，对于过程改进、成本和工作量估计、缺陷预测、发布计划和资源分配至关重要。

软件数据分析作为一门学科日渐成熟，如何量化软件开发中所涉及的资源、过程和制品仍然是一个挑战。实际的软件度量是软件数据分析的基础，是一个具有挑战性的工作。一位身经百战的开发人员善意地提醒道：“我们需要度量在此项目上所花费的努力。”管理工作证明度量和分析工作是值得的。必须使用相关程序来收集原始数据，必须清洗原始度量数据来进行分析，而且开发人员可能不喜欢他们的工作成果被仔细检查。最初收集到的度量结果可能无法完全展示所花费的全部努力。这些都会导致对度量工作的争议、妥协和不良评价。

本章的目标是**为在软件工业中进行软件数据分析提供行之有效的最佳实践和经验教训**，这是从 Fraunhofer 在软件行业 15 年的度量和数据分析经验[⊖]中汲取的教训。笔者希望为需要了解实际工业工程中度量的约束条件的研究人员和有兴趣开发度量方案的从业人员提供实用性建议。在 12.2 节中，提供了 Fraunhofer 团队的简要背景和笔者在软件度量方面的工作，并为那些有兴趣开发自己的度量方案的读者提供了相关资料。

12.3 节主要围绕在工业实践中实施度量方案时必须考虑的六个关键问题讨论挑战及经验教训，并以发生在应用软件度量和分析程序的生命周期中的时间顺序呈现这些问题。该生命周期大致对应于一个传统的软件开发生命周期：收集相关需求、形式化度量、数据收集和分析以及传达结果。这六个关键问题是：

1）**利益相关者、需求和规划：成功度量方案的基础**——获得利益相关者的认同、目标设置、规划是开展有效度量的关键起始工作。

2）**度量收集：如何收集、何时收集、谁收集**——解决收集度量数据的技术和组织挑战，度量数据收集不仅限于获取数据权限。

3）**空有数据，没有信息**——面临缺失数据、低质量数据和格式不正确数据的挑战。

4）**领域专家的关键作用**——采用定性的输入来理解数据并为实际的软件数据分析解释

⊖ 作者之一，Forrest Shull，在 Fraunhofer CESE 建立了软件度量部门。在撰写本章时，他在 SEI 任职。

结果。

5）**顺应不断变化的需求**——顺应不断变化的目标、用户习惯以及在项目生命周期内出现的技术和预算挑战。

6）**向用户传达分析结果的有效方法**——将结果提交给决策者并将结果包装成可重用的知识。

在讨论这些主题时，我们提供了一些具体的例子，说明在工业实践中实施度量方案时曾遇到的挑战和克服这些挑战所使用的技术。每个关键问题都给读者提出了几个简短的挑战和建议。最后，12.4 节总结了本章的内容，并重点介绍了应用软件度量和分析中的几个开放性问题。

12.2　背景

本章背景包括四个方面：软件度量方面的经验、相关术语、经验研究方法和高级度量方法。下面将对这四个方面一一进行介绍。

12.2.1　Fraunhofer 在软件度量方面的经验

Fraunhofer 实验软件工程中心的团队 15 年来一直为政府和商业客户进行软件数据分析，为关键决策者提供可执行的结论性建议。这些分析涵盖了产品和服务开发的所有阶段，从提案定义、需求分析到实现、测试和运营。Fraunhofer 为各种类型的项目实施了度量工作。从初创公司的小型网络开发项目到政府机构的安全至上系统，Fraunhofer 团队都有涉及。在小型商业项目中，采用定量的软件数据分析结果来帮助组织提高他们的过程成熟度水平。在这种安全至上和高成熟度的案例中，笔者协助政府公务员使用软件数据分析来评估承包商的进展和量化风险。Fraunhofer 科学家和工程师发表了 40～50 份关于软件度量理论与应用的论文，交付了软件度量的关键清单，编写了两本度量方面的书籍 [3-4]，获得了美国航天局颁发的关于基于度量的研究及项目支撑的多个奖项，并协助商业客户达成了 CMMI®㊀5 级成熟度评估 [5]。

本章借鉴了笔者在政府和工业项目中应用软件度量的实践经验，表 12-1 总结了 11 个主要项目的度量挑战和经验教训。每个项目通过六个主要特征来描述：项目领域、项目类型、团队规模、代码行数、度量涵盖的特定阶段、项目持续时间。

表 12-1　项目特征摘录

项目领域	项目类型	团队规模	代码行数	度量涵盖的特定阶段	度量持续时间
航空航天	维护	非常大（100+）	1M+	实现	3 年以上
控制	未开发	非常大（100+）	1M+	实现	3 年以上
航空航天	未开发	非常大（100+）	1M+	设计	少于 1 年
航空航天	二者	非常大（100+）	1M+	测试、运营	3 年以上
军事卫生	维护	非常大（100+）	1M+	美国国防部 5000～所有方面	1～3 年
Web 应用程序	二者	大（30～100）	100K～500K	所有	3 年以上
电信	维护	大（30～100）	1M+	实现	1～3 年
软件开发	维护	非常大（100+）	1M+	实现	1～3 年

㊀ CMMI® 由卡内基梅隆大学在美国专利商标局注册。

（续）

项目领域	项目类型	团队规模	代码行数	度量涵盖的特定阶段	度量持续时间
石油公司	维护	大（30～100）	100K～500K	运营	1～3年
联邦资助研发中心	维护	不适用	不适用	开始	少于1年
航空航天	二者	小～非常大	100K～500K	所有	3年以上

12.2.2 相关术语

尽管存在关于度量术语的其他标准[6]，本章中将使用以下术语，这些术语根据*IEEE软件质量度量方法标准*（IEEE STD 1061—1998）[1]改编而成：

- 度量标准——一种函数，其输入为软件数据，输出为单个数值，可解释为该软件具有给定属性的程度。度量标准的例子包括代码行（LOC）、缺陷/代码行和人员时间。
- 度量方法——通过与规范比较的方法，确定或评估价值；应用度量标准。
- 度量——将一个数字或类别分配给一个实体，以描述该实体的某一属性的行为或过程。对于通过度量得到的数字、范围或数量，可使用SonarQube™等工具来确定项目的代码行。
- 度量值——来自度量范围的元素或度量输出，例如，代码行的度量值是520。

12.2.3 经验方法

临时的和投机取巧的“为度量而进行的度量”这种做法很难得到有用的结果。为方便而收集的数据会存在数据质量问题，且很难与组织的总体质量改进目标相关联。因此，需要花费大量的精力才能将数据转化为有用的信息，而收集与改进目标无关的数据常被视为浪费精力。从长远来看，无定向度量是有害的。用来收集和分析数据的资源因为没有产生明显的效益而被浪费，甚至，度量程序通常也会被视为对资源的浪费。

针对这一情况，人们总结并提出了许多方法和范式，以使度量方案更加系统化和形式化。Fraunhofer发起并采用多种方法来支持行业和政府合作伙伴应用的软件度量。本章的方法是以目标为导向，关键是确定目标或目的，并基于它们系统地得出信息需求，收集必要的数据以提供信息。Fraunhofer在应用以下几种基于度量的方法方面有着丰富的经验，包括：

1）目标问题度量（GQM）方法[7]提供了一些机制，用于定义度量目标，将目标细化为数据收集的规范，以及分析和解释所收集到的有关既定目标的数据。GQM方法最初用于NASA的软件工程实验室[8]，现已应用于许多领域，包括航空、电信、石油工业、国防和医疗。

2）GQM +Strategies™（GQM+S）[9]是对GQM方法的扩展，它提倡在组织的各个层次中存在的目标定义、战略开发和度量实现之间保持一致性。此扩展支持跨组织的度量集成。通过GQM+S方法，组织明确了底层实施策略如何支持组织的最高层业务目标，以及如何使用在较低级别收集的度量来跟踪业务目标的实现情况。例如，商业软件公司的顶级业务目标可能是“提高客户满意度”，这也会从其技术部门的“执行有效的代码评审”策略中获得支持。

3）质量改进范式（QIP）[10]是一个持续的组织改进过程，共包含六个阶段，它吸取了执行各个项目所获得的知识和经验。QIP由两个周期组成：组织级周期包括描述组织特征、设定改进目标、选择项目实施过程、分析结果和包装经验以供未来组织使用等各阶段；项目级周期包括执行选定过程、在项目范围内分析结果和提供过程反馈等各阶段。

4）经验工厂（EF）[11] 是支持 QIP 的概念性基础设施，用于综合、包装和存储项目提供的工作产品和经验，作为“可重用经验”，并按需向（未来的）项目提供经验。

12.2.4　在实践中应用软件度量——常规方法

本节简要讨论 Fraunhofer 与业界或政府合作伙伴实施度量方案的常规方法。正如将在 12.3 节中讨论的那样，该过程揭示了业界度量程序所面临的许多挑战不是如何处理或分析数据，而是如何与人员和组织合作。

在 QIP 中，常规度量方法包括三个迭代的执行阶段：需求收集；度量规划和形式化；度量程序执行，包括实施、解释、沟通和反馈（图 12-1）。

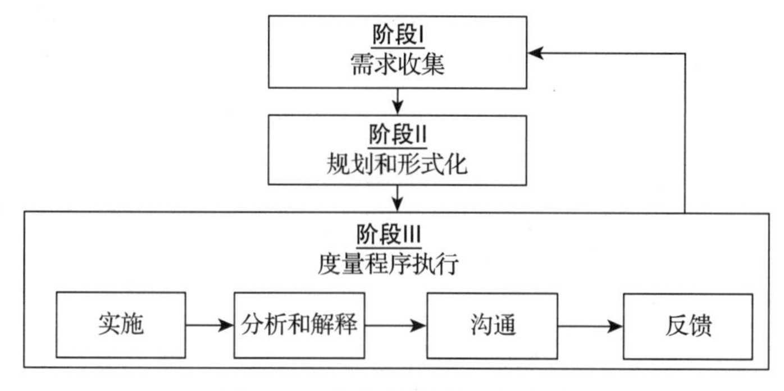

图 12-1　常规的软件度量方法

在*需求收集*阶段，确定业务相关人员并抽取他们的业务需求。在抽取过程中，可以发现可用资产（例如，现有数据、过程和洞察力）以及约束和限制（例如，数据可用性和访问权限、从事度量的人员等）。还要通过定义利益相关者在度量程序中的角色和责任来获得他们的承诺。

在*规划和形式化*阶段，将业务需求描述为度量目标——指定度量的目的、对象、关键点和上下文。还概述了如何使用 GQM 根据目标来分析和解释这些度量。使用度量目标、约束和限制来定义一个包含要收集的特定度量的度量方案，以及用于收集它们的过程（谁、何时、何地等）。度量方案的形式化包括度量程序中所采用的词汇的标准化。这可以在处理利益相关者的异构集时缓解问题。

*执行*阶段包括四个主要活动：实施；分析和解释；沟通；反馈。在*实施*过程中，执行度量方案并收集数据。在数据收集过程中，可能会发生意外的变化和障碍，需要加以解决。接下来需要利用领域专家（SME）的帮助，来*分析和解释*收集到的有关业务目标的数据。结果会以一种易于理解的形式*传达*给对应的利益相关者。最后，收集组织对度量项目结果的*反馈*，以定义组织改进活动以及对度量方案的评估和改进。这样，可以识别新的业务需求，并且可以复用度量过程。

在本章的其余部分中，对挑战和经验教训的讨论遵循了从度量需求收集，到形式化，再到实现的多个阶段。

12.3 工业中实施度量方案的六个关键问题

12.3.1 利益相关者、需求和规划：成功度量方案的基础

无论是在商业或政府环境中，还是在大型或小型组织中应用软件分析，度量过程都是从需求收集开始，以了解消费者或最终用户需要的数据分析。与任何需求收集过程一样，在度量需求收集过程中也会遇到困难。本节重点介绍三个主要领域的具体挑战：*利益相关者*、*目标设置*和*度量方案规划*。

成功的度量方案的第一步是有一个发起人，即组织中的一位高级代表，他为活动提供资金并认识到度量方案的价值，而且向整个组织传达其重要性。发起人还可以作为拥护者，领导度量项目的启动，分配和激励人力资源，并为度量方案的开展而进行管理和跟踪，以实现规定的启动目标。某些情况下，潜在的发起人或拥护者需要信任度量方案的价值。这样做时，应着重研究对于任何组织的普遍益处：

- 了解业务——从度量方案中收集的数据可用于建立组织基线模型，从而获取有关组织的知识。
- 管理项目——无论是规划和评估、相对于估算实际跟踪进展和成本，还是验证过程/产品模型，项目管理应得到度量的支持。
- 更好的预测——通过数据收集建立过程/产品模型，提高组织内活动和决策的可预测性。
- 指导改进——度量和报告允许用户分析和评估过程和产品的性能，并提出改进意见，有助于增进了解。

发起人和拥护者的存在，对于克服实施度量方案的诸多挑战至关重要，例如获得客户和供应商利益相关者的支持，确定度量目标的优先顺序，从项目团队或分包商获得数据，获得领域专家的参与，有效地向利益相关者传递结果，等等。与软件开发项目团队一样，关注度量方案中角色如何协同工作是非常重要的[12]。

实战经验

实施度量方案是一项多方面的工作，特别是那些范围广泛并影响组织内许多不同群体的度量方案。这些方案关系到复杂的组织变革工作，需要有效的工作、政治和文化体系才能成功。在商业组织的过程改进或度量项目中，项目计划中清楚地确定了发起人和拥护者，然而，其中出现的两个挑战最终会导致项目失败。第一，拥护者在组织中没有明确的定位，从而无法影响组织中所有受影响部分的变化。第二，发起人和拥护者难以保持项目目标的一致、具体和明确。在一些情况下，不明确或不断变化的目标混淆了项目的活动，从而影响了度量的成功。这一结果突出了发起人和拥护者紧密合作的重要性，包括让发起人协助拥护者调整组织的不同派系和利益，以确保变革是一个优先事项并能够发生。

更进一步，必须尽早确定提供数据的度量利益相关者和解释变量内涵的领域专家，以便对度量工作的重要性达成共识。例如，在大型收购项目中，供应商需要提供重要的度量数据给收购方，以全面监控项目状态。在这些情况下，从提供必要的数据的供应商利益相关者那里获得支持至关重要，如果可能，尽量鼓励将数据收集需求纳入项目需求中。

利益相关者的时间投入是极具价值的。考虑到度量通常被看作一种间接活动，如果项目发起人强调并传达度量计划的重要性并鼓励参与，那么更容易获得工作相关人员的配合承诺。

度量相关者参与进来时，更多的是解释数据和分析将给项目和组织带来的好处，而不是使用度量作为评估个人的手段。在整个度量项目实施过程中，保持利益相关者的满意度至关重要。

“设定目标是将无形变有形的第一步。”

——托尼·罗宾斯

总体业务目标与单个团队或组织单位的目标保持一致是度量计划成功的关键。例如，在 Fraunhofer 的一个小企业客户中，度量发起人希望提高产品质量。公司的营销部门使用客户满意度调查来度量产品质量，而软件开发组织则通过软件发布后的缺陷来度量软件质量。业务目标在不同的部门内使用不同的度量，然而，不同的度量标准和部门目标，整体上都有助于实现提高产品质量的总体目标。在与利益相关者一起引出度量需求时，将业务目标与个体团队的目标结合起来可能会很困难。为了更容易解决该问题，应用了 GQM+S 方法，该方法明确地定义并调整了业务目标和团队策略，以将这些目标纳入到一个集成的度量方案中。

度量方案还必须符合个人用户（例如，安全工程师、管理人员、技术人员等）的需求。例如，不同级别的管理者有不同的需求。项目经理需要监督和管控他们的项目。规划经理需要管理项目组合的方法，而高级管理人员则需要基于更高层次的指标来管理业务的方法。很难设计一个适用于所有利益相关者的标准的度量评价体系。

数据分析者可能会发现他们期望的度量和目标很难使用数据表达，特别是当目标以抽象的形式呈现时这项工作显得尤为困难。例如，可维护性和可移植性等质量目标。可行的一种方式是：首先界定那些不能发生或不该发生的事情，然后再将其转化为可度量的目标。在提出目标时，要明确地采用客户业务语言“说”出来，如果可能的话，从已有的数据中提取数据，以业务术语构建度量目标。总的来说，用户更容易对具体的想法和反馈做出反应。建议使用可用的文档，包括业务目标、过程文档、组织网站和过往讨论会上收集的信息，以确认度量需求，并在有限的时间内尽可能有效地与利益相关者达成一致。

在设置度量目标时，建议将重点放在整个组织已经制度化的成熟过程上。侧重于制度化的过程有几个好处：要度量的原始数据是很可能存在的；组织可能已经建立了绩效度量基线；度量在组织内可应用的项目非常广泛；可以跨项目进行比较，以获得有用的深层次认识。虽然用制度化的过程进行度量是一种理想的方式，但成熟度不足的组织中可能没有此过程。此情况下，围绕产品质量制定的度量目标可能是最好的起点，因为通常有关产品或服务质量的数据是现成的，即使业务目标没有进行很好的定义或明确的沟通，以改进产品或服务质量为目标的度量也会得到大多数组织的重视。

目标的设立最终应该能产生一个度量规划。度量规划成为获取与度量相关的决策、利益相关者的参与、度量分析需求以及度量活动和风险的工具。度量规划必须有明确规定的度量标准，以及用于数据收集、提取、修改、聚合、分析和报告的明确定义的流程。此外，该规划是分配度量方案所需资源的基础。如前所述，度量常常被看作一种无意中听到的或需要协助保障的活动，而不是对产品开发的贡献。因此，确定本组织的资源需求对于项目规划和确保利益相关者参与度量活动至关重要。度量规划应该包括与利益相关者的定期会议，以确保度量结果不仅仅是可归档的交付品——一个看不见的度量方案并不比一个不存在的度量方案好多少 [11]。

本节讨论了在工业中开展度量方案时存在的一些关键问题。确定用户对度量分析的需求是在工业环境中应用软件解析的第一步。这需要关注利益相关者的关系、目标设置和度量规划。以下清单总结了奠定一个成功的度量方案基础的一些主要经验教训：

- 与度量工作的发起人和拥护者建立牢固的关系，以获得他们的支持。
- 获取并维持关键利益相关者的支持，包括数据提供者。
- 使用户的需求与组织的业务目标保持一致。
- 了解每个利益相关者的度量目标、问题和度量标准。
- 根据用户需求定制度量分析。
- 明确度量规划中的度量目标、所需资源以及参与的利益相关者。

12.3.2 度量收集：如何收集、何时收集、谁收集

> “数据！数据！数据！”他不耐烦地叫嚷着，“没有黏土是做不成砖的。”
>
> ——阿瑟·柯南·道尔爵士，《铜山毛榉案》

一旦理解了组织的目标，下一个挑战就是获取用于分析的信息。收集数据和其他信息进行分析是比较耗时的活动 [13]。利益相关者在决定收集哪些数据、如何收集数据、如何及在何处存储数据、谁负责数据的收集和数据的完整性以及信息应如何汇总和报告时，往往需要考虑优先级 [14]。需要考虑的核心要素有：自动化手段和工具、数据的访问权限、支持数据收集和需求分析的数据存储方式。

强大的自动化度量的基础架构将使分析更容易。自动化的度量过程可以实现快速反馈和改进，并降低收集成本。

为了提高效率，无论是用于项目管理、工程、软件开发还是测试活动，组织应该利用现有项目正在使用的工具来收集数据。这些数据是真实的工作过程产生的，如此收集数据所需的工作量往往很少。例如，项目经理可以使用项目的构建管理工具集成自动度量收集。这些工具提供了许多关于代码规模、搅动（添加、删除和修改行）、复杂度等重要指标。因此，数据收集可以简化为从服务器复制逗号分隔值（CSV）文件的问题。使用工作量估算工具可以将数据存储在数据库中作为有价值的数据来源，研究人员可以直接连接和提取数据，而不给项目团队成员带来额外负担。通过利用现有工具和数据库的输出，能够在更短的时间内完成更多的分析。

尽管数据收集工具是有益的，但它们并不是“灵丹妙药”，也可能成为阻碍。例如，在一个大型的政府项目上，主承包商决定使用一个著名的现成商业工具（COTS）来收集已完成的工作的数据。该工具使团队可以轻松输入数据并使数据对特定团队保持私有。对于基本分析和预定义的滚动或聚合，它也运行良好。然而，该工具的临时分析和报告能力非常有限。当情况发生变化，项目或政府需要进行其他分析时，从工具的专有数据存储中提取数据或重新格式化工具中的数据会比较困难。因此，在随后的项目中，建议该项目将政府 / 客户独立提取和分析数据的能力作为优先工作。

对于许多项目，一个工具或过程无法执行所需的所有数据的收集和分析。此外，大型项目通常涉及分包商或多个项目团队，每个团队都有自己的过程和工具。为了确保数据是有用的，关键是收集相同类型的数据，并且数据具有相同的语义。因此，必须经常从许多不同的文件和工具中导入、处理和转换数据，并在数据适合分析之前进行合并。该排序过程可能是

手动的、半自动的或者是自动的，但是，无论如何，通常需要大量的工作才能实现。整理这些数据的成本往往被忽视，但一个强大的预先度量规划可以帮助避免这一情况。

在规划研究和分析时，还必须考虑数据的访问权限。由于技术和组织方面的原因，获取某些数据会比较困难，并且很难克服这些困难。个人或组织可能隐藏或屏蔽数据，因为这些数据可能看起来很糟糕；组织可能认为这些数据不值得他们花时间收集；或者利益相关者可能只是不信任研究人员或质疑度量的价值。无法获得原始数据将导致无法执行所需的所有分析。即使数据存在于某个地方的电子文档中，该组织也可能会以安全问题为理由屏蔽访问，最终需要额外的沟通时间以及高层管理人员的干预，才能打破僵局。因此，在项目启动时，一定要规划对数据和工具的访问工作，以避免延迟或以后无法执行工作。这些问题不容易克服，需要综合考虑技术访问以及政治 / 社会 / 道德问题的策略方法等方面，才有可能解决这一问题（例如，在研究人员和利益相关者之间建立信任和正式订立保密协议）。

大型政府项目的数据分析也表现出一些独有的场景和大型项目特有的挑战。正如下面的例子中所解释的，如何存储度量数据的决策甚至会破坏整个度量方案。

实战经验

大型政府项目中，度量和分析程序通常需要满足合同要求。拥有组织所需的度量方案而不是组织所期望的度量方案，更可能将项目更多地放在满足数据收集和分析需求上，而不是使过程变得有用和高效。某大型政府合同中，主承包商必须将各种数据保存在电子数据存储中。遗憾的是，该合同未指定需要对此数据执行何种格式或何种分析。因此，承包商将所有数据和分析存储为 .pdf 文件。这些 .pdf 文件包含文本文档、PowerPoint 幻灯片以及项目开发和使用的各种其他产品。如果不手动重新输入文本报告中的所有表格和数字，研究人员或政府就不可能在后继工作中继续使用存储的数据以及进行更多的分析工作。显然，该度量存储库没有任何用途。笔者的建议是，所有项目都需要以电子格式存储项目数据，以便于数据的聚合和进一步的电子分析。

综上，与度量收集有关的经验教训包括：

- 尽可能使用自动化的数据收集和转换方式：
  - 保持目标的同时，尽可能利用项目现有工具及现存数据。
  - 准备在必要时合并来自多个来源的数据。
- 获取数据可能是一个很难克服的障碍，关键是提前制定数据获取策略。
- 确保收集和储存的数据能够有效地用于电子分析。

12.3.3　空有数据，没有信息：当数据不是你所需要或期望的

> “我们的目标是将数据转化为信息，将信息转化为策略。”
>
> ——凯西 · 菲奥莉娜

数据可被访问之后，下一步就是应用度量标准并收集度量数据。在处理任何形式的原始数据时，总会出现丢失、不完整或不正确的数据问题。然而，这些只是必须解决的问题中的冰山一角。

通常，当人们想到软件度量时，他们会想到代码度量。然而，工业实践大都集中在过程改进上，因此需要量化和理解当前的过程，而不仅仅是过程结果（例如，产生的软件片段）。当一个组织的目标包括过程改进时，度量过程是不可避免的。与产品不同的是，过程很难定义。例如，虽然有许多方法来度量软件产品的规模，但是对于一个过程的大小或规模，什么是等效的度量标准呢？使事物可度量意味着对度量对象做一些非完整的定义来保证度量的一致性。因此，度量一个过程可以成为定义该过程的催化剂。例如，在笔者的几个项目中，客户有兴趣评估其危害分析过程的质量。然而，当查看过程制品（危害报告）时，会发现缺少数据、过时的信息、许多不同的格式和不一致的术语。在另一个大型国防项目中，没有需要度量的危害报告，尽管在管理层看来，这些报告是存在的。因此，试图度量过程制品揭示了许多*过程风险*，然后可以将这些风险传达给项目管理部门。最终，对这些风险的可见性是过程改进举措的催化剂。最终，度量方案为帮助定义组织中的危害分析过程及其期望提供了额外的好处。

虽然“代码”是最容易识别的过程制品，但是需求文档、设计图、操作手册、任务描述和其他过程制品都是度量工作的大数据仓库。根据笔者的经验，行业合作伙伴对量化这些制品的质量和对量化代码的质量一样感兴趣，特别是在开发周期较长的项目中。不幸的是，这些制品本身并不适合进行有洞察力的度量。过程制品，如需求和设计，很少遵循严格的结构化语言，从而使规模的应用（超出简单的单词数量统计）成为一项手动任务。那些遵循严格结构的，如形式化模型或者标准化设计语言（例如，UML），适用于计量分析。然而，诸如需求和设计之类的制品通常需根据其语义内容进行评估，从而使自动度量几乎不可能。因此，当组织目标涉及改进非编码活动时，必须计划花费大量的精力来理解并将度量应用于非代码过程制品。此外，还应该与组织的领域专家一起进行额外的努力，以理解制品并验证假设的度量标准。通过应用自然语言处理技术，目前可以对非代码制品（如需求、缺陷和异常）进行部分自动化分析[15-17]。然而，这些技术通常需要大量的工作才能在组织过程中制度化，并落地到特定的应用程序上下文中。

即使已建立度量概念，并且已为度量做了充分的规划，数据质量方面的问题仍然存在。诸如缺少数据、数据不完整、数据不一致或者数据不准确等问题普遍存在，且在任何度量方案中都是可以预见的[18]。这些问题的出现是因为过程执行方式的变化——在收集 / 报告数据的过程中和产生正在度量的制品的过程中变化无处不在，因此度量数据也是变化的。另一个原因可能是解决丢失数据的工作代价大或不可能完成。在任何情况下，数据质量的问题都可能导致分析结果出现偏差，或使其完全不可用。无论数据分析技术多么敏感或复杂，如果底层数据不正确，由它们所产生的结果也将是无用的。

对于经验软件工程中数据质量不高的常见问题已经有翔实的文献研究[19-20]。其中一个例子就是已经进行过详细研究的 bug 修复数据集的问题[21-26]。在笔者的一个项目中，复现了与该问题相关的经验。笔者的客户使用了多种验证和确认（V&V）技术，例如，同行评审、用户验收测试、自动化单元测试，并希望评估它们对不同类型缺陷的有效性。客户的目标是通过使用提供最有效检测的 V&V 技术来提高软件质量，该技术提供了他们期望的缺陷类型。为实现这一目标，他们创建并维护了一个缺陷分类模式，该模式用于其缺陷修复报告机制。但是，他们发现创建报告的人员经常错误地使用缺陷分类模式，导致缺陷类型报告错误。

因此，在数据分析中使用存在错误数据的代码缺陷数据库，会导致选择不合适的 V&V 技术[27]。

根据经验，发现以下措施有助于减少数据质量问题：

1）管理人员应向团队传达良好数据质量的重要性，并在可能的情况下建立便于数据输入的机制。管理人员还应确保分配足够的资源，使团队能够按要求生成完整和准确的数据。

2）数据分析人员应始终验证收到的数据（例如，检查数据是否有效或合理，如果结果分析偏离预期，检查基本数据），在发现数据问题时向数据提交者提供建设性反馈，并提出改进数据收集的建议（例如，自动化收集机制，采用对输入值进行约束的健壮过程，例如从下拉列表中选择，而不是使用自由文本等）。

3）组织应致力于使过程制度化（即，过程是经过良好记录的、训练过的、可重复的且始终如一的），因为这样的过程降低了所产生软件制品的差异性。

但是，请注意，完全消除数据问题仍然是不现实的，这通常是因为收集、审查或转换数据的成本很高。在分析有质量问题的数据时，了解分析结果如何被其影响是很重要的。通常，在解释分析结果时，可以考虑存在哪些问题及其对分析可能产生的影响。由于数据不规范而引起的警告和限制应与分析结果一起清楚地传达。数据分析师还需要让他们对数据的期望切合实际，并在分析中发挥创造性，以从可用数据中获得尽可能多的价值。

实战经验

在大型的收购项目中，客户（即收购方）对跟踪软件开发进度感兴趣。主要的开发承包商预期将提供足够的数据，以便比较计划和实际进展情况是否有偏差。然而，对于某一特定活动，承包商发现逐周的计划数据太难生成，生成后的计划也非常不稳定，导致无法向客户通报进度。笔者没有使用不准确的每周数据，而是决定分析实际进展情况，以便按计划完成活动。这一数据是容易获取和相对稳定的。然后，鉴于过去的业绩和行业标准得出了所需的进度，并评估了计划的速度是否合理。虽然这个分析并没有每周提供关于偏差的洞察，但当进展开始落后于预期的时间表并且活动的及时完成受到威胁时，它仍然能够告知客户。该度量方案被认为是项目的关键，以至于在整个收购组织中都在探索并应用它。

总之，与数据质量有关的经验教训包括：

- ❑ 度量过程制品通常需要一个良好定义的过程，但将度量方法应用于不良定义的过程仍然可以向组织提供有用的见解。
- ❑ 在度量非代码制品时，应该预留额外的时间和资源。
- ❑ 让度量发起人和支持者向团队宣传数据质量的重要性。
- ❑ 在分析之前验证所有数据。
- ❑ 数据质量问题是不可避免的，但认识到这些问题的存在及其影响是获得有用的分析结果的关键，尽管存在问题。

12.3.4　领域专家的关键作用

> 领域专家——了解完成特定工作需要做些什么并且具有真正专业知识的人员。
>
> ——美国人事管理办公室

确认数据已经可用后，就是分析和抽取有用信息，促进项目改进的时候了。不管数据的类型如何，分析人员必须首先了解数据的上下文，这样才能准确地度量数据。此外，度量和分析结果需要对项目管理有用的解释——即度量是有洞察力的，可以单独描述整个故事（这种情况很少见）。领域专家是克服此挑战的关键，这些挑战包括了*解数据和解释分析结果*。

首先，考虑必须了*解数据*才能准确度量的情况。例如，在一个政府的航空航天计划中，笔者想要度量危害报告，这是用自然语言编写的 PDF 文件，抓取安全分析方面输出。报告中使用的许多术语都提到了软件系统，但要理解这些术语就需要对空间飞行系统有一定的了解。理解语言和领域是很有挑战性的。因此，为确保计量分析是准确的，笔者进行了多次迭代的度量和审查。

对于另外一种情况，即收集了原始数据，并准备进行分析。现在的挑战是如何*解释分析的结果*。分析结果可以根据分析人员对数据和项目的假设和背景以不同的方式进行解释。在一个项目中，笔者使用从数据库中自动提取的数据计算了系统新版本中所有特性的工作估算偏差[28]。分析表明，一小部分特征具有较高的相对估算偏差。然而，对这些特性的技术方面或它们的实现历史知之甚少，无法为项目经理提供任何业务性解释。

在这两种情况下，开发小组的领域专家对于及时克服这些挑战至关重要。在政府航空航天项目上，笔者在危害报告中建立了通用术语词典，并询问软件安全领域专家这些子系统是否包含软件。领域专家告知如何将系统从概念上按照开发群体划分，从而提高笔者的成果在项目管理中的效用。宝贵的洞察力来之不易，项目的领域专家通常最关心的是完成项目任务，不能让他们将度量作为额外负担。最有能力回答问题的人可能是那些空闲时间最少的人。再次强调，必须做好工作前期支撑准备，提供实际场景，充分利用资源协助度量工作。

实战经验

对于政府航空航天项目，一个度量标准是对涉及软件行为的危害的数量、原因和控制方法（全部包含在危害报告中）进行计量。最简单的方法是搜索与软件相关的术语，但危害报告中包含了大量有关航天硬件设计的技术术语。例如，同样的航天器飞行处理系统也可以称为航空电子设备、制导、GNC 或制导导航和控制。这使得将这些跨制品的术语解释为单个概念变得具有挑战性。更进一步，术语之间的关系可能会丢失，例如，对“飞行计算机”的引用可能包括 GNC 和 CD&H，但这种隐含的关系可能不会在软件制品中显式体现。当试图准确地度量软件组件是否存在危险性时，所有这些问题都会出现。

许多航天器工程师只有硬件背景，因此没有意识到软件在安全评估等关键方面的影响程度。在该方案的三个主要系统中，45%～60% 的危害是由软件造成或防止的，这使许多利益相关者感到惊讶。通过对系统分解及其责任方的准确描述，我们的度量结果使系统工程师确信需要为系统的某些区域分配额外的、价格不菲但必不可少的软件保障工作。

专家的意见与定量结果之间有时存在不一致之处，深入挖掘分歧的原因是很重要的。造成不一致的主要原因之一是底层数据（计算结果所依据的数据）不可靠或过滤不正确。例如，假设一个项目有大量的 bug，而另一个项目的 bug 数量很少。如果以 bug 的数量来评估项目的质量，人们可能会得出结论，bug 数量较少的项目就是质量较高的项目。领域专家对这样的结果是存疑的，因为在他们看来，bug 数量较少的项目实际上是质量较低的项目，这仅仅是基于他们自己的项目洞察力。深入的调查发现，低 bug 数的项目没有遵循 bug 报告过程，并

且某些 bug 没有被记录下来。因此，该项目的质量实际上会低于分析所建议的质量。

专业领域知识和熟悉开发环境对于识别数据中的偏差是很有用的。

某商业项目中，笔者在与项目经理和开发负责人的会议上展示了一些分析结果。相对偏差估算较高的特性吸引了大量关注，但开发负责人能够为工作估算偏差提供合理的解释，例如使用新技术、开发人员请病假以及其他未被纳入度量标准的原因。了解对度量结果的开发贡献，对纠正措施是必需的。此外，对于追求高成熟度过程的小客户，定期开展以度量为中心的会议，以吸引合适的人员参与进来。这些会议的重点是协助项目团队确定目标，评估既定目标和组织模型的项目绩效，使用预测模型进行决策，并在需要时调整项目特定过程以实现目标。

总之，与专业知识的关键作用有关的经验教训包括：

- 安排时间与领域专家一起验证度量标准和解释数据是很困难的。数据分析是耗时的工作。
- 务必让领域专家尽早参与项目，以确保度量标准及其度量对项目有意义。
- 领域专家应能回答项目和专业领域的具体问题。
- 解释数据和采取改进工作必须获得领域专家的支持。
- 原始数据理解需要时间和资源，特别是在不熟悉的领域。
- 度量并不能说明整体情况；没有领域专家的洞察相助，度量结果可能毫无意义或有争议。

12.3.5　顺应不断变化的需求

> 改善就是改变，完善就是经常改变。
>
> ——温斯顿 · 丘吉尔

这样的做法永远不会失败：就在你成功地定义了有效的措施和建立了分析过程之后，事情慢慢发生了变化，出现了新的管理和相关人员优先事项，需要分析或突出强调出现的具体事件，以及需要新的收集或聚合方法，这些方法可能与规划中的不同。大多数情况下，这些改变是无法预测的，并且需要立即进行。在此情况下，项目应尽量适应变化。

Edmunds 和 Morris 简明扼要地指出，“文献中强调的主体会产生自相矛盾的情况，即尽管有大量的可用信息，但在需要时往往很难获得有用的、相关的信息” [29]。任何度量方案所面临的挑战是，尽管有规划和严格的度量标准定义，主办组织仍会询问关于无法直接捕获到数据的问题。在许多项目中，这些都是时有发生的。这就要求分析团队具有创造性的应对措施。项目经理 / 利益相关者迫切需要度量方案，希望分析人员尽快提供新情况的应对措施。从策略上看，规避或者回复无法获得数据不是一个好方法。

一个大型政府项目，在项目被取消时，许多功能已基本完成。这些软件片段可以转移到另一个项目，但最紧迫的问题是，该软件是否已经成熟到足以存档再利用，还是应该在项目终止时被丢弃。关于该问题需要很快回答，而且没有时间或预算来收集新的数据。要回答此问题，就需要分析什么才是做出好的决定的标准。例如，软件重用是否合适可以通过软件设计的优良性、软件的复杂性、质量（执行错误以及代码分析）、实际开发的代码规模、代码的定性评估等来确定。幸运的是，该项目有一个成熟的度量方案，并且已经为这些属性收集了一些数据。即使软件仍然不完整，也没有经过完整的测试，创建的包含属性的矩阵依然可以对数据进行分析，并能够为客户提供对软件当前状态和质量的有效评估。

软件开发项目的一个共同挑战是交付和软件构建的重组。软件及其功能在技术上或逻辑上的依赖、优先级或计划变更会导致主要构建的内容甚至架构在项目生命周期中发生变化(可能多次)。转换和重新聚合数据以使其与当前的报告需求保持一致是一项艰巨的任务，试图不改变项目的数据并以其为基础直接为项目提供足够信息，这只是一种理想情况。数据变更的工作一般都可以通过脚本来执行，如果数据分析仍然是项目的增值活动，那么这一点非常重要。如果数据和由此产生的分析不再与当前的项目目标和优先事项保持一致，分析就无法对管理层或其他利益相关者提供决策价值。

除了保持数据随需求变化而变化之外，当考虑到支持数据分析的工具时，重要的判据是这些工具能否有助于数据变化。工具需要为团队提供轻松实现不同的假设（what-if）分析的能力。在一个主要的政府项目上，我们提供了该计划的内部成本估算。这是一个非常庞大的项目，甚至准备征求建议书也需要几年的时间。考虑到多年来，科技、政治、物流等诸多方面的持续变化，我们开发了一种工具来生成成本估算并对其进行模块化构造，以便工具和估算能够提供 what-if 分析，并能在获取了更多信息或确定了程序变更时进行调整。为了提供最大附加值，不仅数据必须能够适应变化，用于分析的工具开发也必须是敏捷的。

综上，与响应持续变化的项目需求有关的经验教训包括：

- 在数据收集和分析方面创造性地使用投资——不要期望拥有为某一目的直接收集的度量，许多度量可支持一个以上的目标。
- 数据与方案变更保持一致。
- 寻找敏捷且容易适应需求改变的支持工具，以及“what-if”练习。

12.3.6 向用户传达分析结果的有效方法

> “你可以有绝妙的想法，但如果无法被大众普遍接受，你的想法就不会给你带来任何价值。”
>
> ——李·艾科卡

以“正确”的方式呈现分析结果是很重要的，因为它影响到用户如何接受和理解结果。然而，这不是一件小事，它是一个迭代的过程，直至达到正确的沟通渠道（例如书面报告和口头陈述）和机制。

正如文献[29]所建议的那样，如今专业人员需要由软件或领域专家过滤的增值信息。在错误的层次上报告过多的信息，而没有说明为什么分析结果对度量相关者有意义，这将导致数据和分析过程被忽略。挑战在于能够在上层提炼整个项目的度量标准，同时提供对具体问题的洞察见解。

分析的结果须成为用户就早期确定的业务需求做出决策的推动者。因此，传达给用户的结果应该是有意义的，需为用户采取行动提供决策依据。由于分析结果驱动决策，有效的沟通也意味着及时提供信息。在提供分析结果的同时，也希望利益相关者能够据其做出决策。

度量方案往往最终会获得大量的数据，所有这些数据都会以各种方式进行分析和剖析。将所有数据及其分析转给客户是很容易的，似乎这样可以显示度量方案的价值。而实际情况通常是这样的：你的客户会被淹没在信息的海洋中，当他们只为了找到感兴趣信息的子集而不得不对信息进行筛选时，他们就会失去兴趣。另一个更大的问题是，由于有大量的信息，特别是当信息以不连贯的方式呈现时，重要的问题可能会被忽略，也没有采取适当的行动，所有这些都会降低度量方案的价值。

在交流分析结果时，重要的是要知道正在向谁呈现数据，并相应地调整分析结果。在不同的抽象层次上，不同的利益相关者关心不同的信息。例如，一位经理倾向于看到一个更广阔的、“1 万米”的视图，而技术人员则以更细的粒度关注特定的数据。因此，需要将不同级别的数据抽象，以避免分析压倒用户，同时提供在需要时深入到细节的能力。然而，在抽象数据时，可能会隐藏一些重要的问题，提供一种假象，认为一切都很好。回顾需求收集阶段的结果，特别是与利益相关者的启发式讨论，以确定每个利益相关者的关注事项。

度量方案是通过分析和综合上下文中的数据来学习的。因此，仅仅提供数据的结果还不够，还需要将数据放在上下文中进行比较，以便于对数据进行详尽解释。考虑需要哪些其他信息，以便利益相关者能够采取行动或做出决策。

实战经验

在大型客户项目中，一个重要的业务需求是了解开发活动（例如需求定义、代码开发、软件测试）的进展如何。项目经理希望知道计划中的工作是否会出现延迟，如果是的话，会有多大程度的延迟。经理利用这些信息做出关于重新规划的决定。在交流关于跟踪开发活动进度的度量结果分析时，重要的是要包含实际进度与计划的比较。然而，即使实际情况与计划进行比较提供了进展状况的合理快照，但用来确定未来的进展和潜在的延迟还是不够的。要做到这一点，经理还需要了解进展的变化趋势。这些信息可用于推断过去的进度执行率，将其与所需的进度率进行比较，并评估过去的进度率是否能够满足所需的要求。此外，如果以行业基准值的形式传递额外的信息上下文，那么管理者对开发延迟风险的评估结果可以更有信心。这些关于开发活动的简报，已经成为每周向项目和组织管理者报告进度的重要组成部分，并用来作为每个月的资源分配和重新规划的依据。

可视化对于支持结果的交流是不可或缺的。可视化可以快速识别度量趋势并发现问题，超过 80% 的人表现出对视觉学习的强烈偏好 [30]。有效的沟通需要选择合适的可视化方法：条形图和饼图比文本数字更容易显示比例，折线图显示了一段时间内的趋势，图表显示关系或过程流，散点图可以显示组和数据趋势。人类大脑是为模式匹配而存在的，与语言处理中心相比，视觉皮层是实现这一功能的主要机制，语言处理中心负责解释数字和文本 [31]。然而，在使用可视化时，本书的建议是保持可视化的简单性，因为复杂的可视化会分散人们对所传达的信息的注意力。如果你发现自己花了很多精力解释可视化结果，这通常表明你的可视化太复杂了。请注意，在某些情况下，利益相关者将不得不自己查看结果。在该情况下，重要的是要注意使用正确和容易理解的标签并意识到颜色的关联（例如，红色通常是需要关注的东西）。

度量和分析方案成功的一个标志是决策者持续和定期地使用度量和分析。当你有决策者一样的眼睛和耳朵的时候，要小心，不要让沟通的结果重复，因为随着时间的推移，信息会变得模糊。这意味着人们应该定期重新访问通信信道和机制，以确保它们仍然能有效地传递消息。同时，要不断探索不同的数据分析方法。随着项目处于不同阶段或随着新知识的形成，信息需要随着时间的推移而发展。因此，你在项目的早期阶段所做的分析可能与在项目的中间阶段或项目结束阶段所做的分析不同。

总之，与有效沟通分析结果相关的经验教训包括：

- ❑ 提供所有数据和分析的增值解释。

- ❑ 为个人用户量身定制合适的抽象层级的结果。
- ❑ 提供足够的信息来解释用于决策的上下文中的分析结果。
- ❑ 使用可视化，并正确地使用它。
- ❑ 重复并反思沟通反馈，持续改进与客户的沟通。

12.4 结论

本章回顾了笔者 15 年的软件解析工作历程，讨论了在许多不同的客户和组织类型之中体现工作价值的多个过程。归根结底，软件数据分析本质上就是帮助利益相关者做出决策，而笔者的工作验证了基于度量的决策是多么强大。一个关于跟踪通信系统项目和项目开发进度的基础分析方案已被提升到机构管理的最高级别，该做法被认为是管理大型采购项目软件开发的最佳做法。笔者在一家 Web 应用程序开发公司中实施的数据分析方案推动了工作过程的改进，以帮助该公司从 CMMI 级别 1 发展到 CMMI 级别 5，并且至今仍用于工作量估算和缺陷预测。从多年的软件评审中收集的数据帮助构成了 NASA 机构范围内的软件正式评审标准 [32] 的基础。软件数据分析的价值因组织和项目的不同而不同，因此任何成功的数据分析方案都必须从了解客户需求和目标开始。

从历史上看，创建一个成功的数据分析方案的过程基本上是手动的，其原因包括：

- ❑ 必须找到拥护者并与多个利益相关者接触，并用这些利益相关者的语言传达成果。
- ❑ 对数据源的清理和质量检查是必要的，且需要人的判断和经验。
- ❑ 必须确保结论有充分的依据，并对该领域有业务性意义。
- ❑ 需要经常根据不断变化的组织优先事项重新调整上述所有内容。

尽管存在一套行之有效的方法（GQM[7, 9]，QIP[10]，EF[11]）为人们服务，但与软件工程的所有其他领域一样，该领域的快速演进和所有领域对软件需求的不断增长意味着技术也需要持续改进，以保持其影响力和相关性。因此，笔者最近的研究重点是如何用新的功能和更快的结果来增强现有度量框架。展望未来，我们的研究工作还包括：

- ❑ 调整业务目标和技术措施的方法，包括 GQM+S[9]，以促进确定适当的度量标准和报告可执行结果的能力。
- ❑ 数据挖掘方法 [15, 33] 能够快速从实际客户的数据集中发现新的微妙关系，以提高回答客户查询的速度，并为项目提供更细粒度的建议。
- ❑ 自动化和半自动工具 [34] 用于从软件制品中提取度量标准为可分析的形式，以提高数据收集用于分析的速度和广度。
- ❑ 可视化方法 [35] 有助于对数据中的关系进行交互式探索，并使客户能够进行 what-if 分析。

尽管在这些领域的研究成果已取得部分成功，但应清楚地认识到，这些技术都不是“银弹”(撒手锏)。也就是说，如果没有将它们嵌入到一个端到端的过程中，例如本章描述的过程，它们几乎不可能在软件开发组织中支持有效的、数据驱动的决策和其他改进。虽然技术和分析的速度似乎在不断加快，但人类和组织行为的基本原理却并非如此。

展望未来，必须始终警惕所谓有效和快速的算法。这些算法没有考虑到数据的繁杂现实，即没有考虑到数据质量问题，或者错误地解释了数据收集中存在的偏差（例如，假设缺陷很少的项目是高质量的，而不是缺陷报告者可能失职），抑或没有根据领域理解检查结果的合理性。随着自动化和其他研究的突破，越来越多的数据将能够得到更快的处理，这些问题也会变得更加现实，并有可能会产生更广泛的影响。

参考文献

[1] IEEE. IEEE standard for a software quality metrics methodology. IEEE Std 1061-1998. p. i; 1998.
[2] Chrissis M, Konrad M, Shrum S. CMMI for development: guidelines for process integration and product improvement. In: SEI series in software engineering; 2011. p. 688.
[3] Basili V, Trendowicz A, Kowalczyk M, Heidrich J, Seaman C, Münch J, et al. Aligning organizations through measurement—the GQM+Strategies approach; 2014.
[4] Shull F, Singer J, Sjøberg DIK. Guide to advanced empirical software engineering. Secaucus, NJ, USA: Springer-Verlag New York, Inc.; 2007.
[5] Falessi D, Shaw M, Mullen K. A journey in achieving and maintaining CMMI maturity level 5 in a small organization. IEEE Softw 2014;31(5).
[6] Fenton NE, Pfleeger SL. Software metrics: a rigorous and practical approach, vol. 2. p. 38–42; 1997.
[7] Basili VR, Caldiera G, Rombach HD. The goal question metric approach. In: Encyclopedia of software engineering. New York: Wiley; 1994.
[8] Basili VR, Weiss DM. A methodology for collecting valid software engineering data. IEEE Trans Softw Eng 1984;SE-10.
[9] Basili VR, Lindvall M, Regardie M, Seaman C, Heidrich J, Munch J, et al. Linking software development and business strategy through measurement. Computer 2010;43:57–65.
[10] Basili VR, Caldiera G. Improve software quality by reusing knowledge and experience. Sloan Manage Rev 1995;37:55–64.
[11] Basili V, Caldiera G, Rombach HD. Experience factory. In: Encyclopedia of software engineering, vol. 1; 1994. p. 469–76.
[12] McConnell S. Software project survival guide. Redmond, WA: Microsoft Press; 1997.
[13] Campbell P, Clewell B. Building evaluation capacity: collecting and using data in cross-project evaluations. Washington, DC: The Urban Institute; 2008.
[14] Esker L, Zubrow D, Dangle K. Getting the most out of your measurement data: approaches for using software metrics. In: Systems software technology conference proceedings, vol. 18; 2006.
[15] Falessi D, Layman L. Automated classification of NASA anomalies using natural language processing techniques. In: IEEE international symposium on software reliability engineering workshops (ISSREW); 2013. p. 5–6.
[16] Falessi D, Cantone G, Canfora G. Empirical principles and an industrial case study in retrieving equivalent requirements via natural language processing techniques. IEEE Trans Softw Eng 2013;39(1):18–44.
[17] Runeson P, Alexandersson M, Nyholm O. Detection of duplicate defect reports using natural language processing. In: 29th international conference on software engineering (ICSE'07); 2007. p. 499–510.
[18] Wohlin C, Runeson P, Höst M, Ohlsson MC, Regnell B, Wesslén A. Experimentation in software engineering: an introduction; January 2000.
[19] Mockus A. Missing data in software engineering. In: Shull F, Singer J, Sjøberg DIK, editors. Guide to advanced empirical software engineering. London: Springer London; 2008.
[20] Liebchen GA, Shepperd M. Data sets and data quality in software engineering. In: Proceedings of the 4th international workshop on Predictor models in software engineering—PROMISE '08; 2008. p. 39.
[21] Antoniol G, Ayari K, Penta MD, Khomh F, Guéhéneuc YG. Is it a bug or an enhancement?. In: Proceedings of the 2008 conference of the center for advanced studies on collaborative research meeting of minds—CASCON '08; 2008. p. 304.
[22] Bachmann A, Bird C, Rahman F, Devanbu P, Bernstein A. The missing links. In: Proceedings of the eighteenth ACM SIGSOFT international symposium on foundations of software engineering—FSE '10; 2010. p. 97.
[23] Herzig K, Just S, Zeller A. It's not a bug, it's a feature: how misclassification impacts bug prediction. In: International conference on software engineering (ICSE '13); 2013. p. 392–401.
[24] Rahman F, Posnett D, Herraiz I, Devanbu P. Sample size vs. bias in defect prediction. In: Proceedings of the 9th joint meeting on foundations of software engineering—ESEC/FSE; 2013. p. 147.
[25] Nguyen THD, Adams B, Hassan AE. A case study of bias in bug-fix datasets. In: Proceedings of the 17th working conference on reverse engineering; 2010. p. 259–68.
[26] Kim S, Zhang H, Wu R, Gong L. Dealing with noise in defect prediction. In: Proceeding of the 33rd international conference on Software engineering—ICSE '11; 2011. p. 481.
[27] Falessi D, Kidwell B, Hayes JH, Shull F. On failure classification: the impact of 'getting it wrong'. In: Proceedings of the 36th international conference on software engineering (ICSE), novel ideas and interesting results track (NIER), June 2014, Hyderabad, India; 2013.

[28] Layman L, Nagappan N, Guckenheimer S, Beehler J, Begel A. Mining software effort data: preliminary analysis of visual studio team system data. In: Proceedings of the 2008 international working conference on Mining software repositories; 2008. p. 43–6.
[29] Edmunds A, Morris A. The problem of information overload in business organisations: a review of the literature. Int J Inform Manage 2000;20:17–28.
[30] Felder RM, Spurlin J. Applications, reliability and validity of the index of learning styles. Int J Eng Educ 2005;21:103–12.
[31] Bryant CD, Peck DL. 21st century sociology: a reference handbook; 2007. p. 738.
[32] NASA-STD-87399. Software formal inspections standard. NASA; 2013.
[33] Menzies T, Butcher A, Cok D, Marcus A, Layman L, Shull F, et al. Local versus global lessons for defect prediction and effort estimation. IEEE Trans Softw Eng 2013;39:822–34.
[34] Schumacher J, Zazworka N, Shull F, Seaman C, Shaw M. Building empirical support for automated code smell detection. In: Proceedings of the 2010 ACM-IEEE international symposium on empirical software engineering and measurement—ESEM '10; 2010. p. 1.
[35] Zazworka N, Basili VR, Shull F. Tool supported detection and judgment of nonconformance in process execution. In: Proceedings of the 3rd international symposium on empirical software engineering and measurement; 2009. p. 312–23.

第 13 章

The Art and Science of Analyzing Software Data

在软件工程中使用数据进行决策：为软件健康提供一种分析方法

Brendan Murphy*, Jacek Czerwonka[†], Laurie Williams[‡]

Microsoft Research Cambridge, Cambridge, UK Microsoft Corporation, Redmond, WA, USA[†] Department of Computer Science, North Carolina State University, Raleigh, NC, USA[‡]*

13.1 引言

软件开发团队每天都会对他们的产品开发过程和发布过程进行决策。团队可能面临新的挑战，例如需要更频繁地发布产品，或者需要提高产品质量。这些团队可能会选择使用不同的软件开发过程或不同的软件实践来应对这些挑战。那么，开发类似产品的其他类似团队是否通过使用这些实践提高了开发的速度和质量？迄今为止的结果是否表明会达到目标？此外，团队必须确定软件产品是否具有足以发布的高质量。测试失败率是否表明已实现了所需的可靠性水平？团队又是否实际遵循了过程或实际综合了已决定的实践？

重要的软件工程决策依赖于正确的数据，做出这些决策依赖于证据而不是通过直觉或是遵循最新的过程和技术趋势。这个“大数据”时代提供了海量的信息。 但是，数据仅通过详细规划的处理和分析才会提供有价值的信息。如果没有规划，就可能无法收集到正确的数据，并有可能会分析错误的数据，研究方法可能会提供不合理、不深刻的结果，或做不必要的比较，或进行不恰当的解释。

本章目的是通过在软件工程中建立基于度量的决策支持方案来为软件工程师和软件工程研究人员提供指导。该“指导”有三个组成部分：

1）着重强调为基于度量的方案制定明确目标的必要性；

2）阐明基于度量的决策支持方案的重要组成部分，包括用于记录项目以及产品的背景、约束、开发情况的度量；

3）分享收集和解释度量时要避免的易犯的错误。

图 13-1 总结了基于迭代和循环度量的决策支持方案的五个主要组成部分。循环过程始于为正在建立度量方案的产品和开发设立目标。软件开发目标的示例包括：增加产品配置时间，提高产品质量以及提高生产力。接下来，团队需要确定收集哪些度量，以便分析能够揭示出所达到的目标是否是预期的所需。然后收集这些度量。记

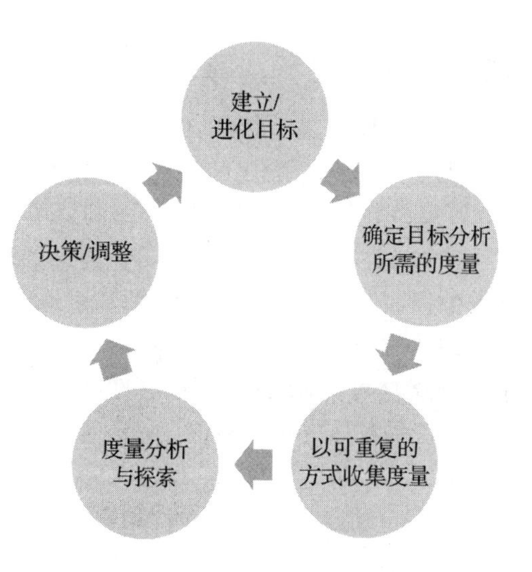

图 13-1　基于度量的决策支持方案

录整个过程，以便可以在其他时间或是其他项目上对同一产品重复进行度量的收集。接下来，分析和探索度量数据。根据度量的分析结果，团队应判断开发是否符合预期制定的目标，如若不是，则需要判断是否需要对过程进行修改，以及是否需要对产品目标进行调整。

在软件开发中，这种数据分析和探索通常被称为*软件解析*[1]。通过软件解析，有洞察力而又可操作的信息被纳入决策过程。一旦做出决策，度量方案的目标就能得以进化。然后重复该循环。此方案的最终目标是改善团队的行为并促进项目的成功。为了说明这一过程，本章将提供一个微软（Microsoft）产品组的示例，该产品组基于以前版本的产品基准测试数据，重新设计了开发过程的基础架构。

在微软开发基于度量的决策支持方案以及与其他公司一起进行研究时，我们会根据经验和教训提供指导。本章第一作者曾在 Digital Corporation 对客户系统进行监控，以说明硬件和软件的可靠性[2]，并在微软继续这项工作[3-4]。后来他将研究重点放在了理解软件开发方式与发布后的软件运行状态之间的关系上。第一作者和第二作者都是微软研究院的经验软件工程（Empirical Software Engineering，ESE）团队的成员，并在该领域发表了大量的相关工作。第二作者负责管理 CodeMine，该过程用于收集和分析用于开发大多数微软产品的过程[5]。最后，第三作者在诸如微软、IBM、Telelec、SAS、Sabre Airlines[6-10] 等公司进行了关于使用敏捷过程和敏捷实践的研究。

本章描述了该过程，如图 13-1 所示。从业者可以通过该过程使用数据来推进其软件工程过程的改进。从业者应该重点关注的是建立明确的目标。团队平常最多只是希望通过他们的开发过程实现想要达到的目标。建立可以重复收集的度量，仔细分析度量可以帮助团队了解他们是否实现了目标。

本章其余部分组织如下：13.2 节提供了有关软件工程中软件度量领域的简史。13.3 节讨论了为项目提供明确目标的必要性。13.4 节提供了基于度量的方案中的组件信息。13.5 节分别讨论了如何避免在选择有关度量和信息解释的挑战方面易犯的错误。13.6 节提供了一个案例，说明 Windows 服务器产品团队如何根据基于度量的决策支持方案重新构建其开发环境。13.7 节显示了如何使用本章中描述的过程，来帮助产品团队使用数据来驱动他们的工程过程。

13.2 软件工程度量简史

软件工程与其他工程学科的不同之处，在于缺乏一套标准化的管理项目的度量标准。其他工程学科已经标准化了随着时间的推移而发展的过程和实践。例如，铁路行业在过去的 150 年里，规范了建设和管理火车的总体过程[11]。

20 世纪 70 年代，研究人员已经开始研究度量和软件可靠性之间的关系。John Musa 在他的数据收集工作中采用了一种基于经验的方法[12]，而其他研究人员建立了基于软件结构的可靠性模型[13]。计算机行业最初在硬件故障方面使用诸如平均故障间隔时间（MTBF）和平均修复时间（MTTR）等可靠性度量[14-15]。20 世纪 80 年代，一些研究发现，不仅软件愈发影响产品整体的可靠性，一些人为因素也同样会影响软件可靠性[16]。

20 世纪 80 年代后期，许多主要的计算机制造商开始在客户站点，提供计算机系统的实时监控。此监控允许分析计算机的总体行为。数字设备公司认为软件正在成为影响系统整体可靠性的主要因素，其可靠性不再只能根据系统崩溃率进行测量[2-17]。类似地，IBM 分析师也试图描述软件质量和生产力[18]。Barry Boehm 建立了一个分析软件开发的经济的模

型 [19]，而 Fred Brooks 则基于他在 IBM System/360 上的经验，强调了很难重新控制已失控的软件开发项目 [20]。Lehman 和 Belady[21] 分析了程序演化的影响，Manny Lehman 基于此推导得到了“Lehman 软件演化定律”[22]，这有助于理解产品如何随着时间的推移而演变。

20 世纪 90 年代，部分领域认为缺乏标准会导致随着新千年的来临而出现灾难性的失败。一种解决方案是应用正式的开发方法，通过使用指南和标准来控制软件开发过程，例如 ISO 9000 标准 [23] 或软件工程协会提倡的那些标准 [24]。在同一时间段内，Norman Fenton 编写了一本关于软件度量的书 [25]，其他作者则专注于软件开发方法的分析 [26]。

与此同时，1990 年开始出现了开源社区，它没有使用正式的开发方法却开发出了可靠的软件，如 Linux 和 Apache。随着千禧年（Y2K）的来临，并没有发生灾难性的事件。但是，软件工程顾问强烈反对过分强调软件开发过程，并发布了*敏捷软件开发宣言* [27]。

在这个千禧年后，软件工程的研究人员已经进行了大量研究，将软件度量与发布后的失败联系起来，例如，Li[28] 检测了导致系统和应用程序不可靠的因素。Mockus[29] 发现了结构上的波动对软件可靠性的影响。Zimmermann[30] 进行了类似的研究，以确定已发布产品中安全缺陷的原因。Cataldo[31] 发现了不好的协同会对开发速度和软件故障产生负面影响。最后，Zimmermann[32] 使用依赖图上的网络分析预测缺陷。从这项研究的抽样中，发现了一组特定产品的开发过程属性与发布后失败之间的关系。然而，研究人员往往难以在不同的产品集上复制结果，这表明产品和项目背景会影响度量标准。一些从业者已经分析了某些适用于特定的编码实践的度量，例如 Lanza 和 Marinescu[33] 在开发面向对象的代码方面提供了帮助。

为了通过度量提高管理软件开发的有效性，本章收集了一些已有研究工作中的经验，并为该主题提出了实用的方法。

13.3 建立明确的目标

任何工程项目的开展都需要一套明确的目标，以便为工程师提供一个重点，并因此建立一个确保达到开发目标的机制。有时，在开发周期内目标可能会发生变化。一些工程学科可能有一套既定的度量，用于确定是否达到整个产品的预期目标。例如，建造桥梁的工程师可以决定材料和桥梁的设计，但是这些材料与设计，必须是处于一个既定的范围——由一组度量和数学方程式验证的界定范围。

有了大量可用的数据，目标 - 问题 - 度量标准（GQM）[34] 的方法论可用于指导基于度量的决策支持方案的开发，如图 13-1 所示。GQM 的重点是，只处理和分析满足目标所需的数据。GQM 方法为任何组织以有针对性的方式衡量其目标的实现提供了基础。第一步是建立目标声明。然后，提出一组需要回答的问题，以便了解目标是否已经实现。最后，列举了回答这些问题需要收集的度量。每个问题都与一组数据相关联，从而可以以定量的方式回答问题。为了以可操作的方式定义这些目标，通过此方式，组织将目标跟踪到所需的数据，并最终提供用于根据所述目标解释数据的框架。其他对于回答问题无用的数据，即使它们可能直观上看起来很有趣，但也会被忽略。

任何度量的选择取决于度量与实现产品目标的相关性和准确性。反过来，度量的准确性取决于数据的收集方式，而这些数据的收集方式通常依赖于工程团队的工具和实践。如 13.3.1 节中所述，建立这些度量和度量的目标值的有效方法是对等效产品进行基准测试。该基准提供了一个框架——用于在相关背景下收集和解释新产品的度量，并提供了一个基准点 [35]。分析师重新使用先前项目中的度量，便能确信这些度量可以准确刻画其开发过程。在度量定义后，便可以建立项目相关的特定的度量，而这些度量与特定的产品目标将更加紧密关联。

本节介绍了获取基准数据的方法，以及如何在解释度量时使用基准数据。除此以外，本节还描述了量化项目目标的方法。

13.3.1 基准

许多软件产品要么是现有系统的新版本，要么是其他产品的衍生产品。建立基准过程的目标是：

1）收集产品开发过程中产生的度量；

2）处理度量以识别缺失的数据和异常值；

3）确保度量的正确解释。

除了主要的重构活动外，现有产品的新版本很少会对产品的核心属性进行重大修改——特别是当它们与产品的架构有关时。理想情况下，用作基准的产品应该使用与目标产品相同的工具进行开发。或者更甚，应从多个产品版本中收集这些度量。产品团队不应过分关注有问题的版本中的度量。不合格版本可能只为度量提供异常值，而目标应该是确定度量的正常值。此外，团队可以将在产品质量以及客户接受度方面具有良好声誉的产品视为基线。

更普遍的情况是：将先前产品版本使用的相同的收集和分析方法，应用于当前发布版本中的数据收集和分析。因此，应明确定义数据收集和分析的方法以实现可复制性。此外，解释度量的团队应该具有关于数据收集工具及相关特性的知识储备。应分析从先前版本中收集的度量，并生成关于这些度量的初始解释。作为此解释的一部分，团队还应专注于比较整个开发周期中的度量，分析趋势中的差异，以确定度量的准确性或系统可能存在的博弈。

为与先前版本明显不同的产品创建基准会变得更复杂，其取决于从先前版本派生的新产品的百分比。派生的百分比越小，使用先前的开发作为新产品的基准就越不合适。但即使在此情况下，基准过程也可以为度量提供一些范围，当度量超出这些范围时，产品组应调查是否存在任何潜在问题。

为澄清度量解释与产品团队看法之间的差异，研发产品的团队应共享度量分析。在这些讨论中，软件工程师通常会确定度量可能不准确的原因。该团队可能会揭示数据中存在的干扰源、系统间的博弈、不准确的来源或是异常值。

为了说明选择适当产品以提供基准数据的相关性，可考虑微软 Bing 团队是如何选择相关基准的。Bing 是一款服务产品，它不断将新特征部署到单个部署目标上。因此，Bing 不支持旧版本，它通过 Web 服务器公开其功能。但是，Windows 的每次发布间隔数年，并部署到数百万台计算机上，其故障配置文件与 Bing 大不相同。因此，虽然不同的产品组之间会分享经验，但他们绝不会尝试将对方的开发作为自己的基准。

在单个产品组中，并非所有产品版本都可用作其他版本的基准。例如，虽然开发工具和过程对于 Windows 产品及其服务包是通用的，但它们并没有作为彼此之间的有效基准。主 Windows 版本的重点是提供新的用户体验，而对于服务包，重点是在纠正安全性或可靠性问题的同时保持当前的用户体验。因此，Windows 8.1 使用 Windows 8 作为基准，而 Windows 8.1 Service Pack 1 使用 Windows 8 Service Pack 1 作为基准。

此外，产品开发组还应考虑产品开发生命周期的各个阶段。对于像 Windows 这样的产品，开发周期被划分为包含特征开发阶段和稳定化阶段的多个里程碑。预期的产品行为会在这些里程碑之间发生变化。这些情况下，Windows 8.1 特征开发里程碑期间的开发性能可与 Windows 8 中的相应的特征开发里程碑进行比较。

13.3.2　产品目标

一旦在先前版本的度量和开发属性之间建立了明确的关系，就可以为未来的产品定义度量目标。量化的度量目标是根据基准计算的数据和下一版本的总体目标来估算的。具体而言，如果下一版本的目标是提高性能，那么目标可能是相比于以前版本增加特定的性能百分比。

目标应该是现实的，这往往需要相应的经验、判断力和约束条件。对于复杂的产品，很难同时改善所有产品属性。因此，如果目标是提高性能，那么可靠性的目标可能是维持当前水平。此外，目标还应反映开发方法的变化。

一个常见的错误就是在过于具象的层面上定义目标。例如，如果目标是为了在代码变更或添加特征方面提高生产率，则不应该根据个别工程师所期望增加的生产率来定义该目标。通过将目标分解为个人级别，团队对目标的所有权会减少，这消除了团队创新的动机（例如，指派工程师改进工具可能比要求他们更快完成代码编写更有效）也降低了团队的凝聚性。首选方法是在产品级别定义和监控目标。如果产品不符合目标要求，则应调查问题的原因。解决方案可能是一种能帮助团队之间共享最佳实践，或是确定目标无法实现并需要重置的改良工具。

13.4　度量评审

本节提供了可用于帮助团队描述其软件开发过程度量的详细信息。由于度量的收集和分析包含在产品团队的成本开销中，因此度量的目标必须要能为开发人员提供他们自己无法获得的有用信息才行。一个由五人组成的小型开发团队可能不需要每天收集度量来了解过去几周内发生的工作量和缺陷修复。他们依靠自己的经验可以提供这种知识。但是，他们可能希望看到一段时间内的开发变化趋势，并以此来监控改进。不同的是，由于没有人知道在整个开发过程中产生的工作量和类型，所以像 Windows 这样的大型产品受益于每日和每周的详细度量。由于该过程的目标是使用度量来识别开发状态，因此所需度量的数量和类型应根据产品的规模和复杂程度来确定。较小的团队和更简单的产品只需要较少的度量来了解产品状态。

在研发产品开发的度量框架时应考虑以下因素：

1）*产品的特点*。产品是相对独立的、部署在多个平台上的应用程序还是服务产品？产品下一版的目标是什么？例如，该版本是专注于引入新特征还是旨在处理客户对先前版本的反馈？如果目标是为产品添加新特征，那么产品目标可能很复杂，尤其是在质量方面。新特征的引入可以改变客户对产品的用户体验。然而，如果发布的目标是提高可靠性，则应更准确地定义可靠性度量。

2）*开发过程*。所选的开发过程控制着工程师的行为方式——这对度量的解释有显著的影响。一个团队可能决定必须在集成到产品或组件的主版本之前完成特征开发。事实上，这些团队应该完成特征的集成。其他团队可能会选择持续集成，并允许提交未完成的特征。而对于这些团队而言，在产品稳定之前会产生大量的修改。在微软内部以及大多数组织中，提交到产品主版本的变更不应以基础方式破坏该产品，即“不破坏构建”。通常情况下，团队在上传到主干分支之前采用验证的过程以防止此类构建的破坏。质量的度量应反映开发人员可用的验证过程。如果开发人员无法对所做的变更执行“系统测试”，那么可以预计这些变更会有更高的失败率。

3）*部署和支持特征*。如今，产品可以通过许多不同的媒介进行部署。用户可以安装某些类型的软件以在本地执行。外部管理的渠道（例如应用商店）可以帮助部署此类应用程序，也可以完全独立地（例如通过下载的软件压缩包）部署这些应用程序。其他的一些软件也可以作为更大软件产品的组件进行发布，这样，开发人员对软件的部署和使用场景的控制要少得多。如果是通过浏览器的 Web 服务来进行软件部署，那么，软件工程师可以完全控制其产品的部署和服务。最后，可以通过多种方法同时部署某些软件。

如 13.3 节中所述，收集和分析的所有度量应与特定的产品目标相关联。这里将度量分为三类，每类都有不同的目的。这种分组是 Williams 等人在建立极限编程评估框架时的工作的延伸[20]。产品团队应专注于了解项目和产品特性的所有这些方面，这样才能够就软件开发方式做出明智的决策。具体分类如下：

1）*上下文度量*。从团队的经验研究中得出结论可能很困难，因为任何过程的结果在很大程度上取决于相关的上下文变量。人们不能先验地认为研究结果可以推广到所处的特定环境之外[36]。因此，记录实验的上下文因素对于比较、充分理解结论的一般性和实用性、案例研究与自身环境之间的异同方面显得至关重要。团队规模、项目规模、临界状态和员工经验等因素都可以帮助解释应用实践结果间的差异。因为项目历史创建了一个评估未来绩效的框架，所以产品团队应该回顾这些项目历史。同时也需要明白组织结构和相关的产品专业知识会渗透到项目中以及对产品产生重大的影响。

2）*约束性度量*。虽然正在开发的产品的目标可能是发布一组新特征，但每个版本必须满足相关的约束性条件。多数软件产品必须在预定的约束条件下运行。例如，通过应用商店发售的应用程序必须满足特定商店的要求。这些约束可能与过去的产品版本有关，例如：一些产品可能需要新版本来维持相同级别的性能或可靠性。一些产品可能需要新版本来确保向后兼容性或安全性或隐私限制，例如：新版本的产品的数据检索性能需提高10%。

3）*开发度量*。管理项目的重点包括：评估开发状态、验证、部署准备状态、实时跟踪进度。开发是否按计划进行？进展率相较于过去是否有所提升？用于验证的时间相较于设计和实施如何？这些类型的度量可用于评估目标的实现，例如代码复杂性应降低 20%。

本节将讨论一些度量，这些度量可用于解决上述特征的某些方面。本章的后面部分将讨论解释这些度量时常出现的方法和挑战。表 13-1 概述了本章中讨论的度量，包括度量类别，度量的示例及其目标。

表 13-1　选定的产品度量标准

度量标准	类别	度量示例	目标	挑战
产品目标	上下文	每月发布产品	将度量与产品目标相关联	每种产品可能具有独特的特性
产品修订	上下文	基于服务的发布	协助制定切合实际的开发目标	每个版本可能具有独特的特性

（续）

度量标准	类别	度量示例	目标	挑战
组织结构	上下文	经验丰富的工程师所占百分比	确保开发团队拥有互补的经验	有时这不在产品团队的控制范围内
开发方法论	上下文	编码速度	确定最相关的产品度量标准	产品团队可以使用各种开发过程
质量	约束性	MTBF	改善最终用户端的体验	很难度量质量的某些方面，如使用和可视化等
性能	约束性	特定配置的平均响应时间	了解最终用户端的性能	性能取决于许多环境因素，例如网络速度、外部产品操控
兼容性	约束性	产品与上一版本发布的应用程序兼容	升级软件不会破坏兼容性	难以模拟所有的用户环境
安全性和隐私	约束性	开发要符合行业标准	提高产品安全性	安全威胁形势不断变化，很难定量分析
遗留代码	约束性	代码年龄	最大限度地减少技术债务	可以影响与旧软件的兼容性
代码搅动	开发	文件每周发生变更	检测开发活动是否匹配规划	只追踪构成已发布产品的代码
编码速度	开发	特征完成的时间	提高生产力	难以解释
复杂性	开发	McCabe 的复杂性	最大限度地降低产品复杂性	不清楚基于 McCabe 的度量要采取什么行动
依赖性	开发	计算模块的直接依赖	最大限度地降低产品复杂性	工具难以计算状态依赖
质量	开发	开放缺陷的数量	提高产品质量	度量通常是具有博弈性的，并不反映实际的产品质量

13.4.1 上下文度量

软件项目的开发在范围、资源和时间约束方面各不相同，并且产生的产品具有广泛不同的功能、目标受众和生命周期。部署在服务器上的操作系统与消费级设备上的 Web 服务或单功能应用程序相比，具有不同的范围、开发和验证方式。产品和项目的上下文信息明确地描述了一些关键属性，这些属性后期有助于将相关产品确定为基准并对度量进行解释。

最重要的上下文细节包括项目目标、目标受众和部署模式、项目历史和修订细节、组织结构和知识库以及应用的开发方法。

13.4.1.1 产品目标、受众和交付方法

了解项目和产品上下文始于业务目标。这些信息可以决定产品将提供什么价值，产品的用途，以及如何将功能交付给用户。需要安装的传统软件包与通过浏览器公开功能的软件之间通常存在很大差别，这就需要调整开发方法和分析师对数据的理解。

此信息的输出将导致其他度量的调整。例如，如果产品从传统软件包转移到服务，则一般会导致发布频率的增加。

13.4.1.2 项目范围、历史和修订细节

项目规模和范围可以通过多种方式进行度量，如通过度量（如功能点）统计源代码制品、

可执行文件或更高级别的功能。如果产品不是全新的，那么产品历史记录对于在上下文中分析度量将非常有用。此外，历史记录提供了允许更精确分析的手段。发布的范围和时间安排则根据过去发布的目标和时间安排而定，也确定了相关度量对于理解当前项目的方式。另一方面，如果过去的版本专注于提供新功能，而当前版本专注于提高可靠性，尽管先前版本将为当前版本质量要求的最小改进定义基线，但这些历史记录可能就没那么有用。

此外，先前版本至少部分地确定了当前版本的范围。该范围可能以一种解决用户反馈或先前版本中发现的质量问题的形式呈现。最后，产品的历史记录是非常宝贵的，尤其是对于了解产品持续性的优劣势，产品和开发方法中多个版本的关注领域，以及累计技术债务的对水平和焦点。值得一提的是，技术债务是对软件开发生命周期中不完整或不充分的制品的隐喻[37]。

先前版本中的数据可用于确定新版本中度量的变化百分比。例如，如果目标是提高产品质量，则可以将可靠性目标设置为相对于先前版本的度量改进的百分比。如果以前的产品版本专注于提供新功能，而当前版本专注于解决技术债务（例如，一个服务包版本），那么你可能会认为当前版本比以前的版本更可靠，而在开发过程中其实并没有任何的修改。

13.4.1.3 组织结构和专业知识

团队的组织结构和专业知识关乎任何项目的成败以及产品是否持久可行。此外，产品的体系结构通常与创建它的组织结构相关，通常被称为康威定律[38]。

了解组织环境首先要确定团队的规模、结构、明确的和隐含的角色和责任以及可能的沟通渠道。分散型团队的工作方式与本地协作型团队的工作方式不同，并且会有不同的决策和知识共享模式。团队内部的冲突可能表明目标和角色定义的问题，这些问题通常会在产品生命周期的后期转化为架构、设计或质量的问题[39]。

最后，确定团队成员在项目上的持久性和流失率是衡量保持组织知识和专业知识的标志。有用的度量是每个团队的平均经验水平。新人的加入可以为团队带来新的想法和经验，但团队也可以从已有的产品专业知识和经验中受益。要追踪的另一个有用度量是所有团队的人员调整率。过度的人员调整可能表明团队士气低落。

13.4.1.4 开发方法论

团队所选择并应用于开发产品的开发方法论对项目的目标会产生影响，特别是在产品发布期间发生开发方法论的变化时。开发方法论通常会因以下几点而发生变化：项目失败、无法快速响应新需求、过去版本有质量问题、工程团队对现有开发工作过程的不满。如果团队使用深度分支层次结构启动项目，他们可能会关注度量，比如跨分支的编码速度。如果团队在系统验证期间转向更敏捷的方法，团队的主要兴趣可能就不再是代码的集成速度了。

13.4.2 约束性度量

在产品开发过程中，工程师的重点是新特征的实现、修复或现有功能的改进。软件修改可通过不同的过程进行验证，如代码评审、单元测试、静态分析、组件验证、系统验证、部署、可用性研究或验收测试。验证过程的目标是通过以下方式确保软件修改符合其目标：

1）满足其功能要求，

2）满足系统和环境对特征的任何约束。

虽然功能需求是特定于产品和特征的，并且在很大程度上不言自明，但约束性度量却聚焦于系统约束。当今软件中的典型约束涉及可靠性、兼容性、安全性、标准和法规遵从性、隐私、访问性、UI 准则、物理限制、功耗和性能。除去一些通常的隐含约束，项目目标应明确列举最终产品应达成的所有约束。用户将满足其所有显性和隐性约束的软件视为高质量的产品。

某个特征必须满足的约束会因产品而异。为移动应用程序和操作系统内核开发的特征必须符合完全不同的约束集。

最后，所有约束都可以表示为绝对或相对的。前者为工程师创建目标，因此通常具有精确的句式。例如，从用户启动到让用户界面准备好接受输入的软件启动时间应小于 3 秒。后者通常与先前版本或竞争产品相关，例如满足先前版本中约束的值。例如，产品的服务包可能需要兼容与原始产品相同的所有应用程序。

13.4.2.1　质量

所发布产品的质量取决于产品满足客户需求的能力。因此，质量是难以测量的特征。通常情况下，产品组试图将质量转化为最终用户容易注意到的可靠性属性，即将产品质量转化为可靠性约束。此外，可靠性还可以表征为产品缺乏可用性。可靠性目标和可靠性趋势监控通常很容易确定，但应注意确保目标适用于产品设计的方案。测量可靠性的传统的主要度量是平均故障时间（MTTF），这仍然适用于如今开发的大多数软件。而平均恢复时间（MTTR）通常可用作 MTTF 度量的补充。

根据产品的特性，MTTF 的增加可以用 MTTR 的减少来交换。对于处理非关键数据的系统，如果故障不会破坏任何数据，恢复速度（MTTR）比平均故障时间（MTTF）更重要。处理关键数据的系统将优先考虑 MTTF，并且需要保证数据的正确性超过 MTTR。

13.4.2.2　性能和可扩展性

性能或可扩展性约束涉及软件的资源消耗（例如，在其数据结构中保存足够数量的对象的能力）或用户的资源消耗（例如，等待操作完成所花费的时间）。在某些产品领域，例如通信，可以在正常状态和退化状态下指定性能目标。在其他软件领域，性能和扩展性取决于多种因素，其中包括一些软件无法直接控制的因素，例如运行它的环境。性能和可扩展性度量通常表示为一些代表性的环境的分布，例如，具有宽带连接的用户对网站的响应率需求应该在 1 到 2 秒之间。这种表示的结果是对于产品是否满足约束条件的问题需要进行解释。至少，是否达成性能和可扩展性约束之间的界限通常是软性的。性能度量通常基于具有代表性用户负载的代表性设备上的软件性能，尽管某些软件（例如通信）通常会因为恶劣的环境而指定允许的性能降级。

13.4.2.3　兼容性

兼容性与产品如何与其环境相互作用有关。能够多大程度上使用其先前版本的数据（有时是程序，例如脚本）通常被称为提供向后兼容性。兼容性约束的范围很广，具体取决于产品与环境的互操作性以及需要支持的安装基数的大小。原则上来说，问题仅限于找到需要保持兼容性的代表性配置集。但在实践中，完全确定是否满足此约束取决于验证产品与其他软件、验证产品与自身先前版本互操作的各种组合的难度。当建立了这样的代表性验证集，对产品与其要求的兼容性就很明确了。

兼容性度量通常情况下分为两类。一类是可以运行软件的设备类型，另一类是可以与软件交互的应用程序版本。设备类型兼容性的例子，例如，软件应在 Windows 7 或更高版本，并且至少具有 1 GB 内存的计算机上运行；应用程序兼容性的例子，例如，软件必须与运行在特定版本或以上的浏览器兼容。

13.4.2.4　安全性和隐私

系统的安全性是产品需求集的另一个方面，它也形成约束。从通过静态分析软件的入口点和路径，或通过测试（包括以安全为中心的输入模糊测试）对威胁的全面分析开始，到目标渗透测试。多年来已经建立了探测系统安全边界的各种方法。

软件系统的安全性和隐私需求还必须符合法律体系和客户所在地的法律，如果是公司，还必须符合其业务规定范围。该软件有遵守由国家法律制定（例如，欧盟（EU）数据隐私法）的各种政策的义务，例如用户数据隐私，数据存储和传输的需求。

安全性度量通常与产品组用于最大程度减少安全漏洞风险的过程相关，而不是产品目标，例如，产品组是否遵循安全开发生命周期（SDL）。隐私目标通常涉及，定义哪些类型被认定为与隐私相关的数据以及如何存储和访问这些数据。

13.4.2.5　遗留代码

遗留代码是代码库中与新代码相比“旧”代码的数量。遗留度量根据代码年龄或代码存在的先前产品提供度量，这具体取决于年龄的定义。工程师可以使用它来识别累积了技术债务需要重构的区域，因为现有团队成员一般不能很好地理解旧代码，并且缺乏代码库的一些相关专业知识，可能在后期引发风险。

遗留代码度量的示例是，产品先前版本中存在的当前代码基的百分比。

13.4.3　开发度量

开发度量可以捕获产品在整个开发周期中的状态。开发团队使用这些度量来识别开发过程中的瓶颈和问题。不同的产品开发模型侧重于开发的不同领域。因此，根据开发过程的不同特征，开发度量按以下类别划分。

13.4.3.1　代码搅动

在单个文件上发生的代码搅动被定义为文件的两个修订版之间添加、修改或删除的行。这些度量通常通过使用文本差异工具来捕获，这为工程师提供了一种方便的方法来跟踪和了解在源代码行级别发生的变化。当文件由版本控制系统（VCS）管理时，计算代码搅动更加容易，因为大多数 VCS 都有内置的差异识别工具。

对于任何类型的软件，已发布的产品主要由构成可部署制品的文件组成。此外，也有一些用于执行部署行为或其他过程管理功能的辅助软件。项目团队可以另外存储执行相关任务（例如测试或构建过程）的文件。团队需要将这些文件归类为它们自身的类别，因为这些文件的搅动应与构成最终部署产品的文件的搅动分别进行分析。监控这些非产品相关文件的搅动及其与测试工作和产品搅动的相关性可以提供有价值的信息。如果不存在关联，则有可能是因为未在适当级别测试新特征。

许多调查已经研究了代码搅动和可靠性之间的关系，并通过将代码搅动与其他度量相结合进行研究。Nagappan[40] 表明，代码搅动的性质会对系统整体可靠性产生负面影响。

产品生命周期中的搅动率应与产品生命周期阶段相对应。例如，在特征开发期间，搅动可能包含大量变更；而在稳定期间，主要是较小的变更和缺陷修复。跟踪搅动提供了一种用于识别开发过程与计划是否相匹配的方法。将搅动发生的位置与预测搅动的位置相关联也非常重要。在预测区域外发生的大量搅动可能预示着存在大量的有缺陷的代码，即仍需要不断进行代码修复。在该情况下，应该检查代码以确定是否需要重构代码。

代码搅动度量是基于特定时间段内或特定版本中发生的变更数量。监控的变更类型是修改的代码行或修改的文件。对于较长开发周期的产品，通常定期跟踪搅动量（例如一周跟踪一次）；而对于一些短周期发布的产品，例如每周或每月发布一次的服务，搅动度量表示在发布过程中持续发生的修改。

13.4.3.2　编码速度

*编码速度*是一个包含衡量开发过程效率的术语，表示从开发新特征到最终部署到最终用户端的时间。在 Microsoft 的所有产品开发中，都有一个中间阶段，此时将已完成的特征合并到产品或组件的主版本中。这通常在版本控制系统的主干分支内进行管理。编码速度度量的适用性假定开发过程可以分为三个阶段：

1）特征开发，通常包括单元测试；

2）系统验证，将特征合并至主干分支；

3）将特征部署到最终的用户端。

基于这些开发阶段，编码速度度量可以解构为以下内容：

1）*实施速度：*表示从团队开始对特征进行编码到合并该特征到干线分支之间的时间。需求的澄清、特征的设计和设计验证的执行所需的时间都不计算在内，因为难以精确地测量上述时间。该度量主要包括特征实现和验证的时间。

2）*集成速度*：表示从特征的完成，到集成到主干分支的时间。对于在分支结构中开发软件，并在集成到主干分支之前测量特征在中间分支中移动的时间的团队，此度量更为相关。

3）*部署速度*：表示从集成特征到主干分支中到将该特征部署到正在运行的服务或已安装好的产品的时间。

为了提供关于这些度量的示例，考虑在其自身的特征分支中开发一个特征，并且在根源树的主干分支中管理产品的主版本。假设一个团队在 $T1$ 时刻开始实施；在 $T2$ 时刻验证了该特征并准备合并到主干分支中。在经过集成和验证过程后，该特征在 $T3$ 时刻被合并到主干分支，并在 $T4$ 时刻被部署到最终的用户端。表示代码移动的度量标准如下：

$$\text{实施速度} = T2 - T1$$

$$\text{集成速度} = T3 - T2$$

$$\text{部署速度} = T4 - T3$$

编码速度度量的适当性取决于开发过程的目标，例如，Windows 一类的产品，每年部署整个产品，因此测量单个特征的部署速度是无关紧要的。而对于服务产品，特征可以持续部署，因此特征部署的时间非常重要。

如果开发的编码速度低于团队的目标（源自过去的开发），那么开发过程中可能存在一些瓶颈，或者可能存在质量问题，需要额外的验证和缺陷修复，这将使代码合并到主干的速度变慢，进而影响部署速度。

13.4.3.3　复杂性

最初的复杂性度量由 McCabe 定义，并且被定义为过程级别的代码流的分支数。虽然这被认为是计算产品可测试性的一个良好的度量，但是不足的是它不能很好地处理循环。

研究结果与复杂性度量的重要性存在冲突，有些研究表明度量与故障相关 [41]，另一些则未发现任何此类关系。此外，衡量产品的总体复杂性并不区分遗留代码和新代码，因此不是可操作的度量。

更相关的衡量指标是项目开发过程中发生的复杂性变化量。此度量更具可操作性，因为它可用于确定复杂性的增加是否与产品计划的变化相匹配，并有助于验证预期设计和实现之间的不匹配。该度量还可以识别复杂性增加或可测试性降低的区域。

13.4.3.4 依赖性

依赖性度量用于衡量架构复杂性。它们通常计算制品执行其功能所依赖的制品的数量。制品可以是二进制文件、组件、模块、函数。另外，可以根据直接依赖性（即，二进制调用另一个二进制的方法或函数）或间接依赖性（二进制通过中介调用另一个）来衡量依赖性。

工程师经常在产品开发开始时分析程序的依赖性，由此来确定依赖复杂性的区域，这些区域可能需要重构。产品开发开始后，追踪和描述随时间变化的依赖关系很重要。这些变化都应反映产品规划，在没有规划添加功能的情况下复杂性增加的代码区域可能存在问题。

依赖性度量示例包括，对组件或二进制采用或是具有的依赖性关系的数量的度量。其他一些度量方法包括识别程序中依赖关系的总深度和循环依赖关系的存在。

13.4.3.5 质量

诸如发现的缺陷数量、执行成功的测试、实现的代码覆盖率或压力下的正常运行时间在内的各种过程度量，在开发过程中通常都被用来表示质量。但最终，任何软件系统的质量水平都完全体现在现实使用中。因此，质量通常等同于计算在发布后归档和修复的缺陷数。归档和修复的缺陷是产品组收集的最常见的度量，却也是最难准确解释的度量之一。尽管缺陷数据中存在一些噪声，但通常情况下仍然可以从缺陷数据中找到一些总体质量的度量方法，包括：

1）在一段时间内发现的缺陷数量；

2）在一段时间内解决的缺陷数量；

3）通过修改产品而解决的缺陷数量；

4）尚未解决的缺陷数量；

5）有代表性的用户负载下的产品可用性；

6）测试执行成功的百分比。

这些度量通常按严重程度进行细分，以便把更多的重心放在更紧急和更重要的问题上。这些缺陷的变化趋势一般用作确定产品是否准备好发布。

工程师通常的做法是在产品开发时就使用该产品。该做法通常被称为“Eating your own dog food（吃你自家的狗粮）”或简称为“dogfooding”。在这些情景中，可以测量产品生命周期内最终的用户端的质量变化，例如系统故障率（例如，MTTF）、系统可用性（例如，MTTR）等。

13.5 软件项目数据分析面临的挑战

软件项目产品组面临的最大挑战不是收集度量数据，而是解释数据。产品组对度量进行解释以确定产品当前的开发状态时，重要的是考虑如何收集数据以创建度量以及了解和预防常见的解释问题。

本节将对基于度量来管理项目的这两个问题进行讨论。

13.5.1 数据收集

如13.3节所述，通过度量表示软件开发的过程从目标开始，定义要询问的具体问题，并定义回答问题的合适的度量。确定了目标和定义后，通常下一步就是收集数据。

13.5.1.1　收集方法

可以选择手动或自动的方式收集数据。手动数据收集采用调查、访谈、人工制品审查的形式。该过程可能非常耗时，但通常最容易执行，尤其是在项目中没有任何结构化的数据收集的情况下。另外，自动数据收集通常参考一些现有数据源，例如源版本控制系统或缺陷存储库，并从那里抽取必要的信息。

在收集成本和数据质量方面这两种方法之间存在权衡关系。通常来说，需要组合使用这两种方法来使收集达到期望的精度和数据量。例如，初始数据的抽取通常是自动完成的，但结果需要手动验证并消除噪声。数据结构层面的噪声很容易识别。例如，缺少了某些值或是出现了不符合规定模式的值。更难的案例则涉及数据语义，其中的产品和团队过程的专业知识有助于消除其存在的歧义。

但是在一些情况下，与手动收集数据相比，自动数据收集会创建更高质量的数据集。例如，当在工程师工作过程的关键路径之外生成收集数据的制品时，就会这样。该类型的数据的一个示例是语义相关制品之间的各种关系，例如工作项和源代码变更之间的关系，或代码变更与对其执行的代码审查之间的关系。在许多工作过程中，并不一定非要在存储库中明确保存此类关系，这些对于任务的成功完成来说是多余的。因此，工作项、代码审查和代码变更通常会形成数据孤岛。团队策略可能会要求工程师在任意两个制品之间建立连接，但是由于所开发的系统将在没有它们的情况下工作，因此，对策略的遵守是基于管理和同行压力的，并且通常不是普遍适用的。在此情况下，如果能从制品周围的元数据中自动发现关系（代码审查和代码提交共享许多可以从其元数据中检索和关联的特性），那么通常可以创建出更完整、更高质量和所需成本开销更少的数据集（不需要人工输入）。

13.5.1.2　使用数据源的目的

无论收集是手动还是自动的，收集过程的细节会大大影响从数据中得出结论的能力。因此，不仅要充分了解数据的收集过程，还要第一时间了解数据是如何引入系统的，这一点非常重要。通常情况下，分析师对细节的了解能够帮助他们解决数据中存在的缺陷。为此，了解生成度量的过程和工具的目标非常重要。

最准确的数据通常来自用于管理工作过程的工具或管理正在度量的过程的工具。此类工具或过程是精准数据的主要来源，例如，在分析代码搅动时的源代码版本控制系统。

当间接收集数据时，数据准确性较低，例如，当试图从缺陷数据中枚举代码中的漏洞修复时（这与源代码中的数据不同），数据精准度就不高。当需要解释数据时，准确性取决于解释与度量目标的一致程度。例如，与变更规模相关的度量，可以采用计算已修改文件数量或已修改代码行数的形式。在某些情况下，“已修改的文件”还将包括新添加或已删除的文件，该定义取决于度量的目标。此外，定义“已修改的代码行”更为复杂，因为它取决于所选择的相似性度量和文件格式。例如，度量 XML 文件的“行”的变化并不是很有用，在此情况下，解释将尽可能接近工程师对于特定项目的“修改规模”的概念的直观理解。在已修改代码行的情况下，使用特定的工程团队查看代码差异的工具，可以最好地近似此度量。这里，度量是工具的副作用。

任何涉及衡量人员或团队的度量都需特别注意。特别是如果这些度量附加了激励措施，那么随着时间的推移，就其初始目标而言数据将变得不可靠。一个典型的例子——应用一个“已发现缺陷的数量”的度量来判断测试工作的有效性。此情况下，通常可以发现，一个潜在问题所发现的每个症状都会打开多个缺陷，此时单个更全面的缺陷报告会更有用，并且可用更少的工作来报告、分类和跟踪。因为度量发生变化的原因通常不容易与自然发生的事件区分开来，并且需要对项目和团队有深入的了解，所以很难抵消博弈的影响。一般来说，规范化并使用一组对博弈更具弹性的度量会对此有所帮助。例如，用更难以博弈的“通过代码修改解决的缺陷”度量来取代“打开的缺陷”，在整个团队中执行代码修改通常比执行缺陷记录的修改更明显。由于博弈问题可能发生在涉及激励人员所产生事件的任何数据集中，因此识别其潜在的存在并采取相应对策非常重要。

13.5.1.3　过程语义

在许多情况下，工作过程的细节不明确，却还需要正确的数据解释。这样的工作流语义可以在对项目所涉的过程、工作团队的环境和知识等方面进行理解。理解对项目所做假设的重要性最好地说明了解释缺陷数据时面临的挑战。

缺陷报告有许多来源：内部测试工作、有限的部署、生产部署、直接以及自动或通过调查和研究从用户所收集的数据。缺陷报告的来源通常决定了报告的质量及其命运。例如，就症状而言，自动报告的崩溃数据是精确的，并且至少部分可通过堆栈跟踪，并通过软件触发问题。这些缺陷通常具有确定的根本原因和解决方案。另外，当报告可用性研究发现的一些问题时，缺陷报告中存在更多的主观性，因此精度更低。

围绕缺陷分类还有很多主观性。即便在具有强有力的政策的团队中，为缺陷分配严重性通常也是不公平的。甚至很难解构一个判断任务是否正在追踪缺陷修复或在追踪更一般的工作项的简单问题，甚至在使用同一产品的团队之间这方面也会有所不同。当团队将一些信息采集和解决方案的一致性度量用于缺陷队列时，一般会应用“缺陷分配”的概念。缺陷分配通常会从缺陷数据中删除噪声，例如，通过请求所有缺陷进入队列并提供一些最低层次的信息，如工作项被标记为缺陷，而不是特征（反之亦然），或者相同重复问题的确认和标记。从度量的角度来看，经过分配的缺陷通常包含更多数据，质量更高，更易于分析。在没有团队分配的情况下，数据清理落在分析师身上，而分析师可能不太了解团队的策略，因此无法生成高质量的数据集。

缺陷数据的另一类问题源于这样的事实：某些缺陷的记录不存在（被遗漏），因此它们可能无法反映产品的实际情况。最常见的情况是，当修复缺陷的成本低于在正式系统中跟踪缺陷的成本，或者项目该阶段的可见性要求不高时，就会发生记录遗漏。例如，代码审查取决于附加到它们的正式程度，可能导致通过辅助渠道、非正式会话或附加到电子邮件的评论将缺陷传达给工程师。另外，客户报告的问题则被更正式地对待，在很大程度上要确保存在与客户的互动记录。

13.5.2　数据解释

本节讨论有关解释度量的一些最常见问题，以及缓解这些问题的一些方法。

13.5.2.1　度量作为指标

虽然度量理想情况下应该反映开发过程，但它们通常只是项目状态的指标，而不是项目事实的准确陈述。软件开发是一个复杂的过程，度量为开发过程提供了窗口，但很少提供完整的视图。因此，这些度量应该有助于管理软件开发，而不是替代管理。

负责解释度量的人员应该与开发产品的软件工程师一起不断核实他们的解释。如果解释与工程师的意见之间出现分歧，则需要了解出现分歧的原因，因为这可能导致对度量的解释方式发生变化。

13.5.2.2　噪声数据

有两类主要的噪声数据：缺失数据和不可靠的数据。

缺失数据：由于工具问题或实践中的变更，可能会丢失数据。在这些情况下，有必要通过不同的方法捕获这些数据。因为数据缺失可能表明开发工具或开发过程存在问题，所以应该调查那些缺失的数据。

不可靠的数据：无论工具的质量和收集过程如何，不可靠的数据始终存在。一个常见问题是关注开发工具（不是度量生成），因此度量可能不完全准确。例如，当文件之间的差异很大时，代码差异工具是不准确的。另一个常见问题是数据字段中的默认值，当手动输入数据时，会不清楚是否希望将该字段设置为默认值，或者是否忘记将该字段设置为正确的值。一个常见问题是，许多缺陷报告过程为缺陷优先级和严重性设置默认值。这些默认值可能会对任何结果造成偏差。然而，产生噪声数据的最大原因是手动生成的数据，而这些手动生成的数据对于完成主要任务来说无关紧要。通常手动生成的辅助数据示例包括：在操作上花费的时间、所有权数据、组织结构数据。这些数据通常不会保持最新，或者很容易因博弈而引起问题。

用于解释的模型要能够处理丢失的数据才行。如果数据丢失或变得不可靠，则应将其排除在模型之外。但是模型应该能够区分数据的零值以及表示缺失数据的空值。

13.5.2.3　博弈

当小组或个人使用旨在保护或允许理解系统的规则和程序，操纵系统以获得期望的结果时，系统的博弈就会发生。当通过度量隐性或显性地衡量个人或团队时，更有可能发生博弈。一个常见的例子，测试团队的有效性是根据他们找到的缺陷数量或实现的代码覆盖率来衡量的。要求测试团队不管产品质量如何，发现产品中的缺陷，或者在基本上没有失败风险的地方增加覆盖范围，以达到所需的数量。这些都给测试团队施加了压力。如果此类博弈变得普遍，那么就证明使用易受影响的度量作为质量的度量是无效的。

通常可以通过度量之间的相关性来识别博弈。因此，如果打开的缺陷率与通过代码变更修复的缺陷率不相关，这就引起了一个关于使用打开的缺陷作为质量度量的有效性问题。

在确定博弈存在的情况下，不应使用这些度量，并且需要识别其他非博弈性度量。在上面的示例中，打开的缺陷率不反映质量，然后可以用缺陷修复导致的代码搅动率来反映质量。

13.5.2.4　异常值

度量异常值可能会使统计数据出现偏差，例如平均值，因此可能会自动忽略这些值。遗憾的是，噪声数据或实际产品问题皆有可能导致异常值的出现，所以从单个产品监控和解释度量使得自动解释异常值变得比较困难。要了解异常值的原因，则需要手动检查数据。

如果将同一组度量应用于多个产品，则可以自动区分干扰数据和真正有问题的区域。而如果在多个产品中出现相同的异常值集，那么数据更有可能代表正常的产品行为而不是损坏的数据。因为一些指示不良行为的异常值可能是正常的开发实践，所以工程团队应讨论异常值。例如，开发团队可能会针对特定的开发子任务采用不同的开发方法（如在某些重构的情况下）。

13.6　示例：通过数据的使用改变产品开发

在 Windows Server 2012 的开发过程中，产品团队对工程师将完成的特征集成到主干分支的时间长度感到失望。

产品团队为自己设定了两个目标：

1）提高从特征分支到主干分支的代码集成速度。

2）保持并不断提高产品质量。

为了实现这些目标，产品团队必须研究产品当前的编码速度以及影响因素是什么。Windows Server 是在一个大型分支树中开发的，它与 Windows Client 共享相同的主干分支（Windows 8 和 8.1）。Windows Server 的开发周期分为多个里程碑，一些里程碑被分配用于重构，一些用于特征开发，一些用于稳定化。对编码速度的关注主要是在特征开发期间，因此调查集中在那段时期。

为了生成 Windows Server 2012 R2 的基准测试，产品团队的数据分析师和工程师分析了 Windows Server 2012 开发期间形成的度量。如果度量与工程师确信发生的事情（例如，特定特征存在问题）看法不一致，则数据分析师和工程师会见面沟通以理解这些差异。度量与工程看法之间存在差异的最常见原因是对度量的误解，度量需要考虑其他相关测量方法，或要考虑工程团队"忘记"的产品开发问题。这项工作的结果是提高度量的准确性，并提高工程团队对度量的信心。

对数据的分析表明，有更多工程师进行代码开发的分支具有最快的编码速度，并且分支树越浅，编码速度越快。分析影响编码速度的因素需要将实施速度和集成速度进行独立处理。对于代码质量，主要关注的是避免代码集成问题。此类问题的典型示例是：合并冲突，在两个并行分支上同时开发的代码没有干净地合并到专用于验证的分支中，从而导致合并失败；测试中发现的运行时问题。该分析发现了代码冲突数与集成速度之间的相关性。

根据分析，决定增加在同一分支上同时开发代码的团队数量，并减少分支树的深度。最终的体系结构修改如图 13-2 所示。

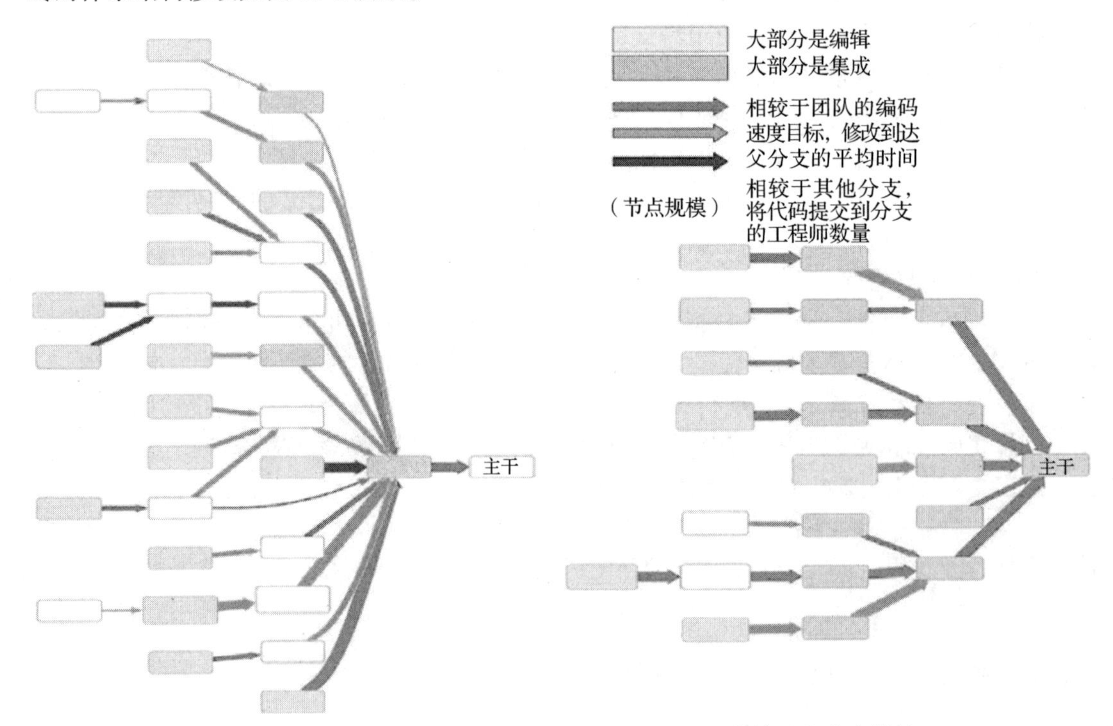

图 13-2　分别在 Windows Server 2012 和 2012 R2 中使用的分支结构

减少分支树的深度被认为是增加了质量风险，因为某些分支专用于验证目的，现在这些分支被删除了。此外，产品组认识到复杂过程的变更可能会产生无法预料的副作用，因此希望不断监控开发体系结构变化的影响。

在 Windows Server 2012 R2 的第一个特征开发里程碑结束时，执行了完整分析，即：将 Windows Server 2012 R2（新分支模型）与 Windows Server 2012（作为基准的旧分支模型）的行为进行了比较。产品团队对新旧过程间的差异比较感兴趣，而不是实现的绝对值。分析结果显示在表 13-2 中，因为度量值的解释取决于度量本身，所以包含了状态列以帮助读者理解，"状态"列指出将版本之间的变更视为正面或者负面变更。

表 13-2　产品开发之间可比的度量标准

类　别	度量标准	Windows Server 2012	Windows Server 2012 R2	状态
分支规模	分支数量	1×	0.74×	正面
	每个分支的工程师	1×	2.1×	正面
	每个分支的团队	1×	2.1×	正面
编码速度	实施速度	1×	0.88×	正面
	集成速度	1×	1.23×	负面
质量	集成冲突	1×	0.56×	正面
搅动量	文件	1×	1.28×	正面
	行	1×	1.28×	正面

为了更好地了解这些结果，产品团队应举行会议进行讨论。具体而言，有人质疑工作实践的变化，发现虽然个别团队更愿意在自己的分支中独立工作，但他们都认为与相关团队一起在分支中工作能让他们受益匪浅。这些团队认为共享分支能帮助减少代码冲突。以往来说，团队将独立开发其特征，然后将该特征合并到更大的分支中进行验证。通常都是在最初编写代码之后几天的验证阶段才确定冲突。在 Windows Server 2012 R2 期间，随着更多团队在同一分支中同时工作，立即识别并及时更正了冲突。进一步的分析证实，团队正朝着持续集成的开发方式迈进。

讽刺的是，显示最小总体改进的度量是实施速度，另外集成速度也显示为下降，这与预期相反。这些度量的组合使得代码在用于开发特征的分支中花费更少的时间，但通过分支结构处理的时间更长。进一步的调查表明，需要增加软件在被允许上传到主干分支之前必须经历的系统测试的数量，这种增加可能是对专用于测试的集成分支数量减少的响应。

总体而言，开发团队在里程碑期间生成的代码量增加了 28%，这表明生产率得到了普遍提高。产品团队认为 Windows Server 2012 R2 开发过程的这种改进是成功的。因此，在此之后，团队使用相同的基于度量的方法开始对分支架构进行第二轮主要更改。

读者可从该例子中获得的三个主要发现是：

1）**产品团队具有明确可衡量目标的重要性**：通过对 Windows 8 的大量分析工作，团队既可以量化目标，又可以详细度量生成过程，以准确地反映 Windows 8.1 的开发。

2）**在产品开发过程中不断与产品团队举行会议以解释度量**：这些会议快速确定了开发过程中的变化导致了度量的错误解释，如缺少数据或命名约定的变化等。这确保了当产品团队需要数据做决策时，数据就是准确可用的。

3）**改变复杂的过程总会产生不可预测的副作用**：开发过程的变化对改善工程团队的工作实践产生了积极的作用。但同样，这些变化也可能会对开发过程的其他方面产生负面影响（例如，提高速度可能导致质量下降）。因此，重要的是不仅要监控计划改变的开发过程的那些方面，还要监控不受变化影响的区域。

下一节将介绍从 Microsoft 内部的一些类似研究中获得的知识，并提供开发数据驱动的工程过程的一种通用方法。

13.7　用数据驱动软件工程过程

本节总结了软件工程团队应根据前面讨论的因素应用数据来推动其工程过程的总体方法。

使数据有助于推动软件工程过程的最低要求是公司或产品团队为其软件开发过程定义目标。

设置开发目标会迫使产品组去定义用于监控这些目标的度量。通过定义目标，产品团队还将定义开发过程不同方面的相对重要性。理想情况下，产品组将希望其过程的各个方面都能得到改善。而实际上，改进某个开发特性，至少在初期，通常至少会对另一个特性产生负面影响。例如，如果没有经过一段时间调整，在不牺牲版本中的特征数量的情况下，同时提高产品发布速度和保持质量是一个挑战。

没有目标，也难以解释收集的度量。如果监控了产品性能并且发现平均响应时间增加，但不了解产品团队的意图，就很难确定该变化是好还是坏。在此情况下，基于度量采取行动的讨论不可避免会导致在度量定义方面花费大量时间。关于产品和行为的隐性目标的讨论则会被推迟。

实际中，并不存在产品组可用于监控其开发过程的一组标准度量，因此在表 13-1 中，提供了一组示例性度量，借此可帮助产品团队建立自己的度量。对于所有类型的度量，我们提供了具体度量的示例，度量的目标以及解释这些度量所面临的一些挑战。

产品组确定了软件工程过程的目标及其度量后，他们就需要开发一个过程来收集和报告这些度量。收集度量的过程应尽可能自动化。可以通过将该过程应用于相同或类似产品的先前版本来验证度量和数据收集过程。数据分析师应该描述先前产品发布的开发行为，然后与负责该产品的工程师核实他们的解释。通过这些讨论，数据分析师可以改进他们的解释方法，并了解所选度量的准确性和相关性。理想情况下，此过程应适用于多个开发项目，因为这样可以使数据分析师更好地解释是否应该忽略统计异常，或者是否应该将其标记为待解决的问题。

基于先前版本对软件工程过程进行基准测试，允许数据分析师将产品目标转换为度量值。这些度量值可能在整个开发周期中发生变化，例如，在特征开发期间的编码速度应该比在稳定期间更长。

该背景工作所提供的信息允许数据分析师通过将收集的度量与产品目标进行对比来追踪产品的性能。数据分析师在开发过程中的关注点应该是：

1）通过与工程团队的讨论以及相关的度量，不断验证收集的度量，以确保其准确性且不会产生博弈。

2）根据收集的与产品目标相关的度量值，验证产品开发是否仍按计划在执行。

3）检查任何特定度量的主要驱动因素，以确定通过优化开发过程来改进度量的机会。

创建产品目标并将这些目标转换为经过验证的度量的过程代价非常高，但是一旦产品组拥有了一组可靠的度量和一组基于度量的目标，他们就可以使用这些来推动产品的开发并优化其开发过程。

参考文献

[1] Dongmei Z, Shi H, Yingnong D, Jian-Guang L, Haidong Z, Tao X. Software analytics in practice. IEEE Softw 2013;30(5):30–37. doi:10.1109/MS.2013.94.
[2] Murphy B, Gent T. Measuring system and software reliability using an automated data collection process. Qual Reliabil Eng Int 1995;11(5):341–53.
[3] Jalote P, Murphy B. Reliability growth in software products. In: IEEE international symposium on software reliability engineering; 2004.
[4] Murphy B. Automating software failure reporting. Queue 2004;November:42–48.
[5] Czerwonka J,Nagappan N,Schulte W,Murphy B. Codemine: Building a software analytic platform for collecting and analysing engineering process data at Microsoft. Microsoft Technical Report; 2013. MSR-TR-2013-7
[6] Williams L, Brown G, Nagappan N. Scrum + engineering practices: experiences of three Microsoft teams. In: International symposium on empirical software engineering and measurement; 2011. p. 463–71.
[7] Sanchez J, Williams L, Maximilien M. A longitudinal study of the test-driven development practice in industry. Washington, DC: Agile; 2007. p. 5–14.
[8] Ho CW, Johnson M, Williams L, Maximilien E. On agile performance requirements specification and testing. Minneapolis, DC: Agile; 2006. 6 p. ISBN 0-7695-2562-8/06. Electronic proceedings.
[9] Layman L, Williams L, Cunningham L. Motivations and measurements in an agile case study. J Syst Architect 2006;52(11):654–67.
[10] Williams L, Krebs W, Layman L, Antón A. Toward a framework for evaluating extreme programming. In: Empirical assessment in software engineering (EASE); 2004.
[11] Rolt LTC. Red for Danger. Stroud, UK: Sutton Publishing Limited; 1955.
[12] Musa J. A theory of software reliability and its applications. IEEE Trans Softw Eng 1975;1(3):312–30.
[13] Littlewood B. Software reliability model for modular program structure. IEE Trans Reliabil 1979; R-28(3):241–6.
[14] O'Connor P. Practical reliability engineering. Chichester, UK John Wiley & Sons; 1985. p. 133, 233–34.
[15] Siewiorek D, Swan R. The theory and practice of reliable system design. Bedford, MA: Digital Press; 1982.
[16] Gray J. Why do computers stop and what can be done about it. In: Proceedings of the 5th symposium on reliability in distributed software and database systems. Los Angeles, CA; 1986. p. 3–12.
[17] Moran P, Gaffney P, Melody J, Condon M, Hayden M. System availability monitoring. IEEE Trans Reliabil 1990;39(4):480–85.
[18] Jones C. Measuring programming quality and productivity. IBM Syst J 1978;17(1):39–63.
[19] Boehm B. Software engineering economics. Englewood Cliffs, NJ: Prentice-Hall; 1981.
[20] Brooks F. The mythical man month. Reading, MA: Addison-Wesley; 1986.
[21] Lehman M, Belady L. Program evolution—processes of software change. London: Academic Press; 1985.
[22] Lehman MM. Laws of software evolution revisited. In: Proceedings of European workshop on software process technology. LNCS, vol. 11491. Nancy: Springer Verlag; 1996. p. 108–24.
[23] ISO 9000 standard. URL: http://www.iso.org/iso/home/store/catalogue_tc/catalogue_detail.htm?csnumber=42180.
[24] Software Engineering Institute. URL: http://www.sei.cmu.edu/.
[25] Fenton N, Pfleeger S. Software metrics. Boston, MA: PWS Publishing Company; 1997.
[26] Jones C. Software assessments. Benchmarks and best practices. Reading, MA: Addison-Wesley; 2000.
[27] Beck K, et al. Manifesto for agile software development. Agile Alliance. 14 June 2001.
[28] Li P, Kivett R, Zhan Z, Jeon Se, Nagappan N, Murphy B, et al. Characterizing the differences between pre and post release versions of software. International conference on software engineering; 2011.
[29] Mockus A. Organizational volatility and its effect on software defect. In: ACM SIGSOFT international symposium on foundations of software engineering; 2010. p. 117–26.
[30] Zimmermann T, Nagappan N, Williams L. Searching for a needle in a haystack: predicting security vulnerabilities for Windows Vista, software testing, verification and validation (ICST); 2010.
[31] Cataldo M, Herbsleb J. Coordination breakdowns and their impact on development productivity and software

failures. Trans Softw Eng 2013;39(3):343–60.

[32] Zimmerman T, Nagappan N, Predicting defects using network analysis on dependency graphs. In: International conference on software engineering. Leipzig, Germany; 2008.

[33] Ducasse S, Lanza M, Marinescu R. Object-oriented metrics in practice: using software metrics to characterize, evaluate, and improve the design of object-oriented systems. New York: Springer; 2010.

[34] Basili V, Caldiera G, Rombach D. The goal question metric paradigm. In: Encyclopaedia of software engineering, vol. 2. New York: John Wiley and Sons Inc.; 1994. p. 528–32.

[35] Sim S, Easterbrook S, Holt RC. Using benchmarking to advance research: a challenge to software engineering; In: International conference on software engineering. Portland; 2003.

[36] Basili V, Shull F, Lanubile F. Building knowledge through families of experiments. IEEE Trans Softw Eng 1999;25:4.

[37] Seaman C, Guo Y. Measuring and monitoring technical debt. Adv Comput 2011;82:25–46.

[38] Conway ME. How do committees invent? Datamation 1968;14(4):28–31.

[39] Nagappan N, Murphy B, Basili V. The influence of organizational structure on software quality: an empirical case study In: International conference on software engineering; 2008.

[40] Nagappan N, Ball T. Use of relative code churn measures to predict system defect density. In: International conference on software engineering; 2005.

[41] Nagappan N, Ball T, Zeller A. Mining metrics to predict component failure In: International conference on software engineering; 2006.

基于社区数据进行开源软件使用的风险管理

Xavier Franch[*], Ron S. Kenett[†,‡], Angelo Susi[§], Nikolas Galanis*, Ruediger Glott[¶], Fabio Mancinelli[||]

Department of Service and Information System Engineering, Universitat Politècnica de Catalunya, Barcelona, Spain[*] Department of Mathematics, "G. Peano", University of Turin, Turin, Italy[†] KPA Ltd., Raanana, Israel[‡] Fondazione Bruno Kessler, Trento, Italy[§] University of Maastricht, Maastricht, The Netherlands[¶] XWiki SAS, Paris, France[||]

14.1 引言

开源软件（open source software，OSS）由于其软件服务和产品交付时间短、上市时间短、开发和维护成本降低以及具有定制功能等多种原因已经成为一种战略资产。开源技术目前几乎已嵌入到所有的商业软件中，截至 2016 年，高达 95% 的主流 IT 组织预计将 OSS 纳入其关键任务投资中 [1]。

尽管 OSS 技术的战略重要性日益提高，但 IT 组织在向开源工作方式进行战略转移时(通过采用或开发 OSS，并将公司集成到 OSS 生态系统中)，仍然面临许多困难和挑战。在将 OSS 组件集成到解决方案中时，IT 组织面临的风险不容忽视，而且不正确的决策随时都可能会导致代价高昂的失败。风险管理的不足已经被认为是在实施基于 OSS 的方案中要避免的五个最重要的错误之一 [2]。事实上，根据最受欢迎的 OSS 门户网站 SourceForge 的数据显示：大多数 OSS 项目都以失败告终，其中 58% 的项目还没有完成 alpha 版本的开发，22% 的项目仍处于规划阶段，17% 的项目还处于 pre-alpha 版本阶段，甚至还有些项目已经处于不活跃的状态。世界银行的一项研究报告了类似的结果，该研究表明 OSS 项目的失败率超过 50%[3]。适当的风险管理和风险缓解措施旨在减少此类失败的发生并最大限度地降低成本影响。因此，OSS 项目中的风险理解和风险管理是十分必要的，因为它们直接影响客户满意度、收入、品牌形象和上市时间，从而影响到业务。

基于 OSS 的风险管理方案不是孤立开发的。相反，它们存在于更广泛的组织或社区环境中，存在于基于 OSS 的更大的软件生态系统中，其中不仅包括了在同一环境中开发和演化的项目组，也包括了组织本身、OSS 社区以及监管机构等。这些更广泛和更具战略性的业务生态系统中的所有元素都会影响到风险管理。

风险管理涉及从风险角度收集、汇总、分析和解释数据 [4]。在 OSS 案例中，多个异构源生成的异构数据需要进行汇聚：

- *OSS 社区*。对社区的观察是风险管理的主要数据源。社区结构是第一个需要考虑的方面：社区规模？角色分布（有多少提交者，……）？而且，社区的动态性对 OSS 使用的风险有很大的影响：社区的活跃程度如何？发布频率如何？使用者的使用体验如何？这些数据可以从网页、博客和邮件系统等资源中收集。
- *OSS 项目*。在管理风险时，需要考虑提供 OSS 组件的项目。可以系统地获得与软件工程相关的数据存储库，并收集其中的数据用于分析，例如开发过程中的缺陷信息和发布频率。

- *专家观点*。除了可以借助软件制品观察到的数据之外，个人还可以提供额外的信息。他们可以提供基于个人的判断，即专家评估，以便更好地理解特定组织中的风险背景。此外，他们还可以最后提供特定背景中缺失的信息。

本章提出了风险管理方法学的概念，将三种类型的资源视为“ data fabric”（数据结构），将风险管理的流程组织成三层结构。第一层是通过收集和汇总数据来定义风险驱动因素；第二层是将风险驱动因素转化为风险指标；第三层是评估风险指标如何影响组织的业务。本章将使用 XWiki 和 Moodbile 这两个案例，它们代表不同类型的 OSS 组件，这两个组件可以单独考虑，并最终以集成模式考虑。风险管理的终极目标是促进和支持机构以及 IT 组织中的 OSS 使用。此项工作是在 European Project RISCOSS 背景下进行的，其目标是研究使用开源软件的风险 [5]。

本章的其余部分组织如下：14.2 节介绍了背景，以及本章中所涉及的概念和方法的简要教程。14.3 节介绍了提出的方法。14.4 节详细介绍了与代码质量相关的基本 OSS 度量、评估社区活跃度和动态性的统计工具，并通过 XWiki 案例阐述了采用 OSS 的风险及其对组织业务部分的影响。14.5 节通过应用 14.3 节提出的方法来分析 Moodbile 研究案例的风险影响和风险缓解。14.6 节讨论了相关工作。14.7 节对本章进行了总结。

14.2　背景

本节介绍了在本章中使用的概念和技术，主要有：风险管理、OSS 战略及其对业务目标的影响、OSS 社区和生态系统、贝叶斯网络、社交网络分析以及基于 *i** 的面向目标的方法学。

14.2.1　风险和开源软件的基本概念

14.2.1.1　风险管理

为了有效管理和控制风险，管理层需要详细地了解其运营的风险和管控环境。如果没有此方面的知识，就不能采取适当的行动来应对不断升级的问题。因此，必须识别风险（包括风险来源、风险事件和风险后果）并减轻风险 [4, 6]。

风险识别

组织内的所有业务领域都包括各种活动和流程，这些活动和流程同时也是多种风险的来源。为了在组织中有效地管理和监控风险，需要以适当的方式在存储库中收集和组织风险。该方法可以在整个组织范围内生成统一的风险视图，可忽略本地解释和聚合层次结构的影响，从而监控业务单位级别的风险。该通用存储库需要使用每个具有特定职责的业务部门所特有的本地风险来完成，并且需要对这些风险进行识别和监控。

管理层不能去控制未知的风险，因此，识别企业特有的风险显得尤为重要。例如，可以通过使用事件日志来提取风险事件和风险情况从而识别风险；对企业可能出现的问题征求专家意见来识别风险；通过模拟业务过程并抽取潜在的意外结果列表来识别风险；系统地浏览每个现有的业务流程并寻找其中的问题来识别风险；或者学习他人的经验，通过分析在类似业务中出现过的风险事件来识别风险。其中一些方法可能仅仅产生了风险列表，而其他方法可能产生了实际发生风险事件的频率的准确近似值。该频率用于计算可能与特定事件相关联的预期潜在风险，以设定处理各种突发事件的优先级。

组织通常有两种方式确保风险识别的一致性：

1）通过集中的风险库实现风险识别。该库涵盖了整个组织中存在的一般风险，并将风险与组织的业务活动相关联。通常使用行业列表作为初始种子来创建风险库，然后不断进行扩充。

2）采用涵盖风险和控制的分类模型，有助于进一步确保风险识别的一致性。使用此模型，风险库中的每个风险都具有可以基于监管定义的特定风险分类，并且每个相关控制也具有控制分类。

如 Kenett 和 Raanan [4] 所观察到的那样，应定期重复风险识别过程。

关键风险指标（*key risk indicator*，KRI）是从业务部门的运营过程中获取的指标，这些指标会受到密切监控，以便风险管理人员能够立即响应不断变化的风险。风险指标的数量可能非常大，因此很难跟踪、监控和控制。所以常常选择少数几个风险指标作为企业的预警机制，并用作风险管理平台的输入。这些可能是简单的风险指标，例如“软件项目中的缺陷数量”，或者是由特定活动领域的直接风险指标组成的复合指标 [4,7,8]。

风险缓解

风险缓解是管理层有意识采取的行动，它同时也归功于风险指标，用于提前抵消风险事件对业务的影响。可能的风险缓解战略包括：***避免风险***，即不采取可能产生风险的行为；***接受风险***，即组织在充分意识到风险的时候，决定继续执行可能导致风险事件发生的操作；***转移风险***，例如保证业务不发生该风险事件；***降低风险***，即采取措施降低风险事件发生的概率或者减少风险事件的数量。

14.2.1.2 OSS 业务战略

业务战略描述了业务在特定市场中与其他业务成功竞争的方法。业务战略决定了企业的目标以及如何部署资源和业务合作伙伴，以便使业务模型生效并实现这些目标。此过程包括了业务生态系统中的合作和竞争 [9]。业务战略的关键目标是超越竞争对手 [10]。在使用 OSS 相关的业务模型的案例中，可以通过 OSS 潜在的低成本、可修改性和可用性等特点创造竞争优势。

OSS 业务模型和相关业务战略中有多种分类方法 [11-16]。在本章工作中，使用的是 OSS 业务战略中的通用分类方法。本章选择采用该方法是由 OSS 使用的目的、OSS 的使用方式以及 OSS 部署在公司业务模型和业务生态系统中的位置所共同决定的。在此背景下，***OSS 集成***战略需要与其他参与者（即 OSS 社区）共享和共同创建 OSS。在此情况下，公司可能会使用社区开发的现有的开源软件或组件，并以缺陷报告、缺陷修复、补丁或赞助活动的形式“回馈”。在 ***OSS 获取***过程中，使用者试图从现有的 OSS 代码和社区支持中无偿获益。

与业务战略密切相关的 OSS 业务风险是指由于 OSS 直接或间接地参与可能对公司业务产生重大影响的公司业务模式所带来的风险。可以识别出几类风险，这些风险会影响组织的业务资产和目标。其中，***战略风险***是与公司战略和计划有关的风险，主要包括需求不足、集成问题和定价压力等。而***运营风险***是与组织运营相关的风险，比如：成本超支、管理能力不善、OSS 成本效益评估困难等。

14.2.1.3 OSS 社区和生态系统

OSS 社区由开发、使用、改进和演化 OSS 的人员组成。社区包括多种活动，而基础设施为有效地开展这些活动提供了服务支持。通常有一个网站可以向公众展示 OSS，并描述软件和支持社区的服务。人们通常也可以在该网站上讨论 OSS。使用的特定系统可能不同，但邮件列表或类似论坛的环境大多是相同的。通常，社区有几个渠道来讨论不同的主题，例如 OSS 教程以及 OSS 开发和演化。代码库在 OSS 项目及其社区中发挥着至关重要的作用。事实上，社区成员使用多种工具来提高他们的工作效率。例如，他们使用缺陷跟踪系统记录 OSS 中的缺陷并跟踪其活动；使用持续集成服务器以便尽早发现软件中的问题；使用 Wiki 发布和更新有关 OSS 的所有技术文档；使用代码评审系统提高已经提交的代码质量。社区依靠其他 OSS 来构建自己的产品。该事实使得社区和 OSS 的一般使用者处于同一位置，并使他们所面临的风险与工业采用者面临的风险部分重叠。

OSS 社区不是孤岛。几个不同的参与者在 OSS 组件的生产和集成方面相互合作，例如：OSS 社区采用商业化的基于 OSS 的产品和服务的 IT 组织。所有这些参与者都代表着一个复杂的生态系统 [17-18]，对其建模是分析所收集的数据的先决条件。事实上，如果没有清楚地了解所需数据的内容，就无法进行有意义的分析。特别要注意识别生态系统中各实体之间的关系，并了解这些关系在要实施的战略和战略所追求的目标中是如何被反映在组织的内部结构中的。这些信息对开展数据分析是至关重要的。此外，OSS 使用者可能会遵循 14.2.1.2 节中所述的不同的 OSS 战略。

软件生态系统描述了传统软件系统运营过程中的商业、法律（监管）和市场环境。根据 Jansen 等人的观点，软件生态系统是一个以参与者为单元并与软件和服务的共享市场进行交互以及包含参与者之间关系的集合 [17]。正如 Jansen 等人所观察到的那样，生态系统可以以特定市场（例如，风险管理工具）、特定技术（例如，IPv6）、给定平台（例如，Eclipse）或公司（例如，Microsoft）等为中心 [19]。

软件生态系统的参与者可能是多种多样的。Boucharas 等人的工作 [20] 确定了几种类型的参与者，例如在业务模型中交付主要软件产品的 *Company of Interest*（感兴趣的公司，CoI）、负责提供一个或多个所需产品或服务的 *supplier*（供应商）以及直接或间接获取或使用由 CoI 交付的产品的 *customer*（客户）。

科研人员识别了一些参与者最终可能扮演的不同角色。例如，Iansiti 和 Levien[21] 的工作确定了基石的角色（标准或平台技术的提供者），为生态系统和利基玩家提供了基础（需要由基石玩家提供的标准或平台技术来创建商业价值）。Hagel 等人 [22] 进一步将利基玩家（他们称之为*追随者*）分类为套期保值者（参与两个竞争的生态系统以最大限度降低风险）、门徒（基石技术的早期采用者）和影响者（他们对基石玩家施加影响）。

在 OSS 生态系统中，参与者的角色可以在社区奠基者、商业组织、独立开发者之间转换 [23]。这些角色共同构成了 OSS 社区并发展了 OSS。

14.2.2　建模和分析技术

14.2.2.1　社交网络的基本定义和符号

社交网络通常被描述为由 N 个节点（或顶点）$N = \{n_1, n_2, \cdots, n_{|N|}\}$ 和表示节点之间链接的 L 个边（或连接）$L = \{l_1, l_2, \cdots, l_{|L|}\}$ 组成的图 $G(N, L)$。$|N| \times |N|$ 的邻接矩阵 Y 也可以用来表示图 G，如果节点 n_i 到节点 n_j 之间存在边，则 $y_{ij} = 1$，否则为 0。加权网络用非负整数值描述邻接矩阵 Y 中的项。

网络中的反身性和对称性是现实世界网络中观察到的许多常见行为，详情请参考 [24]。如果节点 n_i 与其自身相连，则它是自反的，即 $y_{ii} = 1$。网络中的节点联系可以是对称的或是可逆的。例如，在许多情况下，期望友谊是相互的，或者在数学上表示为两个节点 n_i 和 n_j 之间存在 $y_{ij} = y_{ji}$ 的关联。第三种常见的现象是传递性。这可能被宽泛地解释为“我朋友的朋友就是我的朋友”。正式地说，如果节点 n_i 和 n_j 相连并且节点 n_j 和 n_k 相连隐含着节点 n_i 可能与节点 n_k 相连，那么称图具有传递性。

图论提供了测量网络结构连通性的工具，例如通过网络中所有节点间的有限的最短路径长度来测量两个节点之间的分离度。量化节点连通性的最简单方法是考虑与之交互的节点数量。在无向图中，节点 n_i 的度是连接到该节点的所有的边的数目。突出网络参与者的重要性是统计性网络分析中的一项常见任务。中心性度量是以可量化的方式来表示节点的重要性。例如，*度中心性*考虑的是一个节点所连接的节点的数量，值越高说明该节点越重要，而*中介中心性*则用来衡量一个参与者对于链接网络中其他节点所起的作用。

许多网络可视化方法包括在图上设置节点并将链接添加为连接节点的线段（或箭头）。这些方法允许分析人员查看和识别网络连接的特征，如网络中没有连接或松散连接的区域。

14.2.2.2　贝叶斯网络

贝叶斯网络（bayesian network，BN）[25] 实现了一种图模型结构，它是一种有向无环图（directed acyclic graph，DAG），可以用作决策支持引擎。BN 使得能够在一组随机变量上有效地表示和计算联合概率分布。此类型的 DAG 结构由节点集合和边集合联合定义，其中，节点表示由变量名称标记的随机变量，边表示变量之间的有向链接，表示变量 x_j 的值取决于变量 x_i 所取的值。此属性对减少表征变量的联合概率分布所需的参数数量具有重要意义。考虑到数据中存在的证据，这种减少参数的方法为计算后验概率提供了有效途径。

在学习网络结构时，可以学习由专家意见强加的强制因果链接的白名单和不包含在网络中的链接的黑名单。

为了完整地定义 BN，从而完整地表示它所对应的联合概率分布，有必要为每个节点 x 指定 x 的概率分布，条件为 x 的父节点该概率分布可以采用任何形式。有时只知道概率分布的约束条件。这些条件分布通常包括未知且必须从数据中估算的参数，例如通过期望最大化（E–M）算法使用最大似然法，以观察数据为条件，交替地计算未观察变量的预期值，并最大化地假设计算的预期值是正确的。

14.2.2.3　面向目标的建模语言 *i**

*i**[26] 是一种面向目标的建模语言，可以用来表示一个组织，包括：参与者及其与其他参与者的社会关系、参与者目标、执行的任务以及为实现目标和完成任务而利用的资源，其中，参与者目标可以是硬性目标和软性目标，它们之间的差别取决于是否存在明确的满意度标准。该语言可以表示实体之间的关系（见图 14-1）。参与者依赖关系是指对两个参与者之间的关系进行建模，用于实现目标、执行任务或交换以及使用资源。参与者目标可以使用 AND/OR 分解为其他目标和任务，而贡献关系允许表示这样一个事实，即某个给定目标的实现或任务的执行，可以通过积极或消极的方式为其他目标的完成做出贡献。*i** 语言允许表示域中参与者之间的社会关系，使其特别适合支持 OSS 业务和技术生态系统的表示和建模。在 OSS 业务和技术生态系统中多个分布式和异构参与者为了实现共同和特定的目标而进行交互。建模部分通过对模型进行推理的可能性来补充，以便检查域中的参与者及其关系的若干属性。例如，可以检查某些目标是否受其他目标的阻碍，也可以检查生态系统中目标实现的责任分配是否充分，以便避免生态系统的某些参与者可能面临的风险。在本章的其余部分将考虑所有这些方面，以表示和推理特定生态系统的参与者所面临的风险。风险会影响例如

目标和任务等方面的 *i** 实体，因此它将作为新元素被包含在 *i** 模型中。

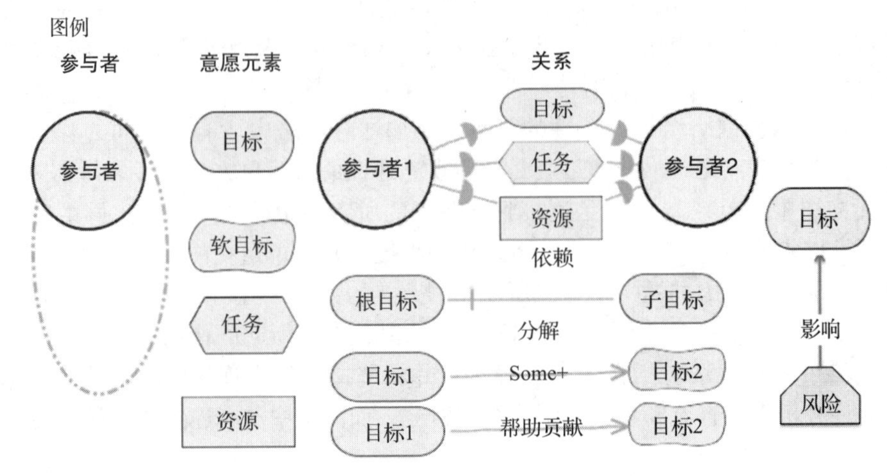

图 14-1 建模语言 *i** 和风险建模概念

14.3 OSS 使用风险管理的一种方法

如图 14-2 所示，处理 OSS 中风险管理问题的方法是基于三层结构的策略。第一层是收集来自 OSS 社区、OSS 项目和专家的数据，第二层是风险指标变量集，第三层是对风险指标变量集进行分析以构建一个展示风险对业务目标影响的顶层。因此，该方法可以对组织的战略和业务级别的 OSS 风险进行评估。

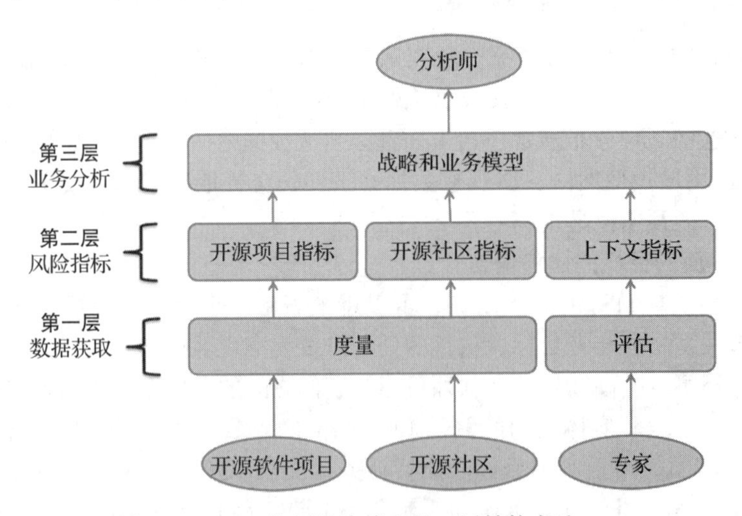

图 14-2 OSS 使用风险管理的三层结构方法

在**第一层**，处理从 OSS 社区、项目以及专家收集到的数据，这些数据决定了随时间变迁收集到的和在特定时间段内汇总的原始数据所产生的**风险驱动因素**。数据具有双重性质。一方面，它指的是社区开发的 OSS 组件的特征，包括有关代码的度量，例如：打开的缺陷的数量和文件变更提交的数量；信息交流中的活动数量，例如每天的论坛帖子和邮件；和可用信息有关的度量，例如文档数量。另一方面，其他度量突出了社区在演化过程中的结构，例如，社区角色和成员的变化以及他们之间的关系在质量和数量上的变化，这些度量方法主要是通过社交网络分析技术来实现的[24]。这些度量方法确立了社区的“动态形态”，例如，认识到活跃成员核心的存在以及该核心如何随时间变化，或者社区所有成员之间的高度互动模式。

这些度量方法的数据来源是社区存储库、版本控制系统、邮件列表、缺陷跟踪器和论坛等。相应的度量平台旨在实现连续监测过程，以将数据报告给其他层中使用的统计和推理引擎。此外，如果发生以下三种情况，则最终可能需要人为干预：第一种是数据源不可用于特定组件或社区；第二种是关注质量方面的主观评价的数值，例如安全或性能缺失；第三种是数值无法直接访问，或者计算成本非常高。

在**第二层**中，定义了可能的风险指标集合和模型，允许将这些风险链接到适用组织的可能目标。指标是通过分析从第一层获取的数据而提取出来的变量。收集不同类型的数据产生了以下几类指标：

1）与特定 OSS 项目相关的*风险指标*可以按照一些标准进行分组，例如代码的可靠性和可维护性。

2）可以从下一节介绍的社区度量中抽取 *OSS 社区指标*。它能够允许我们建立*社区活跃度*、*社区时效性*或*社区凝聚力*等指标。

3）静态的*上下文指标*反映了组织的目标，例如 OSS 业务战略或者 OSS 组件的项目类型。这些指标有时也称为“统计指标”。

在本章方法中，利用统计分析[7, 27]、贝叶斯网络[4, 25]和社会网络分析来确定风险值。事实上，这种三层结构的方法是 Harel 等人[28]提出的用于分析 Web 服务可用性的七层模型的特殊实现[29]。基于来自 OSS 社区的数据*统计分析*能够确定数据的趋势和分布，例如特定 OSS 组件在给定天数内打开或修复的缺陷数目。在本例子中，该分析主要由来自 R 环境的函数和库实现[27, 30]。*贝叶斯网络*（BN）用于将从社区数据源收集的社区数据链接到风险指标和业务风险，这些业务风险来自于专家根据经验评估各种情景所产生的数据。*社区度量*是社交网络分析技术和用于理解 OSS 社区结构和演变的工具的衍生物。

风险指标有助于定义风险模型。该模型允许表示风险的可能原因以及它们与使用者组织可能的风险事件的关联。风险的可能原因基本上就是风险指标。此外，该模型还允许表示可能的风险事件对**第三层**中提出的组织战略和业务目标的影响。业务目标描述了采用 OSS 的组织的目标。这些目标受到 14.2 节中总结的几种风险的影响。

在以下部分，将描述架构逻辑的不同方面，侧重于从多源异构的数据进行数据检索和分析以及将数据汇聚成综合的风险指标集合。

14.4　OSS 社区结构和行为分析：XWiki 案例

本节介绍用于分析表征 OSS 社区结构和行为的数据的方法。目标是通过邮件列表或论坛的分析以及 OSS 社区解决诸如缺陷和新请求等问题的能力来了解 *OSS 社区中的角色及社区成员之间的关系*。关注的是以下几个维度：OSS 社区的及时性，可通过遵循路线图的能力、及时发布软件的修复和演变的能力来衡量；OSS 社区的可靠性，可以通过相对于缺陷总数的已经关闭的缺陷数量来衡量。这些方法和数据来自 XWiki OSS 社区（http://www.xwiki.org），该社区是一个用于开发协作应用程序和使用维基隐喻功能管理知识的开源平台。XWiki 最初于 2003 年开发，2004 年初发布。从那时起，越来越多的用户和贡献者开始齐聚于 XWiki。自 2004 年 1 月 XWiki OSS 组件首次发布以来，社区大约有 650 000 行代码，约 95 个贡献者负责大约 29 000 次提交和超过 200 000 条信息以及 10 000 个报告的问题。

具体来说，分析过程中考虑的数据包括：用户和开发人员邮件列表档案、IRC 聊天记录档案、代码提交和代码审查评论以及有关缺陷和版本的信息[1]。这里用于分析的技术有*社交网络分析*、*贝叶斯网络*和其他统计技术，例如：*运行图*、*帕累托图*、*频率分析*和*关联规则*。此外，我们将展示如何将所有统计结果和数据汇聚到 14.3 节介绍的三层结构方法中。

14.4.1 OSS 社区的社交网络分析

为了应用 14.2.2.1 节中介绍的社交网络分析范例，使用 IRC[2]聊天存档的预处理过的数据分析了从 2008 年至 2012 年 XWiki 社区的数据，以便抽取 XWiki 社区随时间变迁的动态性，以研究社区中可能出现的孤立或分流的现象。分析过程中存在一些挑战，如 2010 年底的聊天格式变化以及特定用户的模糊昵称，例如 Vincent、VincentM、Vinny、Vinz 等。最终，这些昵称只能被手动修复。图 14-3 表示社区动态按照不同参与者群体之间的关系强度和关系类型随时间变化的过程。这些参与者群体主要是社区的贡献者和管理者，他们之间的关系强度和关系类型可以通过之前描述的社区度量来捕获。图中突出地显示了这些年管理者群体（右侧）和贡献者群体（左侧）之间关系的不断增长。这里使用 NodeXL[3]对图 14-3 进行了分析。NodeXL 是一种主要用于分析网络的工具和操作集合，它在分析当成员为共享目标和活动而互动时创建的社交网络上效果显著。NodeXL（全称是 Network Overview, Discovery and Exploration add-in for Excel）添加了网络分析和可视化功能。NodeXL 的核心是一个 Excel 工作簿，有六个主要的工作表，分别是：“边”“顶点”“图像”“集群”“集群顶点”（节点到集群的映射）以及网络度量的全局概述。NodeXL 工作流通常从数据导入开始，然后经过如下步骤：导入数据、清理数据、计算图度量、创建集群、创建子图图像、准备边列表、使用图属性扩展工作表以及显示图等。

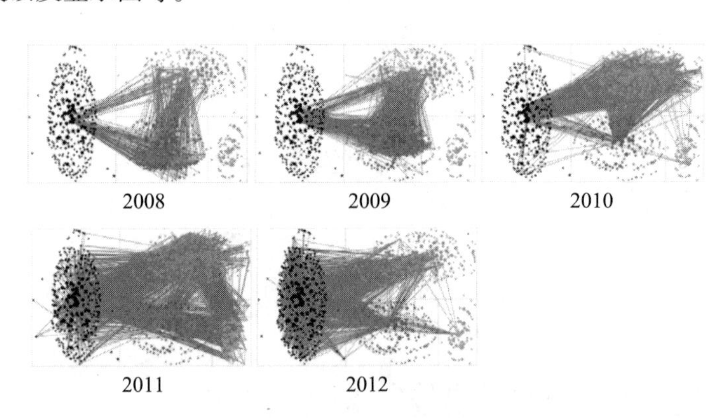

图 14-3 随时间变迁的 XWiki 社区的网络动态性

14.4.2 软件质量、OSS 社区行为和 OSS 项目的统计分析

在每个软件产品组织中，问题报告跟踪活动（例如缺陷报告或项目管理问题）可帮助用户深入了解产品质量和组织维护软件的能力。这些数据为分析业务风险及对业务目标的影响

[1] http://www.riscoss.eu/bin/download/Share/Public_Deliverables/D2-2IntermediateProposalforRiskManagementTechniquesv1-0.pdf。

[2] http://dev.xwiki.org/xwiki/bin/view/IRC/WebHome。

[3] http://nodexl.codeplex.com/。

提供了基础。一些度量方法和统计分析为了解产品质量和组织维护软件的能力提供了便利。本节介绍的统计方法适用于分析 OSS 社区及其参与的 OSS 项目的贡献情况。还阐述了如何利用这些度量方法来提取用于派生**风险指标**的**风险驱动因素**。

这里提供了 XWiki OSS 社区应用的一些实例。特别的是，此处的分析有两种不同形式。第一种形式的分析侧重于缺陷分析和 XWiki 核心团队跨不同优先级解决这些缺陷的能力，而第二种形式的分析侧重于社区成员和核心团队之间的聊天会话。缺陷分析提供了衡量开源平台跨版本稳定性和修复以关键性缺陷为代表的缺陷的水平的指标。聊天会话分析提供了对系统中可能出现的缺陷的早期预警。这两项研究均基于 XWiki OSS 环境中易于访问的数据，因此可应用于其他开源项目。

14.4.2.1 使用运行图来分析缺陷修复

图 14-4 显示了 XWiki 缺陷修复的运行顺序图。该图展示了按时间顺序观察到的缺陷数据集合。x 轴表示的是 2013 年的每天，y 轴表示的是每天出现的缺陷数量，包括未解决的缺陷数量、已经修复的缺陷数量、错误分类的缺陷数量以及不能重现的缺陷数量。这些数据代表了 XWiki 核心团队和社区在给定时间内解决和修复开放缺陷[㊀]的能力。

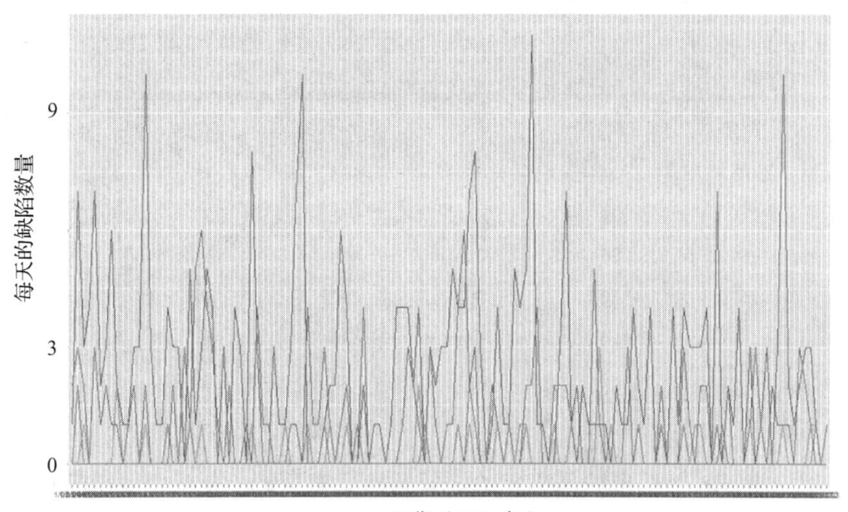

图 14-4 XWiki 缺陷统计的运行图

在诸如软件集成测试或验收测试等新测试阶段开始时，开放状态的问题报告数量通常会相当快速地增加，从而与关闭状态的问题数量之间产生差距。如果问题很简单，预计差距会迅速减少，否则表明可能存在严重情况或者所报告的问题几乎对软件没有影响。如果报告的问题几乎对软件没有影响，则将其解决方案推迟。此图的特性在于采用了问题严重性分类，并按严重性分类覆盖打开的问题数量 [7]。根据缺陷修复数据计算出来的统计结果还可以填充到其他统计工具，例如贝叶斯网络中节点子集的值，允许展示 OSS 项目中可能影响有风险的其他网络节点的值的情况。例如，缺陷修复中的问题可能会影响社区滞后性所带来的风险值。

14.4.2.2 利用帕累托图分析问题类型

帕累托图是帕累托原则的图形化表示。在观察事件时，人们常常会发现大约 80% 的事

㊀ 该图表是使用 R（特别是使用了应用程序 ggplot2 和 reshape2）从 XWiki 数据中派生的。

件是由 20% 的可能原因造成的 [27]。此常识在软件开发领域的经典应用是 80% 的软件故障可归因于 20% 的代码 [4]。该观察最初是由 Joseph M. Juran 提出的，他在 20 世纪 50 年代初期创造了“帕累托原则”这一术语，提出了“关键少数”和“有用多数”之间的区别。帕累托图是个条形图，根据错误频率按类别降序排列。帕累托图用于为问题解决、监控变更或识别问题基本原因来选择起点。图 14-5 显示了 XWiki Jira㊀中出现问题的帕累托图。

横轴表示分析过程中所关注的属性。帕累托图显示了 Jira 中所示 XWiki 问题的最高频率到最低频率的发现结果。此类分析有助于指出涵盖大多数情况的少数问题，并且图中的连线表示属性和问题类型的累积百分比线，以此来评估每个问题的附加贡献。总共有 91% 的问题类型与缺陷、改进和任务有关，Jira 中出现频率最高的 XWiki 问题是占总问题类型的 57% 的缺陷。同样，在该情况下，与不同问题相关的统计信息可以填充贝叶斯网络。

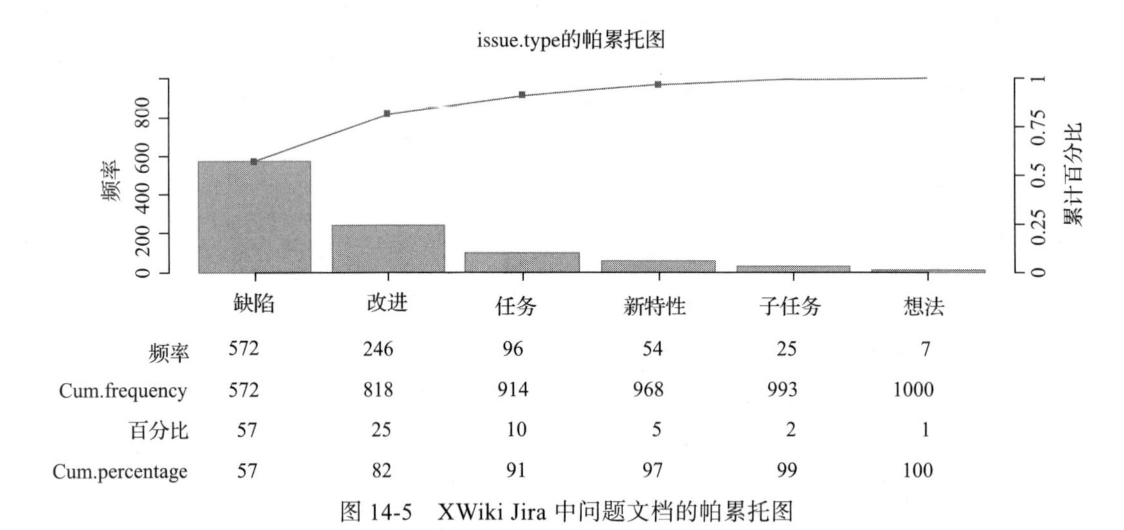

	缺陷	改进	任务	新特性	子任务	想法
频率	572	246	96	54	25	7
Cum.frequency	572	818	914	968	993	1000
百分比	57	25	10	5	2	1
Cum.percentage	57	82	91	97	99	100

图 14-5　XWiki Jira 中问题文档的帕累托图

14.4.2.3　IRC 聊天记录分析

本节通过不同的统计技术来分析聊天记录，以便检索风险驱动因素。事实上，聊天会话可以提供与用户或贡献者提出的代码相关的问题的早期预警。分析中使用的数据与 XWiki㊁的聊天内容相关。*聊天会话中关键词的频率*和*关联规则*构成了整体分析的内容，它们为分析提供了两种不同的视角。

聊天会话中关键词的频率：分析 XWiki 聊天会话以查找高频率使用的关键词，这些关键词可以提供 XWiki 平台㊂上缺陷或问题的指标。图 14-6 中的频率图显示了特定聊天会话中关键词的词频。x 轴表示分析中涉及的聊天会话，y 轴表示八个聊天会话中使用频率最高的关键词。图例表示对聊天会话中使用的关键词的频率级别进行灰度编码。它不仅用于分析关键词词频，也可以用于发现包括缺陷或问题在内的聊天会话中的关键词。在分析八个 XWiki 聊天会话的过程中，发现关键词“issue”出现在聊天会话 XWikiArchive20130111，XWikiArchive20130116 和 XWikiArchive20130117 中，关键词“blocker”出现在聊天会话 XWikiArchive20130110 中，关键词“XWikibot”在分析的聊天会话中以相对较高的频率使用。

㊀ http://jira.xwiki.org。

㊁ http://dev.xwiki.org/xwiki/bin/view/IRC/WebHome。

㊂ 使用了 R 语言的 tm、Snowball、ggplot2、ggthemes、RWeka、reshape 应用程序进行分析。

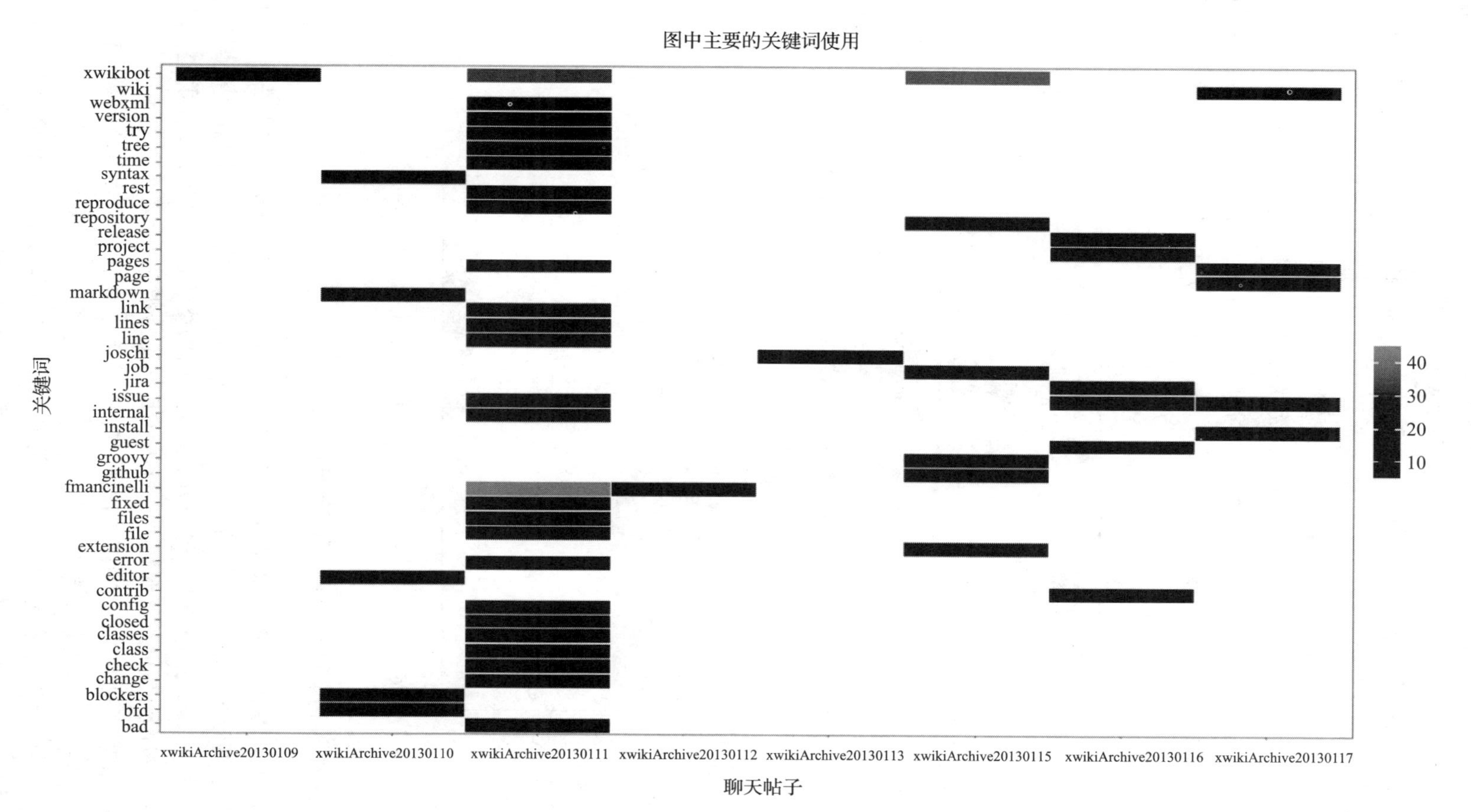

图 14-6　用于查找高频率关键词的 XWiki 聊天会话

关联规则：关联规则方法允许通过识别聊天会话中使用的各种词之间的关联来分析数据语义。该分析方法用于建立与词“bug”高度关联的术语。分析中出现的有趣关联词包括“reported”“implementation”和“upgrade”。对于关联规则在风险管理中的应用，请参阅Kenett和Raanan的工作[4]。

图14-7通过使用“arule”R应用程序按照感兴趣的支持度量进行排名，显示了词“bug”和“issue”的关联规则。支持度是观察到的关联对相对于列出的项的次数比。从图中可以发现，在使用词“yeah”的97%的情况下，同时也使用了词“bug”。此分析方法可以与其他分析方法相结合，以便更好地了解社区行为。而且这些分析方法也可以用来衡量社区活动遇到问题的可能性。

关联术语	关联得分	关联术语	关联得分
yeah	0.97	depends	0.95
checking	0.93	wrong	0.94
display	0.93	ago	0.90
etc	0.93	broken	0.90
stuck	0.93	difference	0.90
weird	0.93	happens	0.90
reported	0.89	locally	0.90
idea	0.88	sorry	0.90
whats	0.87	unusable	0.90
busy	0.84	visible	0.90
care	0.84	level	0.89
charging	0.84	anyway	0.88
completely	0.84	checking	0.88
edit	0.84	cool	0.88
expert	0.84	email	0.88
fail	0.84	etc	0.88
fine	0.84	reproduce	0.88

图14-7 XWiki聊天会话语义分析中与词“bug”（左）和“issue”（右）的关联

14.4.3 通过贝叶斯网络评估风险指标

本节旨在描述基于14.2.2.2节介绍的贝叶斯网络（Pearl，2000）的方法，从而让OSS风险专家也参与进来。根据专家们的经验，提供OSS社区度量方法对风险评估影响的反馈。网络的结构基于OSS数据分析。另一方面，贝叶斯网络提供可以代表组织的定性的面向目标的模型，以推断社区的结构和行为对OSS使用组织所遭受的风险的影响。

图14-8说明了贝叶斯网络范例的规约和使用过程，以评估风险驱动因素和可能的风险指标之间的联系，这也得益于专家评估。

风险指标值确定的过程分为四步。首先，分析OSS数据以确定其相关的状态值（分布），例如，使用14.4.2节中介绍的度量方法以及它们与其他变量可能的相关性来分析它们的分布状态。第二步，对变量之间的相关性进行评估。例如，影响 OSS 社区时效性指标的一个变量是缺陷修复时间。必须分析缺陷修复时间数据，以确定低、中和高级别的修复时间。基于这些限制，专家可以评估特定值对时效性或特定情况的影响。该过程的输出是一个贝叶斯网络，可用于对通过基本指标（上下文指标和风险驱动因素）描述的情况进行分类，并给出特定风险指标的状态。

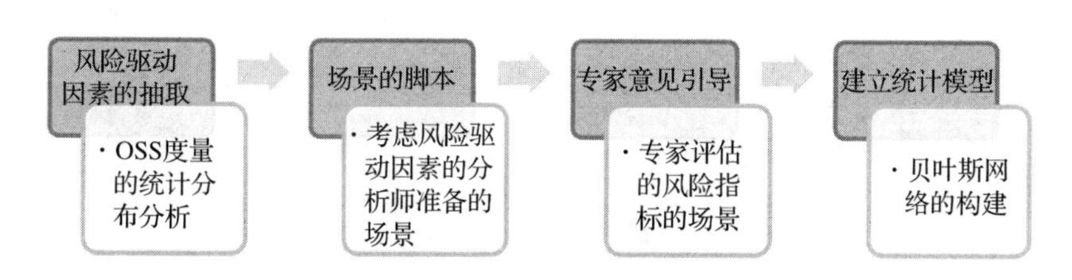

图 14-8　贝叶斯网络规约过程

图 14-9 展示了关于风险元素和场景的调查问卷。要求专家审查影响时效性的风险驱动因素的场景，并对时效性在一个 [1,5] 的数值范围内进行等级评定。等级“5”表示低时效性（高风险），等级“1”表示高时效性（低风险）。具体来说，目前举办的获取这些信息的研讨会包括大约 50 个场景，其中包括各种社区数据组合和风险指标场景。这些场景是使用随机数生成器设计的，以实现风险情况的全面覆盖。研讨会的说明中指出，专家应忽略看似不合逻辑的场景。

Risk driver	State 1	State 2	State 3	State 4	State 5	Scenario 1	Scenario 2	Scenario N
Average bug fix time (days)	0	1	16	55	94	15	21	...
Bug fix time for critical & blocker level bugs	0	2	14	45	76	3	3	...
Commit frequency / week	0	21	44	90	113	15	23	...
Hour: When the commit was made	Mostly morning	Mid-day	Mostly night			Mostly morning	Mostly night	...
Weekday: When the commit was made	Mostly weekdays	Mixed pattern	Mostly week ends			Mostly weekdays	Mostly weekdays	...
Holiday: When the commit was made	Never	Sometimes	Always			Never	Sometimes	...
Timeliness	1	2	3	4	5	?	?	?

图 14-9　风险驱动因素“Timeliness”（时效性）的专家评估问卷调查

图 14-10 展示了生成的贝叶斯网络。网络的左侧部分包含一组风险驱动因素和它们的值概率分布。例如，变量“ bug fix time”，报告了四个概率级别：第一个是指缺陷修复时间低于 14 天（概率为 23%），而第二个是 14 天到 44 天之间的修复时间（概率为 27%），第三个是 44 天到 74 天之间（概率为 25%），最后一个长达 74 天（概率为 25%）。连接变量的箭头描述了它们之间的相关性。在图的右侧，显示了风险指标时效性及其分布；从它的平均概率值（均为 20%）推断出时效性对缺陷修复时间和提交频率的敏感度较低（关于贝叶斯网络使用的详细讨论，另见 Kenett 等人的工作 [27,31]）。

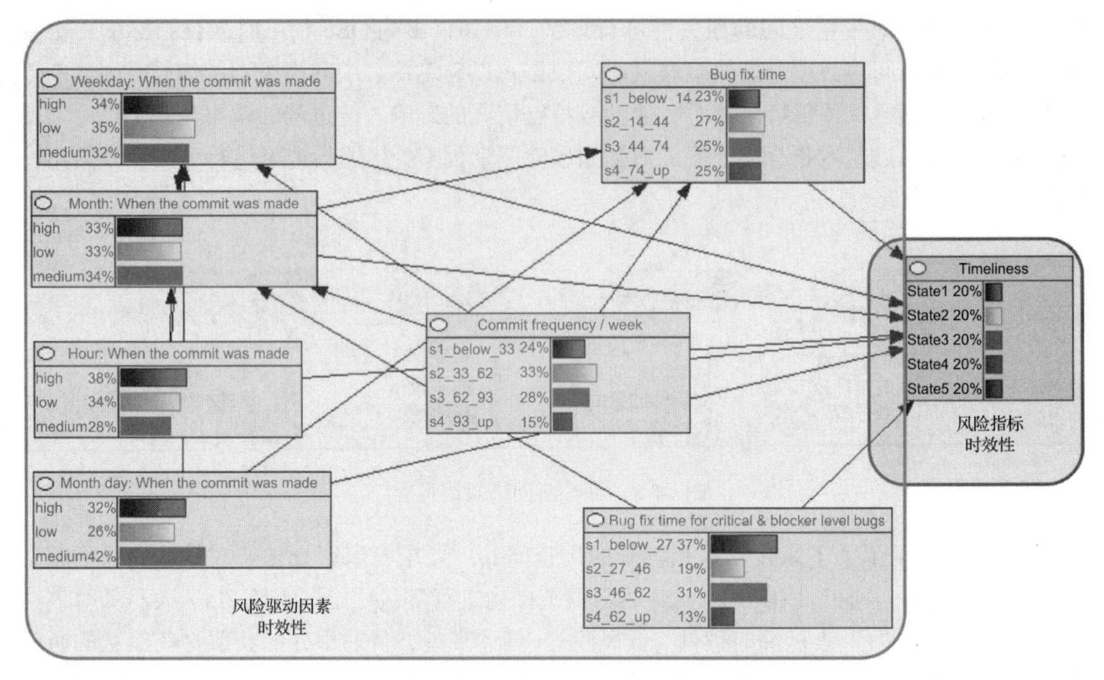

图 14-10 由图 14-9 得到的贝叶斯网络

14.4.4 基于 *i** 模型对开源软件生态系统建模和推理

开源软件生态系统的表示包括 OSS 社区，OSS 使用组织，其他主要参与者以及这些参与者之间的关系，可以通过 Yu[26] 和 Asnar 等人 [32] 提出的 *i** 建模语言执行（有关可视化建模语言的描述见图 14-1）。生态系统的参与者之间的关系表示为依赖关系。如果目标具有明确的标准（例如，*修复缺陷*）或其他软目标（例如，*按时交付发布*），则使用 *i** 的目标构造来表示目标。通过可能产生或消耗资源的任务来实现目标。结合 AND / OR 分解的概念以及对目标的积极或消极贡献，*i** 模型允许对业务目标和业务流程进行表示和推理 [33]。

图 14-11 展示了一个简单的通用生态系统模型，该模型报告了 OSS 生态系统的两个基本参与者——OSS 社区和 OSS 使用者，以及他们的一些内部目标和活动（例如，面向 OSS 社区的*发布组件*和面向 OSS 使用者的*集成 OSS 组件*），以及将这些目标和活动分解为若干较低级别的目标和活动。此外，还展示了两个参与者之间的依赖关系，例如 OSS 使用者和 OSS 社区（XWiki 项目）之间的“*Bugs to resolve*”（缺陷解决）依赖关系。

参考 14.2.1.2 节中描述的 OSS 使用策略，该案例是一个 **OSS 集成**策略的实现，其中使用者的目标是将 OSS 组件集成到其项目 XWiki 中（参见“Integrate OSS component”活动），并为 OSS 社区做出贡献（参见“Contribute to OSS Community”活动），例如通过补丁或 OSS 组件的新实现来回馈它。与组织模型一起，于是有了带有风险事件（*缺少文档的风险*）的风险模型，这些风险事件会影响 OSS 使用者的活动（在本例中是一个*补丁*的开发）。通过对社区行为的度量和统计分析，以及专家对风险指标等级评定的干预，来确定风险事件。

*i** 生态系统模型的推理可以通过标签传播算法来执行，例如参考文献 [34] 中描述的那些算法，或者是基于逻辑的技术，例如参考文献 [35] 中提出的技术。推理的一般过程可归纳为两个主要步骤：

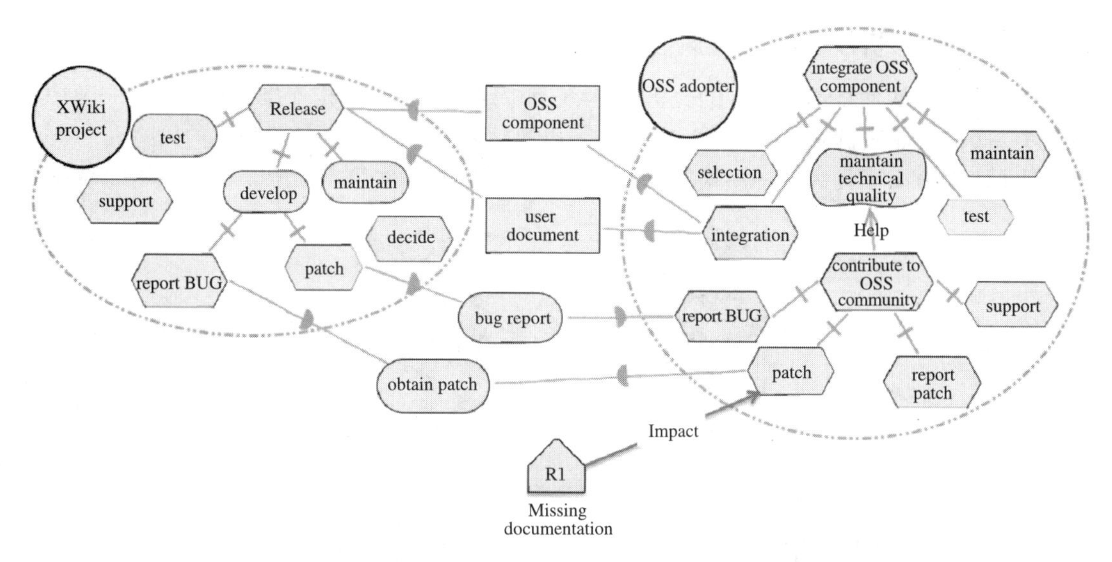

图 14-11　一个简单的 OSS 生态系统的 i^* 模型，由两个基本参与者组成：XWiki OSS 项目和 OSS 使用者

- i^* 生态系统模型被转换为一个图，图的节点是不同的模型实体，例如目标、任务和资源，而这些实体之间的关系（主要是 AND / OR 分解和贡献关系）被转换为弧。
- 将标签传播算法应用于图，以便以其他节点（目标）的满意度值为起点，自动检索一组给定节点（模型中的相应实体，例如目标）的满意度值，满意度值决定了该节点是否因风险而折中（或妥协）。

因此，传播的目的是从关于图的一些已知节点的知识开始（这些节点的值源于前几节介绍的统计和专家数据以及分析），对未知节点的知识进行推理。根据 Giorgini 等人 [36] 提出的模型，每个节点都有两个依据值相关联：即“*satisfaction*”（满意度值）和“*denial*”（否定值）。例如，参考目标“ Report Bug”，满意度值表明将来会报告缺陷，否定值表明不会报告缺陷（例如，因为文档很差或者使用组织无法输入代码的细节）。节点可以同时具有两个值，表明既存在一些积极的依据，也有一些负面依据。允许在单个组织实体（例如，目标）上出现双重值，即存在影响每个目标的不同的风险依据。加权弧将节点相互连接，并带有正或负的权重。加权传播弧总是将值从一个节点传播到目标节点；传播值是对源节点值取加权函数。传播函数可以是 $v*w$ 的简单乘法，v 是与源节点相关的实数值，w 是与关系相关的权重的实数值（可以是 AND/OR 或其他贡献关系）。当多个源节点将值传播到目标节点时，聚合函数将确定不同传播的相互组合方式。例如，与或逻辑函数将目标或任务的 AND / OR 分解进行编码，将值传播到目标节点，是收集多源节点值的函数。因此，在目标 g 进行 AND 分解生成一组子目标 g_i, …, g_n 的情况下，传播函数可以是每个目标 g_i 的满意度（或否定）值 v_i 的平均值（可以是布尔值：满足是 1，否定是 0）乘以每个连接的权重 w_i，所以满意度值具有传播函数 $\mathrm{sat}(g) = \mathrm{sat}(\mathrm{AND}(g_1, \cdots, g_n)) = \mathrm{avg}(w_1v_1, \cdots, w_nv_n)$（类似地，否定值的传播函数是 $\mathrm{den}(g)= \mathrm{den}(\mathrm{AND}(g_1,\cdots, g_n))$。此分析的结果是在给定风险场景下，对使用组织的目标产生影响的定性度量，所描述的数据来自 XWiki OSS 社区和项目分析。对于每个节点，满意度值和否定值共存，以维持可以满足或否定给定目标的依据信息。

14.4.5 整合分析以进行综合风险评估

本节将展示如何将不同类型的分析与 14.3 节中定义的三层结构连接起来。在下一节中，将通过一个简单的案例来描述所提出的方法，以评估使用 OSS 移动学习技术的风险。

图 14-12 给出了具体的三层结构以及相应的主要技术。在第一层中，检索原始的 OSS

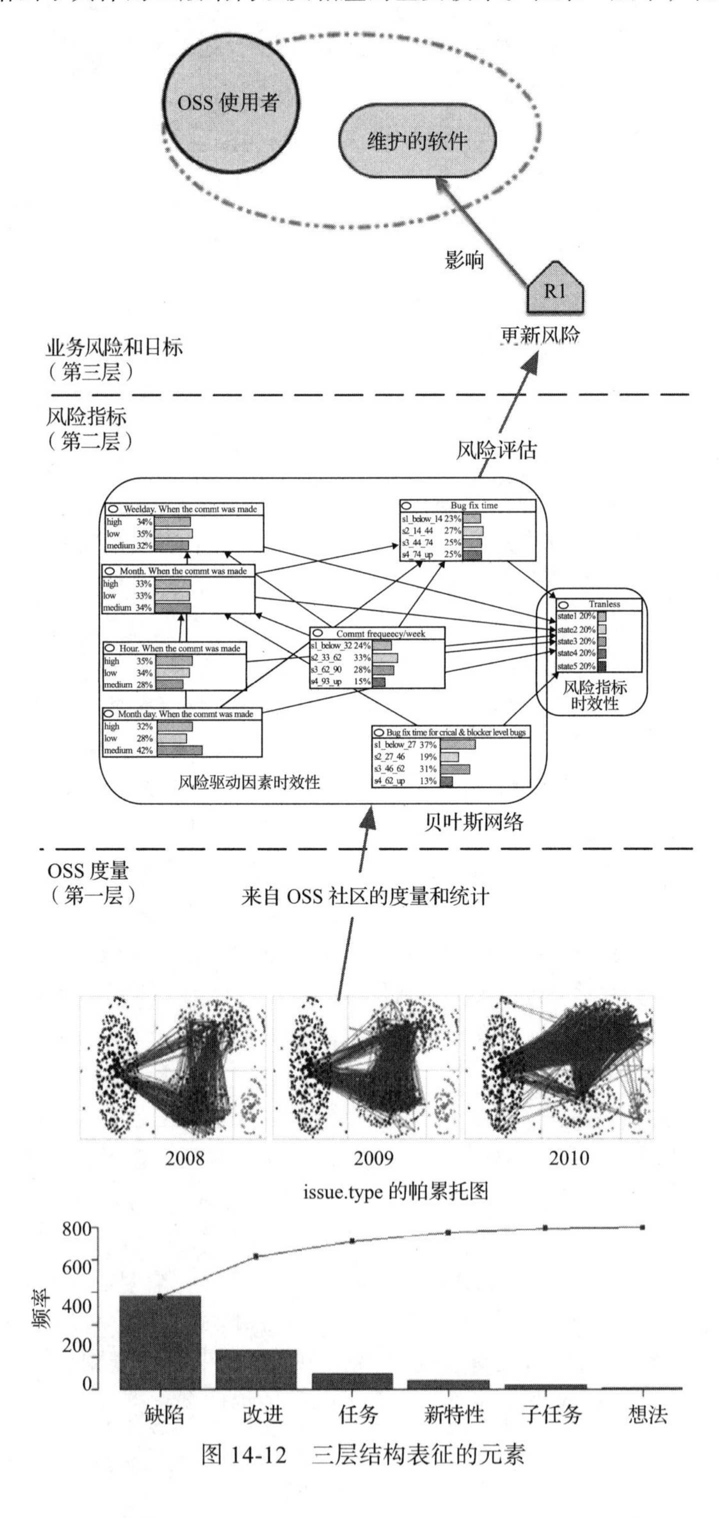

图 14-12 三层结构表征的元素

度量（通过社交网络分析和帕累托图表），并计算这些数据的基本分布。这些统计结果构成了风险驱动因素，在第二层中使用。第二层利用贝叶斯网络产生风险指标存在的依据，例如基于专家对组件“更新风险”的评估产生的社区时效性指标。最后，在第三层中，风险与 XWiki 使用组织的目标相关联，并通过 i^* 图表示，例如目标“维护的软件”受“更新风险”影响。

14.5　一个风险评估的案例：Moodbile 案例

本节描述了提出的三层结构方法的应用，该应用是一个教育机构使用 OSS Moodbile 项目的风险识别和缓解的案例。Moodbile（http://www.moodbile.org/）是一个旨在促进从支持互联网的移动设备中访问和使用 Moodle 学习管理系统的项目。为此，Moodbile 的社区生态系统决定开发一套 Web 服务，允许外部应用程序访问关键的 Moodle 功能，从而挖掘移动访问的兴趣并利用 Moodle 的开源特性。Moodbile 社区公开了几种类型的数据，例如缺陷跟踪和里程碑报告、涉及的开发人员数量、社区成员之间交流的数据以及最终由不同开发人员提交的所有各种代码的历史记录。自 2010 年以来，Moodbile 囊括了来自约 70 个贡献者的大约 75 500 行代码[⊖]。

图 14-13 展示了 Moodbile 项目组织的 i^* 模型，描述了涉及的参与者及其关系。该模型展示了 *Moodbile* 作为开源应用研究项目是如何被管理的。涉及的第二个参与者是 *Moodle 项目*，Moodbile 依赖于它的源代码。第三个参与者是*使用 Moodbile 的参与者*。每个使用者都依赖于该项目，来访问其平台的最新版本，而项目依赖于使用者来报告缺陷和有助于项目开发的功能请求。

使用者可以实施与 Moodbile 相关的各种使用策略。本书指的是采用 OSS 服务策略或 OSS 集成策略的使用者，其中使用者对社区的技术有不同的参与程度。

图 14-13 展示了 Moodbile 的相关目标。主要目标与项目的管理有关，可以被分解为多个子目标，例如宣传项目、管理开发团队、Moodbile 系统开发以及关于发布的决定。所有这些目标都可以被进一步分解成一组子目标。Moodbile 组织还通过使用专用项目网页、监控论坛、参与用户讨论、发布新闻以及向开发团队转发功能请求和报告缺陷来传播项目。

图 14-13 中的图还展示了使用 Moodbile 的组织（通常是大学或其他教学中心）的业务目标的子集。该组织旨在最大化移动网络学习平台（g_1）的投资价值，以维护其声誉。一些其他目标与这些高层目标直接联系在一起，从平台基础设施的持续可用性和维护的需求（g_3）到未来几年的重用（g_4），到远程教育重用的投资（g_5），再到让学生持续使用网络学习服务（g_6）。此外，使用者依赖于 Moodbile 的多平台版本。使用者业务目标的实现存在风险，如图 14-13 中的不规则五边形所示，BR1 至 BR6 标记处。

笔者将本章方法应用于可能影响使用者组织的使用风险分析。通过这三个层次，可以评估 OSS Moodbile 项目度量方法所描述的给定场景的影响。这些场景由风险管理平台每 15 天监控一次的数据确定。将贝叶斯网络分析得出的因果关系与更新的数据相结合，为使用组织提供了动态的公开的风险分析结果。使用组织的主要目标是支持以图 14-13 中的目标 *groot* =“支持网络学习”为代表的网络学习，然后在两个子目标中进一步 OR 分解成两个子目标 g_1=“最大化移动平台投资”和 g_2=“最大化内部网络学习投资”。

⊖ http://code.sushitos.org。

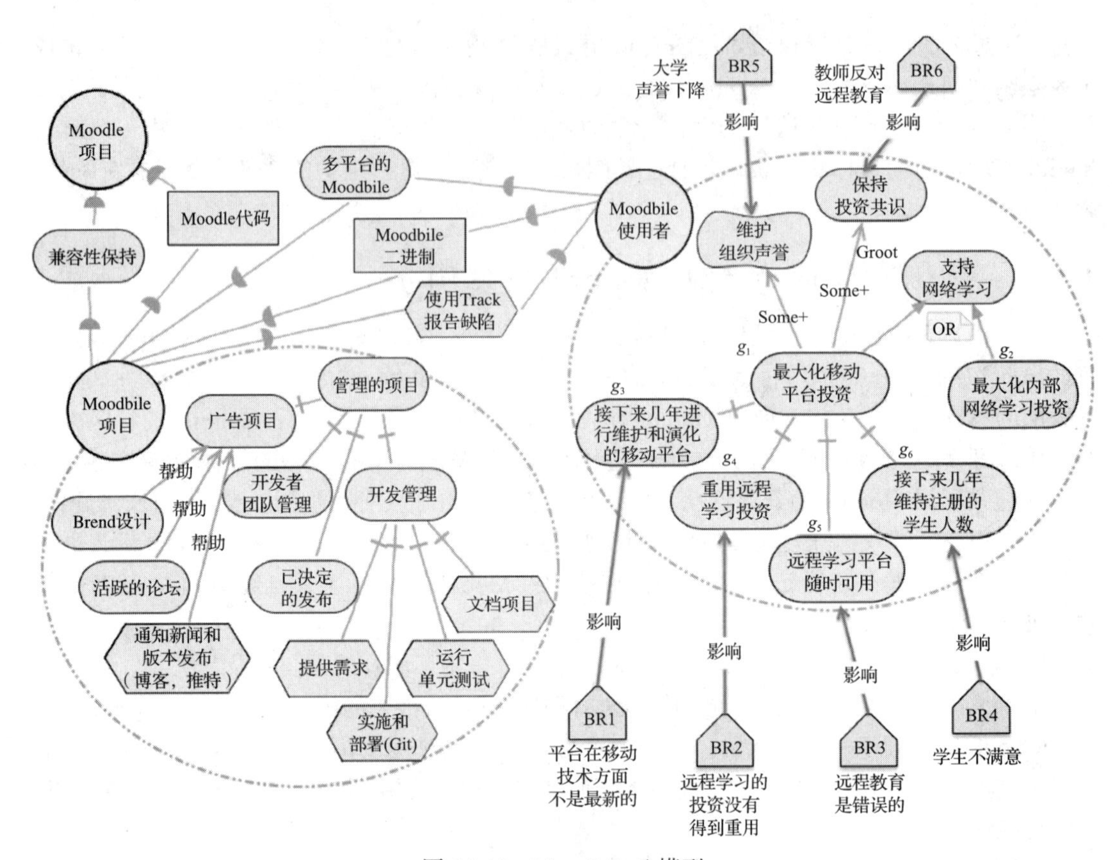

图 14-13 Moodbile i^* 模型

在体系结构的第一层中，原始数据来源于 Moodbile 社区（以预先指定的时间戳进行更新），并转换为风险驱动因素。在该层中，考虑以下主要与缺陷报告有关的数据源：

- DS1：Moodbile 项目[㊀]的缺陷跟踪器。社区使用 Web 系统跟踪开发和报告里程碑、缺陷等。从这里检索的数据有不同的里程碑、功能请求、缺陷数量、从缺陷报告的提交到最终缺陷修复的时间、涉及的开发人员数量以及不同开发人员提交的所有代码的历史记录。
- DS2：ohloh.net 开源目录中的 Moodbile 条目[㊁]。该目录提供对代码特征的分析，如规模、组成、提交历史以及社区的一般活动。
- DS3：Moodbile 项目在 Google 源代码库中的页面[㊂]。

在第二层中，将第一层中识别出的 Moodbile 风险驱动因素转换为风险指标。社区风险指标（RI）来源于 Moodbile 开发者生态系统的社交网络分析以及其他统计数据，例如与缺陷修复时间相关的统计数据。Moodbile 应用程序的风险指标示例包括：

- RI1：时效性。该指标与 OSS 组件相关的数据以及社区在缺陷修复等活动方面的行为有关。
- RI2：活跃性。该指标与从聊天和博客数据中提取的社区成员的活动相关。

㊀ http://code.sushitos.org/moodbileserver。

㊁ http://www.ohloh.net/p/moodbile。

㊂ http://code.google.com/p/moodbile。

- ❑ RI3：社区时效性（源自网络分析）。
- ❑ RI4：社区活跃性（源自网络分析）。
- ❑ RI5：社区分支（源自网络分析）。

这些风险指标代表了 OSS 社区的一系列特性，这些特性可能会影响使用者组织的商业风险。负责操作系统的技术经理通常也使用上一节介绍的方法通过“ Tactical workshops（战术研讨会）”来识别它们。

第三层中，Moodbile 风险指标被转换为商业风险，这将影响由图 14-13 所示的 i^* 模型描述的 Moodbile 使用者的业务目标。

在该情况下，14.2.1 节中描述的一些运营和战略风险变得更加详细且具有上下文关系。通过采访许多来自学术机构的可能的 Moodbile 使用者来定义这些商业风险。已识别的商业风险代表了被采访者关于 Moodbile 平台可能被用于虚拟校园中的主要担忧：

- ❑ BR1：平台在移动技术方面不是最新的。
- ❑ BR2：远程教育投资没有得到重用。
- ❑ BR3：远程教育是错误的。
- ❑ BR4：学生不满意。
- ❑ BR5：大学声誉下降。
- ❑ BR6：教师反对远程教育，不再加入大学远程教育。

风险指标场景到商业风险的映射是在所谓的“ strategic workshops（战略研讨会）”中实现的，与前面介绍的战术研讨会类似，将参与者的场景（这次是风险指标）映射到商业风险中。

在对数据和研讨会进行分析之后，得出风险指标 RI1～RI5 与商业风险 BR1～BR6 关联的贝叶斯网络。图 14-14 给出的例子比较了低风险与高风险的风险指标值。风险指标值从非常高（State1）到非常低（State5）。商业风险值从低（State1）到高（State3），State0 代表非相关风险。可以看到，在低风险时，时效性非常低，概率为 32%，活跃度为 14%。高风险时，时效性和活跃度分别增加到 48% 和 53%。例如，这可以用于设置风险缓解的触发器，低活跃度设置为 50%，低时效性设置为 45%。如果这些风险指标超过这些值，则使用者面临高风险，需要采取积极行动来应对该情况。

贝叶斯网络分析可以评估采用 Moodbile 来识别商业风险的应用型大学的初始风险。如图 14-13 所示，通过影响使用者组织的一些商业目标的关系将商业风险相互关联。以此得到风险指标和商业风险对组织参与者的影响的观点。

在 OSS Moodbile 使用者生态系统模型中，商业风险 BR1 至 BR4 会影响与 AND 分解相关的四个内部目标，其中高级别目标是最大化移动平台投资。对于该目标，没有直接评估风险指标所产生的影响，只评估有助于实现该目标的其他一些目标。在该情况下，可以在连接目标的关系之后传播对于贡献目标的可能风险的依据，从而评估风险依据对组织内部目标的满足的影响。这是通过 14.4 节中描述的应用于 i^* 模型上的推理和标签传播技术自动完成的。正如方法所设想的那样，i^* 模型被转换为一个图，其节点是不同的模型实体，例如目标、任务和资源，而这些实体之间的关系（主要是 AND / OR 分解和贡献关系）被转化为弧，然后，将标签传播算法应用于图，以便从其他节点满意度值开始检索给定目标的满意度值，例如，以风险折中（或否定）为依据。在图 14-13 所示的 Moodbile 使用者的例子中，目标 g_1= “最大化移动平台投资” 被 AND 分解为四个子目标，四个子目标分别是：g_3= “接下来几年进行维护和演化的移动平台"，g_4="重用远程学习投资"，g_5="远程学习平台随时可用"和g_6="接下来几年维持注册的学生人数"。因此，所有四个有贡献的子目标都应该有一个依据可以被满足，以便在根目标中获得相同的依据。

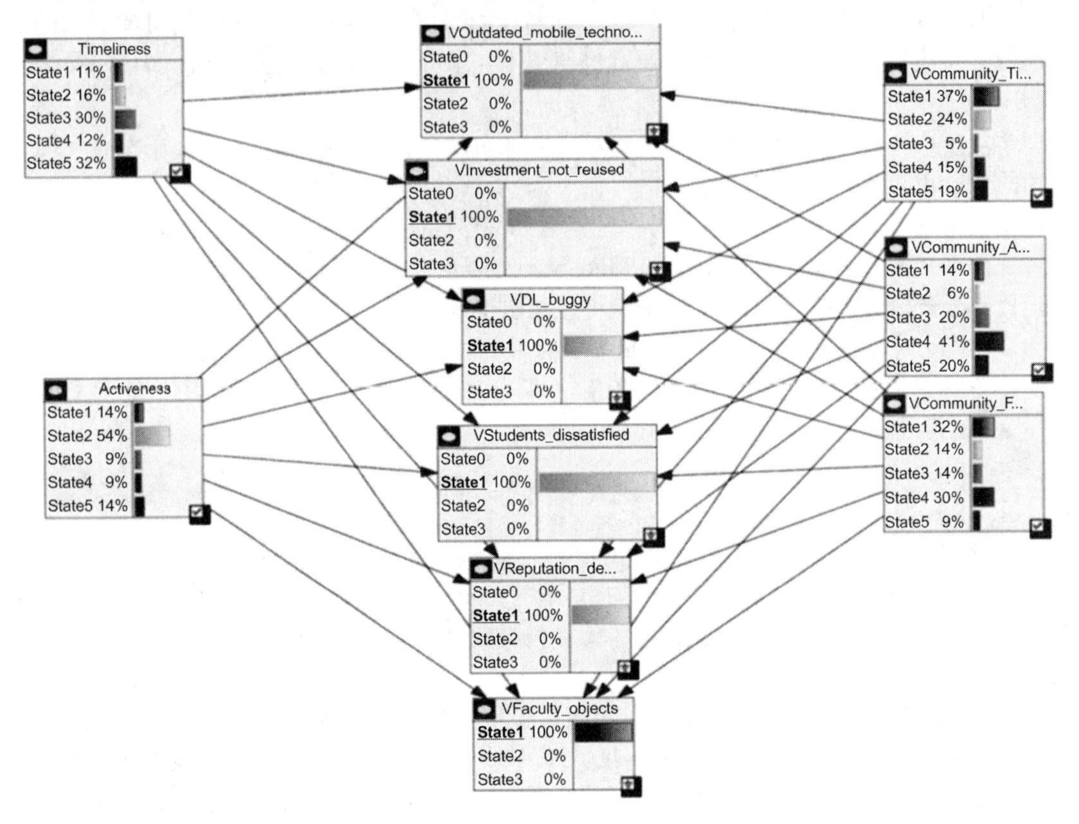

图 14-14　关联风险指标与商业风险

考虑到如图 14-14 中的贝叶斯网络中的低风险情况，有一种情况是所有商业风险的概率非常低。在此情况下，没有任何业务目标受到 BR1～BR4 的影响，因此没有任何目标 $g_3, \cdots, g_6$ 具有否定值，但都有满意度值，因此权重 $v=1$ 表示满意，如图 14-15（a）所示。这些证据值通过四个 AND 连接传播（假设它们中的每一个具有权重 $w=0.25$）并通过 14.4 节描述的逻辑与聚合函数 $\text{sat}(g_1)=\text{sat}(\text{AND}(g_3,\cdots,g_6))=\text{avg}(\sum_{i=3.6} w_i v_i)=1$，$\text{den}(g_1)=\text{den}(\text{AND}(g_3, \cdots, g_6))=0$ 聚合，到高级别的目标 g_1="最大化移动平台投资"，其依据表明它是满足的并且没有被否定的理由。

经过 15 天的监测，监测系统开始对 Moodbile 社区指标进行新的风险评估。在该情况下，所有六个商业风险都具有"state3"，因此表示有很高的可能性。受（BR1～BR4）影响的所有四个目标的"否定"值通过连接传播，逻辑与聚合函数 $\text{sat}(g_1)=\text{sat}(\text{AND}(g_3, \cdots, g_6))=0$，$\text{den}(g_1)=\text{den}(\text{AND}(g_3, \cdots, g_6))=1$ 到更高级别目标 g_1="最大化移动平台投资"，如图 14-15（b）所示。

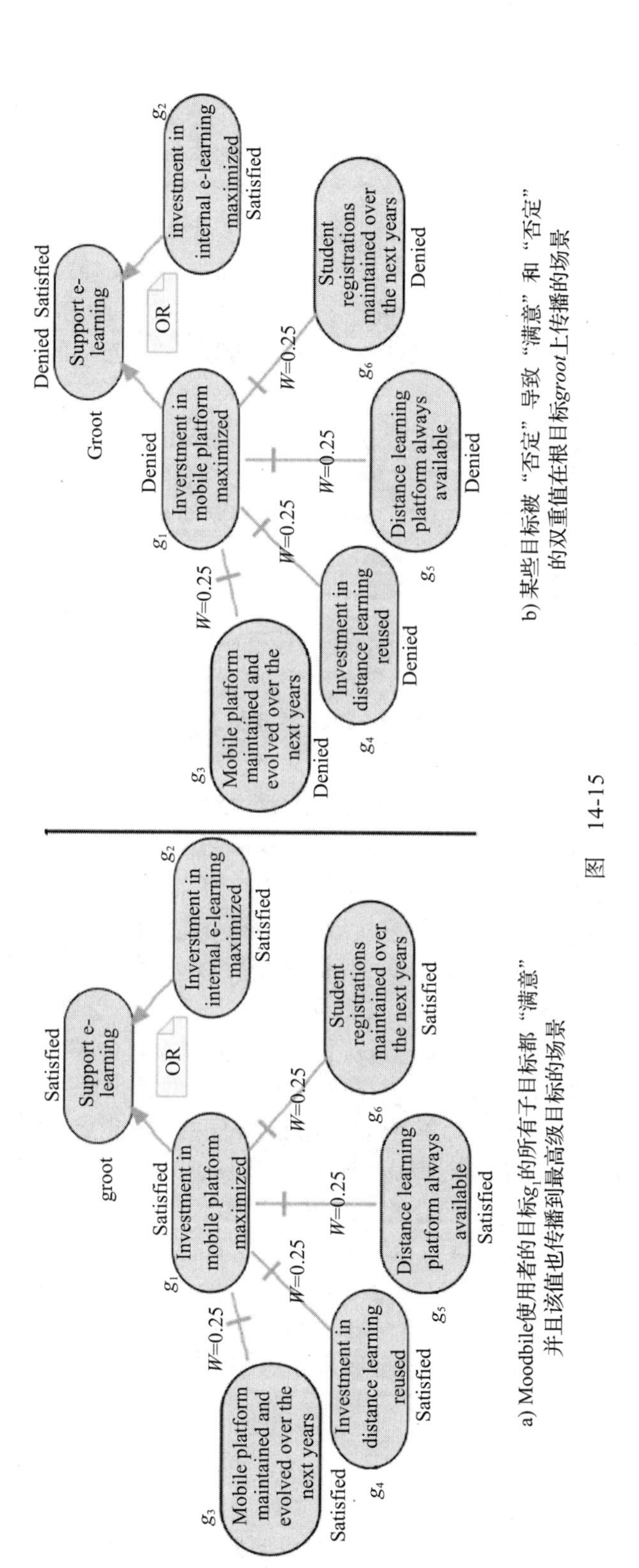

a) Moodbile使用者的目标g_1的所有子目标都"满意"并且该值也传播到最高级目标的场景

b) 某些目标被"否定"导致"满意"和"否定"的双重值在根目标*groot*上传播的场景

图 14-15

此外，“否定”值从目标 g_1= “最大化移动平台投资”传播到两个目标“维护组织声誉”和“保持投资共识”(通过“*some+*”关系)。在该情况下，源自内部目标中传播的“否定”值因受到特定的商业风险（BR5 和 BR6）的影响，数值变得稳定，而这些特定商业风险影响了这两个目标，从而增加了这两个目标的“否定”值的依据。

该分析的结果是风险程度的一个依据，也是 Moodbile 使用者的业务目标的影响的依据，也是探索风险缓解活动的方法。特别是在最后一种情况下，大学可能采取的风险缓解策略是通过探索未被商业风险否定的可能的替代目标来*规避风险*。例如，目标 g_2= “最大化内部网络学习投资”是主要的大学目标 *groot* = “支持网络学习”的 OR 分解的一部分（“被否定”的目标 g_1 也是 OR 分解的一部分)，并且具有“满意”的依据，如图 14-15（b）所示。

14.6 相关工作

本节主要讨论 OSS 生态系统和风险的建模、度量和分析方面的相关工作。

14.6.1 OSS 社区的数据分析

一些研究解决了在工业环境下的 OSS 使用过程中与商业和技术风险相关的活动和决策的问题。例如，在 Ardagna 等人 [37] 的工作中，考虑了在电信行业环境中采用开源产品的软件质量保障问题。为了确保软件技术质量和业务目标，例如降低总体拥有成本（TCO），该论文提出了一种在开发 OSS 组件时引入质量保障活动的方法。Li 等人 [38] 对工业技术和业务层面的风险进行了广泛的调查。本文也通过观察了几个欧洲 IT 组织，来了解哪些是技术和业务经理所认为的与 OSS 使用相关的主要风险和风险指标。

很多项目中已经考虑了通过度量和统计分析来评估 OSS 软件的质量和特性的问题。FLOSSMetrics㊀的目标是构建、发布和分析一个具有来自数千个软件项目的信息和度量的大型数据库。同样，GHTorrent㊁项目 [39] 旨在分析 Git 存储库，挖掘有趣的数据，以评估代码中的质量问题。QualiPSO㊂项目的目标是设计一个成熟度模型和支持工具，类似于 CMMI[7]，它是由一个项目要处理的主题列表组成，以便可以分类到三个成熟度级别之一。此外，QualOSS㊃项目的目的是定义一种评估 OSS 项目质量的方法，评估项目的鲁棒性和可演化性。QualOSS[30] 中定义的质量模型由三种相互关联的元素组成：质量特征、产品或社区的具体属性、度量，并定义了如何聚合和评估度量值以获得整合信息的指标。SQO-OSS㊄项目 [40] 旨在建立一个平台，即 Alitheia Core，作为共享代码质量分析工具和研究数据的生态系统的基础，使研究人员能够专注于他们手头的研究问题，而不是从头开始重新实现分析工具。最后，OSSMETER㊅的目标是开发一个平台，支持决策者发现、比较、评估和监控开源软件的健康、质量、影响和活动。为实现此目标，OSSMETER 旨在通过对来自不同 OSS 数据源的信息进行高层次分析和集成，计算可信赖的质量指标。

㊀ http://flossmetrics.org/。
㊁ http://ghtorrent.org/。
㊂ http://qualipso.org。
㊃ http://www.qualoss.eu/。
㊄ http://www.sqo-oss.org。
㊅ http://www.ossmeter.eu。

关键风险指标（KRI）是公司或特定业务部门运营中使用的指标，以便风险管理者能够对不断变化的风险立即响应[7, 37]。目标是从代表 OSS 开发环境的风险事件、指标和度量之间的联系中获得见解。为了从可测量的数据中获得与风险相关的见解，参考文献[4,7-8,37,41-44]中描述了需要回答的方法和理论问题，包括使用什么指标来监控风险事件，如何将指标转化为针对一个或多个特定风险的缓解措施，以及验证风险相关度量的预测能力。

14.6.2 通过目标导向技术进行风险建模和分析

一些目标导向方法侧重于识别目标之间的阻碍关系，以便模拟未实现的目标的风险。这里关注文献中的两种主要方法，KAOS[45] 是目标导向的需求建模和分析框架。KAOS 的思想是，可以正式检查通过目标概念表示的需求模型以寻找有趣的属性，从而获得一致的需求规范。KAOS 中的阻止分析包括分析可能阻碍目标实现的不利条件。针对每个叶子目标搜索可能的障碍物，并通过负贡献关系将其与叶子目标联系起来。根障碍（基本上是叶子目标的否定）通过 AND 或 OR 分解成更细粒度的障碍物。在识别到不利条件后，可以通过修正模型来纠正它们。Asnar 等人[32] 的第二种方法提出了一个基于 i^* 的目标风险框架，在需求工程过程的早期阶段使用目标模型，来捕获、分析和评估风险。目标风险模型是一个三元组 $\{G, R, I\}$，其中 G 表示一组目标，R 表示一组关系，I 表示一组称为影响关系的特殊关系。该模型有三个层次。*资产层*用于对组织的资产建模，*事件层*对不可控情况下可能发生的现象进行建模。*处理层*包含通过降低风险可能性或减轻其严重性来减轻风险的对策。

14.7 结论

本章介绍了使用 OSS 的风险管理方法，该方法将 OSS 社区的结构和行为数据、OSS 项目特征和专家意见作为风险评估知识的基本来源。与文献中的其他方法不同，本章所提出的方法既针对 OSS 使用的技术方面，又针对业务方面的观点进行了分析。

为了实现该方法，本章设计了一个三层结构的框架，从数据收集和汇总它们的风险驱动因素定义，到风险驱动因素转换为风险指标，到最终使用组织商业风险的影响的最终评估。该方法的一个重要方面是，每个层次中的制品都可以对风险识别过程的某些特定方面进行分析，并逐步解释最终的风险评估，以便决策者也能够理解部分结果，从而获得关于整体评估过程的视图。

该方法还包括知识来源的不断收集、深入分析和其他相关性的技术。事实上，正如本章所设想的那样，OSS 领域的特点是可以利用快速累积的大数据进行风险评估。同时，专家评估和获取反馈的方法的定义不断丰富风险指标集，细化原始数据、风险预测器和风险之间相关性的依据。

未来，我们设想定义和改进方法的其他方面，例如为风险意识和缓解策略设计新方法和算法。与前面紧密相连的是，评估计划的定义应该允许支持不同类型的组织，从 IT 组织到机构，采用他们自己的“OSS 方式”进行软件开发。最后，将不断利用论坛和邮件列表中丰富的数据源，如 Mamykina 等人[18] 在社区分析和用于代码质量分析的 bug 库的工作中描述的那些数据。

我们的总体目标是通过帮助使用者设计和实施针对 OSS 使用的有效风险管理方法，为 OSS 的安全和管理部署做出贡献。

致谢

本章工作是RISCOSS项目的结果，由EC 7th Framework项目资助（FP7/2007-2013，合同号：318249）。

参考文献

[1] Driver M. Drivers and incentives for the wide adoption of open-source software. Gartner report; September 2012.
[2] Gartner Group. Five mistakes to avoid when implementing open-source software. Report; November 2011.
[3] Tom Lee S, Kim H, Gupta S. Measuring open source software success. Omega 2009;37(2):426–38.
[4] Kenett RS, Raanan Y. Operational risk management: a practical approach to intelligent data analysis. Chichester, UK: John Wiley & Sons; 2010.
[5] Franch X, Susi A, Annosi M, Ayala C, Glott R, Gross D, et al. Managing risk in open source software adoption. In: ICSOFT; 2013. p. 258–64.
[6] Soldal Lund M, Solhaug B, Stølen K. Model-driven risk analysis—the CORAS approach. Berlin: Springer 2011. 460 p.
[7] Kenett RS, Baker E. Process improvement and CMMI for systems and software: planning, implementation and management. Boca Raton, FL: Auerbach Pub, Taylor and Francis; 2010.
[8] Ligaarden O, Refsdal A, Stolen K. Validki: a method for designing key indicators to monitor the fulfillment of business objectives. In: Proc. BUSTECH 2011; 2011. p. 57–62.
[9] Moore J. Predators and prey: a new ecology of competition. Harv Bus Rev 1993;71(3):76–86.
[10] Porter M. What is strategy. Harv Bus Rev 1996;74(6):61–78.
[11] Bonaccorsi A, Giannangeli S, Rossi C. Entry strategies under competing standards: hybrid business models in the open source software industry. Manag Sci 2006;52(7):1085–98.
[12] Daffara C. Business models in floss-based companies; 2008. Available online at: http://ifipwg213.org/system/files/OSSEMP07-daffara.pdf.
[13] Gartner Group, Predicts 2009: the evolving open-source software model. Report; December 2008.
[14] Ghosh R. Study on the economic impact of open source software on innovation and the competitiveness of the information and communication technologies (ICT) sector in the EU; 2006. Available online at: http://ec.europa.eu/enterprise/sectors/ict/files/2006-11-20-flossimpact_en.pdf.
[15] Lakka S, Stamati T, Michalakelis C, Martakos D. The ontology of the oss business model: an exploratory study. Int J Open Source Softw Process 2011;3(1):39–59.
[16] Krishnamurthy S. An analysis of open source business models; 2003. URL: Availableonlineat:www.dbis.cs.uni-frankfurt.de/downloads/teaching/e-bmw/bazaar.pdf.
[17] Jansen S, Finkelstein A, Brinkkemper S. A sense of community: a research agenda for software ecosystems. In: 31st international conference on software engineering, new and emerging research track; 2009.
[18] Mamykina L, Manoim B, Mittal M, Hripcsak G, Hartmann B. Design lessons from the fastest q&a site in the west. In: CHI '11; 2011. p. 2857–66.
[19] Jansen S, Brinkkemper S, Finkelstein A. Business network management as a survival strategy: a tale of two software ecosystems. In: 1st international workshop on software ecosystems (IWSECO), CEUR; 2009. p. 505.
[20] Boucharas V, Jansen S, Brinkkemper S. Formalizing software ecosystem modeling. In: 1st international workshop on Open component ecosystems; 2009.
[21] Iansiti M, Levien R. The keystone advantage. What the new dynamics of business ecosystems mean for strategy, innovation, and sustainability. Boston, MA: Harvard Business School Press; 2004.
[22] Hagel I, Brown JS, Davison L. Shaping strategy in a world of constant disruption. Harvard Bus Rev 2008;86(10):80–89.
[23] Jansen S, Cusumano M. Defining software ecosystems: a survey of software platforms and business network governance. In: 4th international workshop on software ecosystems (IWSECO), CEUR; 2012. p. 879.
[24] Salter-Townshend M, White A, Gollini I, Murphy TB. Review of statistical network analysis: Models, algorithms, and software. Stat Anal Data Mining 2012;5(4):243–64.
[25] Pearl J. Causality models reasoning, and inference. Cambridge, UK: Cambridge University Press; 2000.
[26] Yu ESK. Modelling strategic relationships for process reengineering. Toronto, Ont.: University of Toronto; 1995.

[27] Kenett RS, Zacks S. Modern industrial statistics: with applications in R, MINITAB and JMP. 2nd ed. Chichester, UK: John Wiley and Sons; 2014.
[28] Harel A, Kenett R, Ruggeri F. Modeling web usability diagnostics on the basis of usage statistics. In: Statistical methods in ecommerce research. Chichester, UK: Wiley; 2009.
[29] Kenett RS, Harel A, Ruggeri F. Controlling the usability of web services. Int J Softw Eng Knowledge Eng 2009;19(5):627–51.
[30] Ciolkowski M, Soto M. Towards a comprehensive approach for assessing open source projects. Software process and product measurement; 2008.
[31] Kenett RS, Franch X, Susi A, Galanis N. Adoption of free libre open source software (FLOSS): a risk management perspective. In: COMPSAC; 2014. p. 171–80.
[32] Asnar Y, Giorgini P, Mylopoulos J. Goal-driven risk assessment in requirements engineering. Requir Eng 2011;16(2):101–16.
[33] Ayala CP, Franch X, López L, Morandini M, Susi A. Using *i** to represent oss ecosystems for risk assessment; In: 6th *i** workshop; 2013.
[34] Nilsson N. Problem-solving methods in artificial intelligence. New York, NY: McGraw-Hill; 1971.
[35] Leone N, Pfeifer G, Faber W, Eiter T, Gottlob G, Perri S, et al. The dlv system for knowledge representation and reasoning. ACM Trans Comput Log 2006;7(3):499–562.
[36] Giorgini P, Mylopoulos J, Nicchiarelli E, Sebastiani R. Formal reasoning techniques for goal models. J Data Semant 2003;1:1–20.
[37] Ardagna C, Banzi M, Damiani E, Frati F, El Ioini N. An assurance model for OSS adoption in next-generation telco environments. In: Proceedings of the 3rd IEEE international conference on digital ecosystems and technologies DEST '09; 2009. p. 619–24.
[38] Li J, Conradi R, Slyngstad O, Torchiano M, Morisio M, Bunse C. A state-of-the-practice survey of risk management in development with off-the-shelf software components. IEEE Trans Softw Eng 2008;34(2):271–86.
[39] Gousios G. The GHTorrent dataset and tool suite. In: MSR 2013; 2013. p. 233–6
[40] Gousios G, Spinellis D. Alitheia core: an extensible software quality monitoring platform. In: ICSE '09: proceedings of the 31st international conference on software engineering—formal research demonstrations Track: IEEE; 2009. p. 579–82.
[41] Aven T, Heide B. Reliability and validity of risk analysis. Reliabil Eng Syst Safety 2009;94(11):1862–68.
[42] El Emam K. A methodology for validating software product metrics. Technical report. National Research Council Canada, Institute for Information Technology; 2000.
[43] Fenton N, Neil M. A critique of software defect prediction models. IEEE Trans Softw Eng 1999;25(5): 675–89.
[44] Wallace L, Keil M, Rai A. A understanding software project risk: a cluster analysis. Inf Manage 2004; 42(1):115–25.
[45] van Lamsweerde A, Letier E. Handling obstacles in goal-oriented requirements engineering. IEEE Trans Softw Eng 2000;26(10):978–1005.

大型企业软件状态评估——12 年历程

Randy Hackbarth*, Audris Mockus*, †, John Palframan*, David Weiss‡

Software Technology Research, Avaya Labs, Santa Clara, CA, USA The Department of Electrical Engineering and Computer Science, University of Tennessee, Knoxville, TN, USA† Computer Science Department, Iowa State University, Ames, IA, USA‡*

15.1 引言

公司应该如何评估并提高软件开发能力？本章将介绍 Avaya 公司开发和使用的年度软件评估过程。Avaya 是一家大型电信公司，前身为朗讯科技公司（Lucent Technologies）的网络部门，如今已经成为开放式移动协作平台的供应商。高质量的软件一直是该公司成功的关键，并且其软件开发和维护能力也随着公司的发展而不断提高。它的软件评估过程已经有 12 年历史并且还在不断发展中。

Avaya 拥有 2000 多个研发部门。这些研发部门不断被要求提高软件质量，缩短开发时间，并且降低软件开发和维护的成本。在这些压力之下，如何最大化利用现有资源改进开发过程、环境、文化和工具并产生肉眼可见的结果至关重要。

Avaya 的软件评估过程由 Avaya 软件技术资源中心（Avaya Resource Center for Software Technology，简称 ARC）发起和执行。ARC 是 Avaya 研究院的一部分。Avaya 研究院是隶属于 Avaya 研发部门的独立组织。ARC 的主要目标是改进 Avaya 的软件质量并且了解这些改进。“了解”意味着这些改进必须既可以被客观量化，又可以被主观感知。每年 ARC 都会编写一份名为《Avaya 软件状态》的年度报告。该报告描述了整个公司的软件开发趋势，并针对改进建议给出优先级。优先级是根据建议的预期影响力和软件开发组织实施这些建议的能力来确定的。因此，报告致力于显示 Avaya 开发能力的年度变化，同时关注此前给出的建议的影响力。该报告提供了一种反馈机制，以帮助指导提高 Avaya 软件开发和维护的能力，从而促进公司实现其目标。随着公司软件能力的发展，该报告也在不断演变。现在，ARC 既可以回顾之前的报告并追踪报告的演变，也可以评估它成立以来带来的影响。这些方法可以作为一个模型供他人使用。

本章将通过年度报告中的示例来阐明评估使用的方法与从中吸取的经验教训。笔者将阐明报告的范围和使用的方法随着时间的推移而演变的原因和方式，报告如何成为公司软件改进的基础，报告的影响是什么以及如何从经济上和主观上评估其带来的影响。笔者还就如何开展相应的工作提供了一些建议。15.2 节描述了创建报告的方法的演变。15.3 节总结了其影响。15.4 节详细介绍了相关方法、哪些方面随时间保持不变以及哪些方面发生了变化。15.5 节描述了评估的数据源，以及评估如何验证数据并确保其准确性。15.6 节举例说明了几种不同类型的分析，主要侧重于软件质量及其随时间推移的演变。15.7 节说明了以上方法也适用于公司内部的软件实践。15.8 节说明了报告中提供的建议类型以及如何部署建议。15.9 节提供了如何评估报告中建议的影响力的示例。15.10 节总结了 ARC 从编写报告中获得的收获，报告如何继续发展，期望报告在未来如何发展，以及 ARC 在制定报告时的实践对其他组织的适用性。

15.2　过程和评估的演变

评估工作的重点来自于公司的目标、可用的数据以及 ARC 切实可行的方案。2002 年，当时 Avaya 的大多数项目都是独立项目，很少进行离岸开发或将项目外包出去，因此最初评估工作的重点是评估独立的项目。下面是 2002 年评估所关注的重点的总结。

- **项目特点**：项目描述、项目目标和达到一般可用性（GA）的项目版本数量。
- **Avaya 项目中使用的技术**：目标平台和开发平台的类型（如 VxWorks、Linux）、技术（如 J2EE、.Net）、协议、开发方法和跨项目使用的工具。
- **人员技能**：Avaya 研发社区的领域专业知识、角色、经验的缩影以及变化。
- **软件质量**：开发项目的质量目标和客户对质量的敏感度。
- **项目周期（完成一个项目所需时间）**：分析项目周期，包括 Avaya 项目典型的项目周期以及预测的项目周期和实际的项目周期之间的差异。

随着 Avaya 的发展，项目团队的性质发生了变化。许多 Avaya 项目成为多团队项目，有离岸开发团队和外包人员参与。因此，报告评估的范围也发生了变化，改为评估团队绩效（见图 15-1）。这导致评估需要分析团队的经验水平、知识转化技术、多团队项目合作、沟通机制以及其他的分布式开发因素。

最初评估对象主要是研发活动，包括架构、设计、实施、功能和系统测试。这些研发活动仍然是每份报告的重点。但 Avaya 的业务已发生变化，公司的目标已经从成为业界领先的企业语音通信服务的提供者，转型成为开放式移动企业协作平台的首选供应商。

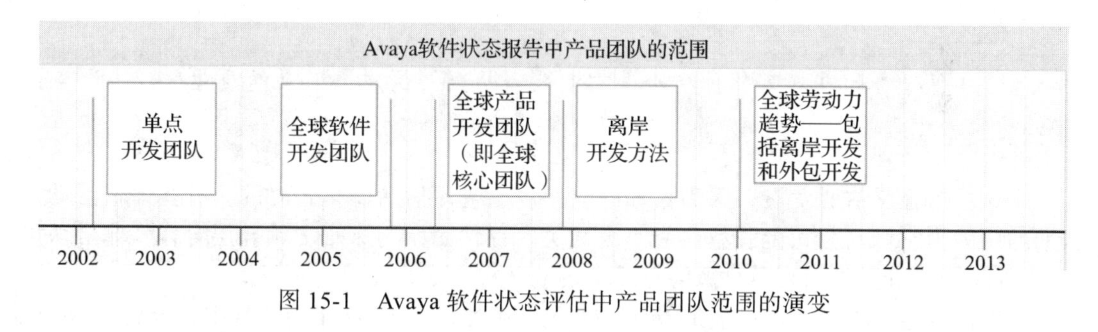

图 15-1　Avaya 软件状态评估中产品团队范围的演变

由于业务的变化，Avaya 的大部分产品都是基于软件的，需要有效地进行互操作，这需要谨慎协调跨产品规划、设计和测试。因此，需要以两种方式扩大报告的范围：首先是对整个生命周期活动进行评估（如图 15-2），其次是对跨项目开发活动进行评估（如图 15-3）。

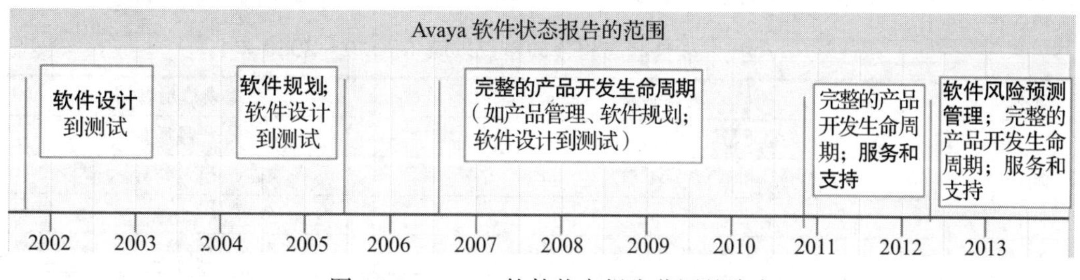

图 15-2　Avaya 软件状态报告范围的演变

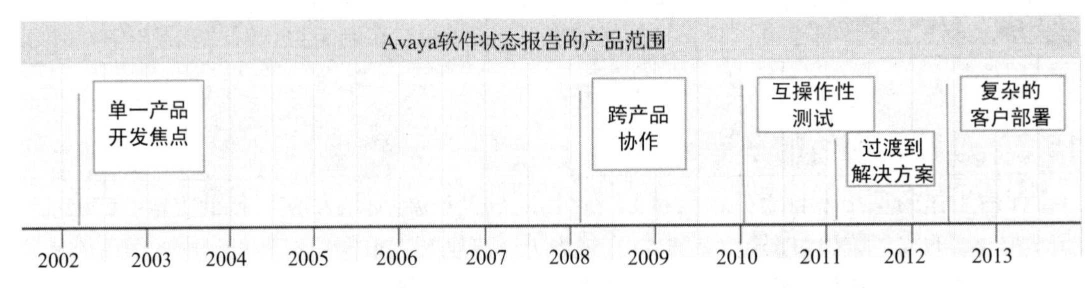

图 15-3 Avaya 软件状态报告的焦点从单一产品到跨产品互操作性管理以及解决方案的开发和部署的演变

如图所示，现在从两个角度定义范围，如下所示：

全生命周期活动：

- 前端规划活动，如需求规约、需求评审和项目估算；
- 完整的产品开发周期，包括功能团队的产品管理和方案管理（例如，全球市场介绍、文档、服务、营销和销售）；
- 软件服务和支持功能，例如解决客户服务请求的时间以及对服务人员可用的产品信息的完整性和易用性的评估。

跨项目开发活动：

- 跨项目互操作性管理，包括互操作性规约、委托和测试；
- 多产品解决方案的创建、测试和部署；
- 能够预测并缓解复杂的客户环境中的问题。

报告演变的最新步骤还包括对软件风险管理实践的评估。例如，2013 年报告的重点如下（见图 15-2）。

> 2013 年报告的重点是软件风险管理实践，特别关注客户驱动的质量管理，这与 Avaya 成为开放式移动企业协作平台的首选供应商的使命一致。

注意，随着评估的发展，因为目标的改变，一些评估活动是暂时的。有些评估活动是长期的，因为它们与公司的长盛不衰息息相关。评估团队与 Avaya 领导层合作，非常认可 Avaya 向软件公司过渡时对软件风险管理实践做出的重要贡献。

每份报告还分析了每年有趣的具体的主题。例如，在 2008 年的报告中，分析了 Avaya 中架构引导的迭代开发的部署情况。通过与公司领导层合作确定重点领域，提高了报告的趣味性和相关性。所有重点领域的分析都基于对输入数据的研究。在这个过程中，需要仔细地整理和校验数据。表 15-1 显示了 2009 年至 2013 年 Avaya 软件状态报告的年度重点领域。每份报告中约有 50% 的篇幅用于重点领域。

表 15-1 Avaya 软件状态报告的重点领域（2009～2013 年）

年份	重点领域	需求提出者
2009	Avaya 的质量	Avaya 产品质量 VP
2010	提高质量和运营效率	Avaya 研发领导
2011	软件测试状态	Avaya CEO
2012	Avaya 的关键的软件风险管理方法	Avaya 总经理
2013	软件风险管理：客户驱动质量	Avaya CTO

15.3 Avaya 软件状态报告的影响

在过去的 12 年中，由于技术、市场条件、公司所有权和其他因素的变化，Avaya 已发展成一家更加注重软件的公司，该报告为 R&D 领导和企业领导提供了有用的见解和指导。新的 R&D 领导通常会向 Avaya 实验室反馈报告的价值，以明确客观地了解 Avaya 软件研发能力的优势和待改进的问题。

这份报告发给了整个 R&D 团队，并受到了 R&D 人员的一致好评。

> “这份报告明确指出了目标，切实帮助我充满干劲地开展任务。”
>
> ——*新的公司质量主管*
>
> “该报告帮助我专注于质量改进的正确领域。”
>
> ——*新的研发主管*

通过以下方式评价评估的影响：

- 改进目标的使用率和效果，即一旦相关的软件实践（例如构建管理）成为改进的目标，我们就会监控其在之后几年的使用率和效果。例如，在 2002 年自动化构建管理已被广泛使用但不是很有效，但到了 2008 年它已经被更广泛使用并且非常有效（15.9.1 节将详细讨论该案例）。
- 关键的软件风险管理实践的部署程度，例如有风险的文件的管理。
- 通过客户质量度量㊀从客户的角度衡量 Avaya 质量的改进。

Avaya 领导层在过去三年一直非常注重提高质量。根据估算，在这段时间这份报告以及相关的以提高质量为重点的措施使每年的运营成本降低了 6 千万美元，这比为实现节约而进行的投资多了数倍（15.9 节）。

15.4 评估方法和机制

本章使用的是目标 – 问题 – 度量（goal-question-metric）方法 [3-5] 来表征软件开发，而不会尝试使用诸如 CMMI 方法 [2] 的单个数字特征的方法。首先在 Avaya 业务目标和开发部门制定的目标上建立 Avaya 软件开发目标，以保证达成业务目标。正如 Rifkin[6] 所指出的，不同的部门根据其业务的不同采取了不同的方式开发产品。最重视创新的公司往往与最重视质量的公司有着不同的风格。用同一套标准去衡量不同风格的公司是不可取的。本章先根据目标确定感兴趣的问题，然后定义用于回答这些问题的度量。15.6 节列举一些问题和相应度量的实例。

此外，由于难以确保数据之间具有可比性，所以盲目对比不同企业的数据和结果是不可取的。正如 15.5.1 节中所讨论的那样，在公司内部验证数据的有效性是一项艰巨的任务，读者可以从 15.6 节示例分析的数据类型的讨论中深刻体会到这一点。例如，确定哪些因素使得 Avaya 代码库中多少代码变得复杂，其中一些因素如下（当然也不限于这些原因）：

1）需要考虑代码由哪种语言编写。Avaya 的产品在不同的部分使用了 C、C++、C#、

㊀ 客户质量度量是根据客户发现的产品缺陷（按照产品的安装数量标准化）来衡量客户对产品质量的看法 [1]。

Java 和其他编程语言。

2）是否包含第三方商业代码或开源代码以及如何在代码库中识别它们。

3）在产品中使用新配置控制系统并将现有代码复制到其中时，如何识别出这些重复的代码。

与其他企业比较代码规模时，需要所有参与比较的企业对这些问题给出一致的回答。

由于缺乏验证手段去验证 Avaya 之外其他企业的数据，因此即便假设数据具有可比性，也必须考虑到这些企业是否有相同的目标。例如，将致力于快速上市的公司与致力于创新或高质量的公司的产品开发时间进行比较时，如果不了解目标的差异，可能会导致误导性的结果和行为。换句话说，无论与其他企业比较的结果如何，都不能以此作为基准评估软件，反而应该进行自我目标比较以求自我改进。

本章中的规划评估方法受到 Walston 和 Felix 早期工作的启发 [7] 和 Basili 等人提出的经验工厂（Experience Factory）的影响 [8]，还受惠于由 Grady 和 Caswell 进行的工业软件度量的基础工作 [9]。类似于质量函数设计（QFD）[10]，分析定量数据，并设计一系列疑问，找出客户（Avaya 研发部门）提出的和未提出的需求并确定其优先级。评估的成果以 Avaya 软件状况报告（SOSA）的形式呈现出来。它包含一系列可落实的建议，评估者希望这些建议可以完善 Avaya 的软件开发实践。但是又与 QFD 不同，质量只是在研发过程中寻求优化的一个方面。

由于 Avaya 针对不同的市场和细分市场有许多不同的产品，因此各个产品开发组织的业务目标各不相同，但它们仍存在一些共同目标，所以所有项目都会致力于实现这些共同目标。例如，近年来提高客户满意度评级是一个突出的目标。所有部门都在努力实现这一目标。另外，在某些市场中，低成本和易于安装和使用是主要目标，而在其他市场中，极高的可靠性是主要目标。无论是共同目标还是个性化目标，都会影响对不同部门的评估和建议。在向特定部门提交报告时，着眼于该组织特有的情况，并针对这一特点提出建议。在评估过程中，着眼于他们的目标，并对其数据进行分析，这些数据通常是某一年度分析的所有数据的一部分。

该报告的数据来源包括数据的定量和定性分析。例如，在 2008 年，定量数据来自客户发现的缺陷分布，软件开发人员的修复和修复报告（MR）的内容，Avaya 软件存储库中的代码以及人员统计数据。定性数据源自诸如与软件开发人员、软件经理、软件产品经理等人员的访谈㊀，从其项目参与者的评论所获得的印象和数据以及特定问题的专业评估。例如：Avaya 开发部门是否很好地应用迭代开发技术，便可以作为定性数据源的一部分。2008 年 Avaya 软件状况报告的简介中记录了制作这份报告的信息源。如下所示（由于保密而稍作修改）。

Avaya 软件技术资源中心（ARC）发布了 Avaya 软件状态系列报告，以此定期反映 Avaya 软件生产能力的真实情况。目标是为 Avaya 研发机构提供一种未来发展的图景，以反映他们需要在哪里集中资源进行改进，进而完美地完成业务。我们的目的是让读者了解 Avaya 如何利用其软件生产能力，包括可用于软件开发的资源及其有效性、资源位置以及资源储量。

这些报告参考了 ARC 为 Avaya 项目提供的服务和分析㊁。各年份的报告参考了以下资料：

㊀ 2008 年，为了完成报告，笔者专门采访了研发部门和产品管理部门的 120 名员工。

㊁ 一个项目需要负责一个产品的一个或多个版本的开发。但在某些情况下，一个版本的开发会被组织成多个项目。

- 根据前一年的报告，基于参与软件改进计划的各个部门的工作做出的总结。
- 2008 年对 Avaya 研发部门迭代开发部署的评估。
- 2007 年 Avaya 软件研讨会和 2008 年 Avaya 测试论坛的协作。
- 参与的各种软件架构评审以及其他服务。
- 与超过 120 位研发部门成员以及来自所有部门的产品 / 方案管理人员进行的个人会面或小组会议，这些人员分布在 Avaya 全球各地的研发中心。评估结果已根据参与人的反馈进行了审查和调整。
- 对数据进行定量分析，例如从 SAP 和其他来源获得的人员数据，客户发现的缺陷，Avaya 软件存储库中的代码，项目数据，以及 Avaya 中使用的各种配置管理系统和数据仓库中报告的 MR 数据。

15.11 节包含报告简介所述的访谈中使用的问题的示例列表。

随时间演变的评估方式

最初，该报告只在研发部门内部传播。但是现在，传播的范围已经远远超出研发部门，最高级别的管理人员也在阅读该报告。这影响了每年主题选择的方式以及后续工作如何开展。12 年前，此主题由 Avaya 研究院确定。但最近几年，它由企业高层决定。公司目标的变化是这份报告发生变化的主要原因。

最初，研发部门只需要与研发管理层召开关于报告的后续会议。现在，还需要与产品管理人员、质量监督人员、服务人员以及 Avaya 企业领导会面，并且需要根据每个部门的数据为每个部门单独制定一份报告，给予最中肯的建议。对于每一项建议，安排一个负责人执行该建议。由于资源的限制，只需着眼于最重要的几条建议，以提升这些建议被该组织采纳的可能性。

在 Avaya 成立之初，人们非常重视产品上市时间。最近，因为 Avaya 的产品需要保证危急情况下仍然可用，公司的重心转移到保证产品与解决方案的质量 [10]。人们也越来越重视提高研发效率，这影响了数据的收集和分析的执行。

随着时间的推移，收购的数量不断增加。收购带来了新的问题、文化、做法、市场领域和代码存储库，这些也影响了数据的收集和分析的执行。

Avaya 产品日益相互依赖，公司正在从产品管理模式过渡到“解决方案”开发模式。与此同时，研发部门在分析中使用了新的数据，如互操作矩阵。

接下来的两节将对比讨论评估方式中变化的和保持不变的部分。

1. 什么发生了变化

下面这些机制随着时间的推移而变化，以适应方法与可用数据的变化：

- 有更多的数据源可供使用，可以进行更深入的定量分析（详见 15.5 节）。
- 随着时间的推移，数据收集的质量有所提升。
- 数据更容易访问。许多软件项目转移到 Avaya Forge 或使用中心资源进行缺陷跟踪（有关 Avaya Forge 的详细信息，请参阅 15.5 节）。
- 定期在研发部门之外进行访谈，包括现场服务人员、企业质量人员、外包公司的 Avaya 产品开发经理以及 Avaya 高管。访谈的频率一般随着时间的推移而增加。特定年份焦点问题相关的访谈仅局限于这一年。
- 最初通过开展网上调查以全面了解研发和实践。后来因为与开发社区加深了联系，并且因为网上调查回复率太低，效果不显著，便停止了此项调查。

- 不再跟踪软件开发实践趋势，因此不再收集此领域的数据。根据选定的实践进行深入分析，例如测试或静态分析，并提出建议。
- 在评估开始的第一年，每半年报告一次，但由于涉及的工作量很大，很快将其改为年度报告。自 2003 年以来，笔者在每年 1 月上旬发布前一年的评估报告。

2. 什么保持不变

评估仍然依赖于定量和定性数据。即使细节发生了变化，评估使用的许多基础数据源类型仍保持不变。例如，虽然技术已发生变化，但仍会访问代码存储库。这里仍然依赖于与 Avaya 产品团队的合作伙伴关系，对 Avaya 和行业中的良好软件实践部署的评估以及内部软件会议的数据。

访谈仍然是收集数据的重要手段，并利用全年与项目和业务部门的合作数据。为访谈量身定制的提问都会提前制定好并交给受访者，给他考虑这些问题的时间。但鉴于受访者日程繁忙，不必为此做任何准备。在很多情况下，访谈会朝一个意想不到的方向发展，这提供了新的视角去了解开发者所关注的问题。在此情况下，可能会考虑将在后续访谈的提问中融入之前开发者关注的问题，通常还会增大访谈的规模，以确保正确理解这些问题。每次访谈都会被记录以供后续分析，日积月累，如今已有一个涵盖 12 年访谈数据的大型存储库，这在分析多年趋势时非常有价值。

我们审查报告的草案，包括给出的建议和获取数据的来源。该审查是在报告完成和分发之前检验报告可信度的一个步骤。

报告发布后，需要继续与管理层会面，以了解他们对建议的看法，并跟踪了解哪些建议得到了实施。

15.5　数据来源

不同类型的数据有不同的来源，包括以下几个部分：

- 代码存储库（代码行数、提交信息、分支信息等）；
- 缺陷跟踪系统（按阶段划分的缺陷、字段更新、服务请求等）；
- 人员统计信息（分布情况、熟练度、流失情况、职位等）；
- 开发数据（代码 / 文档 / 设计的评审信息、代码覆盖度量、静态分析、性能、寿命、可靠性、构建度量等）；
- 文档库（需求、设计、项目规划、测试计划等）；
- WIKI 项目（过程和实践、项目状态）；
- 质量数据（互操作性、过程指标、客户质量、客户满意度、质量改进计划等）；
- 用户案例；
- 销售信息（产品版本分布、产品和解决方案配置、升级信息）；
- 服务信息（升级、客户发现的缺陷、趋势等）。

评估过程随着时间的推移而发展，数据来源发生重大变化的原因有以下几点：

- 首先，诸如版本控制工具、缺陷跟踪系统等软件开发管理工具的广泛使用使得管理日益集中（基于云的），且该趋势持续加速。很大一部分项目转移到 Avaya Forge 和 ClearQuest（问题跟踪器）。Avaya Forge 是一个基于云的企业源代码工具，类似于 SourceForge，它提供了由 Atlassian 集成的一套工具，例如 JIRA、Crucible、

FindBugs、Subversion、Git 和 Confluence。该趋势使数百个项目中的大量数据集中到了一个位置，使访问和使用这些项目变得更加简单。此外，此集中化统一了开发者的身份。软件报告中分析的典型项目的早期状态表明，它们的开发支持和缺陷跟踪系统由各个项目自己管理，同一个开发者在不同的项目中拥有不同的 ID。

- 第二，大型收购带来了一套完全不同的系统和实践。为了避免开发人员支持工具的碎片化，被收购项目的问题跟踪系统被迁移到一个统一的平台上（ClearQuest 或 JIRA）。
- 第三，项目中使用的工具不断更新。早期阶段，项目从 Sablime 转向 ClearCase 进行版本控制。后来，Subversion 成为标准工具，许多项目从 ClearCase 转向 Subversion。在过去的几年里，另一场大规模的迁移已经开始了，项目开始转向 Git VCS。员工目录系统已转移到新平台，但继续提供类似的数据，并继续作为获取整个企业统计信息的途径。

  使用高级工具的最大变化之一是转而使用用于跟踪和解决客户问题的客户关系管理（CRM）系统。
- 第四，随着集中收集数据的商业价值变得愈发明显，公司建立了一个包含各种信息的数据仓库，其中包含与销售、现场支持、许可和其他类型的数据相关的信息。此外，提供额外数据源的工具在更多方面给软件开发提供支持。

从积极的方面来说，使用集中式工具可以更轻松地收集数据，个体识别变得更加简单，并且引入了更广泛的工具，例如用于检查的 Atlassian Crucible、JIRA 和其他改进软件开发的工具。然而，这些迁移具有相当复杂的历史，因为并非所有过去的数据都被迁移了，新工具具有不同类型的属性，并且工具的使用方式发生了很大变化。许多不再使用的工具已退役，相关的历史数据丢失了。这验证了本章提出的存储系统克隆（例如 Sablime，Subversion，Git，ClearQuest）或者为不跟踪状态变化的工具存储快照（例如来自代码覆盖工具的信息）的方法。

由于 Avaya 产品的数量和种类太多，准确组合仍在使用和已退出历史舞台的工具的数据以及将报告职责转移到业务部门的难度太大，因此不再提供代码规模的上下文数据、开发人员的效率以及所有 Avaya 项目的质量信息。通过将各种度量和工具集成到工具集中，识别和降低软件项目的风险。使用的度量可以回答一些具体的实际问题，如 15.6 节所述。

开发仍然使用各种缺陷管理工具（ClearQuest、JIRA、Rally）和源代码管理工具（ClearCase、SVN、Git、Sablime）。随着数据仓库范围的扩大，这些工具使用的字段的含义已经被标准化。此外，随着质量委员会的建立，对统一报告的需求迫使字段含义被标准化。

本节的其余部分列出了一些新的数据来源、一些发生变化的数据源以及一些数据和分析的实例。随着时间的推移，出现了许多新的可用的数据源，如下所示：

- 客户需求和需求的优先级信息存储在一个存储库中，它包含了所有产品的信息。
- 大多数 Avaya 产品的编码数据，如静态分析存储库、代码覆盖率数据、自动测试覆盖率、代码检查数据、构建频率和损坏、互操作性和技术债务都得到了维护。
- 敏捷管理系统（如 Rally 或 Green-hopper）提供的项目管理数据可用于收集项目积压趋势、速度和质量等方面的数据。
- 建立了一个综合的计划管理网站，为每个 Avaya 项目提供计划的数据和实际发布的数据，以及其他项目相关的数据。
- 系统测试和开发人员测试数据（如测试计划、测试覆盖率、测试通过率和失败率以及测试效率）存储在许多产品的公共存储库中。

- 创建了参考文献 [11] 中描述的以开源代码库形式存储的开源数据（现在包括超过 2 亿个独立的版本），以及一个用来确定项目使用了哪些开源代码的“黑鸭”存储库。因此，可以从代码增长趋势中过滤掉开源代码。
- 跟踪基于“客户质量度量”[1] 的产品质量变化趋势，并用于报告产品现场质量。
- 根据 Avaya 开发小版本和补丁（即功能包和服务包）的开发策略，维护质量数据。
- Avaya 的研发质量委员会负责跟踪良好的软件实践。借鉴这些数据，改进软件实践。
- Avaya 使用 Siebel 客户关系管理工具，提供有关资质和服务报告的信息。
- SalesForce 包含了有关客户及其客户经理的信息，可在全公司内使用。
- 营业额、许可证数量和下载量信息用于估算 Avaya 软件系统的用户数量和使用范围。下载量既可以通过许可证数量推算出，也可以从第三方（例如移动应用程序商店）获得。

值得注意的是，当项目迁移到新系统时会遇到一些困难。例如，要确定哪些修改报告与客户问题相关，必须级联查找不同的系统，包括客户关系管理系统 Siebel 和开发者的缺陷追踪系统，例如 JIRA 或者 ClearQuest。因为客户关系管理系统被世界上几乎所有国家的各种服务人员使用，修改报告可被不同的软件开发项目跟踪，需要时间来把统一的做法和定义推广到这一庞大和多样化的人群中。随着时间的推移，业务部门和质量组织的积极努力使得数据输入更加统一和准确，从而提高了数量质量㊀。

令人惊讶的是，由于技术的发展，项目迁移到基于云的系统，或是因为上面列出的其他的原因，几乎所有的数据源都曾发生过变化。只有一个大型项目坚持使用 20 世纪 80 年代后期搭建的一套定制工具。该工具集集成了许多开发过程阶段，包括审查、测试、构建、变更控制和问题跟踪。有趣的是，只有最新的开发套件具备类似的功能，例如 Atlassian 公司提供的一个开发套件。

然而，根据收集到的数据得出的经验，从长远的角度看，迁移到不同的开发工具是合情合理的。这表明必须适应这些长期的变化。对长期的变化进行研究可能需要特殊技巧去调整工具迁移，以及影响数据收集和分析的方式。例如，虽然调查的项目有些数据被迁移了，但是没有保留退出历史舞台的系统。第二，从早期系统迁移的数据通常与新系统使用中收集到的新数据不同。第三，新系统相关的业务通常与旧系统的业务大不相同。这三个差异使得难以进行跨越迁移边界的历史数据分析。

15.5.1　数据精度

除了前面提到的新的数据迁移挑战之外，确保数据精度也很重要。当处理分布在各种存储库中的大型数据集时，其中一些数据是手动输入的，且输入数据的人通常并不是做数据分析的。举个例子，修改请求数据存储在不同配置的存储库中，修改请求数据的变化描述由软件开发人员或者软件支持团队输入，他们可能没有意识到他们写的东西被作为公司分析的一部分。如参考文献 [4] 中所讨论和显示的那样，这些描述中的人为错误或者模糊不清的表述可能是数据不准确的主要原因。在分析包含多个不同来源或数据类型的数据时，问题变得更加复杂。评估他们所做分析中的错误，并持续寻求改良的方法，是度量领域应该解决的研究

㊀ 通常情况下，质量更好的数据会导致更精确、更有洞察力、更快速的分析，从而提供更好的改进建议。更好的建议可以加快改进的速度。

课题。在接下来的介绍，提供一些分析示例，并在示例中提供合理的误差估计。

15.5.2　分析的数据类型

如前所述，本章选择的定量数据源倾向于关注：需求获取和跟踪的过程、软件开发过程、开发人员统计以及开发人员和客户所看到的质量。每个区域都有一套工具，可用于量化区域内事件的历史以及事件之间的关系，例如下游客户的质量感知。代码的提交和修改请求用于提取有关各种问题的信息，包括发生的错误类型和使用的实践。例如，通过检查何时发现错误，通常可以确定所使用的检测技术，例如代码审查或系统测试。由于不同公司使用不同的语言、平台和开发工具，因此很难通过代码度量来发现整个企业的趋势。常常将代码度量分析留给项目组自行完成。不过，因为项目中已经部署了各种静态分析工具（如 FindBugs 和 Coverity）以及 Atlassian Crucible 等检测工具，所以可以获得丰富的数据源。

15.6　分析示例

报告的初始重点是分析人员趋势、专业知识、代码趋势、软件质量趋势、生产力、可预测性、工作转移和软件实践趋势。这些趋势对 Avaya 仍然很重要，但分析的意向已发生变化。

- 不再对某些趋势进行年度分析，因为现在 Avaya 产品套件会定期跟踪这些趋势，并纳入业务运营范畴。举两个例子，第一个例子是对客户质量度量 [1] 的定期跟踪，表征客户在软件发布后的某个时间间隔内观察到缺陷的概率，第二个例子是对进度表执行情况的季度分析，将预期的进度表与实际的进度表（15.6.2 节）进行比较。在上面两个例子中，缓解措施都是由业务运营团队确定并根据需要实施的。
- 随着 Avaya 开发已成为一项全球性的工作，人员统计分析更加关注多项目、多地点、离岸开发和外包的趋势。
- 研究发现，帮助项目落实建议比提供建议更为重要。特别是如果能够提供详细的建议并附有设计过程和工具来帮助落实，这样的建议往往是最容易被广泛接受的。因此，笔者已开始提供多个数据源和工具及程序的综合分析，并为个别项目的一些执行步骤提供帮助。举个例子，风险文件管理（15.6.3 节）涉及多个数据源，如缺陷计数、文件搅动、作者流失和文件大小，以识别代码库中潜在的最危险的文件。除了风险文件分析之外，常常还提供程序和工具来帮助产品团队缓解最高风险度文件的风险，如 15.6.3 节所述。

对研发部门的人员统计分析（15.6.1 节）仍然备受关注。它帮助研发和业务负责人检查人员配置、专业知识、离岸开发、外包开发和其他研发人员的趋势。这些趋势通常可用于单个项目，但该报告提供了 Avaya 各个部门的趋势，并帮助研发领导和业务领导评估组织能力、培训需求、按时交付产品的能力和其他类似的因素。

对于其他趋势的分析，如专业知识、代码趋势、软件质量趋势、工作转移和生产率趋势等，需要在之前的报告 [10] 中独立完成。如图 15-4 所示，在某些情况下，比较了两个可能很重要的因素，例如产品团队的生产力和产品中的代码行数。为了衡量开发人员的工作效率，严格遵循参考文献 [12] 中介绍的方法。首先选择一部分开发人员，他们每年贡献了 80% 的变更，称他们为核心组。然后，将此核心组对源代码所做的更改次数除以组的大小，以便根据每个开发人员每年的变更次数来衡量生产率。在此过程中，只考虑对源代码文件所做的修改。代码行数是根据项目代码库的内容计算的。

如前文所述，验证过程中的一个环节是向研发部门和其他部门中的各类人员展示分析结果，并收集他们的反馈。然后通过数据和分析，根据需要进行调整。下面对本节开头提出的几个问题一一进行分析。

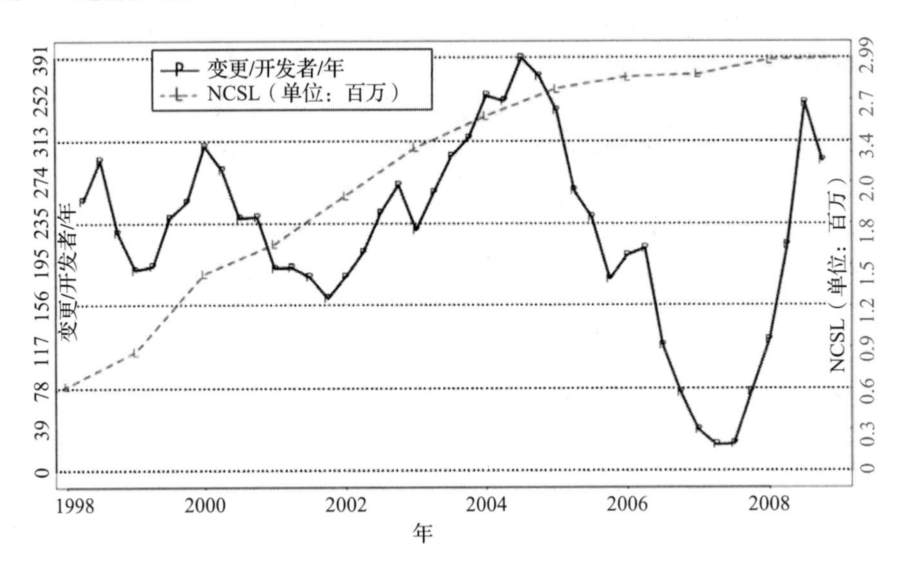

图 15-4　样本产品的生产率趋势和代码行趋势

15.6.1　人员分析

问题：员工在各个位置各个部门的分布是怎样的？有多少员工流失？

这份报告按位置、职称、经验、部门、原公司和员工类型（员工、承包人员、外包开发人员或离岸开发人员）分析当前研发人员的分布情况。了解研发部门的分布和组成有助于了解研发所面临的问题并看清趋势。例如，图 15-5 显示了 Avaya 中的不同部门分布在不同位置，该现状促使笔者研究了项目在分布式开发中遇到的问题。图 15-6 显示了使用承包开发和外包开发的主要问题，因此倾向于解决知识转移和如何进行工作划分等问题。

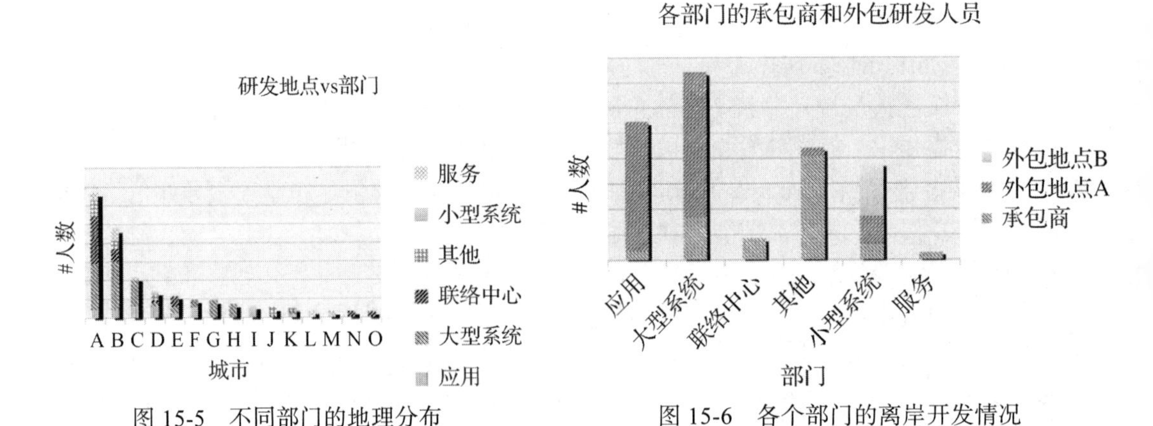

图 15-5　不同部门的地理分布　　　图 15-6　各个部门的离岸开发情况

这两张图表都是基于对 Avaya 公司人员目录的分析，人员目录中包含每位员工的职位和位置的信息。此外，外包团队的一些数据是通过访谈负责管理外包团队的 Avaya 员工获得的。

分析公司现有员工的来源，可以深入了解他们熟悉的产品、技术和市场。这对软件开发方法和各学科专家的地位产生了影响。更详细的图表（此处未给出）展示了公司每年雇用了多少员工，有多少员工离开。这可用于调查公司的人才战略和士气问题[⊖]。

人员趋势可以与其他趋势相结合进行分析，例如代码增长速度，以表明哪些方面可能需要重新平衡。

另一项分析显示了员工的流失趋势，即不同地点的流动率，这能够估算专业人员的流失率（或增长率）。因为实时电信产品非常复杂，所以一个开发员工可能需要 6～12 个月或更长时间去适应产品或公司。在更复杂的项目中，开发人员可能需要 3 年才能适应[13]。流失趋势可用于分析员工流失或新员工培训比率造成的生产力损失。图 15-7 显示了 Avaya 各个产品中开发人员经验的长期趋势，图 15-8 中细节更加完善。这些基于历史数据的图表给出了一个推荐的新员工比例。

这些数据展示了 Avaya 新开发人员所在的地点。图 15-8 显示了两个特定时间点的员工地理分布的比较。图表中不同个体组织的变化突出显示了哪里缺乏有经验的员工，需要采取措施纠正。笔者没有所有被收购公司的历史经验数据，因此最坏情况下，经验可能被低估了 11%，但更可能低于 5%。

人员统计分析是基于公司的人员目录，每个月都需创建人员目录的快照，并使用这些数据来分析趋势。

总之，人员统计分析提供了背景和环境，这有助于了解公司的其他重要趋势。

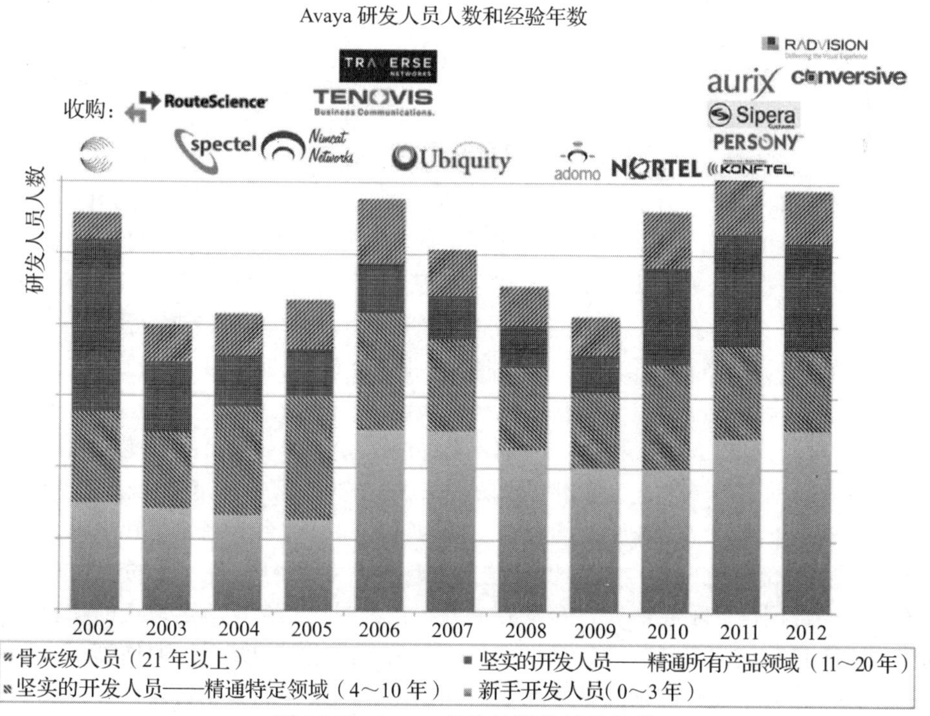

图 15-7　Avaya 产品长期的经验趋势

⊖ 可能因为 Avaya 是一家相对较新的公司，因此可以追溯到 2000 年的原始记录。

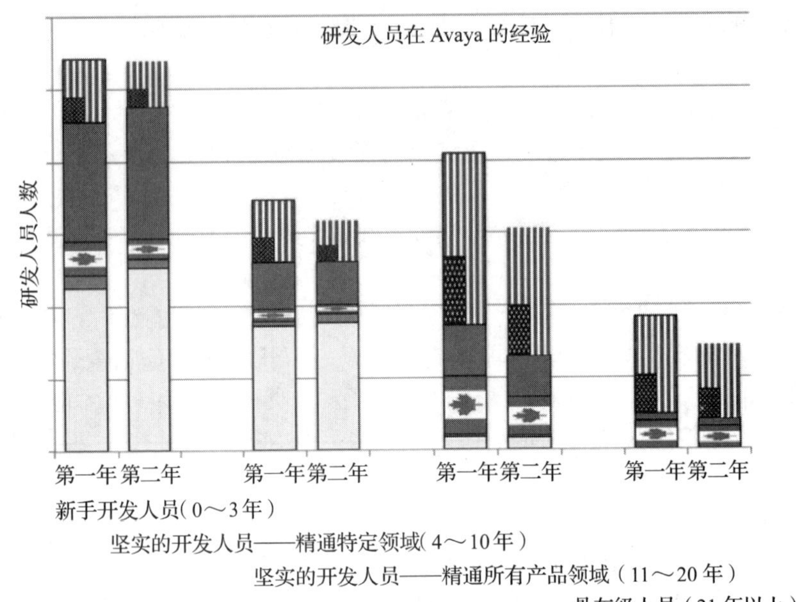

图 15-8　按地点进行产品研发的经验比较

15.6.2　可预测性分析

问题：Avaya 项目在完工日期的预测方面表现如何？

Avaya 采用一个基于关卡式评审的业务过程来推动项目进展，并同步开发、培训、文档、服务、安装和定制等功能。根据项目特点，Avaya 在开发阶段使用不同过程，包括迭代模型和传统瀑布模型。开发的可预测性对于确保给所有功能区分配适量的资源非常重要，功能区包括设计、系统测试、互操作性测试、文档化、全球化、本地化、alpha 测试、beta 测试、介绍和产品支持等领域。每个产品管理团队负责提供并跟踪数据。

可以从不同来源中抽取计划日期和实际日期，并比较它们的一致性。图 15-9 显示了项目在开发周期中不同关卡的完成日期的情况。y 轴显示了项目完工的预测日期相对于实际完工日期的延迟或提前。水平线表示准时完成。椭圆形表示开发周期中不同关卡的估算分布。例如，“完成规划”关卡的估算分布以深色的椭圆形表示，标志着可行性分析的结束。较大椭圆形内部以较小的黑色椭圆形表示估算中值。如图所示，即使项目开发已经进入后一个阶段，完工情况也只是稍有改进，很少有项目符合预期。

图 15-9 是通过分析 2004 年和 2005 年 18 个月内所有 Avaya 项目的预测日期和实际商用日期而创建的。目前，Avaya 的运营团队密切跟踪进度进行预测，预测的表现已大大改善。

图 15-10 显示了项目预测进度的能力和三个因素之间的关系。例如，其中一个因素是项目所需跨项目和跨部门之间的合作程度。这里发现涉及各部门之间合作的项目在预测完成日期方面比单个部门内的项目更差，开发人员分布在不同地点会比单个地点的项目预测得更糟。如果没有定量数据，有经验的项目经理可能会估算出相同的结果，但估算不出误差的大小。另外，还可以分阶段或是根据一些变量来评估可预测性，例如项目复杂性或规模、地点数量或开发方法。我们跟踪可预测性的变化趋势，采取措施提高可预测性。在绘制图 15-9 和图 15-10 时，观察到 Avaya 不善于预测，且随着开发的进行，Avaya 的预测能力没有得到

提高。通过对该问题的定量分析，Avaya 的运营团队决定使用更好的预测技术并密切跟踪该问题。后续分析显示此问题有所改善。这是通过（定量地）对某个问题进行有针对性的分析从而带来改进的一个很好的例子。

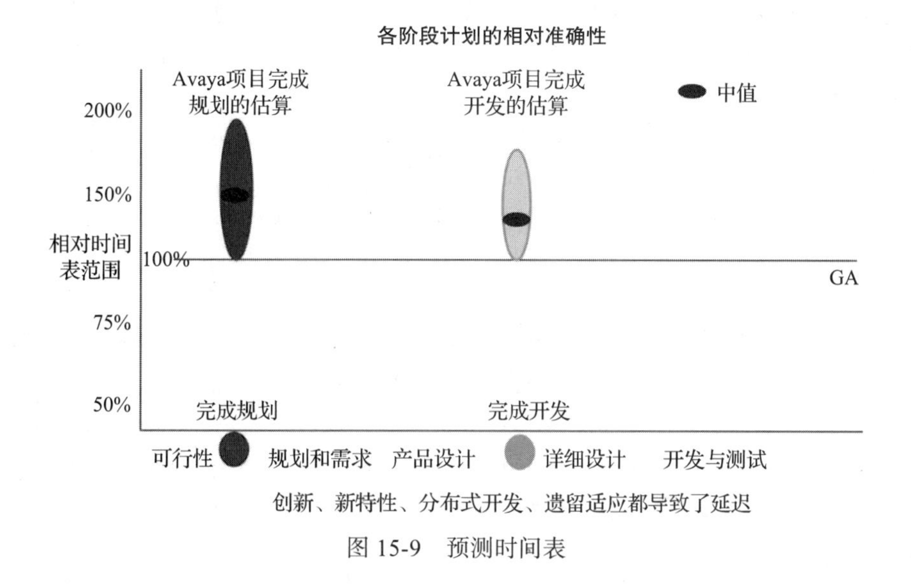

图 15-9　预测时间表

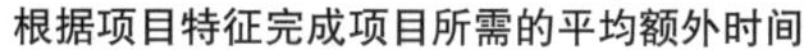

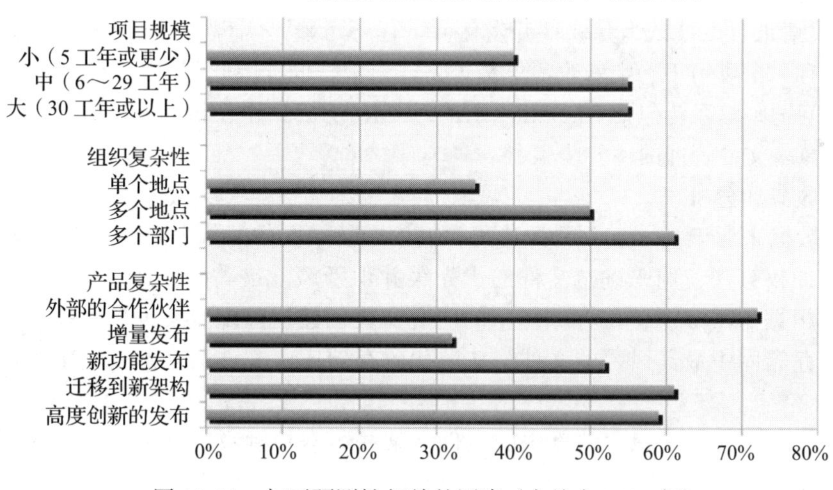

图 15-10　与可预测性相关的因素（大约在 2005 年）

图 15-10 显示了与可预测性相关的可能因素，它是通过分析 2004 年和 2005 年 18 个月内所有 Avaya 项目的预测日期和实际商用日期而创建的。根据项目人员配置文件确定了项目规模和组织复杂性，并根据需求和设计文档确定了产品复杂性。

用于可预测性分析的主要数据源是 Avaya 程序管理存储库中跟踪的实际提交日期。这些数据每月更新，Avaya 的规划经理会对其进行仔细审核，数据准确率约为 95%。

15.6.3　风险文件管理

根据分析，发现在大多数 Avaya 产品中 1% 的项目源码文件贡献了超过 60% 的客户缺陷报告。识别这“1%”的文件的能力有助于确定代码风险缓解的优先顺序。

风险文件管理（RFM）[14] 有助于识别最合适的风险缓解措施的优先级。笔者在分析 50 多个 Avaya 项目的过程中改进了此方法。简而言之，它在源代码的文件级别和模块级别根据风险的历史信息进行标注，并提出最合适的操作来缓解特定类型的风险。它有点类似于为关键场合生成高可靠的软件的方法，如参考文献 [15] 中所述。但是与参考文献 [15] 所述的工作相反，风险文件管理的目的是通过选择风险较高的区域和可能最具收益的补救方法来确定风险补救的优先顺序。例如，根据参考文献 [15] 中描述的静态分析技术，笔者试图（但没有）找到静态分析技术标记的缺陷（导致客户报告缺陷）的实例。相比之下，某些项目报告了不可忽略的静态分析警告中的部分修复，而这些修复引入了新缺陷。因此，我们只针对某些类别的静态分析缺陷确定修复程序的优先级，且分析只针对代码的特定区域。

分析使用的数据来自版本控制系统和修改请求跟踪系统。软件项目使用版本控制系统（VCS）来跟踪源代码的版本。开发人员对源代码文件的每个修订版都“提交”到 VCS。可以检索的提交信息包括作者、日期、修改的文件及其内容、提交消息（消息通常包含相关的修改请求的 ID）。版本控制系统包括 Subversion、ClearCase、Git、Mercurial、CVS、Bazaar 和 SCCS。开发人员创建项目代码的分支用来处理特定版本。大部分 VCS 支持创建分支，在不同分支上做的修改会被独立地记录。大多数项目至少有两个分支：拥有最新功能的开发分支和发布分支（发布给客户的产品中的代码），发布分支除了重要的错误修复之外，没有改动。修改请求 / 问题跟踪系统用于跟踪修改请求的解决（每次提交通常与一个修改请求相关联）。修改请求可以被认为是软件开发任务。任务可能是实现新功能或修复缺陷。修改请求的属性中有一个可用于确定修改请求是否是客户报告的，因此可以判断客户发现了哪些缺陷。常见的问题跟踪系统包括 Bugzilla、JIRA、ClearQuest 和 Sablime。

如下是风险文件管理的主要步骤：

1. 数据收集和分析

收集的数据来源于 Avaya 项目源代码存储库中每个文件的每个版本。根据以往的经验，设计了一套加权算法，用来确定文件的优先级并识别风险最高的候选文件集（约占所有文件的 1%）。根据 Avaya 源代码存储库中的所有文件创建风险配置文件后，每个项目都会显示该项目的存储库中最具风险的文件。从源代码存储库中文件的全部变更中可以获取以下信息：

（1）路径名，唯一标识存储库中的文件。某些版本控制系统中不同分支有不同的路径名，例如 SVN。

（2）作者、日期、提交消息和内容。分析文件的内容以获得抽象语法树（AST）和代码规模（以代码行为单位）。还需处理提交消息以识别可能存在的修改请求标识符。

（3）确定文件的等价类，请按以下步骤检查步骤（2）中获取的所有文件的所有版本：

1）如果文件 f1 的某个版本 v1 与文件 f2 的某个版本 v2 匹配（匹配意味着它们具有相同的内容或者具有相同的抽象语法树（AST）），则文件 f1 和 f2 被认为是“相关的”。相同的文件可能会在不同的分支甚至不同的存储库中被修改（当在多个项目共用相同的代码时）。

2）“相关的”关系构成了传递闭包，即，如果 f1 与 f2 相关且 f2 与 f3 相关，则声明 f1 与 f3 相关，即使 f1 和 f3 可能没有一个版本具有相同的内容或 AST。

3）通过将步骤 2）中标识的相关文件的每个等价类的每个文件的每个版本，与前面提到的超过 200M 不同版本的开源代码的大型存储库相匹配，来识别开源软件（OSS）文件。如果成功找到一个匹配，则该等价类被视为一个 OSS 文件。

（4）查询公司人员档案以确定在步骤（2）中获得的每个作者是否在职。如果作者在职，则获得该员工的姓名、电话号码和电子邮件地址。还可获得公司人员档案中提供的任何其他信息。

（5）通过将步骤（2）中获得的修改请求标识符，与修改请求跟踪系统中的数据相匹配来识别客户发现的缺陷（CFD）和其他修改请求属性。

（6）对于相关文件的每个等价类，聚合所有相关文件上的数据以获取提交数、作者数、已离职的作者数以及 CFD 数。

（7）使用统计模型分析一段时期内（通常为 3 年）项目版本控制系统的所有提交文件，确定文件属性与 CFD 之间的实证关系。同时使用逻辑回归模型（模型以代表相关文件等效类的观察值进行拟合），以等价类中的文件中是否存在 CFD 的判定结果为响应，并以步骤（6）中的列举项为预测因子。例如，在一些项目中，未来 CFD 最重要的预测因素是过去变化的数量、SV 中修改请求的数量和离开 Avaya 的开发者的数量。

然后使用拟合模型来确定最危险文件的候选列表的优先级。

2. 向相关人员呈现分析结果

该方法提供主题领域专家视图、在线的动态表格和可下载的电子表格。这是该方法的重要部分，因为它提供了不同的相关人员进行决策所需的信息。图 15-11 显示了主题领域专家视图的示例。第一列中标识了候选风险文件和两个最新的 CFD。第二列显示了需要修改的文件或相关文件的修改请求数量以及指向每个修改请求的列表和描述的链接。第三列显示了已修改文件或相关文件的作者的数量以及指向作者列表的链接，第三列还显示了已离职的作者的数量和百分比。第四列包含相关文件的数量和指向相关文件列表的链接。

表格或表格的不同部分可以根据特定人员的需求、兴趣和技能进行定制。下面是几个例子：

- 项目经理通过风险的优先级，可估算弥补风险所需的资源和时间。
- 主题领域的专家观察到更多关于风险类型的技术细节，以及哪些基础技术细节导致文件或模块被归类为风险等。
- 开发经理可以查询谁对文件进行了修改，并根据该信息来判断代码的潜在所有者，或者找出设计或审查代码的人。

表 15-2 显示了主题领域的专家认为找到最合适的风险补救措施所需的关键数据。

Candidate Risky Files for EXAMPLE PROJECT 1.0% of files (81 of 8017) contribute to 72% (188) of all CFDs (258)

CFDs by LATEST DATE (FILES by RISKIEST (Score for this project is: (# of CFDs*20) + (# of SV MRs*20) + (Ratio of # authors who have left AVAYA*10) + (# of MRs/10) + (# of file versions/100)))	MRS	AUTHORS	RELATED FILES
1) <PROJECT> /trunk/server/apps/usa/src/ <FILE1>.c : 81 versions			
wi01139190 **2014-11-22** *Empty drop-down box for VDN Override for ASAI Messages* wi01131999 **2014-10-17** *changed on CM 6.x directly is not populated in MSA after completing a Cache Update* 31 CFDs are 73% of the 42 MRs	42 MRs	5 Authors, 3 (60%) departed	51 Files
2) <PROJECT> /trunk/server/apps/usa/src/ <FILE2>.c : 40 versions			
wi00946394 **2014-10-11** *EC500 State field is missing in 96xx templates* wi00945438 **2014-10-07** *MSA application does not show the correct status of XMobile option if DECT is selected and saved.* 21 CFDs are 61% of the 34 MRs	34 MRs	2 Authors, 1 (50%) departed	78 Files

图 15-11 风险文件管理提供的探索性视图的摘录

表 15-2　提供给主题专家的信息

数据类型	数据描述
CFD 列表	CFD 的链接、日期和摘要，以帮助主题专家理解文件造成的缺陷
相关文件列表	每个相关文件的名称、最后提交日期、第一次提交日期、提交次数以及最后提交作者。该列表按文件最后提交日期排序
文件作者列表	姓名、电子邮件地址、电话号码、作者修改次数以及作者对所有相关文件的修改总数。此外，还可以提供作者第一次提交和最后一次提交的日期。该列表按作者的相对贡献（增量数）排序
MR 列表	针对每个修改请求文件，提供修改请求的链接、修改请求的日期、修改请求摘要以及修改请求是否是 CFD 的指示。该列表按日期排序
代码行数	提供了文件的规模（代码行（LOC）），以及文件当前规模相对于过去最大的规模的百分比[①]

①将文件的当前规模与其最大规模进行比较的计算很重要，因为如果百分比明显小于 100%，则可能有人在某个时刻重构了该文件。

3. 补救措施

基于经验以及经验数据的启发式检查表，可以帮助专家采取最合适的行动，例如，不执行任何操作、控制程序或重新设计。对于每个确定的或潜在的风险文件，主题领域专家可以分析文件或模块以及任何相关数据。

（1）例如：如果此文件的开发已完成，则可能不需要执行任何操作；候选文件近期不会再使用；候选文件因为使用了风险文件而进行修改，但本身并不存在风险。

（2）主题专家可以推荐一个控制程序，该程序使得所有对风险文件的修改都需进行额外的审查和测试，或创建新的文档来更清楚地说明在编写文件时需要考虑的设计和实现问题。这样的控制程序降低了文件修改的风险。例如，如果文件有许多作者或由于其他原因，文件所有者可以创建一页设计指导文档，该文档可供任何修改文件的人阅读。该设计指导文档也可以应用于所有贡献于相同组件或特性的文件集。

（3）最后，如果开发处于活动状态且文件被认为是脆弱的，并且在不引入更多风险的情况下文件难以改变，则主题专家可以给出重新设计文件的建议。

通常，主题专家与开发经理、项目经理一起规划对文件所建议的修改。图 15-12 展示了在一个示例项目中，识别风险文件后所采取行动的分布。

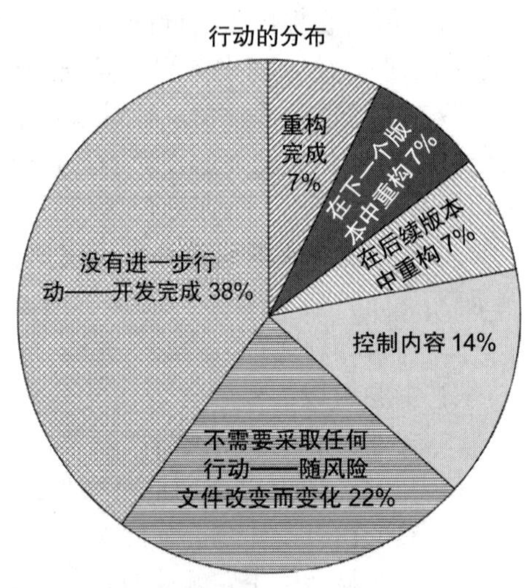

图 15-12　为示例项目风险文件所采取行动的分布

15.7　软件开发实践

问题：哪些软件开发实践最常用、最有效？

15.7.1 节首先评估了七个关键的软件实践领域以及这些领域中各个实践的使用范围和有效性。这些被评估的实践都旨在实现 Avaya 目标，并且 Avaya 的目标随着时间变化不断改变。在大多数 Avaya 研发（R&D）项目中，针对所选实践的使用进行深入报告，例如度量标准、敏捷实践、估算、持续集成、软件构建、组合测试、动态分析和风险文件管理。这些分析以及其他分析已在研发（R&D）社区被广泛作为最佳实践共享。

目前，研发（R&D）质量委员会将四种实践作为规模更大的开发和测试实践的代表，并且跟踪这四种实践（15.7.2 节）。加上对规划实施情况和产品 / 解决方案质量的跟踪，Avaya 业务负责人能够评估项目开发过程的状况，而不会受具体实施细节的困扰。

15.7.3 节总结了本书对一个示例实践领域（设计质量）的评估，该实践领域侧重于 11 个不同的实践。15.7.4 节总结了本书对静态分析的评估，静态分析是 Avaya 研发的一项关键实践。

15.7.1 七个原始的关键软件领域

截至 2011 年，分析了如下七个实践领域：

- 以客户为中心的开发：在整个开发生命周期中强调客户输入和反馈的实践，例如，根源分析、客户反馈、前端规划、增加客户理解、授权产品负责人。
- 设计质量：在开发生命周期的早期关注质量的实践，例如，遵守内部技术标准、架构、基线要求、构建管理、代码检查、产品团队协调、跨部门架构评审、设计评审、接口规范、第三方交付物管理、重构、重用。
- 改进测试实践：提高开发人员和系统测试的自动化和全面性的实践，例如代码覆盖率、内存泄漏检测、系统测试自动化、压力和负载测试、单元测试自动化、面向测试的开发。
- 软件项目管理：支持规划、监控和控制单个软件项目的实践，例如跨部门合作、知识转移、测量、预测、产品管理和研发学习、研发技能、发布跟踪。
- 多地点 / 离岸开发：支持跨越地理边界进行有效软件开发的实践，尤其是涉及离岸团队的实践，例如文化培训、工作分离、沟通方便、团队授权、知识转移、多地点开发环境、信任机制。
- 架构引导的迭代开发：从敏捷和传统方法中提取的实践，被组织成一系列迭代过程，其中开发由明确定义的架构引导。例如，敏捷的实践包括产品团队协作、客户反馈、每日站立会议、足够的文档、易于沟通、授权给产品负责人、授权的团队负责人、迭代回顾、优先功能列表、重构、测试自动化、测试重点设计、时间盒迭代、跟踪迭代；传统架构的实践包括基准要求、构建管理、代码检查、管理第三方可交付成果、跟踪发布。
- 跨项目合作与协调：支持跨越各个项目边界的合作与协调的实践。基于平台的开发和基于解决方案的开发需要该合作。

对每项实践的评估基于：

- 有效部署行业公认的优秀实践的标准，例如 ICSE 国际会议或 IEEE Software 杂志上发布的行业实践和 Avaya 的良好实践。
- 基于输入会话的使用程度以及与 Avaya 项目的合作关系。
- 自我评估项目实践的有效性以及评估的原因。

每个实践都绘制在一个二维网格图上，图中展示了其有效性和部署范围（见图 15-13）。

直到 2010 年，这些领域与实践都保持着相对一致性，以便后人能够分析趋势并根据这些趋势进行推荐。此外，实践领域内的一些实践结果被选为项目质量的指标，如下节所述。

15.7.2　四个有代表性的跟踪实践

从 2012 年开始，Avaya 质量委员会根据需要跟踪了如下四个实践，但无法既满足时间安排又达到良好质量[㊀]：

- 静态分析，使用商业或开源工具；
- 代码审查和检查；
- 自动回归测试，以防止破坏并为交付给测试或其他项目的代码提供验收标准；
- 代码覆盖，以识别尚未经过充分测试的代码区域。

对于这四个代表性实践的跟踪报告最早开始于 2011 年，为 Avaya 质量委员会针对小部分代表性良好的实践进行标准化这方面做出了贡献。建立这些实践的客观目标，以便明确项目的预期行动计划。将这四种实践的得分的平均值作为每个项目开发过程的度量值，以便提供给质量委员会和研发领导者进行讨论。

项目的实践在每个产品开发业务关卡中都进行了评估，包括在开发开始之前以及实施完成时，例如在 beta 测试之前，以及在产品发布之前。笔者发现这些措施可以用来预测最终产品的质量 [16]。

15.7.3　实践领域示例：设计质量

以下 11 个不同的实践是与“设计质量”实践领域相关的代表性实践。

- 制定需求基线并将其置于变更控制之下。
- 指定并更新能够指导开发的架构。
- 部署内部技术标准。
- 创建明确定义的接口规格 [17-18]。
- 执行跨部门架构评审 [19]。
- 建立组件集成和重用方案。
- 审查需求、接口规范、设计制品和测试脚本。
- 检查新代码或修改的代码。
- 使用自动化健全性测试执行自动化构建管理（至少每天一次）[12]。
- 认真管理第三方可交付成果和对其他项目的依赖性。
- 重构基于标准的模块选择。

这些实践都可以进一步划分为一些子实践。例如，在 15.8.1.1 节制定自动化构建管理实践的六个关键子实践。

有效部署这些实践的标准已经被良好定义。例如，有效部署“管理第三方可交付成果”的标准如下。

- 确定所有第三方可交付成果。
- 制定质量政策并传达给第三方所有者。
- 制定有关接受更新条件的政策。
- 为每个第三方可交付成果制定验收测试计划。
- 为每个第三方可交付成果确定“本地所有者”的开发团队。
- 评估第三方可交付成果的进度和质量影响。

㊀ 笔者发现，在评估这些实践方面做得很好的项目通常已经采用了许多良好的开发实践，并在项目中建立了一种质量文化。

图 15-13 显示了几年前对“设计质量”的个别实践所进行的评估。x 轴表示活动的部署范围（使用情况），y 轴表示根据每个实践标准的部署效率（有效性）。对实践的有效性和使用情况的评估是基于与研发项目成员的讨论以及对定量数据的分析的判断。在图 15-13 中，判断点由黑色圆点表示。例如，在评估时，自动化构建管理得到了广泛部署，Avaya 研发项目在执行自动构建管理方面非常有效。另一方面，结构化重构技术的使用受限 [20]，并且在部署的情况下，该实践被认为具有中等有效性。蓝色圆点代表了对“设计质量”这一实践的总体设置的使用情况和有效性的判断，判断结果是中高使用率和中等有效性。

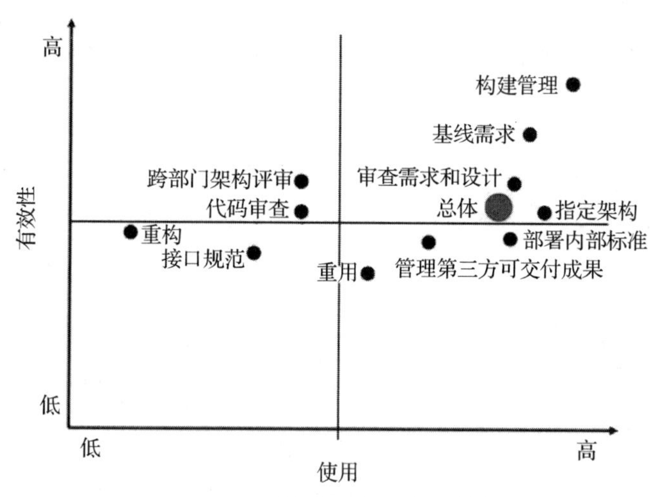

图 15-13　“设计质量”实践评估

这些图表通过确定要改进的软件实践来提供指导。Avaya 为项目提供最佳实践指导，但将每个特定实践的实现留给各个项目。

图 15-14 显示了 2002 年至 2008 年设计质量的总体评估。该实践领域一开始是有所提升的，但在使用情况和有效性稍有增长后开始出现下降趋势。Avaya 继承了贝尔实验室以优质产品为目标和以质量为中心的开发过程（参见 [21]），质量仍然是 Avaya 研发领导者和员工的关注重点。

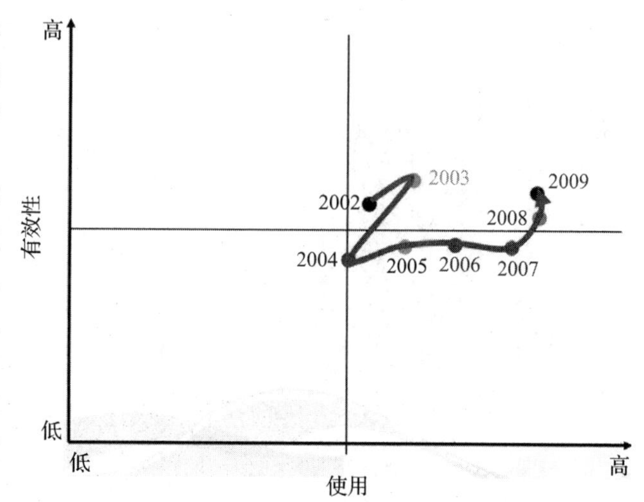

图 15-14　2002～2008 年设计质量趋势

15.7.4　个体实践的示例：静态分析

当一些产品未达到质量目标时，Avaya 内的许多业务部门都强制要求使用静态分析。项目可以选择相关的工具，包括由中央资助的商业工具或开源工具，如 FindBugs。质量委员会跟踪静态分析的使用频率以及修复实际违约的积极性。这种消除缺陷的主动工作补充了代码检查和自动测试工作。

笔者还分析了项目用于消除违约的策略，跟踪了多个项目的不同发布版本使用静态分析的趋势[⊖]，并总结了解决静态分析缺陷的良好项目策略。

例如，根据产品质量、项目阶段、员工专业知识和其他特征，Avaya 开发团队通常使用以下一个或多个静态分析策略：

- 任何构建中都不允许新的或高影响的违约。
- 关注严重违约行为（潜在的高影响异常值）。
- 减少或消除中度违约行为。
- 通过自动化测试覆盖已修复代码。
- 当文件因其他原因被修改时修复违约，尤其是老化系统。

在遗留代码中修复违约时，针对开发人员对该文件有着一定经验或没有经验两种情况，项目采用两种方法来最大限度地减少损失：

如果文件当时正被修改，并且开发人员对该文件有一定的了解，那么该项目将借此机会修复高影响和中等影响的违约。

无论文件是否因某些原因而被修改，项目都会一次性解决遗留代码中特定类型的所有违约问题。

结果显示，某些类型的违约占大多数。另外，某些违约对代码的影响比供应商推荐的更为严重。首先对需要被优先修复的那些违约提供指导。图 15-15 显示了 32 个 Avaya 项目中重要违约的分布情况。对于这 32 个项目，超过 26% 的静态分析违约是“按值传递”或“未初始化构造函数”类型的违约。

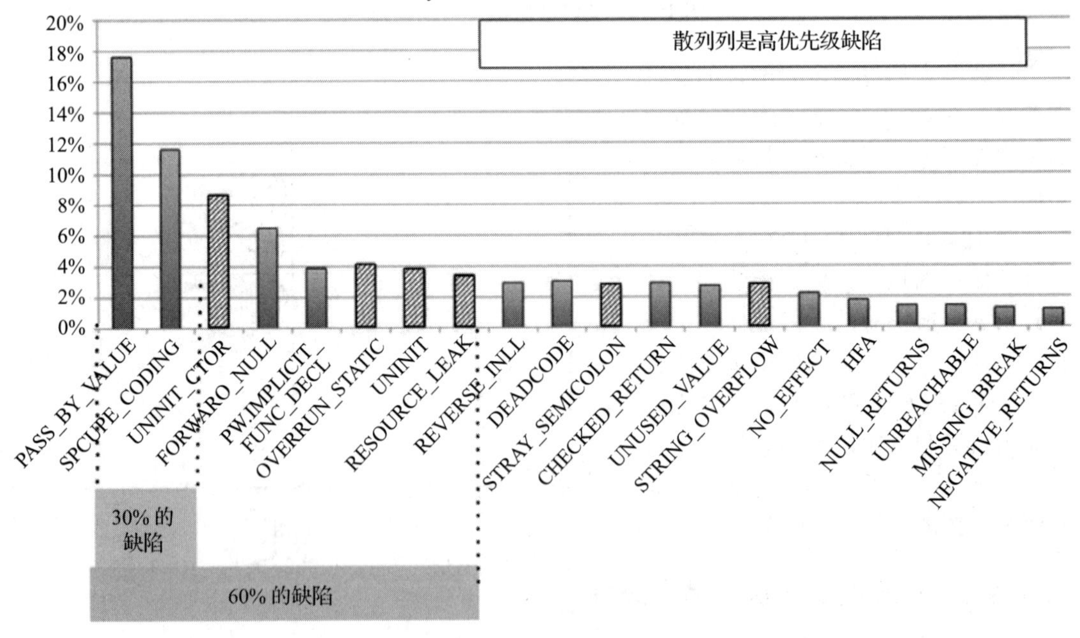

图 15-15　静态分析违约分布

笔者为各个项目创建了类似的图表，进行持续跟踪，并确定产品团队是否正在改进静

⊖ 由于功能的复杂性和交互性，以及企业客户无法适应频繁发布，因此 Avaya 中的许多关键业务系统发布频率不是很高。

态分析实践的部署。图 15-16 是一个 Avaya 研发组织的示例。在 2013 年之前的很多年，由研发质量委员会确定的组织产品团队的平均静态分析得分逐年增加。此外，静态分析得分为 4[⊖]（最高可能得分）的产品团队数量每年都在增加。

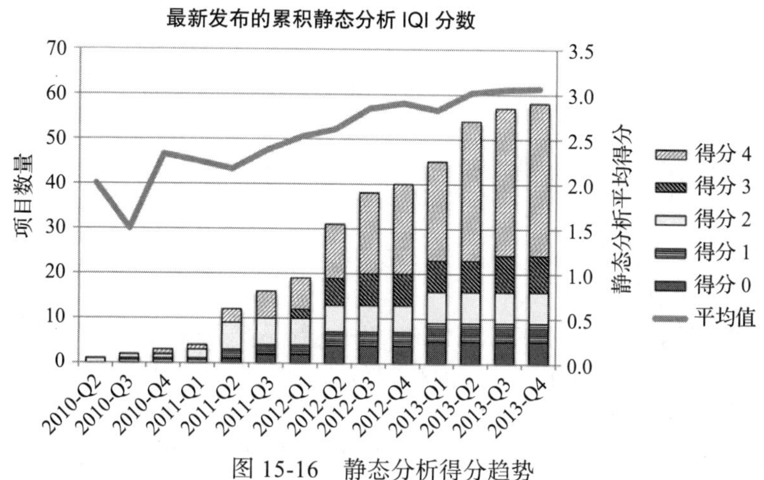

图 15-16 静态分析得分趋势

15.8 评估跟踪：推荐和影响

每年调查人员根据评估结果创建一组五到七个优先的推荐，并为每个推荐确定一个推荐的责任人，推荐的责任人通常包括以下角色：

- 项目组长，如果推荐属于单个项目的范围。
- 组织的研发负责人，如果推荐属于单个研发组织的范围。
- 部门内的产品管理负责人，如果推荐需要产品管理团队的领导。
- 部门总经理，如果推荐需要与业务的整个职能部门合作。
- Avaya 的运营领导者，如果推荐需要跨部门合作。

在任何给定年份，任何个人角色都不得分配超过两个或三个责任域。

该报告在类似于表 15-3 的汇总表中提供了每项推荐的摘要，并在报告正文中提供了详细说明。

表 15-3 推荐汇总表示例（摘录）

推 荐	解决的软件实践域	部署责任
1. 继续推进软件改进方案，重点关注以客户为中心的开发 监控该方案的影响	以客户为中心的开发	部门产品管理负责人
2. 改进构建管理实践，提高质量 监控影响	设计质量	每个项目的团队负责人
3. 改进转移的方案 监控影响	……	每个部门项目的研发副总裁

⊖ 得分为 4 表示产品团队对每个构建执行静态分析，团队解决所有严重缺陷；得分为 2 意味着对新的 / 修改的代码偶尔进行静态分析，没有系统的缺陷修复方法，但是监视输出并纠正最严重的缺陷；得分为 0 表示无静态分析。

汇总表的第一列包含推荐摘要，第二列标识推荐所解决的软件实践，第三列标识推荐的责任人。

15.8.1 节描述了两个推荐示例，15.8.2 节描述了如何部署推荐。

15.8.1　推荐示例

2002 年至 2013 年期间提出的推荐涉及各种主题，例如：

- 前端规划；
- 部署架构引导的迭代和敏捷实践；
- 软件项目管理；
- 多地点和离岸开发实践；
- 研发人员的专业知识。

以下部分描述了两个推荐示例。自动构建的推荐是早期推荐（15.8.1.1 节），最初是在 2003 年制定的。风险文件管理推荐（15.8.1.2 节）是最近的，最初是在 2012 年制定的。

15.8.1.1　自动化构建管理推荐

笔者将自动化构建管理归类为“设计质量”实践领域中的实践（参见 15.7.3 节）。

公司最初成立时，Avaya 在构建管理方面遇到了一些挑战。一些 Avaya 项目具有非常复杂的构建管理实践，比如支持分布式开发和可用性自动化测试[㊀]，但这些实践在公司中并无标准。许多项目中构建实践的效率低下，没有完全自动化，并且在测试和报告能力方面受到限制。许多项目中，构建管理实践其实不仅仅是帮助开发人员快速集成和测试代码。

这里的推荐旨在改进构建管理实践，进而提高软件质量，包括以下一系列经过行业验证的良好实践[22-23]。

- 良好实践 1：将加载签入视为质量门槛。
- 良好实践 2：自动跟踪加载的所有组件的版本。
- 良好实践 3：建立完全自动化的构建和可用性测试过程。
- 良好实践 4：执行每日构建和可用性测试。
- 良好实践 5：自动跟踪链接变更和进行版本控制。
- 良好实践 6：定义和跟踪加载构建度量。

笔者提供了一份单独的报告，报告中包含每个实践的详细信息，并且可以作为其他项目的参考。

15.8.1.2　风险文件管理：分析导致现场缺陷的最有风险的文件以进行改进

风险文件管理被确定为一种关键的风险管理技术，用以将资源集中在项目代码库中最关键的文件上（15.6.3 节）。

在 2012 年的报告中，笔者向具有现场质量问题或大型客户群的产品团队推荐了一系列措施，以建立审查项目风险最高的文件的标准做法，并确定适当的步骤，例如内容控制或重构，通过修改这些文件降低相关风险。

2013 年，Avaya 实验室为大量 Avaya 产品创建了候选风险文件的检测平台。该平台可帮助项目识别其风险最高的文件，并每周自动更新。

㊀ 可用性测试是在构建之后运行一些测试以确保产品正确构建并且基本功能运行正常的实践。

15.8.2　推荐的部署

与业务和研发负责人一起合作进行推荐的部署。笔者与每个组织的各个业务负责人、研发负责人和产品管理负责人进行后续会议。会议通常是基于每个推荐的如下问题列表来组织：

- ❑ 推荐是否与你的组织 / 团队相关？
- ❑ 如果相关，是否已在你的组织 / 团队中部署？
- ❑ 如果相关且未部署，部署的障碍是什么？
- ❑ 你准备采取什么行动？
- ❑ 我们的团队如何帮助部署？

请注意，作为这些会话的结果，推荐可能不会部署在组织中，要么因为它与该组织无关要么是部署障碍太大。此外，可以调整该推荐，使其在特定组织中更容易部署。当一个组织的行动被验证为根据推荐而采取的适当行动时，则定义、部署和跟踪行动计划，并将结果纳入明年的评估报告。

15.9　评估的影响

如 15.3 节所述，根据实践的使用情况和有效性（参见 15.9.1 节中的示例），部署的范围和影响（15.9.2 节）以及由客户质量指标[1]（15.9.3 节）衡量的客户质量观的改善情况，来评估影响。以下是一些示例。

15.9.1　示例：自动化构建管理

如图 15-17 所示，在 2002 年和 2003 年对 Avaya 项目自动化构建管理实践的评估结果具有从中到高的使用率，从低到中的有效性㊀。在 2003 年和 2004 年，笔者按照 15.8 节所介绍的提出了具体的改进的推荐，这些推荐有助于公司在 2004 年和 2005 年重点关注 Avaya 研发部门，以改进构建管理实践。15.8.1.1 节描述的构建管理的良好实践现已得到广泛部署，对于 2002 至 2008 年间大多数 Avaya 项目来说（见图 15-17）构建管理是有效、高效的实践。

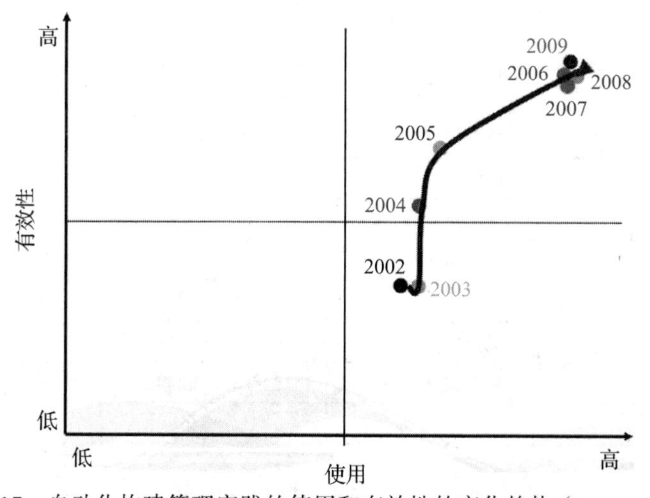

图 15-17　自动化构建管理实践的使用和有效性的变化趋势（2002～2008）

㊀ 使用率和有效性的定义与 15.7 节中的定义相同。

2014年，自动化构建管理仍然是Avaya产品团队的一项优势，可以进行广泛而有效的部署。事实上，评估重点不再是自动化构建管理部分，而是持续构建和集成的实践。

15.9.2 示例：风险文件管理的部署

笔者在2013年上半年（即2012年Avaya软件状态报告发布后的前几个月）向大约40%的活跃项目提供了风险文件管理简报：

- 50%的项目产品将风险文件管理作为其开发过程的一部分进行部署。
- 25%的项目正在考虑部署。
- 25%的项目没有部署，通常是因为项目不再进行重大的新的开发，也就是说，他们只维护工程。

对于大多数部署有风险的文件管理的项目，笔者还没有发布后的质量数据，因为它们的部署时间还不长，还无法获得可靠的缺陷数据。而另外两个使用风险文件管理作为其质量改进计划的一部分的项目具有足够缺陷数据，其质量得到了显著改善。

- Avaya联络中心产品的客户质量度量（CQM）[1]提高了30%。
- Avaya终端产品的CQM提高了50%以上。

15.9.3 客户质量度量的改进

修复客户发现的缺陷的行动成本包括诊断缺陷、实施和测试缺陷修复程序以及部署修复的成本。

由于客户发现的缺陷（CFD）较少，本书根据运营节省效益来估算评估的影响。

任何产品发布的运营效益计算如下。首先，计算或获取如下数据：

- 产品发布的预期的CFD数量；预期数量基于改进前的CQM（基于每个客户的服务时间）和产品发布安装的数量。
- 产品发布的实际CFD数量。
- 修复CFD的行动成本（Avaya企业质量团队提供的成本）。

运营效益 = 修复CFD的行动成本 *（产品发布的预期的CFD数量 – 产品发布的实际CFD数量）

表15-4显示了过去3年中产品发布的运营节省效益的计算结果。

表15-4 四种Avaya产品的产品发布的运营节省效益计算

产品版本	运营效益	产品版本	运营效益
产品A版本6.1	$328K	产品C版本6.2	$5974K
产品A版本6.2	$406K	产品D版本6.0	$1686K
产品A版本6.3	$27K	产品D版本7.0	–$124K
产品B版本6.1	$450K	产品D版本8.0	$4073K
产品B版本6.2	$773K	产品D版本8.1	$3620K
产品B版本6.3	$932K		

产品C（版本6.1）的先前版本中没有部署报告推荐的实践，并且存在许多质量问题，导致了数百万美元的额外运营成本。

使用本节中描述的方法，并且基于过去3年中以质量为重点的改进部署，笔者估计年度运营成本每年至少节省 6000 万美元，并且这是仅基于处理客户报告的问题而减少的成本，并不包括客户满意度的提高带来的收益。相对而言，对质量改进工作的投资可能要低得多。ARC 团队大约 20% 的工作用于制作报告并获得相关度量值。虽然开发、测试和质量组织的投资难以量化，但不太可能超过节省的金额。

15.10 结论

1. 评估过程的影响

如前所述，评估 Avaya 软件开发和维护的过程对软件开发方式、以改进为目的的实践和过程、公司目标实现以及公司内部软件技术的成本和价值产生了重大影响。

通过关注公司目标和获取的数据（这些数据可用来分析公司内软件开发对实现这些目标的作用），并且用基于 GQM 的方法开展经验研究，从而实现了这种影响。该思想是为了改进公司软件开发的方式并了解这些改进。

评估过程的影响在几个方面是显而易见的。如 Avaya 软件状态报告中所述，年度分析向所有感兴趣的人展示了目前改进的领域以及需要改进的领域，通常会分配资源来对需要改进的领域进行改进和监控。这有助于公司设定目标并更好地了解这些目标是否被实现。例如，通过减少客户发现的缺陷来提高软件质量，可以让软件开发人员有时间为产品添加新功能而不是纠正这些产品中的错误。通过适当关注数据收集，能够估算出质量改进所带来的成本收益，为了解改进措施提供了更多实质的内容。

评估过程也可以给公司带来竞争优势。它既可以让公司向客户展示质量改进，又可以根据客户需求更快速地开发或定制新功能。因此，公司既保留现有客户又吸引新客户，让客户相信公司有系统的过程来提高质量。

2. 成功的影响因素

评估过程始于 2002 年，它是一个持续的过程，在每年年底的 Avaya 报告中介绍了软件状态。基于其长期影响，笔者认为评估过程取得了成功。而促成这一成功的因素包括：

1）一种基于目标 – 问题 – 度量（GQM）理论的度量方法 [3-4,24]；

2）识别组织目标的能力；

3）必要数据的可用性以及数据生产者分享数据的意愿；

4）从软件开发人员到公司高管等各级技术和管理职位的人员的合作；

5）通过与开发组织的持续讨论以及反复检查结果，所有相关人员都相信由定量和定性的数据分析产生的结论是有效的；

6）软件开发组织承认年度建议是有用的并能带来（需要的）持续改进；

7）有关证据证实了评估过程对公司产生了积极的财务影响，例如，通过改进质量和软件状态报告中建议的方式节省了大量的时间和精力；

8）一种实施评估方案的渐进方法，从相对合适的目标和内部重点开始，使用当前分析的数据类型的子集，并且计划在未来几年中，更加注重将以客户为中心的数据纳入分析。

总之，评估过程始于明确的目标，可重复的、系统的度量过程，通过提供有用的分析和建议来获得数据提供者的信心，然后扩展分析的重点和数据分析的广度。到目前为止，在评估过程的 12 年中，尽管公司的管理和人员发生了变化，但评估过程的效用仍然很明显，并且持续得到软件开发组织、公司（企业）高管和 Avaya 研究院的大力支持。

3. 组织属性

当然，（评估）过程的成功很大程度上归功于 ARC 的技术和奉献，ARC 一开始就与开发组织有着密切的联系，这些开发组织提供了用来进行评估的数据并且作为建议的试用者。ARC 主要由 2～3 个人组成，这些人都有着大量的开发经验，并且都擅长与开发组织合作来进行改进。ARC 由研究主任建立，它是研究部门的一部分，并且 ARC 由主任亲自指导，而不是由开发组织直接管理者指导。因此，ARC 被认为是客观和非竞争性的。它还能够号召研究部门其他人员一起参与讨论和实施不同形式的数据分析。此外，ARC 一直是一个稳定的组织，其成员中有两个是一直参与工作的元老，并得到有着相同研究方向的研究人员的持续支持。

4. 评估过程的卖点

正如前文所述，评估过程和相应的年度报告的成功因素有很多，其中最重要的是展示了对公司产生重大影响的报告，这些重大的影响是通过改进软件开发和相关实践，以及让公司各阶层的不同角色（从典型的软件开发人员到公司的 CEO）成为利益相关者而形成的。如果没有利益相关方的持续支持，就无法展示评估过程和报告的价值。在（评估）过程的早期，笔者与一些小团队合作，这些团队是因为早期与 ARC 成员的接触而对 ARC 报有信心。根据早期结果，随着评估过程的持续，扩大了涉众的规模，并且始终确保关注涉众感兴趣的问题，通常是向他们展示初步结果并要求他们进行验证。随着评估过程的推进，可以展示根据早期分析建议的结果，从而帮助验证评估的价值，并建立一个良性循环。此方法有助于确保成功率，值得向有兴趣开展评估项目的人推荐使用类似的策略。

5. 后续工作

笔者将继续为 Avaya 准备年度软件状态报告，并期望在未来几年专注于以下领域：

- 人员统计评估侧重于研究开发和测试社区，并且由于软件在 Avaya 业务中的作用，笔者打算在未来的人员统计评估中加入产品管理、服务和支持以及其他方面。
- 如 15.6 节所述，结果显示帮助项目实施建议比提供建议更为重要。因此，将继续提供多个数据源和工具及程序的综合分析，以帮助各个项目开展建议的实施。风险文件管理（15.6.3 节）就是该方法的一个实例。
- 当利用新的数据存储库（15.5 节）时，需提高对数据和分析的准确性估算的能力。

笔者也有志于与其他正在进行类似分析的公司合作进行基准测试，并且可保证数据的可比性。

关于各种因素如何相互作用是一个悬而未决的问题，并且是未来研究的主题。

在报告中使用的技术可以适用于任何有明确目标的组织，这些组织愿意收集一些数据来衡量实现这些目标的进展情况，并愿意对改进其开发实践进行投资。尽管这些组织通常是公司，或者公司内部的业务单位，但是这些技术可以应用于开发软件的任何实体。例如，一个有价值的目标可能是生成一份关于美国软件状态的报告。当然，挑战将是巨大的，但是如果知道应该在哪里投资以改进软件在该国的开发方式，所带来的回报也将是巨大的。

15.11 附录：用于输入会话的示例问题

作为输入的一个来源，使用个人和小组输入会话进行研发和产品管理。这些会话涵盖了所有的部门、主要的研发站点、不同级别的技术和管理人员，以及各种各样的研发角色，包括架构师、开发人员、项目和程序经理、测试人员、文档和支持。将研究结果与这些会话一起审查，并根据他们的反馈进行调整。每个会话基于两组问题和一组软件实践，再根据输入会话中这些问题和实践的角色对它们进行调整。常见的问题包括：

- ❑ 你的项目中最具优势的三个主要的软件相关领域是什么？
- ❑ 你的项目面临的三个主要的软件相关问题是什么？
- ❑ 你对项目的软件质量有何评估？为什么？
- ❑ 你对项目生产力的评估是什么？为什么？
- ❑ 你对员工专业知识如何评估？为什么？
- ❑ 你的项目使用了哪些软件开发方法？
- ❑ 如果你可以修改 Avaya 中的一个软件相关域，你会修改什么？

这些会话的性质以及提出的问题会随着时间的推移而演变。早期关于趋势和各种因素（如生产力、成本和质量）的数据较少。因此，需花更多时间在个人讨论会上。目前，已能够向会话参与者显示趋势图表，并在必要时显示有关组织的数据，并使用这些信息来聚焦会话。因此，会话更切题，也更简洁。

致谢

感谢 300 多位参与人员，他们帮忙提供数据、参与访谈、验证结果以及帮助分析 Avaya 报告中的软件状态数据。

特别感谢 David Bennett、Neil Harrison、Joe Maranzano 和 John Payseur 对早期评估的贡献，Trung Dinh-Trong 对报告特别是在自动化测试和代码覆盖领域的贡献，Zhou Minghui 在 Avaya 开发者生产率方面的工作，Evelyn Moritz 对报告的分析和反馈以及共同创作的几个报告，Pierre Osborne 在建立和支持 Avaya 研发数据仓库方面发挥的领导作用，以及 Jon Bentley 对报告细致有用的评审。感谢 Lee Laskin、Dan Kovacs、Saied Seghatoleslami 和 Patrick Peisker 对产品质量流程和数据的贡献。感谢 Ravi Sethi、Brett Shockley 和 Venky Krishnaswamy 对 ARC 项目的行政赞助和支持，感谢 Christian Von Reventlow 在与业务和研发主管合作建立部署方案方面的热情帮助。感谢 Ashwin Kallingal Joshy 对早期版本的仔细阅读。

参考文献

[1] Mockus A, Weiss D. Interval quality: relating customer-perceived quality to process quality. In: 2008 international conference on software engineering. Leipzig, Germany: ACM Press; May 10-18 2008. p. 733–40.

[2] CMMI institute. URL: http://whatis.cmmiinstitute.com.

[3] Basili V, Weiss D. Evaluating software development by analysis of changes: some data from the software engineering laboratory; February 1985.

[4] Basili V, Weiss D. A methodology for collecting valid software engineering data. IEEE Trans. Softw Eng 1984;10:728–38.

[5] van Solingen R, Berghout E. the goal/qestion/metric method: a practical guide for quality improvement of software development. Cambridge, UK: McGraw-Hill Publishers; 1999.

[6] Rifkin S. Why software process innovations are not adopted. IEEE Software July/August 2001.

[7] Stokes D. Pasteur's quadrant. In: Basic science and technological innovation. Washington, DC: Brookings Institution Press; 1997.

[8] Basili V, Caldiera G, McGarry F, Pajeraki R, Page G, Waligora S. The software engineering laboratory—an operational software experience factory. In: International conference on software engineering; 1992. ISBN: 0-8791-504-6.

[9] Grady R, Caswell E. Software metrics. Englewood Cliffs, NJ: Prentice-Hall; 1987.

[10] Hackbarth R, Mockus A, Palframan J, Weiss D. Assessing the state of software in a large organization. J Empir Softw Eng 2010;15(3):219–49.

[11] Mockus A. Amassing and indexing a large sample of version control systems: Towards the census of public source code history. 6th IEEE Working Conference on Mining Software Repositories; May 16-17 2009.

[12] Mockus A, Fielding R, Herbsleb J. Two case studies of open source software development: Apache and mozilla. ACM Trans Softw Eng Methodol 2002;11(3):1–38.

[13] Zhou M, Mockus A. Developer fluency: Achieving true mastery in software projects. In: ACM Sigsoft/FSE. New Mexico: Santa Fe; November 7-11 2010. p. 137–46.

[14] Mockus A, Hackbarth R, Palframan J. Risky files: an approach to focus quality improvement efforts; June 3, 2013. CID 162981, ALR-2013-23, and Presented at foundations of software engineering conference/2013 August 18.

[15] Holzmann G. Mars code. Commun ACM 2014;57(2):64–73.

[16] Hackbarth R, Mockus A, Palframan J, Sethi R. Customer quality improvement of software systems. IEEE Softw 2015;PP(99). http://ieeexplore.ieee.org/xpls/abs_all.jsp?arnumber=7106410&tag=1

[17] Clements P, Britton K, Parnas D, Weiss D. Interface Specifications for the SCR (A-7E) extended computer module NRL report 4843. Washington, DC: Naval Research Laboratory; January 1983.

[18] Britton K, Parker R, Parnas D. A procedure for designing abstract interfaces for device interface modules. In: Proc 5th Int Conf Softwarc Eng. San Dicgo, CA; 1981. p. 195–204.

[19] Maranzano J, Rozsypal S, Warnken G, Weiss D, Wirth P, Zimmerman A. Architecture reviews: practice and experience. IEEE Softw 2005;22(2):34–43.

[20] Fowler M. Refactoring: improving the design of existing code. Reading, MA: Addison-Wesley; 1999.

[21] Bell Labs Tech J, Special Issue Software. (April/June 2000), Available at URL: http://www3.interscience.wiley.com/journal/97518354/issue.

[22] Appleton B, Berczuk SP. Software configuration management patterns. Reading, MA: Addison-Wesley; 2003.

[23] McConnel S. Rapid development. Redmond, WA: Microsoft Press; 1996.

[24] Basili V, Caldiera G, Rombach HD. Goal question metric approach. In: Encyclopedia of Software Engineering. New York: John Wiley and Sons, Inc.; 1994. p. 528–32.

第16章

The Art and Science of Analyzing Software Data

从软件解析实践中获得的经验教训

Ayse Bener*, Ayse Tosun Misirli†, Bora Caglayan*, Ekrem Kocaguneli‡, Gul Calikli§

Mechanical and Industrial Engineering, Ryerson University, Toronto, ON, Canada Faculty of Computer and Informatics, Istanbul Technical University, Istanbul, Turkey† Microsoft, Seattle, WA, USA‡ Department of Computing, Open University, Milton Keynes, UK§*

16.1 引言

现在各种组织都是在信息和通信技术快速发展的大环境中运作。中国、印度和巴西等人口稠密国家的经济增长，迫使欧洲、北美和日本等传统经济强国的组织，在全球范围内为他们的商品和服务争夺资源、市场。高效和敏捷对每个组织来说都是需要具备的能力[1]。与此同时，当今无处不在的通信和计算技术以多种形式产生了大量数据，其规模比十年前要大很多。各种规模的组织从这些数据源获得可行的见解，不仅可以提升它们对有限资源的利用率[2]，而且还会促使它们对未来做出更好的规划，这方面的能力是如今组织生存的关键。那些能够在信息资源的处理效率上击败竞争对手的人，才可能摆脱生存的压力，并拥有持续的竞争力。软件开发组织也遵循着同样的趋势。

在软件工程中，大多数管理决策都是基于人们对软件状态的了解以及他们对软件未来状态的判断来决定的。其中一些决策涉及资源分配、团队建设、预算评估和发布规划。随着软件系统的复杂化、开发者人数增加以及开发者之间交互的增加，为了解决领域中的常见问题，出现了对数据驱动决策的需求。例如在规定时间、有限预算内完成项目，并且将错误降至最少。软件项目本身难以控制。管理者在许多不确定的情况下难以做出决定。他们希望对产品、团队和过程有信心。但是，任何一个项目开发生命周期的盲点都可能对项目造成严重影响。这些问题引起了对软件度量、软件质量和软件成本 / 工作量估算的关注，即描述性和预测性解析。

数据科学对于软件开发组织至关重要，因为开发团队中的各种数据都存在范式转换。这需要对数据有敏锐的直觉，因为这并不是能从学校学到的统计学知识（统计建模、拟合、仿真）。数据科学包括使用数据来理解过去和现在（描述性解析）、分析过去的性能（预测性解析）和使用优化技术（规范性解析）。

软件解析学是研究与实践交叉的独特领域之一，是一种由经验驱动的研究。与传统的研究方法不同，研究人员通过研究和学习数据来建立有用的解析方法。要为工业实践产生有实际意义的结果，研究人员需要使用工业数据来形成解析。

软件解析必须遵循以问题识别为起点的过程，问题识别即构建业务问题和解析问题。在整个过程中，需要通过有效的沟通达成利益相关者之间的协议。软件项目解析的最终目标可能是解决行业中真正的问题。因此，可以让项目解析的结果转移并嵌入到组织的决策过程中。有时候，软件解析提供了利益相关者不期望或意想不到的额外见解，在这种情况下，结果可能影响软件开发过程中的多个阶段。

软件组织中的数据收集是一个复杂的过程。它需要根据上下文确定数据需求和可用资源的优先级。定性和定量的数据收集方法因问题而异。在某些情况下，数据收集首先需要开发工具，然后在组织内协调、调整、清理和共享数据。在讨论数据收集时，将讨论潜在的复杂性和数据扩展问题。

分析数据最简单的方法是描述性统计。即使是简单的分析或可视化也可能揭示数据中隐藏的事实。之后，利用数据挖掘技术构建的预测模型来帮助组织进行决策。在建立预测模型时，根据问题选择合适的数据挖掘技术至关重要。问题的明确性、公司数据收集过程的熟练度以及预测模型的预期收益等因素也会影响模型的构建。此外，描述性统计所得的见解可用于构建预测模型。最后，可以对新的预测模型进行评估，这需要定义某些性能度量、适当的统计检验和效应量分析。

在软件解析项目中，笔者使用了一个从典型数据挖掘过程（问题定义、数据收集和准备、模型构建和评估、知识部署[3]）中改进的方法来定义执行的主要步骤。图 16-1 描述了五个主要阶段，其结果可以由从业者直接使用，或者可以与各阶段相关联。整个过程不一定以一个周期结束，在软件解析项目中最好进行多次迭代，然后根据每个阶段的结果进行调整。

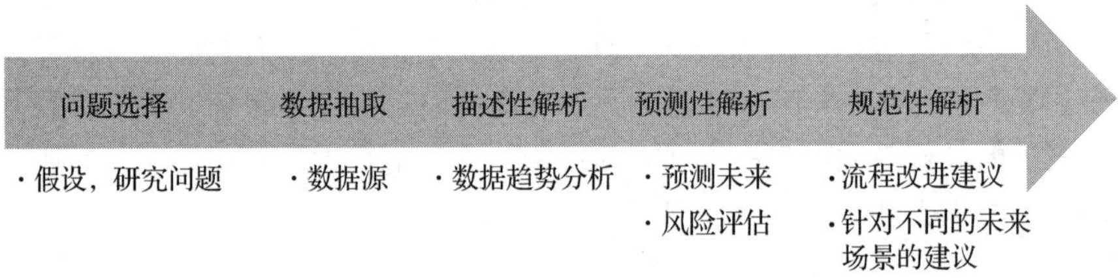

问题选择 数据抽取 描述性解析 预测性解析 规范性解析

· 假设，研究问题
· 数据源
· 数据趋势分析
· 预测未来
· 风险评估
· 流程改进建议
· 针对不同的未来场景的建议

图 16-1 软件解析项目中的方法

本章根据各软件组织的最新案例研究方面的经验，定义了图 16-1 中的这五个阶段。本书提供了用于收集数据、分析数据和数据建模的示例技术、工具和图表，以及在不同的行业环境中优化和部署所建议的模型，以解决两个主要挑战：软件缺陷预测和工作量估算。在下面的各个小节中将定义软件解析项目中每个阶段的目标，分享每个阶段管理的经验，并提供解决潜在问题的实用技巧。所有的例子和经验教训都来自于行业合作伙伴严格执行的经验研究。由于篇幅限制，在本章中没有提供过去项目的详细信息（例如，使用特定算法或新度量的原因、用于模型构建的伪代码、所有性能度量等）。建议读者参考本章末尾列出的文章以获取相关信息。

16.2 问题选择

研究中的问题选择取决于研究的性质[4]。在自然科学和社会科学中，研究者 / 科学家只是选择了一个他们好奇的话题。在自然科学中，研究者的目标是理解自然现象，为预测建立理论基础，这是发明或工程应用的基础。在社会科学领域，研究者的目标是了解人类和社会现象，为预测和干预建立理论基础，这是改变世界，建立医疗、教育、政策、目标等的基础。两者都有严谨的实验基础。在自然科学中，理论必须是可测试的，而测试是在物理世界中进行的，这为理论提供了严格的约束。另一方面，在社会科学中，理论必须是可测试的，测试是在行为世界中进行的，这提供了概率约束。

与自然科学和社会科学相比，经验软件工程还是一个不成熟的领域。它缺乏对经验问题、主题、可操作性和研究设计的理解。软件工程是构建软件系统的研究和实践。它是一个实验性的领域，使用各种形式的实验来测试理论（即需求）及其模型（即实施）。这些实验包括自变量和因变量、操作、数据收集和数据分析。

软件工程是一个非常丰富的领域，有执行程序和过程的系统，设计和使用程序的人，以及使用和执行过程的人。这种丰富性使得软件工程研究和实践能跨越其他学科，比如使用人类学来理解系统家族，使用社会学来理解系统的上下文（即系统之间的关系，如集中式的、分布式的、网络化的等），使用社会心理学来理解个体系统（即组件交互）和使用个人心理学来理解个体系统的特征。人和过程也可以映射到这些学科——例如，用于理解项目和学科的人类学，用于理解团队或项目之间交互的社会学，用于理解人和技术之间交互的社会心理学，以及用于理解开发者和经理的特征和倾向的个人心理学。这些交叉点使研究人员能够观察和抽象世界的特定部分，并创建一种理论。基于该理论，他们可以创建一个可用的模型来表示它。然后，形成一个迭代过程来调整理论和模型，推动其演进[5]。当研究者感到满意时，他们将模型集成到世界中，即包含过程、系统和技术的现有环境。将模型集成到世界中会改变当前的世界，这会引起对原始理论的调整和扩展，进而导致模型和世界的进一步变化。

一个值得研究的好问题是可以用手头的材料进行测试的。经验软件工程研究中的好问题不仅需要研究人员的实际调查，而且应解决软件组织日常生活中的真实问题。每天，软件组织都需要做出许多决策，例如确定用户想要 / 需要什么，评估体系结构和设计选择，评估功能特性或非功能特性，评估和比较技术（即，支持工具、产品支持、过程支持），确定哪里出了问题，并有效地分配资源。流程改进（如 [6]）和数据管理模型（如 [7]）也解决了其中的一些挑战。

在许多软件开发组织中，很少有证据能为决策提供信息。经验研究的关键是向软件专业人员展示软件工具、过程和开发技术的基本机制，并在决策中排除备选方案。经验研究是一项理论与现实相互协调的研究。为了开展更有效的经验研究，研究人员需要建立可追溯因果的（相关的、可测试的理论）、可行且通用的原则。他们需要回答重要的问题，而不是专注于一个好的解决方案，并试图将该解决方案映射到一个不存在的问题。

在问题选择步骤中，需要提出准确或重要的问题。让领域专家 / 从业者参与到这一步中非常重要。研究者可能会提出不同类型的问题：存在性、描述 / 分类、构成、关系，以及描述性比较、因果性或因果对照的交互作用[8]。需要确保假设与研究的问题是一致的，因为这些将是问题陈述的基础。如果在假设中没有提出正确的问题或存在不一致的地方，也会导致方法论上的缺陷。比如假设检验错误、统计能力问题、因变量 / 自变量的构建问题、可信性和有效性问题[4]。

软件工程领域的研究特别关注如何协调原创性和相关性。因此，研究者在开始研究之前，应该经常问这样一个问题："本研究结果与实践的相关性是什么？"这是在一个案例研究中，笔者与软件开发团队在项目启动会议中共同发现的问题[9]。开发团队最初列出了他们的业务目标（提高代码质量、降低缺陷率、度量修复缺陷的时间），而研究人员与我们项目的目标（构建代码度量和版本控制存储库，以及缺陷预测模型）保持一致。为了实现这些目标，双方（从业人员和研究人员）的角色和责任都已确定，对解析项目的预期和潜在输出进行了讨论并达成了一致。此外，决定在项目期间产生的任何输出（例如，数据抽取的度量，描述性解析的图表）都将在进行下一步之前一起进行评估。

在某些情况下，业务需求可能被定义得过于笼统含糊，因此，研究人员应该进行进一步的分析，以识别和构建解析问题。例如，在一个关于大型软件组织的案例研究中，团队领导最初将他们的问题定义为评估软件产品的发布准备情况[10]。此问题对于研究者来说太宽泛，因为它可能表明研究者需要构建以下三方面的解析：度量软件发布的准备情况，如预算、时间表或发布前的缺陷率；在接下来的版本中决定哪些特性可以部署；根据残留的（发布后的）缺陷度量该软件版本的可靠性。通过与初级到高级开发人员和团队领导的访谈，业务需求被重新定义为"在发布之前评估软件产品的最终可靠性"，以确定将为维护（bug 修复）活动分配的资源量。将该业务需求转化为一个解析问题：构建一个模型，该模型可以*在发布期间的任何时间*估算软件产品的残余的（发布后的）缺陷密度。在发布期间的任何给定时间，模型都可以从可用的度量中学习，并且可以预测软件产品中的残余缺陷。为此，进一步将需求、设计、开发和测试阶段的软件度量作为模型的输入。模型的详细信息可以在参考文献 [10] 中找到。

16.3　数据收集

在软件解析项目中，首先设计特定问题所需的数据集。然后，在初步的数据设计基础上，通过定量和定性技术抽取数据。本节中，将根据已有的经验，为实践者描述这些步骤和指导方针。

16.3.1　数据集

16.3.1.1　用于预测性解析的数据集

大多数组织希望在部署软件系统之前预测缺陷的数量或识别出容易出现缺陷的模块。大量的统计方法和人工智能（AI）技术被用来预测软件系统在运行或测试过程中会暴露的缺陷。

经验软件工程研究方法通常要求关注结果与实践的相关性。因此，到目前为止，主要目标之一是通过改进软件开发生命周期，从而提高软件质量来解决行业问题。通过预测性解析来发现大公司和中小型企业在不同领域的缺陷，例如电信、企业资源规划、银行系统和用于白色家电制造的嵌入式系统。除了来自美国宇航局（NASA）数据集的度量数据程序（Metrics Data Program）存储库和 PROMISE 数据存储库的公开可用的数据集之外，笔者还从工业界收集了数据，并在研究中使用了这些数据集。笔者还将从行业收集的所有数据集共享给 PROMISE 数据存储库，该存储库包含了复现经验软件工程实验的公开可用数据[11]。

研究中使用的数据由软件开发的可度量属性组成，这些属性来源于目标－问题－度量（GQM）方法[12]中要度量的对象（例如，产品、过程和资源）。使用目标－问题－度量方法来细化软件度量及其交互是确保数据质量的一种良好实践，许多研究人员都采用了该方法，并提出量化软件开发生命周期相关内容的度量集[13]。根据信息质量框架，确保高信息质量的数据收集和分析的一些特性是*数据分辨率*、*数据结构*、*数据集成*、*时间相关性*和*沟通*[14]。从工业项目中收集数据并使用公开可用的数据集时，将重点放在这些特性上。*数据分辨率*是指数据的测度和聚合水平。*数据分辨率*指定了相对于要实现的目标的数据聚合级别。例如，在方法级粒度上收集度量（例如，静态代码和代码搅动），或者将数据聚合到文件级粒度上，以便在需要时消除噪声。*数据结构*涉及数据类型（如数值型、非数值型）和数据特征，例如研究设计或数据收集机制导致的数据损坏或缺失便是数据特征。笔者使用了各种技术来处理丢失数据的问题[15]。*数据集成*是指需要集成多个数据源和数据类型。在*数据集成*方面，使用了多种数据类型（例如，静态代码度量、搅动度量、社交度量、与人相关的度量）来实现更好的缺陷预测性能。*时间相关性*与“数据收集”“数据分析”和“研究部署”过程的持续时间以及这三个过程之间的间隔有关。为了解决数据的*时间相关性*，尽可能缩短数据收集和数据分析的周期，以避免可能造成破坏的不可控的转换。此外，要尽量不在数据收集和数据分析周期之间留出时间间隔。为了保证信息质量，笔者还与软件从业者和其他研究人员进行了*沟通*。在对工业项目中所收集数据的解读过程中，与软件工程师进行了访谈，以便对数据有更多的了解，这有助于进行更有意义的数据分析。笔者还与软件从业者分享了发现，并与他们讨论了这些分析结果如何帮助他们改进软件开发过程。

在以前的行业合作中，主要使用静态代码度量来构建预测性解析。*静态代码度量*由 McCabe、代码行、Halstead 和 Chidamber-Kemerer 面向对象（CK OO）度量组成，如表 16-1 所示。

McCabe 度量是一个静态代码度量的集合，它根据程序的决策结构提供了一个定量的基础来评估代码复杂度[16]。McCabe 度量背后的思想是，代码的结构越复杂，测试和维护代码就越困难，而且增加了缺陷的可能性。McCabe 度量的描述和它们之间的关系见表 16-1。

表 16-1　静态代码度量

属　　性	描　　述
McCabe 度量	
圈复杂度（$v(G)$）	线性无关路径的个数
圈密度（$\mathrm{vd}(G)$）	文件的圈复杂度与其长度的比值
决策密度（$\mathrm{dd}(G)$）	条件 / 决策
基本复杂度（$\mathrm{ev}(G)$）	文件包含非结构化结构的程度
基本密度（$\mathrm{ev}(G)$）	$(\mathrm{ev}(G)-1) / (v(G)-1)$
维护严重性	$\mathrm{ev}(G) / v(G)$
代码行度量	
代码总行	源代码中的总行数
空白行	源代码中空白行的总数
注释行	由代码注释组成的总行数
代码和注释行	包含可执行语句和注释的源代码总行数
可执行代码行	可执行的实际代码语句的总数
Halstead 度量	
$n1$	独有的操作数计数
$n2$	独有的操作符计数
$N1$	操作数总数
$N2$	操作符总数
级别 (L)	$(2/n1)/(n2/N2)$
难度 (D)	$1/L$
长度 (N)	$N1+N2$
总量 (V)	$N \times \log(n)$
编程工作量 (E)	DV
编程时间 (T)	$E/18$

代码行度量是可以从代码中抽取的简单度量，这些包括但不限于代码的总行、空白行、注释行、代码和注释行以及可执行代码行的度量，表 16-1 给出了这些度量的描述。

Halstead 度量（也包含在表 16-1 中）直接根据源代码度量程序模块的复杂度，它侧重于计算复杂度 [17]。该度量标准直接根据模块中的操作符和操作数确定复杂度。Halstead 度量背后的基本原理是：代码可读性越差，模块越容易出现缺陷。

McCabe、代码行和 Halstead 度量是和传统方法一起开发的，因此，它们没有考虑面向对象的概念，如类、继承、封装和消息传递。面向对象的度量由 Chidamber 和 Kemerer 开发（即 CK OO 度量），以衡量面向对象方法的独特特性 [18]。表 16-2 列出了 CK OO 度量及其定义。

表 16-2 Chidamber-Kemerer 面向对象（CK OO）度量

属　性	描　述
每个类的加权方法	类中方法的复杂度总和
继承树深度	类的继承树的深度是类继承树上从节点到根的最大长度
孩子数	在类层次结构中从属的直接子类的数量
对象类之间的耦合	与一个类耦合的其他类的数量
类的响应	类中每个方法调用的方法集的并集
方法中聚合的不足	类中每个方法使用的实例变量集合的并集

一些研究人员对使用静态代码度量来评价缺陷预测提出了批评，因为它们的内容有限 [19-20]。然而，静态代码度量很容易收集和解释。在早期的研究中，笔者使用静态代码度量为当地的一家白色家电制造公司 [21] 和专门从事企业资源规划软件和银行系统的软件公司 [22] 构建缺陷预测模型。在最好的情况下，缺陷预测率和假阳性（FP）率分别为 82% 和 33%，而在最坏的情况下，它们分别为 82% 和 47%。这些结果优于目前工业上使用的手工代码评审的结果。此外，手工代码检查是相当耗时耗力的。根据评审方法，一个评审团队主要由 4 到 6 名成员组成，而每个评审人员每分钟可以检查 8～20 行代码 [23]。

为了提高预测性能，笔者提出了一种“加权朴素贝叶斯”技术，该技术根据静态代码属性的重要性对静态代码属性分配相关的权重，提高了缺陷预测效果 [24]。为估算静态代码属性的权重，采用了 8 种不同的机器学习技术，这些技术大多来源于属性排序技术。用来给静态代码属性分配相关权重的启发式方法包括主成分分析、信息增益、增益比、Kullback-Leibner 散度、优势比、对数概率、指数概率和交叉熵。关于这些机器学习技术的详细信息可以在参考文献 [24] 中找到。笔者提出的方法达到了与目前最好的缺陷预测技术相当的性能，并且在某些情况下性能更优 [25]。此外，笔者提出的启发式方法具有线性时间的计算复杂度，而选择最优的属性子集需要在属性空间中进行穷举搜索。

在另一项研究中，通过使用基于调用图的排序（call-graphic ranking，CGBR）框架补充静态代码度量，降低了缺陷误报的概率 [26-27]。调用图可以用于按模块跟踪软件代码模块。调用图中的每个节点代表一个软件模块，边 (a, b) 表示模块 a 调用模块 b。CGBR 框架的灵感来源于 Page 和 Brin[28] 的 PageRank 算法。PageRank 算法是 Web 上很多搜索引擎使用的一种算法，它通过对网页进行排序计算最相关的搜索结果。笔者对软件模块搜索采用了此排序方法。假设如果开发人员 / 测试人员意识到经常使用某个模块，他们在实现 / 测试该模块时会更加谨慎，而较少使用的模块中的大多数缺陷可能无法被检测到，因为这些模块不是经常使用，只有通过全面测试才能检测到现有缺陷。在笔者的一项研究中，也使用了 CGBR 框架来增加预测模型的信息量，对于大型和复杂的系统，缺陷预测性能得到了提高，而对于小型系统，没有使用 CGBR 框架的预测模型达到了相同的预测性能 [29]。

在笔者为土耳其最大的 GSM 运营商 / 电信公司开展的项目研究中，使用公司一个主要软件产品的 22 个项目和 10 个版本构建了预测模型 [9]。在项目刚启动时，缺陷与问题管理系统中的文件不匹配。由于工作负载和其他业务优先级的原因，开发人员不能分配额外的时间来为他们在测试阶段修复的所有缺陷编写文件。此外，无法自动将这些缺陷与相应的软件文件进行匹配。因此，预测模型无法使用公司数据进行训练。可通过使用最近邻点采样选择来自跨公司数据中类似项目的数据来辅助分析，这里可选择来自 NASA 度量数据程序存储库的项目作为跨公司项目数据。在此之后，缺陷预测模型被部署到公司的软件开发过程中。

在另一项研究项目中，还使用了公司内部的数据（即来自同一公司不同项目的数据），以便为用于白色家电的嵌入式系统软件构建缺陷预测器 [30]。在本项目研究中，当公司内部数据有限时，将公司内部数据与跨公司数据进行混合，来训练预测模型。用公司内部数据补充跨公司数据，可以得到更好的性能结果。

实际上，预测性能仍存在很大的提高空间（即获得较低的误报率和较高的检测概率）。研究人员正在积极寻找更好的代码度量，这些度量可能会产生更好的预测因子 [13,31-32]。为此，在笔者的一项研究中，使用了搅动度量、静态代码度量和 CGBR 框架，以便为不同的缺陷类别构建缺陷预测器 [33]。根据实验结果，搅动度量最适合预测所有类型的缺陷。代码搅动是度量软件单元中随时间发生的代码修改的数量，搅动经常在依赖关系之间传播。如果与组件 *C*2 有依赖关系的组件 *C*1 在不同版本之间发生了大量修改（搅动），预计组件 *C*2 会经历一定程度的搅动，以便与组件 *C*1 保持同步。同时，高度依赖加上频繁变动可能会导致错误，这些错误将在整个系统中传播，降低系统的可靠性。搅动度量列表如表 16-3 所示。

表 16-3 搅动度量

属 性	描 述
Commits	文件提交的次数
Committers	某文件的提交者的数量
CommitsLast	自上次发布以来某个文件提交的次数
CommittersLast	自上次发布以来提交某文件的开发人员数量
rmlLast	自上次发布以来从文件中删除的行数
alLast	自上次发布以来添加到文件中的行数
rml	从文件中删除的行数
al	添加到文件中的行数
TopDevPercent	提交某文件的顶级开发人员的百分比

上述预测模型忽略了程序员和设计人员对软件缺陷的因果影响。换句话说，用于学习这些缺陷预测器的数据集包括与产品相关的（静态代码度量）和与*过程*相关的（搅动）度量，而不是与*人员*相关的度量。另一方面，由于软件是由人设计、实现和测试的，人们的思维过程对软件质量有着重要的影响。在文献中，各种与人相关的度量也被用来构建缺陷预测器，但这些度量与人的思维过程或认知并没有直接关系 [13, 34-37]。

笔者在研究中，关注一个特殊的人类认知点，即确认偏差 [38-41]。在认知心理学现有理论的基础上，定义了一个“确认偏差度量集”。确认偏差度量量化了软件工程师的确认行为，此行为可能导致工程师忽视缺陷，导致软件缺陷密度增加[42]（即软件工程师确认行为越低，越要重视软件中的缺陷）。笔者使用确认偏差度量来评价缺陷预测器[43]。根据这些度量得到的模型预测性能与分别基于静态代码度量和基于搅动度量得到的模型预测性能相当。确认行为是人的一种行为，但得到的结果很可能是所期望的。该研究结果验证了一个事实，即应该进一步研究与人相关的行为来改善缺陷预测模型的性能。

除了个别度量之外，量化软件工程师之间社会交互的度量（例如开发人员通过对同一组问题进行评论而在问题存储库上进行交流）可以作为增强信息内容的数据集。在文献中，也有其他尝试使用社交网络来研究缺陷预测器，从而产生了较好的效果[31-32,44-45]。除了这些经验研究，还研究了开发者之间的社交互动[46]，并基于复杂网络文献中的技术调整了各种度量[47]。笔者还使用社交网络度量来预测缺陷，使用两个开源数据集，即来自 IBM Rational Team Concert 和 Drupal[46] 的开发数据。结果表明，与其他度量（如搅动度量）相比，在这些数据集上使用社交网络度量可显著降低高误报率而不会降低检测率，或大幅提高低预测率而不会影响低误报率。

笔者一直在为大型软件开发公司和中小型企业构建缺陷预测模型，这些企业专注于企业资源规划、金融、网上银行、电信和嵌入式系统等领域。根据经验，推荐以下产品路线图来决定待收集的数据集内容，以构建缺陷预测模型：

1）**从静态代码度量开始**。虽然静态代码度量（例如 McCabe、代码行和 Halstead 度量）的信息内容有限，但是它们却很容易收集和使用。即使对于非常大的系统，它们也只需较小的成本实现自动收集。此外，他们还提出了代码质量的概念，可以帮助开发人员决定哪些模块值得人工检查。

2）**尝试提高从静态代码度量学习到的缺陷预测器的性能**。尝试一些诸如加权静态代码属性或使用 CGBR 框架的方法，来提高使用静态代码属性构建的模型的预测性能。

3）**即使没有缺陷数据，也不要放弃静态代码度量**。在一些软件开发公司中，他们可能不会在开发活动中保存缺陷数据，甚至可能不存在将缺陷与文件匹配的过程，而该过程往往能帮助开发人员跟踪软件系统中任何修改的原因。由于开发人员工作量大，人工匹配缺陷不是一个可行的解决方案。一种可能的方法是通过与软件工程师和高级管理人员召开紧急会议，来说服他们调整现有的代码开发过程。作为开发过程中的一个变化，开发人员可能被强制要求在将代码检入版本管理系统时使用唯一的 ID 来标记测试缺陷或需求请求。通过使用唯一的 ID，可以通过引用提交日志来识别源代码中的哪些修改是用于修复缺陷的，哪些是用于新的需求请求的。一般来说适应过程的变化需要时间，此外收集足够的缺陷数据也需要时间。在收集缺陷数据时，跨公司的数据可以用来构建缺陷预测器。一开始，公司内部数据可以与跨公司数据结合使用，直到收集到足够的本地数据为止。步骤 2 中提到的方法可以用于跨公司数据，也可以用于跨公司数据和公司内部数据。

4）**使用搅动度量和社交网络度量提高缺陷预测的准确性**。可以从版本管理系统的日志中自动收集搅动度量。通过挖掘问题管理系统、版本管理系统和开发人员电子邮件（开发人员通过发送电子邮件讨论软件问题和新特性），还可以自动收集社会交互度量。在抽取了静态代码、搅动和社会交互度量之后，可以通过使用这三种不同类型的度量的所有组合（即静态代码度量，搅动度量，社会交互度量；静态代码和搅动度量；静态代码和社会交互度量；搅动和社会交互度量；以及静态代码、搅动和社会交互度量）构建缺陷预测模型。通过比较这些模型的性能，来决定使用哪些模型来识别软件中容易出现缺陷的部分。

5）包含个人特征的度量。使用包含个人特征的度量来构建缺陷预测模型非常具有挑战性。关于此类度量集的形成和收集度量值方法的定义需要跨学科的研究，包括传统软件工程之外的知识和行为心理学等领域。此外，还需要面对 16.3.2 节提到的定性经验研究的挑战。由于这些挑战，在软件公司进行的实地研究中，采用了确认偏差度量来构建后期的预测模型。

16.3.1.2　工作量估算模型的数据集

笔者在构建估算工作量的模型时使用了两个数据集，这两个数据集是通过收集土耳其本地各软件公司的数据而得到的，同时也使用了公开可用的数据集，如 COCOMO 数据库。收集的数据集中包含了 SDR 数据集 [48-51]，而 SDR 数据集是通过使用 COCOMO II 问卷来收集数据的。SDR 数据集包含 24 个项目，这些项目是在本世纪的前十年实施的。表 16-4 中显示了一个示例数据集，展示了用于软件工作量估算的数据集的内容和格式。表 16-4 中的每一行对应不同的项目。这些项目由 COCOMO II 模型的属性以及它们的代码行规模和完成项目所花费的实际工作量来表示。笔者还收集了两家大型土耳其软件公司的数据集，分别专注于电信领域和网上银行领域 [52-53]。

在研究项目中使用的公开数据集来自 PROMISE 数据存储库 [11] 和国际软件基准测试标准组织（International Software Benchmarking Standards Group），后者是一个非营利组织 [54]。

当在不同的软件项目之间以及在软件开发生命周期的不同阶段分配资源时，项目经理可以从基于学习的工作量估算模型中得到建议。此外，当项目经理决定是否启动一个新的软件开发项目时，该工作量估算模型的输出可以提供建议。使用自己的数据集和公开的数据集可以形成跨领域的数据集（即来自不同应用领域的数据集）以及域内数据集（来自相似应用领域的数据集）。根据经验，建议实践者使用来自不同应用领域的项目来构建工作量估算模型，而不是使用来自类似应用领域的项目 [55]。基于类比的模型被广泛用于工作量估算，它假定项目数据的可用性与手头的项目数据是相似的，但用于类比的数据却很难获取。换句话说，内部可能没有类似的项目，从其他公司获取数据可能会因为保密而受到限制。笔者提出的框架使用跨领域数据，这表明在构建工作量估算模型时，没有必要考虑项目的特性（与其他项目相似）[55]。

表 16-4　用于工作量估算的示例数据集

项目	属性（如 COCOMO II 中所定义的）	代码行数	工作量
P1	1.00, 1.08, 1.30, 1.00, 1.00, 0.87, 1.00, 0.86, 1.00, 0.70, 1.21, 1.00, 0.91, 1.00, 1.08	70	278
P2	1.40, 1.08, 1.15, 1.30, 1.21, 1.00, 1.00, 0.71, 0.82 ,0.70, 1.00, 0.95, 0.91, 0.91, 1.08	227	1181
P3	1.00, 1.08, 1.15, 1.30, 1.06, 0.87, 1.07, 0.86, 1.00, 0.86, 1.10, 0.95, 0.91, 1.00, 1.08	177.9	1248
P4	1.15, 0.94, 1.15, 1.00, 1.00, 0.87, 0.87, 1.00, 1.00, 1.00, 1.00, 0.95, 0.91, 1.00, 1.08	115.8	480
P5	1.15, 0.94, 1.15, 1.00, 1.00, 0.87, 0.87, 1.00, 1.00, 1.00, 1.00, 0.95, 0.91, 1.00, 1.08	29.5	120
P6	1.15, 0.94, 1.15, 1.00, 1.00, 0.87, 0.87, 1.00, 1.00, 1.00, 1.00, 0.95, 0.91, 1.00, 1.08	19.7	60
P7	1.15, 0.94, 1.15, 1.00, 1.00, 0.87, 0.87, 1.00, 1.00, 1.00, 1.00, 0.95, 0.91, 1.00, 1.08	66.6	300
P8	1.15, 0.94, 1.15, 1.00, 1.00, 0.87, 0.87, 1.00, 1.00, 1.00, 1.00, 0.95, 0.91, 1.00, 1.08	5.5	18
P9	1.15, 0.94, 1.15, 1.00, 1.00, 0.87, 0.87, 1.00, 1.00, 1.00, 1.00, 0.95, 0.91, 1.00, 1.08	10.4	50
P10	1.15, 0.94, 1.15, 1.00, 1.00, 0.87, 0.87, 1.00, 1.00, 1.00, 1.00, 0.95, 0.91, 1.00, 1.08	14	60
P11	1.00, 0.00, 1.15, 1.00, 1.00, 1.00, 1.00, 1.00, 1.00, 1.00, 1.00, 1.00, 1.00, 1.00, 1.00	16	114
P12	1.15, 0.00, 1.15, 1.00, 1.00, 1.00, 1.00, 1.00, 1.00, 1.00, 1.00, 1.00, 1.00, 1.00, 1.00	6.5	42
P13	1.00, 0.00, 1.15, 1.00, 1.00, 1.00, 1.00, 1.00, 1.00, 1.00, 1.00, 1.00, 1.00, 1.00, 1.00	13	60
P14	1.00, 0.00 ,1.15, 1.00, 1.00, 1.00, 1.00, 1.00, 1.00, 1.00, 1.00, 1.00, 1.00, 1.00, 1.00	8	42

16.3.2 数据抽取

在软件解析项目中获得的结果的有效性受到数据抽取质量的限制。因此，准确的数据抽取是软件解析项目中最重要的阶段之一。在每一个研究项目中，仔细设计数据抽取步骤非常重要。

数据抽取过程的第一步是为将要抽取的数据选择正确的需求。如果数据需求在数据抽取之后发生了变化，那么研究的所有结果都可能发生变化。相应地，重新开展对行业的扩充性调查可能会更加耗时。

在可能的情况下，数据抽取步骤的自动化从长远来看可以降低抽取成本。另一方面，跟踪数据抽取脚本的历史轨迹有助于在必要时重复已有的历史实验。多年来，对于给定的问题，采用了几种定量和定性的数据抽取技术 [56-57]。在某些场景中，为了提高效率，将一部分定性分析技术进行了自动化改进。在本节中，将描述这些技术以及如何针对具体问题来定制它们。

16.3.2.1 定量数据抽取

定量数据可以是连续数据，也可以是离散数据。可以从不同的软件制品中抽取定量数据，包括源代码和问题存储库。同样，定量技术也可用于对调查和问卷中抽取的定性数据进行后处理。

*源代码存储库*是软件解析项目中的主要数据源。源代码存储库可以用于在给定的时间快照中抽取项目的状态，或者跟踪随时间变化的软件项目的演化情况。根据项目开发方式的不同，源代码存储库中的软件演化可能是线性的，也可能类似于有向无环图。对于具有多个开发分支的项目通常将重点放在主开发分支上，以保持项目历史的线性化和方便跨项目比较 [58]。

对于缺陷预测，可以挖掘源代码存储库来抽取静态代码、搅动和协作度量。静态代码度量的抽取依赖于编程语言。对于静态代码度量和数据存储的抽取，笔者开发了一系列工具来避免一些重复工作 [57-59]。在工作量估算时，可以挖掘软件存储库来抽取与软件规模相关的属性。

*问题管理软件*用于跟踪与软件相关的问题。它是用于软件项目中质量保证的主要存储库。使用问题管理软件将缺陷映射到底层源代码模块，并分析组织对于这些问题的处理过程 [60-61]。

缺陷数据可以用来标记容易出现缺陷的模块，以进行缺陷预测，或者根据缺陷密度或缺陷计数来评估软件质量。将缺陷映射到问题的理想方法是将源代码变更与问题关联起来。通过将问题直接映射到源代码，很容易为有缺陷的源代码模块贴上标签。这一战略有时非常奏效。在此情况下，为了尽可能准确地将问题映射到源代码变更，需要进行文本挖掘。在研究中，经常使用修改集（提交）消息来识别容易出现缺陷的模块 [56]。对于连提交信息都不可用的项目，缺陷匹配的最后一种方法是尝试与团队成员一起人工检查变更。

这些缺陷数据抽取方法可以与*公司内部*的缺陷数据一起用来训练缺陷预测模型。此外，Turhan 等人 [62] 提出了某些方法，以便在个别软件项目完全无法获得缺陷数据的情况下使用*跨公司*数据源。

在选择数据抽取的时间跨度时需要回答以下几个问题：

1）组织针对给定项目采用的具体软件方法是什么？某个方法的实际实现过程总是与其理论定义存在偏差。

2）解析项目中应该使用哪些版本和哪些项目？不同项目或版本的数据质量可能存在差异。此外，如规模等项目特征可能会改变实验结果。

3）数据的估算质量是什么？与质量保证团队一起检查数据的质量通常是有益的。尽早发现数据中的问题可以帮助研究人员避免返工。

调查和问卷得到的定性结果也可以用定量的方法进行评价。对于从定性数据中抽取的度量，尽早将调查结果数字化为对程序员友好的格式（例如纯文本、JSON 和 XML）会很有用。

度量数据的存储是一项复杂的任务，特别是对于未来可能扩展的数据集。如果存储合适，这些数据集可以在未来的工作中以最小的代价进行使用。存储数据最简单的方法是将数据存储为纯文本文件。对于多维数据，笔者建议将数据存储到轻量级的数据库中，例如 Sqlite 数据库。Sqlite 数据库可以存储为单个文件，而不需要设置完整的数据库，而且由于它是单个文件，所以可以很容易地跟踪其历史。软件分析人员经常使用的一些语言，如 R、Python 和 MATLAB，都有 Sqlite 的原生客户端，因此可以方便地使用它。Sqlite 具有伸缩性，可以方便地存储 1～10 GB 大小的数据[63]。

数据质量、数据丢失和数据稀疏是经常遇到的三个问题。必须针对这些问题改进数据抽取方法。多年来，笔者使用了一些技术来减少数据中的噪音并解决这些问题。例如，在一个项目中很难从所有开发人员那里抽取认知偏差度量。笔者使用了一种称为矩阵分解的线性代数近似方法来填充案例中缺失的数据值[42]。因为度量过程不够成熟，笔者的一个合作伙伴在为他的项目保存缺陷数据时遇到了一些问题。在此情况下，必须使用跨公司的数据源来训练模型。为该项目找到合适的训练数据同样是一个麻烦的问题。为了实现这一目标，笔者对抽样策略进行了评估，以便在实验中选择正确规模的数据[64]。

16.3.2.2 定性数据抽取

定性数据是不能以数字形式表示的任意特征集[65]。定性数据可以通过问卷和调查来抽取。建议读者阅读社会科学书籍来了解这一领域的知识[65]。

软件解析模型的某些输入并不能直接从软件存储库中抽取。在许多情况下，笔者已经为模型抽取了定性数据。例如，对于建模人员，使用标准化测试来获得开发人员的认知偏差[38,43]。在这些测试中，笔者人工解读了文本形式的答案，还使用问卷调查的方式对项目过程的成熟度进行了评估，以建立可靠性评估模型。另外，笔者还展开了调查，检验解析项目对软件公司的实际好处[56]。这些调查发现，如果没有积极的“布道者”，即使对于成功的项目，在组织内部对解析模型的采用也可能会随着时间的推移而改变。

在数据抽取开始后，改变定性数据抽取方法的代价是非常高昂的。因此，定性数据抽取方法的设计比定量数据抽取方法的设计要耗费更多的时间。

16.3.2.3 数据抽取的模式

多年来，笔者在内部开发了一些抽取相关软件数据的实践。下面是根据经验为软件分析师推荐的一些实践：

1）不要使用 Microsoft Excel 电子表格等专有数据格式来存储数据，因为手动访问数据非常耗时。虽然可以调用一些库读取该格式的数据，但是不能确保这些格式的长期可用性。此外，二进制格式使得跟踪版本之间的差异非常困难。

2）跟踪被抽取数据和脚本的版本变化。

3）存储每次运行的数据抽取过程的参数。可能会忘记有特定结果的一组参数，所以除了解析输出之外，保存参数也很有必要。将参数从源代码中分离出来对于参数的存储也很有帮助。

4）寻找可能在数据中引入噪声的因素。噪声可能来自内部因素和外部因素。通过检查数据模型和脚本，可以轻松地控制内部因素。但是追踪外部因素更为棘手。项目的某些部分可能早已丢失。

5）尽早与质量保证团队成员交叉检查抽取的数据中可能存在的问题。

6）所有的数据抽取和分析任务与代码都应该用一个脚本执行。在某些情况下，重做某些操作可能会不切实际，但是如果数据抽取方法存在问题，那么使用该方法可以节省大量的时间。在每次重新评估时记住所有自定义参数和脚本的名称是非常耗时的。

16.4 描述性解析

深入了解数据的最简单方法是使用描述统计学。即使是简单的相关性分析或多个度量的可视化，也可揭示关于开发过程、开发团队或数据收集过程的隐藏事实。例如，用图形表示从版本控制系统中抽取的修改提交将揭示开发人员之间工作量的分布，即每天积极开发软件的开发人员所占的百分比 [53]，或者会突出显示出软件系统的哪些组件经常变更。另一方面，一个关于问题库中已修复问题度量的统计测试可以识别缺陷重新打开的原因 [60] 或揭示软件开发者处理问题的工作量 [61]。根据所调查的问题，可以从软件存储库中收集各种类型的度量，但是在不考虑数据特征（例如，变量的类型和规模、分布）的情况下，使用任何统计技术或可视化方法都是不合适的。在本节中，将介绍之前工作中使用的统计技术和可视化方法的示例，并说明如何选择它们。

16.4.1 数据可视化

理解从丰富而复杂的软件存储库中收集到的数据的最简单方法是将数据可视化表示。数据可视化是一个成熟的领域，有大量关于图表、表格和工具的文献，可用于可视化地表示定量信息 [66]。本节提供了一些使用基本图表的示例，例如之前解析项目中用到的箱形图、散点图和折线图，以更好地理解软件数据。

箱形图有助于可视化，因为它允许人们对分布、中心值（中位数）、最小值和最大值以及四分位数进行形式化，并提供有关数据是否倾斜或包含噪声（即异常值）的线索。图 16-2 是一个箱形图，用于可视化在一个大型软件组织的案例研究中，不同类别的开发人员负责的活跃问题（在功能测试期间、系统测试期间和现场发现的缺陷）的分布 [61]。在本研究中，笔者使用箱形图来告知开发者，功能测试类别在开发者所负责的问题中占据着主导的地位，它的中位数略高于系统测试和现场问题。此外，每组中的异常值（例如，48 个功能测试问题由单个开发者负责）突出显示了潜在的噪声实例，或某些开发者对问题所有权的支配（图 16-3）。

散点图是另一种可视化技术，用于探索两个变量之间的关系，即你要关注的两个度量指标。在关于 Eclipse 项目发布的探索性研究 [67] 中，笔者使用了散点图来观察源文件编辑次数（第一个变量）与三个不同文件集的编辑天数（第二个变量）之间的趋势，这三个文件集是包含 beta 版本缺陷的文件，包含其他类型缺陷的文件以及没有缺陷的文件。图 16-4 显示了 Eclipse 发行版的三个文件集的散点图 [67]。可以看出，这两个变量之间没有明显的正单调关系等趋势。但是，很明显，具有 beta 版本缺陷的文件集中在较小的区域，进行编辑的次数很少（在一小段时间内），且这样的情况时有发生。在这些可视化的基础上，建议开发者应该专注于那些不经常编辑的文件，以便捕获 beta 版本的缺陷 [67]。

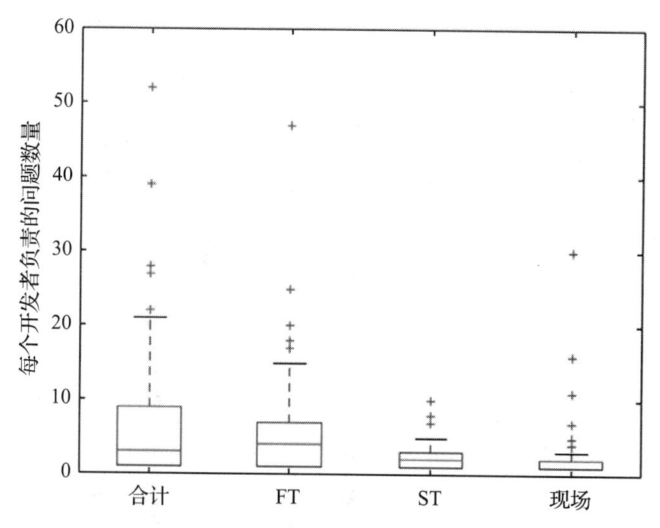

图 16-2 商业软件系统中开发者负责的问题及其类别的箱形图。FT 表示功能测试，ST 表示系统测试（来自参考文献 [61]）

其他类型的图表对于可视化软件开发也很有用，例如开发者的工作量分配 [53]、问题所有权或开发者协作 [61]。例如，笔者确定了开发者的协作网络以及哪些因素影响了团队在一个大型的全球开发的商业软件上的稳定性 [68]。笔者使用折线图根据开发者共同开发的代码来可视化开发人员的协作。在另一项研究中，笔者还使用折线图来描述开发者每月负责和修复的问题数量（见图 16-3）。这些图表非常容易绘制，但如果定期绘制这些图表，即每周 / 每月、敏捷开发实践中的每一个冲刺，或者每个开发团队都绘制这些图表，它们会提供有价值的信息。

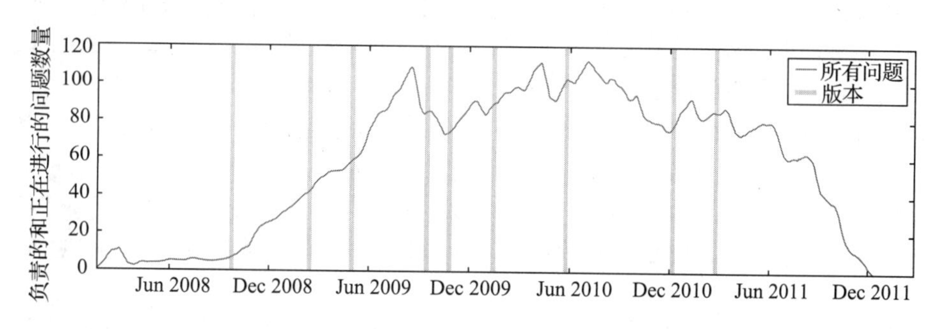

图 16-3 Android 系统问题存储库中的活动折线图（来自参考文献 [61]）

16.4.2 统计报告

在构建解析之前计算诸如最小值和最大值以及软件度量的均值、中位数或方差之类的方法统称为描述性统计学，因为这些统计信息是关于度量、中心值和可变性等分布特征的信息。在企业协作期间，通常的做法是计算这些描述性统计数据（例如，[56, 61, 69]）或在软件解析项目开始时使用可视化技术，而其他技术（如统计测试）则是在揭示软件度量之间现有关系或识别两个或多个软件度量分布差异的后继步骤中更为有用。

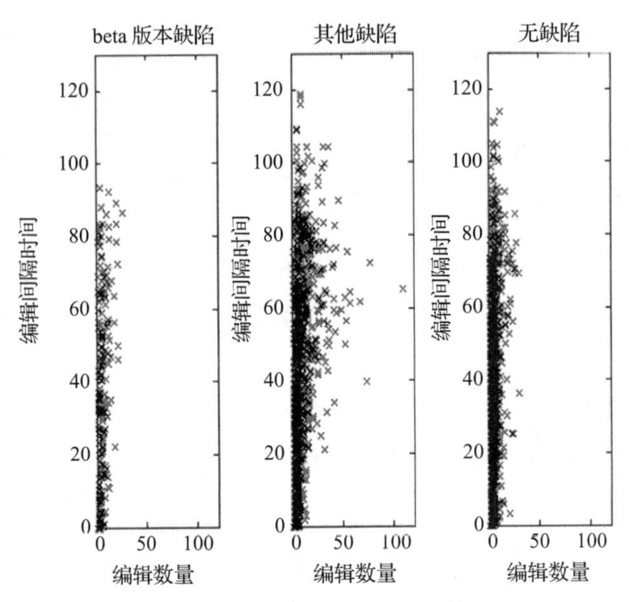

图 16-4 包含 beta 版本缺陷、包含其他缺陷和无缺陷的 Eclipse 源文件的编辑数量和编辑间隔时间（以天为单位）的三个散点图（来自参考文献 [67]）

下面总结了一系列统计分析技术，这些技术在之前与行业合作伙伴共同开展的项目中得到了展现。这些技术及其计算的详细介绍可以查阅统计学的基础书籍（例如，[70-71]）。这里说明了在软件度量方面使用这些方法来进行模式识别的优势。

相关性分析。此类型的分析用于确定变量之间是否存在统计关系，反过来，它有助于确定一组独立变量，这些变量将成为预测性解析的输入。可以在软件度量之间或度量与因变量之间计算相关性，例如产品缺陷的数量、缺陷类别、开发工时（表明开发工作量）和问题重新打开的可能性。两个变量之间的相关性可以使用两种流行的方法来计算：Pearson 积矩相关系数和 Spearman 秩相关系数。

Pearson 相关系数是两个变量之间线性关系的度量，其值介于 1(强正线性关系）和 -1(强负线性关系）之间 [70]。该系数的计算基于两个变量的协方差，并且根据所研究的问题，有不同的用于解释系数大小的方法。例如，在经验软件工程中，高于 75% 的相关系数就可能被解释为变量之间的强关系，而在心理学的经验研究中，37% 的相关系数就可能表明存在强关系 [72]。

在一个涉及电信行业运营的大型软件组织的案例研究中，使用 Pearson 相关系数研究了代表开发者思维过程和缺陷率的确认偏差度量之间的线性关系，并发现变量之间存在中等（21%）到强（53%）的关系 [43]。随后在相关性分析的基础上，过滤了显著相关的度量，并使用所得到的度量集来构建预测性解析，以估算软件系统的缺陷数量。

Spearman 秩相关系数是两个变量之间统计关系的非参数度量 [70]。与 Pearson 相关系数一样，它的取值介于 1 和 –1 之间，适用于连续变量和分类变量。不同的是，Spearman 相关系数的计算是基于从变量的原始值计算得到的秩，并且与两个变量的分布特征无关。因此，与 Pearson 相关性中的线性关系相比，Spearman 相关性可以表示任何单调关系。

笔者对 4 家中到大型软件组织的软件开发、测试人员经验和推理能力以及公司规模做了一项调查 [41]，计算了 Spearman 秩相关系数以观察测试人员报告的缺陷数量和产品缺陷之间的关系，以及开发人员的推理技能和代码的缺陷倾向之间的关系。分析表明，预发布版本和产品缺陷之间存在显著的（等级系数为 0.82）正相关关系。因此得出结论，每次发布之前测试人员可能会报告比开发人员所修复的数量更多的缺陷，因此，随着报告的缺陷越来越多，产品缺陷的数量也会增加。

在另一个关于大型软件开发组织的案例研究中，使用了 Spearman 相关性来分析表征问题重新打开的度量之间的关系（在问题生命周期中，问题被关闭和重新打开）[60]。笔者发现为了修复重新打开问题而修改的代码行，以及重新打开问题与其他问题的依赖关系之间存在强大的统计关系，即问题与其他问题的相似程度越高，在修复期间受到影响的代码行就越多。

总之，尽管这些结果有时看起来微不足道，但它们对软件团队有非常大的影响，能够揭露组织开发过程中的一些隐藏事实，并确认开发人员在日常决策过程中经常做出的假设。另一方面，这些类型的相关性分析仅显示两个变量之间是否存在统计关系以及该关系的程度。为了进一步分析这两个变量之间存在什么类型的关系（例如，线性或非线性），可以使用散点图或者其他统计检验方法（例如，假设检验）。下面提供了之前工作中使用的一些检验方法的示例。

拟合优度检验。这些检验可用于将样本（分布）与另一个分布或从同一分布生成的另一个样本进行比较。与相关性分析类似，有几种拟合优度检验方法，应根据样本中的实例数量、要比较的数据集数量以及样本的分布特征来选择合适的检验方法。例如，在测试驱动的开发和编程后再测试之间的比较研究中，使用了 Kolmogorov-Smirnov 检验来检验使用测试驱动开发的软件系统的代码复杂性和设计度量是否符合正态分布 [73]。Kolmogorov-Smirnov 检验是一种非参数检验，用于检验两个连续概率分布的方差或比较两个样本 [71]。结果 [73] 表明，没有一个度量是正态分布的，因此笔者调整了解析方法，使其适用于从任意类型分布中生成的样本。在其他研究中，笔者应用了相同的拟合优度检验来比较软件组织中有经验的成员和新手团队成员之间 [40] 或开发人员和项目经理之间的开发活动 [39]。

在笔者的一些研究中，软件度量采用了离散值，因此其他拟合优度检验（如卡方检验）更适合比较两组或多组样本的离散度量值。例如，在关于软件组织的案例研究 [42] 中，卡方检验用于比较确认偏差度量的分布，在开发人员、测试人员和项目经理之间描述开发人员的思维过程和推理技巧。根据测试结果，发现推理技巧在三个开发角色中有显著差异。因此，建议在决定角色分配和在软件组织中形成更平衡的结构时使用这些度量。

群体之间的差异。虽然拟合优度检验可用于比较两个或更多群体（即样本）之间的差异，但更好的方法是形成零假设（H_0）并使用统计假设检验来检查是否支持零假设。例如，如果目标是检查开发者使用测试驱动开发编写的测试是否比编程后再测试所编写的测试多，那么需要收集两个样本，其中包括使用测试驱动开发和编程后再测试的开发活动中的测试数量。在这之中，重要的是样本是从不同的群体中独立抽取的。之后，可以形成如下零假设：*开发者使用测试驱动开发方法和编程后再测试方法的测试数之间的差异均值为 0*。

检验（例如，t 检验和 Mann-Whitney U 检验，也称为 Wilcoxon 秩和检验）可以拒绝零假设，这意味着两个开发实践之间的平均值显著不同，或者它不能拒绝零假设，这意味着均值的差异不足以做出统计声明 [71]。假设检验实际上不能证明或反驳任何东西，因此还计算显著性的程度。例如，p 值为 0.05 表明平均值有 95% 的可能性显著不同。随着 p 值的增加，差异更可能是偶然发生的。

人们经常使用假设检验来比较代表不同软件系统的两个或多个样本、开发方法（例如，Mann-Whitney *U* 检验 [73]）和软件团队（例如，Mann-Whitney *U* 检验 [41] 和 Kruskal-Wallis 与两组以上的方差分析 [43]）。或者，这些检验方法可用于比较两个预测性解析技术的性能，以决定选择哪一个，例如 *t* 检验 [26,49]。

总之，在描述性解析过程中，可以通过考虑关于样本分布的信息（例如，对正态分布样本的 *t* 检验，以及诸如 Mann-Whitney *U* 检验的针对其他样本的非参数检验）来选择假设检验方法。通过可视化或通过统计测试进行报告的描述性统计，可以指导软件组织中的研究人员或数据分析人员在数据丰富、多变量且经常有噪声的情况下开展研究。

16.5 预测性解析

16.5.1 各种条件下的预测模型

本节将从预测性解析的角度介绍与多个行业项目协作的经验，将回顾多种算法，从简单的替代算法到更复杂的算法。但是，主要目的不是重复常用的机器学习算法的内容，毕竟已有足够多的机器学习书籍 [74-76]。本节致力于分享笔者十多年来将预测性解析应用于产学项目合作过程中吸取的经验教训。

通常，人们会发现知道某个学习器（又名预测算法）只是其中一部分，从业者需要根据他们的使用方式灵活应用和创新，并根据手头的问题改变算法。因此，在进一步讨论之前，为了设定正确的期望，简要引用与行业从业者的对话。在提出预测性解析模型后，一家大型软件公司的从业者提出了以下问题："你的预测模型是否可以在所有条件下工作？"（"条件"意味着不同的数据集和问题类型。）对这些问题的简单回答是："不可以。"没有一个预测模型可以在所有不同的条件下都能产生高效的度量值。因此，如果你正在寻找一个适用于所有条件的预测模型，本节将让你失望。与之相对的，我们可以讨论构建预测模型的必经之路以及需遵循的步骤，这些方法已在本章作者的现实生活中应用于许多行业项目。

专业术语。预测模型是学习器（learner）的一种具体应用，通常通过预处理和后处理步骤来帮助提高预测性能 [30]。将在 16.5.3 节讨论如何改进性能。首先，将注意力集中在学习器身上，学习器是学习已知实例并为未知实例提供预测的机器学习算法。已知实例指的是已知因变量信息的实例，例如，软件组件的缺陷信息。这些实例也称为"*训练集*"。未知实例是缺少因变量信息的实例，例如，刚刚发布的软件组件缺少缺陷信息。这些实例被称为"*测试集*"。在有缺陷和无缺陷的软件组件的示例中，预测模型使用训练集学习定义软件组件和缺陷的度量之间的关系。再基于所学习的关系，预测模型可以为测试集（新发布的组件）提供准确的预测。

从简单到复杂。预测模型的一种误导性方法是直截了当地使用任意的学习器。通过随机选择的学习器可以获得不错的预测准确度，但是从业者不太可能使用这样的随机学习器。例如，在国际银行的软件工作量估算项目中，笔者每个月都会向管理层和软件开发人员展示实验结果 [9,52]。这些演示的重点不仅仅是性能，而是所提出的算法如何以及为什么能够实现所呈现的性能。换句话说，仅仅使用复杂的算法，而没有很好地解释它如何以及为什么适用于手头预测问题的预测模型，不太可能让产品组去采纳。因此，最好从一组易于应用和解释的初始算法开始调查，例如线性回归 [38]、逻辑回归 [60,77] 和 *k*- 最近邻（*k*-NN）[62,78]。这些算法的应用可提供性能基准，以便可以看到更复杂的算法将带来多少附加值。这些算法相对容易理解，并且在作者参与的大多数行业项目中，它们被证明具有相当好的性能[38,60,62,77-78]。另一种误解是简单性只是指选择非技术受众可以轻易理解的算法。为此目的，算法的简单性应该对决策过程产生最小的影响。如果表现最佳的算法结果是一些相对较难理解的学习器的复杂集合，也只能任其自然。但是为了有理由决定使用复杂的替代方案，应该从简单的开始，并确保复杂算法所带来的附加价值。

*线性回归*是一种预测模型，假设因变量和自变量之间存在线性关系[74]：

$$y = X\beta + \varepsilon \tag{16.1}$$

自变量（定义为 X）乘以系数（β），并且可通过设置系数使得误差（ε）最小化。

笔者在各种行业环境中使用线性回归来解决回归问题（因变量是连续值的问题）。笔者与一家大型电信公司合作项目的一个重点是识别确认偏差对缺陷密度的影响（根据缺陷计数（连续值）度量的缺陷密度，因此是回归问题）。选择在该项目中使用线性回归是因为观察发现确认偏差度量与缺陷计数线性相关[38]。线性关系可通过检查 R^2 值（即决定系数），也可根据缺陷计数绘制度量值来观察。R^2 值衡量了线性模型对响应变量波动（在其平均值附近）的解释率，取值范围为 0 到 1，其中 0 表示没有一个响应变量的波动可以用线性模型来解释，而 1 表示所有响应变量的波动都可以用线性模型来解释。因此，接近 1 的值意味着更好的模型拟合。在确认偏差项目中，将每个开发组的缺陷密度定义为该组创建 / 更新的缺陷文件总数与创建 / 更新的文件总数之比。为了可视化确认偏差对软件缺陷密度的影响，构建了一个基于线性回归的预测模型，其中确认偏差度量作为预测变量（自变量），缺陷密度为响应变量。结果表明，42.4% 的缺陷密度波动可以通过线性回归模型来解释（$R^2 = 0.4243$）。

请注意，在电信公司项目中是使用线性回归模型来预测连续值（缺陷计数）[38]。然而，并非现实预测性解析中面临的所有预测问题都涉及连续变量。在因变量离散的情况下，可以使用逻辑回归[60, 77]。例如，假设只知道软件模块是否有缺陷（但没有确切的缺陷数量），那么可以定义“*有缺陷*”和“*无缺陷*”的离散类。这样的分组得到一个二分类（又称二元）问题（而不是连续变量预测问题）。在二分类问题（$y_i = [0, 1]$）的情况下，逻辑回归是一种常用的预测算法。作者在各种缺陷预测项目中采用了逻辑回归[60]。一般的逻辑回归公式如下：

$$\Pr(y_i = 1) = \text{logit}^{-1}(X_i\beta) \tag{16.2}$$

其中 $\Pr(y_i = 1)$ 表示 y_i 属于类 1 的概率，X 是自变量值的向量，β 是系数向量。该预测方法的一个好处是——假设逻辑回归提供高精度——可以使用相应的系数值来查看不同输入变量的重要性。该方法的一个示例应用可以在文献 [60] 的项目中找到，该项目使用逻辑回归来分析软件开发中问题重新打开背后的可能因素。为此，我们训练逻辑回归模型拟合收集的问题数据，但主要目的是了解哪些因素最重要（通过使用系数值）。因此，对于导致问题重新打开的因素分析，逻辑回归是一个合适的选择。

朴素贝叶斯分类器是处理分类问题的另一个简单而又非常成功的学习器[33, 62, 78]。特别对于软件缺陷预测研究，作者观察到朴素贝叶斯比一些更复杂的基于规则的学习器（如决策树）效果更好[62]。正如学习器的名字所表明的那样，朴素贝叶斯分类器是基于贝叶斯定理，该定理指出新的观察取决于新证据对初始信念的影响程度：

$$P(H \mid E) = \frac{P(H)}{P(E)}\prod_i P(E_i \mid H) \tag{16.3}$$

在公式16.3中，假设有旧证据 E_i 和 H 类的先验概率，则可以计算其下一个（后验）概率。例如，对于试图在一个软件中检测有缺陷模块的分类器，H 类代表有缺陷模块的类别。然后，一个实例有缺陷的后验概率 $P(H \mid E)$ 是缺陷实例的比例 $P(H) / P(E)$ 与每个观察的概率 $P(E_i \mid H)$ 的乘积。

该学习器在缺陷预测任务中的成功为其与其他学习器一起使用铺平了道路。例如，在朴表贝叶斯分类中，使用 *k*-NN 学习器过滤跨公司数据 [62]。在介绍如何使用 *k*-NN 学习器作为过滤器之前，简要介绍一下它是如何工作的：*k*-NN 识别与测试实例最相似的 *k* 个标记实例。实例之间的相似度通过欧几里得距离或汉明距离等距离函数来计算。

k-NN 也可用于分类 [78] 和回归 [79] 问题。对于分类问题，通常将多数表决（即，*k*-NN 的主要类别）作为预测值给出。对于回归问题，给出因变量值 *k*-NN 的均值或中值。使用 *k*-NN 作为缺陷预测领域的过滤器——即分类问题 [62]——确定没有自己的数据（即公司内部数据）的组织是否可以使用来自其他组织的数据（即跨公司数据）。在最初的实验中，使用朴素贝叶斯作为预测方法，并比较组织在使用公司内部数据与使用跨公司数据时的性能效果。性能结果表明，使用跨公司数据预测性能较差。这是可以理解的，因为另一个组织的环境可能有很大差异。于是使用 *k*-NN 从跨公司数据中过滤实例——例如，首先找到与测试实例最相似的实例（使用 *k*-NN），而不是使用朴素贝叶斯分类器中的所有跨公司数据实例。仅过滤最相似的实例可提高跨公司数据的性能，使其非常接近公司内部数据的性能。在许多项目中，会使用跨公司数据非常重要，因为我们的观察结果是，最初的公司内部数据也是非常有限的。换句话说，“*从业者将不得不从手头的数据开始分析*。”在该情况下，使用跨公司数据可帮助对公司内部测试数据进行初步预测 [52]。

其他相对较复杂的学习器也经常出现在软件工程的预测方法研究中，例如神经网络 [49] 和决策树 [50, 80]。这里不再深入研究这些学习器的机制，只介绍一下大概思想及可能存在的固有偏差，因为了解这些算法如何工作及其偏差有助于从业者为不同特征的数据集选择正确的学习器。

神经网络是一种通用逼近器 [81]，即它们几乎可以学习任何函数。神经网络被定义为一组连接的节点，其中训练实例被送入输入层节点后（见图16-5），信息被传递到隐藏层节点。在传递期间，每个连接边对从前一节点接收的数量设置权重。虽然图16-5中仅有一层隐藏层，但可有多层隐藏层来模拟更复杂的功能。最后，将值传递到输出层，获得每个因变量的最终估算值。请注意，实例可以逐个输入到神经网络，即当训练实例可用时，该模型可以一次更新一个实例。然而，神经网络的问题在于它们对数据集中的微小变化很敏感 [82]。此外，神经网络的过度训练将对想要预测的测试实例产生负面影响。可以通过构造多神经网络集成系统来解决与神经网络有关的此类问题 [49]。集成方法应用在软件工作量估算数据上的神经网络表明，与个体神经网络中的固有偏差不同，神经网络集成系统可提供更稳定和更高的精确值 [49]。下一节将进一步讨论其他学习器的集成，以提高学习器的预测能力。

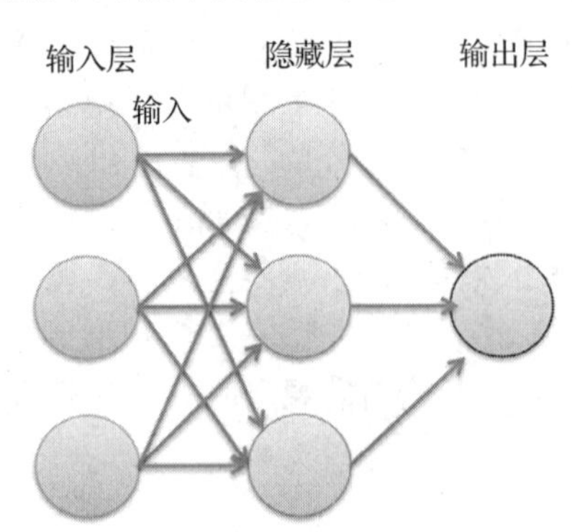

图16-5　具有单隐藏层的神经网络示例

另一个常用类型的学习器是决策树 [50, 80]。与逐个接收实例的神经网络不同，决策树要求所有数据在开始学习之前都是可用的。决策树的工作原理是根据独立特征的值递归地将数据分解为越来越小的子集来工作[83]。在每次分解时，相对于所选特征，更一致的实例被组合在一起成为一个节点。图 16-6 显示了一个使用两个特征 F1 和 F2 的决策树。此决策树对测试实例的工作方式如下：如果特征 F1 小于或等于 x，则决策树将返回 A 作为预测结果。否则，将沿着 F1 > x 的节点向下走，然后观察 F2。如果测试实例的特征 F2 > y，那么预测结果为 B，否则预测结果为 C。

特别地，对于实例之间相互关联形成集群的数据集，尝试使用决策树学习器是一个有效的方法，因为其假设与数据的结构相吻合。软件工作量估算数据就是这种情况，其中实例（项目）形成由类似项目组成的本地组。因此，在不同的行业项目中使用决策树来估算软件项目的工作量[50, 52-53]。在软件工作量数据[50]上运行决策树学习器的一个用途是将类似实例分组以便将软件工作量估算问题转化为分类问题（回顾前文，最初的软件工作量估算是一个回归问题）。通过使用决策树，形成软件工作量间隔，时间间隔由位于决策树最终节点的训练项目确定。然后将测试实例输入决策树并找到其最终节点，其中估算值是作为间隔而不只是一个数值。

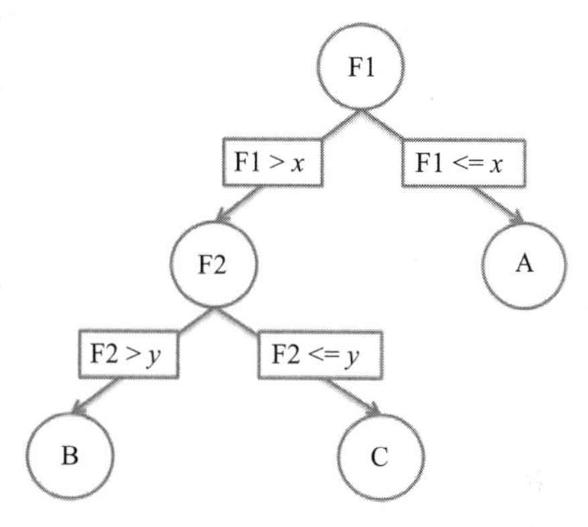

图 16-6　使用两个特征（F1 和 F2）的决策树示例

如下方面需要注意：

1）*学习器只是应用的一个部分*。本节中，我们已经回顾了一些成功应用于不同实际软件工程数据的学习器，也展示了如何针对不同的任务更改这些学习器——例如，使用 k-NN 作为实例过滤方法[62]或使用决策树将回归问题转化为分类问题[50]。但是，学习器在数据上的应用只是一部分。在构建预测模型时，从业者应该注意到不同项目预测过程中可能存在的陷阱。

2）*构建预测模型是迭代式的*。在对数据应用不同的学习器时，应在循环中考虑到数据领域专家（或客户）。换句话说，建议你与领域专家讨论初始结果和你的关注点。让客户参与迭代过程的首要好处是，可以获得有关数据质量的早期反馈。在某些情况下，学习器表现不佳，客户可以清楚地解释其原因。其次是可以尽早发现潜在的数据问题。如果某个功能看起来很可疑，领域专家可能会就数据是否错误给出明确的答案。例如，在一个行业项目中，对于某些项目，缺陷数量非常低，而这些项目的测试用例非常多。从事该项目的领域专家可能会告诉你是否确实如此，或者在该特定项目中是否没有持续跟踪缺陷。然后，可以将这些不准确的信息排除在模型之外，正如在之前所介绍项目中所做的那样。

3）*自动化是关键*。在项目的任何部分，可能需要重新运行所有实验。在一个行业项目中，笔者在项目中途得知，一组项目的一个假设对前一年开发的另一组项目无效。因此，不得不重复迄今为止为前一年的开发项目所做的所有分析。如果没有通过编程完成实验并把实验代码保存下来，那么重复所有实验将花费很多时间。因此，使用像 WEKA[76] 这样的机器学习工具包是有益的，但是编写可复用的实验代码也非常重要。对预测模型编写代码如此重要的另一个原因是定制。你可能希望以特定方式组合或更改不同的学习器，该需求可能无法通过工具包的用户界面实现。编写实验代码可能会为你提供灵活的定制。

16.5.2　性能评估

根据所研究的问题，预测性解析的性能可以使用不同的方式进行评估。通常，利用预测性解析的输出（即预测模型）与测试集中的数据点进行比较，或者与软件组织数据存储库中检索和存储后的实际数据点相比较。输出变量的类型可以是分类变量或连续变量，这决定了一组不同的性能评估度量。例如，在缺陷预测问题中，预测性解析的输出可以采用分类值（例如，软件代码模块（包、文件、类、方法）的缺陷倾向，无缺陷（0），或者易于出错 / 有缺陷（1）），或者可以采用从零到无穷大的连续值（例如，软件产品中易于出错的代码模块的数量）。对于具有分类输出的模型，典型的混淆矩阵可用于计算一组性能度量。表 16-5 给出了一个混淆矩阵，其中的行表示因为一个缺陷而导致软件模块是否修复的实际信息，而列表示预测性解析的输出。

所有性能指标均可根据表 16-5 中列出的四个基本度量计算得到——即预测为真实际为真（TP）、预测为假实际为真（FN）、预测为真实际为假（FP）和预测为假实际为假（TN）。例如，在缺陷预测的背景下，TP 是被模型正确分类为有缺陷的缺陷模块的实际数量，FN 是被错误标记为无缺陷的缺陷模块的数量，FP 是被错误标记为有缺陷的无缺陷模块数量，TN 是被模型正确标记为无缺陷的无缺陷模块的数量。理想情况下，预测性解析旨在准确地对所有有缺陷和无缺陷的模块进行分类，即没有 FN 也没有 FP。然而，实现理想情况在实践中非常具有挑战性。

表 16-5　一种典型的用于预测模型性能评估的混淆矩阵

		预测结果	
		正确	错误
实际结果	正确	TP	FN
	错误	FP	TN

在经验研究中，使用六种主流的评估度量来评估分类器的性能：*准确性*、*召回率*（也称为 *TP 率*或*命中率*，或在缺陷预测中具体称为检出率）、*FP 率*（在缺陷预测中也称为*误报率*）、*精度*、*F 度量*和*平衡度*。这六种度量的计算方法如下所示[30, 51, 77]：

$$\mathrm{ACC} = (\mathrm{TP} + \mathrm{TN}) / (\mathrm{TP} + \mathrm{TN} + \mathrm{FN} + \mathrm{FP}) \tag{16.4}$$

$$\mathrm{REC} = \frac{\mathrm{TP}}{\mathrm{TP} + \mathrm{FN}} \tag{16.5}$$

$$\mathrm{PREC} = \frac{\mathrm{TP}}{\mathrm{TP} + \mathrm{FP}} \tag{16.6}$$

$$\mathrm{FPR} = \frac{\mathrm{FP}}{\mathrm{FP} + \mathrm{TP}} \tag{16.7}$$

$$F_{\mathrm{measure}} = \frac{2(\mathrm{PREC} \times \mathrm{REC})}{\mathrm{PREC} + \mathrm{REC}} \tag{16.8}$$

$$\mathrm{BAL} = 1 - \sqrt{(1 - \mathrm{REC})^2 + (0 - \mathrm{FPR})^2} \tag{16.9}$$

上述公式中，ACC 表示准确性，REC 表示召回率，PREC 是精准度，FPR 是 FP 率，BAL 是平衡度。ACC、REC、PREC、*F* 度量和 BAL 的值应尽可能接近 1，而 FPR 应接近 0。然而，REC 和 PREC 之间存在反比例关系，也就是说，只能以一个（低 PREC）为代价来提高另一个（REC）。如果这两个优先于所有性能度量，则计算 F 度量是有用的，该度量表示 REC 和 PREC 之间的调和平均值。

此外，REC 和 FPR 之间存在正相关关系。例如，一个算法试图以高误报率为代价来增加 REC。BAL 是一种包含 REC 和 FPR 之间关系的度量，它计算理想情况（REC = 1, FPR = 0）与预测性解析性能之间的距离。

在降低 FPR 的同时实现高的 REC 和 PREC，反过来，实现高的 BAL 和 *F* 度量值，这在软件组织中构建预测性解析时是一个很大的挑战。需要根据这些组织的业务战略确定在这些度量之间如何取舍。例如，在运营关键任务领域（例如，嵌入式系统）的软件组织中，软件团队的目标是在部署产品代码之前捕获并修复尽可能多的缺陷。因此，他们优先考虑从预测性解析中获得低 FPR、高 REC。而在运营竞争领域（例如，电信）的软件组织中，降低成本是主要关注点。因此，他们希望减少由高 FPR 引起的额外成本，并在 REC、PREC 和 FPR 之间取得平衡。

笔者的大多数工作更倾向于使用 REC、FPR 和 BAL，因为通过降低 FPR 来降低预测性解析的成本一直是行业合作伙伴关注的焦点。例如，在一个涉及运营电信领域的软件组织的案例研究中，设计了一种软件解析技术来预测代码缺陷 [9]。在用户反馈的基础上，笔者校准解析以减少 FPR，同时获得尽可能高的 REC。后来在公司部署的模型达到了 87% 的召回率和 26% 的误报率 [84]。在一项关于运营嵌入式系统的公司的研究中，构建了一种预测性解析，用于以高误报率为代价来捕获多数代码缺陷 [85]。结果显示有一组分类器能够达到 82% 的召回率和 35% 的误报率。在其他案例研究中，笔者研究了在缺陷预测研究中降低误报率的不同技术（例如，算法阈值优化 [29]，增加训练数据的信息量 [24,26,30] 和缺失数据补充 [15]）。

为了定位软件故障的来源，笔者构建了一种预测性解析，用于抽取存储在软件应用程序先前故障消息中的特有模式，并将新到达的故障消息分配到它所属的位置 [51]。在故障定位的背景下，REC 和 PREC 同样重要，因为两种类型的故障分类错误具有相同的成本。换句话说，将属于组件 B 的故障定位到组件 A 和将属于组件 A 的故障定位到组件 B，两者之间的成本开销是相同的。因此，参考文献 [51] 提出的模型在第一个应用程序中设法实现 99% 的 REC 和 98% 的 PREC，而在第二个应用程序中实现了 76% 的 REC 和 71% 的 PREC 率。

另一种预测性解析是为软件组织构建的，用于评估需要根据代码复杂性和依赖性度量进行重构的软件类别 [86]。所提出的模型能够预测 82% 的类别需要重构（TP 率），这需要耗费开发人员 13% 的检查工作量。

如果预测性解析产生连续输出（例如，缺陷总数，每人每月的项目工作量），则评估其性能需要将输出转化为分类值或者使用其他更适合于连续模型输出的性能指标。例如，构建了一个软件工作量估算模型，可以动态预测项目的工作量间隔，即一个分类值，表明哪种工作量间隔最适合新项目，而不是人月值 [80]。由于输出是分类的，因此在缺陷预测研究中使用的性能度量——即 REC、PREC、FPR 和 ACC，被用于评估所提出的工作量估算模型的性能。

一种更方便的方法是使用其他性能度量，这些度量更适合评估产生连续输出的模型的性能。广泛使用的一些度量是*相对误差*（MRE）、*平均 MRE*（MMRE）和 *k 级预测*（PRED(*k*)）。每个度量的计算如下：

$$\mathrm{MRE}_i = \frac{|x_i - \hat{x}_i|}{x_i}, \tag{16.10}$$

$$\mathrm{MMRE} = \text{平均值}(\text{所有}\mathrm{MRE}_i), \tag{16.11}$$

$$\mathrm{PRED}(k)=\frac{100}{N}\sum_{i=1}^{N}\begin{cases}1 & \text{如果}\mathrm{MRE}_i\leqslant\dfrac{k}{100},\\ 0 & \text{其他}\end{cases}\tag{16.12}$$

理想情况下，MRE 和 MMRE 应该低至 0，而 PRED(k) 应该接近 1。可以使用*相对误差的中位数*（MdMRE）代替 MMRE，因为与*中位数*相比，样本平均值总是对样本中的异常值更敏感。在软件工作量估算的上下文中，减少 MRE 表明估算工作量的错误率很低。随着错误率降低，PRED 增加。PRED 计算中的 k 值通常选择为 25 或 30，表示误差率低于 25% 或 30% 的估算百分比。PRED 对软件从业者来说可能是更好的评估度量，因为它显示了预测误差的变化——也就是说，预测的百分比达到了从业者设定的误差水平。因此，它隐式地表示了错误率 (k) 和解析所做的所有预测中错误的波动。

在软件工作量估算的经验研究中，笔者使用了 MMRE 和 PRED(25) 度量，结果发现这些度量没有适合所有软件项目和团队的最优值。例如，在一项研究中，研究实验室的一位同事建立了不同的预测性解析，以估算每人月的项目工作量[87]。两个数据集——即一个公共数据集和另一个从不同软件组织收集的数据集——用于训练预测性解析模型。结果表明，应用于公共数据集的最佳模型达到了 29% 的 MMRE，19% 的 MdMRE 和 73% 的 PRED(30)，而应用于商业数据集的最佳模型达到了 49% 的 MMRE、28% 的 MdMRE 和 51% 的 PRED(30)。

在其他研究中，笔者提出在有限训练数据的情况下，相对更复杂的解析可用来估算软件项目的工作量。例如，参考文献 [49] 提出的预测性解析中的智能技术工作原理如下：它具有一个联想记忆，根据算法在过去项目中的表现来估算和纠正预测误差。使用该联想记忆获得的结果表明，可达到 40% 的 MMRE，29% 的 MdMRE 和 55% 的 PRED(25)，而简单的分类器预测有 434% 的 MMRE，205% 的 MdMRE 和 10% 的 PRED(35)[49]。

在性能指标增加 / 减少的基础上，可以在构建预测性解析时选择性能最佳的算法。性能度量值之间的粗略比较有时可能存在问题——由于用于训练算法和改进的样本可能在统计上不显著，因此可能会发生度量的变化。因此，即使算法在性能评估方面达到更高的值，还应该使用统计检验来证实该变化不是偶然发生的。

如 16.4.2 节所述，统计检验可用于识别软件数据的模式，以及比较使用不同算法构建的预测性解析的性能（例如，Mann-Whitney U 检验[73]，以及 Nemenyi 的多重比较检验和 Friedman 检验[52]）。箱形图也是有用的可视化技术，用于描述两个或多个预测性解析的性能指标之间的差异[30, 62]。用于产生连续输出的预测性解析的其他性能指标可以在参考文献 [38] 中找到。

最后，笔者分析了特定情境下的性能评估，例如在软件缺陷预测的经验研究中的成本效益分析（根据发现软件缺陷的检查工作量的减少量（以代码行为单位[84-85]））。这些类型的分析对于软件从业者来说也很容易理解和解释，因为它们代表了使用预测性解析的实际优势——即减少工作量。

16.5.3　规范性解析

决定算法后，可以通过以下简单的方法提高性能：

- ❑ 形成集成（ensemble）[49, 85, 88]；

- ❑ 应用标准化 [50, 80]；
- ❑ 通过信息获取等方法选择特性 [62]；
- ❑ 通过基于 k-NN 的采样选择实例。

集成是将多个弱的学习器组合成一个更强大的学习器的有效方法 [88]。集成背后的想法是不同的学习器有不同的优劣势（回想一下，神经网络和决策树有哪些不同），因此，它们学习数据的不同部分。当将不同学习的预测结合起来时，可以相互补充并提供更好的预测。例如，在笔者的一项研究中，采用了大量的预测方法，并以简单的方式将它们组合在一起，例如获取单个学习器产生预测的均值和中位数 [88]。然而，在结合单个学习器之前，笔者更注重选择成功的学习器，对学习器进行排名，并且只组合具有高性能的学习器。只选择成功的学习器进行集成，这提供了比使用所有单个学习器更加好的效果。换句话说，在集成的过程中，最好不要包括那些单独运行时表现很差的学习器。

如果某些特征与其他特征相比具有非常高的值，那么对这些特征值进行归一化是提高学习器性能的“必要条件”。例如，与保持项目中代码行数的特征值相比，保持项目中定义的类数量的特征值要小得多。如果正在使用 k-NN 学习器，那么在欧式距离计算中，代码行规模的影响将超过类规模的影响。一种常见的归一化方法是 min-max[50, 80]：

$$\frac{x_i - \min(X)}{\max(X) - \min(X)} \tag{16.13}$$

其中 X 代表特征向量，x_i 代表该向量中的单个值。虽然从业者可以从数据集中获取非常多的特征，但通常情况下，其中一些特征没有其他特征重要。在不同的场景中观察到，通过选择所有特征的一个子集，实际上可以提高学习器的性能 [62, 88]。有多种方法可以选择特征，例如信息增益 [62]、逐步回归 [88] 和线性判别分析等等。

与预测模型的‘并非所有特征都有用’的想法类似，也并非所有实例都对预测问题有益。可能有多种原因导致某些实例应从数据中过滤掉。例如，实例可能包含错误数据，或者存储的与实例有关的数据可能是正确的，但是它可能与其他所有实例显著不同，结果是一个异常值。在任何一种情况下，大家都希望从数据集中过滤掉这样的实例。前面已经讨论过在使用朴素贝叶斯分类器之前，先使用基于 k-NN 的实例过滤器 [62]，这是一个基于实例过滤的很好的例子。基于 k-NN 的实例过滤器仅选择最接近测试实例的训练实例，因此，学习器仅使用过滤后的实例。另一种受基于 k-NN 的过滤器启发的算法是通过方差过滤 [79]，其中仅选择形成低方差组（因变量值）的实例。

上面讨论的集成、特征和实例选择以及特征归一化等方法是提高学习器性能的可能方法的一部分。但是，不应将其认为是必需的过程。根据手头的问题和数据集，从业者必须对其应用程序进行单独或组合的试验（例如，同时应用的特征和实例选择），应优先考虑产生最佳性能的组合。

总之，预测性解析需要从统计的角度明确定义业务挑战：从通过可视化和统计检验理解数据，到定义预测性解析的输入输出，从算法选择到性能评估标准，最后，提高算法的性能。根据经验，这里提供表 16-6，指导软件数据分析师来构建软件解析框架。请注意，表 16-6 绝不是用于预测的所有可能算法的详尽列表。但是，它涵盖了迄今为止讨论的多个工业案例研究中使用的算法。

表 16-6 构建软件解析框架的统计方法的分类与应用

响应变量类型（输出）	学习类型	预测性解析		规范性解析
		算 法	性能度量	
分类变量（例如，缺陷倾向性，问题重新打开）	分类	逻辑回归，朴素贝叶斯，k-NN，决策树	来自混淆矩阵的基本度量：TP，TN，FP，FN。其他衍生度量：ACC，REC，PREC，误报量，F度量，BAL	归一化，特征和实例选择，集成
连续变量（例如，缺陷数量、缺陷密度、每人月的项目工作量）	回归	线性回归，k-NN，神经网络，决策树	MRE，MdMRE，PRED(k)，R^2	

16.6 未来之路

在许多现实问题中，存在各种随机因素影响决策过程的结果。通常不可能考虑所有这些因素及其可能的相互作用。在这种不确定性下，人工智能方法是有用的工具，它可以对过去的经验进行概括，从而为以前忽视的问题实例提供解决方案。这些过去的经验是从可用的数据中抽取的，这些数据代表了问题的特征。许多数据挖掘应用程序在处理大量数据的过程中常常面临减少庞大搜索空间的挑战。同时，非常有限的可用数据也增加了问题处理的难度。在此情况下，从有限的数据中进行归纳是一项非常具有挑战性的工作。

在此背景下，软件工程是一个具有许多随机因素和数据相对有限的领域。然而，在软件领域，使用数据挖掘方法产生了关于软件产品的各种非常有效的预测工具。如果需要兼顾到软件开发中涉及的所有因素，这些模型的成功应用似乎不太可能。例如，组织可以在不同的领域工作，拥有不同的过程，并以不同的方式定义 / 衡量其产品和过程的缺陷和其他方面。此外，大多数组织没有精确定义他们的过程、产品、度量等。尽管如此，对软件开发时间和软件缺陷位置进行近似正确的预测，非常简单的模型就足够了。

对于软件开发可预测性的一种可能的解释是，尽管所有看似随机的因素都会影响软件构建，但最终结果却遵循非常严格的统计模式。通过数据挖掘建立预测缺陷和工作量的基准对照也是对过去经验的归纳概括。当所有数据挖掘器无法更好地识别将软件度量与缺陷发生或工作量间隔相关联的附加信息时，会发生性能上限效应。从过去的结果中观察到，依赖于相对直接的机器学习工具应用的研究范式已经达到了极限。

为了克服这些限制，研究人员使用来自不同软件制品的度量特征组合（称之为信息源），以丰富搜索空间中的信息内容。但是，来自不同信息源的这些特征需要相当高的收集成本，而且并非所有情况下都可用。有效规避这些限制的另一种方法是使用领域知识。

迄今为止，笔者在研究中将这些特征的最基本类型，即源代码度量与领域知识相结合，并且提出使用这些信息源增加信息内容的新方法。例如，使用领域知识可以使用有限数据或无需数据轻松构建用于缺陷预测的数据挖掘工具。

人工智能（AI）、编程语言和软件工程方面的研究有许多共同的目标，例如高级概念、工具和技术：抽象、建模等。但是问题的范畴、解决方案的性质以及目标受众也存在显著差异。人工智能社区感兴趣的是找到问题的解决方案，软件工程社区试图找到有效的解决方案，因此需要解决更简单、更有针对性的问题。

因此，定义智能必须精准。智能的含义是什么？什么样的系统具有智能？这些是能够创造“智能”基准参照的重要问题。当拥有大型分布式软件开发团队时，构建这些系统变得极为重要。用户需要一个易于在子系统之间切换的环境。例如，在缺陷预测领域，共同使用基准对照和测试平台对于支持业务决策至关重要。

人工智能应被视为一个大型工程型项目。研究人员应该建立系统和设计方法，将理论与经验数据相结合，将科学与大规模工程相结合，将方法与专家知识、业务规则和直觉相结合。

之前的工作发现静态代码属性的信息内容有限。仅在静态代码属性方面对软件模块进行描述会忽略软件的一些重要方面，包括应用领域的类型、参与系统开发的各个程序员的技能水平、承包商的开发实践、度量实践的变化以及用于收集数据的度量和工具的验证。出于这些原因，笔者已经开始使用存储库度量来扩充和替换静态代码度量，例如过去的错误或代码变更或处理代码的开发人员数量。在构建基准对照时，笔者成功地建模了产品属性（静态代码度量、存储库度量等）和过程属性（组织因素、人员经验等）。但是，在软件开发项目中，人员（开发人员、测试人员、分析人员）是最重要的支柱，却很难建模。仍需考虑使用一个新模型，使其能够综合考量产品、过程和人员信息。

在缺陷和工作量估算中，更多的价值将来自对开发者特征的深入理解，例如掌握社交网络如何形成以及它们如何影响缺陷倾向性和工作分配。因此，该领域的研究将和其他学科的发展息息相关，如社会科学、认知科学、经济学和统计学。

参考文献

[1] Kenett RS. Implementing SCRUM using business process management and pattern analysis methodologies. Dyn Relationships Manage J 2013;2(2):29–48.
[2] Powner DA. Software development: effective practices and federal challenges in applying agile methods. Technical report. US Office of Public Affairs, GAO-12-681; 2012.
[3] Shearer C. The CRISP-DM model: the new blueprint for data mining. J Data Warehousing 2000; 5:13–22.
[4] Creswell JW. The selection of a research design. In: Research design: qualitative, quantitative, and mixed methods approaches. Thousand Oaks: Sage; 2008. p. 3–21.
[5] Easterbrook S, Neves B. Empirical research methods for computer scientists; 2004. URL: http://www.cs.toronto.edu/sme/CSC2130/01-intro.pdf.
[6] Chrissis MB, Konrad M, Shrum S. CMMI for development: guidelines for process integration and product improvement. 3rd ed. Reading, MA: Addison Wesley; 2011.
[7] Why is measurements of data management maturity important. Technical report. CMMI Institute; 2014.
[8] Easterbrook S, Singer J, Storey MA, Damian D. Selecting empirical methods for software engineering research. Guide to advanced empirical software engineering. Berlin: Springer; 2008. p. 285–311.
[9] Tosun A, Bener AB, Turhan B, Menzies T. Practical considerations in deploying statistical methods for defect prediction: A case study within the Turkish telecommunications industry. Inform Software Technol 2010;52(11):1242–57.
[10] Misirli AT, Bener A. Bayesian networks for evidence-based decision-making in software engineering. IEEE Trans Softw Eng 2014; 40:533–54.
[11] Menzies T, Caglayan B, He Z, Kocaguneli E, Krall J, Peters F, Turhan B. The PROMISE repository of empirical software engineering data, 2012. URL: http://promisedata.googlecode.com.
[12] Basili VR. Software modeling and measurement: the goal/question/metric paradigm. Technical report. College Park, MD, USA; 1992.
[13] Nagappan N, Murphy B, Basili V. The influence of organizational structure on software quality: An empirical case study. In: 30th international conference on software engineering (ICSE 2008); 2008.
[14] Shmueli G, Kenett R. An information quality (InfoQ) framework for ex-ante and ex-post evaluation of empirical studies. In: 3rd international workshop on intelligent data analysis and management (IDAM); 2013.
[15] Calikli G, Bener A. An algorithmic approach to missing data problem in modeling human aspects in software development. In: Predictive models in software engineering conference (PROMISE); 2013.
[16] McCabe TJ. A complexity measure. IEEE Trans Software Eng 1976;SE-2.

[17] Halstead MH. Elements of software science, vol. 1. NewYork: Elsevier North-Holland; 1977.
[18] Chidamber SR, Kemerer CF. A metrics suite for object oriented design. IEEE Trans Software Eng 1994;20(6):476–93.
[19] Fenton NE, Neil M. A critique of software defect prediction models. IEEE Trans Software Eng 1999;25(3): 1–15.
[20] Fenton NE, Ohlsson N. Quantitative analysis of faults and failures in a complex software system. IEEE Trans Software Eng 2000;26(8):797–814.
[21] Oral AD, Bener A. Defect prediction for embedded software. In: 22nd international symposium on computer and information sciences (ISCIS 2007); 2007.
[22] Ceylan E, Kutlubay O, Bener A. Software defect identification using machine learning techniques. In: EURIMICRO SEAA 2006; 2006.
[23] Shull F, Basili V, Boehm B, Brown AW, Costa P, Lindvall M, Port D, Rus I, Tesoriero R, Zelkowitz M. What we have learnt about fighting defects. In: 8th international software metrics symposium; 2002.
[24] Turhan B, Bener A. Weighted static code attributes for software defect prediction. In: 20th international conference on software engineering and knowledge engineering; 2008.
[25] Menzies T, Greenwald J, Frank A. Data mining static code attributes to learn defect predictors. IEEE Trans Software Eng 2007;33(1):1–13.
[26] Turhan B, Kocak G, Bener A. Software defect prediction using call graph based ranking (CGBR) framework. In: 34th EUROMICRO software engineering and advanced applications (EUROMICRO-SEAA 2008); 2008.
[27] Kocak G, Turhan B, Bener A. Predicting defects in a large telecommunication system. In: ICSOFT; 2008. p. 284–8.
[28] Brin S, Page L. The anatomy of a large-scale hypertextual web search engine. In: Computer Networks and ISDN systems. Amsterdam: Elsevier Science Publishers; 1998. p. 107–17.
[29] Tosun A, Bener AB. Reducing false alarms in software defect prediction by decision threshold optimization. In: ESEM; 2009. p. 477–80.
[30] Turhan B, Misirli AT, Bener A. Empirical evaluation of the effects of mixed project data on learning defect predictors. Information and Software Technology 2013;55(6):1101–18.
[31] Pinzger M, Nagappan N, Murphy B. Can developer-module networks predict failures? In: 16th ACM SIGSOFT international symposium on foundations of software engineering, (FSE 2008); 2008.
[32] Meneely A, Williams L, Snipes W, Osborne J. Predicting failures with developer networks and social network analysis. In: 16th ACM SIGSOFT international symposium on foundations of software engineering (FSE2008); 2008.
[33] Misirli AT, Caglayan B, Miranskyy AV, Bener A, Ruffolo N. Different strokes for different folks: A case study on software metrics for different defect categories. In: Proceedings of the 2nd international workshop on emerging trends in software metrics; 2011. p. 45–51. ISBN 978-1-4503-0593-8.
[34] Graves TL, Karr AF, Marron JS, Siy H. Predicting fault incidence using software change history. IEEE Trans Software Eng 2000;26(7):653–61.
[35] Weyuker EJ, Ostrand TJ, Bell RM. Do too many cooks spoil the broth? using the number of developers to enhance defect prediction models. Empirical Software Eng 2008;13(5):539–59.
[36] Mockus A, Weiss DM. Predicting risk of software changes. Bell Labs Tech J 2000; 5.
[37] Weyuker EJ, Ostrand TJ, Bell RM. Using developer information as a factor for fault prediction. In: Proceedings of the third international workshop on predictor models in software engineering. IEEE Computer Society; 2007. p. 8.
[38] Calikli G, Bener AB. Preliminary analysis of the effects of confirmation bias on software defect density. In: ESEM; 2010.
[39] Calikli G, Bener A. Empirical analyses of the factors affecting confirmation bias and the effects of confirmation bias on software developer/tester performance. In: PROMISE; 2010.
[40] Calikli G, Bener A, Arslan B. An analysis of the effects of company culture, education and experience on confirmation bias levels of software developers and testers. In: ICSE; 2010.
[41] Calikli G, Arslan B, Bener A. Confirmation bias in software development and testing: An analysis of the effects of company size, experience and reasoning skills. In: 22nd annual psychology of programming interest group workshop; 2010.
[42] Calikli G, Bener A, Aytac T, Bozcan O. Towards a metric suite proposal to quantify confirmation biases of developers. In: ESEM; 2013.
[43] Calikli G, Bener A. Influence of confirmation biases of developers on software quality: an empirical study. Software Qual J 2013; 21:377–416.

[44] Bird C, Nagappan N, Gall H, Murphy B, Devanbu P. Putting it all together: Using socio-technical networks to predict failures. In: Proceedings of the 2009 20th international symposium on software reliability engineering. ISSRE '09, Washington, DC, USA: IEEE Computer Society; 2009. p. 109–19.
[45] Zimmermann T, Nagappan N. Predicting subsystem failures using dependency graph complexities. In: Proceedings of the 18th IEEE international symposium on software reliability. IEEE Computer Society; 2007. p. 227–36.
[46] Bicer S, Caglayan B, Bener A. Defect prediction using social network analysis on issue repositories. In: International conference on software systems and process (ICSSP 2011); 2011. p. 63–71.
[47] Easley D, Kleinberg J. Networks, crowds, and markets: reasoning about a highly connected world. Cambridge University Press; 2010.
[48] Kultur Y, Turhan B, Bener A. Enna: Software effort estimation using ensemble of neural networks with associative memory. In: 16th international symposium on foundations of software engineering (ACM SIGSOFT FSE 2008); 2008.
[49] Kultur Y, Turhan B, Bener AB. Ensemble of neural networks with associative memory (enna) for estimating software development costs. Knowl-Based Syst 2009;22(6):395–402.
[50] Bakir A, Turhan B, Bener AB. A comparative study for estimating software development effort intervals. Software Qual J 2011;19(3):537–52.
[51] Bakir A, Kocaguneli E, Tosun A, Bener A, Turhan B. Xiruxe: an intelligent fault tracking tool. In: International conference on artificial intelligence and pattern recognition; 2009.
[52] Kocaguneli E, Tosun A, Bener AB. AI-based models for software effort estimation. In: EUROMICRO-SEAA 2010. p. 323–6.
[53] Kocaguneli E, Misirli AT, Bener A, Caglayan B. Experience on developer participation and effort estimation. In: Euromicro SEAA conference; 2011.
[54] Lokan C, Wright T, Hill PR, Stringer M. Organizational benchmarking using ISBSG data repository. IEEE Software 2001;18(5):26–32.
[55] Bakir A, Turhan B, Bener AB. A new perspective on data homogeneity in software cost estimation: a study in the embedded systems domain. Software Qual J 2010;18(3):57–80.
[56] Misirli AT, Caglayan B, Bener A, Turhan B. A retrospective study of software analytics projects: in-depth interviews with practitioners. IEEE Softw 2013; 30(5):54–61.
[57] Caglayan B, Misirli AT, Calikli G, Bener A, Aytac T, Turhan B. Dione: an integrated measurement and defect prediction solution. In: Proceedings of the ACM SIGSOFT 20th international symposium on the foundations of software engineering. FSE '12, New York, NY, USA: ACM; 2012. p. 20:1–2.
[58] Caglayan B, Tosun A, Miranskyy AV, Bener AB, Ruffolo N. Usage of multiple prediction models based on defect categories. In: PROMISE; 2010. p. 8.
[59] Kocaguneli E, Tosun A, Bener AB, Turhan B, Caglayan B. Prest: an intelligent software metrics extraction, analysis and defect prediction tool. In: SEKE; 2009. p. 637–42.
[60] Caglayan B, Misirli AT, Miranskyy AV, Turhan B, Bener A. Factors characterizing reopened issues: a case study. In: PROMISE; 2012. p. 1–10.
[61] Caglayan B, Bener A. Issue ownership activity in two large software projects. In: 9th international workshop on software quality, collocated with FSE; 2012.
[62] Turhan B, Menzies T, Bener AB, Stefano JSD. On the relative value of cross-company and within-company data for defect prediction. Empirical Software Eng 2009;14(5):540–78.
[63] Owens M, Allen G. The definitive guide to SQLite, vol. 1. Springer; 2006.
[64] Turhan B, Kutlubay FO, Bener AB. Evaluation of feature extraction methods on software cost estimation. In: ESEM; 2007. p. 497.
[65] Yin RK. Case study research: design and methods, vol. 5. sage; 2009.
[66] Tufte E. The visual display of quantitative information. 2nd ed. Cheshire, CT: Graphics Press; 2001.
[67] Misirli AT, Murphy B, Zimmermann T, Bener A. An explanatory analysis on eclipse beta-release bugs through in-process metrics. In: 8th international workshop on software quality. ACM; 2011. p. 26–33.
[68] Caglayan B, Bener A, Miranskyy AV. Emergence of developer teams in the collaboration network. In: CHASE workshop colocated with ICSE; 2013.
[69] Kocak S, Miranskyy AV, Alptekin G, Bener A, Cialini E. The impact of improving software functionality on environmental sustainability. In: ICT for sustainability; 2013.
[70] Hocking RR. Methods and applications of lLinear models: Regression and the Analysis of Variance. Third edition ed.; Wiley Series in Probability and Statistics; 2013.
[71] Hollande M, Wolfe DA, Chicken E. Nonparametric statistical methods. 3rd ed. Wiley Series in Probability

and Statistics; 2014.

[72] Cohen J. Statistical power analysis for the behavioral sciences. Hillsdale, NJ: Lawrence Erlbaum Associates Publishers; 1988.

[73] Turhan B, Bener A, Kuvaja P, Oivo M. A quantitative comparison of test-first and test-last code in an industrial project. In: 11th international conference on agile software development (XP); 2010.

[74] Alpaydin E. Introduction to machine learning. Cambridge MA: MIT Press; 2004.

[75] Bishop CM. Pattern recognition and machine learning, vol. 1. New York: Springer; 2006.

[76] Witten IH, Frank E. Data mining: practical machine learning tools and techniques. Morgan Kaufmann; 2005.

[77] Tosun A, Turhan B, Bener AB. Validation of network measures as indicators of defective modules in software systems. In: PROMISE; 2009. p. 5.

[78] Turhan B, Koçak G, Bener AB. Data mining source code for locating software bugs: A case study in telecommunication industry. Expert Syst Appl 2009;36(6):9986–90.

[79] Kocaguneli E, Menzies T, Bener A, Keung JW. Exploiting the essential assumptions of analogy-based effort estimation. IEEE Trans Softw Eng 2012;38(2):425–38.

[80] Bakir A, Turhan B, Bener AB. Software effort estimation as a classification problem. In: ICSOFT (SE/MUSE/GSDCA); 2008. p. 274–7.

[81] Hornik K, Stinchcombe M, White H. Multilayer feedforward networks are universal approximators. Neural Networks 1989;2(5):359–66.

[82] Geman S, Bienenstock E, Doursat R. Neural networks and the bias/variance dilemma. Neural Comput 1992;4(1):1–58.

[83] Breiman L, Friedman J, Stone CJ, Olshen RA. Classification and regression trees. CRC Press; 1984.

[84] Misirli AT, Bener AB, Kale R. AI-based software defect predictors: applications and benefits in a case study. AI Magazine 2011;32(2):57–68.

[85] Tosun A, Turhan B, Bener AB. Ensemble of software defect predictors: a case study. In: ESEM; 2008. p. 318–20.

[86] Kosker Y, Turhan B, Bener A. An expert system for determining candidate software classes for refactoring. Expert Syst Appl 2009;36(6):10000–3.

[87] Baskeles B, Turhan B, Bener A. Software effort estimation using machine learning methods. In: 22nd international symposium on computer and information sciences (ISCIS); 2007. p. 126–31.

[88] Kocaguneli E, Menzies T, Keung JW. On the value of ensemble effort estimation. IEEE Trans Softw Eng 2012;38(6):1403–16.

第四部分

The Art and Science of Analyzing Software Data

高级主题

第 17 章　提高软件质量的代码注释分析

第 18 章　基于日志挖掘的目标驱动型软件根本原因分析

第 19 章　分析产品发布计划

第 17 章
The Art and Science of Analyzing Software Data

提高软件质量的代码注释分析

LinTan*
*Department of Electrical and Computer Engineering, University of Waterloo, Waterloo, ON, Canada**

17.1 引言

代码注释是软件行业的标准实践。开发人员通过编写注释来进行代码解释、文档规范、与其他开发人员交流、标记待办任务等事项，所以软件中含有大量注释信息。例如，Linux 内核、FreeBSD、OpenSolaris、MySQL、Firefox 和 Eclipse 这 6 个被广泛使用的开源项目虽使用不同的编程语言（如：C/ C++ 和 Java），含有不同的功能模块（如：操作系统（OS）、服务器和桌面应用程序），但这 6 个项目代码库中 21.8～29.7% 的内容（约 30 万～170 万行的信息）都是代码注释 [5]。

代码注释中包含大量可用于提高软件可维护性 [6] 和可靠性 [2-4] 的信息。大量可用的代码注释都是以非结构化和半结构化形式存储的自然语言，因此迫切需要利用包括自然语言处理（NLP）和机器学习技术在内的文本分析方法来自动分析这些注释信息。近年来，自动注释分析已成为一个新兴的研究课题 [7]。许多较新的研究表明，自动化的注释分析可以提高软件可靠性、编程效率、软件可维护性和软件质量 [1-4, 8, 9]。例如，Tan 等人 [2] 首先利用 NLP 技术（如：词性标记（POS）、分块和语义角色标记）和机器学习技术（如：决策树分类）从代码注释中自动地抽取规约，然后，基于这些规约检测软件源代码中的缺陷（defect / bug）和错误的代码注释。这些技术还可以用来自动地检测已被广泛使用的成熟的大型软件项目中未知的缺陷。

17.1.1 研究及分析代码注释的益处

研究和分析代码注释的益处体现在以下几个方面：

17.1.1.1 编程语言

注释可以激发开发人员设计出新的编程语言扩展模块或新的编程语言。下面的例子显示了 OpenSolaris 中对指定字段进行赋值的注释——将“ length”字段赋值为 15。在注释中指定此类信息不仅不方便，而且当 struct 的定义发生变化时注释也容易出错。对此，建议使用 GNU 编译器集合（GCC）的 designator 扩展模块来指定代码中这样的字段名称（如：.length = 15）。该示例表明，注释所指的某些需求已经通过编程语言扩展模块解决了，且更多的编程语言扩展模块可以通过研究注释设计出来。

```
const struct st_drivetype st_drivetypes[] = {
   ...
   ``Unisys ...'', /* .name ... */
   15,             /* .length ... */
   ...
};
```

17.1.1.2　注解语言

为扩大注解语言的影响，可以从研究有关代码注释的两个问题中受益。首先，程序员有多频繁地使用注释而不是注解来解决现有注解语言已经覆盖的问题？如果有大量此类注释，可以将注释转换为现有的注解语言，从而有助于缺陷的避免和自动缺陷检测。其次，有哪些注释中所表达的重要问题却没有被现有的注解语言覆盖？这两个问题的答案可以激发新的注解类型。

17.1.1.3　代码编辑功能

通过代码编辑器，注释可以用于提高程序员的工作效率。例如，为了更容易找到相关代码，开发人员将交叉引用信息放在注释中，例如 /* 请参阅 struct sock 定义中的注释，以了解为什么需要 sk_prot_creator */ ⊖。代码编辑器可以很好地利用这些注释，并在同一窗口中显示相关代码和注释信息以减少代码导航时间。鉴于相关研究已证实程序员平均耗费 35% 的编程时间在代码导航上 [10]，该功能可大大提高程序员的工作效率。

17.1.1.4　规约挖掘和软件缺陷检测

分析注释可实现软件规约（即：编程规则）的抽取，软件规约可用于：检测缺陷和错误注释；作为文档帮助开发人员避免新的缺陷并更好地理解代码从而改进软件可靠性和可维护性。例如，图 17-1 中的注释显示，reset_hardware() 的调用者（调用 reset_hardware() 的函数）必须加锁以保护函数中的共享数据访问。由于注释中的规约未得到执行，因此代码可能违反规约。图 17-1 阐述了 Linux 内核 2.6.11 版本中的这样一种违约行为。在函数 in2000_bus_reset() 中调用函数 reset_hardware() 之前没有任何锁定。

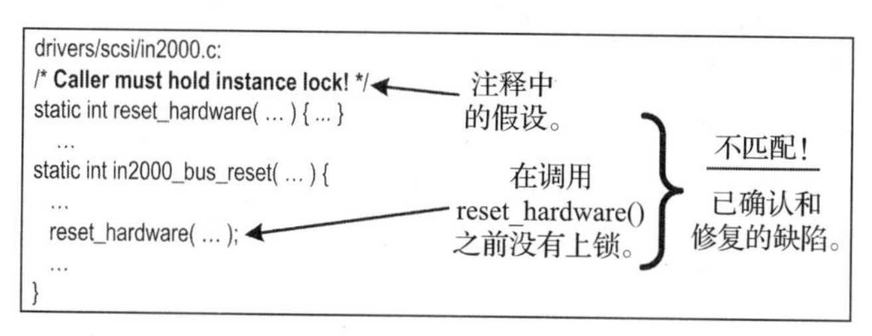

图 17-1　通过注释分析自动检测到 Linux 内核缺陷

如果知道开发人员试图在保持锁定的情况下调用函数 reset_hardware()，那么可以检查代码是否符合该规约，此检查过程可以发现缺陷。例如，通过分析注释 /*Caller must hold instance lock!*/ 及周边代码来抽取规约："必须在进入函数 reset_hardware() 之前获取锁的实例"。然后静态或动态检查器可以检查函数 reset_hardware 的直接和间接调用者，以确定是否遵循了该规约，继而发现在 in2000_bus_reset 函数路径中，在调用函数 reset_hardware 之前没有锁定，从而检测到该缺陷。这是 Linux 内核中的一个真实的缺陷，它由第一个注释分析和缺陷检测工具 iComment[2] 自动检测得到。

众所周知，软件缺陷检测至关重要但也极具挑战性 [2, 11]。许多缺陷来源于代码和规约之间的不匹配。检测缺陷的一个基本挑战是了解规约。已有的许多工作提出从源代码 [11-14] 和执行轨迹 [15-16] 中推导编程规则。许多技术假设已发布的成熟软件中大多数代码都是正确的，从而推导来自大多数代码的规约标准。例如，如果函数 reset_hardware() 的许多调用者都需

⊖ 本章中给出的注释示例来自于实际软件，如 Linux 内核、FreeBSD、OpenSolaris 和 Apache Commons Collections。

要加锁，则可以推导出该函数的所有调用者必须执行相同操作的编程规则。然后将整个代码库与推导的编程规则进行比较。这些方法在检测某些缺陷方面是有效的，但这并不绝对。如果代码不能为规则提供足够的支持，那这些方法可能不可行。例如，在 Linux 内核 2.6.11 中仅加锁一次来调用 reset_hardware。这样单次的加锁调用不足以确定这是一条规则，并且如果在加锁的情况下从未调用 reset_hardware，则完全无法从源代码推断出此规则。此外，源代码中没有一些诸如变量单位等类型的信息。混淆不同的单位（如，兆字节与千字节）可能会导致缺陷。因此，从代码注释中可以很好地抽取规约并使用规约来检测新的缺陷。规约还可用于帮助开发人员理解代码并避免缺陷。

要分析代码注释，需要深入了解现有的注释。因此，研究代码注释可以帮助了解哪些注释可供分析，以及哪些对分析有用。此外，研究注释可以帮助倾听开发人员的需求，因为开发人员经常在注释中表达他们的需求，而这些需求不被其他类型的开发工具或机制支持。因此，研究注释可以帮助了解如何构建更好的工具来支持软件开发 [1]。

17.1.2　研究及分析代码注释面临的挑战

自动分析代码注释是一个充满挑战的过程 [17]。由于注释是用自然语言编写的，即使采用最先进的 NLP 技术 [18]，也难以分析并且几乎不可能实现自动“理解”。该 NLP 技术主要分析*华尔街日报*上精心撰写的新闻文章或其他精心编写的语料库。与新闻文章不同，注释通常写得不好且包含许多语法错误。此外，注释中许多词语的含义与一般英语的含义并不相同。如，单词“buffer”“memory”和“lock”具有程序领域特定的含义，这些含义在一般词典中无法找到。此外，许多注释还包含了一些字典中不存在的程序标识符（例如，变量名和函数名）。

注释的用处各不相同，并且很难自动识别有用的注释。虽然一些注释对于前面所述的分析很有用，但许多注释都是无用的。例如，代码段中的注释“i++; // increment i”对于开发人员理解代码并没有效果，也很难帮助自动检测缺陷。因此自动区分有用的注释和无用的注释是非常困难的。

17.1.3　针对规约挖掘和缺陷检测的代码注释分析

现有的注释分析技术侧重于分析用于规约挖掘和缺陷检测的注释 [2-4,8-9]，这也是本章的主要内容。本节使用示例来介绍针对规约挖掘和缺陷检测的自动注释分析方法。

如上所述，软件中存在大量关于软件信息的注释。某些信息仅在代码中可用，因为开发人员不会重复注释代码中的所有信息。另一方面，注释包含一些无法从源代码中轻松获取的信息——例如，需要统一进行的变更（/* WARNING: If you change any of these defines, make sure to change the defines in the X server file (radeon_sarea.h) */）、待办任务（/* FIXME: We should group addresses here. */）、变量单位、未选择特定算法的原因以及文件的作者信息。

此外，注释和代码包含冗余信息。例如，OpenSolaris 中的注释声明了函数 taskq_ent_free() 必须加锁调用。在代码中，在 taskq_create_common() 函数调用函数 taskq_ent_free() 之前确实获取了锁。该注释和该代码段中包含了冗余信息。在这种特殊情况下，冗余是一致的。在其他一些情况下，如图 17-1 所示，注释和代码不一致，被认为是缺陷。

有关程序语义行为的冗余信息为检查注释和代码之间的不一致性创造了机会。当软件演化时，注释和源代码通常不同步 [19]。两者之间的不一致表明代码没有遵循正确的注释（这是一个缺陷），或代码是正确的但注释是错误的（这是一个错误的注释）㊀：

（1）*缺陷——源代码不遵循正确的注释*。一些情况是由于时间限制和缺乏阅读注释的动机，开发人员没有阅读注释（参见图 17-1）。另一个可能的原因是注释中的假设在整个源代码中的许多地方被使用，而开发人员在某些地方违反了该假设——例如，在新添加的代码中。

（2）*错误的注释可能会导致缺陷*。开发人员在修改代码时经常没有同时更新注释，也许是因为缺乏动机，没有时间，或者只是忘记了更新。通常在发布之前源代码需要通过软件测试，但开发人员不会对注释的正确性进行测试。因此，许多注释已过时且不正确，这些注释即为错误的注释。

图 17-2 显示了 Mozilla 项目中的错误注释，这是通过 iComment 进行自动注释分析检测到的。过时的注释 " the caller must hold cache lock when calling function ConvertToSID()" 与调用 ConvertToSID() 之前释放锁的代码不匹配。Mozilla 开发人员确认这种不匹配是一个错误的注释。

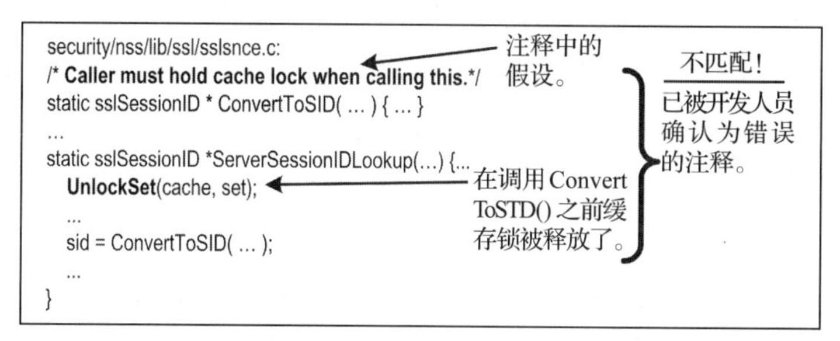

图 17-2　通过注释分析自动检测到 Mozilla 的错误注释。它已被 Mozilla 开发人员所证实："我应该删除那些在调用 ConvertToSID 时需要保持锁定的注释"

图 17-3 显示了 Mozilla 中一系列的八个不良注释中的两个，这些注释引发了许多新缺陷。正如开发人员在 Mozilla 的缺陷报告 # 363114 中指出，PR_Write 和 PR_Recv 是否阻塞取决于应用这两个函数的套接字的锁定属性。在阅读了错误的注释之后，许多开发人员错误地认为函数总是锁定的，因此编写了错误的代码。错误的注释会降低软件的可靠性和软件开发效率。因此，及时检测出错误的注释并修复它们十分重要。

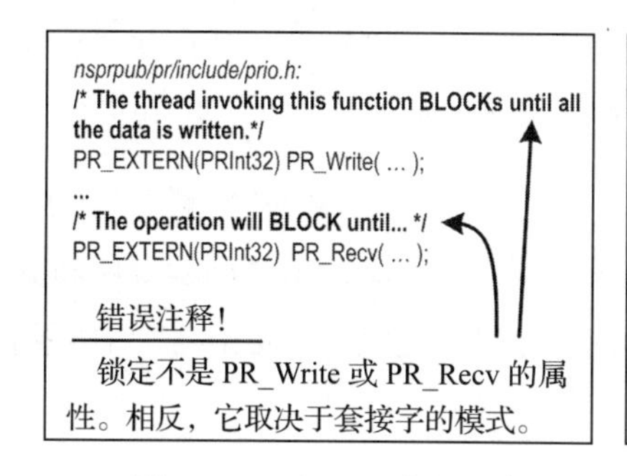

Quote from Bug Report 363114 in Mozilla Bugzilla:

"These statements have led **numerous** Mozilla developers to conclude that the functions are blocking, ... **Some very wrong code has been written in Mozilla due to the mistaken belief ...** These statements need to be fixed ASAP."

图 17-3　Mozilla 中的两条错误注释引发了许多新的缺陷

㊀ 完整地说，注释和代码也可能都是错误的，并且两者间可能不一致。在任何情况下，某些内容（注释、代码或两者）可能是错误的，因此检测注释和代码的不一致是有益的。

本章的其余部分组织结构如下。17.2 节提供了有关自动或半自动注释分析的基本和高级技术的教程。17.3 节介绍了代码注释的特征和内容。17.4 节描述了现有的注释分析技术。17.5 节总结了用于研究和分析应用程序编程接口（API）文档的最新技术。17.6 节总结了未来的研究方向和挑战。

17.2 文本分析：技术、工具和度量

本节简要介绍了常用的 NLP 和机器学习技术、流行的注释分析软件包和工具以及用于衡量注释分析准确性的度量指标。

17.2.1 自然语言处理

词性标注、组块和子句识别以及语义角色标记是三种成熟的 NLP 技术[18]。图 17-4 显示了 Linux 内核注释中这三种技术的示例。17.4.2.1 节描述了这三种 NLP 技术如何帮助 iComment[2] 解析注释句子并构建学习特征。

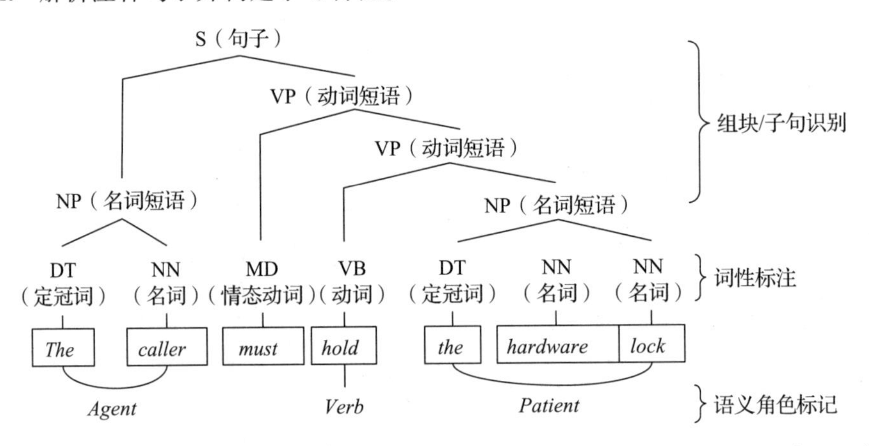

图 17-4 词性标注、组块和子句识别以及语义角色标记的示例。该树的叶节点组成了一个句子

17.2.1.1 词性标注

POS 标注，也称为词性标注，用以识别句子中每个单词的 POS（例如，名词和动词）。其基本方法是从手动标注的数据集中训练分类模型。

17.2.1.2 组块与子句识别

组块和子句识别通常被称为短语和子句分析。组块识别是一种将句子分成句法相关的词组（如：名词短语和动词短语）的技术。子句识别则是识别具有主语和谓词的单词序列的子句。这两种技术形成了句子的部分连贯句法。

17.2.1.3 语义角色标记

语义角色标记通过为每个短语分配语义参数来识别句子内不同短语之间的语义关系。通常，语义参数包括“agent”“patient”“instrument”和诸如“locative”“temporal”“manner”和“cause”等附加词。

17.2.2 机器学习

大量的机器学习技术被用来分析代码注释。本节简要介绍一些常用于代码注释分析和软件工程研究的技术。监督学习和无监督学习都可用于代码注释分析。监督学习从已标记的训

练数据推理模型，而无监督学习旨在找到未标记数据中的隐藏结构。

17.2.2.1 监督学习

*决策树学习*是用于从训练数据引入决策树的监督式机器学习技术。*决策树*（也称为分类树或归约树）是一种预测模型，它是从对某个项的观察到对其目标值的映射。在树结构中，叶子代表类别（也称为标签），非叶子节点则是特征，分支代表导致分类的特征的连接 [20]。

构建与给定数据集一致的决策树很容易，而建立良好的决策树则是一个挑战，这通常意味着要建立最小的决策树。用于构建最小决策树的一种常用的启发式算法是 Quinlan 的 ID3，它基于信息增益。C4.5 是 ID3 的改进版本，它在软件包 Weka[21] 中实现。过拟合修剪可用于防止决策树过拟合于训练集。该技术使决策树可通用于未标记的数据，并且可容忍一些被错误标记的训练数据。

其他流行的监督学习技术包括支持向量机（SVM）[22]、朴素贝叶斯 [23] 和逻辑回归 [24]。17.4.2.1 节描述了 iComment 如何使用决策树学习来构建模型，并用于对注释进行分类。iComment 之所以使用决策树学习，是因为它效果良好且结果易于解释。当然，其他学习技术也可用来取代决策树学习，但根据经验，决策树学习是一种常用于注释分析和文本分析且效果良好的监督学习算法。

17.2.2.2 聚类

无监督聚类技术包括 k-means 聚类和混合模型。前者基于距离度量将数据分组成集群。混合模型使用分布进行数据聚类。例如，生成概率混合模型执行交叉收集聚类和内部收集聚类，以帮助发现文档的主题 [25]。不同软件的注释可能具有共同的主题（如：关于并发问题）。在一个共同的主题中，不同软件的注释可能有自己的子主题（如：关于 OS 代码中与中断相关的并发问题）。交叉收集聚类方法 [25] 适用于捕获此类主题和子主题。17.3.2 节介绍了一个注释主题挖掘工具，它使用混合模型来发现注释中的常见主题。

17.2.3 分析工具

常用的注释分析和文本分析工具包括 WordNet[26]、Weka[21]、Stanford Parser[27]、OpenNLP[28]、SPSS[29] 和 SAS Text Miner[30]。其他可用的 NLP（自然语言处理）、机器学习和数据挖掘工具可以从 [7,31-34] 获得。例如，iComment[2] 使用的标准决策树学习算法 C4.5[35] 已在软件包 Weka[21] 中实现。iComment 还使用了 Illinois 语义角色标记器 [36]。

17.2.4 评估度量指标

许多注释分析技术先通过将注释分类为预定义的类别，从而将注释转换为规约 [2-4]。为了度量注释分析的准确性，*准确度*、*F 值*和 *kappa* 这三个标准的度量指标被广泛应用于文本分析及 17.4 和 17.5 节中所描述的技术。

准确度旨在衡量分类准确度的总体百分比，其定义如下：

$$\text{准确度}=\frac{\text{正确分类的注释总数}}{\text{分类的注释总数}}$$

F 值（也称为 F1 值）是*精准率*和*召回率*的调和平均值。精准率的定义为 $P=\dfrac{T_+}{T_+ + F_+}$，召回率的定义为 $R=\dfrac{T_+}{T_+ + F_-}$，F 值的定义为 $F1=\dfrac{2PR}{P+R}$，其中 T_+、T_-、F_+ 和 F_- 分别表示真阳性、

真阴性、假阳性和假阴性。

Kappa(k) 是对评估可靠性进行的统计性度量，用于度量两个评估器之间的一致性，每个评估器将 N 个项目分为 C 个互斥类别。iComment 使用它来度量 iComment 生成的评估器与正确标记所有注释的基准评估器之间的一致性。Kappa 的定义为 $k=\frac{\text{pr}(a)-\text{pr}(e)}{1-\text{pr}(e)}$，其中 pr($a$) 是正确标记注释的百分比，pr($e$) 是纯偶然情况下产生的正确标记注释的百分比。

17.3 代码注释的相关研究

自 20 世纪 80 年代以来，已经开展了许多关于注释方面的研究 [37]。本节将简要地介绍这些研究，且侧重于通过研究代码注释的内容和语义以解答以下问题的研究工作。问题包括：什么是代码注释？注释的常见主题是什么？哪些注释有利于缺陷检测、程序理解和其他目的？

20 世纪 80 年代和 90 年代的注释研究工作是在“代码注释越多软件质量就会越好”的假设下开展的，主要分析注释对程序理解的作用 [37] 及代码和注释之间的比率指标 [38]。最近的一篇论文 [39] 定性地研究了注释的质量，其他工作研究了软件生命周期中注释的规模和数量的演变 [19] 以及关于代码和注释协同演化的指标 [40]。Marin[41] 研究了可能促使程序员编写注释的心理因素，如：已经注释过的代码是否能够激励程序员对他们所修改的代码进行更多的注释。

还有一些论文 [1-2, 17, 42] 研究了代码注释的内容。Maalej 和 Robillard[43] 设计了 API 文档的分类法，Monperrus 等人 [44] 专注于研究 API 文档的指令。

下面将详细讨论一些注释研究工作，这将有助于理解注释的常见主题，帮助识别对缺陷检测、程序理解等有用的注释。

17.3.1 代码注释的内容

Padioleau 等人 [1] 为代码注释的内容设计了一个分类法，并从六个 C 和 Java 项目中分类了 2100 条注释（一条注释被定义为一个注释块）。该研究基于四个“W”问题设计了七维的注释类别。第一个维度是注释的“Content”，这是基于“What”的内容，也是研究的重点。此维度的另外六个类别是“Type”“Interface”“Code Relationship”“PastFuture”“Meta”和“Explanation”。他们发现开发人员可从前四类（52.6%）的注释中受益（如，通过缺陷检测工具或集成开发环境（IDE））。其他发现包括：许多注释描述了代码关系、代码演变或整数和整数宏的用法和含义；现有注解语言可以表达大量注释；许多注释表达了注解语言所不支持的同步相关的问题。

基于“Who”的问题，有两个维度：注释的“Beneficiary”（即：谁可以从注释中获益）；注释的“Author”（即：谁是注释的作者）。在“Where”问题的基础上，有两个维度：“Code entity”（即：文件中注释的位置，例如标题或函数）；“Subsystem”（即：其子系统为注释，例如文件系统）。在“When”问题的基础上，两个维度是“Time”和“Evolution”。

“TODO”注释是一种重要的注释形式，Ying 等人 [17] 和 Storey 等人 [42] 研究了“TODO”注释的内容和用法。

17.3.2 代码注释的常见主题

识别代码注释的常见主题有助于理解注释并找到有用的注释进行分析。为了识别程序注释的常见主题，Tan 等人 [2] 使用了两种挖掘器：*常见词挖掘器*和*常见集群挖掘器*。这两种挖掘器使用 NLP 技术、聚类技术和简单的统计技术来自动地发现程序注释的常见主题。两种挖掘器首先使用 POS 标签过滤如“we”“your”和“have”之类的单词，因为这些词会阻碍找到有意义的主题关键字。为了侧重于识别含有规约的注释，挖掘器只考虑含有命令性词语的注释句子，例如“should”“must”“need”“ought to”“have to”“remember”“make sure”“be sure”及他们的变体。

在基于单词过滤的过程之后，常见的词挖掘器使用简单的单词计数——即计算出现同一单词的注释数量以找到常用的名词和动词，用户可以使用它们来确定常见的主题。

常见的集群挖掘器都比较复杂。具体而言，由于许多单词是相关的并且具有相同的主题，因此常见集群挖掘器将相关的单词聚类在一起而不是使用简单的单词计数。例如，“lock”“acquire”和“release”之类的词是相关的并且都是关于相同的主题。为此，常见集群挖掘器使用混合模型聚类[45]，它使用生成概率混合模型来实现聚类。

实验结果表明，对于来自四个程序（Linux 内核、Mozilla、Wine 和 Apache）的注释，在常见关键字挖掘器和常见集群挖掘器的输出结果中，lock 和 call 出现的频率都很高。例如，“lock”是 Linux 内核的内核模块中排名最高的单词，在 Linux 内核的内存管理模块中排名第二。根据常见集群挖掘器，Mozilla 和 Linux 内核的内核模块包含“lock”主题关键字的集群达到了 5 个（共 10 个）。

类似地，与函数调用相关的关键字也出现在注释的重要部分中。“Call”是 Mozilla 中排名最高的单词，也是所有三个 Linux 内核模块中排名前 7 的单词。常见集群挖掘器显示 Mozilla 和 Linux 内核的内核模块至少有一个“call”集群。

除了锁和调用关系之外，还有许多其他主题也是常见的，并且可用于不一致性检测的分析。虽然一些主题是常见的，例如内存分配、锁和调用关系，但程序有其特定的常见主题。例如，“interrupt”是来自 Linux 内核的内核模块的注释的常见主题，而“error”“return”和“check”是 Mozilla 中的常见主题。此外，内核模块中相当大比例的注释包含关键字“thread”“task”或“signal”，而内存管理模块中的许多注释包含关键字“page”“cache”或“memory”。

17.4 面向规约挖掘和缺陷检测的自动化代码注释分析

本节介绍了最新的自动注释分析技术，这些技术通过规约推理及软件缺陷和错误注释检测来提高软件质量。这些技术使用了不同的程序分析技术（如：动态测试和静态分析）和不同的注释分析技术（如：POS 标记、组块、语义角色标记、启发式、聚类和决策树学习）分析了用不同的编程语言（如：Java 和 C/C ++）编写的软件中的各种主题（如：锁、调用关系、中断、空指针和异常）的注释。具体来说，本节将详细介绍如下三项工作：

（1）iComment：将有关锁和调用关系的 C/C++ 注释的高级分析与静态代码分析相结合[2]。iComment 是第一个分析自然语言编写的注释以自动提取规约进行缺陷检测的工作。

（2）aComment：将静态代码分析与有关中断和锁的 C/C ++ 注释分析结合[3]。

（3）@tComment：将动态测试与有关空指针和异常的 Javadoc 注释分析相结合[4]。

上述工作利用不同的注释分析技术来应对不同类型注释的不同特征和挑战。例如，@tComment 使用了简单的基于关键字的搜索来抽取空指针和与异常相关的 Javadoc 注释，因为这些 Javadoc 注释有很好的格式。相比之下，C/C ++ 项目中与锁和调用相关的注释具有可变性，因此，基于关键字的搜索对于 iComment 是不准确的。iComment 使用机器学习和

NLP 技术来解决可变性问题。但与中断相关的注释的比例很小，因此 iComment 中使用的方法不足以分析此类注释。对此，aComment 使用模板和启发式方法以及特定领域的知识来分析与中断相关的注释。未来还可考虑利用高级学习技术[46]（如：重采样技术）来增加训练集中与中断相关的注释的百分比以训练出更准确的模型。

这些技术从注释中抽取了许多编程规则，并使用这些编程规则来检测软件缺陷，其中包括未知的缺陷。虽然这些技术专注于利用抽取的规则来检测缺陷，但这些规则可用于许多其他目的，例如帮助开发人员理解代码并避免缺陷。

要从注释中自动抽取规则并使用这些规则来检测注释和代码的不一致性，主要面临三个挑战：应该从注释中抽取什么？应该如何抽取信息？应该如何检查注释和代码之间的不一致？这里将关注前两个挑战，因为它们与注释分析相关，而第三个挑战与程序分析相关。

17.4.1 应该抽取什么？

应对这一挑战需要考虑两个因素。第一个因素是，从注释中抽取的何种类型的信息是有用的。第二个需要考虑的因素是根据源代码可检查哪些信息。

对于第一个因素，通常有两种类型的注释，一种是解释代码段，另一种是约定重要的编程规则。例如，Linux 内核的注释“找出 IO 空间所在的位置”属于第一种类型，而注释“调用者必须持有用于写入的绑定锁”则属于第二种类型。

检查第一类注释用处不大，因为它与源代码通常是一致的。即使不一致，它们也不太可能误导程序员引入缺陷。第二种类型更重要——它指定了程序员需要遵循的某些规则。例如，上面给出的第二个注释示例要求函数的所有调用者在调用它之前保持锁定。如果这样的注释过时了或不正确，它以后还可能会误导程序员引入缺陷。因此，在本章中讨论的注释分析侧重于第二种类型——*包含规则的注释*，而这些注释指定了某些特定的编程规则。

确定抽取内容的第二个考虑因素取决于可以对源代码进行哪些信息的检查。尽管近年来检测软件缺陷的静态和动态分析技术都取得了令人瞩目的进步[11, 47]，但并不是所有规则都可以自动检查。因此，重点抽取可以对源代码进行检查的规则。此类规则的示例包括：“在调用函数 A 之前保持锁 L”“在函数 A 中获取锁 L”“在进入函数 A 之前为缓冲区 B 分配内存”以及“在调用函数 A 之前调用函数 B”。将每种类型作为*规则模板*进行参考，并称锁 L，函数 A 等为规则模板的*规则参数*。

除了上面提到的两个因素之外，还要考虑注释中常见的主题，以及先前工作尚未解决的主题。例如，先前工作[11, 13]仅检查了一般规则，而忽略了特定于软件的规则，例如检查了“必须在获取锁后释放锁”却忽略了“在进入函数 A 之前释放锁 L”。

在考虑这些因素的基础上，iComment 支持与两个重要主题相关的六种规则，即：锁和调用关系，如表 17-1 所列。

表 17-1 iComment 支持的规则模板

编号	规则模板	编号	规则模板
1	<R> 必须在进入 <F> 之前声明	4	<R> 不得声名在 <F> 中
2	<R> 在进入 <F> 之前不得声明	5	<F_A> 必须从 <F_B> 中调用
3	<R> 必须声明在 <F> 中	6	<F_A> 不得从 <F_B> 中调用

R 是一种资源（系统可以声明和释放）——例如，锁、缓冲区或文件描述符。F 可以是一个函数或一组函数。

aComment 支持在函数的入口或出口禁用或启用中断进行注解的规则，如表 17-2 所示。特定于操作系统的中断上下文使操作系统的并发性极其复杂，且几十年来一直是操作系统社区的难点问题 [48]，分析与中断相关的注释可以解决其中一些问题 [3]。

表 17-2　aComment 支持的有效注解

@IRQ(Pre, Post)	含　义
@IRQ (0, 0)	中断在入口禁用，在出口保持禁用状态
@IRQ (0, 1)	中断在入口禁用，但在出口启用
@IRQ (1, 0)	中断在入口启用，但在出口禁用
@IRQ (1, 1)	中断在入口启用，在出口保持启用状态
@IRQ (X, X)	@IRQ（0,0）或 @IRQ（1,1）
@IRQ (X, 0)	不在意入口，在出口禁用中断
@IRQ (X, 1)	不在意入口，在出口启用中断
@IRQ (0, X)	在入口禁用中断，不在意出口
@IRQ (1, X)	在入口启用中断，不在意出口
@IRQ (X, P)	不在意入口，并且中断在出口恢复到保存的状态

“Pre”代表“前提条件”，“Post”代表“后置条件”。0、1、X 和 P 的含义如表 17-3 所示。

注解的规则采用以下格式：@IRQ（前提条件，后置条件），其中前提条件和后置条件有四种取值，即 0、1、X、P。表 17-3 列出了四个值分别表示的含义。值 P 表示函数，例如，local_irq_restore 就是“恢复已保存的中断状态”。使用（X，P）来表示“恢复已保存的中断状态”的函数，并且不接受包含值 P 的其他六种注解。因此，虽然有 16 种可能的注解，但 aComment 只接受 10 种注解，如表 17-2 所示，其他 6 种注解不应出现在 aComment 中。

表 17-3　aComment 四个注解值的含义

值	含　义	值	含　义
0	禁用中断	X	不在意：中断被禁用或启用
1	启用中断	P	中断恢复到保存的中断状态

@tComment 从 Javadoc 的注释中推断出与方法参数相关的关于 null 的规则。Java 已经为 API 说明书的编写制定了 Javadoc 注释的规范，使用 @param 等标记来描述方法参数，并使用 @throws 来描述方法可以抛出的异常。API 开发人员编写 Javadoc 注释来描述他们的类和方法。API 使用者经常阅读这些注释以理解代码。例如，API 用户通常会阅读一个方法的 Javadoc 注释而不是方法的主体本身来理解代码。

对于一个非基本类型的参数，@tComment 会推断出四种规则中的一种：*Null Normal*，*Null Any Exception*，*Null Specific Exception* 或 *Null Unknown*，其含义在表 17-4 中进行了解释。

表 17-4　@tComment 支持的规则模板

规　则	含　义	注释示例	符　号
Null Normal	如果参数为 null，则该方法应该正常执行，即不抛出任何异常	`@param predicate the predicate to use, may be null`	predicate==null=>normal

（续）

规　则	含　义	注释示例	符　号
Null Any Exception	如果参数为 null，则该方法应抛出某个异常	`@param collection the collection to add to, must not be null`	collection==null=>exception
Null Specific Exception	如果参数为 null，则该方法应抛出特定类型的异常	`@throws IllegalArgumentException if the id is null`	id==null=>IllegalArgumentException
Null Unknown	当参数为 null 时，不知道该方法的预期行为	`@param array the array over which to iterate`	array==null=>unknown

表 17-4 还显示了四个注释标记的示例及其相应的推断规则。例如，@tComment 从第二个标记“`@param collection the collection to add to, must not be null,`”进行推断，如果方法参数 collection 为 null，则该方法应该抛出某个异常，表示为 *collection == null => exception*。请注意，标记可以有另一种解释——描述一个前提条件，即传递 null 给参数 collection 允许该方法执行任何操作，而不一定是抛出异常。@tComment 使用第一种解释，因为它聚焦于*库项目*，这使得方法不信任它们的调用者。对于具有更多符合契约式设计的应用程序而言，这种解释可能会有所不同，它们的调用者更受信任。

17.4.2　应该如何抽取信息?

要从注释中抽取规则，首先确定可能包含规则的注释，然后抽取相关参数以生成 17.4.1 节中描述的具体规则和注解。iComment，aComment 和 @tComment 使用不同的注释分类和规则生成技术来最大限度满足不同类型的规则和注释的需要。本节将详细介绍这些技术。

这些技术通过构建模型来识别可能包含规则的注释。iComment 通过监督学习 [18] 自动构建模型，而 aComment 和 @tComment 利用先前的经验和专业知识手动构建模型。如 17.2.2 节所述，监督学习在代表性文档集合中对一组手动标记文档进行模型训练。然后，该模型可用于分析同一集合或其他集合中的其他文档 [18]。

17.4.2.1　iComment 的代码注释分析

因为目前几乎不可能理解所有类型的注释，iComment 提供了一个通用框架通过主题（如：锁是一个主题）来分析注释，并通过自动分析两个主题（锁和调用关系）的注释来检测大型软件中的缺陷和错误的注释从而证明其有效性。由于仅使用 NLP 技术无法解决注释分析问题，为了应对注释分析的基本挑战，iComment 结合了多个领域的技术，包括：NLP、机器学习、统计和程序分析技术。

规则抽取过程分为两个阶段：构建规则生成器，运行规则生成器生成规则。前者构建规则生成模型，后者使用模型对注释进行分类并提取规则。对于每个主题，都会构建一个单独的规则生成器。

规则生成器可以从代表性软件的一组注释进行*内部*构建（一次性成本）。在用户获得 iComment 的规则生成器之后，就可以使用它们来分析自己软件的类似主题的注释，而无须再构建规则生成器。因为根据代表性注释构建的规则生成器应该能够很好地适用于类似的注释。

如果用户希望获得更高的分析准确度或想要分析其他类型的主题，则可以使用 iComment 的生成器构建组件来专门为选定主题的软件训练规则生成器。

第一阶段——*构建规则生成器*包括三个步骤：注释抽取，即使用 NLP 和统计技术为给定的主题关键字（例如“ lock”）抽取所有与主题相关的、包含规则的注释，称为 TR 注释；注释抽样，即为人工标记提供一组随机选择的 TR 注释；规则训练，即使用手动标记的样本集来构建规则生成器，然后可以使用它来分析来自相同或不同软件的未标记注释。

为抽取注释，iComment 先从程序中抽取所有注释，再将注释分解为句子。接下来，它使用分词器 [49] 将每个注释分成单词。然后，使用词性标记、组块和子句识别以及语义角色标记技术 [49-52] 来判断一个句子中的每个单词是动词、名词或是其他，句子是主句还是子句，以及句子中的主语、宾语等。

特征选择对于决策树学习算法实现高精度来说非常重要。在决策树分类器中使用特征来确定如何在给定输入后遍历决策树。iComment 规则训练器中使用的特征池可分为两类。第一个特征类别是典型的文本分类功能，广泛用于文本分类研究 [53]。第二个特征类别包含注释分析所特有的功能，但它对于不同的注释主题、不同的规则模板和不同的软件是通用的。

一些重要的特征包括：*注释范围*——注释是写在函数外（即：全局范围）还是写在函数体内（即：局部范围）；*条件规则*——注释是否包含介词或条件词（例如“ if”和“whether”）；*模态词*——注释是否包含模态词中的单词（例如“must（必须）”“should（应该）”“can（可以）”和“might（可能）”）；*应用范围*——注释是否表示方法的前置条件、后置条件或函数内条件。

iComment 使用现成的标准决策树学习算法，即 C4.5[35]，其在软件包 Weka[21] 中实现。该算法对训练集进行修剪以防止决策树过拟合。图 17-5 显示了决策树模型的顶部，该模型由一小组手工标记的关于锁的 Linux 内核注释训练得到。

第二阶段——*运行规则生成器以生成规则*是非常简单的。根据用户选择的主题，iComment 使用相应的决策树模型来分析目标软件中的所有 TR 注释，首先将它们映射到*规则模板*，然后使用语义角色标记和程序分析来填充*规则参数*。最后，规则生成器生成所有规则，决策树模型产生的规则置信度高于某个确定的阈值。

iComment 高精度地推断了 1832 条规则，并使用这些规则检测到了 Linux 内核、Mozilla、Wine 和 Apache 中的 60 个注释代码的不一致（其中，33 个新缺陷和 27 个错误注释）。对于规则抽取，iComment 对于所有四个项目的分类准确率都超过了 90%。除了 Apache 因为规模较小，F1 值是 0.67，其他项目的 F1 得分至少达到 0.89。Kappa 值是 0.85～1。

如图 17-1 中所示注释，iComment 抽取了规则“ *<The lock instance>* 必须在输入 *<reset_hardware>* 之前声明”（表 17-1 中的规则模板）。另一个例子，iComment 从函数 ata_dev_select 定义正上方的 Linux 内核注释“ LOCKING: caller”抽取了规则“ *<A lock>* 必须在进入 *<ata_dev_select>* 之前声明”，另一个是从函数 pci_seq_start 中的注释“ surely we need some locking for traversing the list”抽取得到的规则“ *<A lock>* 必须在 *<pci_seq_start>* 中声明”。

17.4.2.2　aComment 的代码注释分析

从源代码和用自然语言编写的注释中抽取与中断相关的前提条件和后置条件是可行的。本节使用示例来解释 aComment 如何从注释和代码中抽取后置条件和前提条件。对于*后置条件*，如果知道 local_irq_disable 禁用中断，那么可以推断所有调用 local_irq_disable 的函数也会禁用中断，而不是任何中断启用的函数。

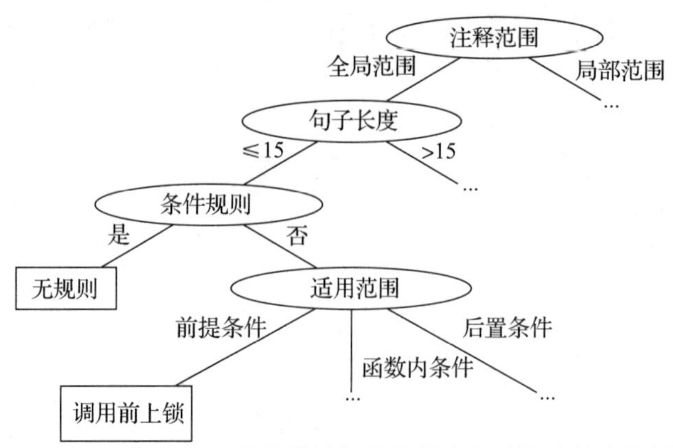

图 17-5　由 iComment 从 Linux 内核的锁相关注释中自动构建的决策树模型的顶部

aComment 可从注释和代码声明中进行*前提条件*的推断。首先，aComment 从注释中推断前提条件。例如，图 17-6a 中的注释表明在调用 tick_init_highres 之前必须禁用中断。通过结合关键字搜索和领域相关的知识，aComment 将此注释转换为注解 /* @IRQ（0，X）*/，其中 0 表示在调用函数之前必须禁用中断，而 X 表示在此函数出口中断可以是禁用或启用（图 17-6b）。后置条件 X 将在注解传播过程中进行优化。

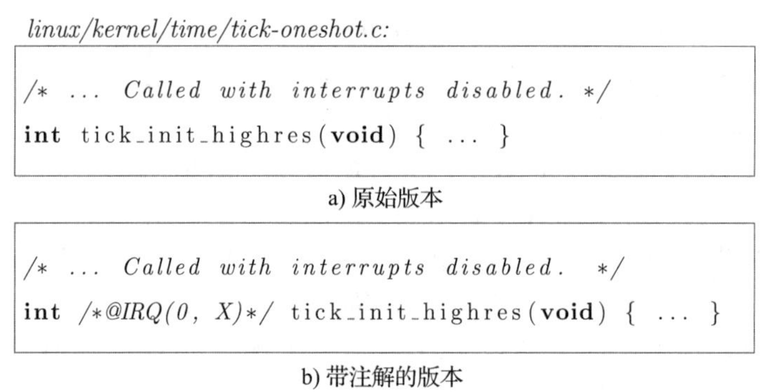

linux/kernel/time/tick-oneshot.c:

```
/* ... Called with interrupts disabled. */
int tick_init_highres(void) { ... }
```

a) 原始版本

```
/* ... Called with interrupts disabled.  */
int /*@IRQ(0, X)*/ tick_init_highres(void) { ... }
```

b) 带注解的版本

图 17-6　将 Linux 内核中的注释转换为注解

其次，程序员经常编写代码断言，如 BUG_ON(!irqs_disabled())，以便在未禁用中断时打印错误消息，表明他们认为必须将中断禁用。例如，函数 run_posix_cpu_timers 以 BUG_ON(!irqs_disabled()) 开头，表示必须在禁用中断的情况下调用此函数。虽然这样的动态断言可以帮助检测缺陷，但是它们是有限制的，因为它们需要缺陷自己显现出来以便检测，这对于 OS 并发缺陷来说是困难的，并且这些断言导致较高的运行时间开销。因此，为了获得更好的性能，通常会禁用这些断言。aComment 将这些断言转换为注解并静态检查这些注解。这种静态方法可以补充动态断言，以便在没有运行时间开销的情况下检测更多错误。例如，注解 /* @IRQ（0，X）*/ 被添加到函数 run_posix_cpu_timers 中，使得 aComment 能够检测 Linux 内核中的真正缺陷。

aComment 将程序员的意图从他们编写的注释和代码中转换为正式的注解，并使用这些注解来检测与中断相关的 OS 并发缺陷。两种关键技术可以为代码库中的所有函数生成注解，以便进行有效的缺陷检测：*从注释和代码中提取注解*以及*注解传播*。从注释和代码分别推断出的注解可以进行相互补充。通过组合它们，aComment 在注解抽取中实现了更好的覆盖率和准确性，这有助于 aComment 更准确地检测更多缺陷。为了有效地检测缺陷，必要时 aComment 还会自动将注解从被调用函数传至调用函数 [3]。

总的来说，aComment 从 Linux 内核生成了 96 821 个与中断相关的注解，这些注解从总共 245 个*种子*注解自动传播得到。在几乎没有人工操作的情况下，这些种子注解直接从注释和代码断言中推断出来（其中 226 个来自注释，24 个来自代码断言）。只有五个种子注解能从注释和代码断言中共同抽取，这就意味着，大多数注解（来自注释的 221 个和来自代码断言的 19 个）只能从一个来源中抽取。结果表明从两个来源推断注解是有益的。aComment 使用这些注解来检测 9 个真正的缺陷（其中七个在先前是未知的），这比仅使用从代码中抽取的注解或仅使用从注释中抽取的注解检测到的缺陷要多。

17.4.2.3　@tComment 的代码注释分析

与 iComment 和 aComment 分析的 C/C++ 注释相比，与 null 相关且与异常相关的 Javadoc 注释更加结构化，且释义和变体更少。因此，@tComment 使用三种简单的启发式方法从自由格式的 Javadoc 文本中抽取与 null 和异常相关的约束。@tComment 的作者根据他们的经验和知识，使用与空指针和异常相关的 Javadoc 注释，设计了这些启发式方法。虽然启发式方法并不完善，但它们在实践中高度精准。首先，如果在 “null” 前后的*最多三个单词中*找到否定词，例如 “not” 和 “never”，则 @tComment 推断出 *Null Any Exception* 规则。例如：“the collection to add to, must not be null” 中 “not” 是 “null” 前面的第二个单词。如果在 “null” 一词前后三个单词的范围内找不到否定词，则 @tComment 推断出 *Null Normal* 规则。例如：表 17-4 中的第一个示例。

第二，对于 @throws 标签，例如，“`@throws IllegalArgumentException if the id is null`”，Javadoc doclet 解析标签并输出特定异常（IllegalArgument Exception）和自由格式的文本（“if the id is null”）。如果文本包含关键字 “null”，@tComment 则将文本拆分为单词并搜索由 Javadoc doclet 生成的方法参数名称列表中的每个单词。一旦找到有效的参数名称（例如，id），@tComment 推断规则为 *id==null => IllegalArgumentException*。

第三，如果关键字 “or” 在 @throws 注释文本中，@tComment 生成多个规则。例如，“@throws NullPointerException if the collection or array is null”，@tComment 生成多个规则：*collection == null => NullPointerException* 和 *array == null =>NullPointerException*。如果同一方法参数推断出 *Null Any Exception* 和 *Null Specific Exception* 规则，则 @tComment 仅保留 *Null Specific Exception* 规则。

如果上述启发式方法没有为方法参数推断出规则，则 @tComment 将 *Null Unknown* 分配给该方法参数。在七个评估项目中，总共有 2713 个 @param 和 @throws 标签包含 “null”。@tComment 从这些注释中推断出 2479 个 *Null Normal*，*Null Any Exception* 和 *Null Specific Exception* 规则。因为无法测试 *Null Unknown* 规则，所以不计算 *Null Unknown* 规则。由于简单的启发式方法可实现 97%～100% 的高精度，因此无须使用先进的 NLP 技术。@tComment 在 Javadoc 注释和方法体之间检测到 29 个不一致问题。@tComment 的作者向开发人员报告了其中 16 个不一致的问题，其中 5 个已经由开发人员确认并修复，而其余的则等待开发人员的确认。

17.4.3　推荐阅读

读者可以在文献 [7,33] 中找到与注释分析和软件文本分析相关的研究工作。

研究人员通过分析注释来提高对程序的理解能力。例如，许多工作对注释及代码标识符进行分析（例如，方法名称和类名称）以抽取同义词和语义相关的单词[54-59]。另一方面，研究人员也提出了一些自动生成注释的技术[60-63]。

17.5　API 文档的研究和分析

尽管本章重点研究和分析源代码中自由风格和半结构化的注释，但仍须简要讨论研究和分析 API 文档的工作，有些 API 文档是通过源代码中嵌入的注释生成的（如：Javadoc 注释）。

17.5.1　API 文档的研究

Maalej 和 Robillard [43] 检查了 5574 个 Javadoc 文档单元（文档单元是指与 API 元素相关联的文档，例如：类），并设计了 API 文档的分类。他们定义的知识类型包括：功能和行为、概念、指令、目的和原理、质量属性和内部方面、控制流、结构、模式、代码示例、环境、引用和非信息。

Monperrus 等人 [44] 对 API 文档的指令开展了经验研究。由于指令是 API 函数的契约（如：前提条件和后置条件），因此它们对于自动查找和避免缺陷特别有用。Monperrus 等人 [44] 设计了六个类别来对 API 文档的指令（API 方法的契约）进行分类，即方法调用指令、子类指令、状态、替代、同步和其他指令。前三个类别还包含子类别。方法调用指令特别适用于抽取用于自动检测缺陷的规约。方法调用指令的子类别为非空、返回值、方法可见性、异常触发、允许空值、字符串格式、数字范围、方法参数类型、方法参数、相关性、Post 调用和其他，这些指令可以被用来自动检测软件缺陷。

17.5.2　API 文档的分析

Zhong 等人 [8-9] 分析了 API 文档以生成与资源相关的规约。资源管理（例如，内存、锁、套接字、文件描述符和文件）是软件的重要任务。通常在使用资源之前，需要执行准备任务（例如，创建文件、连接到套接字和分配内存）。在使用过资源后，需要执行清理任务（例如，关闭文件、关闭套接字和释放内存）。该工作抽取了表示如何管理资源的状态机。以下面的 API 文档描述“javax.resource.cci.Connection” [8] 为例：

“`createInteraction()`：‘*Creates an interaction associated with this connection.*’

`getMetaData()`：‘*Gets the information on the underlying EIS instance represented through an active connection.*’

`close()`：‘*Initiates close of the connection handle at the application level.*’” [8]。

该工作推断得到一个状态机，需要在 getMetaData() 之前调用 createInteration()，并在 getMetaData() 之后调用 close()。该方法利用 NLP 技术（如：命名实体识别和隐马尔可夫模型）来推断 API 方法的动作 – 资源对，并根据它们操作的资源来对方法进行聚类。然后，它使用动作词将方法映射到预定义的状态机模板，以生成方法的具体状态机。

Zhong 等人为 687 种方法的操作和资源进行了手动标记，这些都用于训练工具，以便工具可以标记新的未标记的操作和资源。他们所提出的方法从 5 个 Java 项目中生成了 3981 个资源规约，能够检测 383 个违约的行为，其中 100 个是可疑缺陷，而其余的则是误报。在 100 个可疑缺陷中，有 35 个被确认为真正的缺陷（已知 30 个，先前有 5 个未知），其余则等待开发人员确认。规约提取的 F1 值为 74.8%～85.8%，精度为 70.7%～86.5%，召回率为 74.0%～86.2%。

Pandita 等人 [64] 分析了 API 文档，可生成达到 92% 精度和 93% 召回率的方法级契约。该方法利用一些人工设计的浅解析语义模板来识别具有相似含义的各种句子结构。POS 标记和组块用于解析 API 文档句子，并与模板进行匹配。另外，利用名词推进（noun boosting）技术区分编程关键词（如：true 或 null）和普通的英语单词。

17.6 未来的方向和挑战

自动代码注释分析是一个新兴的研究课题。现有技术已经通过分析一小部分代码注释展示了注释分析的巨大潜力。学术界和工业界还有很多新的研究机会。

分析注释中的新主题和新分组

iComment、aComment 和 @tComment 分析了一些主题的注释，如：锁、调用关系、中断、空指针和异常。也可自动分析其他主题的代码注释，其中一些如 17.3.2 节所示。例如，C/C++ 代码中的一个常见主题是内存分配 / 释放，例如“在调用某个函数之前分配某个缓冲区”。其他常见主题包括错误返回和多线程。

现有的大多数代码注释分析技术都是单独分析每个注释语句的。通常，几个注释句子描述了一套相关的规则。未来，将多个注释语句或多个注释块放在一起进行分析，从而抽取更多、更复杂的规则。@tComment 分析了 Javadoc 注释的块，而 Zhong 等人 [8] 则分析了 API 文档的块。

自动识别有用的注释以供分析

虽然大量注释对于分析缺陷检测以及代码导航等目的是有用的，但有些注释没有包含用于分析的有用的信息。自动识别用于改进分析的有用注释是一个开放式问题。现有工作 [2-4] 使用关键字匹配、聚类、监督学习、启发式和人工检查来识别有用的注释。将来，会出现应用数据挖掘技术（如：频繁项集挖掘）和高级的 NLP 技术（如：文本蕴涵）来自动发现有用的注释。

自动识别无用的注释以便删除

开发人员忽略（一些）注释的一个原因是注释的质量良莠不齐：有些注释有用（例如，代码契约），但有些注释无用（例如，i ++ 的注释，//increment i by 1）。自动识别无用的注释并从代码库中删除它们，这样开发人员就可以更容易地找到有用的注释，并且开发人员就更有可能通过阅读注释来理解程序、避免缺陷等。

提高注释分析准确性，解释分类结果，设计注释语言等

进一步提高注释分析的准确性，这样，这些注释分析技术才有可能被行业采用。机器学习技术的结果通常很难解释。例如，为什么一个注释语句被分类到某个类别。更好的解释可以帮助研究人员和从业者理解并采纳结果。此外，可以设计易于学习且灵活的注释语言，以便更轻松地进行分析，这也可以鼓励开发人员编写更好的注释。

此外，自动分析以自然语言编写的其他软件文档可能是有益处的 [7,33,65-66]，例如说明手册、缺陷报告、邮件列表、处理规约、用户界面文档，移动应用程序的描述、图和表，可抽取用于其他目的的信息，包括自动优化系统性能、排除软件配置故障和提高软件安全性。

参考文献

[1] Padioleau Y, Tan L, Zhou Y. Listening to programmers—taxonomies and characteristics of comments in operating system code. In: Proceedings of the international conference on software engineering; 2009. p. 331–41.

[2] Tan L, Yuan D, Krishna G, Zhou Y. /* iComment: Bugs or bad comments? */. In: Proceedings of the symposium on operating systems principles; 2007. p. 145–58.

[3] Tan L, Zhou Y, Padioleau Y. aComment: mining annotations from comments and code to detect interrupt-related concurrency bugs. In: Proceedings of the international conference on software engineering; 2011. p. 11–20.

[4] Tan SH, Marinov D, Tan L, Leavens GT. @tComment: testing Javadoc comments to detect comment-code inconsistencies. In: Proceedings of the international conference on software testing, verification and validation; 2012. p. 260–9.

[5] Tan L. Leveraging code comments to improve software reliability. Ph.D. thesis, University of Illinois at Urbana-Champaign, 2009.

[6] Aggarwal K, Singh Y, Chhabra J. An integrated measure of software maintainability. In: Proceedings of the annual reliability and maintainability symposium; 2002. p. 235–41.

[7] Tan L, Xie T. Text analytics for software engineering. https://sites.google.com/site/text4se/home/biblio; 2014.

[8] Zhong H, Zhang L, Xie T, Mei H. Inferring resource specifications from natural language API documentation. In: Proceedings of the international conference on automated software engineering; 2009. p. 307–18.

[9] Zhong H, Zhang L, Xie T, Mei H. Inferring specifications for resources from natural language API documentation. Automat Software Eng J 2011;18(3-4):227–61.

[10] Ko AJ, Aung H, Myers BA. Eliciting design requirements for maintenance-oriented IDEs: A detailed study of corrective and perfective maintenance tasks. In: Proceedings of the international conference on software engineering; 2005. p. 126–35.

[11] Engler DR, Chen DY, Hallem S, Chou A, Chelf B. Bugs as deviant behavior: a general approach to inferring errors in systems code. In: Proceedings of the symposium on operating systems principles; 2001. p. 57–72.

[12] Kremenek T, Twohey P, Back G, Ng AY, Engler DR. From uncertainty to belief: inferring the specification within. In: Proceedings of the USENIX symposium on operating system design and implementation; 2006. p. 161–76.

[13] Li Z, Zhou Y. PR-Miner: automatically extracting implicit programming rules and detecting violations in large software code. In: Proceedings of the symposium on the foundations of software engineering; 2005. p. 306–15.

[14] Tan L, Zhang X, Ma X, Xiong W, Zhou Y. AutoISES: automatically inferring security specifications and detecting violations. In: Proceedings of the USENIX security symposium; 2008. p. 379–94.

[15] Ernst MD, Czeisler A, Griswold WG, Notkin D. Quickly detecting relevant program invariants. In: Proceedings of the international conference on software engineering; 2000. p. 449–58.

[16] Hangal S, Lam MS. Tracking down software bugs using automatic anomaly detection. In: Proceedings of the international conference on software engineering; 2002. p. 291–301.

[17] Ying ATT, Wright JL, Abrams S. Source code that talks: an exploration of eclipse task comments and their implication to repository mining. In: International workshop on mining software repositories; 2005. p. 1–5.

[18] Manning CD, Schütze H. Foundations of statistical natural language processing. Cambridge, MA: MIT Press; 2001.

[19] Jiang ZM, Hassan AE. Examining the evolution of code comments in PostgreSQL. In: International workshop on mining software repositories; 2006. p. 179–80. ISBN 1-59593-397-2.

[20] Mitchell T. Machine learning. McGraw Hill; 1997. ISBN 0070428077.

[21] Witten IH, Frank E. Data mining: practical machine learning tools and techniques. 2nd ed. Morgan Kaufmann; 2005.

[22] Chang CC, Lin CJ. LIBSVM: a library for support vector machines. ACM Trans Intell Syst Technol 2011;2:27:1-27. Software available at http://www.csie.ntu.edu.tw/cjlin/libsvm.

[23] John GH, Langley P. Estimating continuous distributions in Bayesian classifiers. In: Proceedings of the conference on uncertainty in artificial intelligence; 1995. p. 338–45.

[24] Landwehr N, Hall M, Frank E. Logistic model trees 2005;95(1-2):161–205.

[25] Zhai C, Velivelli A, Yu B. A cross-collection mixture model for comparative text mining. In: Proceedings of the international conference on knowledge discovery and data mining; 2004. p. 743–8.

[26] Miller GA. WordNet: a lexical database for English. In: Commun ACM 1995;38(11):39–41.

[27] Stanford NLP Group. The Stanford Parser: a statistical parser. http://nlp.stanford.edu/software/lex-parser.shtml; 2014.
[28] The Apache Software Foundation. Apache OpenNLP. https://opennlp.apache.org/; 2014.
[29] IBM. SPSS. http://www-01.ibm.com/software/analytics/spss/; 2014.
[30] SAS. SAS Text Miner. http://www.sas.com/en_us/software/analytics/text-miner.html; 2014.
[31] Borgelt C. Software for frequent pattern mining. http://www.borgelt.net/fpm.html; 2014.
[32] KDnuggets. Text analysis, text mining, and information retrieval software. http://www.kdnuggets.com/software/text.html; 2014.
[33] Software engineering community. Text analysis for software engineering wiki. http://textse.wikispaces.com/; 2014.
[34] Stanford NLP Group. Statistical natural language processing and corpus-based computational linguistics: An annotated list of resources. http://nlp.stanford.edu/links/statnlp.html; 2014.
[35] Quinlan RJ. C4.5: programs for machine learning. Morgan Kaufmann; 1993.
[36] Cognitive Computer Group of the University of Illinois, Urbana-Champaign. Illinois semantic role labeler. http://cogcomp.cs.illinois.edu/page/software_view/SRL; 2014.
[37] Woodfield SN, Dunsmore HE, Shen VY. The effect of modularization and comments on program comprehension. In: Proceedings of the international conference on software engineering; 1981. p. 215–23.
[38] Stamelos I, Angelis L, Oikonomou A, Bleris GL. Code quality analysis in open source software development. Informat Syst J 2002;12(1):43–60.
[39] Steidl D, Hummel B, Jürgens E. Quality analysis of source code comments. In: Proceedings of the international conference on program comprehension; 2013. p. 83–92.
[40] Fluri B, Wursch M, Gall HC. Do code and comments co-evolve? On the relation between source code and comment changes. In: Proceedings of the working conference on reverse engineering; 2007. p. 70–9.
[41] Marin DP. What motivates programmers to comment? Research report UCB/EECS-2005-18, University of California Berkeley; 2005.
[42] Storey MA, Ryall J, Bull RI, Myers D, Singer J. TODO or to bug: exploring how task annotations play a role in the work practices of software developers. In: Proceedings of the international conference on software engineering; 2008. p. 251–60.
[43] Maalej W, Robillard MP. Patterns of knowledge in API reference documentation. IEEE Trans Software Eng 2013;39(9):1264–82.
[44] Monperrus M, Eichberg M, Tekes E, Mezini M. What should developers be aware of? an empirical study on the directives of API documentation. Empiric Software Eng J 2012;17(6):703–37.
[45] Zhai C, Velivelli A, Yu B. A cross-collection mixture model for comparative text mining. In: Proceedings of the international conference on knowledge discovery and data mining; 2004. p. 743–8.
[46] He H, Garcia EA. Learning from imbalanced data. IEEE Trans Knowl Data Eng 2009;21(9):1263–84.
[47] Savage S, Burrows M, Nelson G, Sobalvarro P, Anderson T. Eraser: a dynamic data race detector for multithreaded programs. ACM Trans Comput Syst 1997;15(4).
[48] Dijkstra EW. The structure of the "THE"-multiprogramming system. In: Proceedings of the first ACM symposium on operating system principles; 1967. p. 10.1–6.
[49] Cognitive Computation Group of the University of Illinois, Urbana-Champaign. Illinois NLP tools. http://cogcomp.cs.illinois.edu/page/tools; 2014.
[50] Even-Zohar Y, Roth D. A sequential model for multi-class classification. In: Proceedings of the conference on empirical methods for natural language processing; 2001. p. 10–19.
[51] Punyakanok V, Roth D. The use of classifiers in sequential inference. In: Proceedings of the conference on advances in neural information processing systems; 2001. p. 995–1001.
[52] Punyakanok V, Roth D, Yih W. The necessity of syntactic parsing for semantic role labeling. In: Proceedings of the international joint conference on artificial intelligence; 2005. p. 1117–23.
[53] Teufel S, Moens M. Summarizing scientific articles—experiments with relevance and rhetorical status. Comput Linguist 2002; 28(4).
[54] Hill E. Integrating natural language and program structure information to improve software search and exploration. Ph.D. thesis, University of Delaware, 2010.
[55] Howard MJ, Gupta S, Pollock L, Vijay-Shanker K. Automatically mining software-based, semantically-similar words from comment-code mappings. In: Proceedings of the working conference on mining software repositories; 2013. p. 377–86.
[56] Shepherd D, Fry ZP, Hill E, Pollock L, Vijay-Shanker K. Using natural language program analysis to locate and understand action-oriented concerns. In: Proceedings of the 6th international conference on

aspect-oriented software development; 2007. p. 212–24.

[57] Shepherd D, Pollock L, Vijay-Shanker K. Towards supporting on-demand virtual remodularization using program graphs. In: Proceedings of the international conference on aspect-oriented software development; 2006. p. 3–14.

[58] Yang J, Tan L. Inferring semantically related words from software context. In: Proceedings of the working conference on mining software repositories; 2012. p. 161–70.

[59] Yang J, Tan L. SWordNet: inferring semantically related words from software context. Empirical Software Eng J 2014;19(6):1856–86.

[60] Moreno L, Aponte J, Sridhara G, Marcus A, Pollock L, Vijay-Shanker K. Automatic generation of natural language summaries for Java classes. In: Proceedings of the international conference on program comprehension; 2013. p. 23–32.

[61] Sridhara G, Hill E, Muppaneni D, Pollock L, Vijay-Shanker K. Towards automatically generating summary comments for Java methods. In: Proceedings of the international conference on automated software engineering; 2010. p. 43–52.

[62] Sridhara G, Pollock L, Vijay-Shanker K. Automatically detecting and describing high level actions within methods. In: Proceedings of the international conference on software engineering; 2011. p. 101–10.

[63] Wong E, Yang J, Tan L. AutoComment: mining question and answer sites for automatic comment generation. In: Proceedings of the international conference on automated software engineering, new idea; 2013. p. 562–7.

[64] Pandita R, Xiao X, Zhong H, Xie T, Oney S, Paradkar A. Inferring method specifications from natural language API descriptions. In: International conference on software engineering; 2012. p. 815–25.

[65] Gorla A, Tavecchia I, Gross F, Zeller A. Checking app behavior against app descriptions. In: Proceedings of the international conference on software engineering; 2014. p. 1025–35.

[66] Huang J, Zhang X, Tan L, Wang P, Liang B. AsDroid: detecting stealthy behaviors in Android applications by user interface and program behavior contradiction. In: Proceedings of the international conference on software engineering; 2014. p. 1036–46.

第 18 章

The Art and Science of Analyzing Software Data

基于日志挖掘的目标驱动型软件根本原因分析

Hamzeh Zawawy[*], **Serge Mankovskii**[†], **Kostas Kontogiannis**[‡], **John Mylopoulos**[§]

Department of Electrical & Computer Engineering, University of Waterloo, Waterloo, ON, Canada[*] *CA Labs, San Francisco, CA, USA*[†] *Department of Electrical and Computer Engineering, National Technical University of Athens, Athens, Greece*[‡] *Department of Information Engineering and Computer Science, University of Trento, Trento, Italy*[§]

18.1 引言

软件根本原因分析是系统操作人员尝试识别导致系统应用程序失效的故障的一种过程。*失效*（*failure*）是指系统观察到的行为与预期行为的偏差，而*故障*（*fault*）指的是软件缺陷或系统的错误配置。因为系统是由大量包含复杂交互的组件构成的，因此，在使用根本原因分析时可能会要求对大量数据进行记录、收集和分析。研究文献中有一种观点认为：分布式环境中服务 / 系统数量的增加可能直接导致其整体复杂性和维护成本的增加 [1]。据估计，有近 40% 的大型组织每月收集超过 1 TB 的日志数据，而其中更有 11% 的组织每月收集的日志数据会超过 10 TB[2]。在此情况下，为了保证所需的服务质量等级，IT 系统必须通过分析来自不同组件的复杂记录数据来开展持续的监控和评估。然而，如此大量的记录数据通常无法采用人工日志分析。因此，在很大程度上提供用于日志分析的自动化工具成为一种需求。

然而，在根源识别的自动化日志分析方面存在一些挑战。其一是由于系统组件之间相互依赖的复杂性；其二是用于解释软件失效根源的日志数据通常不完整；其三是缺乏可用于表示软件失效可能导致的状况和需求的模型。当软件失效不是由内部故障而是由第三方发起的外部动作引起时，问题会变得更加复杂。

本章提出了一种根本原因分析方法，该方法基于需求模型（目标模型）来捕获因果关系，同时使用概率推理的方法来处理不完整的日志数据和观察结果。下面将对该方法做具体介绍。第一，为了满足系统需求，本章使用目标模型来表示系统预期执行的条件、约束、操作和任务。同样地，本章使用反目标模型来表示外部代理（程序）可能采取的使系统的功能性或非功能性需求受到威胁或作废的条件、约束、行为和任务。第二，使用潜语义索引（LSI）作为信息检索技术以减少软件日志的数量，这些软件日志可被视为给定根本原因的分析会话的观察结果，从而使根本原因分析过程的性能和易处理性得以增强。第三，将目标和反目标模型转换为加权马尔可夫逻辑决策规则的集合来编译知识库。在该情况下，当观察到软件失效时，分析其根节点对应于观察到的失效的目标和反目标模型，从而识别可解释为观察到的失效的任务和动作。当目标模型和反目标模型都支持此根本原因假设时，可以进一步确认其根本原因。置信度是马尔可夫逻辑推理过程的一部分，与之前研究中学习的规则权重相结合，从而在推理过程中提供一定程度的训练。本章涉及的素材均基于笔者已有的研究工作[3-4]。

本章结构如下：18.2 节讨论了根本原因分析领域的相关工作。18.3 节介绍了目标模型、反目标模型、节点注解和运行示例。18.5 节讨论了如何约简软件日志。18.6 节介绍了基于马尔可夫逻辑的推理过程。18.7 节详细阐述了因内部系统故障引起的失效检测框架及其应用。18.8 节阐述了使用根本原因分析框架来识别源于外部行为的系统失效的根本原因。18.9 节提出并讨论了将根本原因分析框架应用于内部和外部行为引起的失效的相关实验结果。最后，18.10 节对本章进行了总结。

18.2　根本原因分析方法

原则上，根本原因分析方法可以分为三大类：基于规则的方法、基于概率统计的方法和基于模型的方法。这些方法有的依赖于系统轨迹[5-6]，也有的依赖于通过检测源代码[7]或者通过拦截系统调用[8]获得的日志数据。接下来，笔者将一一介绍这些方法涉及的主要概念。

18.2.1　基于规则的方法

此类根本原因分析法使用规则来获取 IT 环境下的领域知识。这些规则通常具有 < 如果出现症状，即进行诊断 > 的形式，其中症状被映射到根本原因。这组规则是访问系统的管理员手动构建的，或者是通过使用基于历史数据的机器学习方法自动构建的。要找到事件的根本原因，就需要评估规则集的症状匹配情况。当满足某个规则的条件时，触发该规则并给出有关失效根本原因的结论。

一般而言，基于规则的根本原因分析方法的缺点是很难有一套涵盖所有可能情况的通用规则。此外，在实践中使用此类方法时准备阶段所需的开销较大，并且需要对新事件进行持续更新。在本章工作中，使用目标模型来表示更高抽象级别的因果关系和概率规则，以便可以使用不完整的日志数据执行推理。

18.2.2　基于概率统计的方法

传统的根本原因分析技术假设系统组件之间的相互依赖性是先验且完全已知的，并且关于系统状态的日志信息是完整的，并可以用于所有诊断目的。基于概率统计的方法旨在使用概率来模拟 IT 组件之间的因果关系，以表示一个组件对另一个组件可能造成的影响。其中的一个案例就是 Steinder 等人[9]使用的概率统计方法。在使用有关系统结构和状态的动态、缺失或不准确的信息时，他们采取贝叶斯网络结构来表示通信系统之间的依赖关系。

在另一个案例中，Al-Mamory 等人[10]使用了警报和解决方案的历史，以改善未来的根本原因分析。特别的是，他们通过查找错误警报的根本原因，使用根本原因分析来减少出现的大量警报。该方法使用数据挖掘将类似的警报分组为通用警报，然后分析这些通用警报并进一步分为真假警报。

18.2.3　基于模型的方法

此类根本原因分析技术旨在编译一个表示系统正常行为的模型，并在行为不遵循模型时检测出异常。表示系统正常行为的这种模型可以采用多种形式。一种形式是将设计决策和组件与功能、非功能系统属性相关联。例如，这些关联可以由目标模型、反目标模型或 i*-diagrams 来表示。参考文献 [11] 中介绍了一种系统，该系统使用模型驱动的工程方法结合运行时信息来进行根本原因分析。更具体地说，表示系统行为和结构的模型用于在设计时注解源代码。在运行时，将记录的数据与设计时的模型进行比较，以推断可能的根本原因。同样，参考文献 [12] 中提供了一种基于模型的方法，可以辅助业务过程合规性的根本原因分析。该系统允许对业务过程的模型及约束或策略进行规约。而运行时监控的基础平台允许收集与模型存储库中的约束和策略相关的系统事件。分析会给出可能的违约行为以及这些违约行为的产生原因。参考文献 [13] 指出，使用线性时态逻辑模型也可以表示复杂的面向服务系统中的业务过程的遵从性约束。症状通过当前现实树（CRT）与原因相关联。分析引擎允许在观察到症状时遍历当前现实树，评估是否违反约束，并确定此违约的可能原因。在参考文献 [7] 中还有另一个基于模型的方法的案例，该案例应用 SAT 求解器来分析系统属性的命题可满足性。给定命题规则 f，命题可满足性问题（SAT）在于找到命题规则变量的值，该值可以使总体命题规则评估为真。如果存在这样的真值指派，那么命题规则为真。在参考文献 [7] 中，使用目标树来将影响效果（即症状或违约需求）链接到原因。因此，目标树被转换为命题规则。当观察到症状时，根本原因分析的目的是确定目标节点（即原因）的哪个组合可以支持或解释观察到的违约。解决此问题的方法是将 SAT 求解器应用于源自目标树的逻辑规则中。

18.3 根本原因分析框架总览

如图 18-1 所示，根本原因分析框架包括三个阶段：建模、观察生成和诊断。第一阶段是离线准备阶段。在此阶段，系统管理员给出一组模型来表示受监控应用程序的需求。为此，使用目标和反目标模型（在 18.4 节中讨论）作为表示受监控应用程序的选择形式。目标模型和反目标模型被转换为规则集合，形成诊断规则库。目标和反目标模型的节点是由附加信息进行注解的，这些信息表示每个节点的*前置条件*、*后置条件*和*发生约束*。当发生某个警报时，说明受监视的应用程序失效，则进入第二阶段。在此阶段（在 18.5 节中讨论），触发与观察到的失效需求相对应的目标模型，并使用其节点注解从记录的数据中抽取精简事件集。该事件集与目标和反目标模型一起用于构建观察的事实基础。在框架的第三阶段（在 18.6 节中讨论），应用基于马尔可夫逻辑网络（MLN）的推理过程来从诊断知识库中识别根本原因。关于该框架的整体行为在图 18-2 所示的序列图中进行概述。

18.4 根本原因分析的诊断建模

18.4.1 目标模型

目标模型是树结构，用于表示可以提供系统的功能和非功能需求的条件和约束。在这些结构中，内部节点表示*目标*，而外部节点（即叶子）表示*任务*。节点之间的边表示 AND 或 OR 目标分解或*贡献*。

目标 G 的 AND 分解是将目标 G 分解为其他目标或任务 $C_1, C_2, \cdots, C_n$，该分解意味着 G

的每个孩子的满意对于实现分解的目标是必要的。目标 G 的 OR 分解是将目标 G 分解为其他目标或任务 $C_1, C_2, \cdots, C_n$，该分解意味着满足其中一个目标或任务就足以满足父目标。在图 18-4 中，将目标 g_1 和 g_3 作为 AND 和 OR 分解的示例。

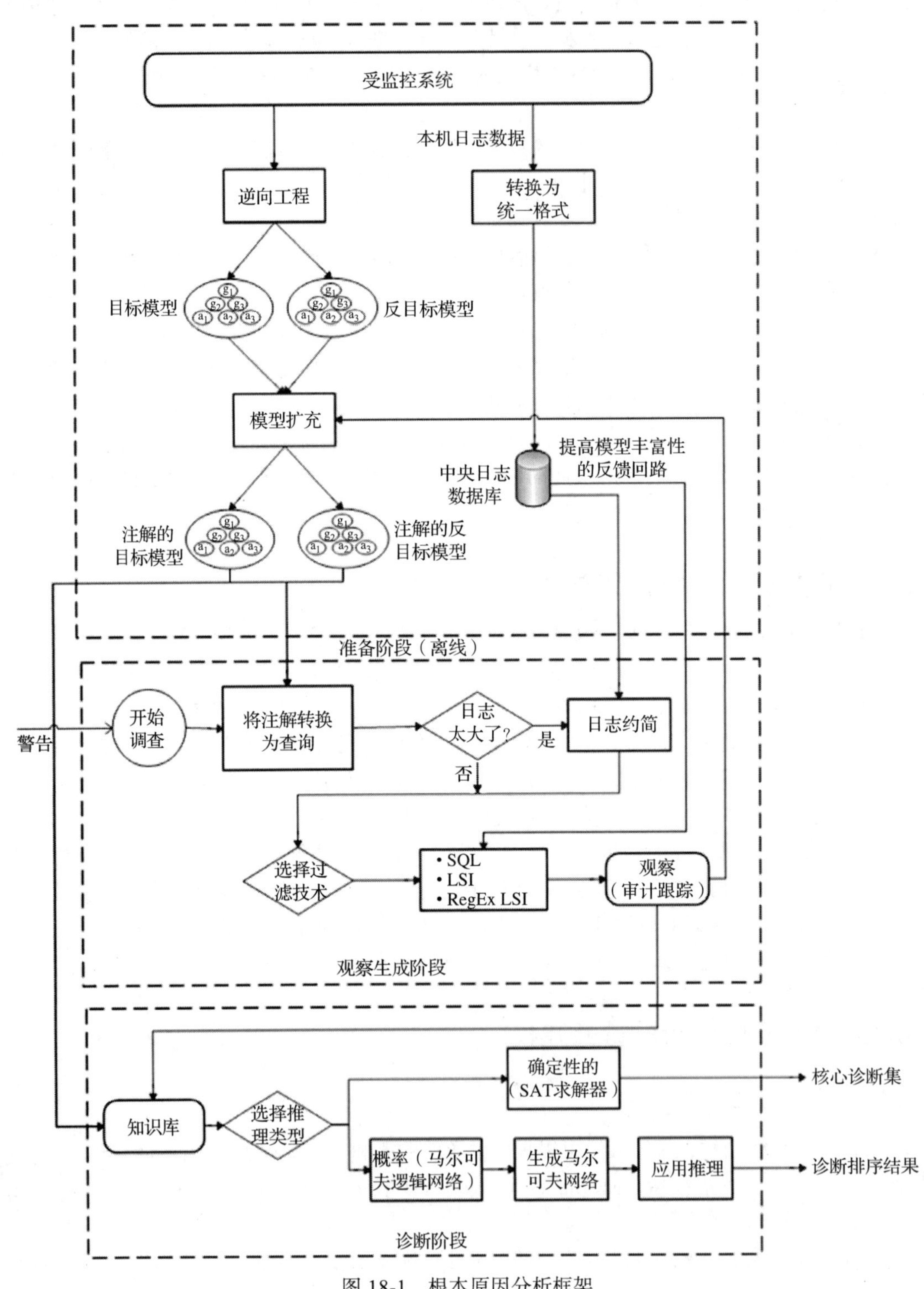

图 18-1　根本原因分析框架

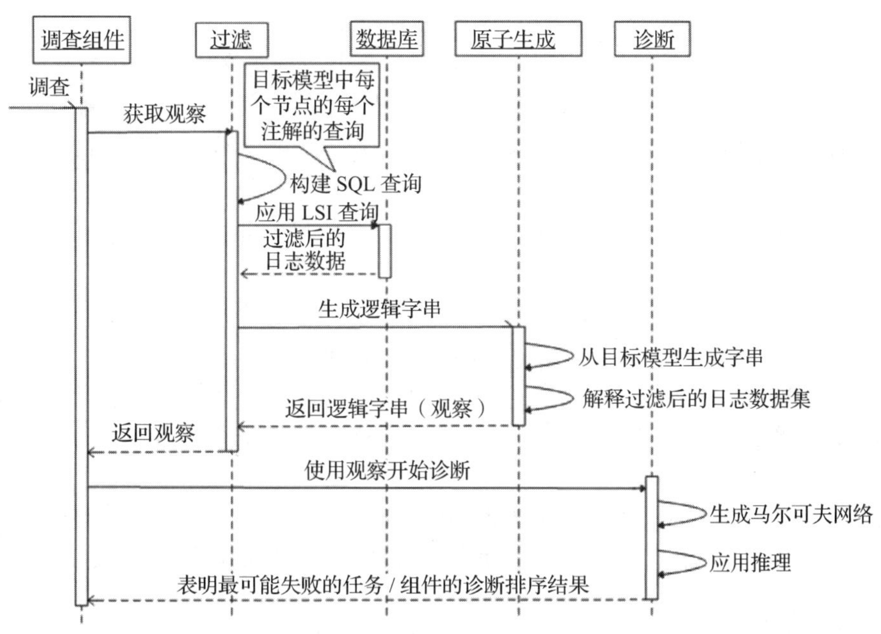

图 18-2　诊断框架的内部工作序列图

除了 AND / OR 分解之外，两个目标可以通过*贡献*边连接。目标可能以四种方式促成其他目标，即：*++S*，*--S*，*++D* 和 *--D*。本章采用了 Chopra 等人[14]对贡献的解释：

$$
\begin{aligned}
&++S/D\text{：}g_s \text{ 满意 / 拒绝意味着 } g_t \text{ 满意 / 拒绝，}\\
&--S/D\text{：}g_s \text{ 满意 / 拒绝意味着 } g_t \text{ 拒绝 / 满意。}
\end{aligned}
\tag{18.1}
$$

18.4.2　反目标模型

与目标模型类似，反目标模型表示外部代理产生的意图威胁或损害系统目标的目标和行为。反目标模型也表示为通过系统细化构建的 AND/OR 树，直到导出叶节点（即任务）。更具体地说，叶节点表示外部代理可以执行的用以实现反目标的任务（动作），从而通过满足该反目标来拒绝系统目标。在这方面，根本原因分析可以通过考虑一些由内部系统故障和外部操作共同引起的根本原因进行分析。反目标模型最初由 Lamsweerde 等人[15]提出，用来在需求获取期间建模安全问题。

反目标模型的一个例子是具有根 ag_1 和 ag_2 的树，如图 18-4 所示，其中*目标边*从反目标 ag_1 到任务 a_2 和 a_3 以及从反目标 ag_2 到任务 a_4 和 a_6 模拟了反目标对系统目标的负面影响。

18.4.3　模型注解

由于通用目标模型只是因果关系的抽象描述，仅根据收集的日志数据的输入确定是否满足目标是不够的。因此，需考虑每个目标或任务节点的三种类型的注解：*前置条件*、*后置条件*和*发生*。*前置条件*注解表示日志数据必须在特定（逻辑）时刻包含的结构和内容，以便考虑将目标或任务用于评估。*发生*注解表示日志数据必须在特定（逻辑）时刻包含的结构和内容，以使目标被认为是*可能令人满意*的。类似地，*后置条件*注解表示日志数据必须在特定（逻辑）时刻包含的结构和内容，以便将目标*标记为满足*。*逻辑时刻*的顺序和给定目标或任务的*前置条件*、*发生*和*后置条件*之间的逻辑关系在公式 18.9-18.12 中针对目标模型进行了定义，而公式 18.17 和 18.18 针对反目标模型进行了定义。

与前置条件、发生和后置条件有关的目标和任务节点注解采用表达式的形式，这将在 18.7.1.2 节中讨论并在公式 18.10 中说明。图 18-4 描述了使用前置条件、后置条件和发生表达式注解目标模型节点的示例。一旦定义并注解了目标和反目标模型，它们就会转化为马尔可夫逻辑规则的集合，以形成诊断知识库，这些内容将在下面各小节中讨论。

除了帮助推断目标或动作节点是否*满足*之外，注解还可以通过信息检索方法减少要考虑满足所有给定节点的日志数据量，从而提高整体根本原因分析处理的性能。使用每个节点中的元数据注解信息，基于每个目标节点过滤日志。然后使用 LSI 约简日志，这将在 18.5 节中详细讨论。参考文献 [16] 中也提出了其他基于信息理论的日志约简方法。从运行系统获得的约简的日志也被转换为事实的集合，作为*观察*的事实基础。这样，基于目标和反目标模型的规则库以及基于观察到的日志文件的事实，就形成了用于根本原因分析推理的完整知识库。根本原因分析推理使用基于 Alchemy 工具的概率规则引擎 [17]。接下来的各小节将更详细地讨论日志过滤、使用马尔可夫逻辑的推理基础以及根本原因分析框架的应用，以分析发生下述情况的根本原因：由于内部系统错误而发生的失效；外部操作导致的失效。

18.4.4 贷款申请场景

本章中，为了更好地说明所提出的根本原因分析技术的内部工作原理，笔者使用与贷款应用场景相关的目标和反目标模型为例，如图 18-3 所示。该场景建立在由一组 COTS 应用程序组件组成的测试环境之上。如图 18-4 所示，实验环境包括业务过程层和面向服务的基础架构。特别地，该测试环境包括四个子系统：前端应用（SoapUI）、中间件消息代理、信用检查服务和数据库服务器。

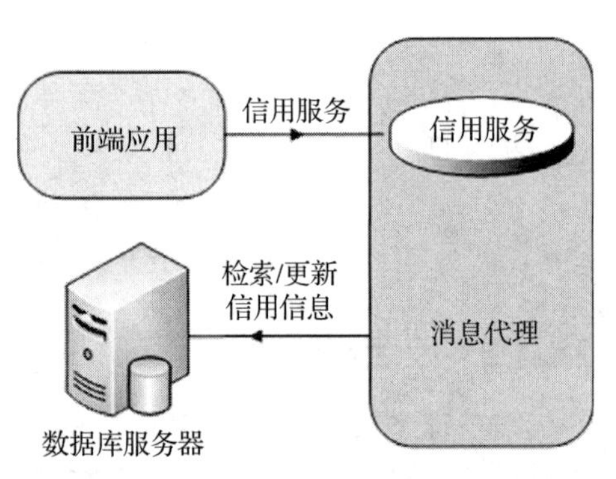

图 18-3 贷款申请目标模型和相应的反目标攻击

笔者构建了 *Apply_For_Loan* 业务服务，定义了在线用户申请贷款，评估贷款申请，以及最后根据提供的信息获得接受或拒绝申请的决策的过程。从技术上讲，业务过程是作为公开的 Web 服务。*Apply_For_Loan* 服务在收到包含贷款申请信息的 SOAP 请求时启动。它通过检查申请人的信用评级来评估贷款请求。如果申请人的信用评级为“良好”，则接受他的贷款申请，并向申请人发送肯定答复。否则，将向申请人发送拒绝贷款的结果。如果在处理期间发生错误，则会向请求的应用程序发送 SOAP 故障。信用评级评估通过单独的 Web 服务（*Credit_Rating*）执行。信用评估终止后，*Credit_Rating* 服务向调用的应用程序发送 SOAP 回复，其中包含信用评级和申请人的 ID。如果在信用评估期间发生错误，则会向请求的应用程序发送 SOAP 错误。在信用评级评估期间，*Credit_Rating* 应用程序查询数据库表并存储 / 检索申请人的详细信息。

18.4.4.1 激励场景的目标模型

贷款申请由图 18-4 中的目标模型表示，其中包含三个目标（矩形）和七个任务（椭圆形）。根目标 g_1（贷款申请）被 AND 分解为目标 g_2（贷款评估），任务 a_1（获取贷款 Web 服务请求）和 a_2（发送贷款 Web 服务回复），表示当且仅当满足目标 g_2 且满足任务 a_1 和 a_2 时才满足目标 g_1。类似地，g_2 被 AND 分解为目标 g_3（提取信用评级），任务 a_3（接收信用检查

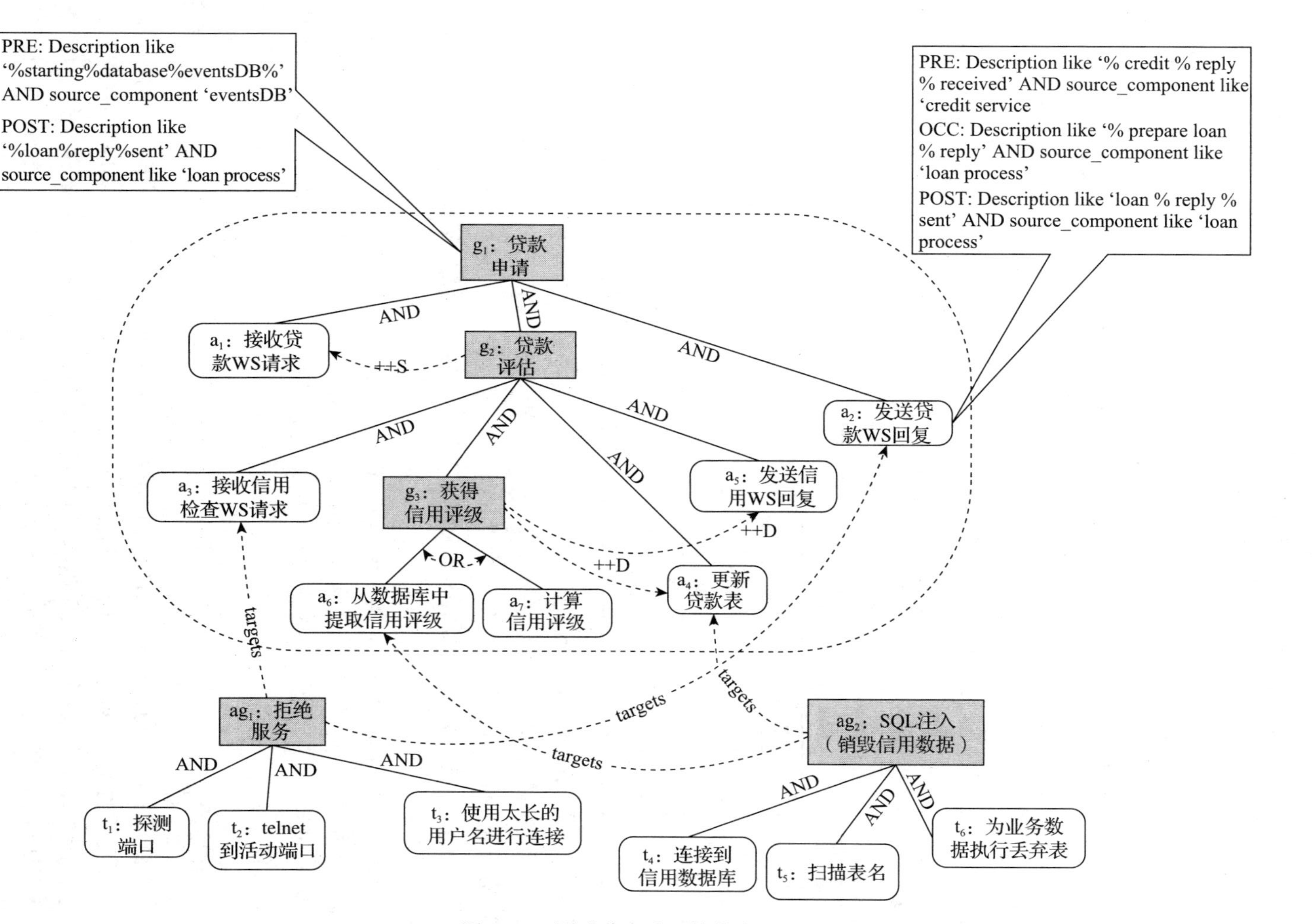
PRE: Description like
'%starting%database%eventsDB%'
AND source_component 'eventsDB'
POST: Description like
'%loan%reply%sent' AND
source_component like 'loan process'
PRE: Description like '% credit % reply
% received' AND source_component like
'credit service
OCC: Description like '% prepare loan
% reply' AND source_component like
'loan process'
POST: Description like 'loan % reply %
sent' AND source_component like 'loan
process'
g_1：贷款申请
g_2：贷款评估
g_3：获得信用评级
a_1：接收贷款WS请求
a_2：发送贷款WS回复
a_3：接收信用检查WS请求
a_4：更新贷款表
a_5：发送信用WS回复
a_6：从数据库中提取信用评级
a_7：计算信用评级
AND
OR
++S
++D
targets
ag_1：拒绝服务
ag_2：SQL注入（销毁信用数据）
t_1：探测端口
t_2：telnet到活动端口
t_3：使用太长的用户名进行连接
t_4：连接到信用数据库
t_5：扫描表名
t_6：为业务数据执行丢弃表

图 18-4　测试分布式环境的布局

的 Web 服务请求)、a_4（更新贷款表)、a_5（发送信用 Web 服务回复)、表示当且仅当目标 g_3 和任务 a_3、a_4 和 a_5 满足时才满足目标 g_2。此外，子目标 g_3 被 OR 分解为任务 a_6 和 a_7。该分解表明如果满足任务 a_6 或任务 a_7，则满足目标 g_3。从目标 g_3 到任务 a_4 和 a_5 的贡献链接（$++D$）表示如果目标 g_3 被拒绝，那么任务 a_4 和 a_5 也应该被拒绝。从目标 g_2 到任务 a_1 的贡献链接（$++S$）表示如果满足目标 g_2，那么任务 a_1 也必须被满足。表 18-1 提供了贷款申请目标模型中目标和任务的完整列表。本章将在后面讨论反目标 ag_1 和 ag_2 的作用。

表 18-1　贷款申请目标模型的节点 / 前置条件 / 后置条件标识符

节点	前置条件	后置条件
g_1	InitialReq_Submit	Reply_Received
g_2	ClientInfo_Valid	Decision_Done
a_1	BusinessProc_Ready	BusProc_Start
a_2	LoanRequest_Submit	LoanRequest_Avail
a_3	Decision_Done	LoanReply_Ready
a_4	SOAPMessage_Avail	SOAPMessage_Sent
a_5	ClientInfo_Valid	Prepare_CreditRating_Request
a_6	Prepare_CreditRating_Request	Receive_CreditRating_Rply
a_7	Receive_CreditRating_Rply	Valid_CreditRating
a_8	Valid_CreditRating	CreditRating_Available
a_9	CreditRating_Available	Decision_Done

18.4.4.2　测试环境中的日志系统

测试环境包括四个发送日志数据的日志系统。本章使用的日志系统包括以下内容：

1）Windows 事件查看器：这是一个 Windows 组件，充当 Windows 中央日志存储库。可以使用 Windows 事件查看器访问和查看作为 Windows 服务运行的应用程序（中间件和数据库服务器）发出的事件。

2）SoapUI：这是面向服务架构的开源的 Web 服务测试工具。SoapUI 将其事件记录在本地日志文件中。

3）Web 服务日志记录器：这对应于 Credit_Rating 应用程序，并生成直接存储在日志数据库中的事件。

18.5　日志约简

日志约简涉及允许选择可用日志的子集以用于根本原因分析的过程。这样做的动机是通过缩减日志文件的规模（即要考虑的事件的数量），可以使根本原因分析在其时间性能方面更易处理和有效。然而，这种约简必须保留重要的日志条目进行分析并丢弃不相关的日志条目，从而保证结果的高召回率和高精度。这里用于日志约简的基本前提是每个日志条目代表一个文档，而将从目标和反目标模型节点注解中获得的术语和关键字视为查询。先是符合查询表单的文档（即日志条目），然后是约简集。这里讨论了用于约简日志数据规模的背景技术，以满足每个目标模型节点，从而使整个过程更容易处理。更具体地说，将 LSI 和概率潜在语义索引（PLSI）视为用于识别查询（即从与分析相关的目标模型节点的注解中获得的关键字和术语）中给定关键字的相关文档（即日志条目）的两种技术。有关如何使用注解进行日志约简的详细讨论见 18.7.1.2 节内容。

18.5.1 潜在语义索引

一些常用的文档检索技术包括 LSI[18]、PLSI[19]、隐狄利克雷分布模型（latent Dirichlet allocation）[20] 和相关主题模型 [21]。文档语料库的语义分析在于构建结构，该结构从文档语料库中识别概念而无须对文档进行任何预先的语义理解。

LSI 是一种索引和检索的方法，用于识别非结构化文本文档集合中的术语和概念之间的关系。LSI 由 Deerwester 等人 [18] 引入，它采用基于术语频率的文档向量空间表示作为起点，并使用奇异值分解算法对相应的术语 / 文档矩阵应用降维操作 [22]。它的基本思想是文档和术语可以映射到所谓的潜在语义空间中的简化表示。对于文档和查询之间的相似性，这种约简的空间表示比其原始表示可以更有效地进行评估。这是因为即使两个特定文档没有共同的术语，但是在所有文档的集合中有频繁共现的术语，那么就认为这两个文档在约简空间表示中将具有类似的表示。LSI 通常用于 Web 检索、文档索引 [23] 和特性识别 [24] 等领域。本章将每个日志条目视为文档，将目标和反目标节点注解表达式中的术语视为搜索关键字。然后，使用 LSI 来标识那些与特定查询相关联的日志条目，该特定查询是表示目标或反目标节点的系统特性、前置条件、发生或后置条件的注解。

18.5.2 概率潜在语义索引

PLSI（概率潜在语义索引）是 LSI [19] 的一种变体，它考虑了三种随机变量（主题、单词和文档）的存在。这三种类型的类变量如下所示：

（1）表示主题的未观察到的类变量 $z \in Z = \{z_1, z_2, \cdots, z_K\}$；

（2）单词 $w \in W = \{w_1, w_2, \cdots, w_L\}$，其中每个单词是文档 d 中词汇表 V 的术语 t 的位置；

（3）语料库 M 中的文档 $d \in D = \{d_1, d_2, \cdots, d_M\}$。

PLSI 旨在识别文档集合 $\{d_1, d_2, \cdots, d_j\}$ 中的文档 d_i，其与单词 w 最相关，呈现为查询——计算 $P(d_i, w)$。PLSI 与 LSI 的主要区别在于其模型是基于三层计算——文档层、潜在主题层和单词（即查询）层。每个文档 d_i 与一个或多个概念 c_k（即，潜在变量）相关联。同样，每个单词也与一个概念相关联。总体目标是计算条件概率 $P(c_k | d_i)$ 和 $P(w | c_k)$。通过分别计算文档集合中每个文档 d 的潜在变量 c_k 的 $P(w | c_k)$ 和 $P(d_i | c_k)$ 的内积，作为查询 w 和文档 d_i 之间的“相似性”得分，然后可以选择最高分的文档，此类文档被视为与查询最相关。

18.6 推理技术

如 18.4 节所述，使用目标模型来表示系统需求与设计决策、组件和系统属性之间的依赖关系。每个目标模型都表示为目标树。树的根表示给定系统的功能性或非功能性需求。当观察到失效的结果时（即未能观察到功能性或非功能性需求的发布），分析相应的目标树。目标模型被转换为一阶逻辑规则，以便 SAT 求解器或推理引擎可以确定目标或反目标树节点的真值分配方式，该方式可以解释与树的根节点对应的需求失效。但是为了评估每个节点的实际真值，需要使用观察结果（即事件）和系统日志中的信息来评估节点注解，如 18.7.1.4 节、18.7.1.6 节和 18.8.1 节所述。但在实际情况中，观察结果可能会丢失或错误，或者被认为在一定概率上是有效的。因此，使用概率推理引擎来处理不确定的、错误的或缺失的观察结果。本节将讨论基于马尔可夫逻辑理论的概率推理技术[17]。

马尔可夫逻辑网络

最近，研究文献中提出了一种结合一阶逻辑和概率推理的框架——MLN（马尔可夫逻辑网络）。在此框架中，一阶逻辑知识库可看作是在可能世界的集合上建立的一系列硬性约束，即如果一个世界违反了其中的某一条规则，那么这个世界的存在概率即为 0。马尔可夫逻辑的基本思想是让那些硬性规则有所松弛，即当一个世界违反了其中的一条规则时，此世界存在的可能性将降低，但并非直接将其存在概率置零。一个世界违反的规则越多，此世界存在的可能性就越小。为此，给每个规则都加上了一个特定的权重，它反映了对满足该规则的可能世界的约束力。关于 MLN 的详细讨论可参见参考文献[25]。

马尔可夫网络构建。在 MLN 中，每个逻辑规则 F_i 与非负实数权重 w_i 相关联。F_i 的每个实例都具有相同的权重 w_i。在这种情况下，马尔可夫网络是一个无向图，它是由谓词和规则构成的，如下所示：

- 每个节点对应一个闭原子 x_k，它是谓词的实例。
- 如果闭原子 $x_{\{i\}}=\{x_k\}$ 的子集通过具有权重 w_i 的规则 F_i 彼此相关，则将这些变量的团 C_i 添加到网络中。C_i 与权重 w_i 和特征函数 f_i 相关联，其定义如下：

$$f_i(x_{\{i\}})=\begin{cases}1 & F_i(x\{i\})=\text{true}\\ 0 & \text{其他}\end{cases} \tag{18.2}$$

因此，一阶逻辑规则用作构建马尔可夫网络的模板。在马尔可夫网络中，每个闭原子 X 代表二进制变量。然后使用整个马尔可夫网络来模拟所有闭原子的联合分布。相应的全局能量函数计算如下：

$$P(X=x)=\frac{1}{Z}\exp\left(\sum_i w_i f_i(x_{\{i\}})\right), \tag{18.3}$$

其中 Z 是计算的归一化因子，Z 的计算公式如下：

$$Z=\sum_{x\in X}\exp\left(\sum_i w_i f_i(x_{\{i\}})\right), \tag{18.4}$$

其中 i 表示闭原子 $x_{\{i\}}\in X$ 的子集，它们通过具有权重 w_i 和特征函数 f_i 的规则 F_i 彼此相关。

学习。在 MLN 中，学习包括两个步骤：结构学习，或学习逻辑子句；权重学习，或确定每个逻辑子句的权重。结构学习通常通过启发式搜索空间来获得具有符合训练数据的统计分数的模型[17]。至于权重学习，Singla 等人[26]扩展了现有的投票感知器方法并将其用于生成 MLN 的参数（逻辑子句的权重）。这是通过在给定证据的情况下优化查询原子的条件概率来实现的。

推理。假设 $\phi_i(x_{\{i\}})$ 是在团 C_i 上定义的闭函数，则 $\log(\phi_i(x_{\{i\}}))=w_i f_i(x_{\{i\}})$。使用构造的马尔可夫网络来计算边际事件分布。给出一些观察结果，可以进行概率推理。精确推理通常是困难的，因此，可采用马尔可夫链蒙特卡罗采样技术，如吉布斯采样，进行近似推理[25]。马尔可夫毯（邻点）B_i 的原子 X_i 的概率计算如下：

$$P(X_i=x_i\mid B_i=b_i)=\frac{A}{(B+C)}, \tag{18.5}$$

其中

$$A = \exp\left(\sum_{f_j \in F_i} w_j f_j\left(X_i = x_i, B_i = b_i\right)\right), \tag{18.6}$$

$$B = \exp\left(\sum_{f_j \in F_i} w_j f_j\left(X_i = 0, B_i = b_i\right)\right), \tag{18.7}$$

$$C = \exp\left(\sum_{f_j \in F_i} w_j f_j\left(X_i = 1, B_i = b_i\right)\right), \tag{18.8}$$

F_i 是包含 X_i 的所有团的集合，并且 f_j 的计算如公式 18.2 所示。

马尔可夫网络用于计算事件的边际分布并执行推理。因为马尔可夫网络中的推断是 #P-complete，所以建议使用马尔可夫链蒙特卡罗方法和吉布斯采样来执行近似推理 [27]。

如上所述，上述表达式用于计算原子 X（即源自目标模型的逻辑规则中的实例化谓词）属于马尔可夫网络中的团的概率。直觉上，此概率给出了该原子在团代表的“世界”中得到满足的概率。作为一个例子，考虑一阶逻辑规则 $A \wedge B \rightarrow C$。如果有原子 A 和 B，那么可以推断出 C 存在。但是，如果考虑到已经看到了这样一个“世界”，在没有 A 的情况下，有 40% 的情况，B 和 C 单独共存，那么即使没有观察到 A，仍然可以推断出：如果单独观察 B，而没有 A，那么 C 存在的可能性是有的。如下部分详细说明了使用概率推理进行根本原因分析的方法，以解决由于内部系统错误或外部恶意诱导的操作引起的失效。

18.7　内部故障引起失效的根本原因分析

在本节中，将介绍基于概率的根本原因分析框架的元素，并通过贷款申请示例说明其使用过程。该框架由三个主要部分组成：系统建模、观察生成和诊断。该框架的输入包括：首先是表示受监视系统的注解目标模型集，其次是以统一格式存储在中央数据库中的日志数据。其输出一个诊断结果的排序列表，该列表表示加权标记的失效可能原因。

18.7.1　知识表示

在以下部分中，将更详细地讨论根据目标模型集合对诊断知识库进行建模相关的步骤。

18.7.1.1　目标模型编译

根本原因分析框架建立在如下前提下：受监控系统的需求目标模型可供系统分析员使用，或者可以使用参考文献 [28] 中讨论的技术从源代码中进行逆向工程。目标模型中的任务表示代码中的简单组件。为了监控和诊断，这些被视为黑盒子，以便能够在不同的抽象级别上建模软件系统。

18.7.1.2　目标模型注解

使用附加信息注解目标模型节点可以扩展表示受监视系统的目标模型。具体来说，任务（叶节点）与前置条件、发生和后置条件相关联，而目标（非叶节点）仅与前置条件和后置条件相关联。注解使用表单的字符串模式表达式 [*not*]*column_name*[*not*]*like*"*match_string*" 表示，其中 *column_name* 表示日志数据库中的字段名称，*match_string* 可以包含以下符号：

- %：匹配零个或多个字符的字符串；
- _（下划线）：匹配一个字符；

- [...]：包含集合或范围，例如 [*abc*] 或 [*a–d*]。

图 18-4 包含一个注解示例，该示例是目标 g_1 的前置条件，如下所示：

Pre(g_1): Description like '%starting%Database%eventsDB%' AND source_component like ' eventsDB '

此注解示例匹配包含关键字或属性值的事件，指示它们是由“*eventsDB*”数据库系统生成的，并且具有包含关键字“*starting*”的描述文本或属性值，后面是空格，接着是关键字“*Database*”，然后是空格，最后是关键字“*eventsDB*”。更多注解示例如图 18-4 所示。

18.7.1.3　目标模型谓词

这里使用一阶逻辑来表示目标和反目标模型的语义信息。具体来说，将受监视系统或服务的状态和操作表示为一阶逻辑谓词。如果谓词的真值只能通过推理得到，那么谓词就是*内涵的*（即不能直接观察到）。如果可以直接观察其真值，则谓词是*扩展的*。如果谓词只能被观察到并且对于其所有的基本信息都无法推理，那么它是*严格扩展的*[29]。使用外延谓词 *ChildAND(parent_node, child_node)* 和 *ChildOR(parent_node, child_node)* 表示 AND / OR 目标分解。例如，当孩子是父母的 AND 型孩子，*ChildAND(parent, child)* 为真（*ChildOR(parent, child)* 类似）。如图 18-4 所示例子，AND 目标的分解是目标 g_1 和 g_2，OR 目标的分解是目标 g_3。使用扩展谓词 *Pre(node,timestep)*，*Occ(node,timestep)* 和 *Post(node,timestep)* 表示在某个时间步长上的先决条件、任务发生和任务后置条件。在本章工作中，假设事件的顺序有其逻辑或物理时间戳[30]。对于满意度这样的一个最高的可观察的目标（即观察到的系统失效而触发的根本原因分析过程），谓词 *Satisfied* 是显著内涵的。如果整个服务 / 交易成功执行，就认为满足最高目标，否则就拒绝满足。

18.7.1.4　目标模型规则

目标、反目标和任务的满意度使用谓词 *Satisfied* (*node, timestep*) 的真值指派来表示，其论断如下：具有前置条件 {*Pre*} 和后置条件 {*Post*} 的任务 *a* 当且仅当在时间 *t* 发生任务 *a* 之前的时间 *t*−1 时 {*Pre*} 为真，并且 {*Post*} 在时间 *t*+1 为真时满足：

$$Pre(a,t-1) \wedge Occ(a,t) \wedge Post(a,t+1) \Rightarrow Satisfied(a,t+1) \qquad (18.9)$$

Pre (*task, timestep*) 和 *Post* (*task, timestep*) 谓词的满足是基于对于给定任务节点是否存在与标记为 *Pre*、*Occ* 或 *Post* 的节点注解匹配的事件或事件模式。

注解规则是由如下逻辑运算符链接的字符串模式构成：

<Precond> | *<Postcond>* | *<Occur>*(*node*):
[*not*]*column name*[*not*] *like <match string>*　　（18.10）

其中 *column name* 表示日志数据库中的字段名称，搜索模式字符串包含符号，如 %（百分比，匹配零个或多个字符的字符串），以及 _（下划线，匹配一个字符）。

以下是节点 a_2 的前置条件的注解示例：

Precond (a_2): Description like 'Windows.%starting.up'
AND Source Component like alpha.com.ca'

叶子节点上的 *Occ*(*task, timestep*) 谓词的满意度和如上所述的 *Pre*(*task, timestep*) 和 *Post*(*task, timestep*) 谓词的满意度具有相同的原理。

与特定时刻发生的*任务*（即叶节点）不同，*目标*发生（即内部节点）可以跨越基于子目标或子任务的满足时间戳的时间间隔 $[t_1, t_2]$。因此，如果在 t_1 时刻观察到目标前置条件 {*Pre*} 规则，在 t_2 时刻观察到目标发生，并且在 t_3 时刻观察到 {*Post*} 规则，那么可以说在 t_3 时刻满足具有前置条件 {*Pre*} 和后条件 {*Post*} 的目标 g，其中（$t_1 < t_2 < t_3$）（见公式 18.11～18.13）。谓词 *Occ(goal, timestep)*（公式 18.13）的真值可以仅基于 AND 分解目标的所有子项的满意度（公式 18.11）或 OR 分解目标中至少一个子项的满意度来推理（公式 18.12）。

$$\forall_{a_i}, i \in \{1, 2, \cdots, n\}, ChildAND(g, a_i) \wedge Satisfied(a_i, t_i) \wedge \Rightarrow Occ(g, max(t_1, t_2, \cdots, t_n)) \quad (18.11)$$

$$\exists_{a_i}, i \in \{1, 2, \cdots, n\}, ChildOR(g, a_i) \wedge Satisfied(a_i, t_i) \wedge \forall_j \in \{1, \cdots, n\} s.t. j \neq i \wedge Satisfied(a_j, t_j) \wedge t_i > t_j \Rightarrow Occ(g, t_i) \quad (18.12)$$

从上面可以看出，内部目标节点的满意度规则如下：

$$Pre(g, t_1) \wedge Occ(g, t_2) \wedge Post(g, t_3) \Rightarrow Satisfied(g, t_3) \quad (18.13)$$

$node_1 \xrightarrow{++s} node_2$ 中的贡献链接如公式 18.14 中所示（类似于 $++D$，$--S$ 和 $--D$）：

$$Satisfied(node_1, t_1) \Rightarrow Satisfied(node_2, t_1) \quad (18.14)$$

18.7.1.5　过滤系统日志中的闭原子生成

此过程有两个输入：一个是存储在公共数据库中的日志数据，另一个是受监控系统的目标模型，其中*前置条件*、*后置条件*和*发生*模式注解了模型的每个节点。输出是完全按时间步长排序的字串（闭原子），其形式是 literal(node，timestep)。

该框架使用模式表达式来注解目标模型，并将这些注解作为查询应用于日志数据，以便抽取与每个目标模型节点相关联的事件发生的证据。更具体地说，一旦记录的数据以统一格式存储，就可以使用注解目标和反目标模型节点的模式表达式（见图 18-4）。首先，生成应用于收集有关分析的日志数据子集的 LSI 查询。其次，作为满足节点的 *Pre*，*Occ* 和 *Post* 谓词的模式去使用。图 18-4 中目标 g_1 的前置条件的日志数据模式匹配规则的示例如下所示：

扩展谓词的真值指派是在模式匹配的日志数据的基础上执行的。下面显示了图 18-4 中目标模型的闭原子的样本子集：

> *pre*(g_1,1), *pre*(a_1,1), *occ*(a_1, 2), *post*(a_1, 3), *pre*(g_2, 3), !*pre*(a_3, 3), ?*occ*(a_3, 4), ⋯, ?*post*(g_1,15), !*satisfied*(g_1,15)

上面的字串集代表了一个失败的贷款申请的观察。但是，对于某些目标或任务，可能没有 *Pre*、*Occ* 或 *Post* 支持证据，可以解释为它们没有发生，或者它们在观察集中被遗漏了。通过在相应的闭原子之前添加问号（?）来模拟这种不确定性。如果有证据表明目标或任务没有发生，相应的闭原子前面会有一个感叹号（!）。例如，在图 18-4 中，系统失效的观察由 !*satisfied*（g_1,15）表示，它表示在时间步长 15 处最高目标 g_1 被拒绝。请注意，在上面的示例中，任务 a_3 的前置条件被拒绝，并且没有观察到 a_3 的发生，导致任务 a_3 被拒绝，这导致目标 g_2 没有发生，因此被拒绝。继而，拒绝目标 g_2 导致目标 g_1 也无法满足。

对感兴趣的时间步长的谓词过滤分两步执行。首先，通过深度优先遍历目标模型树，从节点注解（前置条件、出现和后置条件）生成字串列表（参见上面的示例）。在第二步中，字串用于在记录的数据集中启动搜索，以查找包含此类字串的事件（在特定时间间隔内）。以下是生成闭原子的示例。

> (2010-02-05 17:46:44.24 Starting up database eventsDB ⋯ DATABASE)

与目标 g_1 的前置条件的模式匹配的日志条目表示满足 g_1 前置条件的证据。对于在日志数据中没有支持证据表明其前置条件、后置条件或发生规则匹配的其他逻辑文字，会为这些字串分配一个问号。如表 18-2 所示，对于场景 1，这种情况在 a_7 的*前置条件*（$Pre(a_7,5)$）中给予了说明。

图 18-5 和图 18-6 中的例子进一步说明闭原子的生成过程。

表 18-2 贷款申请的四个场景

场景	观察到的（和缺失的）事件	*Satisfied* $(a_1,3)$	*Satisfied* $(a_3,5)$	*Satisfied* $(a_6,7)$	*Satisfied* $(a_7,9)$	*Satisfied* $(a_4,11)$	*Satisfied* $(a_5,13)$	*Satisfied* $(a_2,15)$
1. 成功执行	$Pre(g_1,1),Pre(a_1,1),Occ(a_1,2),Post(a_1,3),Pre(g_2,3),Pre(a_3,3),Occ(a_3,4),Post(a_3,5),Pre(g_2,5),Pre(a_6,5),Occ(a_6,6),Post(a_6,7),?Pre(a_7,5),?Occ(a_7,6),?Post(a_7,7),Post(g_3,7),Pre(a_4,7),Occ(a_4,8),Post(a_4,9),Pre(a_5,9),Occ(a_5,10),Post(a_5,11),Pre(a_2,11),Occ(a_2,12),Post(a_2,13),Post(g_1,13),Satisfied(g_1,13)$	0.99	0.99	0.99	0.49	0.99	0.99	0.99
2. 无法更新贷款数据库	$Pre(g_1,1),Pre(a_1,1),Occ(a_1,2),Post(a_1,3),Pre(g_2,3),Pre(a_3,3),Occ(a_3,4),Post(a_3,5),Pre(g_3,5),Pre(a_6,5),Occ(a_6,6),Post(a_6,7),?Pre(a_7,5),?Occ(a_7,6),?Post(a_7,7),Post(g_3,7),Pre(a_4,7),?Occ(a_4,8),?Post(a_4,9),?Pre(a_5,9),?Occ(a_5,10),?Post(a_5,11),?Pre(a_2,11),?Occ(a_2,12),?Post(a_2,13),?Post(g_1,13),!Satisfied(g_1,13)$	0.99	0.99	0.99	0.43	0.45	0.45	0.36
3. 信用数据库表无法访问	$Pre(g_1,1),Pre(a_1,1),Occ(a_1,2),Post(a_1,3),Pre(g_2,3),Pre(a_3,3),Occ(a_3,4),Post(a_3,5),Pre(g_2,5),?Pre(a_6,5),?Occ(a_6,6),?Post(a_6,7),?Pre(a_7,5),?Occ(a_7,6),?Post(a_7,7),Post(g_3,7),Pre(a_4,7),Occ(a_4,8),Post(a_4,9),Pre(a_5,9),Occ(a_5,10),Post(a_5,11),Pre(a_2,11),Occ(a_2,12),Post(a_2,12),?Post(g_1,13),!Satisfied(g_1,13)$	0.99	0.99	0.33	0.32	0.45	0.43	0.38
4. 无法验证贷款申请 Web 服务请求	$?Pre(g_1,1),Pre(a_1,1),?Occ(a_1,2),?Post(a_1,3),Pre(g_2,3),?Pre(a_3,3),?Occ(a_3,4),?Post(a_3,5),Pre(g_3,5),Pre(a_6,5),?Occ(a_6,6),?Post(a_6,7),Pre(a_5,5),?Occ(a_7,6),?Post(a_7,7),?Post(g_3,7),Pre(a_4,7),?Occ(a_4,8),?Post(a_4,9),?Pre(a_5,9),?Occ(a_5,10),?Post(a_5,11),?Pre(a_2,11),?Occ(a_2,12),?Post(a_2,13),?Post(g_1,13),!Satisfied(g_1,13)$	0.48	0.48	0.35	0.36	0.47	0.48	0.46

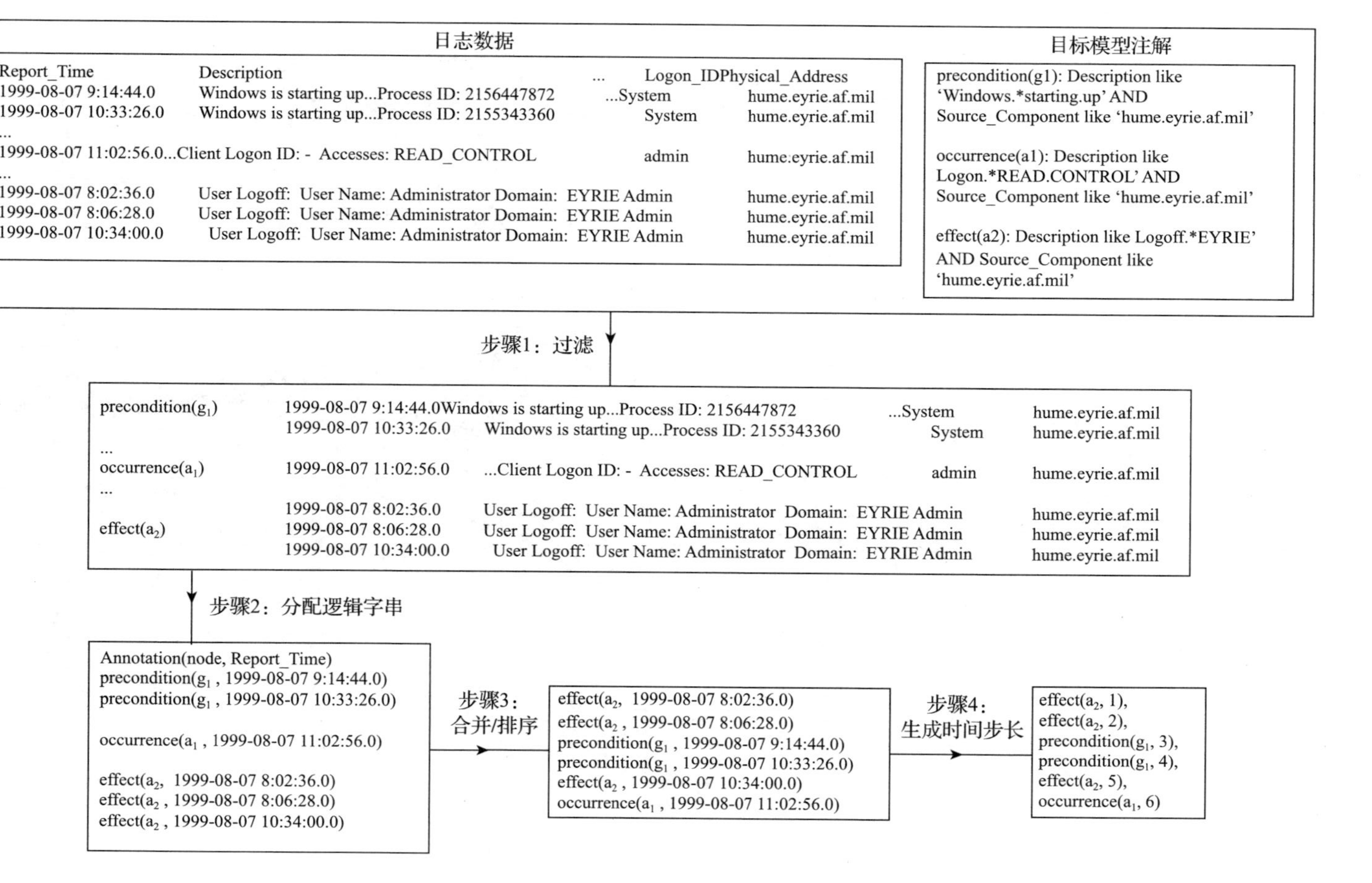

图 18-5　将过滤后的日志数据子集转换为闭原子

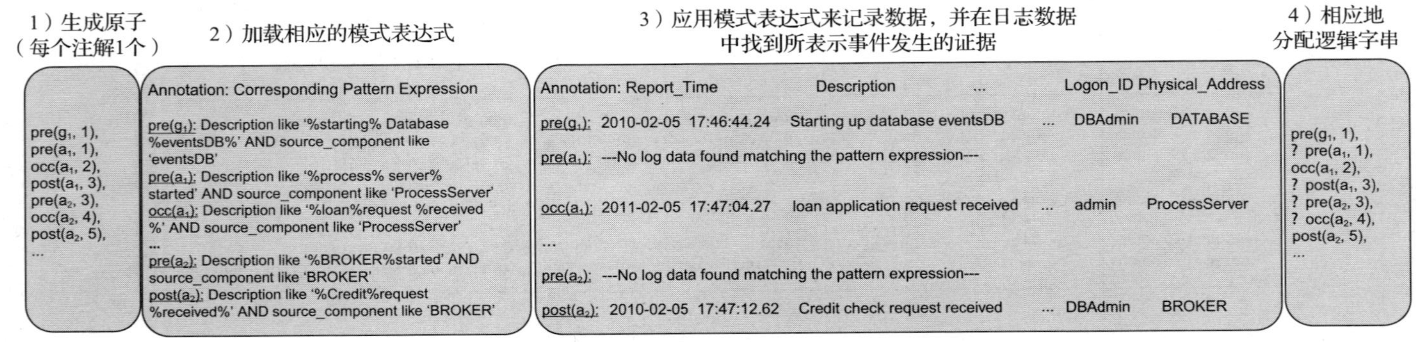

1）生成原子（每个注解1个）

pre(g_1, 1),
pre(a_1, 1),
occ(a_1, 2),
post(a_1, 3),
pre(a_2, 3),
occ(a_2, 4),
post(a_2, 5),
...

2）加载相应的模式表达式

Annotation: Corresponding Pattern Expression

pre(g_1): Description like '%starting% Database %eventsDB%' AND source_component like 'eventsDB'
pre(a_1): Description like '%process% server% started' AND source_component like 'ProcessServer'
occ(a_1): Description like '%loan%request %received %' AND source_component like 'ProcessServer'
...
pre(a_2): Description like '%BROKER%started' AND source_component like 'BROKER'
post(a_2): Description like '%Credit%request %received%' AND source_component like 'BROKER'

3）应用模式表达式来记录数据，并在日志数据中找到所表示事件发生的证据

Annotation:	Report_Time	Description	...	Logon_ID	Physical_Address
pre(g_1):	2010-02-05 17:46:44.24	Starting up database eventsDB	...	DBAdmin	DATABASE
pre(a_1):	---No log data found matching the pattern expression---				
occ(a_1):	2011-02-05 17:47:04.27	loan application request received	...	admin	ProcessServer
...					
pre(a_2):	---No log data found matching the pattern expression---				
post(a_2):	2010-02-05 17:47:12.62	Credit check request received	...	DBAdmin	BROKER

4）相应地分配逻辑字串

pre(g_1, 1),
? pre(a_1, 1),
occ(a_1, 2),
? post(a_1, 3),
? pre(a_2, 3),
? occ(a_2, 4),
post(a_2, 5),
...

图 18-6 从日志数据中生成观察

18.7.1.6 不确定性表示

根本原因分析框架依赖于日志数据并将其作为诊断过程的依据。选择日志数据的过程（在前一步骤中已描述）可能潜在地导致假阴性和假阳性，从而导致观察的置信度降低。这里组合使用逻辑和概率模型来解决观察中的不确定性：

- 使用加权一阶逻辑规则表对系统和服务之间相互依赖关系的领域知识进行建模。每个关系的强度由实值权重集表示，该权重集是基于领域知识和从训练日志数据集中学习得到的结果。每条规则的权重代表此规则相对于知识库中其他规则的置信度。推断的每个原子的概率取决于该原子出现的竞争规则的权重。例如，图 18-4（*Satisfied*(a_4, *timestep*)）中任务 a_4 满足的概率是根据公式 18.15 推断得到的，权重为 w_1：

$$w_1 : Pre(a_4, t-1) \wedge Occ(a_4, t) \wedge Post(a_4, t+1) \Rightarrow Satisfied(a_4, t+1) \tag{18.15}$$

另一方面，权重 w_2（公式 18.16）的（--*S*）贡献链接（18.4 节中定义）量化了拒绝目标 g_3 对任务 a_4 的影响：

$$w_2 : !Satisfied(g_3, t_1) \Rightarrow !Satisfied(a_4, t_1) \tag{18.16}$$

因此，*Satisfied*(a_4, *timestep*) 的概率分配是由包含它的规则以及这些规则的权重确定。这些权重的值由系统管理员和观察过去的案例确定。采用这一规划的前提是系统的结构及其运行环境在一段时间内保持稳定，以便系统能够用足够的案例和稳定的规则来训练自己。应该注意的是，权重的准确性取决于管理员的专业知识和对过去案例的访问权限。

- 缺乏用于获得诊断的信息或观察是基于对观察的开放世界假设的应用，缺乏证据不能完全否定事件的发生，而是削弱其可能性。

因为根本原因分析会话被应用于各种系统诊断，权重 w_1 和 w_2 可以由用户初始分配，也可以基于 MLN 学习得到。

18.7.2 诊断

在本节中，将更详细地介绍诊断阶段（diagnosis phase）。此阶段旨在基于 18.7.1 节中所述的目标模型关系生成马尔可夫网络（Markov network），然后使用获得的系统事件继续推断目标系统失效的可能的根本原因。

18.7.2.1 马尔可夫网络构建

在该场景下，使用 18.6 节中讨论的规则和谓词构造 MLN。谓词的基础信息来自从日志文件中获取的所有可能的字串值。例如，在图 18-7 中，在闭谓词 t_4 *Connect_to_Credit_Database*(*DB1*)（其中 DB1 是特定数据库服务器）中，如果存在表明与 DB1 连接的相应的日志事件，则该谓词为真。马尔可夫网络是一个带有节点和边的图，其中节点代表谓词，边连接两个谓词（如果它们在建立的逻辑规则中共存）。权重 w_i 与知识库中逻辑规则的每个可能的事实相关联 [17]。

18.7.2.2 权重学习

关于规则的权重学习是一种半自动化的过程：首先，基于训练集进行判别性学习 [17]，然后由系统专家手动改善。在自动权重学习期间，每个规则被转换为其合取范式（conjunctive normal form），并且为每个子句学习权重。操作员可以根据他对规则的信任度对学到的权重进行进一步修正。例如，在图 18-4 中，表示拒绝顶级目标（top goal）g_1 的规则意味着至少有一个 AND 分解（AND-decomposed）的子项（a_1，g_2 和 a_2）被拒绝，这样，应该比根据 *pre*(a_1)，*occ*(a_1) 和 *post*(a_1) 为真的日志数据表示的满足 a_1 的规则，给予更高的权重。在这种情况下，操作员毫无疑问地目睹了系统的失效，即使日志数据不直接反映失效，但可以手动调整权重来反映该场景。

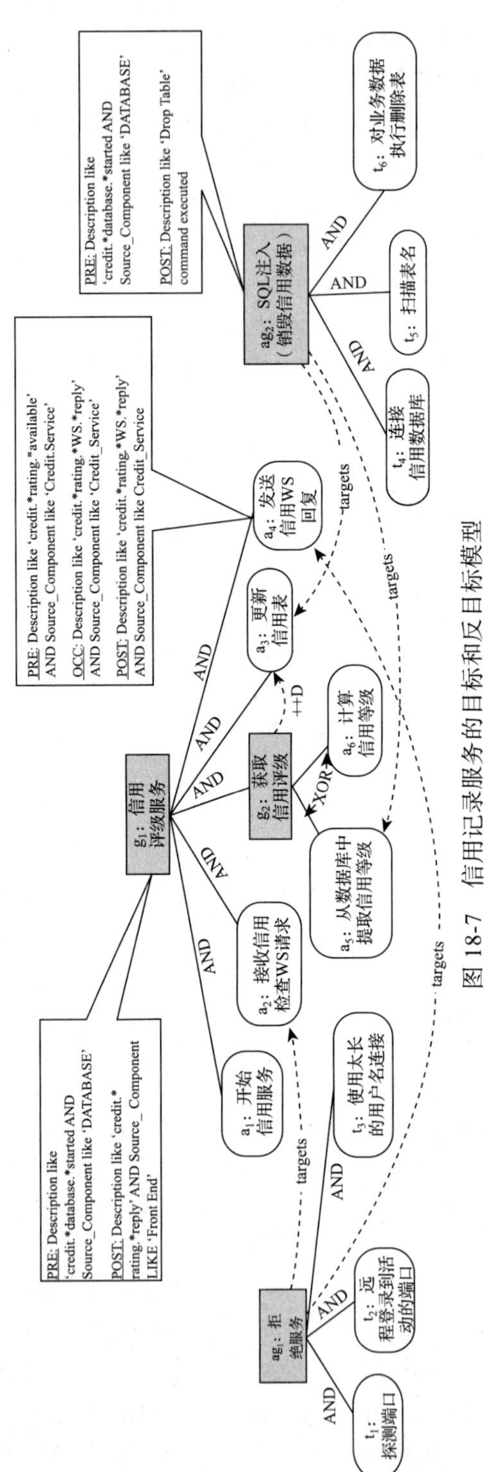
PRE: Description like 'credit.*database.*started AND Source_Component like 'DATABASE'
POST: Description like 'credit.* rating.*reply' AND Source_ Component LIKE 'Front End'
g1：信用评级服务
PRE: Description like 'credit.*rating.*available' AND Source_Component like 'Credit.Service'
OCC: Description like 'credit.*rating.*WS.*reply' AND Source_Component like 'Credit_Service'
POST: Description like 'credit.*rating.*WS.*reply' AND Source_Component like Credit_Service
PRE: Description like 'credit.*database.*started AND Source_Component like 'DATABASE'
POST: Description like 'Drop Table' command executed
ag2：SQL注入（销毁信用数据）
AND
a1：开始信用服务
a2：接收信用检查WS请求
g2：获取信用评级
a3：更新信用表
a4：发送信用WS回复
++D
XOR
a5：从数据库中提取信用等级
a6：计算信用等级
targets
ag1：拒绝服务
t1：探测端口
t2：远程登录到活动的端口
t3：使用太长的用户名连接
t4：连接信用数据库
t5：扫描表名
t6：对业务数据执行删除表

图 18-7 信用记录服务的目标和反目标模型

Report_Time	Description	Source_Address
2010-02-05 17:46:44.24	Starting database eventsDB	DATABASE

18.7.2.3 推理

推理过程涉及三个要素。第一个要素是对应于闭原子（ground atom）*Pre*、*Occ* 和 *Post* 谓词的*观察结果*的集合（即从日志数据中抽取的事实）。如前文所述，当相应的规则注解与日志数据条目匹配并且遵循相应的时间步长排序时（即，前提条件的时间步长小于发生的时间步长，并且后者小于后置条件的时间步长），将生成这些谓词并插入事实库（fact base）中。有关使用目标和任务节点注解从日志数据生成闭原子的更多详细信息，请参见 18.7.1.5 节。第二个要素是由 18.7.1.4 节中提供的目标模型生成的规则集合。第三个要素是推理引擎。本章工作使用 Alchemy[17] 提出的基于 MLN 的概率推理环境。更具体地说，利用在 18.7.2.1 节和 Alchemy 工具中所描述的 MLN，根据观察结果，可以推断出知识库中闭原子的概率分布，其中特别感兴趣的是 *Satisfied*(*node, timestep*) 谓词的闭原子，其表示了在特定时间步长下，对目标模型中的任务和目标的满足或否定。MLN 推理为每个时间步长的所有任务的所有 *Satisfied*(*task, timestep*) 的闭原子生成权重。根据 18.4.4 节中列出的 MLN 规则，孩子节点的满意度对其父目标出现的贡献取决于该孩子节点何时被满足的时间步长。这里使用 MLN 规则集确定每个任务的 *Satisfied*(*n, t*) 闭原子的时间步长 *t*，该闭原子在特定的时间步长（*t'*）贡献给其父目标。可以利用相同的规则集，通过观察父节点的出现来推断孩子节点的满意度（记住，顶层目标的出现表示已观察到整体服务失效，因此可以被赋以真值）。具有可识别时间步长的任务的 *Satisfied* 闭原子，是基于它们的时间步长来排序的。最后，检查次要列表中每个闭原子的权重（从最早的时间步长开始），并选择闭原子权重小于 0.5 的任务作为顶级目标失效的潜在根本原因。表 18-2 中描述了一组基于图 18-4 中目标模型的诊断场景。对于每个场景，表示该特定实例观察的一组闭原子被应用于表示目标模型的 MLN 规则集，以便生成 *Satisfied* 谓词的概率分布，该概率分布又被用于推断该失效的根本原因。

18.8 外部威胁引起失效的根本原因分析

本节扩展了上一节中讨论的根本原因分析框架，并研发了一种用于确定由外部干预导致系统失效的根本原因的分析技术。该框架与先前描述的框架（由*内部*错误引起失效的根本原因分析）之间存在两点不同。这里的第一阶段不仅涵盖了由一个系统用目标模型提供自身功能所建模的条件，也包括了系统功能可能受到使用反目标模型威胁系统目标操作影响的条件。从本质上讲，反目标模型旨在展现外部因素威胁系统并导致失效的多种方式。如前文所述，日志数据以及目标、反目标模型在知识库中表示规则和事实。因此，诊断阶段不仅包括识别可能解释观察到的失效的任务，还包括识别可能损害系统目标并解释观察到的失效的外部因素所引起的反目标。正如上一节中所述，闭原子的生成、规则的构建、权重的学习以及不确定性的表示与由内部错误所导致失效的根本原因分析，遵循着相同的原理和技术。与由内部错误导致失效的根本原因分析的情况类似，反目标模型节点也通过模式表达式形式的注解来扩展。图 18-7 给出了该注解的一个例子。如图 18-7 所示，具体来说，反目标（antigoal）ag_2 和普通目标节点一样有 *Pre*、*Post* 和 *Occ* 注解。此外，在以 g_1 为根的目标树中，ag_2 以动作（action）a_3 为目标。这些注解涉及可能出现在日志条目中的字串模式和关键字，且与已被注解的相应的目标和反目标模型节点的语义相关。日志条目的格式取决于每个应用程序的日志基础结构。

本节聚焦于由外部引发错误导致失效的根本原因分析的反目标的定义以及推理策略上。图 18-8 描述了由于外部引发错误导致失效的根本原因分析框架的总体架构。

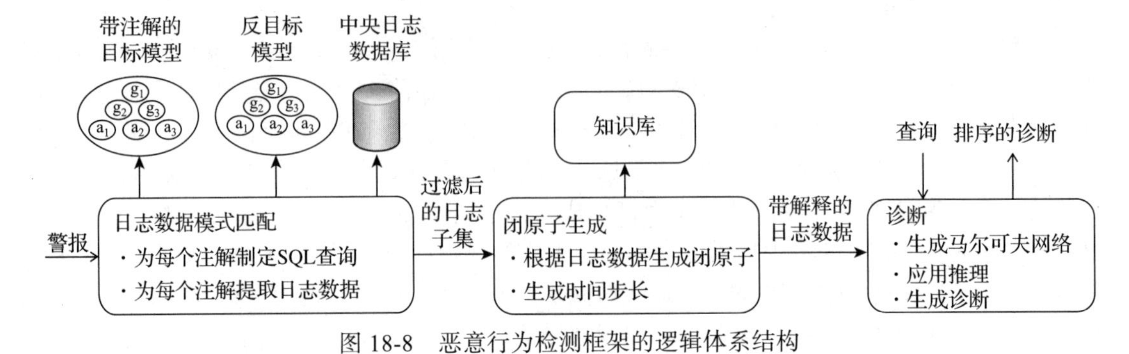

图 18-8　恶意行为检测框架的逻辑体系结构

18.8.1　反目标模型规则

这里的目标模型规则类似于 18.7.1.4 节中描述的用于检测内部错误的规则。

与目标模型一样，反目标模型也由 AND/OR 分解组成，这里使用与目标模型相同的一阶逻辑规则来表示反目标模型与其子节点的关系（公式 18.11 和 18.12）。反目标模型中的任务（叶节点）满意度与公式 18.9 遵循相同的规则。反目标的满意度是使用 *Satisfied*(*node*) 谓词的真值指派来表示，其推理如下：

$$Pre(ag_1, t_1) \wedge Occ(ag_1, t_2) \wedge Post(ag_1, t_3) \Rightarrow Satisfied(ag_1, t_3) \tag{18.17}$$

反目标 ag_i 在时间步长 t_1 的满意度对目标任务 a_j 在时间步长 t_1+1 的满意度存在负面影响。

$$Satisfied(ag_i, t_1) \wedge Targets(ag_i, a_j) \Rightarrow !Satisfied(a_j, t_1+1)$$

该过程的结果是一组有序的闭原子，这些闭原子在后续的推理阶段将作为系统观察的动态部分使用。

18.8.2　推理

图 18-10 所示的流程图描述了由外部诱发错误导致失效的根本原因分析过程。当系统出现失效时发出警报，此过程开始。当识别出观察到的失效的根本原因列表时，此过程结束。为了进行诊断推理过程，如本章前面所述，假设已经生成了监视系统及其对应的马尔可夫网络和逻辑谓词的带注解的目标 / 反目标模型。诊断推理过程由如下七个步骤组成：

步骤 1：当警报拉响或系统管理员发现监控服务失效时（即目标 g 被拒绝），调查由此开始。

步骤 2：在包含所有目标模型和观察的知识库的基础上，该框架构造了一个马尔可夫网络，此网络又用于生成所有 Satisfied (node, timestep) 谓词的概率分布，包括被拒绝目标 *g* 所在的目标树中的所有节点以及与其连接的所有其他树的节点的所有谓词。该概率分布用来表示在观察期间的每一个时间步长上任务和目标的满足或拒绝。更具体地说，如果任务 a_i 在时间步长 t 时的满足度概率高于阈值 thrs，那么可得出结论 a_i 在 t 时满足——即 *Satisfied*(a_i, t)。通常，时间步长 t 从 0 开始，thrs 设置为 0.5。

根据图 18-9，这一步的结果示例如下：

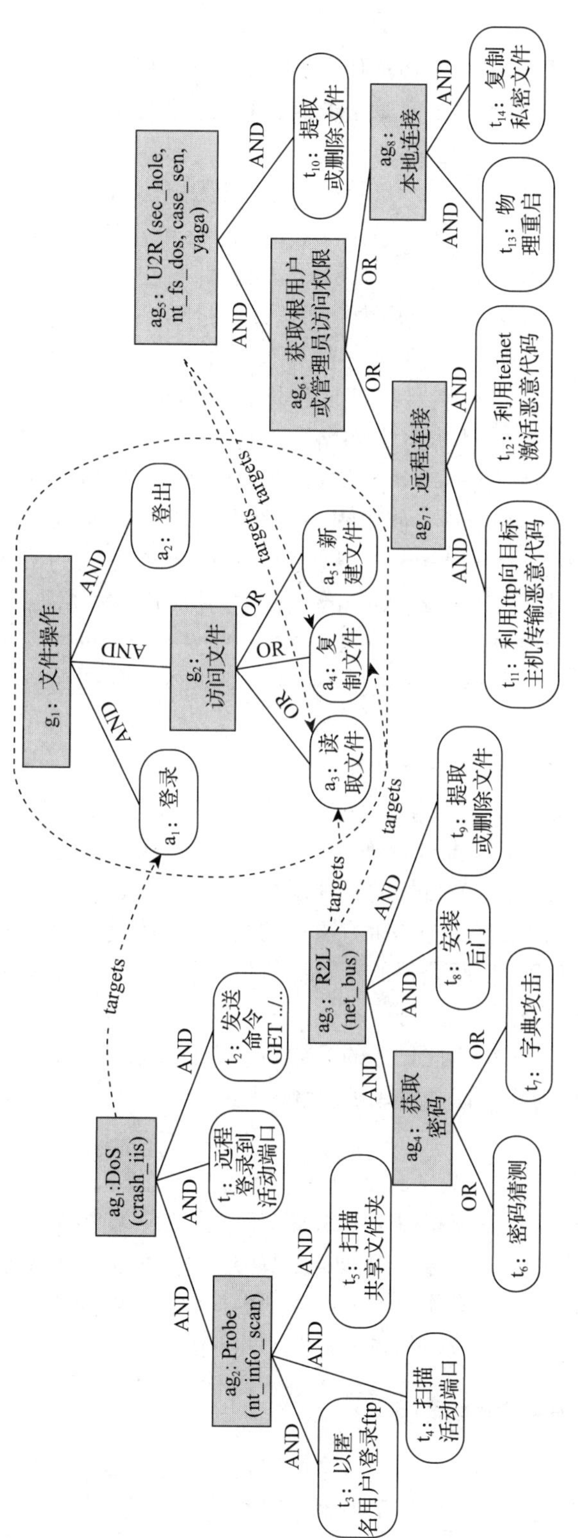

图 18-9　针对 g_1 的反目标攻击，文件服务的目标模型（中心）

$$\begin{cases} Satisfied(a_1, 3): 0.36 \\ Satisfied(a_3, 7): 0.45 \end{cases}$$

步骤 3：上一步的结果是一个被拒绝任务 / 目标的排序列表，其中第一个任务表示最有可能导致失效的节点。在步骤 3 中，框架在步骤 2 中识别的任务拒绝列表中进行迭代，针对每个被拒绝的任务加载反目标模型。

步骤 4：对于步骤 3 中选择的每个反目标模型，利用 18.7.1.5 节中描述的闭原子生成过程来从日志数据中生成观察字串。需要特别注意的是，一个任务可能有零个、1 个或多个反目标模型。图 18-9 中的目标模型包含：任务 a_2，没有针对它的反目标模型；任务 a_1，有一个针对它的反目标（ag_1）；任务 a_3，有两个针对它的反目标（ag_3 和 ag_5）。

步骤 5：该步骤类似于步骤 2，但是本框架使用基于日志数据的观察来评估步骤 4 中确定的反目标模型，并确定是否满足顶部反目标，而不是评估目标模型。这主要通过构建一个基于反目标模型关系的马尔可夫网络（见 18.8.1 节），并推断出反目标模型节点的 *Satisfied(antigoal, timestep)* 谓词的概率分布来实现的。特别注意分配给 $Satisfied(ag_j, t)$ 的概率，其中 t 表示期望 ag_j 完成的时间步长。使用图 18-9 中的示例，看到 ag_1 需要 11 个步骤来完成执行，而 ag_3 需要 7 个步骤。在该情况下，感兴趣的是 $Satisfied(ag_1,11)$ 和 $Satisfied(ag_2, 7)$。

步骤 6：根据步骤 5 中确定的 $Satisfied(ag_j, t)$，区别如下两种情况：

1）如果 $Satisfied(ag_j,t) \geqslant thrs$（通常 thrs = 0.5），这表明 ag_j 可能发生，导致 a_i 被拒绝。在此情况下，将该信息（反目标及其与被拒绝任务的关系）添加到知识库中。该知识库的扩充是在两个层次上完成的：第一，添加了一个新的观察结果，表明反目标 ag_j 已经发生；第二，根据公式 18.18 中的模式添加一个规则。

2）如果 $Satisfied(ag_j, t) < thrs$，则表示 ag_j 没有发生，因此，排除它作为 a_i 失效的潜在原因。

在继续下一步之前，框架检查被拒绝的任务 a_i 是否为任何其他反目标模型的目标。如果是，则返回步骤 4，遍历以 a_i 为目标的其他反目标 ag_j 的列表。一旦评估了所有以被拒绝任务 a_i 为目标的反目标，框架将检查是否有更多的被拒绝的任务，如果有，则重复步骤 2。

步骤 7：在评估反目标模型所获得的新知识的基础上，重新评估基于扩充后的知识库的任务的满意度，从而对被拒绝的任务进行新的排序。针对已失败的特定任务可能发生攻击这一事实增加了由于入侵而实际拒绝此任务的可能性，从而导致整个系统失效。整个过程不但有助于改进诊断，而且也为拒绝任务提供了解释。

18.9 实验评估

为了评估所设计的框架，开展了以下三组案例研究。第一组旨在通过检测由于内部错误导致观察到的失效的根本原因，具体使用 18.4.4 节中描述的实验设置来检查框架诊断的有效性。第二组集中于检测由于外部操作导致的观察到的失效的根本原因。最后，第三组的目标是评估可伸缩性，并使用更大的数据集来度量框架的性能。

18.9.1 检测内部故障的根本原因

第一个案例研究由一组使用贷款申请服务的场景组成。这些场景是从系统管理员的角度组织的，其中报告了系统失效，并触发了根本原因调查。

系统的正常执行场景从接收 Web 服务请求形式的贷款申请开始，提取贷款申请人的信息，同时构建另一个请求并发送到信用评估 Web 服务（如图 18-4 所示）。

本研究中的四个场景包括一个成功场景和三个失败场景（见表 18-2）。场景 1 表示贷款申请过程的成功执行。该过程执行中，拒绝任务 a_7 不代表失败，因为目标 g_3 被 OR 分解成 a_6（*提取现有客户的信用记录*）和 a_7（*计算新客户的信用记录*），并且 a_6 或 a_7 的成功执行足以使 g_3 成功发生（见图 18-4）。闭原子的概率值（权重）范围是从 0（拒绝）到 1（满足）。在每次贷款评估期间，以及在发送答复到请求的申请之前，决策的一个副本被存储在本地的一张表中（a_4（*更新贷款表*））。场景 2 表示更新贷款表失败从而导致顶级目标 g_1 失败。接下来，如 18.7.2.3 节所述，可确定 a_4 是失效的根本原因。请注意，尽管任务 a_7 在 a_4 之前被拒绝了，但它不是根本原因，因为它是 g_3 的一个 OR 子任务，并且它的兄弟任务 a_6 得到了满足。类似地，对于场景 3，可将任务 a_6 确定为失效的根本原因。场景 4 表示无法验证贷款申请的 Web 服务请求。在该场景中几乎没有观察到任何事件。使用 18.7.2.3 节中描述的诊断逻辑，可确认任务 a_1（*接收贷款申请的 Web 服务请求*）是所观察到的失效的根本原因。

18.9.2　检测外部操作的根本原因

本案例研究主要考虑由于外部诱发错误导致的贷款申请场景失效的情形。在内部操作失败的情况下，考虑将有相同格式和结果的日志以同样的方式提交给管理员（即，以目标或反目标节点的列表的形式），对应的问题可能是观察到的失效的原因。如前几节所讨论的那样，由于概率是由推理引擎计算出来的，每个节点都会与一个概率相关联。

实验从系统管理员的角度出发，报告系统失效并触发调查。该案例研究场景包括在执行信用历史服务的同时进行攻击（参见图 18-7 中信用服务的目标模型）。反目标 ag_1 是通过探测目标机器上的活动端口来执行的，然后攻击者试图登录，但是使用了一个很长的用户名（16 000 个字符），从而中断了服务的身份验证过程，并拒绝了合法用户访问服务。这种攻击的痕迹可以在 Windows 事件查看器（Windows Event Viewer）中获得。

反目标 ag_2 模拟了一种 SQL 注入攻击，其目标是删除包含信用评分的表。实现这种攻击的一种方法是发送两个合法的信用历史 Web 服务请求，这些请求在数据值中包含嵌入的恶意 SQL 代码。例如，为了实现该恶意场景，嵌入了一个 SQL 命令来扫描并列出字段 ID 数据值中的所有表，如下所示：

*<ID>*12345; *selectfromSYSOBJECTSwhereTYPE='U'orderbyNAME</ID>*

系统提取凭证数据值（如 ID）并使用它查询数据库，从而无意地执行了恶意代码。扫描之后，第二个 Web 服务请求包含删除 Credit_History 表的命令：

*<ID>*12345; *DropTableCredit_History</ID>*

信用服务会话的跟踪可以在 SQL Server 审计日志数据和 message broker（托管信用服务）中找到。第一个反目标 ag_1 表示攻击者通过使该服务端口繁忙来拒绝对该信用服务的访问。第二个反目标 ag_2 的目标是注入一条 SQL 语句来销毁信用历史数据。

18.9.2.1　实验实施

本节介绍了一个观察到的失效的案例，并识别了可能的原因。这个特定的场景包括一个目标模型和一个反目标模型。这里说明了在第一阶段过程中目标模型的节点集合如何被识别为可能的原因，在第二阶段也考虑了反目标模型，确定以目标节点为“目标”的反目标的满意度。当重新评估目标节点时，目标节点失败（从而成为主要原因）的概率会增加。该案例是针对目标和反目标模型制定的（如图 18-7 所示）。

然后，执行一系列信用服务请求，并同时执行 SQL 注入攻击。日志数据库表包含测试环境中所有系统生成的 1690 个日志条目。

诊断过程的第一步（图 18-10）是使用过滤后的日志数据以布尔值的形式生成观察结果（闭原子），表示在收集日志数据的时间间隔内目标（或反目标）模型中节点注解的真值。下面的 *Planfile1* 模型段表示对应于一个信用服务执行会话的观察结果：

Planfile1: $Pre(g_1,1)$; $Pre(a_1,1)$; $Occ(a_1,2)$; $Post(a_1,3)$; $Pre(a_2,3)$; $Occ(a_2,4)$; $Post(a_2,5)$; $Post(g_2,5)$; $?Pre(a_5,5)$; $?Occ(a_5,6)$; $?Post(a_5,7)$; $Pre(a_6,5)$; $?Occ(a_6,6)$; $?Post(a_6,7)$; $?Post(g_2,7)$; $?Pre(a_3,7)$; $?Occ(a_3,8)$; $?Post(a_3,9)$; $?Pre(a_4,9)$; $?Occ(a_4,10)$; $?Post(a_4,11)$; $?Post(g_1,11)$, $!Satisfied(g_1,11)$

如果没有找到与目标、反目标或任务的执行相对应的事件（前置条件、后置条件等）发生的证据，并不能证明这些事件没有发生，而是认为这些事件是否发生是不确定的。这里通过在相应的闭原子前加一个问号来表示不确定性。在有证据表明事件没有发生的情况下，在对应的闭原子前面加一个感叹号。

根据 *Planfile1* 中的观察进行推理（图 18-10 流程图中的步骤 2），得到使用 Alchemy 工具的闭原子的概率如下：

$$Satisfied(a_1, 3): 0.99, Satisfied(a_2, 5): 0.99,$$
$$Satisfied(a_5, 7): 0.30, Satisfied(a_6, 7): 0.32,$$
$$Satisfied(a_3, 9): 0.34, Satisfied(a_4, 11): 0.03$$

根据诊断流程图中的步骤 2（图 18-10），可推断出导致顶级目标 g_1 失败的根本原因的顺序是 a_4、a_5、a_6 和 a_3（即它们有最小的成功概率，意味着它们有很大的失败概率）。

根据诊断流程图中的步骤 3 和步骤 4，首先生成反目标 ag_1 的观察结果（*Planfile2*），然后根据反目标模型 ag_1 的关系和生成的观察结果进行推理。

Planfile2: $Pre\ (ag_1,1)$, $?Pre(t_1,1)$, $?Occ(t_1,2)$, $?Post(t_1,3)$, $?Pre(t_2,3)$, $?Occ(t_2,4)$, $?Post(t_2,5)$, $?Pre(t_3,5)$, $?Occ(t_3,6)$, $?Post(t_3,7)$, $?Post(ag_1,7)$

在步骤 5 中，推理结果表明 ag_1 是被拒绝的（满意概率为 0.0001）。重复步骤 3，下一个被拒绝的是任务 a_5，反目标 ag_2 以任务 a_5 为目标。下面的 *Planfile3* 片段描述了为反目标 ag_2 生成的观察结果：

Planfile3: $Pre(ag_2,1)$, $Pre(t_4,1)$, $Occ(t_4,2)$, $Post(t_4,3)$, $Pre(t_5,3)$, $Occ(t_5,4)$, $Post(t_5,5)$, $Pre(t_6,5)$, $Occ(t_6,6)$, $Post(t_6,7)$, $Post(ag_2,7)$

推理结果表明 ag_2 是满足的（满足概率为 0.59）。在步骤 6 中，将结果添加到目标模型知识库中。在步骤 7 中，重新评估基于目标模型的知识库，并生成一个新的诊断如下：

$$atisfied(a_1, 3): 0.95, Satisfied(a_2, 5): 0.98,$$
$$Satisfied(a_5, 7): 0.23, Satisfied(a_6, 7): 0.29,$$
$$Satisfied(a_3, 9): 0.11, Satisfied(a_4, 11): 0.26$$

现在新的诊断将 a_3 列为最可能导致顶级目标 g_1 失败的根本原因（它有最低的成功概率），而在之前的阶段是 a_4。接下来，a_5、a_4 和 a_6 也是可能的根本原因，但是现在却不太可能了。与步骤 2 中生成的第一个诊断相比，这是一个改进后的新诊断，因为它明确地指出 a_3 是最可能的根本原因。我们知道这是正确的，因为 SQL 注入攻击的目标是 ag_2 和删除信用表。

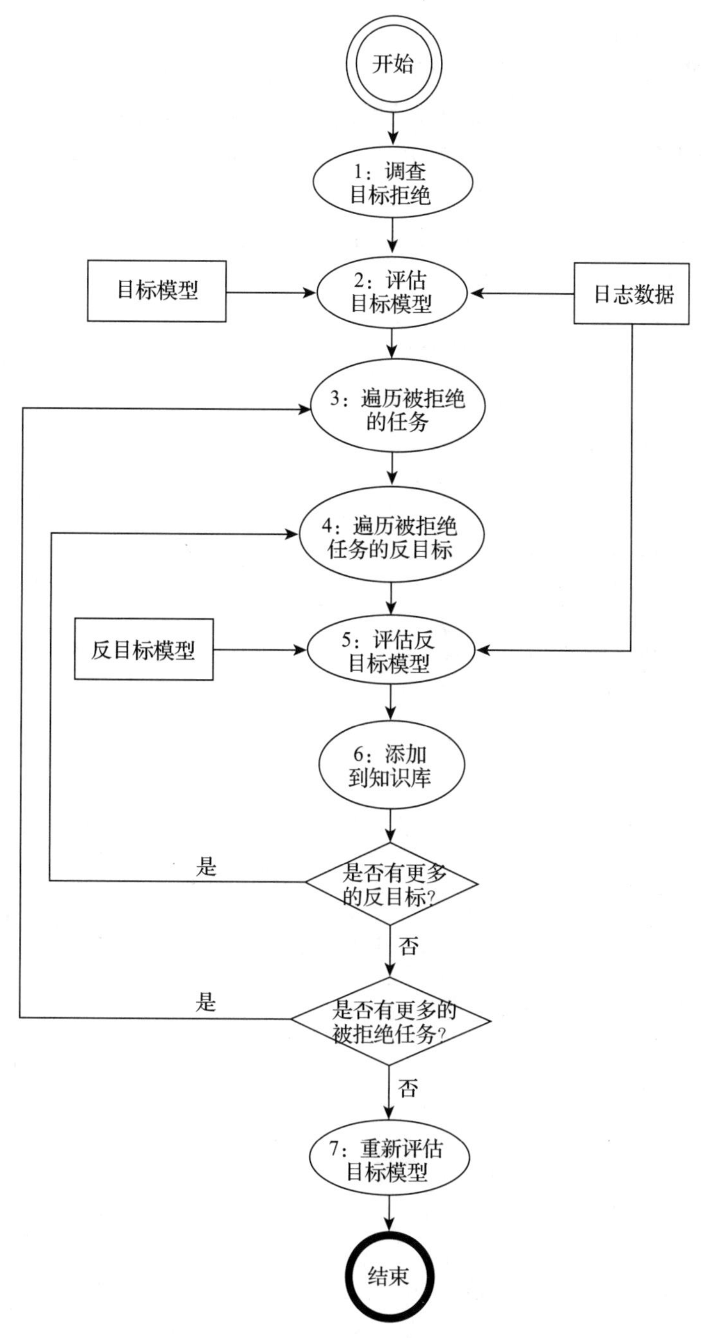

图 18-10　恶意行为检测过程

18.9.3　性能评估

第三个实验是针对框架处理性能的评估。这里使用一组表示贷款申请目标模型的扩展目标模型来评估在使用较大目标模型时框架的性能。这四个扩展的目标模型分别包含 10、50、80 和 100 个节点。本实验运行在 Intel Pentium 2 Duo 2.2 GHz 机器上的 Ubuntu Linux。实验发现，匹配和闭原子生成的性能线性依赖于对应目标模型和日志数据的规模。因此，可认为该过程也能处理和适应更大、更复杂的目标模型。特别的是，笔者对度量更大的目标模型对框架的学习和推理方面的影响比较感兴趣。

图 18-11 说明了对马尔可夫模型结果大小有直接影响的闭原子数或子句数与目标模型的规模成线性比例。图 18-12 说明了规则权值的离线学习的运行时间随目标模型的规模线性增加。对于 10 个节点的目标模型，学习时间约 10 分钟；对于 100 个节点的模型，学习时间超过 2 小时。对于 10 个节点的目标模型，推理时间为 5 秒；对于 100 个节点的模型，推理时间为 53 秒。正如最初的结果所表明的那样，这种方法可用于日志量很大的应用程序，使用中小型诊断模型（大约 100 个节点）。

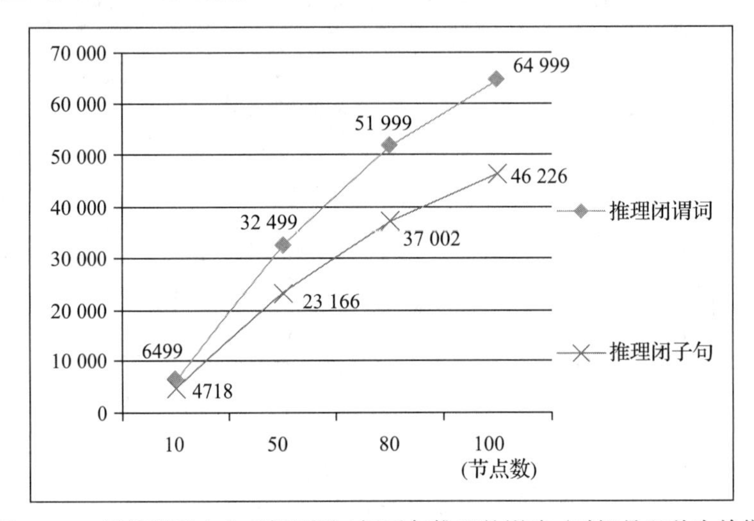

图 18-11　目标模型大小对闭原子 / 闭子句推理的影响（时间是以秒为单位）

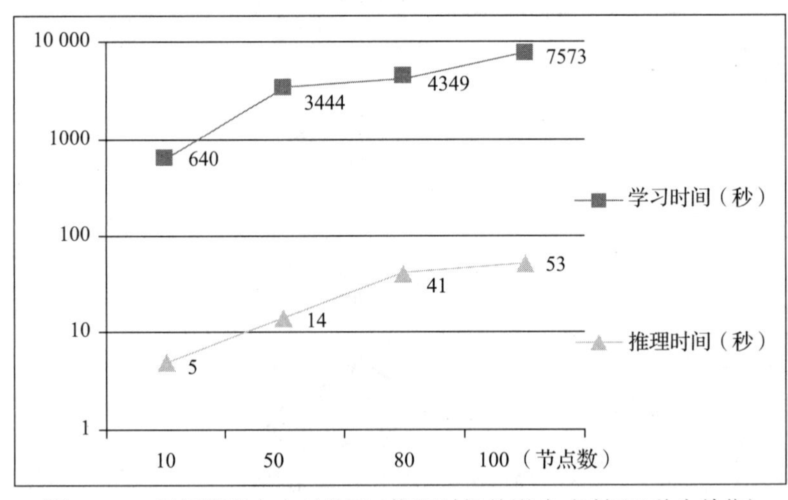

图 18-12　目标模型大小对学习 / 推理时间的影响（时间以秒为单位）

18.10　结论

本章提出了一个根本原因分析的框架，它能够识别出由内部错误或外部代理行为导致的软件失效的可能的根本原因。该框架使用目标模型将系统行为与需要实现特定目标的操作关联起来，以便系统交付其预期的功能或满足其质量需求。类似地，框架使用反目标模型来表示外部代理操作行为可能对特定系统目标的负面影响。在此情况下，目标模型和反目标模型表示因果关系，并提供了表示正在被检测的系统的诊断知识的方法。目标和反目标模型节点使用模式表达式进行注解。注解规则的用途有两方面：在基于 LSI 的信息检索过程中作为查询使用，以减少为满足或拒绝每个节点而考虑的日志量；通过满足每个节点所附加的相应的*前置条件*（*precondition*）、*出现*（*occurrence*）和*后置条件*（*postcondition*）谓词，作为推断每个节点满意度的模式使用。此外，该框架可以允许使用转换过程来从指定的目标和反目标模型中生成规则库。

转换过程还可以从获得的日志数据生成*观察事实*（*observation facts*）。对于特定的会话，规则库和事实库会构成一个完整的诊断知识库。最后，该框架使用了一个基于马尔可夫逻辑（Markov logic）和 MLN 的概率推理引擎。在该情况下，使用概率推理引擎很重要，因为它可以在日志数据不完整或只存在部分日志数据的情况下开始推理，并根据概率或似然值对根本原因进行排序。

该框架为根本原因分析系统提供了一些有趣的新观点。首先，它引入了日志约简的概念来提高性能，并且易于操作。其次，它主张使用诸如目标模型和反目标模型等语义丰富和表达性强的模型来表示诊断知识。最后，本章提出在实际场景中，该框架应该能够从部分、不完整或缺失的日志数据信息开始分析根本原因。

可考虑的新领域和未来方向包括：日志约简的新技术、假设选择的新技术以及易操作的目标满足和根本原因分析的确定技术。更具体地说，基于复杂事件处理、信息论或 PLSI 的技术可以作为日志约简的起点。也可以根据严重等级、发生概率或系统域属性，考虑 SAT 求解器，如 Max-SAT 和加权 Max-SAT 求解器，来生成和排序根本原因假设。最后，对高级模糊推理、概率推理和分布式处理技术（如 map-reduce 算法）的研究，可以为大规模系统根本原因的易于识别提供新思路。

参考文献

[1] Hirzalla M, Cleland-Huang J, Arsanjani A. Service-oriented computing — ICSOC 2008 workshops. Berlin: Springer-Verlag; 2009. p. 41–52. ISBN 978-3-642-01246-4. doi:10.1007/978-3-642-01247-1_5.

[2] Gray J. Designing for 20TB disk drives and enterprise storage. research.microsoft.com/Gray/talks/NSIC_HighEnd_Gray.ppt; 2000.

[3] Zawawy H, Kontogiannis K, Mylopoulos J, Mankovski S. Requirements-driven root cause analysis using Markov logic networks. In: CAiSE '12: 24th international conference on advanced information systems engineering; 2012. p. 350–65.

[4] Zawawy H. Requirement-based root cause analysis using log data. PhD thesis, University of Waterloo; 2012.

[5] Huang H, Jennings III R, Ruan Y, Sahoo R, Sahu S, Shaikh A. PDA: a tool for automated problem determination. In: LISA'07: proceedings of the 21st conference on large installation system administration conference. Berkeley, CA, USA: USENIX Association; 2007. p. 1–14. ISBN 978-1-59327-152-7.

[6] Chen M, Zheng AX, Lloyd J, Jordan MI, Brewe E. Failure diagnosis using decision trees. In: International conference on autonomic computing; 2004. p. 36–43.

[7] Wang Y, Mcilraith SA, Yu Y, Mylopoulos J. Monitoring and diagnosing software requirements. Automated Software Eng 2009;16(1):3–35. doi:10.1007/s10515-008-0042-8.

[8] Yuan C, Lao N, Wen JR, Li J, Zhang Z, Wang YM, Ma WY. Automated known problem diagnosis with event traces. In: EuroSys '06: proceedings of the 1st ACM SIGOPS/EuroSys European conference on computer systems 2006. New York, NY, USA: ACM; 2006. p. 375–88. ISBN 1-59593-322-0. doi: http://doi.acm.org.proxy.lib.uwaterloo.ca/10.1145/1217935.1217972.

[9] Steinder M, Sethi AS. Probabilistic fault diagnosis in communication systems through incremental hypothesis updating. Comput Netw 2004;45(4):537–62. doi:10.1016/j.comnet.2004.01.007.

[10] Al-Mamory SO, Zhang H. Intrusion detection alarms reduction using root cause analysis and clustering. Comput Commun 2009;32(2):419–30.

[11] Szvetits M, Zdun U. Enhancing root cause analysis with runtime models and interactive visualizations. http://st.inf.tu-dresden.de/MRT13/; 2013.

[12] Holmes T, Zdun U, Daniel F, Dustdar S. Monitoring and analyzing service-based internet systems through a model-aware service environment. In: CAiSE '10: 22nd international conference on advanced information systems engineering; 2010. p. 98–112.

[13] Elgammal A, Turetken O, van den Heuvel WJ, Papazoglou M. Root-cause analysis of design-time compliance violations on the basis of property patterns. In: ICSOC'10: 8th international conference on service oriented computing; 2010. p. 17–31.

[14] Chopra A, Dalpiaz F, Giorgini P, Mylopoulos J. Reasoning about agents and protocols via goals and commitments. In: Proceedings of the 9th international conference on autonomous agents and multiagent systems. AAMAS'10, Laxenburg, Austria, Austria: International Federation for Information Processing; 2010. p. 457–64. ISBN 978-0-9826571-1-9. URL: http://dl.acm.org/citation.cfm?id=2147671.2147737.

[15] Van Lamsweerde A, Darimont R, Massonet P. Goal-directed elaboration of requirements for a meeting scheduler: problems and lessons learnt. In: RE '95: Proceedings of the second IEEE international symposium on requirements engineering. Washington, DC, USA: IEEE Computer Society; 1995. p. 194. ISBN 0-8186-7017-7.

[16] Kalamatianos T, Kontogiannis K. Schema independent reduction of streaming log data. In: CAiSE '14: 26th international conference on advanced information systems engineering; 2014. p. 394–408.

[17] Kok S, Sumner M, Richardson M, Singla P, Poon H, Lowd D, Domingos P. The alchemy system for statistical relational AI. Technical report, Department of Computer Science and Engineering, University of Washington, Seattle, WA. http://alchemy.cs.washington.edu; 2007.

[18] Deerwester S, Dumais ST, Furnas G, K LT, Harshman R. Indexing by latent semantic analysis. J Amer Soc Informat Sci 1990; 41:391–407.

[19] Hofmann T. Probabilistic latent semantic indexing. In: SIGIR '99: proceedings of the 22nd annual international ACM SIGIR conference on research and development in information retrieval. New York, NY, USA: ACM; 1999. p. 50–7. ISBN 1-58113-096-1. doi:http://doi.acm.org/10.1145/312624.312649.

[20] Blei DM, Ng AY, Jordan MI. Latent Dirichlet allocation. J Mach Learn Res 2003;3:993–1022. URL: http://dl.acm.org/citation.cfm?id=944919.944937.

[21] Lee S, Baker J, Song J, Wetherbe JC. An empirical comparison of four text mining methods. In: HICSS '10: proceedings of the 2010 43rd Hawaii International Conference on System Sciences. Washington, DC, USA: IEEE Computer Society; 2010. p. 1–10. ISBN 978-0-7695-3869-3. doi:10.1109/HICSS.2010.48.

[22] Golub G, Reinsch C. Singular value decomposition and least squares solutions. Numer Math 1970;14(5):403-20, doi:10.1007/BF02163027.

[23] Wu L, Feng J, Luo Y. A personalized intelligent web retrieval system based on the knowledge-base concept and latent semantic indexing model. ACIS international conference on software engineering research, management and applications; 2009. p. 45–50. doi:10.1109/SERA.2009.40.

[24] Poshyvanyk D, Marcus A, Rajlich V, Gueheneuc YG, Antoniol G. Combining probabilistic ranking and latent semantic indexing for feature identification. In: ICPC '06: proceedings of the 14th IEEE international conference on program comprehension. Washington, DC, USA: IEEE Computer Society; 2006. p. 137–48. ISBN 0-7695-2601-2. doi:10.1109/ICPC.2006.17.

[25] Domingos P. Real-world learning with Markov logic networks. In: Boulicaut JF, Esposito F, Giannotti F, Pedreschi D, editors. Machine learning: ECML 2004. Lecture notes in computer science, vol. 3201. Berlin/Heidelberg: Springer; 2004. p. 17.

[26] Singla P, Domingos P. Discriminative training of Markov logic networks. In: Veloso MM, Kambhampati S, editors. AAAI. AAAI Press/The MIT Press; 2005. p. 868–73. ISBN 1-57735-236-X.

[27] Richardson M, Domingos P. Markov logic networks. Mach Learn 2006; 62:107–36.

[28] Yu Y, Lapouchnian A, Liaskos S, Mylopoulos J, Leite J. From goals to high-variability software design; 2008. p. 1–16. doi:10.1007/978-3-540-68123-6_1.

[29] Tran SD, Davis LS. Event modeling and recognition using Markov logic networks. In: European conference on computer vision; 2008. p. 610–23. doi:10.1007/978-3-540-88688-4_45.

[30] Dollimore J, Kindberg T, Coulouris G. Distributed systems: concepts and design. In: International Computer Science Series. 4th ed. Reading, MA: Addison Wesley; 2005. ISBN 0321263545.

分析产品发布计划

Maleknaz Nayebi*, Guenther Ruhe*

*Software Engineering Decision Support Laboratory, University of Calgary, Calgary, AB, Canada**

19.1 引言和动机

发布计划是以决策为中心的问题，具有综合的信息和知识需求。一次产品发布即是发布产品演进过程中的一个主要（新的或升级的）版本，其包含一系列（新的、修正的或修改的）特征。好的发布计划是增量式和迭代式软件开发的必要组成部分。发布决策主要解决关于提供产品发布的功能（是什么）、时间（什么时候）和质量（有多好）的问题。所有类型的发布决策都是软件产品管理的一部分，软件产品管理是对软件产品从上市到下线的管理学科 [1]。

自适应软件开发 [2] 以及其他产品开发领域愈发地受到业务条件变化的影响。这也提出了调整相关决策过程的要求，应以基于及时全面的信息的实时或主动决策取代以前的被动运作模式。大数据解析为这种主动决策提供了主要途径。关于改变客户和利益相关者产品偏好和需求的信息，关于增值或减少工作量评估方面可能的特征协同效应的知识，以及执行主动产品评估的可能性，这些将提高开发“正确”产品的可能性。产品经理通过了解产品性能的更多信息，挖掘行业趋势，并调查客户需求，进而做出有用的决策。

开放式创新的范式强调了获得分布式知识和信息的各种机会。开放式创新在同等重要的水平上整合了内部和外部的想法和通向市场的路径 [1]，并将分布式的人才、知识和想法融入创新过程中 [3]。基于分析法的开放式创新（AOI）方法就是在此背景下设计的，目的是利用更多的知识容器进行综合决策，并解决正在研究的问题的弊端。本章将 AOI 定义为开放式创新与（一组）分析方法的集成。AOI 可视为对软件工程领域挖掘软件仓库现有挑战的回应，例如下面所列出的一些挑战：

- 主要考虑定义明确的问题。然而，许多软件工程规划和设计问题都包含某些形式的弊端 [4-6]。
- 在挖掘过程中主要使用内部知识和存储库。然而，可以从更广泛的信息源获取知识 [4-5]。
- 通常会考虑“封闭世界”和定量分析类型。然而，问题需要定性分析，也需要人类的专业知识 [7-8]。
- 挖掘软件仓库（MSR）主要是为了支持开发人员，并越来越多地支持项目经理，但是，到目前为止产品经理的角色基本上被忽略了 [6, 9-10]。

当前的发布计划方法很大程度上是基于“闭门造车”的思想，引入的信息、知识和利益相关者基本上（仅仅）是静态的和预定义的。当前发布计划技术的主要劣势与它们无法处理大量的数据有关，这些数据与底层开发和业务过程中正在发生的变化相关。本章提出了基于分析法的 AOI，讨论 AOI 在发布计划决策支持领域的应用，并称之为 AOI@RP。

本章中，19.2 节给出了（数据密集型）发布计划问题的分类，特别强调了数据解析在这些问题中的作用和影响。19.3 节研究了软件发布计划的信息需求。数据解析技术作为开放式创新的一部分，将在 19.4 节中详细讨论。这些技术用于 19.5 节中提出的说明性案例研究。最后，19.6 节对未来研究进行了展望。

19.2　数据密集型发布计划问题的分类

在“发布计划”这一术语中包含了各种各样的决策问题。在下面的内容中，将描述七类发布计划问题。

19.2.1　发布计划中应包含什么

即将发布的版本中应该提供哪些新特征，该问题是任何增量式软件开发和迭代式软件开发的重要组成部分，它对于产品的成功至关重要。从现有的特征池中，选择和调度决策具有信息高度密集的特性。为了决定选择哪些特征，并将其分配给一个即将发布的版本，需要很好地理解这些特征，并综合考量它们的市场价值、相互依赖关系和协同效应、实现成本、市场需求和趋势来选择最合适的特征，从而增强或更新现有的产品。问题的主要困难在于，所请求的大部分信息是不断变化的。

19.2.2　发布计划的主题

什么是好的发布（内容），该问题很难回答。19.4.2.1 节中给出的公式假设一个版本的总价值是该版本中实现和提供的各个特征的价值之和。然而，这可能只是事实的一个近似值。一些特征具有高度依赖性，当它们与一组特定的特征一起发布时，价值会更高。

主题是产品发布的元功能，即在一个总体框架下集成许多单独的特征。它可以被认为是一种抽象，也就是说，一组特征以一种描述上下文的方式相互关联，并且可以从更高的层次被看作一个单独的实体 [11-12]。

基于主题的发布计划不仅考虑了单个特征的价值，而且还利用了语义相关特征之间的协同效应。如 19.4.2.2 节所述，通过执行交叉一致性评估（CCA），可以支持依赖性的检测和形成。特征之间成对的一致性评估展示了显式依赖和协同效应以及特征之间隐藏的依赖和协同效应。

19.2.3　发布计划的时间

决定何时发布本质上是决策的权衡。产品经理需要权衡可能的收益（用价值函数表示）和（过）早交付的潜在风险。该风险本质上与质量和客户接受程度有关。虽然很难精确表达，但本章假设它们之间的关系是：选择的发布日期越早，风险就越高。

决定何时发布的各种因素是息息相关的。*发布就绪*（*RR*）概念包含了与需求、编码和测试相关的各种因素。Port 等人 [13] 通过 NASA 喷气推进实验室（JPL）的一项探索性研究，阐明了大家公知的 RR 对项目成功的价值。RR 辅助人们做出有信心的发布决策，并主动解决与发布相关的问题。表 19-1 给出了经常使用的发布属性和因素的列表。

表 19-1　发布就绪的属性和相关度量的列表

属性（C_i）	RR 度量标准（M_i）
特征完成满意度	特征完成比例（FCR）
特征实现满意度	特征实现（FI）
构建 / 持续集成趋势的满意度	构建成功率（BSR）
实施工作量的满意度	代码搅动率（每天添加和删除）(CCR)
缺陷发现满意度	缺陷发现率（DFR）
缺陷修复满意度	缺陷修复率（BFR）
变更完成满意度	变更完成率（CR）
拉取请求完成满意度	拉取请求完成率（PCR）

19.2.4　发布计划的质量

发布计划的传统观点倾向于以最好的方式交付功能片段（称为“特征”或“需求”，这取决于粒度）。一个特征要成为产品发布的一部分，就需要实现它，而实现它就要消耗资源。此时的核心问题是如何以最好的方式利用资源，以实现功能片段的最佳组合。然而，传统观点中完全没有考虑到最终发布产品的质量层面。

根据计划的粒度，更高质量目标级别的具体工作可以与特征相关或与整个产品发布相关（作为横切关注的一种形式）。图 19-1 展示了质量和工作量之间的关系。鉴于此关系曲线，问题不再仅仅是找到一个计划来实现最全面和最有吸引力的一组特征。相反，现在的问题变成了一种权衡分析，即在依赖于不同级别的目标质量以提供最全面和最有吸引力的功能特征之间进行权衡。Svensson 等人 [14] 开发了一种原型工具，可用于支持质量需求的发布规划，并对其开展了初步的工业评估。作为计划方法（称为“QUPER”[15]）的一部分，该工具有助于在从业者（例如产品经理和开发人员）之间达到对实际需求的质量级别的一致性 [11]。

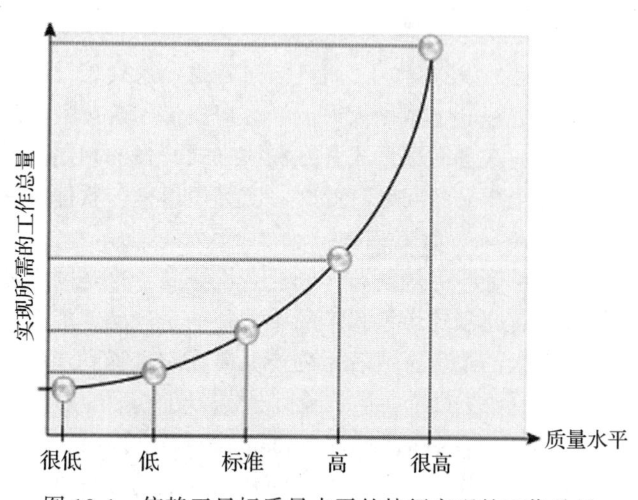

图 19-1　依赖于目标质量水平的特征实现的工作总量

19.2.5　可操作的发布计划

一旦确定了某个战略性的发布计划，问题就变成了如何实现该计划。在此阶段，计划变得更加详细，需要考虑现有的开发团队、他们的技能以及实现这些功能特征所安排的任务顺序，称为*可操作的发布计划*，即以最好的方式为开发人员分配构成这些特征的任务。这包括考虑到可能的技术限制而进行的任务调度。通常，可操作的计划的时间范围就在版本发布（或迭代）之前。

对于人员配置问题，每个特征都被认为是执行一系列任务的结果。人员配置问题的所有目标和限制都是根据产品特征及其有关任务拟订的。人员配置问题的解决方法考虑了各个任务的特性，并对开发人员的任务分配和执行顺序提出建议。在同一特征相关的任务中，可能存在不同类型的依赖关系。而另一个概念性组件考察了执行任务所需的能力[11]。

例如，Alba 和 Chicano[16] 研究了项目调度，它是软件项目管理的一部分，他们建议使用遗传算法（GA）来决定任务的执行时间和所需的资源。

19.2.6 发布计划的技术债

"技术债"[17] 是指不断演化的软件系统的实际状态与理想状态的对比。与金融债务类似，在系统设计、编码、测试和文档方面，可以接受不同类型的机会主义开发捷径和相关的临时优势（债务）。在组织中，为了实现发布计划中建议的新特征，战略性地推迟修复（非关键的）问题是非常常见的。

对于组织来说，管理和跟踪技术债是一个挑战[18]。如果没有适当的重构机制，积累的债务可能会威胁到产品的可维护性，并且由于不可预测和设计糟糕的体系结构而阻碍未来的开发。数据挖掘可以帮助理解技术债的数量和潜在的根本原因，以及处理方法（重构、重新设计等）。从需求收集阶段开始，就需要度量和跟踪技术债。软件设计和需求工程需要明确正确的、有意义的度量标准，例如你所做的假设的数量、推迟发布的功能的数量、技术平台的决策等。错误的需求会成为未来开发的负担，因为团队将会需要重新设计或重建已开发好的项目以适应正确的需求。

19.2.7 涉及系列产品的发布计划

通常，不是研究一个产品的发布计划，而是同时考虑一系列相关产品的发布计划。这不仅增加了功能性，而且具有更好的定制化效果，为客户提供了选择系列产品中最合适产品的机会。由于系列产品的开发通常遵循增量式开发和演进式开发的相同范式，因此可将一个产品的发布计划问题推广到多个产品的问题。此时，产品可以是与软件或硬件相关的，也可以是两者的混合。

系列产品的发布计划比单个产品的发布计划复杂性更高，这是因为需要同步提供系列产品中的每一个产品。如果没有同步提供系列产品中的每一个产品，那么提供系列产品所预期的总体内在价值就会受到很大的损害，或者系列产品需要被推迟到产品链的最后一部分完成后才能发布。

产品线的发布计划是另一个新兴话题。Schubanz 等人[19] 提出了一个概念模型和相应的工具支持，来规划和管理软件密集型系统的综合演化。他们的方法可以为具有较长周期和众多版本的系统提供及时的、持续的计划支持。

19.3 软件发布计划的信息需求

开放式创新范式旨在增加知识和信息，使产品决策符合质量要求。Buse 和 Zimmermann[4]

对软件开发和管理中的信息需求进行了研究。本章将在发布计划的背景下讨论预期的信息需求。评估是基于文献研究和实践经验的结合进行的[20-25]。为了在发布计划的背景下使用开放式创新技术，本节将研究软件发布计划的信息需求。

19.3.1　特征

Wiegers[17] 将产品特征定义为一组逻辑相关的需求，这些需求为用户提供功能并满足业务目标。对于特征的实际描述，需要在特征存储库中收集不同类型的信息。作为描述方案的一个例子（表 19-2），本章介绍了 Regnell 和 Brinkkemper[26] 提出的改编方案中建议的结构。虽然所有信息都与发布决策有很强的相关性，但是这些信息很难检索和维护。由于信息固有的变化程度，情况会变得更糟。

表 19-2　特征表征方案 (基于文献 [26])

属　性	值
状态	候选 / 已批准 / 已指定 / 已废弃 / 已计划 / 已开发 / 已验证 / 已发布
ID	唯一的身份
提交者	谁发布了它
公司	提交者的公司
域	功能域
描述	简短的文字描述
合同	链接到销售合同执行要求
优先级	不同利益相关者对不同标准的优先级划分为 9 分
动机	理性分析：为什么它很重要
业务线	市场细分哪个特征是重要的
规约	链接到用例、文本规约
依赖关系	特征之间的优先级、耦合或其他依赖关系
资源评估	每个已定义资源类型的工作量评估
风险	实施和市场渗透的预期风险
时间表	计划发布的版本
设计	链接到设计文档
测试	链接到测试文档
创新性	与竞争对手相比，这些特征的创新性
发布版本	官方发布的版本名字

19.3.2　特征价值

“特征价值由什么构成？”该问题很难回答。价值定义通常是基于特定的上下文和特定的用户。特征价值是与时间相关的，因为在不断变化的市场或业务条件下特征价值可能会发生波动。此外，特征的个别价值并不附加于整个发布价值。例如，提供与主题相关的某些特征（参见 19.2.2 节），将产生重要的协同作用[12]。

Khurum 等人[27] 提出了一个全面的价值图。他们利用软件工程、商业、管理和经济学的最新知识，通过广泛的文献综述以及与行业专家的合作，研究了价值构建所涉及的广泛范围，并从客户、内部业务、金融、创新等多种角度对其进行了学习。他们还对提出的分类法进行了工业评价。他们报告了软件价值图的创建和使用给 Ericsson（爱立信）内部带来的主要影响，即 Ericsson 已经从基于成本的讨论和推理转向基于价值的决策支持。

19.3.3 特征依赖

通过分析通信领域的工业软件产品发布计划项目，Carlshamre 等人 [28] 发现特征之间往往是相互依赖的。对于所分析的项目和领域，以不同方式相互依赖的特征比例高达 80%。

由于存在各种各样的依赖，因此产生了术语“依赖性”的不同含义。基于 Dahlstedt 和 Persson[1] 的研究，有如下种类的依赖：

- 实现空间（两个特征在其实现上是“相近”的，通常需一起处理）；
- 特征工作量空间（如果在同一发布中提供了两个特征，那么它们在实现工作量上会相互影响）；
- 特征价值空间（如果在同一次发布中提供了两个特征，那么它们的价值就会相互影响）；
- 特征使用空间（两个特征只有在同一次发布中提供时才会对客户有用）。

依赖的抽取是知识抽取的一种形式，因为可能存在大量的依赖，依赖抽取具有固有的难度。知道最关键的依赖可帮助我们制定出更有意义的计划。类似地，忽略它们会创建没有满足特征之间所需条件的计划 [29]。

19.3.4 利益相关者

利益相关者可以在计划的产品中扮演不同的角色。他们可以与产品的设计或开发有关；他们可以通过销售或购买产品获得经济利益；他们可以负责产品的介绍和维护；他们可能对产品的使用感兴趣。所有这些都是相关的，并且他们的观点往往会存在矛盾。产品发布计划的挑战之一是确定一个十分均衡的产品计划，用来解决最相关的问题。

Sharp 等人在参考文献 [30] 中提出了一种建设性的指导方法，指导如何识别利益相关者的“合适集合”。作为第一（基线）方法，他们总结了四个利益相关者群组：

- 用户和客户
- 开发人员
- 立法者（例如专业团体、工会、法律代表、安全行政人员或质检人员）
- 决策者（例如 CEO 或者股东）

一旦确定了基本的利益相关者，他们建议了一个包含 5 个步骤的过程，将更多的利益相关者添加到四个已建立的群组之中。至于获取利益相关者意见的途径，可以来自组织中的任何地方，也可以通过角色来系统化和结构化。

19.3.5 利益相关者意见和优先事项

利益相关者的意见和优先级与产品发布计划和设计具有关键的相关性。该过程是为下一次发布考虑的特征确定优先级。对于不同部分的范围，需要对利益相关者的意见进行聚类。可以根据以下标准进行样本分割：

- 人口统计学——性别、年龄、种族、民族；
- 心理——个性、价值观、态度、兴趣、生活方式；

- 行为——产品购买模式和用法，品牌亲和力；
- 地理位置——具体到城市、州、地区或国家。

利益相关者优先级选择的过程很复杂，而且很难获得可靠的信息。然而，如果没有这些信息，产品开发将变得非常危险。Gorschek 等人发现，关键的利益相关者往往被忽视，并且优先级是以一种特别的方式给出的 [31]。

最近，一些方法通过论坛和用户组来获取利益相关者的意见 [32]。该方法使用信息检索来达到部分自动化。社交网络分析是改进需求优先级过程的另一个方向。Fitsilis 等人 [33] 应用了元网络，在元网络中，基本实体被组合在一起，以确定需求的优先级。他们分析了需求和分析项目团队（包括客户、经理、分析人员、开发人员等）中所需的协作 / 知识，以便通过确定适当的需求优先级技术来有效地对需求进行优先级排序。

19.3.6　发布准备

发布准备是一个复合属性，用于描述产品发布的准备程度，包含实现软件产品所需过程的不同方面。发布准备的关键维度包括：

- 实现的特征
- 测试
- 源代码质量
- 文档

使用特定的度量标准监控所有这些维度对于进一步创建发布准备的预测模型或分析它的当前状态是必要的。文献 [34] 给出了一种评估产品发布准备的分析方法。

19.3.7　市场趋势

在主动式的软件开发中，客户需求分析非常重要，原则上来说，开发过程与软件定制的过程是不同的 [35]。目标市场或目标客户是特定产品营销的市场细分。它通常由年龄、性别或社会经济分组来定义。市场定位是在最终决定进入一个市场之前，对预期的实际市场进行定义、分析和评估的过程 [36]。

关于当前需求、市场中的竞争对手甚至关于未来趋势的信息，对于未来的产品发布决策是至关重要的。

19.3.8　资源消耗和限制

开发和测试新特征以及将其适当地集成到现有产品中会消耗工作量、时间，并且该过程包括不同类型的人力资源。没有调查资源限制的计划是有风险的，最终的计划很可能因此失败。然而，人为预测是非常困难的，并受到许多因素的影响。有很多不同的适用于估算的方法 [37]。这些方法中的大多数需要学习以前项目提供的信息。此外，这些方法通常是混合的，它们常常结合了正式的技术与领域专家的判断和专业知识。在所有情况下，如果没有与产品规模、复杂性、开发过程、工具使用、组织、生产力等因素相关的适当的最新信息，就无法开展可靠的估算 [17]。

19.3.9　结果合成

本节中，给出了 7 类发布计划问题的非正式定义，并特别强调了它们的数据和信息需求。基于文献研究和实践经验[1, 20-25]，本章应用了 19.3 节中描述的信息需求，对不同类型的发布计划问题的需求进行了评估，评估结果汇总见表 19-3。

表 19-3 各类型发布计划问题的信息需求

发布计划问题的类型	信息需求							
	特征	特征依赖	特征价值	利益相关者	利益相关者意见和优先级	发布准备	市场趋势	资源消耗和限制
发布什么	×	×	×	×	×		×	×
基于主题	×	×	×	×	×		×	×
何时发布	×	×	×	×	×	×		×
考虑质量需求	×		×	×	×	×	×	×
可操作的发布计划	×		×					×
考虑技术债	×	×				×	×	
涉及多个产品	×	×	×	×	×	×		×

19.4 基于分析法的开放式创新范式

开放式创新（AOI）在同等重要的水平上整合了内部和外部的理念和进入市场的路径[1]，将人才、知识和理念融入创新过程中[3]。基于分析法的开放式创新被定义为开放式创新与（一组）分析方法的集成，其主要目标是利用内部和外部的知识进行综合决策，并解决研究中问题的弊端[38]。数据解析是对包含不同类型的非常大的不同数据集使用高级分析技术，其中，这些数据类型包括结构化和非结构化类型、流处理类型和批处理类型[39]。AOI 包含用以从现有数据集中抽取可操作的知识和见解的所有方法、工具和技术。

AOI 包括多种方法和技术，如文本和数据挖掘、推理和机器学习、聚类、优化和仿真，以及各种形式的预测模型。对于本章中描述的方法，将在 19.4.1 节中讨论分析技术对发布决策的影响。本章将重点讨论 19.4.2 节中描述的两种分析技术的应用和集成，并在 19.5 节中介绍了该方法。

19.4.1 AOI@RP 平台

AOI@RP 平台旨在支持针对不同类型的发布计划问题的 AOI 应用，其主要架构如图 19-2 所示。AOI@RP 平台包括三个层次，每一层次都将在后面的部分中进行更详细的解释。

19.4.1.1 开放式创新系统

该系统是为了满足 19.3 节中提出的数据需求而设计的。采用开放式创新方式进行数据收集和生成，而选择众包的目的是让用户直接参与。众包平台为回答问题的人群提供了平台，便于控制和验证他们的工作和任务分配。这里采用 *Amazon Mechanical Turk*[40] 服务作为微任务市场。此外，该平台与 *Very Best Choice*™ 合作，与众包参与者保持联系。为了对系统反馈管理和表示之间的协作以及内部与众包参与者的协作进行管理，该平台使用了 *Very Best Choice*™（VBC light）软件。VBC light 是一个轻量级的决策支持系统，旨在促进优先级决策[41]。文本挖掘平台和其他平台一起使用，可以自动理解众包参与者的回应，从而生成有意义的数据。

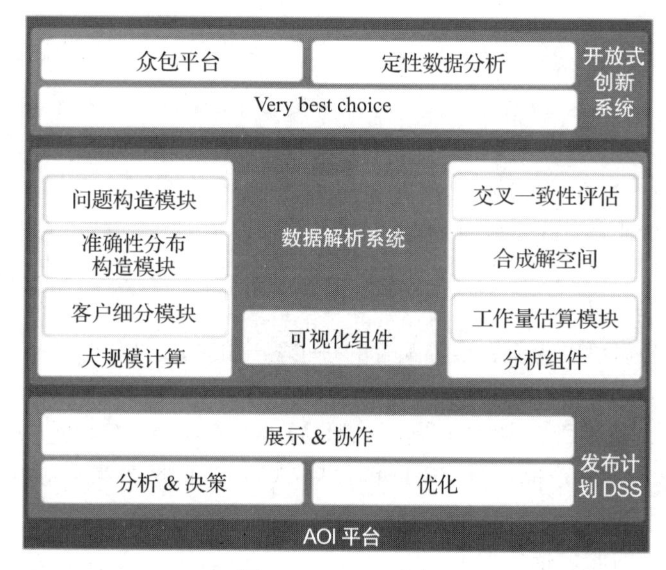

图 19-2　AOI 平台

19.4.1.2　发布计划 DSS

这一层次在图 19-2 中显示为发布计划 DSS。发布计划问题的不同维度已在 19.2 节进行过介绍。虽然 *ReleasePlanner™* 的设计初衷是在封闭式创新环境中工作，但是它仍然提供了一种已经验证过的 [11,21,42] 功能，可进行投票和优先级划分以及生成优化的计划。该平台的底层模型需要进行调整，以适应处理不同来源的更全面数据的需要。*展示与协作*组件向组织和利益相关者展示过程结果，也负责其他平台的初始化工作。*优化组件*负责基于专门的整型编程和特定结构的问题计算优化的、多样化的备选发布计划。*分析与决策*组件通过资源消耗和利益相关者的兴奋程度来定义可选特征和计划。

19.4.1.3　数据解析系统

这一层次包括几种分析技术，通过有意义地分析收集和生成的各种各样的数据，从而解决发布计划问题的弊端。19.4.2 节描述了其中的一些技术。该平台与所采用的技术保持一致，由模块组成，这些模块适用于解析平台中使用的三个技术支柱 [43]。数据仓库作为输入源，被交付给数据解析平台。这些数据可能有多种来源，例如以前的项目、专家的意见或类似的项目。该层次负责解释和构造数据。大型计算模块对生成的大数据集进行评估，并检测数据中的不一致性，而分析组件提供解决方案空间上的分析结果。

19.4.2　分析技术

对于从各种信息源检索到的不同类型的数据，后续问题是如何分析它们并形成新的见解。虽然现有的技术范围很广，但是其中有一些已经成功应用于发布计划。在下面的内容中，将描述其中的两种技术。此外，还提出了技术的分析维度，称为*形态学分析*，并描述了它在（发布计划）问题构造场景中的使用。

19.4.2.1　利用聚类技术识别客户群

采用基于密度的聚类算法，识别出对产品特征具有相似偏好结构的客户群 [44]。假设 $C = \{c(1), c(2), \cdots, c(L)\}$ 表示 L 个客户组成的客户集。给定 $F = \{feature(1), feature(2), \cdots, feature(M)\}$ 表示 M 个特征组成的特征集，用来研究在一个不断演化的软件系统中特征集的

（完整）实现。

定义 1：*聚类配置*是将集合 C 划分为 Q 个子集。一个聚类配置表示为 $CC(i) = \{cc(i, 1), \cdots, cc(i, Q)\}$，其中 $cc(i, j)$ 是第 i 个聚类配置中的第 j 个客户集群，使得所有成对的 j_1 和 j_2 满足 $\cup_{j=1,\cdots,Q} cc(i, j) = C$ 和 $cc(i, j_1) \cap cc(i, j_2) = \phi$。

通过改变聚类算法的输入参数，可以生成多个聚类配置。在图 19-8 中，聚类配置 $CC(1)$ 将客户划分为两个集群 $cc(1, 1)$ 和 $cc(1, 2)$。

定义 2：对于一个给定的聚类配置 $CC(i)$，*产品变体* $p(i, j)$ 被定义为提供给客户集群 $cc(i, j)(1 \leqslant j \leqslant Q)$ 的特征集 F 的子集。

使用此方法，公司可以为所有聚类配置的每个客户集群提供一个产品变体。

定义 3：*产品组合*是与给定聚类配置相对应的产品变体集。$CC(i)$ 对应于产品组合 $PP(i) = \{p(i, 1), \cdots, p(i, Q)\}$，使得所有成对的 j_1 和 j_2 满足 $\cup_{j=1,\cdots,Q} p(i, j) = F$ 和 $p(i, j_1) \cap p(i, j_2) \neq \phi$。

例如，图 19-3 所示的产品组合 $PP(1)$ 包含与 $CC(1)$ 中的两个集群对应的两个产品变体。产品变体的特征集不同，但具有共同的特征。

这里对客户集群的假设描述如下：

1）集群的数量不是预先定义的，因为集群是基于偏好形成的。

2）客户代表拥有不同的市场份额的组织，并在每个产品中看到不同的价值水平。

3）对产品特征具有类似的偏好可以定义集群的内聚性。集群中的每个成员都应该在同一个集群中的至少一个其他成员的最大距离（预定义的）内。

4）集群是不重叠的，这意味着集群之间应该保持一定的距离。

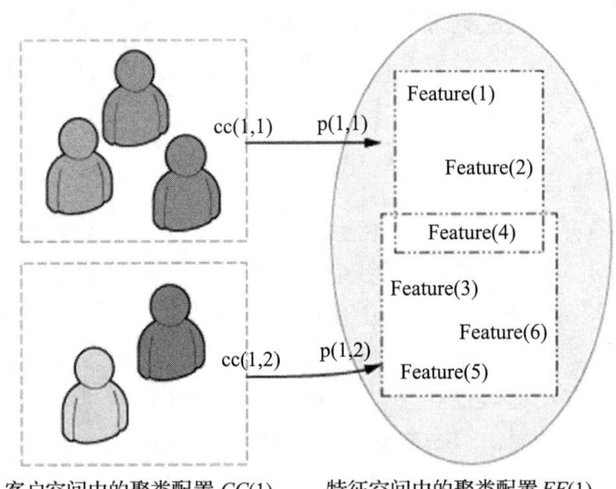

图 19-3　聚类配置和相关的特征集群

DBSCAN 作为一种基于密度的空间聚类算法，适用于处理带噪声的一些应用 [45]，它满足第一个条件，因为不需要将集群数量作为输入参数。通过邻域距离参数，它也满足上述第三个条件。第四个条件也得到满足，因为 DBSCAN 可以形成任意形状的集群，并且它们被低密度（噪声）区域分隔开。然而，DBSCAN 将所有客户视为同等重要的。由于 DBSCAN 算法满足上述大部分条件，所以可用于客户集群的识别。

一旦开始计划产品发布，每个客户就成为数据集中的一个数据点。每个数据点都由一个包含 M 个值的向量表示，其中 $M1$ 是下一次发布中计划的特征数量。

使用 DBSCAN 的主要优势是，只有在代表独立市场细分的客户组中的数据点具有足够的内聚级别时，集群才会形成。每个细分市场都有一个试验性的产品变体，其中包含客户非常需要的功能。

19.4.2.2　形态学分析法

形态学分析法（MA）是一种识别、构造和研究给定多维问题复合体中包含的所有可能关系的方法。MA 允许学科专家去定义、链接和内部评估复杂问题空间的参数，创建解空间和灵活的推理模型 [46-47]。MA 已成功应用于技术开发的管理、药物再开发的生物伦理建模等多个领域的战略规划和决策支持，Ritchey[46] 对其进行了较为全面的报道。

MA 提供了一个“ if-then”实验模型，在该模型中可以假设驱动器和特定条件，并找到一系列相关的解决方案，以便针对可能的输出测试各种输入 [48]。一般来说，MA 的目的是通过系统地搜索属性组合来拓宽备选方案的空间，并通过结果系统地缩小备选方案的范围。MA 的结果称为*形态场*。形态场描述了整个问题的复杂性。MA 由下面给出的步骤组成 [48]。

分析阶段

1）抽取定义复杂问题或场景的本质的维度、参数或变量。

2）为每个变量定义一系列相关的离散值或条件。

合成阶段

3）评估所有变量条件对的内部一致性。

4）合成内部一致的结果空间。

5）如果需要，迭代该过程。

在下面的内容中，将提供 MA 的关键概念和符号，这是理解本章其余部分所必需的。

定义 4：*形态场*是由构造的维度或参数构成的场，是形态模型的基础。可用 $F(n, l)$ 表示为：

$F(n, l) \in FEATURES$ | 其中 $n \in \{f \mid F$ 是特征$\}$ 表示特征的功能

$l \in \{L \mid L$ 是 M 的功能层次$\}$ 表示实现的功能层次

定义 5：*交叉一致性评估*（CCA）是对形态场中的参数值 $V(n, l) \in$ VALUE（或参数条件）进行比较的过程。该过程的目的是将整个问题空间缩减到一个更小的（内部一致的）解空间。

为了更深入地研究该问题，并检查字段参数之间的内部关系 [46]，需要进行 CCA 分析。该分析就像“垃圾探测器”，从解空间中取出矛盾的值对，并检测元素之间各种类型的关系。数据的抽取分为两个不同的阶段，第一阶段利用利益相关者的专业知识，第二阶段利用来自“众包参与者”的想法。CCA 的结果是（对称的）CCA 矩阵中的 $V(n, l)$ 值。不同的值（如图 19-4 所分类的）定义如下：

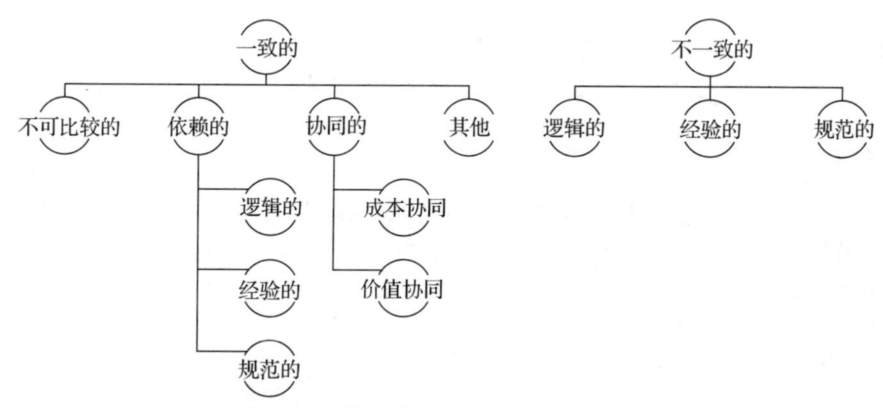

图 19-4　形态分析中检测到的关系层次

- *逻辑关系*是基于所涉及概念的性质，以矛盾或依赖形式存在的。
- *经验约束*是经验上不可能的，以矛盾或依赖的形式出现。
- *规范约束*是以矛盾或依赖形式存在的，可作为上下文规范被接受。
- *不可比较的关系*指的是由于元素的差异不会导致有意义的比较的关系类型。
- *协同关系*表示实现一个特征对另一个特征的成本或工作量的影响。

CCA 分析提供了一种方法，用来检查一组表示某个上下文（即决策标准）的参数，该组参数是相对另一组表示其他上下文（即特征）的参数而言。它提供了一种工具，用于将一个建模上下文集合作为输入，而将另一个建模上下文集合作为输出。有不同且相互矛盾的标准会影响发布决策 [49]。在这一步中，通过定义一个解集作为输入，研究可能的输出解。

接下来，本章将总结与这些子问题相关的 MA 的使用。

计划准则的定义

提供并保持与市场的密切关系，以便首先了解需求，其次利用 MA（子问题 2～4）的开放式创新方法审核市场对报价的反应。

效用函数定义

在项目标准的背景下，根据决策的重要标准定义效用函数，然后评估一组抽取的标准（子问题 1）的效用，这些标准由开放式创新平台和 MA 支持（表 19-4）。

表 19-4　MA 在发布计划中的应用

序号	子问题	MA 应用	抽取的数据
1	计划准则	标准建模与评估	选择特征的决策标准
2	特征抽取	特征模型与评估	影响产品选择的特征
3	特征依赖和协同抽取	交叉一致性评估	特征之间的依赖和协作
4	特征的优先级	特征 – 标准关系模型与评估	根据一组一致的标准对特征进行优先级排序
5	计划评估	对象建模与评估	计划评估的目标

依赖关系的启发和构造

通过执行 CCA 来检测和形成依赖关系。特征之间的两两一致性评估展示了显性的依赖和协同作用，以及特征之间隐藏的依赖和协同作用。

特征的优先级

根据给定的一组标准对特征进行优先级排序。

计划评估目标

将资源和质量定义为计划评估的目标，有助于根据这些考虑因素对计划进行评估。

19.5　分析发布计划——案例研究

本节展示 AOI 方法的使用和自定义。AOI 方法适用于 19.2 节中讨论的所有类型的发布计划问题，在下面的内容中，将对其中两个问题的 AOI 应用进行详细的描述。在此之前，先介绍案例研究的背景和内容。

19.5.1　互联网电视案例研究——背景与内容

该案例研究是在对服务提供商提供的互联网电视（OTT）功能特征做决策的背景下开展

的。互联网电视是指通过互联网上提供的媒体而不是运营商基础设施来分发内容，并由 ISP 方负责媒体传输 [50-51]。

X 公司有一款新的 OTT 产品，具有多种功能特征，最初是从市场预期中提取出来的，并在其他市场中对类似产品进行了研究。公司的利益相关者预估了实现每个特征的成本。该公司的目标是制定该年每个季度提供的服务集，确保最高收益和最大的客户群。为此，他们收集了现有客户（通过客户管理系统（CMS）调查）和潜在客户（通过众包）为每个功能特征付费的意愿。公司的目标是在保持市场份额的同时实现最高的收益。为了进行众包，提交给 Amazon Mechanical Turk（AMT）的人工智能任务（HIT）招募了 100 名众包人员。此外，还对这 100 人进行了一些特定上下文的验证，包括表明他们提交结果的真实价值的度量标准（这些度量标准由 AMT 定义，包括众包人员的专业技能、众包人员的得分、被拒绝任务的数量等）。最终这 100 名众包人员中有 10 名没有通过验证（如图 19-5 中的步骤所示）。

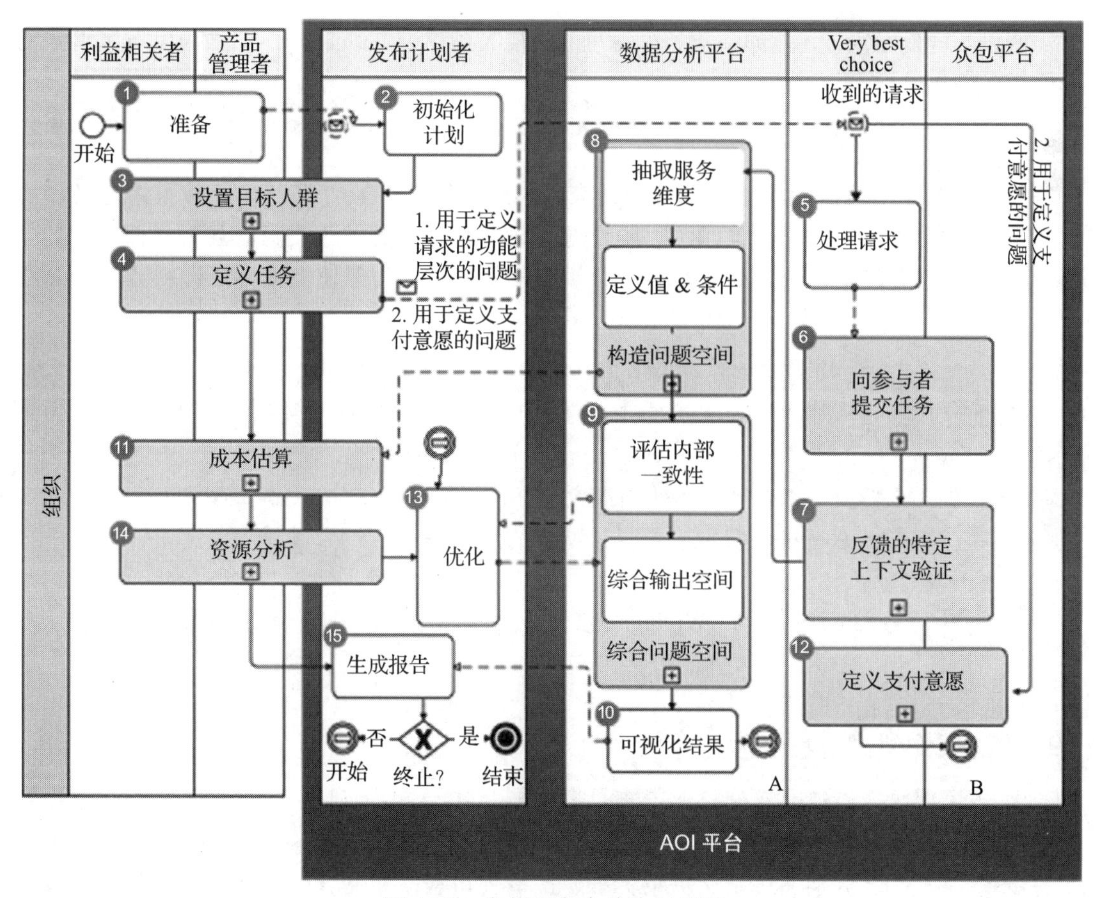

图 19-5 案例研究中的执行过程

19.5.2 问题定义

作为案例研究的一部分，本章将研究“发布什么”问题的变体问题，包括 19.2.1 节中概述的高级特征依赖。在下面的内容中，将对该问题进行更详细的形式化描述。为此，先考虑一组称为 FEATURE 的特征。$F(n, l) \in$ FEATURE 表示一个特定特征，n 为特征数量，l 为功能级别。第 K 版的发布将包含这些特征，其中 $k = 1, \cdots, n$，每次发布都有一个发布权

重 $\in \{1, \cdots, 9\}$。

*发布计划*是将功能级别 l 的特征 $F(n, l) \in$ FEATURE 分配到即将发布的版本（或决定推迟发布特征）：

$$x(n, l) =: \begin{cases} k & \text{如果在第}k\text{次发布中提供了}F(n, l) \\ 0 & \text{否则} \end{cases} \tag{19.1}$$

提供的每个特征都会产生一定的（固定）成本，简称为 $F\_cost(n, l)$。

从公司利益相关者的角度，每个 $F(n, l) \in$ FEATURE 都有实施成本，利益相关者预测（也考虑到人的重要性）的加权平均成本使用如下模型：

$$F\_\text{cost}(n, l) = \frac{\sum_{s=1, \ldots, s} \text{Estimate}(n, l, s) \times \text{importance}(s)}{\sum_{s=1, \ldots, s} \text{importance}(s)} \tag{19.2}$$

假设不同发布周期（例如一年中的季度）的最大预算为 budget(k)，那么与发布版本 k 相关的预算约束公式为：

$$\sum_{n, l: x(n,l)=k} F\_\text{cost}(n, l) \times x(n, l) \leqslant \text{budget}(k) \tag{19.3}$$

另外，发布决策需要考虑特征依赖约束。详细的约束在 19.7 节给出。接下来定义计划的目标。对每个 $F(n, l) \in$ FEATURE，假设有来自两组客户的关于支付意愿的信息（定义为月付），这两组客户是：公司的现有客户，潜在的新客户。为了使数据不受偏斜数据和异常数据的影响，使用了所收集数据的中值进行分析。

$$F\_\text{WillingnessToPay}(n, l) = \text{median}(\text{WillingnessToPay}(n, l)) \tag{19.4}$$

问题：对于一组候选特征，FEATURE（包括不同类型的特征及其相关的功能级别）的问题是：

1）找到一个特征子集使得总体效用最大化，该特征子集记作 feat* $\in$ FEATURE。

2）将所有 $F(n, l) \in$ feat* 分配到提供该特征的发布中。

效用函数如下：

$$\text{Utility} = \sum_{n,l:x(n,l)\neq 0} \text{Weight}(x(n,l)) \times F\_\text{WillingnessToPay}(n,l) \times \text{weight}\_\text{CustomerGroup}(x(n,l)) \\ \text{Utility} \rightarrow \text{Max!} \tag{19.5}$$

19.5.3 案例研究过程

图 19-5 描述了详细的案例研究过程。该过程包括 16 步，利用了 19.4 节所述的 AOI 平台的不同部分。

步骤 1、2 和 3 分别通过定义决策标准、邀请公司利益相关者参与和定义特殊的众包人员的需求，来初始化项目。在这里的例子中，众包人员来自北美。为了抽取特征和所需的功能级别（步骤 4），任务 1 和任务 2 被提交给众包人员。

任务 1：你在 OTT 服务中需要哪些特征？

任务 2：你期望 OTT 服务达到什么样的质量水平（功能程度）？

这里使用 Amazon Mechanical Turk [40] 作为微型任务市场，与众包参与者建立协作关系。使用 Very Best Choice[41] 作为轻量级决策支持系统，以便管理系统之间的协作。该系统旨在依据利益相关者的全面参与，促进适当的优先级决策。在此情况下，涉及两类利益攸关方，即技术专家和管理专家。任务 1 和任务 2 被分配给 90 名参与者，抽取的特征及其排名如图 19-6 所示。

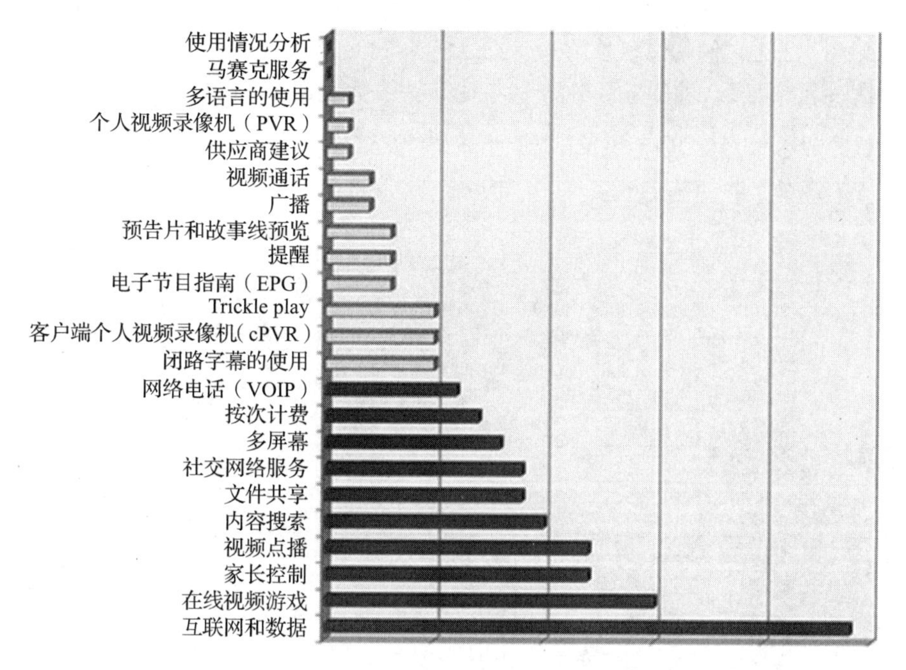

图 19-6　从众包及其排名中抽取的特征。最具吸引力的前十个（深色）被选出来作为案例研究

在步骤 7 中应用了特定上下文的验证和资历类型，例如“基于 AMT 众包人员的合格率来确定经验程度”。前十个声明的特征用于描述案例研究。这些特征及其相关的功能级别定义如下：

F(Online video game, l_1*)*| $l_1 \in$ *{Paid, Free}*
F(VOIP, l_2*)*| $l_2 \in$ *{Yes, No}*
F(Social network, l_3*)*| $l_3 \in$ *{Rate, Comment, FB integration, twitter integration}*
F(Video on demand, l_4*)*| $l_4 \in$ *{Yes, No}*
F(Parental control, l_5*)*| $l_5 \in$ *{Basic, Advanced, Premium}*
F(Content search, l_6*)*| $l_6 \in$ *{Basic, Advanced, Premium}*
F(File sharing, l_7*)*| $l_7 \in$ *{Limited, Limited Chargeable, Unlimited}*
F(Pay-per-view, l_8*)*| $l_8 \in$ *{Yes, No}*
F(Internet and data, l_9*)*| $l_9 \in$ *{Limited, Limited Chargeable, Unlimited}*
F(Multiscreen, l_{10}*)*| $l_{10} \in$ *{Basic, Advanced, Premium}*

为了便于标记，使用 $F_1, F_2, \cdots, F_{10}$（依次代表上面列表中的每一项）表示所有选择的特征及它们不同的功能级别。步骤 8 旨在抽取特征及其相关的功能级别。抽取特征并定义形态盒是进一步构建发布计划问题空间的一种尝试。

19.5.4　高级特征依赖和协同作用下的发布计划

案例研究过程中的步骤 9 旨在检测服务依赖和不一致性，以及抽取成本和协同价值。所有这些特征之间的关系都将作为后续版本优化过程的输入。除了不一致性分析之外，还将特征的功能级别之间的成本和协同关系作为优化发布计划的输入。以下是一些例子：

例 1：x(parental control, Basic) NAND x(Online video games, Paid) 表示 x(parental control, Basic) = 0 || x(Online video games, Paid) = 0。

例 2：如果 *F*(Multi-Screen, Premium) 迟于 *F*(Multi-Screen, Basic) 提供，则会贬值 30%。

例 3：如果 {*F*(Online Video Gaming, Premium), *F*(Parental Control, Premium)} 都在同一次发布中提供，那么它们的总价值将增加 25%。

将评估过程中抽取的值应用于图 19-7 中，进一步分析以提取不一致性。如果不执行 CCA，所抽取的特征实现将违反这些约束，从而引起客户和用户的关注。

F1	F2	F3	F4	F5	F6	F7	F8	F9	F10
在线视频游戏	网络电话	社交网络	视频点播	家长控制	内容搜索	文件共享	按次计费	互联网和数据	多屏幕
Paid	1-Yes	Rate	1-Yes	~~Basic~~	Basic	Limited	1-Yes	Ulimited	Basic
Free	0-No	Comment	0-No	~~Advance~~	Advance	limited chargable	0-No	limited chargable	Advance
		FB Integration		Premium	Premium	Unlimited		~~limited unchargable~~	Premium
		Twitter Integration							

符号	含义
✓	一致
×	不一致
i	不可比较
LD	逻辑相关
ED	经验相关
ND	规范依赖
CS	成本协同效益
VS	价值协同效益
LI	逻辑不一致性
EI	经验不一致性
NI	规范不一致性

		F1 Paid	F1 Free	F2 1-Yes	F2 0-No	F3 Rate	F3 Comment	F3 FB Integration	F3 Twitter Integration	F4 1-Yes	F4 0-No	F5 ~~Basic~~	F5 ~~Advance~~	F5 Premium	F6 Basic	F6 Advance	F6 Premium	F7 limited	F7 limited chargable	F7 Unlimited	F8 1-Yes	F8 0-No	F9 Unlimited	F9 limited chargable	F9 limited unchargable	F10 Basic	F10 Advance	F10 Premium
F1 在线视频游戏	Paid																											
	Free																											
F2 网络电话	1-Yes	i	i																									
	0-No	i	i																									
F3 社交网络	Rate	✓	✓	i	i																							
	Comment	✓	✓	i	i																							
	FB Integration	✓	✓	i	i																							
	Twitter Integration	✓	✓	i	i																							
F4 视频点播	1-Yes	i	i	i	i	NI	ND	ND	ND																			
	0-No	i	i	i	i	i	i	i	i																			
F5 家长控制	~~Basic~~	~~NI~~	~~✓~~	~~i~~	~~i~~	~~✓~~	~~✓~~	~~NI~~	~~NI~~	~~✓~~	~~i~~																	
	~~Advance~~	~~NI~~	~~✓~~	~~i~~	~~i~~	~~✓~~	~~✓~~	~~NI~~	~~NI~~	~~✓~~	~~i~~																	
	Premium	✓	✓	i	i	✓	✓	✓	✓	NI	i																	
F6 内容搜索	Basic	i	i	i	i	i	i	i	i	NI	i	✓	✓	✓														
	Advanced	i	NI	i	i	i	i	i	i	✓	i	NI	✓	✓														
	Premium	NI	i	i	i	i	i	i	i	✓	i	NI	✓	✓														
F7 文件共享	Limited	EI	EI	✓	✓	i	i	i	i	ED	i	✓	✓	✓	✓	✓	✓											
	Limited Chargeable	ND	ND	✓	✓	i	i	i	i	ED	i	✓	NI	✓	✓	✓	NI											
	Unlimited	✓	✓	NI	✓	i	i	i	i	ED	i	✓	✓	✓	✓	✓	VS											
F8 按次计费	1-Yes	i	i	i	i	i	i	i	i	CS	LI	NI	CS	✓	i	i	i	✓	✓	✓								
	0-No	i	i	i	i	i	i	i	i	CS	NI	i	i	i	i	i	i	VS	✓	VS								
F9 互联网和数据	Unlimited	LD	LD	LD	LD	LD	LD	LD	LD	CS	i	✓	✓	VS	VS	✓	NI	NI	✓	✓	VS	VS						
	limited chargable	LD	LD	LD	LD	LD	LD	LD	LD	VS	i	✓	✓	VS	✓	✓	NI	✓	✓	✓	✓	✓						
	~~limited unchargable~~	~~LD~~	~~NI~~	~~NI~~	~~NI~~	~~LD~~	~~LD~~	~~NI~~	~~NI~~	~~EI~~	~~EI~~	~~✓~~	~~✓~~	~~VS~~	~~✓~~	~~✓~~	~~✓~~	~~✓~~	~~VS~~	~~VS~~	~~NI~~	~~VS~~						
F10 多屏幕	Basic	✓	✓	i	i	✓	✓	NI	NI	✓	i	i	i	i	i	i	i	i	i	i	i	i	i	i	i			
	Advance	✓	✓	i	i	✓	✓	✓	✓	VS	i	i	i	i	i	i	i	i	i	i	i	i	i	i	i			
	Premium	✓	✓	i	i	✓	✓	VS	VS	VS	i	i	i	i	i	i	i	i	i	i	i	i	i	i	i			

不一致!

图例	含义
实线框	选择的功能水平
浅色虚线框	产生的一致维度
- - -	删除的不一致维度

图 19-7 利用众包得到的前 10 个特征及其功能级别的 CCA 分析

然后，基于商定的标准（支付意愿）启动评估过程。每个特征和功能的不同级别以 9 分制进行评估，范围从“极低”到“极高”（对应于图 19-5 中的步骤 12）。

此外，还要求客户明确表示愿意为每个功能级别的特征付费。在步骤 13 中，收集两个独立的客户群体的数据，通过众包的方式调查潜在客户的想法，从公司的客户服务调查中抽取当前用户的数据。再向众包人员提交一项任务以表明他们是否愿意付钱。对于每个功能级别，50 名参与者通过众包完成任务，表明潜在客户的意愿，并通过客户服务调查对现有客户的支付意愿进行分析。在步骤 15 中，当获得所有需要的数据后，ReleasePlanner 将生成如图 19-8 所示的备选计划。每一列表示一个备选计划，每一行对应一个特征。图 19-8 中的表描述了分别在 Q1、Q2、Q3 和 Q4 中提供的特征，或者被推迟发布的特征（Q5）。

ID	Feature	Alternative 1	Alternative 2	Alternative 3	Alternative 4	Alternative 5
1	Online video games_paid	Q2	Q2	Q2	Q2	Q2
2	Online video games_free	Q4	Q4	Q4	Q4	Q5
3	Social Network Access_Twitter Integration	Q2	Q2	Q2	Q2	Q2
4	Social Network Access_Rate	Q2	Q2	Q2	Q2	Q2
5	Social Network Access_Comment	Q1	Q1	Q1	Q1	Q3
6	Social Network Access_FB Integration	Q3	Q1	Q1	Q3	Q1
7	Parental Control Basic	Q5	Q5	Q5	Q5	Q5
8	Parental Control Advanced	Q5	Q5	Q5	Q5	Q5
9	Parental Control Premium	Q1	Q1	Q1	Q1	Q1
10	File Sharing_Limited	Q5	Q5	Q5	Q5	Q5
11	File Sharing_Limited chargable	Q5	Q5	Q5	Q5	Q5
12	File Sharing_Unlimited	Q5	Q5	Q5	Q5	Q5
13	Internet and Data_Unlimited	Q2	Q2	Q2	Q2	Q2
14	Internet and Data_Limited Chargable	Q5	Q5	Q5	Q5	Q4
15	Internet and Data_Limited Unchargable	Q5	Q5	Q5	Q5	Q5
16	VoIP_YES	Q1	Q1	Q1	Q1	Q1
17	VoIP_NO	Q1	Q1	Q1	Q1	Q1
18	Video on demand_YES	Q5	Q5	Q5	Q5	Q5
19	Video on demand_NO	Q1	Q1	Q1	Q1	Q1
20	Content search basic	Q4	Q4	Q3	Q4	Q4
21	Content search Advanced	Q3	Q3	Q4	Q4	Q3
22	Content search Premium	Q1	Q1	Q1	Q1	Q5
23	Pay-Per-View_NO	Q1	Q1	Q1	Q1	Q1
24	Pay-Per-View_YES	Q3	Q3	Q3	Q3	Q3
25	Multi-Screen Basic	Q1	Q3	Q3	Q3	Q3
26	Multi-Screen Advanced	Q3	Q1	Q1	Q1	Q3
27	Multi-Screen Premium	Q1	Q3	Q3	Q3	Q1

图 19-8　发布计划的优化和多样化，以满足所有类型的依赖关系和协同效应

忽略成本和协同价值失去了潜在的资源节约和额外的价值创造的机会。图 19-9 展示了发布计划的结构变化，同时考虑了特征之间的协同作用。如图 19-9 所示，考虑协同效应会影响计划的结果。

此外，它们不仅改变了所提供的特征，而且还影响了作为利益相关者满意度表现的发布价值。在讨论的案例中，发布价值的提升超过了 10%。

19.5.5　实时的发布计划

依靠深入的客户洞察和实时反馈，以渐进的方式构建和部署产品，有望创建具有更高客户命中率和更快开发速度的产品。实现这些目标需要持续的、最新的、最相关的信息，以及深入和全面的数据解析，以利用商业和市场模式、趋势和预测结果。这就需要执行较短的反馈周期，以评估特征及其组合的吸引力。在该年的每个季度之后，通过实现的一组特征，笔者为两个客户组创建了人工合成数据，以模拟客户价值和优先级的实时变化。

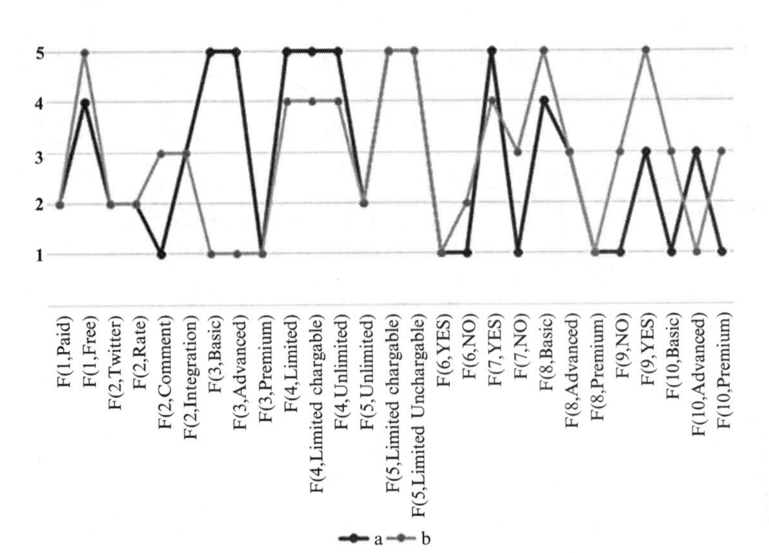

图 19-9　比较有协同效应（a）和没有协同效应（b）的优化发布计划的结构。水平线上点的位置表示每个特征的发布季度（Q1～Q5）

特征的个体和组合价值很难预测。该价值取决于许多自身动态变化的因素（例如竞争、市场趋势、用户接受度）。计划的趋势如图 19-10 所示，根据利益相关者的观点，特征的价值会随时间的推移而改变。在图 19-10 中，发布计划中特征的结构变化显示在最右边一列中。一个圆点表示特征是在第一个周期中发布的，而一条直线则表示特征的发布计划没有随着时间的推移而改变。

ID	Feature	Alternative 1-plan1	Alternative 1-After Q1 replan	Alternative 1-After Q2 replan	Alternative 1-After Q3 replan	Changes applied in replanning
1	Online video games_paid	2	3	5	4	
2	Online video games_free	4	4	4	5	
3	Social Network Access_Twitter Integration	2	3	5	4	
4	Social Network Access_Rate	2	3	5	4	
5	Social Network Access_Comment	1				
6	Social Network Access_FB Integration	3	2			
7	Parental Control Basic	5	5	3		
8	Parental Control Advanced	5	5	3		
9	Parental Control Premium	1				
10	File Sharing_Limited	5	5	5	5	
11	File Sharing_Limited chargable	5	5	5	5	
12	File Sharing_Unlimited	5	5	5	5	
13	Internet and Data_Unlimited	2	3	5	4	
14	Internet and Data_Limited Chargable	5	4	3		
15	Internet and Data_Limited unchargable	5	5	5	5	
16	VoIP_YES	1				
17	VoIP_NO	1				
18	Video on Demand_YES	5	5	5	5	
19	Video on Demand_NO	1				
20	Content search basic	4	2			
21	Content search Advanced	5	5	5	5	
22	Content search Premium	1				
23	Pay-Per-View_NO	1				
24	Pay-Per-View_YES	3	2			
25	Multi-Screen Basic	1				
26	Multi-Screen Advanced	3	4	3		
27	Multi-Screen Premium	1				

图 19-10　初始计划（第一列）和考虑重新评估特征价值的计划的演进。图中最右边一列概括了计划中特征的结构变化

图 19-11 总结了在每个季度开始重新计划的情况下，特征更新的成本估算和价值预测所导致的变化。囊括最新的项目信息可以提高生成的发布计划的有效性和价值创造能力。

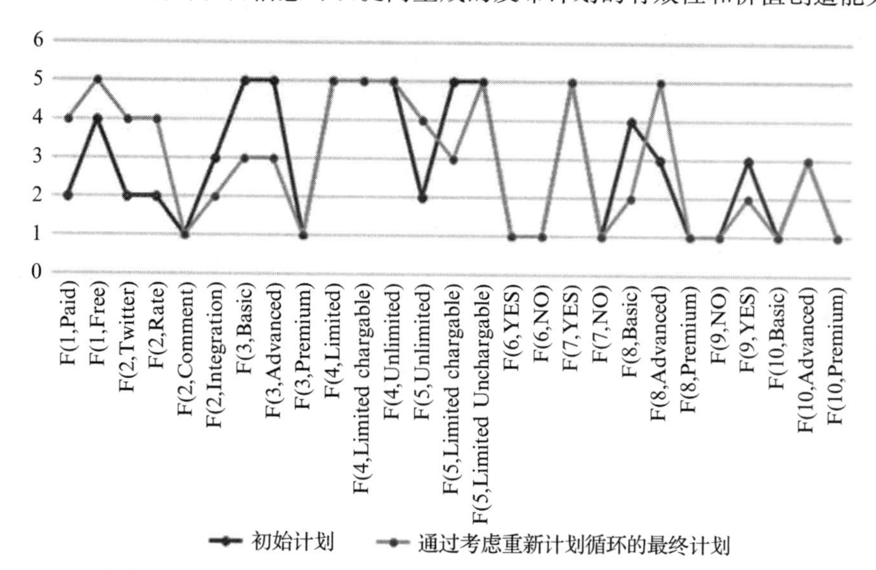

图 19-11 在考虑三次重新计划循环后，将初始计划与已实现计划进行比较。水平线上点的位置比较了发布的每个特征的发布季度（初始计划和三次修订后的计划）

重新计划为发布计划增加了重要价值，并完全改变了计划的结构。本章计划的四个季度的价值变化如图 19-12 所示。在该图中，计划 1 显示了在计划初始阶段所有四次发布的价值。计划 2 的价值是在执行第一个发布计划之后计算的，也是在更新优先级和能力并进行重新计划之后计算的。在第二和第三季度末，计划 3 和计划 4 采用了相同的过程，这主要是因为需要细化市场需求，以解决客户需求中的不确定性和探索市场的趋势。

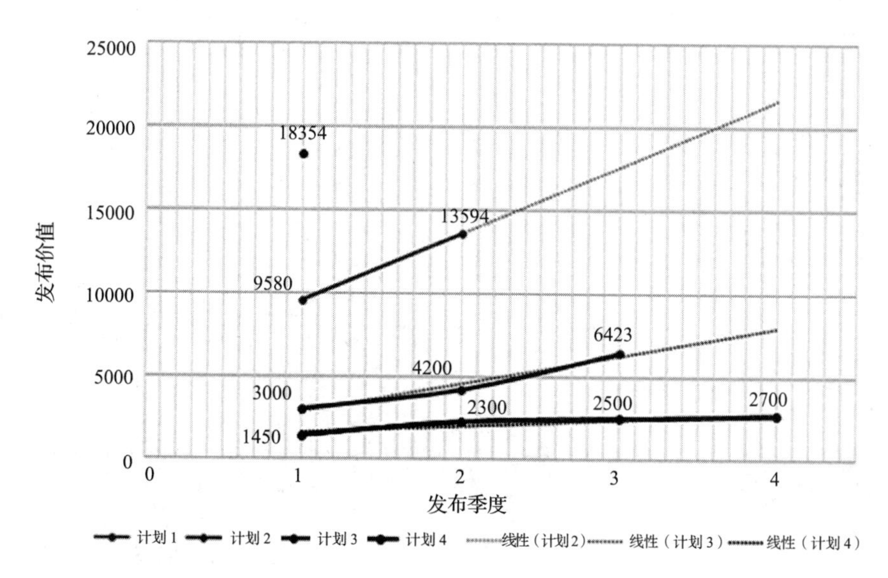

图 19-12 通过重新计划，基于利益相关者特征点总数的发布价值发生增长。图中显示了每个层次价值的线性预测

19.5.6　基于众包聚类的重新规划

19.5.3 节至 19.5.5 节研究的案例是通过收集两个不同客户群体的偏好，并利用偏好的中值来消除偏斜数据和异常数据。

AOI 的目的是收集和维护各种类型的关系，满足当前和潜在客户群体。

基于 19.4.2.1 节提出的方法，将众包参与者通过不同的邻近距离（Epsilon）进行聚类。邻近距离选择为 10，参与者被分为 6 类。邻近距离选择为 11，聚类数目为 2。为了研究聚类对产品计划的影响，通过比较基于两个聚类和基于六个聚类的结果来显示重新计划的影响（如图 19-13 所示的聚类）。

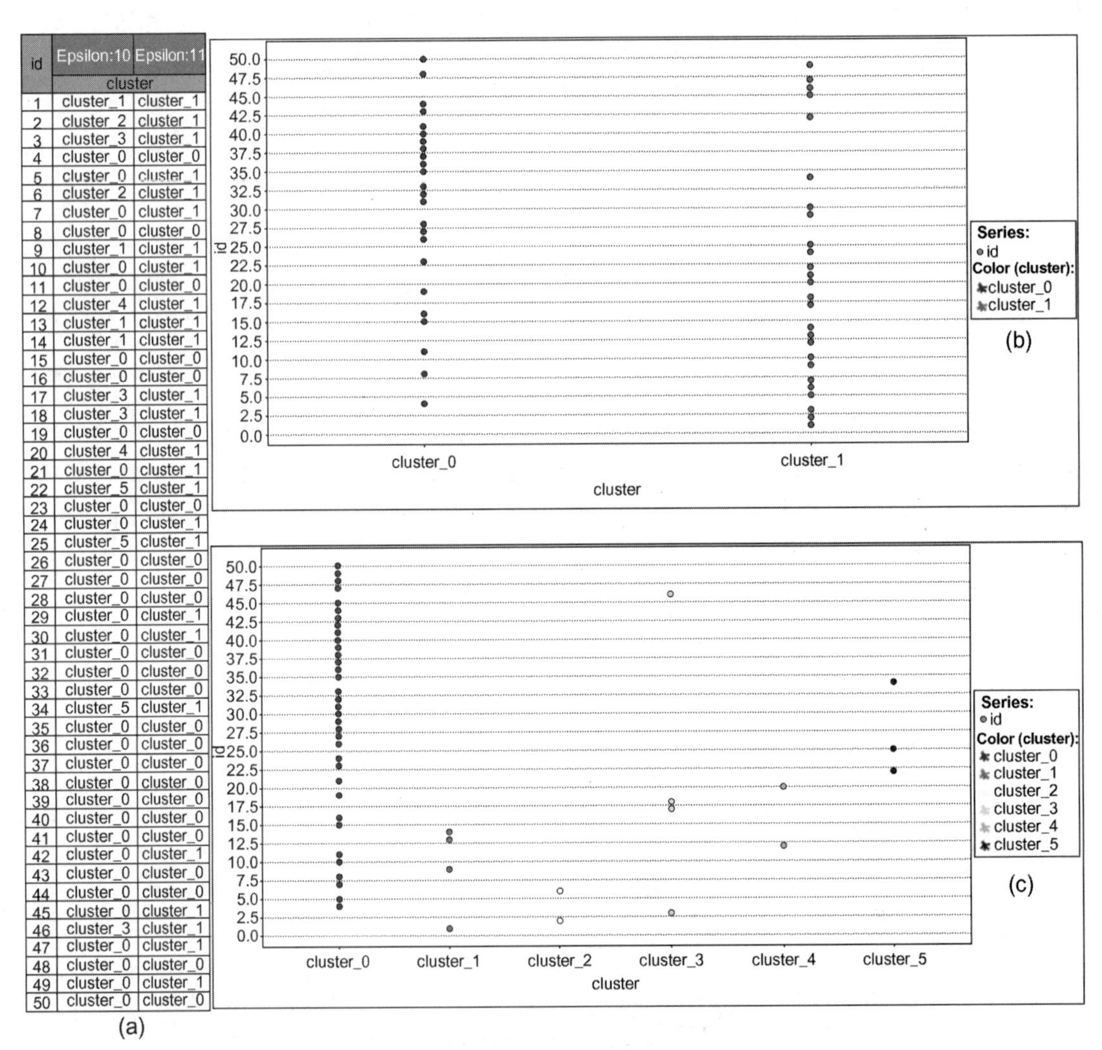

id	Epsilon:10	Epsilon:11
	cluster	
1	cluster_1	cluster_1
2	cluster_2	cluster_1
3	cluster_3	cluster_1
4	cluster_0	cluster_0
5	cluster_0	cluster_1
6	cluster_2	cluster_1
7	cluster_0	cluster_1
8	cluster_0	cluster_0
9	cluster_1	cluster_1
10	cluster_0	cluster_1
11	cluster_0	cluster_0
12	cluster_4	cluster_1
13	cluster_1	cluster_1
14	cluster_1	cluster_1
15	cluster_0	cluster_0
16	cluster_0	cluster_0
17	cluster_3	cluster_1
18	cluster_3	cluster_1
19	cluster_0	cluster_0
20	cluster_4	cluster_1
21	cluster_0	cluster_1
22	cluster_5	cluster_1
23	cluster_0	cluster_0
24	cluster_0	cluster_1
25	cluster_5	cluster_1
26	cluster_0	cluster_0
27	cluster_0	cluster_0
28	cluster_0	cluster_0
29	cluster_0	cluster_1
30	cluster_0	cluster_1
31	cluster_0	cluster_0
32	cluster_0	cluster_0
33	cluster_0	cluster_0
34	cluster_5	cluster_1
35	cluster_0	cluster_0
36	cluster_0	cluster_0
37	cluster_0	cluster_0
38	cluster_0	cluster_0
39	cluster_0	cluster_0
40	cluster_0	cluster_0
41	cluster_0	cluster_0
42	cluster_0	cluster_1
43	cluster_0	cluster_0
44	cluster_0	cluster_0
45	cluster_0	cluster_1
46	cluster_3	cluster_1
47	cluster_0	cluster_1
48	cluster_0	cluster_0
49	cluster_0	cluster_1
50	cluster_0	cluster_0

图 19-13　（a）具有两个不同邻近距离的 50 个聚类结果。（b）$\varepsilon=10$ 的聚类结果。（c）$\varepsilon=11$ 的聚类结果

图 19-14 和图 19-15 对比了基于聚类的重新计划结果。在图 19-14 中，使用了图 19-13 中定义的六个聚类，并对发布进行了重新计划。结果表明，该方法在结构和价值上有显著差异，优化程度略好。在图 19-15 中，考虑到图 19-13 中展示的两个聚类，笔者对发布再次进

行了重新计划。出于保密原因，无法获取当前客户的详细数据，只能对潜在的客户群体进行聚类。

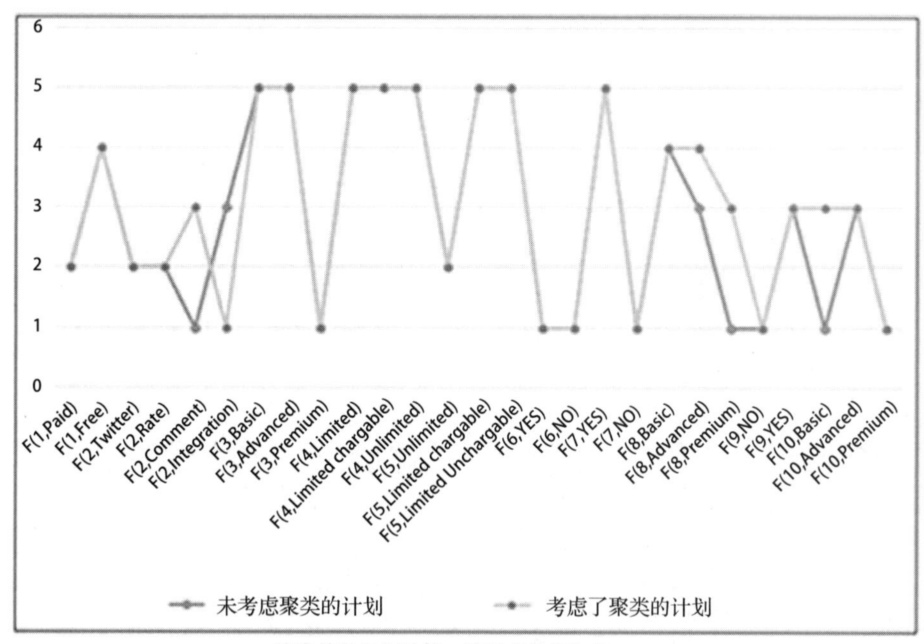

聚类前后计划的第一选择的结构比较

计划的标准	解释	备选 1	备选 2	备选 3	备选 4	备选 5
9–支付意愿 · 0–成本估算	优化程度 （利益相关者特征点）	100.0% (18354)	99.7% (18308)	99.3% (18220)	98.6% (18095)	98.3% (18045)

未聚类的值

计划的标准	解释	备选 1	备选 2	备选 3	备选 4	备选 5
9–支付意愿 · 0–成本估算	优化程度 （利益相关者特征点）	100.0% (19085)	99.9% (19060)	99.6% (19013)	99.5% (18994)	99.7% (18840)

聚类后的值

图 19-14 比较没有聚类的计划和基于众包参与者创建的六个聚类的计划。水平线上较粗的点的位置显示了每个特征的发布季度。图中下面部分比较了 5 个备选发布计划的优化程度

19.5.7 结果讨论

本章案例是在一个真实的工业项目中完成的，针对互联网电视（OTT）产品及其相关特征进行了研究。本案例的研究主要是通过众包技术和分析度量之间的形态分析（见 19.4.2.2 节）来开展的。在计划过程中，利益相关者参与定义问题约束，重点关注成本估算，而当前用户和潜在用户都表示他们愿意为众包过程中的特征付费。本案例研究主要是作为一个原型说明，其结果是初步的，还不能对外部有效性提出任何要求。

作为发布计划问题的重要部分，抽取和考虑特征的依赖和协同是非常必要的。当研究协同作用和依赖检测的效果时，结果显示，发布价值（就利益相关者的观点而言）和发布计划的结构都有显著的改进，AOI 分析过程中也支持这一点。

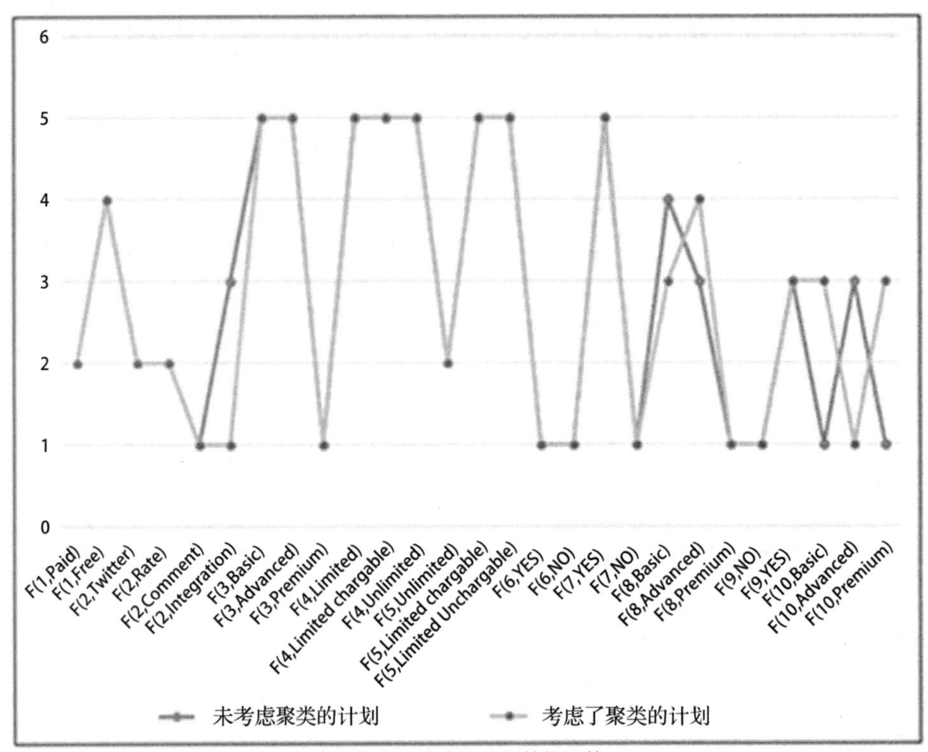

有聚类和无聚类的计划结构比较

计划的标准	解释	备选 1	备选 2	备选 3	备选 4	备选 5
9-支付意愿 • 0-成本估算	优化程度 （利益相关者特征点）	100.0% (18354)	99.7% (18308)	99.3% (18220)	98.6% (18095)	98.3% (18045)

未聚类的值

计划的标准	解释	备选 1	备选 2	备选 3	备选 4	备选 5
9-支付意愿 • 0-成本估算	优化程度 （利益相关者特征点）	100.0% (20291)	99.4% (20167)	98.8% (20049)	98.0% (19887)	97.4% (19763)

聚类后的值

图 19-15　无聚类计划与考虑两个聚类的计划的比较

根据现有的真实数据，在每次发布（该年的每个季度）之前，使用了额外的合成数据进行重新计划。该重新计划过程不仅改变了计划的结构，而且还展示了在发布价值方面可能的改进，如图 19-12 所示。

众包数据种类繁多，需要精准分析，既要考虑到特殊的客户群体，又要考虑到产品需求的主流趋势。将 19.4.2.1 节引入的聚类方法应用于众包数据，发现方案价值有显著提高[㊀]。

通过利益相关者的参与和众包的方式抽取特征之间的关系和协同作用，虽然信息抽取的过程是人工完成的，可能存在人为错误，但文本挖掘的支持还有待进一步研究。

19.6　结论与展望

开放式创新是通过超越组织边界，将研究和开发的范围扩大到外部机构，从而寻求最大

㊀ 本案例研究中使用的众包数据可在以下网站获得：http://ucalgary.ca/mnayebi/files/mnayebi/dataset-book-chapter.pdf。

价值。AOI 方法正寻求各种数据容器，以满足深刻和精准的市场需求。数据收集技术的 AOI 域如图 19-16 所示。

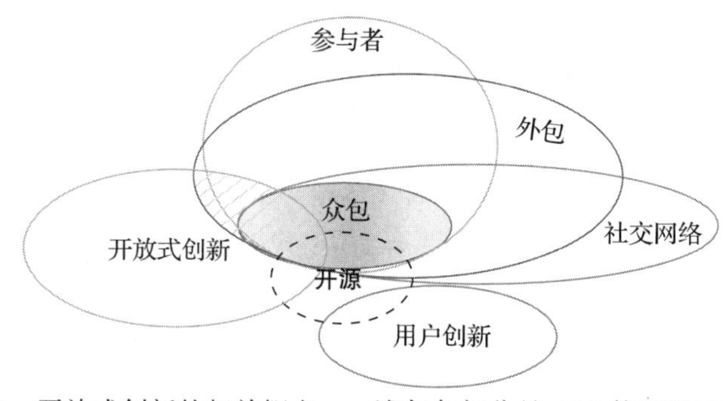

图 19-16　开放式创新的相关概念——浅灰色部分是 AOI 使用的开放式创新

众包利用网络技术和社交媒体的优势，让用户积极参与并管理社区，完成组织任务。这可以被概念化为一种采购模型，它结合了外包和复杂的 Web 技术 [52]。众包也被视为“小规模外包”[53]。外包是将内部业务需求或功能外包给与机构密切相关的外部业务提供者 [54]。秉承同行互助精神的开源在问题“解决者”和解决方案“寻求者”之间没有明确的界限，也没有所有权和控制权的等级结构 [3]。

在数据多样性前提下进行解析意味着需要分析技术的多样性和分析技术的组合。本章概述了一种支持此过程的方法。AOI 可被设计为一种可扩展的框架，它结合了各种方法和技术的优势。AOI 框架结合了使用更广泛的内部和外部知识容器的想法，以克服当前（大）数据解析的局限性。

本章描述了 AOI 的概念，并将其应用于（基于分析法的）产品发布计划的问题。具体的实现称为 AOI@RP，包括在发布计划过程的不同阶段中使用的分析技术。AOI@RP 方法及其相关技术虽然还处于起步阶段，但已显示出良好的效果 [29,55]。通过实例研究，本章 AOI@RP 方法的主要贡献包括：

- 构造问题：通过检测问题的维度。
- 定义解空间：通过检测和维护解决方案和关系的可能范围。
- 计划属性的预测与估计：通过挖掘历史数据以提取特征，并预测价值。
- 通过增加和改进计划数据和信息的输入，能够有更好的机会解决真正的问题。通过应用先进的优化技术，能够涵盖特征之间的所有类型的依赖关系，以及成本和价值的协同效应。

正如 Menzies[56] 所概括的，当前我们处于决策系统的时代，正在迈入讨论系统，需要满足四层社会推理：*做*（预测和决策），*说*（总结、计划和描述），*反映*（权衡、包装、诊断、监控），*分享*和*规模化*。本章提出的 AOI 平台不仅支持决策系统，而且与这些维度保持一致。19.4.2.2 节所讨论的形态分析提供了一个独特的机会，以维持问题明确定义的维度之间的关系，并减少计划问题性质上的恶意威胁，尽管该方法还需要进一步研究。具体来说，笔者对未来研究方向的计划和建议主要集中在以下四个方面：

（1）挖掘组织间仓库将提供特定于上下文环境的数据，这有助于通过类比解决计划方面的问题。从分布式仓库自动进行特征分析的工作 [57]，开辟了利用网络上可用数据的新途径。挖掘开放论坛以收集与软件相关的信息将是集成到 AOI@RP 中的下一步工作。

（2）新的数据解析方法应该能够处理动态变化的数据，调整数据解析的目标，找到满意的解决方案。此外，为了在计划时创造实时价值，AOI需要快速处理随时间变化的动态数据。群体智能是一种分散的、自组织的系统的集体行为[58]，它研究的是由许多个体与环境相互作用，以及个体彼此之间进行交互的系统的集体行为。群体固有地使用分散控制和自组织的形式来实现其目标。群体智能已被广泛应用于求解存在广泛不确定性的平稳和动态优化问题[59]。

一般来说，将群体智能应用于数据挖掘技术的方法有两种[60]：

- 群体中的个体在解空间中移动并搜索数据挖掘任务的解的技术。将该方法应用于数据挖掘技术的优化，以实现有效的搜索。
- 在低维特征空间上考虑群体移动数据实例，以获得合适的数据聚类或低维映射解决方案来组织数据。

下一步，将研究不同的群体优化算法的适用性，如粒子群优化[61]、蚁群优化（ACO）和头脑风暴优化算法[62]在AOI方法上的适用性，使数据分析更加高效。

（3）顺利集成AOI@RP平台中的不同组件。这包括更高自动化程度的分析的完成和数据交换过程的实现。

（4）需要更全面的经验分析来证明所执行的框架的有效性。AOI@RP将进行持续的评估，通过场景扮演和其他形式的项目参数变化，进一步使决策符合要求。此外，需要根据其有效性和效率来研究整个方法的可扩展性。

19.7 附录：特征依赖约束

定义6：耦合依赖集合CFD是在以下定义的基础上，由一组耦合特征表示的：

$$\text{所有耦合特征对 } (F(n_1, l_1), F(n_2, l_2)) \in \text{CFD 满足 } x(n_1, l_1) = x(n_2, l_2)$$

定义7：优先依赖关系的集合PFD定义为：

$$\text{所有优先级特征对 } (F(n_1, l_1), F(n_2, l_2)) \in \text{PFD 满足 } x(n_1, l_1) \leqslant x(n_2, l_2)$$

某些特征及其相关实例彼此不兼容，因此不能同时提供。检测这些不兼容本身就是一个复杂的问题，后面将使用MA/CCA分析来发现它们。

定义8：NAND表明：

$$x(n_1, l_1)\ NAND\ x(n_2, l_2) \text{ 当且仅当特征 } (F(n_1, l_1), F(n_2, l_2)) \text{ 不能同时提供}$$

定义9：不同特征的组合比单个特征的成本要低，称为*成本协同效应*FCS：

设ItemSet = $\{F(n_1, l_1), \dots, F(n_y, l_y)\} \subseteq$ FCS，则ItemSet的总成本减少Factor%，如果这些项目都不延迟。

同样，从价值的角度来看，某些特征的组合会增加对用户的吸引力，这就是价值协同。

定义10：*价值协同效应*集合FVS的定义为：

设ItemSet = $\{F(n_1, l_1), \dots, F(n_y, l_y)\} \subseteq$ FVS，则ItemSet的总成本减少Factor%，如果这些项目都不延迟。

致谢

本研究得到了加拿大自然科学与工程研究理事会（NSERC Discovery Grant 250343-12）的资助。非常感谢审稿人提供的评审意见，他们帮助笔者以更容易理解的方式呈现内容。也感谢 Kornelia Streb 在编辑这一章节和准备高质量数据方面的帮助。最后，感谢编辑们在出版本书的过程中所采取的积极行动、提供的建议以及全面支持。

参考文献

[1] Ebert C, Brinkkemper S. Software product management-an industry evaluation. J Syst Softw 2014;95:10–18.
[2] Highsmith J. Adaptive software development: a collaborative approach to managing complex systems. Reading, MA: Addison-Wesley; 2013.
[3] Marjanovic F, Joanna C. Crowdsourcing based business models: in search of evidence for innovation 2.0. Sci Public Policy 2012;39:318–32.
[4] Buse R, Zimmermann T. Information needs for software development analytics. In: 2012 34th international conference on the software engineering (ICSE); 2012.
[5] Vasilescu B, Serebrenik A, Mens T. A historical dataset of software engineering conferences. In: Proceedings of the 10th international workshop on mining software repositories; 2013. p. 373–6.
[6] Johnson PM. Searching under the streetlight for useful software analytics. IEEE Softw 2013;30:57–63.
[7] Demeyer S, Murgia A, Wyckmans K, Lamkanfi A. Happy birthday! a trend analysis on past MSR papers. In: Proceedings of the 10th international workshop on mining software repositories. 2013. p. 353–62.
[8] Hassan A. Software analytics: going beyond developers. IEEE Softw 2013;30:53.
[9] Menzies T, Zimmermann T. Software analytics: so what? IEEE Softw 2013;30:31–7.
[10] Hemmati H, Nadi S, Baysal O, Kononenko O, Wang W, Holmes R, et al. The MSR cookbook mining a decade of research. In: MSR'13. San Fransisco, CA; 2013. p. 343–52.
[11] Ruhe G. Product release planning: methods, tools and applications. Boca Raton, FL CRC Press; 2010.
[12] Agarwal N, Karimpour R, Ruhe G. Theme-based product release planning: an analytical approach. In: The HICSS-47. Hawaii; 2014.
[13] Port D, Wilf J. The value of certifying software release readiness: an exploratory study of certification for a critical system at JPL. In: 2013 ACM/IEEE international symposium on empirical software engineering and measurement; 2013. p. 373–82.
[14] Svensson RB, Parker PL, Regnell B. A prototype tool for QUPER to support release planning of quality requirements. In: The 5th international workshop on software product management; 2011. p. 57–66.
[15] Regnell B, Svensson R, Olsson T. Supporting roadmapping of quality requirements. IEEE Softw 2008;25: 42–47.
[16] Alba E, Chicano JF. Software project management with gas. Inform Sci 2007;177:2380–401.
[17] Boehm B, Valerdi R. Impact of software resource estimation research on practice: a preliminary report on achievements, synergies, and challenges In: 2011 33rd international conference on software engineering (ICSE); 2011. p. 1057–65.
[18] Klinger T, Tarr P, Wagstrom P, Williams C. An enterprise perspective on technical debt. In: Proceedings of the 2nd workshop on managing technical debt; 2011. p. 35–38.
[19] Schubanz M, Pleuss A, Pradhan L, Botterweck G, Thurimella AK. Model-driven planning and monitoring of long-term software product line evolution. In: Proceedings of the 7th international workshop on variability modelling of software-intensive systems; 2013. p. 18.
[20] Zorn-Pauli G, Paech B, Beck T, Karey H, Ruhe G. Analyzing an industrial strategic release planning process—a case study at Roche diagnostics. In: bibinfobooktitleRequirements engineering: foundation for software quality. Berlin: Springer; 2013. p. 269–84.
[21] Heikkilae V, Jadallah A, Rautiainen K, bibinfoauthorRuhe G. Rigorous support for flexible planning of product releases—a stakeholder-centric approach and its initial evaluation. In: HICSS. Hawaii; 2010.
[22] Kapur P, Ngo-The A, Ruhe G, Smith A. Optimized staffing for product releases and its application at Chartwell technology. J Softw Mainten Evolut 2008;20:365–86.
[23] Bhawnani P, Ruhe G, Kudorfer F, Meyer L. Intelligent decision support for road mapping—a technology transfer case study with siemens corporate technology. In: Workshop on technology transfer in software engineering; 2006. p. 35–40.
[24] Momoh J, Ruhe G. Release planning process improvement—an industrial case study. Softw Process Improv Pract 2006;11:295–307.
[25] Lindgren M, Land R, M CN, Wall A. Towards a capability model for the software release planning process—based on a multiple industrial case study. Lecture notes in computer science (including subseries lecture notes in artificial intelligence and lecture notes in bioinformatics); 2008. p. 117–32.

[26] Regnell B, Brinkkemper S. Market-driven requirements engineering for software products. In: Aurum A, Wohlin C, editors. Engineering and Managing Software Requirements. Berlin: Springer; 2005. p. 287–308.
[27] Khurum M, Gorschek T, Wilson M. The software value map—an exhaustive collection of value aspects for the development of software intensive products. J Softw Evolut Process 2013;25:711–41.
[28] Carlshamre P. An industrial survey of requirements interdependencies in software product release planning. In: The 5th international symposium on requirements engineering (RE'01); 2001. p. 84–91.
[29] Nayebi M, Ruhe G. An open innovation approach in support of product release decisions. In: ICSE 2014—CHASE workshop. Hyderabad, India; 2014.
[30] Sharp H, Finkelstein A, Galal G. Stakeholder identification in the requirements engineering process. In: 10th international workshop on database and expert systems applications. Florence, Italy; 1999. p. 387–91.
[31] Gorschek T, Fricker S, Palm K, Kunsman S. A lightweight innovation process for software-intensive product development. IEEE softw 2010;27:37–45.
[32] Cleland-Huang J, Dumitru H, Duan C, Castro-Herrera C. Automated support for managing feature requests in open forums. Commun ACM 2009;52:68–74.
[33] Fitsilis P, Gerogiannis V, Anthopoulos L, Savvas I. Supporting the requirements prioritization process using social network analysis techniques. In: 2010 19th IEEE international workshop on enabling technologies: infrastructures for collaborative enterprises (WETICE); 2010. p. 110–15.
[34] Shahnewaz S, Guenther R. RELREA–An analytical approch for evaluating release readiness. In: Proceedings of the International Conference on Software Engineering and Knowledge Engineering; 2014. p. 437–42.
[35] Berander P, Andrews A. Requirements prioritization. Eng Manag Softw Requir 2005;69–94.
[36] International software product management association. Available: URL: http://ispma.org/glossary/.
[37] Shepperd M. Software project economics: a roadmap. In: Future of software engineering, 2007 (FOSE'07); 2007. p. 304–15.
[38] der Hoek AV, Hall R, Heimbigner D, Wolf A. Software release management. Proc. sixth European software engineering conference; 1997. p. 159–75.
[39] What is big data analytics? Available at http://www-01.ibm.com/software/data/infosphere/hadoop/what-is-big-data-analytics.html.
[40] MTurk; 2013. MTurk, URL: https://www.mturk.com/mturk/.
[41] Very Best Choice light, Expert Decisions Inc., URL: http://edi.lite.verybestchoice.com:3000/.
[42] URL: www.releaseplanner.com. March 2008. ReleasePlanner (1.7 ed.).
[43] Zhang D, Han S, Dang Y, Lou J, Zhang H, Xie T. Software analytics in practice. IEEE Softw 2012;30:30–37.
[44] Ullah MI, Ruhe G, Garousi V. Decision support for moving from a single product to a product portfolio in evolving software systems. J Syst Softw 2010;83:2496–512.
[45] Ester M, Kriegel HP, Sander J, Xu X. A density-based algorithm for discovering clusters in large spatial databases with noise. In: KDD; 1996. p. 226–31.
[46] Ritchey T. Wicked problems-social messes: decision support modelling with morphological analysis. vol. 17. Springer Science & Business Media; 2011.
[47] Ritchey T. Problem structuring using computer-aided morphological analysis. J Operat Res Soc 2006;57: 792–801.
[48] T Ritchey MS, Eriksson H. Using morphological analysis for evaluating preparedness for accidents involving hazardous materials. In: Proceedings of the 4th LACDE conference. Shanghai; 2002.
[49] Ngo-The A, Ruhe G. A systematic approach for solving the wicked problem of software release planning. Soft Comput 2008;12:95–108.
[50] Montpetit MJ, Klym N, Mirlacher T. The future of IPTV (connected, mobile, personal and social). Multimedia Tools Appl 2011;53:519–32.
[51] Boever JD, Grooff DD. Peer-to-peer content distribution and over-the-top tv: An analysis of value networks. In: Handbook of peer-to-peer networking. New York: Springer; 2010. p. 961–83.
[52] Saxton G, Oh O, Kishore R. Rules of crowdsourcing: Models, issues, and systems of control. Inf Syst Manag 2013;30:2–20.
[53] Gefen D, Carmel E. Is the world really flat? a look at offshoring at an online programming marketplace. MIS Quart 2008; 367–84.
[54] Kishore R, Rao H, Nam K, Rajagopalan S, Chaudhury A. A relationship perspective on it outsourcing. Commun ACM 2003;46:86–92.
[55] Nayebi M, Ruhe G. Analytical open innovation for value-optimized service portfolio planning. In: ICSOB conference. Paphos, Cyprus; 2014.

[56] Menzies T. Beyond data mining; towards idea engineering. In: Proceedings of the 9th international conference on predictive models in software engineering; 2013. p. 11.
[57] Dumitru H, Gibiec M, Hariri N, Cleland-Huang J, Mobasher B, Castro-Herrera C, et al. On-demand feature recommendations derived from mining public product descriptions. In: The 33rd international conference on software engineering, ICSE. Waikiki, Honolulu, HI; 2011.
[58] Martens D, Bart B, Tom F. Editorial survey: swarm intelligence for data mining. Machine Learning 2011;82.1:1–42.
[59] Dorigo M, Birattari M. Swarm intelligence. Scholarpedia 2007; 2:1462.
[60] Martens D, Baesens B, Fawcett T. Editorial survey: Swarm intelligence for data mining. Mach Learn 2011;82:1–42.
[61] Kazman R, Klein M, Barbacci M, Longstaff T, LH, Carriere J. The architecture tradeoff analysis method. In: International conference on engineering of complex computer systems (ICECCS 98). Monterey, CA; 1998. p. 68–78.
[62] Shi Y. Brain storm optimization algorithm. In: Advances in swarm intelligence. Berlin: Springer; 2011. p. 303–309.

第五部分

The Art and Science of Analyzing Software Data

大规模数据分析（大数据）

第 20 章　Boa：一种支持超大规模 MSR 研究的使能语言和基础设施
第 21 章　可扩展的并行化分布式规约挖掘

Boa：一种支持超大规模 MSR 研究的使能语言和基础设施

Robert Dyer*, Hoan Nguyen†, Hridesh Rajan‡, Tien Nguyen†

*Department of Computer Science, Bowling Green State University, Bowling Green, OH, USA**

Department of Electrical and Computer Engineering, Iowa State University, Ames, IA, USA†

Department of Computer Science, Iowa State University, Ames, IA, USA‡

20.1 目标

大规模的软件仓库挖掘（MSR）对更具通用性的研究来说具有重要意义。因此，最近在 MSR 领域进行的一些研究使用的语料库规模远远大于前十年研究使用的语料库规模 [1-15]。如此庞大的软件制品集合可以公开用于分析。例如，SourceForge 有超过 35 万个项目，GitHub 有超过 1000 万个项目，Google Code 有超过 25 万个项目。这是一个巨大的软件和软件信息的集合。

利用如此大量的信息进行 MSR 研究是极其困难的。具体来说，建立超大规模的 MSR 研究是具有挑战性的，因为它们需要研究者同时具备以下专业知识：以编程方式访问版本控制系统、数据存储和检索、数据挖掘、并行处理。这四项要求大大增加了这一领域的科研成本。同样重要的是，构建分析基础设施以有效地处理这种超大规模的数据是非常困难的。笔者认为，对于刚入行的或资源不足的从业者来说，这些阻碍可能击退他们。

本章介绍了 Boa[16]，一种旨在降低超大规模 MSR 研究壁垒的基础设施。Boa 包含一种特定领域的语言及该语言的编译器，一个数据集（截至本文撰写时，该数据集包含近 70 万个开源项目），一个基于 MapReduce 的后端（可以有效辅助分析该数据集），以及一个 Web 前端（用于编写 MSR 程序）。虽然之前的工作都是将 Boa 作为一个研究成果而展开的 [16]，但本章是作为 Boa 的参考指南，主要关注研究人员和软件从业者如何学习使用 Boa。

20.2 Boa 入门指南

在尝试使用 Boa 解决实际的挖掘任务之前，必须了解其幕后发生的事情。本节将对 Boa 的架构进行描述。

20.2.1 Boa 的架构

尽管 Boa 提供了一个非常大的，包含了近 70 万个项目的数据集，且用户编写的查询语句看似连续，但是 Boa 的体系结构仍然能高效地向用户透明地执行这些查询。图 20-1 给出了 Boa 的架构总览。

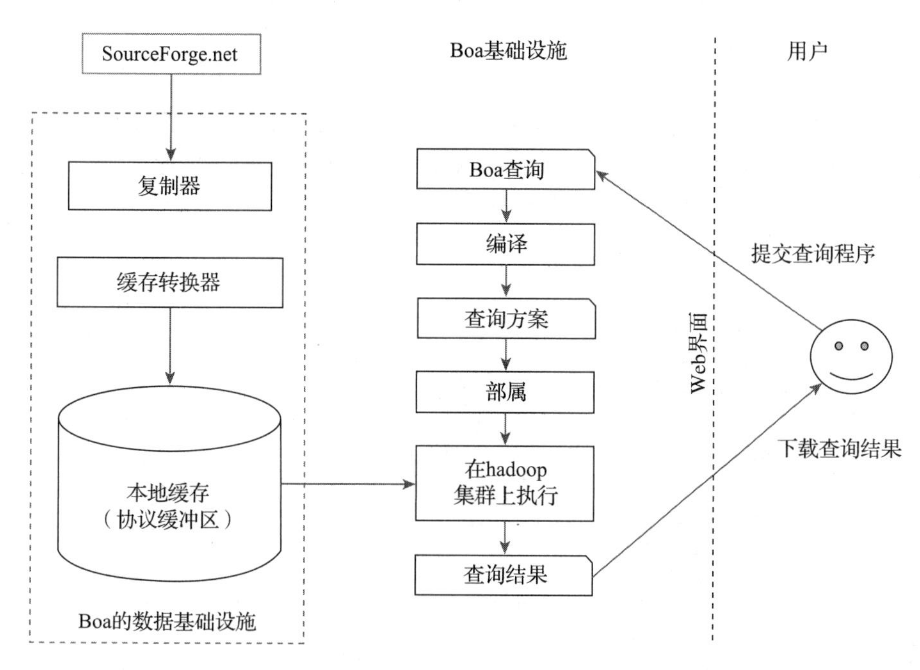

图 20-1　Boa 架构总览。数据被下载、转换并缓存在 Boa 的服务器上。用户通过 Web 界面进行交互并提交查询语句，查询语句被编译成 Hadoop 分布式程序，在集群中运行，结果通过 Web 界面展示

在后端，Boa 首先克隆了源代码库（如 SourceForge）中的数据，然后将数据转换为其自定义格式，在这种自定义格式上可以进行高效的查询。转换后的数据作为缓存存储在 Boa 的服务器集群中。这构成了 Boa 的数据基础设施，并抽象了有关如何查找、存储、更新及查询如此大量数据的许多细节。

用户通过 Web 界面与 Boa 进行交互。用户用 Boa 特定领域的查询语言编写查询语句，并将查询语句提交给网站，然后服务器编译该查询语句并将其转换为一个 Hadoop[17] MapReduce[18] 程序。该程序会被部署到集群中，并以高度并行、分布式的方式执行。所有这些操作对用户都是透明的。查询完成后，程序将通过 Web 界面输出结果。

如图 20-2 所示的是一个简单的 Boa 程序，该程序用于计算使用 Java 语言的项目的数量。首先，程序声明一个名为 count 的输出变量（第 1 行），此输出使用了和函数 sum，该函数计算所有发送给它的整数的算术和。程序将单个项目作为输入（第 2 行），然后查看该项目的元数据，检查该项目的编程语言声明（第 3 行），判断该项目使用的语言中是否有一种是 Java。如果存在与该条件匹配的值，就向变量 count（第 1 行）输出一个值 1，表示找到了一个使用 Java 的项目。

```
1    count: output sum of int;
2    p: Project = input;

3    exists (i: int; input.programming_languages[i] == "Java")
4        count << 1;
```

图 20-2　一个计算 Java 项目数量的 Boa 程序

图 20-3 展示了该程序如何执行的语义模型。输入数据集包括 SourceForge 上的所有项目。Boa 程序对每个项目进行一次实例化，并将其作为输入。如果数据集有 70 万个项目，那么（逻辑上）集群上运行的程序实例就有 70 万个。然后，程序的每个实例独立地分析一个项目。当实例发现它正在分析的项目使用 Java 作为编程语言时，它会将值 1 发送给输出变量。

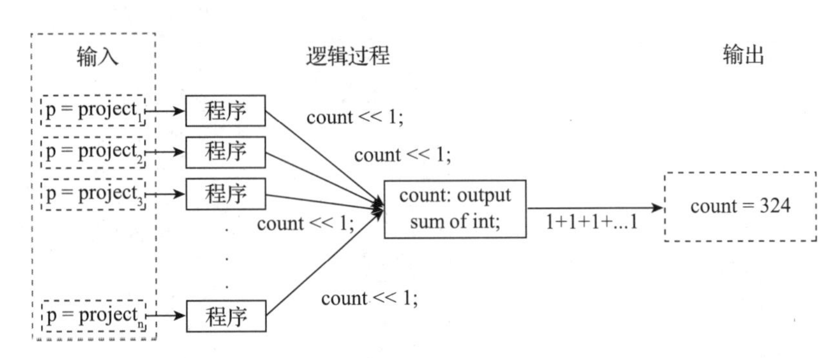

图 20-3　Boa 程序的语义模型。输入是单个项目集合。每个输入都有自己的进程并分析一个项目。每个输出也有各自独立的进程，它们接收数据、聚合数据并生成结果输出

每个输出变量都可以看作是单独的进程。发送值类似于在进程之间发送消息。在所有输入过程完成后，输出过程形成一个值列表（在本例中，是一组 1）。然后，通过对这些值求和并生成最终的输出结果来聚合数据。最后输出的是输出变量的名称及其结果。

20.2.2　提交任务

通过 Web 界面 [19] 提交 Boa 查询语句（见图 20-4）。该界面提供了集成开发环境应具备的标准特性，如语法高亮和代码自动补全。此外，Boa 还提供了许多跨多个域的查询语句的示例，用户可以通过编辑器上方的下拉框轻松地查看这些查询示例。

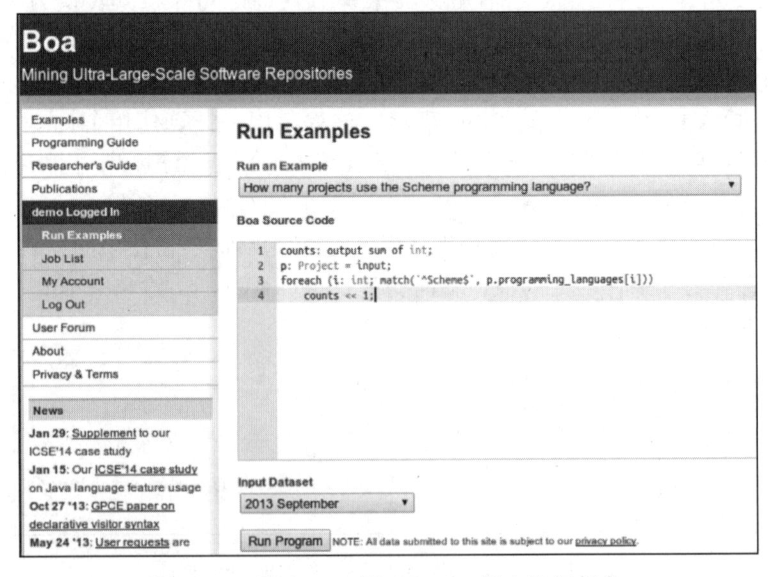

图 20-4　通过 Web 界面向 Boa 提交挖掘任务

用户在编写查询语句之后，需选择用作输入的数据集。Boa 提供输入数据的快照（即时拷贝），并使用快照创建时的时间戳进行标记。Boa 定期生成这些数据集（至少每年一次，将来甚至每月一次）。一旦数据集被创建，它将永远不会改变。这样，研究人员只需提供相同的查询语句并选择相同的输入数据集，就可以轻松地复现之前的研究结果。

在提交查询语句时，Boa 将创建一个任务（如图 20-5）。所有任务都有唯一的标识，用户可以通过该标识控制它们，例如停止任务、重新提交任务和查看任务结果。任务页面将显示编译是否成功以及所有错误信息，同时显示执行查询的状态。执行完成后，任务页面将提供与执行时间有关的信息，以及查看和下载输出结果的链接。

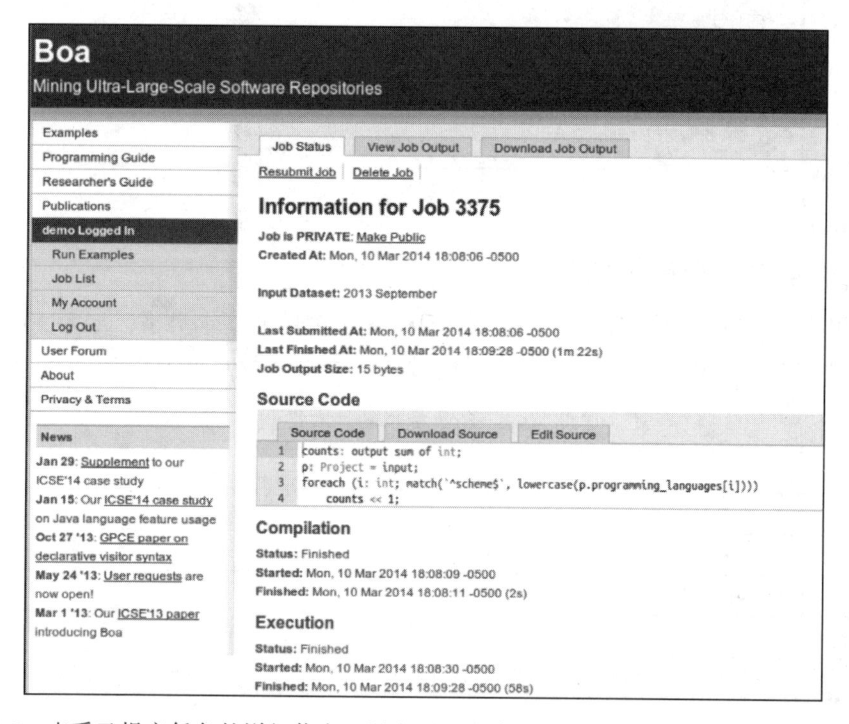

图 20-5　查看已提交任务的详细信息。用户可以在线查看程序的输出或将其作为文本文件下载

20.2.3　获取结果

一旦任务被正确地完成，用户就可以从任务页面中查看 Boa 程序的输出。用户有两个选项：可以在线查看输出的前 64 KB 数据（参见图 20-6），或将结果作为文本文件下载。

20.3　Boa 的语法和语义

本节将描述 Boa 的语法和语义。Boa 的语法灵感来自于 Sawzall[20]，这是谷歌为处理大量日志而设计的流程性编程语言。尽管 Boa 程序看起来是顺序执行的，但实际上程序被转换成 MapReduce[18] 程序，并且程序以并行、分布式的方式运行。该语言抽象了框架中的许多细节。Boa 程序很多时候实际上处于 map 阶段，它将单个项目作为输入，处理并输出结果。用户描述 Boa 程序的输出，并从一组预定义的聚合器中进行选择，这些聚合器的作用类似于 reduce 阶段。在本节的其余部分中，将更详细地描述 Boa 的语言特性。

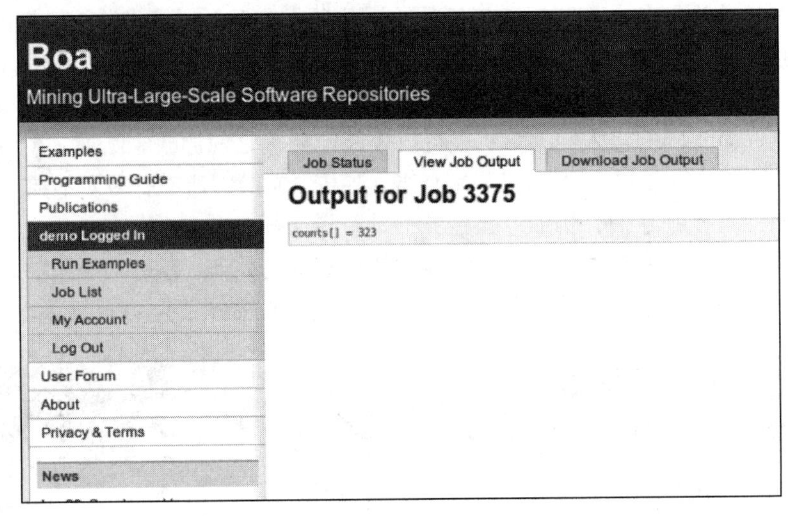

图 20-6　在线查看任务输出

20.3.1　基本类型和复合类型

Boa 提供了几种内建类型。第一组类型是该语言可用的基本类型，如表 20-1 所示。这些类型包括许多标准类型，如布尔型、字符串类型、整型和浮点型。

表 20-1　Boa 提供的基本类型

类型	描　　述
bool	布尔值（true, false）
string	Unicode 字符数组
int	64 位带符号整型
float	64 位 IEEE 浮点型
time	类似 Unix 的时间戳，无符号整数，表示自 1970 年 1 月 1 日 00:00:00 UTC 以来的微秒数

Boa 还提供了一种名为 time 的类型来表示类 Unix 的时间戳。所有日期 / 时间值都使用这种类型表示。有许多处理时间值的内建函数，包括获取日期的特定部分（如日、月、年等），按日、月、年添加时间，以及截断到特定的粒度。

Boa 中的字符串是由 Unicode 字符组成的数组。字符串可以使用索引来获取单个字符。字符串可以通过使用加运算符（+）连接在一起。还有许多内建函数用于处理字符串，例如：大写 / 小写转换，获取子字符串，将它们与正则表达式匹配，等等。

Boa 还提供了几种复合类型，如表 20-2 所示。这些类型由基本类型的元素组成，包括数组、映射、堆栈和集合。

表 20-2　Boa 提供的复合类型

类　　型	使用示例

`array of basic_type`	`a: array of int = 0, 2; # 初始化`
	`a = new(a, 10, 0);      # 初始化`
	`a[0] = 1;               # 赋值`
	`a = a + a;              # 级联`
	`i = len(a);             # 数组长度`

（续）

类　　型	使用示例

map[basic_type] of basic_type	`m: map[string] of int;  # 声明`
	`m["k"] = 0;  # 赋值`
	`remove(m, "k");  # 删除`
	`b = haskey(m, k);  # 测试键`
	`ks = keys(m);  # 键的数组`
	`vs = values(m);  # 值的数组`
	`clear(m);  # 清空映射`
	`i = len(m);  # 条目数量`

stack of basic_type	`st: stack of int;  # 声明`
	`push(st, 1);  # 值入栈`
	`i = pop(st);  # 出栈`
	`clear(st);  # 清空栈`
	`i = len(st);  # 值的数量`

set of basic_type	`s: set of int;  # 声明`
	`add(s, 1);  # 向集合中添加值`
	`remove(s, 1);  # 删除值`
	`b = contains(s, 1);  # 值的测试`
	`clear(s);  # 清空集合`
	`i = len(s);  # 值的数量`

数组可以使用一组逗号分隔的值进行初始化，这些值由大括号括起来。还可以使用 new() 函数将它们初始化为固定大小，该函数将所有条目初始化为给定的值。可以为数组中的单个元素编制索引，用于读取和设定值。数组索引是从 0 开始。数组也可以通过使用加运算符（+）连接在一起。可以使用 len(a) 函数获取数组的大小。

映射基于散列函数提供简单的映射功能。映射初始为空，也可以清空映射（使用 clear(m) 函数）。赋值可以通过赋值运算符（=）来完成，赋值运算符的左边是映射的索引，右边是值。还可以从映射中删除条目（使用 remove(m, k) 函数）。映射中的键可以作为数组检索（使用 keys(m) 函数）。类似地，也可以将映射中的值作为数组检索（使用 values(m) 函数）。还可以检索映射中的条目数（len(m)）。

可以使用 stack 类型维护一组值。栈最初是空的。可以将值入栈（push(st, v)）或出栈（pop(st)）。也可以清空堆栈（clear(st)）。还可以检索堆栈中元素的数目（len(st)）。

最后，使用 set 类型创建无重复值的集合。值可以被添加（add(s, v)）进集合或从集合中删除（remove(s, v)），并且可以查询集合以检查它们是否存在（contains(s,v)）。也可以清空集合（clear(s)）。还可以检索集合中不重复值的数量（len(s)）。

20.3.2 输出聚合

如前所述，Boa 提出了输出变量的概念。输出变量声明输出时使用的输出聚合函数。表 20-3 给出了可用聚合函数的列表。

表 20-3 Boa 提供的输出聚合器

聚合器	描　　述
collection [indices] of T	数据点的集合，不执行聚合 例：`output collection[string] of string`
set (param) [indices] of T	类型为 T 的数据集合。如果指定了 *param*，则该集合最多包含前 *param* 个元素 例：`output set(5) of int # limit to first 5 elements` 例：`output set of int`

（续）

聚合器	描　述
sum [indices] of T	数据的算术和，类型为 T 例：`output sum[string][time] of int`
mean [indices] of T	数据的算术平均值，类型为 T 例：`output mean of int`
bottom (param) [indices] of T	一种统计取样，记录底部 *param* 个 T 类型的元素
bottom (param) [indices] of T weight T2	同上类似，但是对类型为 T 的项进行分组，并使用它们的组合权重来选择元素 例：`output bottom(10) of string weightint`
top (param) [indices] of T	一种统计取样，记录顶部 *param* 个 T 类型的元素
top (param) [indices] of T weight T2	同上类似，但是对类型为 T 的项进行分组，并使用它们的组合权重来选择元素 例：`output top(10) of string weight int`
minimum (param) [indices] of T weight T2	*param* 个最低加权元素的精确样本，类型为 T，不同于 bottom，不分组项目 例：`output minimum(10) of string weight int`
maximum (param) [indices] of T weight T2	*param* 个最高加权元素的精确样本，类型为 T，不同于 top，不分组项目 例：`output maximum(10) of string weight int`

所有聚合器都可以自由选择使用索引，索引充当分组操作符。所有输出都按照相同的索引进行排序和分组。然后将聚合函数应用于每个分组。在有多个索引的情况下，分组是从左到右执行的。

collection 聚合器提供了一种简单收集一些输出，而无须对值应用任何聚合的方式。发送到此聚合器的任何值都将直接显示在结果中。

set 聚合器与此类似，但相同的值只输出一次。因此，如果你将值“1”发出 50 次，那么“1”在输出中将只出现一次。

sum 聚合器接受值并计算它们的算术和。param 定义了集合中允许的最大元素数量。如果没有给定 param，那么集合的大小可以是任意的。mean 聚合器计算值的平均值。

top/bottom 聚合器产生输出中至多有 param 个值。聚合器将根据值进行分组，并为每个值计算总权重。然后根据权重对值进行排序，聚合器输出顶部或底部的 param 个值。如果没有给出权重值，则使用默认的权重 1。

例如，如果发送到聚合器的值和权重为

```
"foo" weight 2
"bar" weight 1
"baz" weight 2
"foo" weight 3
"bar" weight 4
"foo" weight 3
```

然后聚合器将看到以下排序的列表：

```
"foo", 8
"bar", 5
"baz", 2
```

之后从列表中选择顶部 / 底部的 param 个值。

minimum/maximum 聚合器类似于 top/bottom，但是，这种聚合器不计算总权重。相反，他们根据每一个独立的值的权重排序，选择顶部 / 底部的值。因此，一个值在 top/bottom 的输出中只能出现一次，但是在 minimum/maximum 中可以出现多次。考虑上文的列表，对于 minimum/maximum 聚合器，将看到以下排序列表

```
"bar", 4
"foo", 3
"foo", 3
"foo", 2
"baz", 2
"bar", 1
```

并从该列表中选择前 / 后 param 个元素。因此，top(3) 中"foo"只出现一次，而 maximum(3) 将包含两个"foo"。

20.3.3　用量词表示循环

Boa 中的很多数据都是用数组表示的。对于许多挖掘任务来说，能够轻松地循环遍历这些数据非常重要。为了方便处理数据的循环遍历，Boa 提供了三种量词语句：foreach、exists 和 ifall。量词虽然是一种捷径，但在许多任务中都很有用，该形式使程序更容易编写和理解。

所有量词都需要一个无须初始化的变量声明（通常是整型）、一个布尔条件和一条语句。foreach 量词为所有符合条件的量词变量的值执行语句。量词变量是可用的，并且可以绑定在语句中。例如，

```
foreach (i: int; match(`^java`, lowercase(input.programming_languages[i]))
{ .. } # body, can access matching values of i
```

为项目声明的名称以字符串 'java' 开头的所有项目运行循环体。

exists 量词的不同之处在于，当且仅当条件满足的量词变量存在（至少）一个值时，它最多执行语句一次。如果语句执行，量词变量将绑定到第一个满足条件的事件。例如，

```
exists (i: int; match(`^java`, lowercase(input.programming_languages[i]))
{ .. } # body, runs at most one time
```

如果项目声明的至少一种编程语言的名称以字符串"java"开头，则运行主体一次。在这种情况下，i 的值将绑定到第一个匹配项。

最后，ifall 量词也最多执行语句一次。当且仅当所有量词变量都满足条件时才执行一次。此时，量词变量在语句中不可用。例如，

```
ifall (i: int; !match(`^java`, lowercase(input.programming_languages[i]))
{ .. } # body, runs at most one time
```

如果没有以字符串"java"开头的名称声明的编程语言，则运行循环体一次。在这种情况下，i 的值在循环体中不可用。

20.3.4　用户自定义函数

Boa 语言允许用户直接在查询程序中编写自己的函数。这使用户能够自定义内建函数，或者通过编写自己的挖掘函数来扩展框架。这对于框架的可用性是至关重要的，因为不同的用户可能有不同的需求，一个算法的参数需要有不同的值，甚至需要一个或多个框架尚未提供的算法。

定义函数的基本语法如下:

```
id := function([id : T]*) [: T] { body };
```

它将函数命名为 id,定义 0 个或多个命名参数,返回类型可选,并定义函数的主体。注意,语法实际上是一个带有初始化的变量声明——这意味着需要在右括号后面加上分号!

由于函数是一种函数类型的变量,因此它们可以作为参数传递到其他函数中,甚至可以分配给多个变量,前提是函数类型相同。例如,可以编写一个函数来查找整数数组中的最大值:

```
1	maxint := function(a: array of int, cmp: function(l: int, r: int) : int) : int
2	{
3		v := a[0];
4		for (i := 1; i < len(a); i++)
5			if (cmp(v, a[i]) < 0)
6				v = a[i];
7		return v;
8	};
```

它接受一个数组和一个比较函数。然后可以通过传入一个自定义的比较函数来调用该函数(在本例中,它是一个匿名函数):

```
i := maxint(a, function(l: int, r: int) : int { return l - r; });
```

它执行两个整数之间的标准比较。

20.4 挖掘项目和仓库元数据

Boa 提供的数据集包含关于项目的元数据和源代码仓库。本节介绍具体领域的元数据,并演示如何使用它们查询项目和代码仓库。

20.4.1 挖掘软件仓库的类型

Boa 语言为挖掘项目和仓库元数据提供了五种用于具体领域的类型。表 20-4 展示了这五种类型。每种类型都提供了几个可视为只读字段的属性。这些类型形成一个树形结构,树形结构的根是 Project 类型。这种类型作为 Boa 程序的输入。

Project 类型中包含代码语料库中关于项目的元数据。它的属性包括项目的 name、homepage_url、项目的 description、有关 maintainers 和 developers 的信息,以及 code_repositories 列表。所有可能含有的属性见表 20-4,也有一些项目所在仓库的部分属性可能没有定义。

Person 类型表示仓库中的某个用户。用户包括项目维护者、开发人员和提交者。Person 类型包含用户在存储库中的 username、real_name 和 email 地址。

CodeRepository 类型提供关于项目的代码仓库的元数据。它包含存储库的 url、版本控制系统的类型(例如 Subversion (SVN)、Git),以及已提交的所有修订版本的列表。

每个修订版本都对应一个 Revision 类型,包含唯一的修订版本 id,提交时的日志信息,commit_date,提交的 author 的信息以及实际 committer(通常是同一个人,在 SVN 必定是同一个人),和在该版本修改的文件的列表。

所有修改的文件都由 ChangedFile 类型表示,它包含文件的 name(存储库中文件的相对路径)、文件的类型(例如,Java 源文件、C 源文件、二进制文件)和对文件执行的修改的类型（例如，添加、删除或修改）。解析无误的源文件的内容是可用的，而其他文件的内容则不可用（由于空间原因）。将来，Boa 可能包含源代码之外的其他类型的文件的内容。

表 20-4　Boa 为项目和仓库元数据提供的类型

类　型	属　性
Project	id: string name: string created_date: time code_repositories: array of CodeRepository audiences: array of string databases: array of string description: string developers: array of Person donations: bool homepage_url: string interfaces :array of string licenses: array of string maintainers: array of Person operating_systems: array of string programming_languages: array of string project_url: string topics: array of string
Person	username: string real_name: string email: string
CodeRepository	url: string kind: RepositoryKind revisions: array of Revision
Revision	id: int log: string committer: Person commit_date: time files: array of ChangedFile
ChangedFile	name: string kind: FileKind change: ChangeKind

20.4.2　示例 1：十大编程语言挖掘

关于编程语言可以问的一些示例问题如下：哪些是最流行的？在过去的几年中，语言使用的趋势是什么？这些问题的答案对很多人都有用，无论是需要从数十种语言中选择一门或几门进行学习的初学者，还是想要改善语言的语言设计者。图 20-7 给出了一个 Boa 程序的例子，它可以回答这样的问题。

```
1       counts: output top(10) of string weight int;
2       foreach (i: int; input.programming_languages[i])
3               counts << input.programming_languages[i] weight 1;
```

图 20-7　一个 Boa 程序，用于挖掘 10 种最常用的编程语言

这个简单的程序只包含三行代码。与图 20-2 中的示例类似，此程序包含输出声明（第 1

行）。但是，它使用了一种不同的聚合函数 top 来获取数据库中使用最多的 10 种语言。输出是一个由 10 个字符串元素组成的列表，列表的顺序是按照字符串对应的整数型权重排序的。该程序在每个输入项目上运行（第 2 行）。注意，这一次没有给输入命名，而是直接使用它。项目中使用的每一种编程语言都向输出传递语言的名称和权重（第 2～3 行）。聚合器收集这些语言名称，并相应地增加它们的权重。最终的结果是 10 个权重最高的语言名称的降序排名结果。

从这个简单的 Boa 程序开始，你可以在不同的数据集上运行相同的程序，查看过去不同年份中语言使用的趋势。你还可以自定义它来查询关于编程语言的许多其他信息。例如，你可以根据流行程度的不同标准使用不同的权重值。你可以使用一种语言编写的代码量来衡量流行度，方法是将 weight 值由 1 替换为用该语言编写的代码行数。或者，如果希望研究编程语言与项目主题之间的关系，可以轻松修改此程序以计算最热门的前 k 对主题和语言：

```
1       pairs: output top(10) of string weight int;
2       foreach (i: int; input.programming_languages[i])
3               foreach (j: int; input.topics[j])
4                       pairs << input.programming_languages[i] + ", " + input.
    topics[j] weight 1;
```

20.4.3　内置函数

除了 Sawzall 中的标准内建函数之外，Boa 还为某些涉及处理项目和代码仓库元数据的常见任务提供了几个内置函数。本节将介绍其中两个函数。

第一个函数是 hasfiletype，它接收两个参数：来自某个存储库的修订版本和包含文件拓展名的字符串。此函数返回一个布尔值，如果修订版本已修改的文件名称中包含给定的扩展名，该值为 true，否则为 false。它使用模式匹配来检查是否有以给定扩展名结尾的文件名（第 2 行）。对于查询那些感兴趣的修订版本，其中包含用特定编程语言（如 C、C++、Java 和 C#）编写的源代码文件或以特定格式（如 CSV、XML 或 text）编写的文件，该函数非常有用。

```
1       hasfiletype := function(rev: Revision, ext: string) : bool {
2               exists (i: int; match(format(‘\.%s$‘, ext), lowercase(rev.files[i].name)))
3                       return true;
4               return false;
5       };
```

第二个内置函数是 isfixingrevision，它也用于挖掘仓库的元数据。此函数接收某个修订或提交消息的字符串作为输入，并确定它是否是 bug 修复的修订日志。它通过使用模式匹配检查日志消息是否包含某些表示 bug 修复活动的关键字（第 2～3 行）来确定。在该函数的实现中，将单词 fix、error、bug 和 issue 以及它们的一些变体视为修复 bug 的标识。如果用户希望使用不同关键字集甚至不同方法，可以在 Boa 代码中定义自定义函数来实现，如下一节中图 20-8 所示的示例中的程序。

```
1       isfixingrevision := function(rev: Revision) : bool {
2               if (match(‘\bfix(s|es|ing|ed)?\b‘, rev.log))     return true;
3               if (match(‘\b(error|bug|issue)(s)\b‘, rev.log)) return true;
4               return false;
5       };
```

20.4.4 示例 2：挖掘缺陷修复的修订版本

开发人员通过对代码仓库提交修改来开发软件项目。这些修改中包括修复源代码中的缺陷。研究人员一直在研究这些修复缺陷的修改，以提高软件的质量和改进软件开发。例如，人们想要描述缺陷代码的特征（在修复之前）并训练一个分类器，来预测未来提交中的缺陷代码。有些工作可能会从之前的缺陷修复工作中学习，以便在将来遇到类似缺陷时可以自动导出补丁。还有些工作可能会在之前的开发周期中对缺陷出现的趋势进行建模，为下个周期做准备。

这些工作的一个核心任务是从历史中识别缺陷修复的修订版本。图 20-8 显示了执行此任务的 Boa 程序示例。对于一个输入项目，程序访问每个代码仓库（第 7 行），并检查仓库中的每一个修订版本，通过调用函数 IsFixingRev，检查提交的日志信息，从而检测该版本是否已经修复了一个缺陷（第 8 行）。IsFixingRev 是在第 2～6 行声明的用户定义函数。此函数将给定的日志消息与特定模式进行匹配（第 3～4 行）。如果匹配成功，则认为此修订版是修复缺陷的版本。因为想要匹配的模式略有不同，所以该程序不使用具有类似功能的内置函数 isfixingrevision。

```
1       counts: output sum of int;

2       IsFixingRev := function(rev: Revision) : bool {
3               if (match(`\bfix(s|es|ing|ed)?\b`, rev.log)) return true;
4               if (match(`\b(bug|issue)(s)\b`, rev.log))    return true;
5               return false;
6       };

7       foreach (i: int; input.code_repositories[i])
8               foreach (j: int; IsFixingRev(input.code_repositories[i].revisions[j]))
9                       counts << 1;
```

图 20-8 一个 Boa 程序，使用自定义挖掘算法挖掘 bug 修复的修订版本

20.4.5 示例 3：计算项目的搅动率

挖掘项目和仓库元数据的最后一个示例是关于对 SVN 仓库中已修改文件的查询。它使用 SVN 计算每个项目的搅动率，将其定义为每个修订版本的平均修改文件数。此查询的 Boa 程序如图 20-9 所示。

```
1       rates: output mean[string] of int;

2       foreach (i: int; input.code_repositories[i].kind == RepositoryKind.SVN)
3               foreach (j: int; input.code_repositories[i].revisions[j])
4                       rates[input.id] << len(input.code_repositories[i].revisions[j].files);
```

图 20-9 Boa 程序使用 SVN 计算项目的搅动率

对于每个输入项目，查询访问 SVN 仓库（如果存在）（第 2 行）和迭代遍历所有的修订版本（第 3 行）。对于每个修订版本，已修改的文件的数量被发送到输出中（第 4 行）。输出通过项目的 id 建立索引，也就是说这些输出值将按照项目进行分组。输出变量使用平均聚合器并计算每个项目所有值的平均值，从而得到最终结果。

20.5 使用访问者模式挖掘源代码

对源代码挖掘任务进行表达非常具有挑战性。Boa 试图通过借鉴面向对象的访问者模式中的自定义语法来简化这一过程。

20.5.1 挖掘源代码的类型

之前介绍了可用于挖掘项目和代码仓库元数据的五种类型。本节将介绍另外九种用于挖掘源代码数据的类型，这些类型如表 20-5 至表 20-7 所示。

表 20-5 Boa 为源代码挖掘提供的类型

类　型	属　性
ASTRoot	imports: array of string namespaces: array of Namespace
Namespace	name: string declarations: array of Declaration modifiers: array of Modifier
Declaration	name: string parents: array of Type kind: TypeKind modifiers: array of Modifier generic_parameters: array of Type fields: array of Variable methods: array of Method nested_declarations: array of Declaration
Type	name: string kind: TypeKind
Modifier	kind: ModifierKind visibility: Visibility other: string annotation_name: string annotation_members: array of string annotation_values: array of Expression

表 20-6 Boa 为源代码挖掘提供的方法和变量类型

类　型	属　性
Method	name: string modifiers: array of Modifier arguments: array of Variable exception_types: array of Type return_type: Type generic_parameters: array of Type statements: array of Statement
Variable	name: string modifiers: array of Modifier variable_type: Type initializer: Expression

表 20-7 Boa 为源代码挖掘提供的语句和表达式类型

类　型	属　性
Statement	kind: StatementKind condition: Expression expression: Expression initializations: array of Expression statements: array of Statement type_declaration: Declaration updates: array of Expression variable_declaration: Variable
Expression	kind: ExpressionKind annotation: Modifier anon_declaration: Declaration expressions: array of Expression generic_parameters: array of Type is_postfix: bool literal: string method: string method_args: array of Expression new_type: Expression variable: string variable_decls: array of Variable

对于表示源文件的任何 ChangedFile，该源代码的解析表示由一个自定义抽象语法树（AST）提供。截至2015年8月，仅支持Java源代码，但后期计划支持更多语言。源文件AST的根是ASTRoot类型。此类型包含导入的任何类型或模块的信息以及文件中包含的命名空间（Namespace）。可以通过调用内置函数getast()来访问文件的ASTRoot，稍后将详细介绍。

命名空间（Namespace）类似于Java中的包，其具有名称和可选的Modifier，并包含声明。Declaration表示类型的声明，可以是类、接口、枚举、注释等。Type表示源文件中的类型符号。类型的名称与源文本中该位置显示的名称完全相同，这意味着它可能是（也有可能不是）完全限定的。

声明具有Method和Varible类型（字段），如表20-6所示。这些类型是不言自明的。

最后，Boa提供了Statement和Expression类型，如表20-7所示。当创建这九种类型时，有如下几个目标。首先，希望尽可能减少类型的总数，以便用户更容易记住。其次，希望它们足够灵活，能够支持大多数面向对象的语言。再者，希望它们是可扩展的，这样就可以随着时间的推移添加对其他语言的支持。

为了达成这些目标，Statement和Expression类型被用作联合类型。这也就是说没有使用近50种不同的类型（每种对应一种表达式），而是使用一种统一的类型。类型中有一个名为kind的属性，以指示它们是什么类型的语句或表达式。其他属性将根据该属性的值进行赋值。

例如，Java中的for语句，如

```
for (int i = 0; i < 5; i++) { .. }
```

将如下表示：

```
Statement {
        kind = StatementKind.FOR,
        initializations = [ /* int i = 0 */ ],
        updates = [ /* i < 5 */ ],
```

```
        expression = /* i++ */,
        statements = ...
}
```

变量声明、类型声明以及条件属性都是未定义的。另外，对于不同的语言特性，例如 Java 的增强型 for 循环，仍然可以使用相同的类型。例如，考虑 Java 代码

```
for (int i : coll) { .. }
```

将如下所示：

```
Statement {
        kind = StatementKind.FOR,
        variable_declaration = /* int i */,
        expression = /* coll */,
        statements = ...
}
```

其余剩下的属性并未定义。挖掘任务可以通过是否定义了 variable_declaration 来轻松区分这两种类型的语句。

20.5.2 内置函数

Boa 提供了几个处理源代码的领域相关的函数。本节将对此进行介绍。

第一个函数是 getast()：

```
1        getast (file: ChangedFile) : ASTRoot
```

其输入 ChangedFile 并返回该文件修订版的 ASTRoot。如果文件没有 AST，则该函数返回一个空的 ASTRoot。

Getsnapshot() 函数返回代码仓库的时间视图。这些视图称为快照，是指该时间点存在的所有文件。该函数还接受一个字符串数组，用于过滤特定类型的文件。过滤是在将字符串与每个文件类型的开头匹配的基础上完成的。例如，FileKind 包含 SOURCE_JAVA_ERROR（对于不解析的 Java 源文件），SOURCE_JAVA_JLS2（对于 Java 1.4），SOURCE_JAVA_JLS3（对于 Java 5）等。如果传入“SOURCE_JAVA”，它将保留所有 Java 源文件，甚至是不解析的源文件。但是，如果传入“SOURCE_JAVA_JLS”，它将仅保留解析时没有任何错误的 Java 源文件。最后两个参数是可选的，如果没有提供，则默认为当前时间和包含所有文件。

```
1        getsnapshot := function(cr: CodeRepository, t: time, filters: array of string) : array
     of ChangedFile {
2                snapshot: map[string] of ChangedFile;

3                visit(cr, visitor {
4                        before node: Revision -> if (node.commit_date > t) stop;
5                        before node: ChangedFile -> {
6                                filter := len(filters) > 0;

7                                exists (i: int; iskind(filters[i], node.kind))
8                                        filter = false;

9                                if (!filter) {
10                                       if (node.change == ChangeKind.DELETED)
11                                               remove(snapshot, node.name);
12                                       else
13                                               snapshot[node.name] = node;
```

```
14                                      }
15                              }
16                      });

17                      return values(snapshot);
18              };
```

isliteral() 是一个有用的函数，在挖掘源代码时，需要知道一个表达式是否是一个特定的文本（例如，null），该文本是用来测试一个表达式以查看它是否是文本类型，如果是，文本字符串是否与提供的字符串匹配。这是一种常见的模式，因此将其作为可重用的函数提供。

```
1       isliteral := function(e: Expression, s: string) : bool {
2               return e.kind == ExpressionKind.LITERAL && def(e.literal) && e.literal == s;
3       };
```

20.5.3　访问者语法

Boa 还提供了易于挖掘源代码的语言功能。该语法的灵感来自面向对象的访问者模式 [21]。项目的所有数据都表示为一棵树，因此访问者可以轻松遍历该树的结构，并在访问特定类型的节点时轻松指定操作。

定义访问者的一般语法是声明新访问者并为其指定名称 id。每个访问者有一个或多个访问子句，可以进行前序访问或后序访问。在遍历树时，如果某节点具有类型 T，则子句前后的任何匹配都将执行它们的语句。前序子句在访问节点时以及在访问节点的子节点之前立即执行。后序子句在访问节点的子节点后执行。默认情况下，访问者提供深度优先的遍历策略。访问者在访问 ChangedFile 时也会自动调用 getast()，从而确保可以访问源代码节点。定义访问者的一般语法如下所示：

```
id := visitor {
        before n: T -> statement;
        after  n: T -> statement;
        ...
};
```

要开始访问，只需调用 visit() 函数并提供起始节点（通常只是输入）和访问者。请注意，正如提供的大部分示例所示，访问者可以匿名。visit() 函数如下所示：

```
visit(node, v);
```

访问语句有三种匹配类型的方法。第一种方法只匹配一种类型，并且为其命名（可选）。如果提供了名称，则可以在正文中访问该类型中的属性。第一种方法如下所示：

```
before n: T -> statement;
```

第二种方法是类型列表。当被访问的节点属于列表中的任意类型时，将执行此子句。这样可以在访问者中轻松地共享功能。第二种方法如下所示：

```
before T1, T2, .. -> statement;
```

最后一种方法是通配符。通配符充当默认访问。访问某个类型时，如果访问者中没有匹配的子句并且提供了通配符，则执行通配符。该方法如下所示：

```
before _ -> statement;
```

20.5.4　示例 4：挖掘抽象语法树统计

本节举例来说明该语法的工作原理。考虑如下挖掘任务：*找到语料库中每个项目的 AST*

节点数。该任务的解决方案如图 20-10 所示。

```
1	AstCount: output sum[string] of int;

2	visit(input, visitor {
3		# by default, count all visited nodes
4		before _ -> AstCount[input.id] << 1;

5		# these nodes are not part of the AST, so do nothing when visiting
6		before Project, Person, CodeRepository, Revision, ChangedFile -> ;
7	});
```

图 20-10　挖掘每个项目中 AST 节点的数量

首先声明输出，将其命名为 AstCount（第 1 行）。输出要求是整型的值。它包含一个字符串类型的索引，因此，可以按项目对值进行分组，并将这些值相加。

接下来声明一个访问者（第 2～7 行）。然后从输入（第 2 行）开始访问并使用声明的匿名访问者，该访问者包含两个子句。

第一个子句（第 4 行）提供了默认行为。默认情况下，希望在访问节点时对节点进行计数。因此，当访问每个节点时，将值 1 传给输出变量，并将当前项目的 id 作为索引。

第二个子句（第 6 行）用来处理特殊情况。由于只关注 AST 节点计数，所以列出了非 AST 节点类型并对其进行覆盖。在这种情况下，由于不对这些节点类型计数，所以无须做任何操作。

至此，挖掘任务完成。项目 ID 列表以及该项目的 AST 节点总数将作为运行此查询的结果。

20.5.5　自定义遍历策略

访问者提供默认的深度优先遍历策略。这适用于许多（但不是全部）源代码挖掘任务。例如，要收集某个类的所有字段，访问者必须访问 Variable 类型，但是，此类型也用于局部变量。因此，需要自定义遍历策略以确保只访问字段。对于默认的遍历策略不起作用的情况，Boa 提供语法来轻松指定所需的遍历。

首先，Boa 具有手动遍历以任何节点为根的子树的语法：

```
visit(node);
```

这类似于正常的访问调用，但是由于当前访问者是隐含的，所以省略了第二个参数。当然也可以提供不同的访问者以及第二个参数。此语法允许按任意顺序手动访问任何子节点，并且可以根据需要进行多次访问。

第二段语法是 *stop 语句*：

```
stop;
```

它表示当前遍历应该在该节点停止。这些语句的作用类似于函数内部的返回，因此在它们之后可能不会出现任何代码。stop 语句仅对*前序访问*有用（并且允许），因为*后序访问*已经遍历了该节点的子节点。

遍历源代码的当前快照是自定义遍历策略的一个实用的示例。这对于任何不需要分析源历史记录而仅对当前状态感兴趣的挖掘任务都非常有用。

此模式（如图 20-11 所示）为所有代码仓库提供了前序访问。在代码体中，使用内置函数 getsnapshot() 来检索代码库（命名为 n）中提供的代码的最新快照。一旦获得快照（存储在命名为 snapshot 的本地变量中)，将手动访问每个 ChangedFile，然后停止默认的遍历。

```
1        # only look at the latest snapshot
2        before n: CodeRepository -> {
3                snapshot := getsnapshot(n);
4                foreach (i: int; snapshot[i])
5                        visit(snapshot[i]);
6                stop;
7        }
```

图 20-11 只挖掘源代码的最新快照

20.5.6 示例 5：挖掘添加的空检查

下面举一个较为复杂的例子。考虑如下挖掘任务：*找出源代码中添加了多少个空检查*（*null check*）。空检查是一个包含相等或不相等条件检查的语句，其中一个参数是一个空字符。该任务的解决方案如图 20-12 所示。

该解决方案需要一个名为 AddedNullChecks 的输出变量，它期望整数类型的值并输出它们的算术和，即添加的所有空检查的总数目。

解决方案的第一部分是编写一个查找空检查的访问者（第 2～10 行）。这部分代码创建了一个全局变量 nullChecks，以记录找到的空检查数量。访问者（第 5～10 行）用于查找某类表达式，该表达式是（不）等式条件运算符（== 或 !=），其中任一操作数是空字符，它使用了前面描述的 isliteral() 函数。

```
1        AddedNullChecks: output sum of int;

2        nullChecks := 0;

3        # find null check expressions, of the form:
4        #   null == expr *OR* expr == null *OR* null != expr *OR* expr != null
5        nullCheckVisitor := visitor {
6                before node: Expression ->
7                        if (node.kind == ExpressionKind.EQ || node.kind == ExpressionKind.NEQ)
8                                exists (i: int; isliteral(node.expressions[i], "null"))
9                                        nullChecks++;
10       };

11       counts: map[string] of int; # map of files to previous count for that file

12       visit(input, visitor {
13               before node: CodeRepository -> clear(counts);
14               before node: ChangedFile    -> nullChecks = 0;
15               after  node: ChangedFile    -> {
16                       # if there are more null checks, log it
17                       if (haskey(counts, node.name) && nullChecks > counts[node.name])
18                               AddedNullChecks << 1;

19                       counts[node.name] = nullChecks;
20               }
21               # look for IF statements where the boolean condition is a null check
22               before node: Statement ->
23                       if (node.kind == StatementKind.IF)
24                               visit(node.expression, nullCheckVisitor);
25       });
```

图 20-12 挖掘源代码以找出添加了多少个空检查

解决方案的第二部分需要查找已修改的文件，计算文件中有多少空检查，以及确定检查的数量是否增加。这里用映射（第 11 行）来记录每个文件的最终计数。映射在每个代码仓库的开始处被初始化（第 13 行），并在访问每个已修改的文件后更新（第 19 行）。由于在访问子句的最后更新了映射，因此当检查新增的空检查时，新添加的文件将不出现在映射中（第 17 行）。

访问者查找判断（if）语句（第 22 行），并在找到一个时调用先前定义的空检查访问者。因此，只需查找处于判断语句的条件中的空检查。

最后，在访问一个已经修改的文件之前，先重置空检查计数器（第 14 行）。在访问该修改的文件后，将检查空检查的数量是否增加（第 17 行），如果增加了，则输出此情况。

20.5.7　示例 6：找到不可达的代码

最后一个例子是用于检测不可达语句的标准静态分析技术。许多编译器检测（并消除）不可达代码。Java 的编译器实际上把许多不可达语句当作编译错误。此任务回答了以下问题：*是否存在包含不可达语句的文件*？该任务的解决方案如图 20-13 所示。

```
1   DEAD: output collection of string;

2   cur_file: string;
3   cur_method: string;

4   alive := true;
5   s: stack of bool;

6   visit(input, visitor {
7           before node: ChangedFile -> cur_file = string(node);
8           before node: Method -> {
9                   cur_method = node.name;
10                  push(s, alive);
11                  alive = true;
12          }
13          after node: Method -> {
14                  if (!alive) DEAD << format("%s - %s", cur_file, cur_method);
15                  alive = pop(s);
16          }
17          before node: Statement ->
18                  switch (node.kind) {
19                          case StatementKind.BREAK, StatementKind.CONTINUE:
20                                  if (def(node.expression)) break;
21                          case StatementKind.RETURN, StatementKind.THROW:
22                                  alive = false;
23                                  break;
24                          case StatementKind.IF, StatementKind.LABEL: stop;
25                          case StatementKind.FOR, StatementKind.DO, StatementKind.WHILE,
26                                          StatementKind.SWITCH, StatementKind.TRY:
27                                  foreach (i: int; node.statements[i]) {
28                                          push(s, alive);
29                                          visit(node.statements[i]);
30                                          alive = pop(s);
31                                  }
32                                  stop;
33                          default:
34                                  break;
35                  }
36  });
```

图 20-13　使用静态分析查找不可达的代码

该例子需要一个名为 DEAD 的输出变量，它期待字符串类型的值并在输出中显示所有的值。解决的思路是首先找到不可达语句，然后输出包含此类语句的方法的路径。所以这里不需要整合，只需按原样收集所有结果。

接下来，需要一个变量和代码来存储当前正在分析的文件的名称（第 2 行和第 7 行）。还需要一个变量来记录当前方法的名称（第 3 行和第 9 行）。 当找到不可达语句并需要将其输出时，将用到该变量（第 14 行）。

分析过程还需一个变量来记录当前语句的存活状态（第 4 行），在进入某个方法的时候将变量初始化为真（第 11 行）。由于方法实际上可以相互嵌套，所以还需要一个栈（第 5 行），当进入和离开方法时，通过入栈和出栈 alive 变量来更新（第 10 行和第 15 行）。

最终，找到停止执行流程的语句，并要求将 alive 变量设置为假（第 19～23 行），这些语句是诸如 return 语句、throw 语句以及 break 和 continue（for 循环）之类的内容。

由于不希望分析产生误报（以可能遗漏一些不可达语句为代价，即假阴性），因此需要考虑一些特殊情况。首先，break 和 continue 可能有标记，因此实际上不太可能在它们之后创建死代码。对于这些，假设如果有标记那么其后面的语句仍然是 alive 状态（第 20 行）。

其次，由于在分析过程中块和标记块可能会产生问题，所以应该尽量避免分析它们的代码体（第 24 行）。

最后，对于带有块的其他语句，必须进行特殊处理（第 25～32 行）。由于不确定这些块是否会执行，因此通常会忽略对块体（body）的分析结果。但是，我们确实希望访问这些块体（body），以防它们内部有嵌套的方法，这些方法本身可能存在不可达语句。

20.6　可复现研究的指南

科学方法的主要原则之一是能够确认或复现先前的研究结果。然而，完全复现以前的研究结果往往是困难或不可能的。原因有很多：原始数据集在论文中没有明确定义，处理后的数据集不可用，所使用的工具和基础设施不可用，挖掘任务本身在文章中含糊不清等。Boa 的主要目标之一就是要解决该问题。本节为研究人员提供 Boa 的使用指南，以便他们的工作可以被其他人复现。

该过程的第一步交由 Boa 的管理员处理。Boa 为查询提供带时间戳标记的数据集。这些数据集一旦在 Boa 网站上发布，将不会随着时间的推移而发生变化，并将继续提供给研究人员。这意味着其他研究人员可以访问你研究中使用的实际数据。

第二步取决于每个研究人员。为了复现他们的研究，用于查询这些固定数据集的程序也必须提供给其他研究人员。这可以通过以下两种方式的任意一种完成：

（1）研究人员可以在研究出版物上公布 Boa 程序和用于研究的数据集。然后他们可以在网站上提供该程序的实验结果。

（2）研究人员可以使用 Boa 网站发布程序、所使用的数据集以及程序的结果。然后，他们可以在他们的研究出版物中提供这些档案的链接。

第二种方法是首选方法，因为 Boa 公共归档页面将包含所有信息，包括原始源代码、执行日期 / 时间、使用的输入数据集以及程序的输出。在本节的其余部分，将介绍如何为某个任务生成 Boa 归档链接。

第一步是查看研究项目中使用的每个 Boa 任务。在任务页面的顶部，有文本表明该任务是 PRIVATE 还是 PUBLIC。如果要共享任务，必须将其标记为 PUBLIC。如果任务是

PRIVATE，则会提供一个链接用来将其标记为 PUBLIC。

现在应该将任务标记为 PUBLIC 任务。还有一个用于查看公共页面的新链接，也就是此任务的归档页面的链接。单击该链接并验证信息是否与你的研究中使用的信息相匹配。

你正在查看的页面是该任务的公共归档页面。这是你应在研究出版物中提供链接的归档页面。此页面包含复现研究结果的所有必要信息，包括原始源代码、使用的输入数据集以及程序的原始输出。

重要的是要注意在复现此结果时，关于该任务的所有必要信息（程序和输入数据集）永远不能再修改！如果你希望修改任务，Boa 将创建一个新任务并保持原始信息的完整性。这有助于避免出现研究人员不小心修改了以前发布的结果的情况，并确保未来的研究人员获得原始信息！

20.7　结论

大规模的 MSR 对于更具有推广性的研究结果非常重要。大量软件产品是公开的（例如，SourceForge 有超过 350 000 个项目，GitHub 有超过 1000 万个项目，Google Code 有超过 250 000 个项目），但是利用这些数据非常困难。本章提供了使用 Boa 的参考指南，Boa 是一种语言和基础设施，旨在降低超大规模 MSR 研究的进入门槛。

Boa 包含一个特定领域的语言，一个编译器，一个包含近 700 000 个开源项目的数据集，一个基于 MapReduce 能有效分析该数据集的后端，以及一个基于 Web 的用于编写 MSR 程序的前端。Boa 语言提供了许多有用的功能，可以轻松地循环遍历数据，编写自定义挖掘函数以及轻松挖掘源代码。Boa 还通过提供被查询数据的存档、查询本身和查询的输出来提高研究结果的可复现性。

目前，Boa 不仅拥有 Java 源文件的项目元数据和源代码数据，它还拥有 SourceForge 的数据。很快，Boa 还会支持其他数据，例如问题 / 缺陷报告以及其他数据源，例如 GitHub。Boa 的目标是通过简单地使用一种基础设施和查询语言，提供轻松查询尽可能多的不同数据源的能力。虽然这是一个雄心勃勃的目标，但我们认为这是可实现的，并对挖掘超大规模软件仓库的未来充满期待！

20.8　动手实践

本节给出了几个软件仓库挖掘任务。你的工作是在 Boa 写一个查询来完成这些任务。任务开始很容易，但会变得越来越困难。其中一些任务的解决方案可在 Boa 的网站上找到 [19]。

项目和仓库元数据问题

1）编写一个 Boa 查询，以查找创建项目最多的年份。

2）编写一个 Boa 查询，以计算每个项目的平均提交速度。

3）编写一个 Boa 查询，以查找哪个开发人员对代码仓库提交了最多修改。

4）编写一个 Boa 查询，对于每个项目，找出仅对单个文件进行修改的人员，以及修改文件数最多的人员。

5）编写一个 Boa 查询，以查找谁为每个项目提交了最多的缺陷修复版本。

6）编写一个 Boa 查询，以关联项目的主题和使用的编程语言。

源代码问题

7）编写一个 Boa 查询，以计算每个项目的最新快照中每个文件的平均方法数。

8）编写一个 Boa 查询，以查找每个项目中具有最多 AST 节点的前 100 个方法。

9）编写一个 Boa 查询，以查找前 10 个被导入次数最多的库。

10）编写一个 Boa 查询，以查找前五种最常用的应用程序编程接口方法。

11）编写一个 Boa 查询，以计算每个项目的每个修订版本的方法 / 类的平均修改数量。

12）编写一个 Boa 查询，以查找类 / 文件的平均修改次数，或方法的平均修改次数。

13）编写一个 Boa 查询，以查找项目中库的数量分布。

14）编写一个 Boa 查询，以查找 JUnit 被添加到项目中次数最多的年份。

15）编写一个 Boa 查询，以找出在 Java 项目中图形库（AWT，Swing 和 SWT）的使用趋势。

16）编写一个 Boa 查询，以查找使用同一组库的所有项目集。

17）编写一个 Boa 查询，以计算一个修复缺陷的修订版本中类 / 文件的频率。

18）编写一个 Boa 查询，以查找在项目的所有修复缺陷的修订版本中总是共同修改哪些方法 / 类 / 文件。

19）编写一个 Boa 查询，以查找所有包含未初始化变量的方法。

20）编写一个 Boa 查询，把开发人员与他们接触的源代码中的技术术语关联起来，这些术语是在标记化（tokenization）之后从类名中抽取的标记（token）。

参考文献

[1] Livshits B, Whaley J, Lam MS. Reflection analysis for Java. In: Proceedings of the third Asian conference on programming languages and systems, APLAS; 2005. p. 139–60.

[2] Baldi PF, Lopes CV, Linstead EJ, Bajracharya SK. A theory of aspects as latent topics. In: Proceedings of the 23rd ACM SIGPLAN conference on object-oriented programming systems languages and applications. OOPSLA, 2008. p. 543–62.

[3] Tempero E, Noble J, Melton H. How do Java programs use inheritance? An empirical study of inheritance in Java software. In: Proceedings of the 22nd European conference on object-oriented programming. ECOOP, 2008. p. 667–91.

[4] Linstead E, Bajracharya S, Ngo T, Rigor P, Lopes C, Baldi P. Sourcerer: mining and searching internet-scale software repositories. Data Mining Knowl Discov 2009; 18.

[5] Grechanik M, McMillan C, DeFerrari L, Comi M, Crespi S, Poshyvanyk D, Fu C, Xie Q, Ghezzi C. An empirical investigation into a large-scale Java open source code repository. In: International symposium on empirical software engineering and measurement, ESEM; 2010. p. 11:1–10.

[6] Gabel M, Su Z. A study of the uniqueness of source code. In: Proceedings of the 18th ACM SIGSOFT international symposium on foundations of software engineering. FSE '10, New York, NY, USA: ACM; 2010. p. 147–56. ISBN 978-1-60558-791-2. doi:10.1145/1882291.1882315.

[7] Parnin C, Bird C, Murphy-Hill ER. Java generics adoption: how new features are introduced, championed, or ignored. In: 8th IEEE international working conference on mining software repositories, MSR; 2011.

[8] Callaú O, Robbes R, Tanter E, Röthlisberger D. How developers use the dynamic features of programming languages: the case of Smalltalk. In: Proceedings of the 8th working conference on mining software repositories. MSR, 2011. p. 23–32.

[9] Richards G, Hammer C, Burg B, Vitek J. The eval that men do: A large-scale study of the use of eval in JavaScript applications. In: Proceedings of the 25th European conference on object-oriented programming, ECOOP; 2011. p. 52–78.

[10] Hindle A, Barr E, Su Z, Gabel M, Devanbu P. On the naturalness of software. In: 2012 34th international conference on software engineering (ICSE); 2012. p. 837–47. doi:10.1109/ICSE.2012.6227135.

[11] Dyer R, Nguyen HA, Rajan H, Nguyen TN. Boa: A language and infrastructure for analyzing ultra-large-scale software repositories. In: Proceedings of the 2013 international conference on software engineering. ICSE '13, Piscataway, NJ, USA: IEEE Press; 2013. p. 422–31. ISBN 978-1-4673-3076-3. URL: http://dl.acm.org/citation.cfm?id=2486788.2486844.

[12] Meyerovich L, Rabkin A. Empirical analysis of programming language adoption. In: 4th ACM SIGPLAN conference on systems, programming, languages and applications: software for humanity, SPLASH, 2013.

[13] Nguyen HA, Nguyen AT, Nguyen TT, Nguyen T, Rajan H. A study of repetitiveness of code changes in software evolution. In: 2013 IEEE/ACM 28th international conference on automated software engineering (ASE); 2013. p. 180–90. doi:10.1109/ASE.2013.6693078.

[14] Dyer R, Rajan H, Nguyen HA, Nguyen TN. Mining billions of ast nodes to study actual and potential usage of java language features. In: Proceedings of the 36th international conference on software engineering. ICSE 2014, New York, NY, USA: ACM; 2014. p. 779–90. ISBN 978-1-4503-2756-5. doi: 10.1145/2568225.2568295.

[15] Negara S, Codoban M, Dig D, Johnson RE. Mining fine-grained code changes to detect unknown change patterns. In: Proceedings of the 36th international conference on software engineering. ICSE 2014, New York, NY, USA: ACM; 2014. p. 803–13. ISBN 978-1-4503-2756-5. doi:10.1145/2568225.2568317.

[16] Dyer R, Nguyen HA, Rajan H, Nguyen TN. Boa: a language and infrastructure for analyzing ultra-large-scale software repositories. In: Proceedings of the 35th international conference on software engineering, ICSE'13; 2013. p. 422–31.

[17] Apache Software Foundation. Hadoop: Open source implementation of MapReduce. http://hadoop.apache.org/.

[18] Dean J, Ghemawat S. MapReduce: simplified data processing on large clusters. In: Proceedings of the 6th symposium on operting systems design & implementation, OSDI'04, vol. 6; 2004.

[19] Rajan H, Nguyen TN, Dyer R, Nguyen HA. Boa website. http://boa.cs.iastate.edu/; 2014.

[20] Pike R, Dorward S, Griesemer R, Quinlan S. Interpreting the data: parallel analysis with Sawzall. Sci Program 2005;13(4):277–98.

[21] Gamma E, Helm R, Johnson R, Vlissides J. Design patterns: elements of reusable object-oriented software. Reading, MA: Addison-Wesley Professional; 1994.

可扩展的并行化分布式规约挖掘

Shaowei Wang*, David Lo*, Lingxiao Jiang*, Shahar Maoz†, Aditya Budi‡
*School of Information Systems, Singapore Management University, Singapore** *School of Computer Science, Tel Aviv University, Tel Aviv, Israel*†
School of Information Systems, BINUS University, Jakarta, Indonesia‡

方法：

- 规约挖掘算法
  - 基于频繁模式的规约挖掘器
  - 基于值的不变量挖掘器
  - 有限状态机规约挖掘器
  - 生命序列图挖掘器
  - 时序规则挖掘器
- 分布式计算模型
  - 消息传递模型
  - MapReduce
  - Hadoop

21.1 引言

规约挖掘是一系列程序分析技术，这些技术可从代码或程序运行轨迹中抽取可能的规约。“规约”即程序中应该包含的某些模式或属性。规约可以表示成各种形式，例如关于某些方法调用顺序的时序规则，以及约束方法参数和返回值的不变量。抽取的规约可以提供许多没有明确记录的程序属性信息，并且可以用于改进程序文档化、理解和验证任务 [1]。

许多规约挖掘算法面临着一个与其可扩展性有关的重要挑战，因为这些算法需要将许多潜在的大型程序行为作为输入来搜索共同模式。一种常见的收集行为的方法是执行包含许多测试用例的程序。为了测试大规模程序的各种行为，需要运行很多测试用例。因此产生的程序运行轨迹的规模可能十分巨大。代码库的规模、测试用例的数量和生成的运行轨迹规模都是现有规约挖掘算法可扩展性的障碍。例如，对 4 种现有规约挖掘算法进行评估——CLIPPER[2]，一种重现模式挖掘算法，Daikon[3]，一种基于值的不变量挖掘算法，k-tails[4-5]，一种有限状态机推理算法，以及 LM[6]，一种序列图挖掘算法。结果表明这些算法无法分析由 7 个 DaCapo 基准测试程序 [7] 生成的从 41 MB 到 157 GB 的大规模运行轨迹。第五种算法是 Perracotta[8]，它是一种时序规则挖掘算法，在生成规约前，需要花费数小时来分析运行轨迹。因此，要分析大型代码库的许多大规模程序运行轨迹，现有的规约挖掘算法需要有更强的可扩展性。

大多数规约挖掘算法是数据密集型的，而且计算相对重复，这些算法中的许多重复任务可以并发执行。尽管不同算法中的任务可能需要不同级别的同步，但是可以通过任务的有效分配来最小化所需的同步，以便在算法被分布到多台计算机上时进行提速。这也是推动本章所要解决的许多现有规约挖掘算法可扩展性问题的主要观点。在科学计算、软件工程、数据挖掘和许多其他领域，研究人员提出了类似的观察和想法来并行化处理各种算法[9-13]。然而，目前对各种规约挖掘算法并行化的研究还很少。

为使现有的各种规约挖掘算法更具可扩展性㊀，本章提出了一种通用的规约挖掘算法，该算法可以基于通用的分布式计算模型在多台计算机上重复执行规约挖掘任务。通用算法的设计方式是抽象出特定的算法细节，并且捕捉许多现有的从程序执行轨迹中挖掘规范的规约挖掘算法的本质。本章以基于消息传递的分布式计算模型（主要为 MapReduce）为背景引入该算法。算法设计人员可以按照算法中的指导步骤将*序列*（sequential）规约挖掘算法转换为*分布式*（distributed）规约挖掘算法，并用具体的算法相关的细节对其进行实例化。

为了评估该通用算法，使用 5 种现有的序列规约挖掘算法，并基于流行的分布式计算模型 MapReduce[14] 及其开源实现之一 Hadoop[15] 进行了实例化，并评估了这些算法分布式版本的可扩展性。特别地，本章展示了如何在通用算法的指导下，使用一种常见的输入轨迹分割方案和几种算法特定的技术来对这 5 种规约挖掘算法进行分治，并将它们转换为分布式形态，这 5 种算法是 CLIPPER[2]，Daikon[3]，k-tails[4-5]，LM[6]，Perracotta[8]。这 5 种算法产生了以不同目标语言表示的不同类型的规约，例如频繁模式、值不变量、有限状态机、序列图和时序规则。这里对来自 DaCapo 基准[7] 的运行轨迹范围从 41 MB 到 157 GB 的 7 个 Java 程序上的分布式算法进行评估。评估结果十分鼓舞人心。Perracotta 的分布式版本在 MapReduce（$\text{Perracotta}^{\text{MR}}$）中已经实现，在 4 台机器上运行（总共使用多达 8 个 CPU 内核），可以将原始版本的速度提高 3～18 倍。其他四种原始算法无法分析大规模运行轨迹，而它们的分布式版本（$\text{CLIPPER}^{\text{MR}}$，$\text{Daikon}^{\text{MR}}$，$\text{k-tails}^{\text{MR}}$ 和 LM^{MR}）可以在数小时内完成分析，而且在使用更多机器运行这些算法时，性能可以得到更大的提高。

本章得出的主要结论是许多规约挖掘算法适合分布式计算模型。因为它们包括了许多重复的计算任务，这些任务处理的数据可以被分割成一些有限重叠的分区。本章提出的通用算法也能很好地表征许多规约挖掘算法的本质，能将序列算法转换为分布式算法，从而通过在 MapReduce 框架内实现并在计算机集群上运行，更好地改进性能，提高可扩展性。笔者相信这些发现适用于许多其他规约挖掘算法，特别是那些使用本章所研究的 5 种目标语言表示的规约挖掘算法。

本章的研究成果如下：

1）类似于过去许多关于不同领域其他算法的并行化的研究，本章发现许*多规约挖掘*算法适合于分布式编程模型，通过在分布式计算框架（如 MapReduce）内并行化执行，可很好地改进性能，提高可扩展性。

2）本章提出了一种通用的分布式规约挖掘算法，它抽象出特定的算法细节，并表征了许多现有规约挖掘算法的本质。

3）本章提出了一种输入轨迹分割方案和几种特定的算法技术，用 5 种现有的序列规约挖掘算法实例化该通用算法，进而创建了 5 种分布式算法。

4）本章对来自 DaCapo 基准的 7 个 Java 程序开展了经验评估，结果表明，这 5 种分布

㊀ 本章的目标不是提高现有规约挖掘算法在推断规约时的准确性。目标是改进它们的*可扩展性*。在评估并行化算法的准确性时，只需要将其与序列版本进行比较，无须与开发人员的基本事实（groud truth）进行比较。

式算法在许多大规模运行轨迹上的运行速度明显快于原始算法。

本章的具体组织如下：21.2 节简要介绍了研究中使用的 5 种规约挖掘方法和分布式计算模型。21.3 节介绍了本章的主要技术贡献（通用分布式规约挖掘算法及其与现有 5 种算法的实例化）。21.4 节介绍了实现方法和实验评估。21.5 节讨论相关工作。21.6 节对本章内容进行总结，并对以后的工作提出了建议。

21.2 背景

本节首先简要介绍五种并行的挖掘算法。然后，介绍本章中使用的分布式计算模型——消息传递模型和 MapReduce。

21.2.1 规约挖掘算法

根据规约挖掘算法生成的规约格式 [1]，许多算法可以生成以下几种规约：频繁模式，基于值的不变量，有限状态机，序列图和时序规则。下面简要介绍这一系列算法。

在图 21-1 中展示了五种规约挖掘算法的样本输出，它们可以从各种程序执行轨迹中被挖掘出来。

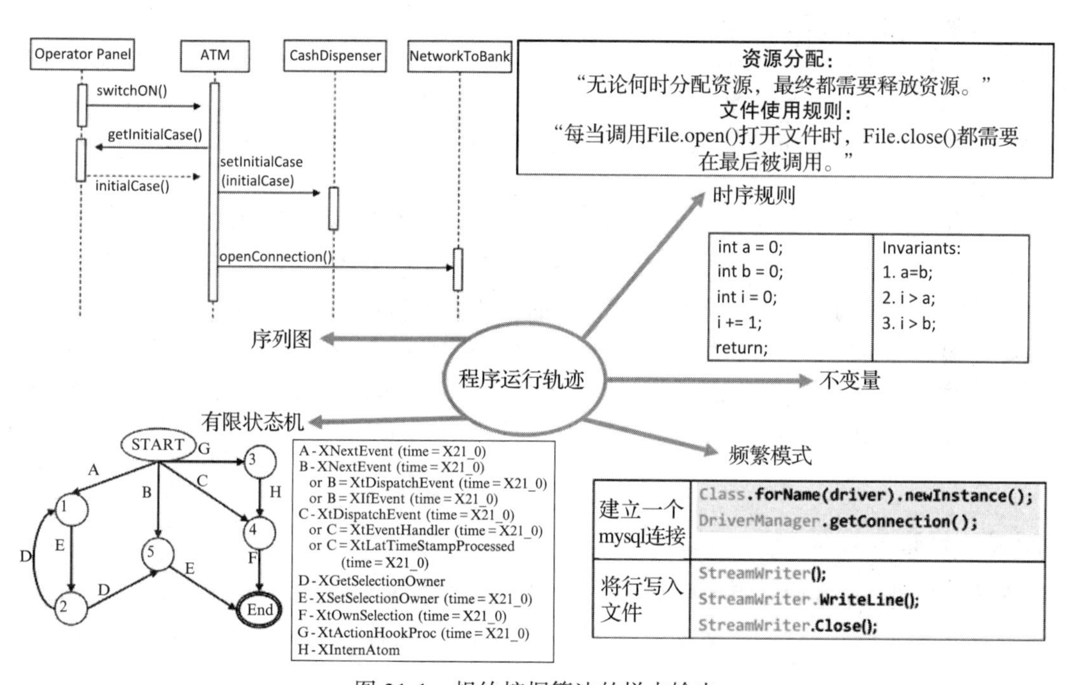

图 21-1　规约挖掘算法的样本输出

21.2.1.1 频繁模式挖掘算法

在大规模输入中出现的频繁模式是数据挖掘的一个众所周知的问题 [16]。许多算法，如频繁项集挖掘算法、序列模式挖掘算法和图形模式挖掘算法，都以捕获频繁模式为目标。研究人员现已提出了一些专门用于软件工程任务的算法。例如，交互模式挖掘算法 [17] 通过分析系统 - 用户之间交互的运行轨迹，以发现频繁出现的活动，并将它们作为重建功能需求的一部分。迭代模式挖掘算法（CLIPPER）[2] 接收一组执行文件，其中包含在执行过程中所调用的方法，然后将经常需要一起调用的方法或按特定顺序调用的方法标识为方法的使用规约。

21.2.1.2　基于值的不变量挖掘算法

基于值的不变量捕获了在某个程序点（例如在方法返回 x 时）变量之间应该满足的关系（例如 x==y）。Daikon 是第一个也是最著名的抽取基于值的不变量的系统 [3]。它包含许多不变量模板，例如 Equality（如 x==y）、IntGreaterThan（如 iVal1>=iVal2）、IntArraySorted（如 isSorted(iArray1)）。在以一组运行轨迹为输入的基础上，Daikon 在不同的程序点（例如方法入口和出口）将该组运行轨迹与模板相比较，输出所有（或大多数）输入的运行轨迹所满足的不变量模板的实例。

由 Daikon 生成的基于值的不变量可以单独使用，也可以与其他类型的规约一起使用，例如作为有限状态机 [5] 或序列图 [18] 的补充。

21.2.1.3　有限状态机挖掘算法

许多算法利用或扩展了来自于语法推理社区的技术 [5,19-20]。其中一种算法 k-tails[20] 是在一组捕获输入输出行为的运行轨迹中构建前缀树接收器，然后根据一些评估标准，例如，后续 k 路径（其长度最多为 k）的相似性，将前缀树接收器的节点进行合并，形成有限状态机。最后，将其作为程序行为的规约。

21.2.1.4　序列图挖掘算法

序列图是一种可视化的形式，用于详细说明系统组件之间事件的顺序。挖掘各种序列图存在不同的算法，如 UML 序列图 [21]、消息序列表 [22]、消息序列图 [4] 和活动序列图（LSC）[6,23-24]。这些可视化的图可帮助程序的维护者更好地理解程序中的各种组件是如何交互的。

21.2.1.5　时序规则挖掘算法

时序规则有多种形式表示，例如关联规则 [8,25] 和时序逻辑 [26-27]（例如“每当 $x_1, \cdots, x_n$ 发生时，$y_1, \cdots, y_m$ 也会发生”）。这些规则有助于明确哪些操作应该（或不应该）以特定的顺序发生，以便程序的维护者可以做出相应的修改。大多数时序规则挖掘算法都是根据 x 后面跟着 y 的可能性以及运行轨迹中 x 后面跟着 y 的次数来评估规则的有效性。它们的主要区别在挖掘规则的语义表示、n 和 m 的限定值以及用于评估规则有效性的度量上。例如，Perracotta 抽取短长度（n 和 m 为 1）的关联规则 [8]，也有一些抽取更长时序规则的其他算法 [27]。

21.2.2　分布式计算

类似于过去各个领域中很多其他算法并行化的研究，本章的研究发现很多规约挖掘算法都可以分解为多个计算任务，这些计算任务被重复地应用到输入数据的各个部分，从而很好地适应分布式计算模型。本节将介绍一些相关的概念。

21.2.2.1　消息传递模型

尽管本章的通用算法也可以适用于其他分布式计算模型，但是这里主要研究消息传递模型中的分布式算法。消息传递模型中多个计算节点上的多个进程都有自己的本地内存，并通过消息传递彼此通信。

进程之间通过*发送 / 接收*（或*分派 / 收集*）数据来共享信息。进程很可能运行相同的程序，并且无论进程之间的消息传递关系或网络结构如何，整个系统都应该正常工作。一个流行的标准的消息传递系统是在文献 [13] 中定义的消息传递接口（message passing interface，MPI）。这些模型本身并没有对消息传递机制施加特定的限制，因此在算法 / 系统设计方面给予了程序员很大的灵活性。然而，这也意味着程序员需要处理消息的实际发送 / 接收、故障恢复、正在运行的进程管理等情形。

21.2.2.2　MapReduce

MapReduce 是一种简化的分布式计算模型，用来在计算机集群上处理大量数据[14]，减少程序员处理消息的实际*发送 / 接收*以及各种系统问题的负担，从而使程序员可以更多地关注算法问题。它可以在消息传递系统（如 MPI[28]）上实现。本章的实现是基于 MapReduce 的免费开源实现——Hadoop[15]。

该模型根据请求将待处理的问题分割成更小的子问题，再将这些子问题分布在计算机集群中，收集并合并返回的结果。除分割函数以外，使用 MapReduce 框架的关键是定义两个函数：*map* 函数，它接受一个输入的键 / 值对 (K_{ip}, V_{ip})，并生成零个或多个中间的键 / 值对（$\text{list}(K_{int}, V_{int})$）；*reduce* 函数，它将与同一个键关联的所有中间值组合成最终输出。分割函数可被设置以不同方式分割输入数据，它将整个输入数据集分割为小块，并将每块转换为一组键 / 值对。

MapReduce 通过在分割函数得到的每个键 / 值对上自动应用 *map* 函数来生成一组中间的键 / 值对。然后，它会自动将与同一个键关联的所有中间值组合在一起，接着将 *reduce* 函数应用于每个组，从而产生部分输出 O_{part}，所有的部分输出连接在一起形成最终输出。*map* 和 *reduce* 函数的输入和输出如表 21-1 所示。本章的以下部分将使用相同的符号来表示函数的输入和输出。

表 21-1　*Map* 和 *Reduce* 操作

操作	输入	输出
map	(K_{ip}, V_{ip})	$\text{list}(K_{int}, V_{int})$
reduce	$(K_{int}, \text{list}(V_{int}))$	O_{part}

21.3　分布式规约挖掘

本节将介绍本章的重点：一个通用的分布式规约挖掘算法和 MapReduce 模型中五个具体算法的重新定义。

21.3.1　原则

首先介绍规约挖掘算法并行化的一般原理和算法。

21.3.1.1　抽象规约挖掘算法

根据研究和观察，在输入数据的各个部分中，算法中的许多计算任务都重复出现。尽管许多规约挖掘算法最初并没有设计成分布式挖掘算法，但是可以通过利用算法的各个部分的并行机制对它们进行分治。图 21-2 展示了通用分布式规约算法的设计思想。

问题的关键是从重复应用于输入轨迹的不同部分的现有算法中抽取此类任务，以便可以将输入轨迹分割并发送到不同的计算节点，并在不同的计算节点上进行处理。许多算法包含*本地挖掘任务*（*local mining task*），这些任务只要对输入数据的一小部分进行操作，而不需要其他部分。然而，对于某些算法，仍然存在需要对所有数据进行操作的*全局挖掘任务*（*global mining task*），因此，需要确保这些任务的运行可扩展化。幸运的是，笔者注意到挖掘算法主要依赖于度量有效候选规约可能性的各种“统计数据”。这些挖掘算法很少需要同时对内存中的所有数据进行操作。因此，可以将全局挖掘任务所需的数据（输入轨迹或其他任务的中间结果）进行分割，这样挖掘算法就可以对更小物理单元的数据进行操作，进而提高算法的并行性和可扩展性，或者可以将全局挖掘任务替换为特定的本地挖掘任务与其规约的组合，因为许多规约都是可组合的。最后，对本地和全局挖掘任务进行多次迭代，就可以得到由标准序列算法挖掘到的规约。

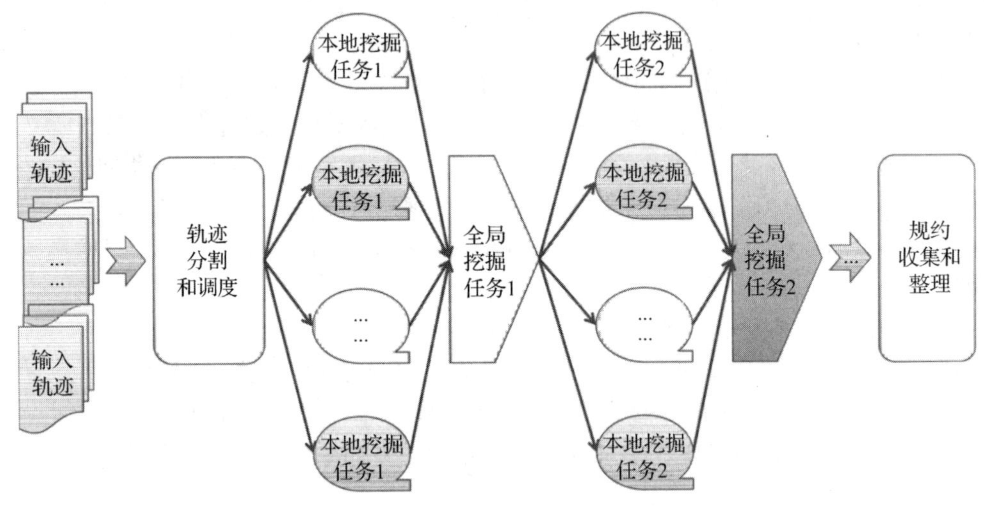

图 21-2 分布式规约挖掘算法概述

对于某个给定的以一组运行轨迹作为输入的规约挖掘算法，其并行化的步骤如下：

（1）算法中“本地”操作的抽取可以在运行轨迹的单独主干中完成。运行轨迹主干的界限可以根据具体操作和特定算法来定义。

（2）在算法中抽取可能需要对所有数据进行操作的“全局”操作，并确定如何分割全局操作所需的数据，进而用本地操作取代全局操作。

（3）将输入轨迹分割为多个主干，并将它们分派到不同的计算节点进行本地或全局操作。

（4）从不同的计算节点收集结果，结合这些数据并得到最终的规约输出。

想要得到序列规约挖掘算法的有效分布式版本，就需要确保所抽取的本地 / 全局操作是能够在很少或没有同步的情况下独立和并发执行。尽管许多细节（本地和全局操作是什么、如何分割数据、如何分派 / 收集数据、如何合并结果等）是依赖于特定算法的，但是这些步骤是通用的，更多细节将在 21.3.2 节中进一步解释。

21.3.1.2 基于 MapReduce 的分布式规约挖掘

MapReduce 通过自动化机制来建立一个“主”进程，该进程管理分配给“工作者”进程的任务、将任务分派给工作者、从工作者那里收集结果、从故障中恢复、利用数据局部性等，从而简化了通用分布式计算模型。现在以 MapReduce 框架为背景，进一步解释通用规约挖掘的步骤：

（1）根据本地挖掘任务，定义一个与其对应的合适的 *map* 函数。*map* 函数的每个实例与其他实例并行运行。它以一个轨迹主干线 V_{ip} 作为输入，生成一组中间规约挖掘结果（用 MapReduce 术语来说就是*中间的 key/value 对*，list(K_{int}, V_{int})）。设计 *map* 函数时必须保证在 V_{ip} 上的操作独立于其他运行轨迹主干上的操作。

（2）定义合适的 *reduce* 函数，其对应于全局挖掘任务或合并来自局部挖掘任务的结果的操作（例如中间的 key/value 对，list(K_{int}, V_{int})）。很多算法很少需要全局挖掘任务，而且合并操作可能会像一些局部挖掘任务的串联、筛选或递归应用程序那样简单（参见 21.3.2 节中依赖特定算法的步骤）。

（3）定义一个合适的*记录阅读器*（*record reader*），将输入轨迹分割成一些可用于 *map* 函数的主干。例如，如果挖掘算法中的 *map* 函数使用一种方法来处理不变量，那么输入轨迹可以在方法入口点和出口点被分割。每个输入轨迹主干可以通过*轨迹标识符* K_{ip} 及其内容 V_{ip} 进行标识。

（4）让 MapReduce 框架自动处理实际的输入轨迹分割、分派和结果收集。

上述通用步骤说明了如何将序列规约挖掘算法转换为分布式算法。尽管用于识别各种算法中的本地 / 全局任务的策略和技术可能不同，但是存在多种方法为给定算法定义本地 / 全局操作，分割数据等。

下一节将介绍 5 种规约挖掘算法上通用算法的具体实例：CLIPPER[2]，重现模式挖掘算法；Daikon[3]，值不变量挖掘算法；k-tails[4-5]，有限状态机推理算法；LM[6]，序列图挖掘算法；Perracotta[8]，时序规则挖掘算法。笔者相信这些发现适用于许多其他规约挖掘算法，特别是使用的语言和这 5 种算法之一类似的规约挖掘算法。

21.3.2 特定算法的并行化

21.3.2.1 基于 MapReduce 的迭代模式挖掘

本节将说明如何使用 CLIPPER（一种迭代模式挖掘算法[2]）实例化通用算法，创建分布式版本 CLIPPER^{MR}。

与许多频繁模式 / 序列挖掘算法类似，CLIPPER 搜索所有可能模式的搜索空间。它从小模式开始，然后将这些模式增长到大模式。重复执行*模式增长*，每迭代一次都增长一个单元的模式。迭代遵循深度优先搜索过程。在遍历搜索空间时，输出每个*频繁*出现的模式（即在数据集中出现多次）。已经存在一些针对频繁序列挖掘算法并行化的研究，如文献 [9]。他们的工作也使用 MapReduce，但是这里的数据源和算法是特定于规约挖掘的，这需要不同的并行化策略和技术。他们的方法挖掘的序列模式的语义也不同于 CLIPPER 挖掘的迭代模式的语义。他们的方法依赖 w-equivalency 属性，该属性可能只适用于它们的序列模式。

算法 1 给出了一段关于 CLIPPER 的伪代码，以及一些频繁模式挖掘算法。直观地说，检查一种模式是否为频繁模式是一个可并行化的任务。遗憾的是，将模式挖掘问题分解为一些*独立的*任务并不容易。一方面，如果一次只增长一个单元的模式不是频繁模式，那么一次增长多单元的模式也不是频繁模式。换句话说，一些任务在评估其他任务之后可以被省略，因此它们依赖于其他任务。另一方面，如果没有可以忽略的一次增长多单元模式的方法，任务的数量会随着输入轨迹的长度呈指数级增长。

Algorithm 1 Generic algorithm of frequent patter mining

1: **Procedure** MinePatterns:
2: Let SMALL = Small frequent patterns
3: **for all** s in SMALL **do**
4:     TraverseSSpace(s)
5: **end for**

```
6:
7: Procedure TraverseSSpace(Pattern s):
8: Output s
9: Let NEXT= GrowPattern(s)
10: for all n in NEXT do
11:    TraverseSSpace(n)
12: end for
13:
14: Procedure GrowPattern(Pattern s):
15: Let BIGGER = s++e , where e is a growth unit and ++ is a grow operation
16: for all s' in BIGGER do
17:    if s' is frequent then
18:       Output s'
19:    end if
20: end for
```

幸运的是，笔者确定了这些任务的一个公共操作——*模式增长*（即算法1中的GrowPattern程序）。由于模式增长需要被多次执行，因此挖掘算法在这一关键操作上使用了大量的资源。所以，并没有尝试将整个模式挖掘算法并行化，而是选择将模式增长程序并行化。

模式增长程序是针对模式 P，并试图将其扩展到模式 P++e，其中 e 是一个增长单元，而 ++ 是一个增长操作（例如向迭代模式追加一个事件——从 <*m1*> 到 <*m1*, *m2*>）。

考虑迭代模式 P 和轨迹 T，把指向各种模式实例的索引存储在 T 中。在试图将模式 P 扩展为 $P' \in \{P{+}{+}e\}$ 时，可以更新这些索引以指向模式 P' 的实例。由 P' 的实例可知，如果 P' 是频繁模式就被输出。所以，将这种检查所有 $P' \in \{P{+}{+}e\}$ 的操作分解为并行任务，每一个任务都采用如下格式：检查模式 P' 是否频繁。

通过在通用算法中实例化 *map* 和 *reduce* 函数来实现 GrowPattern(Pattern P)。*map* 函数在每个轨迹上并行运行，并将指向 P 实例的索引更新为 $P' \in \{P{+}{+}e\}$ 的实例的索引。它创建一个中间的键值对 (K_{int}, V_{int})，其中键与 P' 对应，值与指向轨迹中 P' 的实例的索引对应。MapReduce 将所有与 P' 对应的索引分组。每个中间键 K_{int} 及其所有对应的中间值构成一个任务，该任务被发送给 *reduce* 函数，通过 *reduce* 函数计算模式 P' 的支持度。如果支持度超过最小支持度阈值 min_sup（即如果 P' 是频繁的），*reduce* 函数则输出该模式。在图 21-3 的 (a) 列中列出了 $\text{CLIPPER}^{\text{MR}}$ 的输入 (K_{ip}, V_{ip})、中间键 / 值对 (K_{int}, V_{int}) 和输出 (O_{part})。

对于较大的运行轨迹，可以并行地执行模式增长操作。每个运行轨迹由 *map* 函数的多个实例并行处理。同样，检查模式 P' 是否频繁的过程可以由 *reduce* 函数的多个实例并行执行。

需要注意的是，只并行执行 GrowPattern 操作，因此该实现中的每个 MapReduce 流程只执行模式增长操作的一个单元（即 $P \rightarrow P$++e）。由于许多软件属性都很短，并且可能仅由几个操作单元（例如静态驱动验证器[29]中使用的规则）指定，因此，可将挖掘的模式的最大数量限制为三个，以限制实验成本。

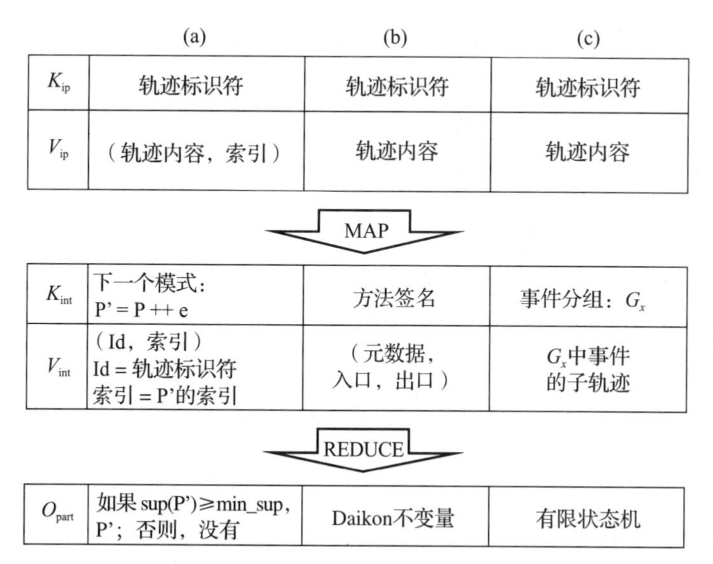

(a)
(b)
(c)
K_{ip}
轨迹标识符
轨迹标识符
轨迹标识符
V_{ip}
（轨迹内容，索引）
轨迹内容
轨迹内容
MAP
K_{int}
下一个模式：
P' = P ++ e
方法签名
事件分组：G_x
V_{int}
（Id，索引）
Id = 轨迹标识符
索引 = P'的索引
（元数据，
入口，出口）
G_x中事件
的子轨迹
REDUCE
O_{part}
如果 sup(P')≥min_sup，
P'；否则，没有
Daikon不变量
有限状态机

图 21-3　MapReduce 输入 (K_{ip}, V_{ip})、中间键 / 值对 (K_{int}, V_{int}) 和输出（O_{part}），用于 CLIPPER（列 (a)）、Daikon（列 (b)）和 k-tails（列 (c)）的 GrowPattern(Pattern *P*)

例 4：给定两个运行轨迹 $trace_1$=<*a*, *b*, *c*> 和 $trace_2$=<*a*, *b*>，希望使用 $CLIPPER^{MR}$ 挖掘支持度高于 min_sup = 2 的模式。在第一次迭代中，$CLIPPER^{MR}$ 挖掘长度为 1 的模式。对于 *map* 函数的两个实例 map_1 和 map_2，分别作为 $trace_1$ 和 $trace_2$ 的输入。map_1 创建中间键 / 值 对：{K_{int} = <*a*>，V_{int} = ($trace_1$，{1})}，{K_{int} = <*b*>, V_{int} = ($trace_1$，{2})}， 和 {K_{int} = <*c*>, V_{int} = ($trace_1$，{3})}。*map* 函数 map_2 生成 {K_{int} = <*a*>, V_{int} = ($trace_2$，{1})} 和 {K_{int} = *b*, V_{int} = ($trace_2$，{2})}。*reduce* 函数有三个实例——$reduce_1$、$reduce_2$ 和 $reduce_3$。$reduce_1$ 与键 <*a*> 收集配对，检查实例的数量是否大于 min_sup，同样，$reduce_2$ 和 $reduce_3$ 分别与键 <*b*> 和 <*c*> 收集配对。*reduce* 函数输出模式 <*a*> 和 <*b*>，因为它们满足 min_sup 阈值。在下一个迭代中，$CLIPPER^{MR}$ 挖掘长度为 2 的模式。*map* 函数创建中间键 / 值对：{K_{int} = <*a*, *b*>, V_{int} = ($trace_1$，{1})}，{K_{int} = <*a*, *c*>, V_{int} = ($trace_1$, {1})}，{K_{int} = <*b*, *c*>, V_{int} = ($trace_1$，{2})} 和 {K_{int} = <*a*, *b*>, V_{int} = ($trace_2$，{1})}。*reduce* 函数根据键值对实例进行分组，发现模式 <*a*，*b*> 满足 min_sup 阈值。最后，$CLIPPER^{MR}$ 返回以下频繁模式：<*a*>，<*b*> 和 <*a*，*b*>。

21.3.2.2　基于 MapReduce 的值不变量挖掘

通过在 MapReduce 中实例化通用算法，可以将 Daikon 并行化为一个分布式版本 $Daikon^{MR}$。

与 Daikon 类似，$Daikon^{MR}$ 将一组运行轨迹作为输入，并为每个包含所有运行轨迹的方法输出不变量。通过分割输入运行轨迹来并行化 Daikon：不是将整个运行轨迹集提供给 Daikon 的一个实例，而是分别处理每个方法的运行轨迹，并将每个方法的运行轨迹日志并行地提供给 Daikon 的一个实例。这使得实例化通用算法变得相对便捷，而不需要同步执行，因为对于推断方法级别的不变量来说，不同方法的运行轨迹是相互独立的。

在 $Daikon^{MR}$ 中，*map* 函数处理一组运行轨迹并输出 < *方法签名*（*元数据*，*入口和出口*）> 对。每个对的后一部分包含方法的元数据（例如方法的参数数量、参数类型等），以及在执行方法的入口和出口时对应于各个变量状态的部分运行轨迹。*reduce* 函数在相同方法的（*元数据*，*入口和出口*）和输出对 < *方法签名*，*方法不变量* > 上运行一个 Daikon 实例。图 21-3(b)

列中用 MapReduce 术语说明了 Daikon^{MR} 的输入、中间键 / 值对和输出。

许多 Daikon 实例是并行执行的，每个实例都在一个很小的输入上运行。因此，Daikon 的每个实例所需的内存要少得多，并且能够快速生成结果的一个子集。

21.3.2.3 基于 MapReduce 的有限状态机挖掘

许多有限状态机挖掘算法都是 k-tails 算法的变体 [20]。这些算法研究一组运行轨迹并生成一个单一的有限状态机。但是，这种单一的有限状态机可能太大，难以理解。许多相关的研究提出了一种*分割*运行轨迹，并为每个子运行轨迹生成一个有限状态机的方法，其思想可以用通用算法在 MapReduce 中被实例化，将其命名为 k-tails^{MR}。

考虑到映射函数 EVENTS → GROUP，EVENTS 代表运行轨迹中的一组事件（即方法调用），GROUP 是一个组标识符，表示同一组中的事件是*相关的*。借助该标识符，可以定义许多相关性关系的概念（见 [30]）。这里考虑这样一个概念：一组事件由出现在同一个类中的方法调用组成。

map 函数根据每个事件的组成员关系将每个运行轨迹分割成一组子运行轨迹。MapReduce 收集属于同一组的子运行轨迹。*reduce* 函数通过调用 k-tails 算法的一个实例，为一组子运行轨迹生成一个有限状态机。图 21-3 列 (c) 说明了 k-tails^{MR} 的输入、中间键 / 值对和输出。

这样，对于上述单独的运行轨迹可以并行地执行。此外，还可以并行学习多个有限状态机。

21.3.2.4 基于 MapReduce 的序列图挖掘

本节介绍如何将挖掘 LSC（活动序列图）[23-24] 的 LM 算法（序列图挖掘算法）[6] 转换为 LM^{MR}。

LSC 包含两个部分：预图（prechart）和主图（main chart）。LSC 的语义规定，无论何时观察预图，最终也将观察主图。挖掘任务的目标是找到所有频繁出现的 LSC（即 LSC 的支持度大于 min_sup），对于这些 LSC，在运行轨迹中，预图后跟主图的比例大于某个 min_conf 阈值。符合这些标准的 LSC 被认为是有意义的。

LSC 挖掘算法分为如下两个步骤：

（1）频繁图挖掘，

（2）将频繁图合成 LSC。

对于第一步，采用 21.3.2.1 节中描述的策略。

对于第二步，考虑特例 min_conf = 100%（即挖掘总能在运行轨迹中观察到的 LSC——预图总是在主图之前）。

在 LSC 挖掘中，Lo 和 Maoz[31] 定义了某个图 C 的*积极目击者*（*positive witness*），用 pos(C) 表示，而轨迹片段的数量遵循图 C。他们还定义了图 C 的*弱负目击者*（*weak negative witness*），用 w_neg(C) 表示，如果轨迹片段的数量不遵循图 C，就说明到达了轨迹的最后。LSC L = pre → main 的*支持度*只是 pre++main 的积极目击者的数量。如下定义 LSC L 的置信度：

$$\text{conf}\,(L) = \frac{|\text{pos(pre}\ {+}{+}\text{main)}| + |\text{w\_neg(pre}\ {+}{+}\text{main)}|}{|\text{pos(pre)}|}$$

首先注意到 100% 置信度的 LSC 必须由一个预图和一个主图组成，其中 |pos(pre++main)| +

|w_neg(pre++main)| = |pos(pre)|。可以将构建所有重要 LSC 的任务分解为子任务：找到满足特定支持度值的所有重要的 LSC。

将 LM 的 MapReduce 版本命名为 LM^{MR}。对于 LM^{MR}，可以使用以下 *map* 和 *reduce* 函数。*map* 函数作用于模式集，并简单地将模式 C 分组，其中 pos(C) + w_neg(C) 或 pos(C) 在存储空间（bucket）中存在特定的值。如果模式 C 具有不同的 pos(C) + w_neg(C) 和 pos(C) 值，则将其分别放入两个存储空间中。*reduce* 函数通过在每个存储空间中组合两个模式来构造重要 LSC。图 21-4(a) 列说明了相关输入、中间键 / 值对和输出。

组成 LSC 的图表是针对不同的存储空间并行完成的。如果重要 LSC 存在不同的支持度，那么由于并行化导致的 LSC 挖掘第二阶段的加速将是显著的。

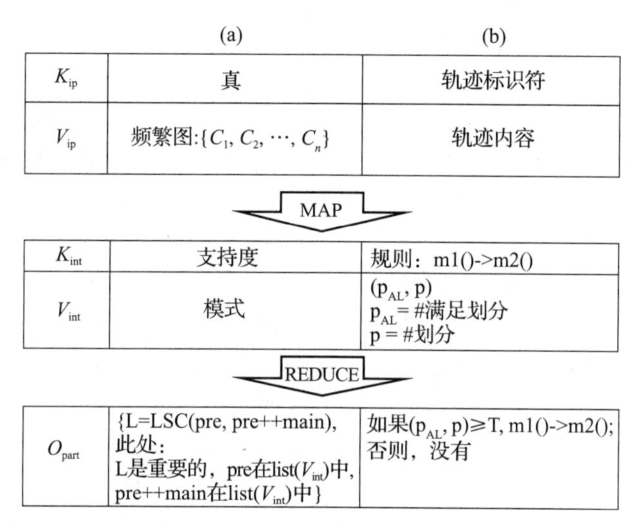

图 21-4　MapReduce 输入 (K_{ip}, V_{ip})、中间键 / 值对 (K_{int}, V_{int}) 和输出 (O_{part})，用于 LM（列 (a)）和 Perracotta（列 (b)）

最后，LM^{MR} 在管线中按照顺序使用了两次 MapReduce 框架。第一个应用程序使用 21.3.2.1 节中提供的解决方案计算频繁图，此应用程序的输出用作上述第二个应用程序的输入。而管线中 MapReduce 实例的组合也很常见（参见 [32]）。

21.3.2.5　基于 MapReduce 的时序规则挖掘

本节将说明如何使用通用算法和 MapReduce 来重新实现基本的 Perracotta[8]。Perracotta 对主要算法提出了几种扩展和变体——例如链接（chaining）。本节只考虑基本的计算交替属性的 Perracotta，此合成算法被称为 $Perracotta^{MR}$ 算法。

对于运行轨迹中的 n 个不同的方法，Perracotta 检查格式为"每当执行方法 m_1 时，执行方法 m_2"（表示为 $m_1 \rightarrow m_2$）的 n^2 种可能的时序规约，以查看在运行轨迹中是否能明显地观察到指定的规约。这里定义了一种度量*满意率*（satisfaction rate），它是根据轨迹中满足 $m_1^+ m_2^+$（即 p）且同时符合时序规则 $m_1 \rightarrow m_2$（即 p_{AL}）的划分比例来定义的。通常情况下 n 较大，Perracotta 需要大量内存来处理轨迹。将原始任务分解为小的子任务，将每个长轨迹拆分为大小为 k 的小轨迹，并在默认情况下独立处理它们，在 $Perracotta^{MR}$ 中，默认 k 为 300 000 个事件。由于 k 相对较大，根据局部性原理（即相关事件紧密出现，参见 [33]），在挖掘规约中不会有损失或损失很小。

按照本章的通用算法，定义以下 *map* 和 *reduce* 函数。*map* 函数分别应用于每个子轨迹。

对于每个子运行轨迹，*map* 函数为每个潜在规则 $m_i \rightarrow m_j$ 计算两个数：子运行轨迹的划分数（即 p）和子运行轨迹中满足该规则的划分数（即 p_{AL}）。方法对是中间键，而两个数字 p 和 p_{AL} 是中间键 / 值对（K_{int} 和 V_{int}）中的值。MapReduce 将相同规则的数值分为一组。*reduce* 函数为单独的子运行轨迹对 p 和 p_{AL} 求和，并计算相应规则的*满意率*。如果规则满足用户定义的满意率阈值（即 S），就作为输出。默认情况下，满意率是 0.8。图 21-4 中 (b) 列中说明了相关的输入、中间键 / 值对和输出。

值得注意的是，可以多次使用 *map* 和 *reduce* 函数在不同的机器上并行运行处理子运行轨迹。同时，满意率的计算和检验操作也可以并行执行。不同的子运行轨迹之间不需要同步处理。

21.4 实现和实验评估

前面部分中所描述的算法已经在 Hadoop[15] 中得到了实现，这是最流行的 MapReduce 实现之一。以下描述了所用的数据集、实验设置、研究问题和实验结果。

21.4.1 数据集和实验设置

实验中主要使用 DaCapo 基准测试 [7] 中的七个程序——avrora、batik、fop、luindex、lusearch，xalan 和 tomcat 作为实验对象。并且实现了一个 Java 检测工具，用于收集使用 CLIPPER、k-tails、LM 和 Perracotta 进行实验执行的所有方法（以后称为*运行轨迹数据库*），使用 Chicory（Daikon 的一部分）来收集 Daikon 的运行轨迹。这七个程序的 Daikon 运行轨迹大小从 18 GB 到 157 GB 不等，而运行轨迹数据库的大小从 41 MB 到 533 MB 不等。实验在四台 Acer M680G 机器上运行，每台机器都配备 Intel Core i5 四核 CPU，4 GB 内存和 2 TB 硬盘，操作系统是 Ubuntu 12.04。其中一台机器用作主机，另外三台机器设为从机。还配置了 Hadoop（2.0.0-alpha 版本）以使用*最多*三个内核来对每台从机上的任务进行分布式 map 和 reduce 处理，并减少每个从机上的任务，以减少潜在资源竞争的影响。实验中将每个 map/reduce 任务的最大内存设置为 1200 MB，并将其他设置保留为默认值（例如，Hadoop 文件系统的复制因子）。在运行规约挖掘算法的 MapReduce 版本之前，还将 Ubuntu 下的 ext4 文件系统中的所有运行轨迹复制到 Hadoop 文件系统中作为一次性成本。为了减少实验偏差，对每个版本的各种规约挖掘算法进行两次实验，并报告两次运行的平均值。

21.4.2 研究问题和结果

本节实验研究旨在回答以下研究问题：

（1）现有规约挖掘算法是否可以扩展以处理大型运行轨迹？

（2）MapReduce 是否可以用于提高现有规约挖掘算法的可扩展性？

（3）如果增加处理内核的数量，本章的挖掘算法的可扩展性如何？

本节将分别针对这五种规约挖掘算法来讨论这些研究问题的答案。

21.4.2.1 挖掘频繁模式

为了回答研究问题 1，笔者在运行轨迹上执行 CLIPPER 的原始版本。此版本以递归方式挖掘模式，并需要将完整的运行轨迹数据库加载到内存中。因此，即使对于大小为 41 MB 的最小运行轨迹数据库（来自 batik），原始 CLIPPER 也无法运行。

为了回答研究问题 2，笔者使用多达 8 个并行的 map 和 reduce 任务来评估 CLIPPER^{MR} 的性能。CLIPPER$^{MR(8)}$（即具有八个并行的 map 和 reduce 任务）在 1493 分钟内计算来自七个程序的所有轨迹的不变量，这表明 CLIPPER^{MR} 提高了原始 CLIPPER 的可扩展性。

为了回答研究问题 3，笔者在增加并行任务的数量时，比较了 CLIPPER^{MR} 的时间成本（如图 21-5）。结果显示，随着并行任务数量的增加，性能会提高。通过将并行的 MapReduce 任务的数量从 1 个增加到 4 个，性能提高了 1.4 到 3.2 倍。通过将并行的 MapReduce 任务的数量从 1 个增加到 8 个，性能提高了 1.7 到 4.6 倍。CLIPPER^{MR} 无法像其他挖掘算法（参见后面）的并行版本那样加速，因为它需要在 Hadoop 系统中的不同节点上处理大量 I/O 操作。

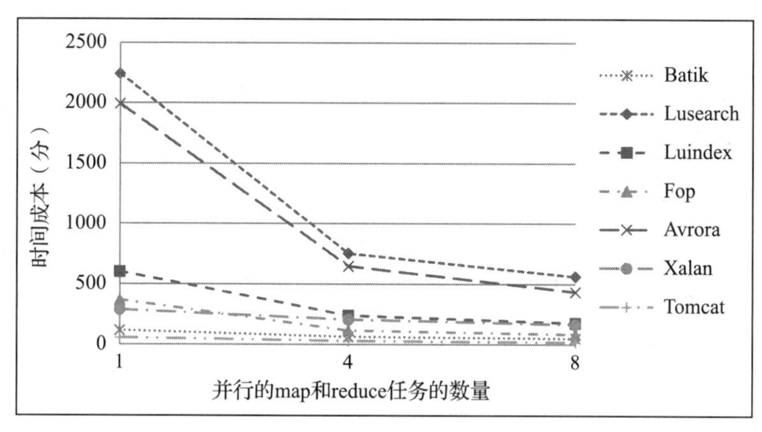

图 21-5　CLIPPER 的性能改进

21.4.2.2　挖掘基于值的不变量

为了回答研究问题 1，笔者在运行轨迹上执行原始的 Daikon。由于来自七个程序的轨迹需要占用的内存都大于 18 GB，所以原始 Daikon 将在输出任何不变量之前耗尽内存。

为了回答研究问题 2，笔者使用 8 个并行的 map 和 reduce 任务检查了最初的 Daikon 和 Daikon^{MR} 的性能。Daikon$^{MR(8)}$ 在 2374 分钟内输出七个程序中所有运行轨迹的不变量，只有不到 5% 的方法的不变量无法判断（因为如果完成一个 Daikon 实例的时间超过 600 秒，就会终止它）。显然，Daikon^{MR} 提高了原始 Daikon 的可扩展性。

为了回答研究问题 3，笔者在增加并行任务的数量的同时，比较了 Daikon^{MR} 的时间成本（如图 21-6）。结果显示，随着并行任务的数量的增加，性能会提高。通过将并行的 MapReduce 任务的数量从 1 个增加到 4 个，性能提高了 2.7 到 3 倍。通过将并行的 MapReduce 任务的数量从 1 个增加到 8 个，性能提高了 4.2 到 5.4 倍。另外，当并行任务的数量从 4 个增加到 8 个时，性能加速速率会降低。这是因为在内存有限的小型四机集群中，并行任务的数量增加使得 map 和 reduce 任务之间存在更多的资源竞争。

21.4.2.3　挖掘有限状态机

为了回答研究问题 1 和 2，笔者比较了原始 k-tails 与 k-tails$^{MR(8)}$ 的性能。在输出任何有限状态机之前，原始 k-tails 会耗尽内存。另一方面，k-tails$^{MR(8)}$ 能够在 40 分钟内为所有程序输出有限状态机。与在 Daikon^{MR} 所做的工作类似，如果在 120 秒内未完成，则在一个 reduce 任务中终止 k-tails 构造过程的实例的运行。最终发现只有 5% 的类无法运行 k-tails。显然，k-tails^{MR} 提高了原始 k-tails 的可扩展性。

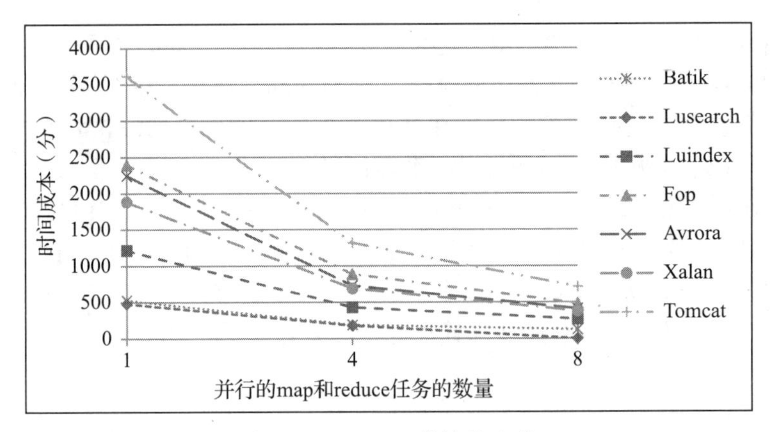

图 21-6　Daikon 的性能改进

为了回答研究问题 3，笔者在增加并行任务的数量的同时，比较了 k-tails 的时间成本（如图 21-7）。结果显示，随着并行任务数量的增加，性能会提高。通过将并行的 MapReduce 任务的数量从 1 个增加到 4 个，性能提升了 2 到 3.7 倍。通过将并行的 MapReduce 任务的数量从 1 个增加到 8 个，性能提升了 2.3 到 5.6 倍。

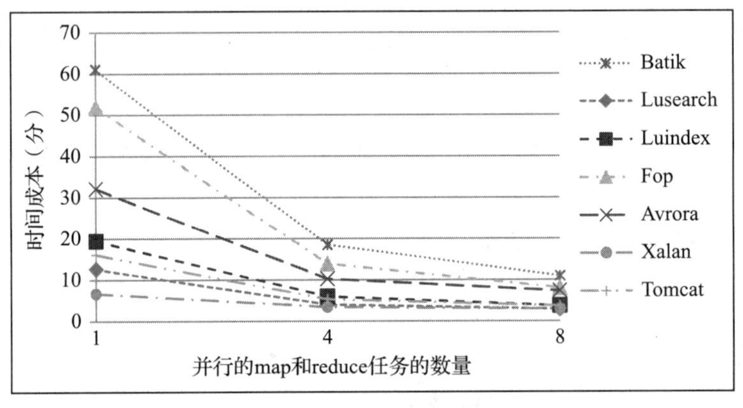

图 21-7　k-tails 的性能改进

21.4.2.4　挖掘序列图

为了回答研究问题 1 和 2，笔者比较了原始 LM 与 $LM^{MR(8)}$ 的性能。原始 LM 因内存问题无法运行，而 LM^{MR} 能够获取序列图（因为 LM^{MR} 是基于 $CLIPPER^{MR}$ 运行的）。$LM^{MR(8)}$ 可以在 1508 分钟内输出来自七个程序的所有运行轨迹的不变量。这表明 LM^{MR} 可以提高原始 LM 的可扩展性。

为了回答研究问题 3，笔者在增加并行任务的数量的同时，比较了 LM^{MR} 的时间成本（如图 21-8）。结果显示，随着并行任务的数量增加，性能会提高。通过将并行的 MapReduce 任务的数量从 1 个增加到 4 个，性能提升了 1.4 到 3 倍。通过将并行的 MapReduce 任务的数量从 1 个增加到 8 个，性能提升了 1.7 到 4.6 倍。LM^{MR} 相对于 LM 的性能改善类似于 $CLIPPER^{MR}$ 相对于 CLIPPER 的性能改进。这是合理的，因为 LM^{MR} 两个步骤中的第一步是基于 $CLIPPER^{MR}$ 执行的（参见 21.3.2.4 节），第二步旨在将频繁模式图组合成重要的 LSC 序列，并且第二步相对第一步来说花费的时间成本很少。

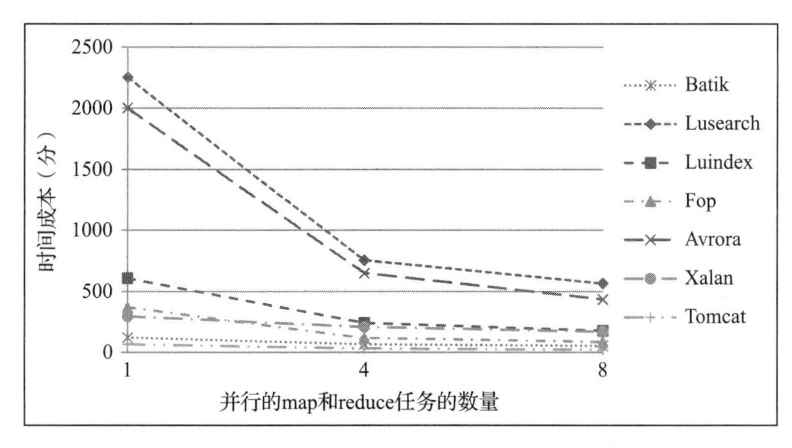

图 21-8　LM 的性能改进

21.4.2.5　挖掘时序规则

为了回答研究问题 1，笔者使用原始的 Perracotta 挖掘时序规则，它能够从所有运行轨迹中挖掘出时序规则。Perracotta 的内存成本是运行轨迹中独立事件数目的二次方。在研究中，独立事件是在程序运行时调用的方法。独立事件的数量不是很大，最多不超过 3000。

为了回答研究问题 2，笔者比较了原始 Perracotta 和 Perracotta^{MR} 的性能，图 21-9 显示了具体结果。可以看到 $\text{Perracotta}^{MR(8)}$ 的加速范围为 3.5 到 18.2 倍。请注意，与 Perracotta 的平均结果相比，$\text{Perracotta}^{MR(8)}$ 可以实现超过 8 倍的加速。这可能与 Perracotta 是一种内存密集型算法（空间复杂度为 $O(n^2)$，时间复杂度为 $O(nL)$），其中 n 是运行轨迹中独立事件的数量，L 是所有运行轨迹的总长度）。其顺序版本需要按顺序将所有运行轨迹加载到内存中，而并行化版本可以同时将许多拆分较小的运行轨迹加载到内存中，即使只有一个内核可用于 map/reduce 任务，也可执行。与此同时，Perracotta^{MR} 的准确度相对于 Perracotta 来说为 100%：当将 Perracotta^{MR} 的输出与 Perracotta 的输出进行比较时，发现没有遗漏的时序规则。

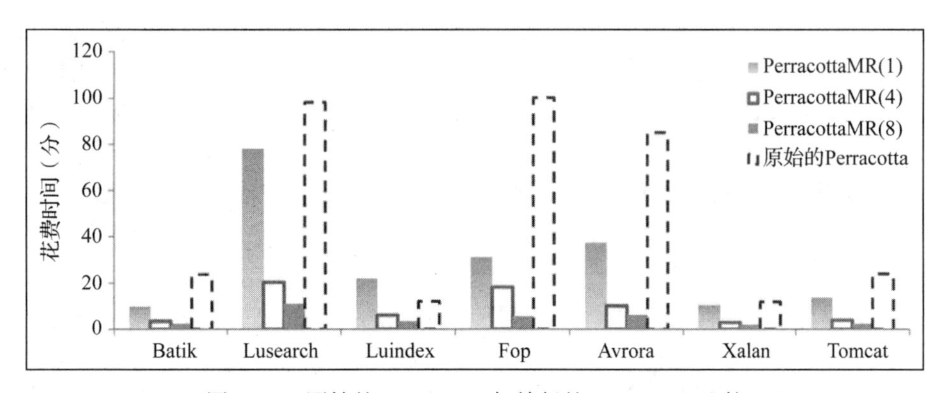

图 21-9　原始的 Perracotta 与并行的 Perracotta 比较

为了回答研究问题 3，笔者在增加并行任务的数量的同时，比较了 Perracotta^{MR} 的时间成本（如图 21-10）。结果显示，随着并行任务数量增加，性能会提高。通过将并行的 MapReduce 任务的数量从 1 个增加到 4 个，性能提升了 1.6 到 3.8 倍。通过将并行的 MapReduce 任务的数量从 1 个增加到 8 个，性能提升了 4.1 到 7 倍不等。图 21-10 还显示，当将并行任务的数量从 4 个增加到 8 个时，加速速率会降低。这是因为随着小型四机集群中并行任务的数量增加，map 和 reduce 任务之间存在更多的资源竞争。

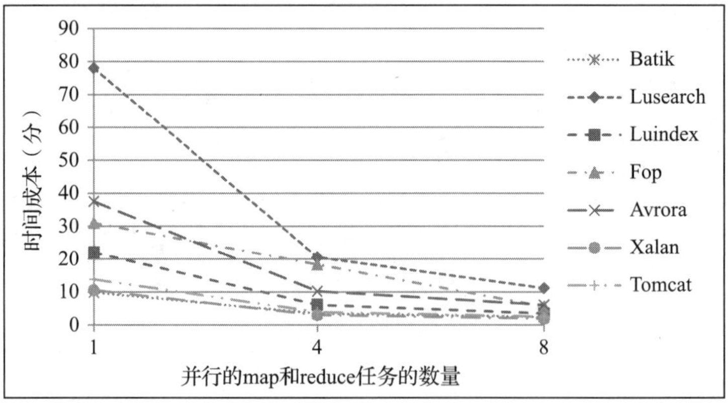

图 21-10　Perracotta 的性能改进

21.4.3　有效性威胁和当前局限性

在本实验中，一共考虑了规约挖掘算法的五个系列：频繁模式挖掘、基于值的不变量、有限状态机、序列图和时序规则。对于每个系列，笔者仅考虑了一种算法。然而，还有一些没有考虑的其他规约挖掘算法——例如，那些分析程序代码而不是运行轨迹的算法 [26,34-37]，所以目前尚不清楚已有的方法是否可以轻松扩展到所有其他规约挖掘算法。在本研究中，笔者修改并调整了算法，以遵循分而治之的策略，目前尚不清楚是否可以修改所有规约挖掘算法以遵循此策略。未来，希望研究更多的算法，并展示如何修改它们以遵循适当的分而治之策略以便利用 MapReduce 的强大功能。

实验中使用 DaCapo 基准测试中的七个程序评估了此方法 [7]。该基准已广泛用于许多先前的研究中（例如，[38-39]）。尽管如此，这些程序可能并不代表所有开源和工业软件系统。笔者计划通过调查除 DaCapo 基准测试之外的更多程序来进一步降低对有效性的威胁。此外，还对一组运行 8 个核的四台计算机进行了实验，并计划将实验扩展到更多机器和更多核。然而，即使有四台机器，也展示了如何利用 MapReduce 的能力来扩展各种规约挖掘算法。

实验中使用 Hadoop 对 MapReduce 进行了实现，这也给实验带来了一些限制。分布式平台亟待解决的最重要的问题之一是局部性，因为网络带宽是处理大量数据时的瓶颈。为了解决该问题，Hadoop 尝试跨节点复制数据，并始终找到最近的数据副本。然而，大部分时间仍会用于数据传输，特别是涉及大量数据传输负载的算法。实验使用默认的 Hadoop 文件系统复制因子 3（即，每个数据块被复制到三台机器）以最小化计算期间的传输开销。如果使用更多计算机或修改复制因子，则规约挖掘算法的并行化版本的加速因子可能会受到影响。笔者计划对数据传输负载的影响进行更全面的调查，找出可能显著影响分布式规约挖掘算法性能的因素，并设计可以进一步减少此类开销的改进算法。

21.5　相关工作

本节讨论与规约挖掘密切相关的研究，MapReduce 在软件工程中的应用，以及并行化数据挖掘算法相关的研究。但本节不包括所有的相关工作。

21.5.1 规约挖掘及其应用

挖掘的规约可以帮助开发人员理解遗留系统 [8]，以发现潜在的缺陷 [26]。它们还可以用作模型检查器的输入，用于程序验证 [40] 或者可以转换为测试用例 [41]。

规约挖掘算法的一系列工作在 21.2 节中进行了描述。这里介绍其他相关的近期工作。Beschastnikh 等人 [42] 从系统日志中挖掘出三种时间不变量，并将它们合并为一种基于状态的行为模型。Wu 等人 [43] 提出了一种从各种应用程序编程接口（API）数据中挖掘规约的方法，包括来自 API 客户端程序，库源代码和注释的信息。Lo 和 Maoz[44] 使用 LSC 中的三个概念——等价类、同构嵌入和 delta 判别相似性度量——来挖掘一组简洁的 LSC 并提高挖掘结果的可读性。Alrajeh 等人 [45] 提出了一种半自动方法，通过利用模型检查器生成空白的、可满足的场景，并使用机器学习（归纳逻辑编程）生成新场景以避免空白。Kumar 等人 [4] 提出了一个挖掘消息序列图的框架，它可以表示分布式系统的并发行为。Zhong 等人 [46] 从用英文表达的文件中推理 API 规约。Lee 等人 [47] 通过使用轨迹切片的概念，实现了工具 jMiner 来挖掘参数规约。该方法首先从程序运行轨迹中切片独立的交互，然后将独立的交互喂送到 k-tails 算法的变体中以产生概率有限状态机。Wei 等人 [48] 以 Daikon 为基础，推断 Eiffel 程序的规约。

本章研究的所有五种规约挖掘算法（CLIPPER、Daikon、k-tails、LM 和 Perracotta）主要分析了程序运行轨迹。其他的一些规约挖掘方法使用程序代码作为输入（例如，[26,34-37]）。类似于 Daikon 生成的不变量，有一种名为 *DySy* 的挖掘不变量的技术，它通过使用符号执行来减少挖掘不变量所需的测试用例的数量，并提高不变量挖掘的质量 [49]。还有一些算法不同于 21.2 节中描述的五个系列的规约挖掘——例如，代数规约 [50] 和分离逻辑不变量 [51]。未来研究如何将通用算法和 MapReduce 应用于上面提到的各种挖掘算法将会很有趣。

最近的一些研究提出了更好的方法来理解、扩展和比较现有规约挖掘算法。一种名为 *InvariMint* 的方法允许用户使用声明性规约 [52] 构建模型推理算法。Beschastnikh 等人 [52] 表明他们的方法可以帮助用户理解、扩展和比较以有限状态机形式挖掘规约的算法。与他们的工作不同，笔者提出了一种方法，使现有算法适应 MapReduce 框架，并使其更具可扩展性和效率。

关于已有的规约挖掘研究的综合调查可以参考最近的文章 [53] 和关于规约挖掘的书籍 [1]。

21.5.2 软件工程中的 MapReduce

Shang 等人 [12,54] 提供了使用 MapReduce 挖掘软件仓库的扩展工具的经验报告。他们调查了几个案例来分析 MapReduce 平台扩展软件仓库挖掘工具的潜力，包括：J-REX，它开辟了一个 CVS 存储库，用于计算软件项目历史中软件度量的变化；CCFinder，它是一种基于令牌的克隆检测工具，用于从多种编程语言开发的系统中抽取代码克隆；JACK，它是一种使用数据挖掘技术处理系统执行日志并自动识别负载测试问题的日志分析器。但是这些研究不包括规约挖掘方法。最近，Dyer 等人 [11] 提出了一种名为 Boa 的语言和基础设施，以简化软件仓库的分析。用户可以使用领域相关的语言指定查询，这些查询可以由 Boa 的处理引擎处理，该引擎使用 MapReduce 分布式计算模型。

与这些研究不同，笔者专注于规约挖掘算法，并研究使用 MapReduce 使其更具可扩展性的潜力。

21.5.3　并行数据挖掘算法

Kang 等人[55]使用 MapReduce 在稀疏的十亿节点图上进行置信度传播分析。Liu 等人[56]使用 MapReduce 来并行化推断 Web 搜索的文档相关性的算法。Ene 等人[10]使用 MapReduce 提升了一般的聚类算法的速度。Miliaraki 等人[9]最近提出了一种可以在 MapReduce 上运行的频繁序列挖掘算法的并行化。他们的方法依赖于只适用于序列模式的 *w*-equivalency 属性，并且由他们的方法挖掘的序列模式的语义不同于 CLIPPER 挖掘的迭代模式的语义（CLIPPER 是本章考虑的最接近频繁序列挖掘算法的算法）。虽然本章的方法也使用 MapReduce，但数据源和主体的算法特定于规约挖掘，这需要不同的并行化策略和技术。

21.6　结论与展望

本章研究发现了有效解决编写可扩展的规约挖掘算法这一挑战的方法。通过观察到许多规约挖掘算法是数据密集型的，但计算重复，本章提出了一种通用的算法设计，它有助于将顺序的规约挖掘算法转换为分布式挖掘算法。特别的是，本章已经展示了如何通过遵循所提出的通用算法并利用流行的分布式计算框架 MapReduce 来并行化五种不同类型的算法——CLIPPER、Daikon、k-tails、LM 和 Perracotta。最后，基于 DaCapo 基准测试中的七个程序评估了这些算法的分布式版本，并发现分布式版本可以显著提高原始算法的可扩展性，适用于大小为 41 MB 到 157 GB 的运行轨迹数据集。在四台机器上运行的分布式 Perracotta（总共使用多达 8 个 CPU 核）将原始版本加速了 3～18 倍。原始的 CLIPPER、Daikon、k-tails 和 LM 无法处理大型的运行轨迹，但分布式版本可以在数小时内完成，并且通过使用更多的机器可以获得更大的性能提升。

未来的工作主要围绕以下几个方面展开。首先，本章的分布式算法不一定是最优策略。所以计划调查以不同方式定义 *map* 和 *reduce* 函数以及以不同方式分割输入数据是否可以改善这些算法的可扩展性。例如，Daikon 有超过 100 个不变模板，在查找实际不变量时会根据轨迹进行检查。而检查每种模板独立于检查其他类型的模板，因此也可以并行化为 *map* 函数。其次，本章的分布式算法仅在具有许多默认设置的四机群集中使用 GB 级轨迹进行评估，笔者希望能在商业集群中使用 TB 级轨迹评估它们，并了解当处理器数量增加和使用各种集群系统设置时性能如何提高。第三，考虑将通用算法和 MapReduce 应用于本章未涉及的其他类型的规约挖掘算法——例如，利用除了运行轨迹之外的其他信息的算法（例如，文本、软件仓库）。第四，本章研究的算法的一些变体也可能值得特别关注——例如，LSC 挖掘触发和效果的变体[31]，或基于场景和基于值的不变量的组合[18]。

参考文献

[1] Lo D, Khoo SC, Han J, Liu C, editors. Mining software specifications: methodologies and applications. CRC Press Data Mining and Knowledge Discovery Series; 2011.

[2] Lo D, Khoo SC, Liu C. Efficient mining of iterative patterns for software specification discovery. In: KDD; 2007. p. 460–9.

[3] Ernst MD, Perkins JH, Guo PJ, McCamant S, Pacheco C, Tschantz MS, Xiao C. The Daikon system for dynamic detection of likely invariants. Sci Comput Program 2007;69(1-3):35–45.

[4] Kumar S, Khoo SC, Roychoudhury A, Lo D. Mining message sequence graphs. In: ICSE; 2011. p. 91–100.

[5] Lorenzoli D, Mariani L, Pezzè M. Automatic generation of software behavioral models. In: ICSE; 2008. p. 501–10.

[6] Lo D, Maoz S, Khoo SC. Mining modal scenario-based specifications from execution traces of reactive systems. In: ASE; 2007. p. 465–8.
[7] Blackburn SM, Garner R, Hoffmann C, Khan AM, McKinley KS, Bentzur R, Diwan A, Feinberg D, Frampton D, Guyer SZ, Hirzel M, Hosking AL, Jump M, Lee HB, Moss JEB, Phansalkar A, Stefanovic D, VanDrunen T, von Dincklage D, Wiedermann B. The DaCapo benchmarks: Java benchmarking development and analysis. In: OOPSLA; 2006. p. 169–90.
[8] Yang J, Evans D, Bhardwaj D, Bhat T, Das M. Perracotta: mining temporal API rules from imperfect traces. In: ICSE; 2006. p. 282–91.
[9] Miliaraki I, Berberich K, Gemulla R, Zoupanos S. Mind the gap: large-scale frequent sequence mining. In: SIGMOD conference; 2013. p. 797–808.
[10] Ene A, Im S, Moseley B. Fast clustering using MapReduce. In: KDD; 2011. p. 681–9.
[11] Dyer R, Nguyen HA, Rajan H, Nguyen TN. Boa: a language and infrastructure for analyzing ultra-large-scale software repositories. In: Proceedings of the 2013 international conference on software engineering, ICSE '13; 2013. p. 422–31. ISBN 978-1-4673-3076-3.
[12] Shang W, Adams B, Hassan AE. An experience report on scaling tools for mining software repositories using MapReduce. In: ASE; 2010. p. 275–84.
[13] Message Passing Interface Forum. MPI: a message-passing interface standard; 2012. URL: http://www.mpi-forum.org/docs/docs.html.
[14] Dean J, Ghemawat S. MapReduce: Simplified data processing on large clusters. In: OSDI; 2004. p. 107–13.
[15] Apache Software Foundation. Hadoop; 2013. URL: http://hadoop.apache.org/.
[16] Han J, Kamber M. Data mining: concepts and techniques. Morgan Kauffman; 2006.
[17] El-Ramly M, Stroulia E, Sorenson PG. From run-time behavior to usage scenarios: an interaction-pattern mining approach. In: KDD; 2002. p. 315–24.
[18] Lo D, Maoz S. Scenario-based and value-based specification mining: better together. In: ASE; 2010. p. 387–96.
[19] Ammons G, Bodík R, Larus JR. Mining specifications. In: POPL; 2002. p. 4–16.
[20] Biermann A, Feldman J. On the synthesis of finite-state machines from samples of their behavior. IEEE Trans Comput 1972;21:591–7.
[21] Briand LC, Labiche Y, Leduc J. Toward the reverse engineering of UML sequence diagrams for distributed Java software. IEEE Trans Software Eng 2006;32(9):642–63.
[22] de Sousa FC, Mendonça NC, Uchitel S, Kramer J. Detecting implied scenarios from execution traces. In: WCRE; 2007. p. 50–9.
[23] Damm W, Harel D. LSCs: breathing life into message sequence charts. Formal Meth Syst Design 2001; 45–80
[24] Harel D, Maoz S. Assert and negate revisited: modal semantics for UML sequence diagrams. Software Syst Model 2008;7(2):237–52.
[25] Livshits VB, Zimmermann T. Dynamine: finding common error patterns by mining software revision histories. In: ESEC/SIGSOFT FSE; 2005. p. 296–305.
[26] Wasylkowski A, Zeller A. Mining temporal specifications from object usage. Autom Softw Eng 2011;18 (3-4):263–92.
[27] Lo D, Khoo SC, Liu C. Mining temporal rules for software maintenance. J Software Maintenance 2008;20(4):227–47.
[28] Ho YF, Chen SW, Chen CY, Hsu YC, Liu P. A Mapreduce programming framework using message passing. In: International computer symposium (ICS); 2010. p. 883–8.
[29] Microsoft. Static driver verifier: DDI compliance rules. URL: http://msdn.microsoft.com/en-us/library/ff552840(v=vs.85).aspx.
[30] Pradel M, Gross TR. Automatic generation of object usage specifications from large method traces. In: ASE; 2009. p. 371–82.
[31] Lo D, Maoz S. Mining scenario-based triggers and effects. In: ASE; 2008. p. 109–18.
[32] Chambers C, Raniwala A, Perry F, Adams S, Henry RR, Bradshaw R, Weizenbaum N. FlumeJava: easy, efficient data-parallel pipelines. In: PLDI; 2010. p. 363–75.
[33] Gabel M, Su Z. Online inference and enforcement of temporal properties. In: ICSE; 2010. p. 15–24.
[34] Li Z, Zhou Y. PR-Miner: automatically extracting implicit programming rules and detecting violations in large software code. In: ESEC/SIGSOFT FSE; 2005. p. 306–15.
[35] Nguyen TT, Nguyen HA, Pham NH, Al-Kofahi JM, Nguyen TN. Graph-based mining of multiple object usage patterns. In: ESEC/SIGSOFT FSE; 2009. p. 383–92.

[36] Shoham S, Yahav E, Fink S, Pistoia M. Static specification mining using automata-based abstractions. In: ISSTA; 2007. p. 174–84.
[37] Weimer W, Necula GC. Mining temporal specifications for error detection. In: TACAS; 2005. p. 461–76.
[38] Bond MD, Coons KE, McKinley KS. Pacer: proportional detection of data races. In: PLDI; 2010. p. 255–68.
[39] Chen F, Rosu G. Mop: an efficient and generic runtime verification framework. In: OOPSLA; 2007. p. 569–88.
[40] Li W, Forin A, Seshia SA. Scalable specification mining for verification and diagnosis. In: DAC; 2010. p. 755–60.
[41] Dallmeier V, Knopp N, Mallon C, Hack S, Zeller A. Generating test cases for specification mining. In: ISSTA; 2010. p. 85–96.
[42] Beschastnikh I, Brun Y, Schneider S, Sloan M, Ernst MD. Leveraging existing instrumentation to automatically infer invariant-constrained models. In: SIGSOFT FSE; 2011. p. 267–77.
[43] Wu Q, Liang GT, Wang QX, Mei H. Mining effective temporal specifications from heterogeneous API data. J Comput Sci Technol 2011;26(6):1061–75.
[44] Lo D, Maoz S. Towards succinctness in mining scenario-based specifications. In: ICECCS; 2011. p. 231–40.
[45] Alrajeh D, Kramer J, Russo A, Uchitel S. Learning from vacuously satisfiable scenario-based specifications. In: FASE; 2012. p. 377–93.
[46] Zhong H, Zhang L, Xie T, Mei H. Inferring resource specifications from natural language API documentation. In: ASE; 2009. p. 307–18.
[47] Lee C, Chen F, Rosu G. Mining parametric specifications. In: ICSE; 2011. p. 591–600.
[48] Wei Y, Furia CA, Kazmin N, Meyer B. Inferring better contracts. In: ICSE; 2011. p. 191–200.
[49] Csallner C, Tillmann N, Smaragdakis Y. DySy: dynamic symbolic execution for invariant inference. In: ICSE; 2008. p. 281–90.
[50] Henkel J, Reichenbach C, Diwan A. Developing and debugging algebraic specifications for Java classes. ACM TOSEM 2008;17(3):14:1–37.
[51] Magill S, Nanevski A, Clarke E, Lee P. Inferring invariants in separation logic for imperative list-processing programs. In: SPACE; 2006.
[52] Beschastnikh I, Brun Y, Abrahamson J, Ernst MD, Krishnamurthy A. Unifying FSM-inference algorithms through declarative specification. In: ICSE; 2013. p. 252–61.
[53] Robillard MP, Bodden E, Kawrykow D, Mezini M, Ratchford T. Automated API property inference techniques. IEEE Trans Software Eng 2013; 39(5):613–37
[54] Shang W, Jiang ZM, Adams B, Hassan AE. MapReduce as a general framework to support research in mining software repositories (MSR). In: MSR; 2009. p. 21–30.
[55] Kang U, Chau DH, Faloutsos C. Mining large graphs: algorithms, inference, and discoveries. In: ICDE; 2011. p. 243–54.
[56] Liu C, Guo F, Faloutsos C. BBM: Bayesian browsing model from petabyte-scale data. In: KDD; 2009. p. 537–46.